삶의 방식으로서의 철학

매튜 샤프 Matthew Sharpe

과거의 지혜를 빼곡히 채운 이 책을
내 아이들의 미래에 바친다.

마이클 유어 Michael Ure


줄스Jules와 루이Louie에게 이 책을 바친다.
인생에는 철학에서 꿈꿨던 이상보다 값진 것들이 더 많단다.

# 삶의 방식으로서의 철학

소크라테스에서 쇼펜하우어까지,
삶의 방식으로서의 철학사

매튜 샤프 · 마이클 유어 지음 | 최기원 옮김

상상스퀘어

PHILOSOPHY

# 목 차

# 2부 | 중세와 초기 근대 철학

AS A WAY
OF LIFE

AS A WAY
OF LIFE

# 서문

  역사학의 통사적 흐름을 소개하는 책 쓰기란 줄곧 겸손의 덕을 발휘하는 작업이다. 무엇보다 아집과 어쭙잖은 지식을 다 내려놓아야 한다. 한편으로는 다른 철학자들의 이론과 통찰을 분석하고 요약해서 독자들이 읽기 쉽게 종합적으로 펼쳐놓는 작업이기에, 오늘날 참신함에 굶주린 아이디어 시장에서 기존 지식을 짜깁기한 '연구서' 정도로 치부될 수 있다. 크게 공을 안 들이고 책을 썼다는 비난마저 각오해야 한다. 아무리 기본적인 내용을 다룬다 해도 사상의 역사를 다루는 것, 구체적이지만 서양철학에서 대부분 잊힌 개념의 역사를 처음으로 되짚어보는 것, 그 자체가 오만이라고 생각할 수도 있을 것이다. 그런데 이 책이 다루는 내용이 워낙 방대하므로, 한 가지 주제를 파고들지 않는다는 점을 미리 알리고 싶다. 이 책은 오랜 역사에 걸친 철학 사상을 다루는 입문서다. 따라서 어떤 한 철학자나 한 가지 철학 사상을 깊이 파헤치는 것 자체가 책의 방향과 맞지 않는다고 판단했다.

  이 책의 깊이와 범위를 두고 많이 고심했다. 오랜 기간에 걸쳐 이 책을 집필하는 동안, 얼마나 깊이 들어갈 것인지, 얼마나 방대하게 소개할 것인지, 그 사이에서 끊임없이 저울질을 시도했다. 이 딜레마 속에서 우리는 아이작 뉴턴의 유명한 격언을 이용해 나름의 결론에 도달했다. 우리의 노력으로 어떠한 성공에 도달하든, 우리가 어떠한 통찰을 얻든, 이 모든 것은 '거인들의 어깨 위에 올라서서' 더 넓은 시야로 멀리 볼 수 있었던 덕분이다. 거인 가운데 가장 먼저 소개할 인물은 프랑스 철학자이자 사상사의 거장 '피에르 아도Pierre Hadot'이다. 그의 사상에 대해서는 뒤에 구체적으로 소개할 것이다. 책에서는 에피쿠로스학파, 스토아학파, 플라톤학파, 기독교학파의 철학 사상도 다루는데, 피에르 아도가 철학 사상의 담론자 역할을 했듯 이 책에서는 다양한 철학 사상 연구의 권위자들이자 우리의 친한 지인들이 담론자로 참여했다. 소크라테스 철학은 W. K. C. 거스리W.K.C. Guthrie와 그레고리 블라스토스Gregory Vlastos, 에피쿠로스학파는 줄리아 애너스Julia Annas, 디스킨 클레이Diskin Clay, 캐서린 윌슨Catherine Wilson이 참여했다[2]. 세네카와 스토아학파에 대해서는 피에르 아도의 아내 일즈트라오트 아도Ilsetraut Hadot가 참여했다[특히 3.4]. 스토아학파는 존 셀라스John Sellars가[3.1], 유스투스 립시우스Justus Lipsius에 대해서도 존 셀라스가 참여했다[3.1]. 율리우시 도만스키Juliusz Domański는 중세철학[4]과 르네상스 인문주의[5.1~2] 사상에, 뤼에드 임바흐Ruedi Imbach는 중세철학[5.3~4], 이탈리아 르네상스 철학 사상에 대해서는 크리스토퍼 셀렌자Christopher Celenza, 구르 잭Gur Zak, 제임스 시겔James Siegel[5.1], 경험주의 철학 베이컨 사상에 대해서는 소라나 코르네아누Sorana Corneanu, 스티븐 고크로저Stephen Gaukroger, 피터 해리슨Peter Harrison이 참여했다[7.2]. 데카르트 철학에 대해서는 아멜리 로티Amelie Rorty와 제노 벤들러Zeno Vendler[7.3], 계몽주의 사조에 대해서는 아이라 웨이드Ira Wade, 칼라스 뒤플로Calas Duflo, 피터 게이Peter Gay,

쇼펜하우어의 형이상학과 윤리학에 대한 분석에는 데이비드 카트라이트David Cartwright, 크리스토퍼 제너웨이Christopher Janaway, 줄리안 영Julian Young이 참여했다[9]. 그리고 키스 안셀 피어슨Keith Ansell-Pearson과 알렉산더 네하마스Alexander Nehamas와 같은 학자들이 '삶의 방식으로서의 철학' 분야에서 니체를 학생과 교사이자 대표적 사상가로서 재발견한 내용을 다룬다[10].

그렇다고 위의 철학 사상에 대한 우리 두 작가의 해석이 전적으로 '독창적이지 않다'라는 의미는 아니다. 이 책에서 소개하는 다양한 사상가들과 운동에 대한 배경 설명에 우리의 비판적 관점도 녹아 있다는 점을 알 수 있을 것이다. 책에서는 소크라테스, 에피쿠로스학파, 스토아학파, 회의론, 신플라톤주의, 기독교 수도원 운동, 스콜라주의, 아베로이즘을 소개한다. 그리고 르네상스 인문주의를 파헤친다. 처음에는 페트라르카의 주도로 전파되었지만 그 후에는 몽테뉴, 립시우스, 베이컨, 데카르트, 17세기 학자들과 계몽주의자들로 이어졌고 이는 다시 쇼펜하우어, 니체, 푸코로 이어졌다. 그렇게 넓은 시야를 열고 철학에 대한 여러 대안적인 사상과 실천을 다루는 우리의 모험은 새롭고 독창적이며 종합적인 안목을 키우고, 개별 철학자에 대한 새로운 틀을 제시할 것이다. 책에서는 계몽주의 철학뿐만 아니라 헬레니즘과 로마서도 인용하며, 수도원과 인문주의자들의 사상을 소개함으로써 이 책의 방향성이기도 한 '삶의 방식으로서의 철학philosophy as a way of life'(축약하여 'PWL') 접근법을 우리만의 방식으로 제시할 것이다.

이 정도의 지식과 통찰을 익힌다면, 소크라테스의 변론에서 말하는《삶의 방식으로서의 철학》을 숙지하는 데 무리가 없을 것이다. 이 책에서는 우리가 생각하는 PWL의 정의를 안내하고, 어떠한 방법으로 어떻게 실천할지를 소개하고자 한다.

## 피에르 아도, PWL 그리고 영적 단련

PWL 개념이 오늘날 형이상학과 철학사 내에서 하나의 하위 분야로 부상하고 있다면, 그 공로는 전적으로 피에르 아도에게 돌아간다고 해도 과언이 아니다. 아도는 가톨릭 사제 교육을 받는 과정에서 철학에 눈뜨기 시작했다. 그러나 그가 인터뷰에서 솔직하게 밝힌 바와 같이, 그는 어린 시절에 몇 차례에 걸쳐 종교적으로 '신비로운', '일치의' 경험을 하게 되어 인생이 360도 바뀌게 되었다. 그런데 그 경험이 너무나 특별했던 탓에 어린 시절 신앙 안에서 수용될 수 없는 수준이라는 사실을 알게 되었다(아도, 2009:5~6). 그 후에 아도는 기독교 사상가들뿐만 아니라 고대 후기 신플라톤주의에 관한 연구를 시작했고 1963년 플로티노스에 관한 획기적인 연구를 담은 저서를 집필했다(출간은 1998년). 관련 내용은 하단의 4.3장에서 자세히 다룬다.

아도의 저서《플로티누스, 또는 시선의 단순성》(1998)은 플로티누스의 생애와 경험뿐만 아니라 플로티누스가 가정하는 계층적인 형이상학적 순서, 즉 일자(신)-지성-영혼-육체-물질 순으로 하강하면서 '일자'로부터 멀어진다는 그의 철학적 담론에 주목했다는 점에서 이례적이다. 그는 일자the One(신을 나타냄. 모든 구분을 초월한 자, 모든 존재가 생성되고 소멸하는 바탕 그리고 모든 존재를 초월하며 인식하거나 설명할 수 없는 대상—옮긴이), 플라톤의 이데아Ideas(물의 본질 즉 사물의 원래 형상—옮긴이), 영혼 그리고 물질의 중요도를 구분했다. 플로티누스가 체험한 영험적 변화의 표현과 결과로서 형이상학적 가설을 인식하지 못한다면, 플로티누스의 철학적 담론을 완전히 이해할 수 없다고 아도는 주장한다. 시민적 덕목 또는 '정화적' 덕목(용기, 절제, 정의)에 대한 플로티누스의 주장에 관해서도 이해하기 어렵겠지만, 무엇보다 지성Intellect과 이데아Ideas 그리고 존재와 언어를 넘어선 '일자'에 관한 다소 '추상적인' 주장이 가늠하기 어려울 것이다. 아도가 보기에 영적인 범주의 현실을 가설하는 플로티누스의 주장은 '다층적인 내면의 세계'를 함축하고 있었다.

*이러한 틀 안에서 플로티누스가 우리에게 설명하는 경험은 영혼이 '신적인 지성* divine intelligence*'의 수준으로 올라가는 움직임으로 구성된다. 신적인 지성은 만물을 창조하고, 영적인 세계 속에서 [플라톤이 주장한] 영원의 '이데아' 또는 이 세계의 만물이 형상에 불과하다는 불변의 모형을 내포한다(아도, 1998:25~6).*

다시 말해 1963년 아도는 이미 철학이란 일상에서의 행동이나 경험에 작용하는 것이라고 여겼다. 머릿속에만 맴도는 사상, 누군가에게 가르치는 학문, 글로 써 내려가는 주제에 국한된 것이 아니라고 받아들였다. 소크라테스와 에픽테토스와 마찬가지로 플로티노스도 어떠한 집필 활동도 하지 않았다. 저서 《엔네아데스》는 플로티노스가 남긴 여러 논문을 포르피리오스가 정리한 것이다. 이 외에도 철학은 일종의 '영적 여정'을 동반한다. 플로티누스는 철학의 임무란 각자가 새롭고 더 아름다운 형태의 인간이 되기 위해 인격에서 미숙하고 설익은 부분을 깎아내는 자기 변형의 여정으로 인도하는 것이라고 했다. 윤리적 또는 영적으로 성숙해가는 과정에서 철학자를 비롯해 철학을 탐구하는 모든 사람이 새로운 것을 보고, 알게 되고, 궁극적으로 더욱 현명한 사람이 되는 것이 철학의 지향점이라고 플로티누스는 말했다.

아도는 초기 연구에서 '영적 단련'이라는 개념을 체계적으로 사용하진 않았지만 이후 연구에서는 이 단어를 정식으로 정의했다. 이 용어는, 우리의 연구 결과가 틀리지 않았다면 1973년 한 논문에서 처음으로 등장했다. 논문에서는 스토아학파가 세상을 보고 경험하는 한 가지 철학적 체계로 제안한 물리학 즉 인간이 아닌 특징에 관한 학문의 개념을 로마제국 16대 황제 마르쿠스 아우렐리우스가 채택한 역사적 사실을 언급했다.

아도는 평생 자신의 진정한 자아를 찾아 나섰는데, 1962년 논문에서 그의 사상을 가장 적나라하게 보여주는 문구가 있다. 제목은 '철학의 언어유희Jeux de langage et philosophie'다(아도, 2004. 2020년 5월 기준, 아직 이 논문은 영어로 번역되지 않았다). 이 글에서 아도는 고대 철학을 새로운 관점에서 이해하려면 훗날 유명한 철학자 비트겐슈타인도 제시한 '언어 게임language games'의 개념을 파악해야 한다고 주장한다(비트겐슈타인은 언어가 마치 놀이처럼 다양한 인간 활동으로 구성되어 사용된다는 것을 보여주기 위해 '언어 놀이'의 개념을 창안했다—옮긴이). 이 개념은 (현재로서는) '추론'과 '논증'에 치우친 철학적 담론에서 새로운 무게중심을 찾는 데 이바지했다.

이 논문에서 아도는 다양한 고대 철학서와 훗날 현대적 관점으로 집필한 역사서가 차이를 보이고, 그 차이를 헤아리는 것이 어렵다고 했다. 물론 아리스토텔레스의 강의록처럼 고대 철학서인데도 오늘날의 논문이나 책을 방불케 하는 경우도 많다. 그러나 고대 철학서가 위로의 글, 명상, 철학적 대화, 격언 그리고 심지어 시의 형태로 쓰인 경우도 많다. 이러한 글들은 대부분 일반적인 전문 교열자들은 고사하고 높은 수준의 철학 고전 교열을 거치지 않는 경우가 대부분이다. 누구나 일상의 거의 모든 상황에서 다양하게 '언어 게임language games(언어는 환경, 문맥, 상황에 따라서 달라지고 사용과 실천에서 드러나는 일종의 게임과 같다는 '언어 게임'의 논리에 따라, 서로 상대가 있어서 주고받는 소통의 맥락에서 의미가 확보된다—옮긴이)'을 한다는 비트겐슈타인의 사상을 채택해야 한다고 아도는 적극적으로 제안했다. 이러한 언어로 우리는 서로 약속을 정하고, 아장아장 걷는 아기들에게 이것저것을 가르치며, 동료들과 농담도 하고, 이메일을 작성하며, 고함을 치기도 하고, 직장에서 지시사항을 따르기도 한다. 그런데 고대 철학서와 현대 철학서가 차이를 보인다면, 그래서 고대 철학자들이 지금 우리가 하는 언어 게임과는 다른 차원의 언어 게임을 했다면 어떻겠는가? 이에 아도는 꼬리에 꼬리를 무는 질문을 이어갔다. 만약 다양한 장르에서 다루는 고대 철학의 문학적 고전이 우리가 지금 실천하는 철학적 활동이 아니라 더 오래되고, 아예 차원이 다르며, 광범위한 철학적 활동의 유산이라면 어땠을까? 현대인이 생각하는 그런 철학이 아니라 일상 면면에 녹아 있는 보편적인 철학 말이다.

PWL은 아도의 '해석학<sub>hermeneutic programme</sub>(해석의 이론과 방법론. 특히 성경 고전, 지혜문학 그리고 철학 고전을 해석하는 이론이며 방법론—옮긴이)' 연구에서 탄생한 개념이다. 다양한 종류의 고대 철학을 깊이 이해하기 위해 생겨난 것이다. 아도는 (《엔네아데스<sub>Enneads</sub>》를 비롯한) 고전의 상당 부분 그리고 (전 로마 황제 마르쿠스 아우렐리우스의 《명상록》을 비롯한) 다른 성격의 고전을 이해하려면, 독자 자신이 나름의 형이상학<sub>metaphilosophical</sub>(철학이 무엇인지, 철학을 어떻게 해야 하는지, 또한 철학은 왜 해야 하는지를 묻는 철학의 한 분과—옮긴이)적인 가정을 하면서 탐구해야 한다고 주장했다. 철학자들의 사상을 그저 논증을 즐기거나 새로운 지식을 발견하거나 '썰'을 푸는 대가로 돈을 받는 '학자'의 탁상공론 정도로만 받아들인다면, 그들의 깊은 사상을 선혀 가늠할 수 없을 것이다. 철학 고전을 진정 이해하려면 이보다는 적극적인 노력이 필요하다. '이게 무슨 소리야?', '너무 문학적인 표현 아닌가?'라고 느껴지는 다수의 철학 고전에 대해 아도가 말하는 '영적 단련'을 실생활에 적용하고 실천할 수 있어야 더 가깝게 다가갈 수 있다(1995:79~125).

그렇다면 영적 단련이란 무엇인가? 아도는 1976년 한 학회에서 이 화두를 던졌다. 당시 이 주제로 미셸 푸코는 깊은 영감을 받기도 했다. 그 후 영적 단련은 《삶의 방식으로서의 철학<sub>Philosophy as a Way of Life</sub>》(1995)의 '영적 단련'이라는 제목으로 실용적 내용을 다루는 장<sub>chapter</sub>에서도 소개되었다. 영적 단련은 귀납법이나 연역법과 같은 철학적 논증이 아니다. 철학적 논증, 결론 또는 시사점을 다시 진술하고 기억하여 새로운 상황에 적용하는 것을 의미한다. 영적 단련은 장거리달리기 훈련과 같은 신체 운동도 아니다. 그러나 몸을 쓰면서 영적 단련을 할 수도 있고, 때로는 의도적으로 육체적 고통이 동반되는 영적 단련도 있다. 철학 평론가들이 철학의 지평이 다소 지나치게 확장되는 것에 대해 우려를 표하기는 하지만, 영적 단련은 종교적인 색채를 지닐 필요도 없고 화려한 수사학rhetoric(설득의 수단으로 문장과 언어의 사용법, 특히 대중 연설의 기술을 연구하는 학문—옮긴이)이 가미될 필요도 없다. 단, 마음에 울림을 주어 최대한 기억에 남을 만한 형태로 영적 단련에 적합한 용어와 표현을 사용해야 할 것이다. 아도는 철학 고전 전반에 걸쳐 '영적 단련'을 다르게 정의한다. 한편 푸코는 그와 비슷한 의미에서 '자기의 테크놀로지technologies of the self(사회에 반항적인 개인이 아니라 순종적인 개인으로 배양되는 과정을 뜻하며, 구조의 문제는 모두 개인의 무능력 탓으로 돌리는 개념—옮긴이)'라는 표현을 제안한다. '어떠한 표현을 사용하든 수련자 또는 행위자의 경험, 갈망, 감정, 사고에 변화를 가져오고자 행위자가 의식적으로 선택하여 수행하는 인지, 기억, 상상력의 단련 또는 수사적이거나 신체적인 단련이다'(푸코, 2005).

　반복해서 말하지만, 고대 철학자들은 새로운 지식을 발견하거나 논쟁을 널리 알리거나 결론을 광고하려는 목적으로 그러한 단련을 실행하거나 기록하지 않았다. 그들은 현자(소포스sophos 또는 사피엔스sapiens)의 지혜와 덕에 접근하는 관점에서 그들 자신을 변화시키기 위해 담론하고 실천했을 뿐이다. 아도(2020a:185~206)의 경우, 완전히 현명하거나 계몽된 사람의 훌륭한 속성에 관한 고대 철학적 담론은 고대 철학자들이 생각하는 PWL 개념을 증명하는 또 다른 고대 철학적 글쓰기 장르다. 예를 들어 형이상학(아리스토텔레스의《형이상학 제1권Metaphysics I》)과 같은 특정 지혜가 제1 원리의 지식으로 이론화되더라도 그 이론의 저변에는 현자의 자격 조건을 염두에 둔 주제가 함축되어 있다. 이 외에도 키케로의《투스쿨룸 대화Tusculan Disputations》(특히 5권)와 같은 윤리를 주제로 한 많은 논문에서도 현자의 '페르소나persona(심리학에서 타인에게 비치는 외적 성격을 나타내는 용어이다. 원래 페르소나는 그리스의 고대극에서 배우들이 쓰던 가면을 일컫는다—옮긴이)'에 관한 담론을 소개하면서 현자의 덕목, 행복, 좋은 삶에 대한 윤리적인 질문을 던진다.

아도 그 자신을 비롯하여 그의 사상을 연구하는 학자들도 영적 단련을 다양한 범주에서 제시하고 있다(하터, 2018;샤프 & 크레이머, 2019). 단, 이 책에서는 책의 취지에 맞게 다양한 종류의 영적 단련을 소개한다. 대략 열두 개 정도의 단련이 있다고 할 수 있겠다. 이 중에는 오늘날 철학 과목에서 여전히 폭넓게 소개되면서 교육적 취지의 수련을 소개하기 위해 아도가 소개한 '지적 훈련intellectual exercises'(2020:35, 58~9)도 있다.

1. 명상 수련에도 다양한 종류가 있다. 마음을 비우는 데 초점을 맞춘 불교의 수련 방식과는 달리, 수련자가 마음을 다 비우지 않은 채 구체적인 형이상학적, 윤리적, 물리적 또는 논리적인 가르침을 기억하여 일상생활에 적용하는 방식도 있다. 이 외에도 좋았던 경험을 상기하고 불쾌했던 경험을 잊는 '에피쿠로스주의Epicureanism(에피쿠로스의 철학을 말하는데 뜻이 바뀌어

향락주의, 감각적 쾌락주의, 육욕 탐닉, 식도락의 뜻으로도 쓰인다—옮긴이)'를 실천하는 수련도 있다.

2. 현재의 순간, 사물의 다양한 특징, 우리에게 의존하는 것과 그렇지 않은 것을 구분하는 것 또는 지금 우리에게 주어진 업무에 대해 철학사상을 토대로 접근하는 수련도 있다.

3. 우주, 자연, 이데아, 일자 또는 신의 경이로움을 생활 속에서 떠올리며 닿기 위해 노력하는 관상형 수련도 있다.

4. 앞으로 닥칠 것 같은 어려움에 대비하고, 자신의 죽음 그리고 사랑하는 이들의 필연적 죽음에 대해 미리 대비하며 수련하는 사전적 수련도 있다.

5. 반면, 피타고라스 학파와 일부 스토아학파가 그러했듯 예를 들어 생의 마지막에 자신의 양심, 생각, 행동에 대한 회고적인 자기 성찰의 수련도 있다.

이 외에도 세상을 바라보는 관점을 바꾸는 수련도 있다. 현 순간에 집중하기 위함도 아니다. '코스모스cosmos(질서와 조화를 이룬 체계로서의 우주—옮긴이)' 전체의 질서와 규칙을 이해하기 위함도 아니다. 다만, 코스모스를 초월하여 더 큰 맥락에서 이전과는 다른 맥락으로 각자의 고민과 경험에 접근해보자는 취지를 갖고 있다.

a. (아도의 표현을 빌리자면) [1995] '위에서 내려다본 광경a view from above'처럼 공간적으로는 나 자신을 위에서 내려다보는 느낌으로, 나 자신과 내 환경을 멀찌감치 떨어져 조망하는 방식도 있다.

b. 시간상으로는 스피노자가 말한 '영원의 관점 아래에서<sub>sub</sub> specie aeternitatis'에서 나 자신의 경험이 영겁의 세월 또는 만사의 영원한 반복 속에서 잠시 스치는 하나의 순간에 불과하다고 생각하는 방식도 있다.

7. 자신의 정념<sub>passion</sub>을 길들이기 위한 수련도 다양하다. 마음을 진정시키는 금언으로 구성된 명상 수행(1), 자기 성찰의 실천(5)도 있다. 이 외에도 (아리스토텔레스와 베이컨과 같은 일부 철학자들의 경우처럼) 긍정적이건 부정적이건 솟아오르는 감정(예를 들어, '분노')에 대한 반대의 감정(감사, 관대함, 평온함, 슬픔)으로 다스리는 수련도 있다. 이러한 수련이 철학사상과 딱히 관련이 없을 것 같지만, 실제로 그 밑바탕에는 세네카, 키케로, 플루타르코스의 고전처럼 슬픔을 위로하는 철학적 문헌이 있다.

8. 정신적 강인함을 단련하거나 고통을 극복하거나 욕망을 가라앉히도록 하는 수련 방식도 있다. 정해진 규칙에 따라 금욕과 단식을 실천하는 것도 이에 해당한다. 이 외에도 냉소자 디오게네스<sub>Diogenes the Cynic</sub>(그리스 철학자이자 냉소주의<sub>Cynicism</sub> 철학의 창시자. '견유주의'라고도 함. 관습, 제도, 법률 등을 부정하며, 자연스러운 삶을 추구—옮긴이)는 그에게 적선하는 사람이 없자, 동상을 향해 걸어가서 사람들이 보는 앞에서 구걸하는 등 당차고 강도 높은 훈련으로 수련을 일삼았다(《위대한 철학자들의 생애》 VI, 23, 49).

9. 피에르 아도의 아내 일즈트라오트 아도가 '영적 인도<sub>spiritual</sub>

guide'(2014)라고 이름 붙인 교사-학생 간의 관행이나 실천도 있다. 교사가 제공하는 상담, 학생들의 고백, 솔직한 말하기와 글쓰기가 이에 해당한다(마르쿠스 아우렐리우스가 스승이었던 프론토에게 보낸 편지도 솔직한 글쓰기의 사례이다). 이 외에도 에피쿠로스학파의 경우, 비평가이자 상담가 역할을 자처하는 친구 앞에서 자신을 성찰하는 관행이 있었다.

아도가 말하는 철학자의 '심령주의적 관행the entire psychism' (1995:82)에는 앞서 언급한 다양한 종류의 '영적 수련' 개념이 녹아 있다. 아도는 영적 수련 외에도 순전히 '지적 수련'에 대한 언급을 많이 했다(2020:35, 58~9; cf. 1995:89~93, 101~9). 그가 정의한 지적 수련은 다음과 같다.

10. '대화를 통한 단련'도 있다. 소크라테스의 논박술 즉 '엘렝코스elenchus(상대의 주장에서 모순을 끌어내 반박하는 논박술—옮긴이)'는 대화 상대의 관점을 반박하고 바꾸는 것을 목표로 한다. 독립적인 진리를 발견하고 탐구자들의 지적 능력을 훈련하기 위해 '변증법dialectic(이 말은 그리스어 'dialektikē'에서 유래하고, 원래는 대화술·문답법이라는 뜻이었다. 일반적으로 변증법의 창시자라고 하는 엘레아학파의 제논은 상대방의 입장에 어떤 자기모순이 있는가를 논증함으로써 자기 입장의 올바름을 입증하려고 하였다. 이와 같은 문답법은 소크라테스에 의해 훌륭하게 전개되고, 그것을 이어받은 플라톤에 의해 변증법은 진리를 인식하는 방법으로서 중시되었다—옮긴이)'에 기초한 대화(플라톤주의와 아리스토텔레스 학파가 사용한 방법)에 대해 고도로 성문화된 규칙을 적

용한다.

11. 미셸 푸코(1983)가 '자기에 대한 글쓰기self-writing'라고 칭한 형태를 포함하여, 구어체의 대화를 듣는 방법, 고전을 읽는 방법 그리고 읽거나 들은 것을 기억하는 방법에 관한 훈련 등도 있다.

12. 수사학을 가르치기 위해 '수사학 학교'를 설립하기도 했다. 수사학 학교에서 가르치던 수련은 목적과 대상에 맞게 다양한 종류의 담론을 어떻게 발전시킬 수 있는지(수사학은 플라톤과 아우구스티누스의 사상에 이어 지성인이면 숙지해야 하는 '교양'으로 간주했다), '이데아ideas('관념'으로도 번역되며 감각 세계의 너머에 있는 실재이자 모든 사물의 원형이자, 지각되거나 시간에 의해 변형되거나 사라지는 것이 아니라 경험의 세계를 넘어서서 이루어지는 인식의 최고의 단계—옮긴이)'를 암기하는 방법 등을 다루었다.

수사학 학교에서는 철학 담론에 관한 이론 수업과 각종 수련을 가르쳤다. 이때 고대 철학자들은 고대 전반에 걸쳐 누가 봐도 눈에 띄는 다소 '신경이 날카로운' 분위기를 풍겼다(아도, 1995:97). 플라톤이 남긴 여러 편의 대화에서부터 시작된 고대 철학 문헌들은 강력한 전기적 요소를 가지고 있다. 다른 사람들과 대화하는 철학자의 초상화이기도 하며, 소크라테스에 대해 제자들이 표현한 것처럼 정체성을 헤아릴 수 없는 '아토피아atopia(규정하거나 형용할 수 없는 비장소성—옮긴이)'를 강조하기도 한다(아도, 1995:58; 도만스키, 1996:19~22). 그렇지 않으면 철학적 교리의 요약과 함께 (디오게네스 라에르티우스와 같은) 철학자들의 유익하거나 신랄한 일화와 명언의 모음이다. 이러한 고전의 목적은 '인생을 이렇게 살아야 한다'라고 영감을 주고, 독자에게 근본 원칙이나 진리dogmata에 대해 교육하고 알리는 것이다. 고대 철학자 '아리스토파네스'에서 '루치안'에 이르는 여러 철학자는 그들의 옷차림, 턱수염, 특이한 습관과 운동, 말하는 방식 그리고 겉으로 설파하는 지혜와 덕과 상반된 그들의 가식 때문에 풍자 대상이 되었다. 앞으로도 사회에서 가난한 계층이 사라지지 않듯 '반지성주의 anti-intellectualism(지성, 지식인, 지성 주의를 적대하는 태도와 불신을 말하며, 주로 교육, 철학, 문학, 예술, 과학이 쓸데없고 경멸스럽다는 조롱의 형태로 나타난다—옮긴이)'는 아마도 항상 우리와 함께할 테지만, 18세기[8.1] 이후 '철학자'의 존재감은 현격히 떨어졌다. 한때 그들에 대한 패러디 장르가 생겨날 정도로 독특하고 영향력 있는 문화적 유형이었지만, 어느새 이것도 옛말이 되어갔다.

아도는 독자들이 PWL 개념을 이해하도록 '철학적 담론'과 '철학 그 자체'를 구분했다. 두 개념의 차이를 뚜렷하게 구분했는데, 우선 '철학적 담론'에는 다소 체계화된 가르침이 글이나 문서의 형태로 성문화되어 있다고 주장했다(2002:172~236). 한편 '철학' 그 자체는 철학자의 지속적인 실천 또는 삶의 방식이고, 다양한 철학적 가르침의 원칙에 비추어 삶의 방식을 형성하기 위한 영적 수련도 포함한다. 고대에는 아테네의 4학당(플라톤의 '아카데미Academy', 아리스토텔레스의 '리시움Lyceum', 스토아의 현관, 에피쿠로스의 정원)에서 교사들의 교육학적이고 영적인 지도로 학생들에게 철학을 가르쳤다. '철학'은 삶의 기술을 실천하는 목적으로 가르쳤기 때문에, '철학적 담론'을 이끌어가기 위해서도 스토아철학에서 말하는 '훈련training'이 필요하다고 여겼다. 다양한 영적 수련의 내용과 정당화가 철학적 지식을 배가한다는 믿음에서였다. 한편 단순히 철학적 담론법만 익히고 능숙하게 말하고 논쟁하는 기술만 배우는 것은 그 자체로 매우 위험하다고 여겼다. 아도는 '웅변술의 유혹'에 빠질 만큼 위험하다고 지적했다. 체계적이고 규범적인 철학적 가르침에 따라 살겠다는 의지 없이 수사적이고 논쟁적인 기술로 사람들을 현혹하여 친구를 사귀고 명성과 권력을 얻는 능력이 바로 웅변술이다.

이에, 아도는 고대 철학의 역사를 연구하면서 많은 문제점을 지적했다. 근대 철학이나 '근대성' 그 자체에 대한 비판이 아니라, 그의 관점에서 중세 이후 철학이 '철학적 삶', 즉 '삶의 방식way of life'의 배양이라는 고대의 소명을 잊어버린 것을 비판했다. 이 비판론은 아도의 오랜 연구를 실은 《고대 철학이란 무엇인가》의 마지막 부분에서 명시적으로 언급하고 있다. 그러나 최근에 이르기까지 다양한 곳에서 그의 비판론을 발전시키고 있다(2002:253~70). 아도에 따르면 근대적 학문으로서 철학은 오로지 철학적 담론의 학습, 교수, 저술에 국한되어 있다. 그 바닥의 전문가들만 모여 외부인에게는 폐쇄된 상태에서 철학 사상에 관한 문헌을 들여다보며 자기네끼리만 토론하는 형국이다. 만약 철학자가 자신의 인생관을 어떤 윤리관ethos(아리스토텔레스는 인간의 혼을 지성적 부분과 비지성적 부분으로 나누고, 비지성적 부분 중에서 습관에 의해 지성적 부분으로 되는 감정적 능력을 에토스라 불렀다―옮긴이)에 따라 살기로 마음먹었다고 해도, 자신의 전공 분야인 철학과는 무관한 가치관일 가능성이 크다. 게다가 아도는 PWL 연구를 발표하는 공개 강의에서 칸트의 일화를 소개했다.

*덕에 대한 수업을 들었다고 말한 한 노인에게 플라톤은 이렇게 대답했다. "그런데 당신은 언제부터 도덕적으로 살기 시작할 건가요?" 철학책에 파묻혀 이론만 논할 수는 없는 노릇이다. 사고에만 머물지 않고 실천하는 것이 철학의 궁극적인 목표이어야 한다. 그러나 우리는 철학 사상대로 삶을 사는 사람을 비현실적인 몽상가로 치부하는 경향이 있다(아도, 2020:42).*

어느 순간부터 대학이 학문과 진리의 상아탑으로서 기능하기보다는 기업에서 원하는 인재상을 배출하는 방향으로 교육적 사명을 재정립하게 되었다. 이러한 상황에서 철학적 담론의 한계효용marginal utility(같은 재화나 서비스를 하나 더 이용할 때 느끼는 추가적인 만족도(효용)를 의미한다―옮긴이)이 의문시되었고, 이 과정에서 아도의 연구가 인기를 끌었다는 점은 주목할 만하다. PWL 개념도 이 시기에 부상했다. 성의 역사와 '자기의 기술'에 관한 마지막 강연과 저서에서 푸코가 고대 철학에 관한 아도의 연구를 활용한 것이 PWL 확산에 불을 지피기도 했다[11]. 현대 스토아주의Stoicism(핵심 사상은 '불행은 결코 우리의 행복을 감소시킬 수 없다'이고, 스토아철학은 불행을 이기는 철학이다―옮긴이)는 인터넷이 보편화하면서 급부상했다. 그런데 그보다는 아도의 철학 사상 즉 학술적이거나 학문적인 관점에 대비되어 실생활에 적용할 수 있는 공감대를 불러일으키는 철학적 관점과 같은 접근에 대해 철학 학도와 지식인들이 목말라 있었기에 PWL이 재조명될 수 있었다[6]. 이처럼 PWL에 대한 고대 철학의 정신과 접근이 소환되기에 이르렀다. 그리고 PWL에서는 본격적으로 사람들이 삶, 죽음, 일상에 대해서 하는 고민과 걱정을 다루고, 철학의 이론적 공허함 속에서 정신이 복잡해지는 상태를 지적하는 등 PWL의 본격적인 개화기가 펼쳐졌다.

아도가 없었다면 이 책에서 우리가 전달하려는 접근 방식도 존재하지 않았을 것이다.

## 역사학적 접근으로 바라본 PWL

이처럼 PWL은 철학을 해석하기가 어렵다는 배경에서 본격화되었다. '키니코스Cynic(소크라테스의 제자인 안티스테네스를 시조로 하는 고대 그리스 철학의 한 학파. 행복은 외적인 조건에 좌우되는 것이 아니라고 보고, 되도록 자신의 본성에 따라 자연스럽게 생활을 영위하는 것을 이상으로 삼았기 때문에 모든 사회적 습관을 무시하고 문화적 생활을 경멸했다—옮긴이)' 학파의 철학자 디오게네스(냉소주의의 창시자 중 한 사람—옮긴이)에서부터 로마공화정 말기 정치가이자 철학자인 '우티카의 카토Cato of Utica'(cf. 쿠퍼, 2012)와 같은 정치인에 이르기까지 고대에 철학자로 인정받은 위인들의 사상뿐만 아니라 고대 철학 문헌이 일관성이 떨어지거나 문학적인 특징들도 생소한 경우가 많은데, 어떻게 그 깊은 뜻을 다 헤아릴 수 있겠는가? 리처드 골렛Richard Goulet이 쓴

《고대 철학 사전Dictionnaire des philosophes antiques》의 서문과 1983년 2월 콜레주 드 프랑스Collège de France(1530년 프랑수아 1세가 창설한 고등 연구 교육기관―옮긴이)에서의 교수 취임 연설에서 아도는 고대 철학 사상의 의도를 파악하려면 다음과 같은 세 가지 흥미로운 맥락에서 접근해야 한다고 주장했다.

대학의 철학과 또는 철학을 공부하는 집단에서 학생들이 철학을 바라보는 관점이 있다. 상아탑에는 철학 고전이 잘 보관되어 있고, 주제나 시기별로 분류되며, 전통적인 철학 해석 방식에 따른 비평과 해설이 제공된다. 또한, 이러한 형태와 내용은 정치적인 관심사에 의해 결정될 수 있다는 점도 고려해야 한다. 예를 들어 군주에게 조언하거나 군주를 비판하는 취지로 이상적인 왕의 초상화를 그려볼 수 있다. 마지막으로, 이론은 영적 수행과 완전히 분리할 수 없다는 것, 철학 고전은 무엇보다도 삶에 유익한 정보를 제공해야 한다는 것 그리고 철학적 담론은 철학 그 자체와 다르지 않은 어떠한 방식으로 이끌기 위한 수단일 뿐이라는 사실을 잊어서는 안 된다(아도, 2020:51~2).

두 가지 차원에서 아도의 연구는 서양철학사를 새롭게 이해할 수 있는 틀을 마련했다. 그 이유는 이 책에서 자세히 소개한다.

1. PWL에 심취하다 보면 오늘날 문학적인 글쓰기나 중요하지 않은 형태의 글쓰기를 철학적인 관점에서, 더욱 거시적으로 생각해보고 싶다는 의지가 생겨날 것이다.
2. 아도가 '비트겐슈타인의 후기 철학(그는 '언어 용도 이론'을 제

시했는데 언어란 상황과 맥락에 따라 달라지고 따라서 언어와 세계가 일대일로 대응하지는 않는다고 했다—옮긴이)'을 해석하며, 철학적 텍스트(2004)를 하나의 독립적인 철학 체계로 간주하는 것이 아니라 어떻게 일상에서의 실천과 문화에 녹여낼 수 있는지 파악할 수 있을 것이다.

무엇보다 아도의 연구가 진정으로 서양철학사를 새롭게 조명하는 데 크게 이바지했다는 점을 알게 될 것이다. (그러나 그의 관점은 비교 철학적 관점을 배제하지 않는다. 참조 문헌: 피오르달리스Fiordalis 개정판, 2018; 샤프 & 크레이머Sharpe & Kramer, 2019) 이 책에서는 아래의 다이어그램(그림 0.1 참조)을 뼈대로 삼고 이야기를 전개할 것이다. 철학적 고전을 읽는 이 방법론은 철학의 역사를 이해하는 다른 방법과 비교하여 새로운 시야를 갖게 할 것이다. 이 방법론의 취지는 간단하다. 우리가 철학을 이해하는 방법 그리고 철학의 범주에 넣는 내용이 변한다면 철학의 역사에 포함하거나 제외하는 주제도 달라질 것이라는 점이다.

오늘날 '철학'이라는 용어는 전문가들 사이에서만 통용되는 경향이 있는, 여전히 규범적이고 서술적인 정의에 국한되고 있다. 철학자 몽테뉴Montaigne(1533~1592, 내면적 실증주의자로, 살아 있는 자신에게 이롭지 않은 것은 고려할 값어치가 없다고 보는 적극적인 실증적인 태도를 보인 철학자—옮긴이)의 사상처럼, 현재 '우리'의 행동을 이해하는 관점에서 여러 시대의 철학을 탐구하려는 경향이 있다. 언제의 철학이든 지금 우리에게 해당하는 부분이 중요한 것이다. 그런데도, 접근 방식이 '분석적'이든 '영미권 중심'이든 철학의 목적, 범위, 방법론을 포함한 철학의 본성에 관한 연구에는 한계가 존재한다. 스위스 프리부르 대학의 루에디 임바흐Ruedi Imbach 철학과 교수는 중세 철학 고전이 지금의 현실과 동떨어진 부분에 대해 언급하기도 했다. 임바흐의 논평은 헬레니즘 시대와 로마 시대, 이탈리아와 유럽의 르네상스, 프랑스 계몽주의의 철학 사상을 비롯하여 광범위한 철학 고전에 적용할 수 있다.

임바흐는 오늘날 우리가 철학을 문자로 구현된 인간미 없고 개념적인 담론으로 생각하는 경향이 있다고 주장했다. 철학은 철학을 대하는 사회적, 제도적 전제를 배제하고, 철학을 접하는 사람들의 개별 상황을 무시한 채, 온갖 추상적이고 두리뭉실한 이야기일 뿐이라고 생각하는 현대인들이 많다고 덧붙였다. 철학에 관한 궁금증은 다양하게 펼쳐질 수 있다. '위대한 철학자'가 철학사적으로 어느 사조와 어느 시기에 위치하는가? 철학서의 저자가 동시대 사람들의 심리와 행동을 염두에 두고 특정 철학자의 사조를 어떻게 이해하고 책을 썼는가? 동시대 사람들은 저자의 해석을 어떻게 이해하고 있는가? 그런데 이러한 궁금증은 지성사intellectual history(역사 속의 행위자가 남긴 발화와 주장을 탐구함으로써 과거를 조망하는 학문의 한 분야—옮긴이)를 연구하는 역사가 또는 철학이나 사상을 연구하는 역사가가 탐구해야 할 주제일 것이다. 임바흐는 마치 철학이 비록 '신'은 아니더라도 '탈 신체화된 마음disembodied mind'에서 비롯되는 것처럼, 철학에 관한 위의 궁금증은 철학 활동을 '플라톤주의Platonism'(이데아계와 현상계, 이성과 감성, 가치와 존재, 영혼과 육체를 구별하여 전자를 우위에 두는 이원론적인 사상—옮긴이)로 간주한다. 이러한 접근에서는 철학사에서 언급할 가치가 있는 고전들은 담론이나 논쟁의 수준에서 물꼬를 틔운 '독창적인original' 주제를 도출한 위대한 고전들이다. 그래서 우리는 '독창성'의 관점에서 대표적인 철학 사조 즉 아리스토텔레스에서 아퀴나스 또는 데카르트로, 그다음에는 칸트와 헤겔의 사조에 접근한다. 그런데 물꼬를 틔우진 않았지만 여전히 우리 삶에 도움이 될 사조는 간과한 채 말이다. 임바흐는 이 현상을 '독창성의 제국주의imperialism of originality'라고 칭한다(임바흐, 1996:87). 니체의《때아닌 명상Untimely Meditation》 2판[10.2 참조]에서 기념비적인 역사에 대한 니체의 사상, 여기에 하이데거 사상을 가미한 것으로 대략 설명되기도 한다[10.2 참조].

그러나 아도와 다른 학자들이 시작한 PWL 연구 프로그램은 철학 즉 '필로소피아philosophia'('지혜를 사랑하는' 행위의 뜻으로, '철학philosophy'의 어원—옮긴이)의 역사에 대한 플라톤적 또는 하이데거적 사상에 도전한 것이다. 만약 철학이 우리가 본 것처럼 삶의 방식을 제시하는 것으로 생각한다면 철학의 역사는 단지 '위대한 사상가들', 그들의 책과 주장 그리고 무수한 모방자들의 사상에 국한되어서는 안 될 것이다. 물론 플라톤, 아리스토텔레스, 아우구스티누스, 아퀴나스, 베이컨, 데카르트 등 위대한 사상 혁신가들이 존재한다. 그러나 이들과 함께 존재한 다양한 학파의 삶과 역사, 고전 사상에 대한 주석가와 논평가, 가르치고 쓰는 문화의 발전 그리고 잘 알려지지 않은 인물들의 지속적인 철학적 교육학과 실천 등으로부터 삶의 방식을 배울 수 있을 것이다(아도, 2020b, 43~54).

이렇게 확장된 관점을 채택한다고 해서 '유명론적인nominalist(보편적인 속성은 존재하지 않고 명칭으로만 존재—옮긴이) 상대주의relativism(절대적으로 올바른 진리란 있을 수 없고, 올바른 것은 그것을 정하는 기준에 의해 정해지는 것이라는 주장—옮긴이)'에 굴복한다는 의미는 아니다(결론). PWL 접근법을 학습할 때, 특정 시대에 어떠한 철학자가 주장한 '철학'에 국한하지 않아도 된다(다만, 때로는 특정 '철학'에 치우침을 느낄 수도 있다). 또한 PWL은 모든 '철학'이 똑같이 좋고, 중요하고, 진지하고, 엄격하고, 영향력이 있다는 생각에 머물지 않는다. PWL 접근법을 실천한다는 것은 서양 사상의 역사에서 서로 다른 시기에 사람들이 '철학'이라고 칭한 사고방식의 변화를 열린 마음으로 받아들이는 것이다. 따라서 다양한 문화권과 역사적 시기에 걸친 사상들이 현재의 제도적, 교육학적 그리고 지적인 추정 활동과 맞지 않는 부분은 무엇인지, 현대 여러 교과과정에서 이와 같은 시기가 더는 언급되지 않는 가운데 현실에 도움이 되는 사상과 그렇지 않은 사상을 구분하는 안목을 키워나가는 것이다. 그러므로 PWL의 실천은 우리가 오늘날 '철학적'이라고 받아들이는 것이, 미래 세대가 '그게 무슨 철학적인가?'라는 비난할 여지가 있다는 현실에 눈을 뜨는 것이다.

PWL의 관점으로 세상을 바라보면 좋은 점이 많다. 특히 철학 사학자 또는 철학을 배우는 사람들은 다른 관점에 비해 PWL을 이용하면 더욱 폭넓은 질문을 떠올릴 수 있다. 그렇다면 과연 언제부터 PWL 개념이 밀려나게 된 것일까? 어떤 이유로 인해, 지적·제도적·사회적·정치적·종교적 상황이 복합적으로 작용했길래 PWL은 찬밥신세가 된 것일까? 이 개념이 한 번에 '추락'한 것일까 아니면 복잡하고, 단계적이고, 우발적이고, 되돌릴 수 있는 역사의 한 부분인가? 삶의 방식으로서의 철학은 어떻게 철학사의 다양한 시점에서 다양한 형태의 종교나 종교 관습으로부터 전해 내려오고 변형되었을까? PWL을 통해 어떻게 이러한 관행이 생겨나고, 서로 긍정적이고 부정적인 영향을 주고받았을까? PWL 개념을 어떻게 변형하거나 변조할 수 있을까? 또한 서구 사상의 역사에서 PWL은 어떻게 구체화되었을까? 대학의 민영화 움직임 속에서 순수 학문이 점차 소외되고 있는데, PWL 개념 자체를 학문적으로 회복하는 것은 현대 철학에 어떠한 가능성을 가져올 것인가?

일단 PWL에 의해 물꼬가 트인 연구 프로그램이 생겨나면서 철학을 구상하고, 철학에 관한 글을 쓰며, 철학을 제도화하고 실천하는 다양한 형태에 무한한 가능성이 드러나게 된 것이 가장 큰 수확이다. 역사학적 접근법으로서의 PWL 덕분에 서양철학의 후기 현대사에서 주로 지나치는 몇몇 중요한 시기에 활동한 매우 영향력이 있는 작가들의 작품을 철학적 관점으로 새롭게 읽을 수 있게 되었다. 우선 헬레니즘 시대와 로마 시대는 18세기까지 줄곧 문화적으로 큰 영향을 미쳤다. 이 시기를 '철학적 파생과 쇠퇴'의 시기로 간주한 19세기 독일 학풍에서 '고전적' 편견이 생겨났는데, 바로 두 시기는 그러한 편견의 희생양이었다[9.1, 10.1 참조]. 대조적으로 플라톤과 아리스토텔레스가 집필한 (우리의 관점에서는) 이례적인 글의 난해함에도, 두 사상가의 철학에 대한 체계적인 분석은 압도적으로 많다.

그 이후 시기로는 이탈리아와 북부 르네상스 시기(1400~1600년경)가 있다. 이때에는 주로 회의론자, 에피쿠로스학파, 스토아학파의 철학 사상을 비롯해 고대 철학을 복원하는 노력이 이어졌고 페트라르카, 몽테뉴, 립시우스와 같은 사상가들은 '철학적인 삶이란 무엇인가'에 대한 그들만의 개념을 재정립(및 개조)하기 시작했다. 마지막으로, '철학의 시대'(웨이드, 1977a)로 알려졌지만 오늘날 철학 이해의 분야에서는 (대학에 기반을 두었던 비판철학의 대가 임마누엘 칸트를 제외하고는) 주변부로 밀려나게 되었다(윌슨, 2008).

따라서 이 책의 몇몇 장에서는 위의 각 시기를 심층적으로 다룬다. 새로운 철학사상이 시기별로 처음 등장하게 되는 '독창성'에 대한 내용도 다룬다. 여러 철학자 가운데 우리의 주제와 맞는 거장들을 몇몇 소개한다. 휴머니스트 에라스무스(cf. 딜리, 2017), 현자의 모범이었던 스피노자(1982), 샤프츠베리 경卿, Lord Shaftesbury(cf. 언어철학의 대가 셀라스Sellars; 길Gill, 2018), 시인 철학자 괴테(cf. 아도, 2008)과 카뮈(cf. 샤프, 2015a)의 사상을 다룰 것이다.[1] 앞으로는 역사학적 접근법으로도 조망하는 PWL에 관한 연구도 있어야 할 것이다.

아도는 PWL 개념을 맥락적 차원으로 접근한다. PWL을 이해하기 위해서는 다양한 방식으로 '철학화'하기 위한 제도적·정치적·윤리적 조건을 이해해야 한다고 강조한다. 다시 말해 원칙적으로 PWL을 모든 형태의 철학에 적용할 수 있다는 의미다(헌터Hunter, 2007). 철학을 공부하는 학생들이 철학적 지식과 지혜를 얻는 것에 국한하지 않는다. 어떠한 직업에든 적용할 수 있는 '진로에 도움이 되는 수단'에도 국한하지 않는다. 이보다 더욱 광범위한 목표를 지향하는 다양한 형태의 철학이 PWL에 녹아 있다. 지성사를 연구하는 역사가 이안 헌터(2007, 2016)는 PWL 분야에서 이와 같은 연구 프로그램을 개발하는데 누구보다도 큰 노력을 기울였다. 이 책의 결론에서는 이 분야에서 물꼬를 틔운 헌터의 연구에서 제기된 질문들을 짚어본다. 본격적인 내용에 들어가기에 앞서 한 가지 분명히 해둘 점이 있다. 이 입문서에서 소개하는 철학자들은 PWL에 대해 자기 생각을 공공연히 밝힌 사람들로 국한한다. PWL에 대한 비전, PWL을 이용한 단련이나 자기 계발에 대한 통찰이 이미 공개된 철학자들을 집중적으로 소개하고자 한다.

### 분석적 '텐네아드Tennead', PWL 접근에서 나타나는 10가지 철학적 특징

우리는 소크라테스와 니체, 에픽테토스와 데카르트, 세네카와 볼테르와 같은 다양한 철학자들을 다루는 연구에 분석적 접근의 '연속성'을 적용하고자 했다. 이에 '격자 도표grid'라는 다이어그램을 개발했다. 입문서와도 같은 이 책 전반에 걸쳐 격자 도표가 기틀이 될 것이다. 이 표는 아도와 그의 사상을 이은 학자들의 논고를 참조하여 작성되었다. 여기에서는 PWL 접근법을 통해 가시화할 수 있는 철학적 활동의 10가지 특징을 구분한다. 10가지 특징을 범주화함으로써 우리가 분석하는 다양한 사상가와 학파의 형이상학을 비교하고 대조할 수 있을 것이다. 위의 영적 및 지적 훈련이 그러하듯 다음의 범주에 대해서도 논쟁의 여지가 있고, 다른 방식으로 범주화하는 것이 가능함을 미리 말해둔다.

PWL에는 다양한 특징이 있고 그 특징에 따라 구분하고 열거하는 방법도 다를 수 있다. 그런데도 책에서는 PWL 접근법에서 중시하는 철학적 활동의 10가지 특징을 표로 만듦으로써 분명 새로운 가치

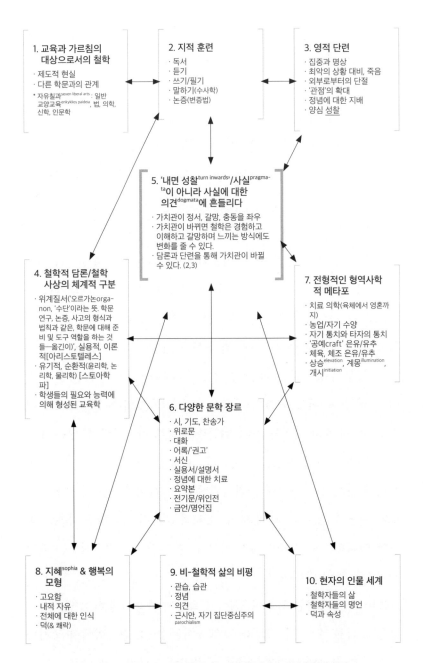

그림 0.1 '텐네아드Tennead'—우리의 PWL 접근에서 10가지 철학적 특징

를 발견할 수 있을 것이다. 표를 염두에 두고 이 책을 읽고 나서, 이 입문서를 마무리하는 요약 부록에서 최종적으로 그동안 학습한 내용을 정리해볼 수 있다.

소괄호에 배치되고 굵은 글씨로 입력된 숫자(1, 2…)는 PWL의 10가지 특징을 나타낸다(대괄호에 굵은 글씨로 표시된 숫자와 소수점[3.1, 4.3 …]은 책의 장과 부문을 가리킨다). 텐네아드 다이어그램의 3단계('1, 2, 3', '4, 6, 7', '8, 9, 10')에서 각 그룹은 '철학의 교육학적·실용적 수준', '철학적 글쓰기와 의사소통의 수준' 그리고 '규범적 수준'을 나타낸다.

이 중에서 독립적으로 중앙에 있는 숫자가 '5'이다. 이 부분에서는 PWL에 기반을 둔 가르침과 지적 훈련을 통해 철학적 담론을 함으로써 사람들의 오랜 가치관을 바꿀 수 있다는 전제를 설명한다. 인간이 '이성적인 동물'이라는 철학자들의 주장이 바뀌지 않는 한, PWL에 영향을 받아 가치관이 변하는 경우 사람들은 오랜 세월 동안 윤리적으로 또는 영적으로도 변화할 수 있을 것이다. 그 이유는 무엇일까? 인간은 이성에 근거해서 행동하기 때문이다. 심지어 우리가 비이성적으로 행동할 때도 우리는 행동에 대해 정당성을 찾는다. 심지어 감정을 분출할 때도 우리의 정념은 세상에 대한 우리의 가치관 그리고 그 안에서 우리가 처한 위치를 근간으로 한다.

이러한 추론은 《소크라테스의 변론》에 실린 변론 연설문에 뿌리를 둔다. 그는 연설에서 아테네 사람들에게 명성, 권력, 돈, 부에 대해 지나치게 정신을 쏟지 말고 마음psychai 챙김에 힘쓰라고 설파하는 것이 일생의 목표였다고 밝혔다(《변론》 29e~30c). 각자의 신념, 태도,

정동affect(주관적으로 느끼는 감정 상태(정서)가 표현된 관찰 가능한 행동 양식. 정동의 예는 슬픔, 들뜸, 분노 등인데, 기분mood이 광범위하고 지속하는 정서의 '기후'라고 한다면, '정동'은 보다 변동이 있는 정서의 '날씨'에 비유한다—옮긴이)에 대해 철학적인 관점으로 집중하면서 '내면 성찰 turn inwards'(시각의 방향을 안으로 향하게 한다는 의미의 '내면 성찰'은 잠정적으로 정한 표현이고, 적격성에 관해서는 추가 연구가 필요하다)을 한다는 것은 PWL을 둘러싼 모든 개념의 근간이다. 일례로 에피쿠로스학파(에피쿠로스는 육체적 쾌락보다는 정신적 쾌락을, 쾌락의 적극적 추구보다는 고통과 불안의 부재를, 최대한의 욕구 만족보다는 소박한 자족을 더 강조하는 쾌락을 제시했다. 즉 육체에 고통이 없고 영혼에 불안이 없는 평정 상태, 즉 아타락시아ataraxia에 도달하는 것이 진정한 쾌락이라고 보았다—옮긴이)는 그들의 사상이 소크라테스가 아닌, 소크라테스 이전에 있었던 원자론atomism(세계의 모든 물질은 쪼갤 수 없는 입자인 원자로 이루어져 있다는 이론으로 세계의 모든 사상을 원자와 그 운동으로 설명하려는 학설—옮긴이)과 철학자 데모크리토스로부터 계승했다고 주장했다. 그런데도 위의 사상은 우리가 마음속에 품은 욕망과 우리가 인지하고 있는 욕구가 일반적인 가치관이나 헛된 생각kenodoxia에 좌우된다는 개념과 유사하다. 이를 토대로 에피쿠로스는 자신의 철학을 의학적인 것과 에우다이모니즘적인 것으로 발전시켰다. 한편 루크레티우스는 에피쿠로스를 헤라클레스와 같은 외부의 괴물과 내적 또는 윤리적 괴물을 정복한 위대한 신으로 간주했다. 실제로 후자의 괴물이 더 많은 사람의 안녕에 즉각적으로 위협을 가한다고 여겼다(《사물의 본성에 관하여》 V, 39~59).

소크라테스는 사물을 대할 때 자체보다는 사물에 대한 자기 생각에 집중하라고 주장했고 여기에서 비롯된 사상들도 있다(에픽테토스는 '사실$_{pragmata}$'이 아니라 사실에 대한 자신의 '의견$_{dogmata}$'이 자신을 괴롭힌다고 했다[《에픽테토스 편람 5》].) 그런데 이들의 사상은 그 어떠한 PWL 접근법에도 눈에 띄게 드러나진 않은 듯하다. 아마도 다양하고 때로는 상충하는 이론적인 용어들에 내재하는 것으로 추정한다.

### 교육학적-실용적 수준

**1. 교육학으로서의 철학**: 철학을 단지 학문적 관점에서 이야기하고 자격을 갖춘 전문가들의 철학적 논평과 논문의 성과 위주로 바라보는 관점이 있다. 그런데 PWL 접근에서는 이러한 관점에서는 한발짝 물러나 있다. 한번 생각해보라. 철학자들에게 자격이 부여되려면 누군가가 그들을 가르쳐야 한다. 그런데 지식을 전달하는 '가르침'의 행위가 오늘날 제도권에서 높게 치는 '통계적으로 수치화할 수 있는' 연구 즉 '시장에서 장사가 될 만한' 연구 활동보다 평가 절하되는 경향이 있다. PWL 관점에서 매우 안타까운 상황이라고 생각한다. PWL에서는 어떠한 학파나 시기의 철학을 이해하려면 철학을 수행한 제도적 상황에 대해 다음과 같은 질문해볼 것을 권한다. 철학을 교육하던 당시, 교육의 명시적 또는 암묵적 목적은 무엇이었는가? 누가 누구를 대상으로, 어떻게 가르쳤는가? 사회적 권위, 우정, 서신 교환의 취지와는 어떠한 관련이 있었는가? 글쓰기를 비롯한 각종 수련 활동은 교육에서 어떠한 기능을 했는가? 철학을 하나의 교과목으로 가르쳤는가 아니면 다른 학문, 특히 12세기부터 18세

기까지 '예술Arts' 계열에서 대학의 주요 교과목을 차지한 '인문학'과 같은 광범위한 교과과정에서 비중 높은 전공으로 가르쳤는가?[아래 5.3 참조] 철학에서 다루는 주제와 범위가 넓으므로 철학이 '학문의 꽃'으로 우대받았는가? 아니면 신학, 의학, 법학과 같은 당시 대우가 좋던 학과로 전과하기 위해 학생들에게 필요한 사고력과 논쟁 실력 등을 키우는 일종의 도구 즉 '오르가논'으로 여겼는가? 17세기에서 19세기 동안 새로운 학문이 대거 등장했는데, 이 현상은 과거와 현재에 걸쳐 철학의 위상에 어떠한 영향을 주었는가?

2. **지적 훈련**: 이렇듯 철학은 그 자체를 가르치는 학문으로 인식되기도 하지만, 학생들에게 읽고 말하고 쓰고 기억하는 방법을 훈련하는 데에도 깊이 관여하고 있다. 이를 '지적 훈련'이라고 표현할 수 있다. 지적 훈련에 대해 깊이 생각하진 않더라도 결국 학생들에게 철학책을 읽고, 아이디어를 논의하고, 논문을 쓰고 평가받는 일련의 과정을 가르치는 것이 지적 훈련이라고 할 수 있다. 학생들이 어떻게 읽고, 추론하고, 대화하고, 써야 하는지에 관한 규범과 단련에 대해 철학 사상가들은 오랜 세월 동안 연구해왔다. 또한 필요할 때 윤리적, 철학적, 성경적 또는 신학적 개념을 내재화하고 상기할 수 있도록 어떻게 정리하고 메모할 것인지에 대한 담론도 오랜 세월 동안 이어져왔다.

3. **영적 단련**: 위에서 언급했듯 명상, 관상觀想, 사색, 예측 명상premeditation(스토아학파 철학자들은 인간은 나락으로 떨어지더라도 균형감을 유지해야 한다고 믿었다. 아무리 당황스럽고 화가 나더라도 견뎌 내어야 한다고 생각하며, 최악의 순간을 미리 생각하며 그 순간을 겁내지 않기

로 다짐하는 과정을 '프라이메디타티오_praemeditatio' 즉 '예측 명상'이라고 한다—옮긴이), 양심 들여다보기, 관점의 전환, 정념과 타인과의 교육적 관계 다스리기를 단련할 때 철학을 근간으로 하는가? 이 중에서 어떠한 단련을 철학에서 규정하고 있는가? 이러한 단련이 추구하는 최종 목표는 무엇인가? 사람들은 이 단련들이 서로 어떻게 연관되어 있다고 생각하는가? 교회 부흥회에서부터 데카르트의 《제1 철학에 관한 성찰》에 이르기까지 영적 단련을 차례로 진행한다면, 어떠한 방식으로 순서를 매길 것인가?[7.3]

## 철학적 담론의 수준

4. **철학의 범주화**: 철학적 담론을 어떻게 세분화 또는 범주화할 것인가에 대한 질문을 생각해볼 수 있다. 이때, 철학 사상은 어떠한 영향을 미칠 것인가? 철학을 범주화하는 것과는 어떠한 관련이 있을까? 철학은 위계적인 방식으로 발전했는가? 예를 들어 추정 대상에 대한 일반성, 불변성, 비물질성을 기준으로 하여 형이상학이나 신학을 가장 정점에 두고 말이다. 플라톤과 아리스토텔레스의 철학 사상에 대해서도 위계적 질서를 적용해볼 수 있을 것이다. 아니면 이와 상반된 방식으로도 범주화할 수 있다. 스토아학파의 경우 철학의 다양한 요소('복도_Porch(아테네에서 그리스 철학자 제논이 학생을 가르치던 곳)', 논리학, 윤리학, 물리학)가 완전히 상호의존적이고 상호 침투적인 것으로 생각할 수 있는가? 특정 요소가 교육학적으로나 존재론적으로 우위에 있다고 생각하지 않는 것이다. 이 외에 또 다른 범주화도 가능하다. 다양한 학문에 대

한 인간의 능력(기억, 상상, 의지, 지성)을 기반으로 범주화할 수 있다. 이는 베이컨 철학과 닮았다(인간 정신을 해방하고 정신의 인식 능력을 증대하는 방법론을 모색한 대표적 철학자가 베이컨이었다. 그는 자연의 원리를 깨우침으로써 인간은 세상의 주인이 될 수 있다고 믿고 세계에 대한 정확한 지식을 얻기 위해 올바른 인식을 방해하는 장애물은 제거하기 위해 노력했다—옮긴이). 그렇다면 철학을 가르치는 순서에 대한 교육학적 관점과 어떠한 관련성을 지니는가?[2]

6. **문학 장르**: 철학자들은 어떤 문학 장르로 글을 쓰는가? 그리고 고대나 르네상스 시대에 철학자들이 시, 신화, 요약본, 속담집, 우화, 논문, 대화문, 위로문, 치료나 권고를 목적으로 하는 글 등으로 철학자들이 글을 쓸 때, 각 형태를 선택하는 목적은 무엇인가? 이러한 형태의 글쓰기는 철학자나 그의 학파가 권장하는 지적 훈련(2)이나 영적 단련(3)과 어떠한 관련이 있는가? 각 글쓰기 형태는 개별 철학자가 정의하는 지혜(8)와 현자(10)와 어떠한 관련이 있는가? 문학적 방법이나 표현의 형태에 따라 교육학적이고 심리학적인 효과가 어떻게 달라지는가(1)?

7. **형이상학적 은유**: 철학은 '어떤' 은유나 유추에 따라 묘사의 방식이 '어떻게' 달라지는가? 수술할 때 의사의 손기술이 중요한 의학처럼 손기술이 필요한 다른 학문에 비해 철학은 어떠한 면에서 비슷하거나 다른가? 아니면 육상, 레슬링, 양궁, 체조에서 하는 신체 훈련과 비교해서는 어떠한가? 스토아학파에서 말하는 '달걀(철학이 달걀에 비유될 경우 그 껍질은 논리학이요, 흰자는 윤리학이며, 노른자는 자연학이 된다—옮긴이)'과 '정원(논리학은 정원을 보호

하는 울타리, 자연학은 위로 자라나는 나무, 윤리학은 정원의 열매에 비유하기도 했다—옮긴이)'과 같은 인간이 아닌 대상에 비유할 수 있는가? 철학을 논할 때 경작에 관한 농업 용어가 많이 등장한 이유는 무엇인가? 영혼의 일부(플라톤의 [《국가론》 III~IV])를 체제나 정권 또는 자치自治나 타치他治(《알키비아데스》 1; 푸코, 2005:65~80)에 비유하는 것은 고대에 사용된 정치적 은유인가? 마지막으로 '계몽illumination'이나 '상승elevation'에 비유하기도 하는가? 그렇다면 다양한 영적·지적 훈련을 권장하고 지시할 때 어떠한 관련을 지니는가(2, 3)?

## 규범적 수준

8. **지혜와 행복의 개념**: 철학에서는 규범적인 목표를 어떻게 설명하는가? 철학에서는 지혜에 대한 강력한 개념을 다루는가? 지혜의 실천과 이론을 구분하는가? 사람들이 철학을 인식할 때, 지혜의 실천과 이론은 각각 어떠한 영향을 미치는가? 철학은 명시적으로 '에우다이모니즘eudaimonistic'을 추구하는가? 다시 말해 철학을 공부하는 사람들의 행복과 번영에 어떠한 영향을 주는가? 철학을 공부함으로써 행복이나 번영에서 멀어지게 되는가 아니면 더 가까워지는가? 에우다이모니즘을 추구한다면 구체적으로 어떠한 면에서 행복에 다가가게 하는가? 고요함, 자아 통달, 자기 극복, 자기 변형(내적 변화) 또는 영적 상승spiritual ascent (인간의 신념에 매이지 않고 한계 없는 무한의 세계에서 살고 있다는 깨달음 속에 사는 것으로, 의식의 진동 주파수가 높아질수록 자신이 열망하는 것을 한

정 짓는 것은 자기 자신밖에 없음을 확연히 알게 된다—옮긴이)의 관점에서 설명할 수 있는가? 철학에는 육체적, 일시적, 세속적 존재감을 향상하려는 시도가 있는가? 아니면 세속적이고 덧없는 것을 초월하려는 목표가 있는가?

9. **비철학자들에 대한 비평**: 이 책에 등장하는 철학 사상들은 모두 평범한 관습과 규범에 도전하는 삶의 방식과 지혜와 행복의 개념을 소개한다. 그렇다면 어떠한 방식으로 '평범한 일상성'을 도전하고 비판하는가? 철학자가 아닌 평범한 '비철학자들'의 입장은 어떻게 대변하는가? 철학자는 사색적 존재로 남으며 현실 세계에서 물러나야 하는가? 아니면 철학 사상을 거리와 '아고라agora(도시 국가의 시장을 뜻하는 '아고라'는 시민들 일상생활의 중심이 되었다—옮긴이)'에서 공공연히 소개해야 하는가? 철학자가 아닌 '평범한' 인간은 철학자보다 '열등한' 존재인가? 어떠한 면에서 비철학자들은 철학을 비난하거나 공감하는가? 비철학자들의 가치관에 문제가 있어서 어쩔 수 없이 고통, 불화, 불행의 나락으로 떨어지는 것인가? 혹시라도 비철학자에 대한 '철학자의 책임'이 있다면 그 책임은 어떠한 것인가? 그리고 일반적으로 철학의 사회·정치적 범주가 어디까지라고 생각하는가?

10. **현자의 개념**: 에우다이모니즘 사상을 추구하는 철학 즉 추정적 지혜와 행복을 얻기 위한 수단으로서의 철학에서는 현자, 지성인, 귀족gentilhomme, 심지어 나라를 다스리는 황제처럼 비범한 인물들을 지향한다. 철학에서는 이처럼 이상화된 인물들을 어떻게 정의하는가? 그러한 인물들은 영감을 주는 것, 그 이상으로 영향

을 줄 수 있는가? 현자는 철학자가 아닌 사람들과 어떤 관계가 있나? 그러한 인물이 사람들에게 '나도 저렇게 살고 싶다'라는 생각이 들 정도로 본보기가 되는가? 그들이 제시하는 반사실적인 이상향counterfactual ideal(현재 또는 과거의 결과에 반한, 실제로 일어나지 않을 이상향—옮긴이)을 공감하는 수준을 넘어서서 말이다. 현자의 삶은 비철학자들에게 어떠한 공감대를 줄 것인가? 현자는 정치적 권력, 돈과 명예의 유혹에 대해서는 어떻게 받아들이는가? 자신이 속한 집단에서 오랫동안 믿어온 정치적·종교적 신화는 어떻게 받아들이는가? 현자는 정념과 쾌락을 경험하는가? 그렇다면 현자가 아닌 평범한 사람들이 경험하는 것과 같은 방식으로 이와 같은 감정과 정서가 느껴지는가?

이 책에서는 에피쿠로스와 스토아학파의 사상과 관련하여 10가지 특징을 모두 다루지만, 나머지 사상에서는 일부 생략하기도 할 것이다. 그러나 몇 가지 특징이 언급되지 않더라도 10가지 특징을 염두에 두고 이 책을 읽다 보면, 철학 사상 사이에 어떠한 차이와 변화가 있는지 쉽게 이해할 수 있을 것이다. 이 표에서는 다양한 철학 사상이 10가지 특징 중에 몇 가지 특징을 가졌는지를 나타내기도 하지만, 관련 주제에 대한 틀과 접근법이 세월이 흐르며 어떻게 변화했는지를 알려주기도 한다. 예를 들어 초기 근대 시대에 프랜시스 베이컨의 사후에 활동한 왕립 학회Royal Society의 거장들virtuosi은[7.4] 철학을 일종의 교육학(1)으로 명시했다. 교육학으로의 철학은 지적 훈련을 포함하고(2), 현대 대학의 지식 분과 방식에 도전하며(4), 집단

실험과 탐구의 문화를 육성하기 위해 새로운 형태의 글쓰기를 발명하는 수단(5)이라고도 판단했다. 그들의 문헌에서는 치료적 목적으로 은유를 사용하면서, 실험 철학을 '영혼의 의학medicina animi'(7)으로 묘사한다. 현자는 아니더라도 지혜와 이상을 탐구하는 사람에 대한 관념을 가장 확실하게 발전시킨다(8,10). 그렇다면 그들이 기존과 다른 관점으로 철학을 받아들이게 되기까지 어떠한 계기가 있었을까? 여기에는 정치적인 요소가 작용했다. 그들 이전에 활동하던 중세철학자들보다 (베이컨 이후) 물리학이나 자연철학의 위상을 훨씬 높게 두었다(4). 영국과 유럽에서 수 세기 동안 종파적, 종교적 분열을 겪은 후, 사회적으로 평화로운 문화와 신사적인 사회성의 새로운 개념을 창조하려는 욕구가 거세게 일게 된 것도 그들의 철학 연구에 활기를 주었다(9). 그러나 지혜와 이상의 탐구자(8, 10)에 대해 왕립학회 거장들은 스토아학파나 에피쿠로스학파, 심지어 소크라테스보다 '이 탐구자는 특히 자연철학에 대해 자신들만의 이론적 의견을 어떻게 형성할 것인가?'에 대해 집중적으로 연구했다. 비록 실험과학의 기초가 되는 거장들의 지적 훈련(2)은 후기 베이컨 철학(정신적 삶은 정념에 의해 방해받거나 왜곡된다. 이때 철학적 '의술medicina'이 필요하다(6, 7))에 기반을 둔다. 그런데도 거장들은 명상, 관상, 예측 명상과 같은 영적 단련(3)을 규정하지 않는다. 게다가 위로하거나, 분노와 씨름하거나, 시민의 덕에 관해 직접 권고하지도 않는다.

PWL의 10가지 특징을 나타내는 이 격자 도표를 기반으로 단 하나의 질문을 해볼 수 있다. PWL 연구에서 계속 대두되었던 질문이기도 하다. "한때 서양철학에서 중요시하던 PWL이 언제, 어떻게, 왜 소리, 소문 없이 사라지게 되었는가?" 앞으로 다루겠지만 사상가들은 PWL에 대해 각기 다른 해법을 제시했다.

i. 아리스토텔레스는 이미 고전 철학 내에서 철학은 철저히 담론 개념으로, 지혜sophia는 완전한 이론적인 개념으로 제안했다(셀라스, 2017).

ii. 일부 명백한 예외를 제외하고, 중세 시대에 영적 단련이 기독교화하고 철학적 담론이 삶의 방식과 모든 연결고리를 잃게 되었다. 신학은 이미 높은 지위에 올랐는데 철학은 신학의 시녀라고 여겨졌다(도만스키, 1996; 아도, 2002:237~52).

iii. 베이컨이나 데카르트 철학과 같은 초기 근대 철학은 PWL의 종식을 가져왔다. 내적 변화에는 전혀 관심을 두지 않은 채, 관상이나 명상을 버리고 실용성을 추구하는 새로운 형태의 거의 기계적인 방법론을 제안했다(고크로거Gaukroger, 2001; 푸코, 2005:해리슨, 2015).

iv. PWL이 '추락'하던 당시 '계몽시대Age of Enlightenment(유럽과 신세계에 17~18세기 동안 퍼진 사회 진보적, 지적 사상운동으로, 계몽주의는 실제적인 도덕을 지향하였으며 형이상학보다는 상식, 경험, 과학을, 권위주의보다는 개인의 자유를, 특권보다는 평등한 권리와 교육을 지향하였다—옮긴이)'가 등장했다. 계몽시대는 '철학자'가 사회적으로 대접받아 마땅한지에 대한 공적 담론이 있던 마지막 시대였다(10). 당시에는 특히 고대 로마의 윤리적, 정치적 철학이 중심을 이루었다. 영적 단련은 철학 문헌에만 등장할 뿐(4), 영적인 차원의 자아 형성에 관한 실무 과정과는 연결고리가 없었다(윌슨, 2008).

v. 근대에 들어 연구 중심의 대학이 등장하게 되었고, 칸트와 독일 이상주의자들의 사상을 체계적인 근대적 형태로 가르치게 되면서(페리 & 르노,

1979) PWL은 역사적 탐구 대상이 아니고서는 철학적 담론에서 물러나게 되었다. 베를린의 훔볼트 대학교는 이전의 신학이 누렸던 지위처럼 '학문의 여왕'의 지위를 철학에 부여했다. 그러나 이 철학은 공무원과 전문직의 삶에 국한되지 않고 어떠한 삶의 방식에도 적용할 수 있는 철학으로서, 철학 담론의 텍스트에 구체적으로 명시되었다(아도, 2002; 253~70).

그렇다. PWL의 역사는 이렇게나 복잡한 길을 걸어왔다. 우리가 만든 10가지 특징의 격자 도표는 PWL의 존재가 특정 시기에 지배적이거나 전멸해 있는 '모 아니면 도'의 개념이 아니라는 점에서 출발했다. 오히려 PWL은 다양한 측면이나 특징을 가진 다차원적인 철학적 패러다임이라고 간주했다. PWL의 다양한 요소들이 시기별로 흥망성쇠를 겪어 왔다고 판단했다. 마찬가지로 PWL이 거쳐온 퇴색과 종식의 역사는 서양에서 철학을 대하고 실천하는 방식처럼 다소 극적이거나 다소 종말론적인 '추락'은 아닐 수 있다. 표현상으로는 '추락'이라고 하더라도(PWL에 대한 우리의 애정 때문에 '추락'이라고 하기엔 마음이 아프지만) PWL의 중요도가 사그라든, PWL의 길고, 불균일하고, 과도기적인 휴지기라고 생각한다. PWL이 한 번에 대대적인 도약을 한 적은 없는지 희망을 품고 찾아보기보다는 PWL 개념이 주춤했던 휴지기에 대해서도 파헤치고자 한다. PWL 개념이 학문, 지적 훈련과 영적 단련, 글쓰기의 형태와 주요 은유, 비철학자에 대한 비평, 나아가 현자와 지혜에 대한 이상과 어떠한 관계를 지녔고, 역사의 다양한 순간에 그 개념이 어떻게 변화했는지를 알아보고자 한다.

## 이 책의 여정

이 책의 여정이 어떻게 펼쳐질 것인지 살펴보겠다. 우선 소크라테스의 사상부터 시작한다(**1장**). 그는 플라톤의 스승이었고, 에피쿠로스학파를 제외한 모든 고대 학파에 영감을 주었다. 간접적으로는 소요학파逍遙學派, Peripatetic school(아리스토텔레스가 죽은 후 제자들은 자신들을 산책길(페리파토스)에서 유래된 페리파토스학파, 즉 '소요학파'라고 칭했다―옮긴이)에도 영향을 주었다. **2장**에서는 에피쿠로스학파에 대해 알아보고 그들이 정의한 PWL 개념이 연대기적으로 어떻게 발전했는지 알아본다. 에피쿠로스학파는 PWL이 정적인katastematic 쾌락 그리고 육체에 고통이 없고 영혼에 불안이 없는 평정 상태 즉 아타락시아ataraxia로 이끈다고 믿었다. 그들이 믿는 평온하지만 무심한 신들의 특성이기도 했다. **3장**에서는 스토아학파를 파헤친다. 그들의 지혜에 대한 개념에서 출발하여 무소니우스 루푸스Musonius Rufus, 에픽테토스, 마르쿠스 아우렐리우스를 차례로 살펴보며 그들이 생각하는 '삶의 기술art of life'로서의 철학에 대해 알아본다. **4장**에서는 '스토아학파의 복도Stoic Porch'에서 '플라톤의 아카데미Platonic Academy'까지 짚어본다. 구체적으로는 회의적 형태의 플라톤주의가 피론학파의 회의주의Pyrrhonian Skepticism(기원전 3세기에 피론이 창시한 학파다. 이 학파의 원칙은 사실로 여겨질 수 있는 모든 것에 의문을 제기하는 것이다―옮긴이), 마르쿠스 툴리우스 키케로의 절충주의eclecticism(각종 사상 가운데 진리라고 여겨지는 내용을 절충하고 조화함으로써 학설을 만들어가는 사상 또는 경향―옮긴이), 플로티누스의 철학적 신비주의를 알아보고, 고대 철학의 마지막 책인 보에티우스의 《철학이 주는 위안Consolation of

Philosophy》에서 소개하는 사상으로 진화하는 과정을 소개한다.

4장까지 고대 철학을 탐구했다면, **5장**에서는 중세로 이동한다. 이 장에서는 공통 시대common era(약 2000년 전에 시작된 연대 표기법으로, BC(그리스도 이전, before Christ)와 AD(그리스도의 시대, in the year of the Lord)와 같은 날짜를 뜻한다. 이 표기법의 장점은 특정 문화를 적게 연상시킨다는 점이다—옮긴이)의 첫 세기에 이교도 철학에서 발전한 영적 단련이 점차 기독교의 영향을 받게 되었고, 수도원의 신부들이 기도와 묵상 속에서 스며들게 되었다. 신부들은 '지혜에 대한 사랑'을 어원 philosophia을 지닌 철학의 진정한 형태가 이러한 영적 단련이라고 받아들였다. 영적 단련의 발전과정을 살핀 후에는 아도 사상의 근거를 제시한다. 대학에서 '스콜라주의 철학Scholasticism(신학에 기반을 9~16세기 중세 유럽에서 성행한 기독교 신학에 중심을 둔 철학사상—옮긴이)'을 가르치게 되면서 PWL도 어느새 찬밥 신세가 되었다는 아도의 주장에 공감하며, 관련 내용을 소개한다. 아도는 (도만스키와 임바흐와 함께) 일부 반체제 인사들이 다양한 고대 철학 개념을 수면 위로 끌어내면서 PWL이 관심에서 멀어진 것이다. 스콜라주의 안에서도 기독교적인 지복至福, beatitude('지극한 복락' 즉 이 세상에서 가장 행복한 마음의 상태—옮긴이)에 대한 열망(8)과 논쟁하는 방법에 대한 지적 훈련(2)은 고대 철학적 개념에 변화를 가져오기도 했지만, 엄밀한 의미에서는 크게 벗어나지 않았다는 것이 우리 생각이다.

**6장**에서는 르네상스 시대로 눈을 돌린다. 특히 수사학修辭學, rhetoric(설득의 수단으로 문장과 언어의 사용법, 특히 대중 연설의 기술을 연구하는 학문—옮긴이)적 관점에서 철학을 탐구한 사조를 알아본다(1)(시겔, 1968; 셸렌자, 2013). 인문학에서는 당시 대학에서 가르치던 철학 내용을 비판하고, 교과과정에서 변증법을 지나치게 중시하는 분위기를 거세가 비난했다(4). 그러나 다른 한편으로는 고대 철학이 새롭게 관심을 끌자 오히려 PWL이 활기를 띠게 되었다고 생각한다. 이 장에서는 페트라르카와 몽테뉴를 집중적으로 분석한다. 두 사람은 철학의 본성을 연구하는 '형이상학'의 르네상스 시대에서 대표적인 인물들이다. 그런 다음 고전 철학자 유스투스 립시우스Justus Lipsius가 주창한 '신스토아주의neo-Stoicism'를 알아본다. 그가 쓴 《항심恒心에 대하여On Constancy》는 그의 대화문 형태와 내용을 포괄해 소개한다.

7장에서는 프랜시스 베이컨과 르네 데카르트를 PWL 관점에서 살펴본다. 스토아학파처럼 이 두 사람도 PWL의 고대 개념을 종식한 일부 역사가들에게 반발했고, '사람'이나 '인격'보다는 '사물'에 초점을 둔 '비인격적인' 방식으로 PWL 개념을 다시 써 내려가며 PWL을 수면 위로 올려놓았다. 그 후 PWL 연구가 다시 한번 급물살을 타며 깊고 폭넓게 진행되었고, 19세기 이후에는 하나의 '학문'으로 인정받게 되었다. 7장에서는 5장에서와 마찬가지로 근대 초기에 PWL이 종식하게 된 여러 배경을 살펴본다. 특히 어떻게 베이컨의 철학 개념(그의 도덕 철학을 포함하여)이 고대사상의 영향을 받았는지, 데카르트의 《제1 철학에 관한 성찰》이 PWL 탐구에 영향을 준 문학 패러다임을 변화하며 계승한 배경, 나아가 그의 사상이 PWL 탐구를 '윤리적·영적인 변화의 과정'으로 간주하게 된 과정을 알아본다.

8장은 '철학의 시대'라고 불리는 계몽시대를 파헤친다. 계몽시대는 아이러니하게도 오늘날 철학 강의 계획서에서는 거의 사라졌지만 갑론을박하는 비평가들의 관점에서는 '눈엣가시be'te noire(불어로 '검은 짐승'을 뜻하며, 잔인하고 난폭한 사람, 꿈속의 괴물, 공포의 대상—옮긴이)'로 인식되었다(cf. 라스무센, 2013). 도입부에서는 '철학자' 또는 '계몽사상가'를 뜻하는 불어 'philosophe'의 개념에 집중한다. 디드로Diderot와 달랑베르D'Alembert가 공동 편집한《백과전서Encyclopaedia》에서 프랑스의 문법학자 뒤 마르세Du Marsais가 정의한 철학자의 유명한 초상화를 살펴본다. 그다음에는 볼테르가 고대 에우다이모니즘(행복주의) 사상에 대해 가졌던 생각을 소개한다. 종교적 종파주의와 광신주의를 잠재우고자 했던 볼테르는 철학이 지닌 치유력에 대해서는 회의적이었고, 스토아철학의 개념을 받아들였다. 두 번째로는 고대 회의주의, 냉소주의, 루크레티우스의 에피쿠로스주의 그리고 무엇보다도 스토아학파 세네카의 사상에 대해 디드로가 남긴 비평을 다룬다. 그는 무엇보다도 세네카의 생애와 철학적 업적에 대한 글을 마지막으로 남겼다.

**9장**은 프랑스에서 독일로 그리고 계몽주의에서 아르투어 쇼펜하우어의 사상으로 초점을 맞춘다. 쇼펜하우어는 페트라르카가 스콜라학자들을 공격한 이후 새롭게 대학화된universitized 철학[9]에 대해 신랄한 독설을 퍼부었다. 그 이후, 그는 PWL에 대한 설명을 발전시켜 나갔다. 그는 영적 단련이 비관적인 요소로 가득한 환경에서 삶의 탈출구라고 생각했다. PWL로서의 영적 단련이 철학적 담론과 실천에 대한 초기의 기독교적 접근을 초월한다고 생각했다.

**10장**은 프리드리히 니체가 중년에 접어들면서 정의한 PWL을 다룬다. 니체는 학문으로서의 철학에 대한 쇼펜하우어의 적개심에 공감하며, 쇼펜하우어의 초기 철학 저서에 등장하는 PWL 즉 고대 철학에서 PWL을 귀한 개념으로 받아들인 점에 동의했다. 니체가 생각하는 철학은 삶에서 다양한 가능성을 탐색하는 훈련으로 기능한다. 니체는 스승 쇼펜하우어가 회의적으로 삶을 부정한 것을 비롯하여 고대 헬레니즘 사상에 대해 회의를 느꼈다. 니체는 고대 스토아 사상을 초대로 하지만 고대 영적 단련의 방식을 초월하는 영적 단련을 발전시켰다. 후대에도 실천되어온 그 방식은 고대에서 중시한 고요한 영적 단련의 방식과 대조적이다. 열정으로 가득 찬 도전정신과 고통에 대한 태도가 최고의 삶으로 이끈다고 믿는, 존재에 대한 역동적이고 비극적인 관점을 수용한다.

**11장**은 푸코가 연구한 고대 영적 단련이나 그가 명명한 '자아의 기술'에 초점을 맞추고 있다. 푸코는 계보학genealogy(제도와 개념 등 다양한 현상의 역사적 형성 과정을 되짚어보는 방법. 계보학이 등장하기 이전에는 '진리란 무엇인가?', '정의란 무엇인가?' 등 어떤 개념을 파악하는 데 집중했지만, 계보학에서는 '어떤 것이 진리인가?', '왜 정의인가'를 묻는 것처럼, 질문의 방향이 다르다—옮긴이)을 영적 단련이라고 생각했다. 영적 단련은 자아와 사물 사이에 급진적인 단절을 형성하는 것을 목표로 하여, 자신을 특색 없는 보편적인 형태로 되돌리기보다는 '신성한 자급자족divine self-sufficiency'을 실현할 수 있도록 끊임없이 새로운 삶의 방식을 실험할 수 있도록 도와준다는 주장이다. 그렇게 함으로써 푸코의 계보학은 PWL의 고대적, 현대적 개념 사이에 어떠한 윤리적 긴장이 서려 있는지 조명해준다고 생각한다.

결론에서 우리 두 작가는 해설자의 역할을 내려놓는다. 철학적·역사적 개념으로의 PWL이 물꼬를 틔운 철학적 문제를 비롯해 다양한 문제를 짚어보는 해설자의 역할을 11장까지 했기 때문에 결론에서는 그 외의 생각해볼 거리를 제시할 뿐이다.

- 철학에는 꼬리에 꼬리를 물고 파고드는 합리적이고 논쟁적인 특징이 있다. 그렇다면, '삶의 방식으로서의 철학'이라는 개념에서는 이러한 특징을 평가절하하여 '철학 vs. 수사학 또는 종교'의 구분이 모호해져야 하는가?
- 철학에서는 제도적, 사회·정치적, 문학적·수사학적 측면을 고려하는 특징이 있다. 그렇다면 이러한 철학 접근법에 따라 '맥락 주의적 상대주의contextualist relativism'의 관점을 추구해야 하는가?
- 철학적으로 자신을 변화하려는 노력이 본질적으로 자기애적인가, 자기중심적인가, 아니면 지적으로 미화된 '자기 계발'에 지나지 않는가?
- PWL을 더불어 사는 공공의 삶에 적용한다고 가정해보자. PWL보다는 고차원적이지만 그러한 삶에 지나치게 연연해하지 않는 삶의 방식을 제시하고 합리화하는가? 아니면 사회·정치적 논쟁에서 벗어나 '내면 성채inner citadel(스토아철학에서 칭하는 개념으로, 외부의 어떤 것도 방해할 수 없는 우리 내면의 요새—옮긴이)'를 강화하는 지침서 또는 대본이 될 수 있는가?
- 만약 우리가 역사적 문제(5장, 7장, 8장)에 대한 다른 주요 학자들의 주장에 이의를 제기한다면, 형이상학적 패러다임으로의

PWL이 언제 또는 어떻게 종식될 것이라고 보는가? 철학의 '대학화' 또는 프로데만과 브리글(2016)이 19세기 후반에 언급한 '학문적 포획'은 어떤 역할을 했는가?

• 마지막으로 PWL이라는 대안적인 형이상학과 철학사가 회복된다는 것은 오늘날 대학 안팎의 철학자들에게 어떤 전망을 제시하는가? PWL이 다시 활성화될 수 있다면 그것은 무엇을 의미하는가?

I부

# 고대의 철학

PHILOSOPHY
AS A WAY OF
LIFE

# 1장

## 소크라테스와 '삶의 방식으로서의 철학'의 태동

### 1.1 소크라테스가 말하는 '아토피아'

5세기에 살았던 고대 그리스 아테네의 철학자 소크라테스(기원전 470~399)는 '삶의 방식으로서의 철학philosophy as a way of life, PWL'의 창시자로 널리 알려져 있다. 그는 이전 철학자들과는 달리 자연철학보다는 윤리학에 집중했다. 플라톤 이전의 자연철학에서는 '좋은 삶을 사는 것과 무관한' 자연철학이 주를 이루었다. 그러나 소크라테스의 윤리 철학은 자연철학에서 벗어나 문화적이고 지적인 변화를 추구했다(키케로의 《아카데미카》 1권. 4.14). 소크라테스는 철학에서 인간이 삶을 살아가는 문제를 가장 중요한 주제로 여겼다. 키케로의 말에 따르면 소크라테스는 "천상에서 내려온 학문 '철학'을 명명하고, 여러 도시에 전파하고, 심지어 여러 가정에도 도입하여, 철학을 삶과 관습, 선악을 탐구하는 데 적용한 최초의 인물"이다(《투수쿨룸 논총》 5.4.10~11). [1]

소크라테스는 '어떻게 하면 우리는 인간으로서 좋은 삶을 살 수 있을까?'라는, 가장 핵심인 철학적 질문을 던졌다. 소크라테스와의 대화문을 불후의 명저로 남긴 플라톤은 소크라테스가 초지일관 이 문제를 중심에 두고 토론에 참여하는 모습을 묘사했다. 플라톤은 소크라테스가 "어떤 사람이 되어야 하며, 어떤 직업에 종사해야 하며, 그것을 어디까지 추구해야 하는지에 관한 질문보다 더 훌륭한 논의 주제는 없다"라고 주장했다고 기술했다(《고르기아스》 487e~488a). 이 장에서도 강조하겠지만, 소크라테스는 그리스 동포들이 지닌 삶에 대한 가치관에 격렬히 저항하며 '삶의 방식으로서의 철학' 즉 PWL 개념을 정의했다(9). 좋은 인생에 대한 고대 호메로스적 이상은 5세기 아테네 민주주의를 형성한 이 이상에 대한 고대 전성기의 웅변적인 승화 현상과 충돌을 일으켰고, 그 과정에서 PWL에 대한 개념이 생겨난 것이다. 철학적 삶의 방식만이 행복 즉 '에우다이모니아eudaimonia'를 줄 수 있다는 소크라테스의 대담한 논리는 논란의 불씨를 낳았다. 그는 좋은 삶에 대한 주제를 다루면서 아테네 사람들이 양립할 수 없는 두 가지 대안들 즉 철학적 또는 정치적 삶의 방식, 시민권의 실천 또는 영혼의 돌봄 중 하나를 선택해야 한다고 제안한다. 플라톤은 소크라테스가 가상의 인물인 칼리클레스와 나눈 대화를 다음과 같이 설명한다. [2]

*그는 당신이 나를 이끄는 삶을 택할 것인가… 즉, 집회에서 연설하고 웅변하고 정치에 관여할 것인가… 아니면 그는 나를 본받아 철학자의 삶을 살아야 하는가? 그리고 후자의 삶은 전자보다 나은가?(《고르기아스》 500c)*

소크라테스가 철학적으로 가장 깊이 고민한 부분이 있었다. 스스로 철학자의 삶을 살 것인지 아니면 수사학자, 소피스트sophist, 웅변가, 심지어는 자연철학자와 같은 비非철학적인 시민의 삶을 살 것인지를 선택해야 했다. 그는 철학적인 삶을 살려면 아테네 시민들이 살아가는 방식 즉 규범이나 관행을 비판할 수밖에 없다고 생각했다. 소크라테스는 니체의 용어를 빌리자면, 지금까지의 '지배적 가치'를 전면 재평가했다. [3] 물론 소크라테스(기원전 399)의 재판과 처형을 통해 아테네 시민과 정치 관행의 도덕적 결함과 한계에 대한 그의 비판이 시민참여의 덕을 칭송하는 많은 동포의 경멸과 불쾌감을 불러일으켰다는 사실은 잘 알려져 있다. [4] 소크라테스는 단순히 자발적인 망명자가 아니라 사람들의 위험한 적('미소데모스misodemos, 민주주의 반대론자)'이라고 비난하는 비판론도 제기되었다. 《고르기아스》에 등장하는 칼리클레스는 소크라테스를 거세게 비난했다. "과연 어떠한 종류의 지혜란 말인가? 가진 것을 빼앗기고 재능을 망치는 게 지혜란 말인가?"라고 주장했다. "치명적인 위험으로부터 자신을 방어하지도 못하는 그는 적들로부터 재물을 빼앗기고, 자신이 사는 도시에서 무법자로 철저히 낙인찍히니, 이런 사람에게서 지혜를 찾아볼 수 없다"라고 주장했다(《고르기아스》 486~c). 소크라테스의 동료 아테네인들은 유명세, 명예, 명성, 재산과 같은 '외적' 재화를 무엇보다도 중시했고, 활동적이고, 투쟁적인 시민권을 이러한 재화를 획득하는 주요 수단으로 인식했다. 이런 관점에서 보면 소크라테스의 '삶의 방식으로서의 철학'은 시민들을 교육하기보다는 부패하게 만드는 것처럼 보였다.

대조적으로 소크라테스는 아테네인에게 '반성하지 않은 삶은 살 가치가 없다'라고 충고했다(《변론》 38a; 이하 1.3). 소크라테스의 '아토피아'라고 불렸던 개념 즉 그의 동시대 사람들의 눈에 비친 그의 '이상함', 서구 사상의 역사를 통틀어 주석가들에게 혼란과 매혹 그리고 짜증을 유발하는 기묘함은 오랫동안 쟁점이 되었다. 기원전 399년 그가 처형된 이후 '소크라테스적 표현들Sokratikoi logoi'이라는 새로운 문학 장르가 등장했다. 소크라테스의 기이한 행동 방식을 회상하고 기리며, 악처로 유명한 그의 아내 크산티페와의 아슬아슬한 관계까지도 담론화한 장르였다(10). 소크라테스의 아토피아에서 가장 유명한, 거의 신화적인 차원은 그가 '다이몬daimon' 또는 '내면의 정신'이라고 칭한 개념으로, 인간의 특정 행동에 대해 조언의 기능을 한다고 주장했다. 아마도 내면의 천사semi-deity 또는 훗날 소크라테스의 사상에 따라 '양심'으로 묘사되는 것이 바른길로 인도한다는 의미다 (《고르기아스》31c~d).

이 '아토피아' 개념의 또 다른 차원으로는 유명한 소크라테스식 역설이 있다. 소크라테스를 문학 장르화하는 데 일조했다고 해도 과언이 아니다((5). 아래 1.7 참조). 플라톤은 《프로타고라스》와 《향연》의 도입부에서 소크라테스의 특이한 행동을 소개하기도 한다. 그는 자신의 스승 소크라테스를 말 그대로 어떤 생각에 대한 명상에 사로잡혀 있는 것으로 묘사한다. 또한 플라톤의 《알키비아데스》에서는 훗날 대화에서 소크라테스의 인내 그리고 군사작전에 대한 일종의 사색적인 영적 훈련(3)을 실천하는 듯한 장면에 대한 유명한 묘사가 등장한다.

*나는 그의 많은 놀라운 업적 중에서, 한 번은 끔찍한 서리가 내린 그날을 기억한다. 우리는 너무 추웠던 탓에 최대한 꼼짝달싹도 하지 않았다. 최대한 옷가지를*

껴입고, 펠트와 작은 털로 발을 감쌌다. 하지만 그는 아무렇지도 않게 밖으로 나갔다. 평소에 입기 싫다던 코트 하나만 걸치고 나간 그는 맨발로 얼음을 걸어다녔다. 신발을 신은 우리는 그에 비해 뒤뚱거리기만 했다. ⋯ 새벽에 어떤 문제에 몰두하던 그는 같은 자리에 서서 한참을 움직이지 않았다. 답이 쉽게 안 나오는 문제라고 생각한 그는 절대 포기하지 않고 계속 그 자리에 서서 사색에 잠겼다. 어느새 아침이 지나 정오가 되었다. 사람들은 그렇게 서 있는 그를 알아채기 시작했고, 놀라며 "소크라테스는 새벽부터 서재에 서 있었나 봐"라고 말했다. 또 한 번은 어느 여름날 저녁이었다. 저녁 식사를 마친 이오니아인들 중 몇몇이 이부자리를 갖고 야외로 나와 잠을 자려고 하던 중이었다. 이들은 과연 그가 밤새도록 야외에 서 있을지 궁금해했다. 예상대로 그는 새벽이 오고 해가 뜰 때까지 서 있다가, 태양에 기도를 올린 후에 자리를 떠났다(《향연》. 220b~d).

이 장에서는 소크라테스가 생각하는 철학자의 '페르소나persona(사회로부터 인정받기 위해 형성된 인격이자, 특정 직업군의 사회적 역할 및 성격—옮긴이)'와 PWL이 무엇인지, 어떠한 주요 요소로 구성되어 있는지 알아본다. 소크라테스의 대표적인 대화법인 논박술 즉 '엘렝코스elenchus(3), 철학자들이 내면의 '양심의 목소리'에 귀 기울이고(5), 외부 요소를 신경 쓰기보다는 각자의 내면으로부터 지혜를 끌어내야 한다는 충고(6)를 실었다. 또한 영혼을 돌보는 차원에서 그가 설명하는 철학을 알아보고(7), 그에 따른 윤리적 역설(6), 철학적 현자가 생각하는 새로운 이상향을 그가 어떻게 실천하고 설파했는지(10)를 분석한다. 그러나 우리는 소크라테스의 철학적 삶의 방식을 알기 위해 현대 대학 철학과 비교한 뒤(아리스토텔레스가 말하는 '제1 철학

(형이상학)'), 소크라테스의 경쟁자였던 '소피스트들'과 비교한 [1.3] 내용을 소개한다.

## 1.2 예외적이었던 선구자

현대 철학자들은 소크라테스가 매우 특이한 인물이라고 생각한 다(프로드만 & 브리글, 2016). 그의 철학은 전적으로 그가 살아온 삶의 방식으로 구성된다. 근대 철학자들과 달리, 그는 이론적인 교리를 공식화하거나 체계화하거나 옹호하는 책을 쓰지 않았다. 소크라테스의 철학에 대해 우리가 알고 있는 내용은 그의 사후 제자들 사이에서 생겨난 인기 장르 '소크라테스 대화법logoi sokratoi'을 포함한 다른 사람들의 글에서 전적으로 유래한다. 소크라테스에 대한 지식의 주요한 고대 출처는 크세노폰이 쓴《소크라테스 회상Memorabilia》, 플라톤의《소크라테스와의 대화Socratic dialogues》그리고 아리스토파네스의 사회 풍자희극《구름The Clouds》이다. [5] 소크라테스는 철학 논문을 쓰는 대신 아테네의 거리와 시장에서 사람들을 만나며, 그들이 사는 이야기와 가치관에 경청하며 조언과 대화를 하면서 평생을 보냈다. 소크라테스와 다른 철학자들의 차이를 그림으로 상상해볼 수 있다. 두 근대 전문 철학자들의 전통적인 초상화(그림 1.1, 1.2)를 자크 루이 다비드가 신고전주의 방식으로 소크라테스를 표현한 초상화와 비교해보라(그림 1.3).

[그림 1.1] 1988년1월25일 자크 데리다 독사진. 리조랑지스, 프랑스.

[그림 1.2] G.E. 무어. 케임브리지 대학교 철학과의 허가를 받아 다시 제작.

자크 데리다 교수는 '포스트모던' 철학의 창시자이고, G.E. 무어 교수는 '분석' 철학의 창시자이다. 사진과 그림에서 두 사람은 전형적인 철학 연구자들의 모습이다. 고독한 표정으로 얼마나 많은 책을 읽고 연구했는지, 즉 공부에 얽매였는지가 느껴진다. 그런데 독사진이나 초상화만 본다면, 그들이 어떠한 삶을 살고 이것이 그들의 철학사상에 어떻게 녹아 있는지는 알 길이 없다. 두 사람 모두 꿰뚫는 듯한 고정된 시선 속에서 철학적 '선견자'라는 점을 대략 알 수 있지만, 두 교수가 철학 연구를 넘어 어떠한 삶을 살았는지에 대한 의미는 찾기 어렵다. 대조적으로, 이미 고대에 1세기 그리스의 전기 작가이자 도덕가로 활동한 플루타르코스는 소크라테스가 '서재'에서 안락의자 앉아 있는 철학자들의 모습과는 상반된 모습이라고 했다.

[그림 1.3] 신고전주의 프랑스 화가 자크 루이 다비드의 〈소크라테스의 죽음〉( 메트로폴리탄 미술관)

*철학자란 의자에 앉아 이야기를 나누고 책을 보며 강의를 준비하는 이들이라고
한다. 사람들은 철학이라는 것이 일상의 행동과 실천에 스며들어 있어야 한다
는 사실은 인지하지 못하고 있다. … 소크라테스는 진정한 의미에서의 철학자였
다. 대중이 생각하는 철학자들과는 결이 다른 철학자였다. 그들처럼 벤치에 앉아
사색하거나, 안락의자에 가만히 앉아 있거나, 제자들과 대화하거나 산책하기 위
해 특별히 시간을 할애하지 않았다. 제자들과 농담하며 노닥거리고, 이때 거의
항상 술이 빠지지 않았다. 군 복무 의무에 따라 군인으로 참여하기도 했다. 일부
제자들과는 시장에서 어슬렁거렸고, 마침내 감옥에 갇혔고 독약을 마셨다. 그는
삶의 면면에, 항상, 모든 경험과 활동에서, 철학이 스며들어 있다는 사실을 처음
으로 몸소 보여준 인물이다(플루타르코스, 《노인이 공무에 개입해야 하는지에 관하여
Whether an Old Man Should Engage in Public Affairs》, 26).*

소크라테스에게 철학은 경험의 면면을 표현할 수 있는 포괄적인
삶의 방식이었다. 아도의 말에 따르면, "수 세기에 걸쳐 … 무엇보다
도 고대 시기에, 특히 스토아학파와 견유학파犬儒學派(Cynics, '개처럼'
자유롭게 돌아다니며, 외적 조건에 좌우되지 않는 생활을 추구하며, 이것은
강인한 의지로 욕망을 억제하는 것에 의하여 달성될 수 있다고 믿었다─옮
긴이)에 영향을 준 소크라테스는 철학자의 모범이었고, 정확히는 그
의 삶과 죽음 자체가 철학의 교과서였다." 르네상스의 신플라톤주의
자였던 피치노Ficino에게 소크라테스는 '머리부터 발끝까지de haut en bas
틀에 박힌 교수의 이미지는 찾아볼 수 없었다. 삶과 죽음으로 철학
을 가르친 그는 '학자 또는 사변가'의 대척점에 있는 인물'이었다(핸
킨스, 2006:348). 19세기에 쇠렌 에르케고르와 프리드리히 니체는 소

크라테스를 선망하기도 했지만, 비난하기도 했다. 소크라테스가 철학자로서 살았던 새로운 형태의 삶은 그들이 추구한 삶과 정반대라고 생각했다(아도 1995:148~51, 155~7, 165~70). 우리가 사실을 어떻게 평가하든, 소크라테스는 진실하게 사는 용기와 두려움이나 고통 없이 죽는 평온함을 몸소 보여주었다. 1787년 '자크 루이 다비드'가 그린 〈소크라테스의 죽음〉은 소크라테스가 죽음을 앞둔 장면을 묘사했다. 그림에서 그는 놀라울 정도로 평온하고 침착하다. 그러나 그를 둘러싼 친구들, 제자들, 심지어 그의 교도관(소크라테스는 그와 친분을 쌓았다고 전했다)은 그의 죽음에 대해 극심한 '정서적 동요' 상태에 있다. [6] 죽음에 대한 자연스러운 두려움을 뛰어넘는, 한 단계 '상승elevation'한 그의 현자다운 의연함은 그가 어떠한 삶을 살았는지 극명하게 보여준다. 니체는 젊은 시절에 이 그림에 대해 '죽어가는 소크라테스의 모습'을 보여준다고 묘사하며(10장 참조), "통찰력과 이성의 힘으로 죽음의 공포에서 해방된 그는 학문의 한계를 초월한 상징이 되었다"라고 기술했다(니체, 《비극의 탄생》 15).

소크라테스가 자신의 사상과 철학 이론을 공식화하거나 가르치거나 해석하는 데 뜻을 두지 않았다는 사실 그리고 이러한 그의 성향이 현대의 전문적이고 학문적인 철학적 접근과 대조를 이룬다는 사실은 거듭 강조해야 할 만큼 중요하다. 그가 목표로 삼은 것은 삶의 양식에 철학을 결합하는 방법을 사람들에게 몸소 보여주고, 소크라테스의 유명한 논박술이자 영적 단련인 '엘렝코스'를 대화 상대가 실천하도록 도와주는 것이었다. 이 책에서 소개하겠지만 소크라테스는 '영적 단련'이라는 수단을 통해[1.4] 철학 이론을 주입하는 것이 아니라, 사람들의 영혼이나 정신이 변화하길 바랐다. 소크라테스의 담론은 아도가 설명하듯 "사람들을 너무나도 혼란스럽게 해서 결국 삶 전체에 의문을 품게 되었다. … 소크라테스는 영혼에 분란을 일으켰고 … 사람들이 결국 '철학적 전향'에 다가갈 정도로 자의식을 고조시켰다"(아도, 1995:148). 그리고 이 전환은 소크라테스 철학의 탁월한 업적이었다.

## 1.3 소크라테스 vs. 소피스트

그러나 소크라테스가 삶의 방식으로 철학을 생활화하는 사상을 처음으로 전파했다. 그의 방식은 우리가 생각하는 학문으로서의 철학적 접근과는 거리가 먼 것이었다. 그가 죽은 후에는 '철학=학문'이라는 인식이 굳어졌는데, 아마 철학의 생활화를 강조하던 그가 더는 존재하지 않았기 때문이라는 생각이 든다. 소크라테스의 지적 경쟁 상대는 아마도 고대 그리스 교육에서 핵심적이었던 시인들(플라톤의 《국가론》, 607a~b)을 비롯해 '웅변sophistry(외견상 또는 형식상 타당한 듯한 논거를 가지고 타인을 이해시키는 논법. 고대 그리스의 소피스트로부터 유래한다―옮긴이)'으로 알려진 고도로 정치화된 지적 운동이었다. 따라서 소크라테스가 '웅변'을 용납하지 못한 이유를 알면 그가 추구하는 PWL을 명확히 알 수 있을 것이다. 이를 위해 소크라테스가 생각하는 '대안적인 철학적 삶의 방식'을 알아보기 전에, 5세기 아테네에서 문화적으로 두각을 나타낸 웅변 논법적인 정치 교육을 간략하게 정리해보자.

아테네 민주주의에서 수사학 즉 말을 잘하는 기술은 시민들에게 필수적인 기술이었다. 장-피에르 베르낭Jean-Pierre Vernant은 직접 민주주의를 꽃피우게 한 도시 국가 '폴리스polis'가 등장하면서 "시민들에게 의사 표현의 수단으로서 말은 탁월한 정치 참여의 도구이자, 국가의 권위를 쟁취하는 열쇠이며, 다른 사람들을 지휘하고 지배하는 수단이 되었다. … 정치술에는 결국 언어를 쥐락펴락하는 능력이 부여되었다"(베르낭, 1982:49~50)라고 했다. 시민들이 민회democratic Assembly(고대 그리스의 여러 폴리스에서 개최된 시민 총회—옮긴이)에서 표를 확보하거나 아테네 법정에서 승소하려면 수사적 설득 기술을 습득하기 위한 노력이 필요했다. 플라톤의 《고르기아스Gorgias(플라톤의 《국가론》과 《법률》에 이은 세 번째 대화편, 옮긴이)》에서 변론가 고르기아스가 대화문에서 밝히듯, 숙련된 웅변가가 법정, 의회, 의회에서 청중을 압도하는 웅변술(《고르기아스》. 452e)에는 위대한 힘이 있다. 민주주의가 한창 번영하기 시작하던 당시 고르기아스, 프로디쿠스, 히피아스, 프로타고라스와 같은 주요 소피스트들은 민주주의에 대해 알고 싶어 하는 사람들이 늘어나면서 이들을 교육하기 위해 아테네로 이주했다. 프로타고라스는 수사학의 기술을 터득하고자 하는 사람들에게 "모든 주제에는 두 개의 상반된 주장이 있다"라고 조언했다. 사람들은 프로타고라스의 '반증론(반대되는 주장)'을 통해 주어진 질문에 대해 어떻게 효과적으로 각자의 입장에 맞게 논증할 수 있는지를 알 수 있었고, 특히 젊은 시민들은 주어진 문제에 대한 진실을 고려하지 않고 자신들의 정치적 야망에 가장 잘 부합하는 방향으로 논쟁하는 법을 배웠다. 이러한 차원에서 소피스트들은 '진실'이나 유효한 주장 같은 것은 없다고 가정하는 듯했다. 그들은 '로고스logos(준칙을 따르고 분별하는 이성―옮긴이)'를 순수하게 논쟁에서 이기는 수단으로 이용했기 때문에, 토론에서 승리하거나 법정에서 무죄판결을 받으면 그만이었다. 적어도 일부 소피스트들에게는, 확실히 플라톤이 제시한 것처럼 아는 것이 힘이라는 생각이 지배적이었다. 7 소피스트들은 그렇게 함으로써 덕과 탁월함arete('아레테'에 대한 호메로스의 세계관Homeric ideal, 신들의 역할보다 인간의 선택과 결단을 통하여 고난을 극복하는 인간의 역할을 강조함―옮긴이)을 변형하여, 5세기에 등장한 새로운 민주주의 제도에 반영했다. 플라톤의 《고르기아스》에 따르면, 소피스트들은 시민들에게 설득하는 기술을 가르쳐 '말하기 고수'가 되는 것을 목표로 삼았다. 변론술의 고수가 되면 '최고의 축복'을 얻어, '자신을 위한 자유뿐만 아니라 그의 동료 시민들을 지배하는 힘'을 부여받을 수 있다는 논리였다(《고르기아스》 452d). 그러나 소피스트의 어원이 그리스어 '소피아sophia(아리스토텔레스가 정의한 앎의 형태 중에서 최상의 단계―옮긴이)'에서 비롯되었지만, 소크라테스는 소피스트들이 지혜의 스승이 아니라 '이론혐오자misologists'라고 주장했다(플라톤의 《파이돈》, 89a). 소피스트들을 상대로 시민 법정과 민회에서 법적·정치적 논쟁에서 이기는 데 사용할 수 있는 수사학의 기술을 높은 수업료를 받고 가르치는 대신, 어떻게 하면 더 나은 삶을 살 것인가에 관한 대화에 사람들을 자유롭게 참여시킬 것인가를 고민하는 것이 명예로운 일이라고 주장했다. 소크라테스와 그의 제자 플라톤은 소피스트들의 정치적 교육이 아테네가 도덕적으로 몰락한 원인이자 현주소를 나타낸다고 했다. 소크라테스는 적어도 세 가지 이유를 들며 소피스트들에게 이의를 제기했다.

소크라테스는 우선 소피스트들이 어떠한 주제에 "왈가왈부하며 논쟁을 벌이는 데 열중하기" 때문에 결국 자신이 "그들은 어떠한 사실이나 주장도 전적으로 안정적이거나 신뢰할 수 없다는 것, 모든 것이 갯고랑의 물처럼 쉬지 않고 움직이며 항상 변동한다는 사실을 오로지 자신들만 발견했다고 생각하기 때문에 스스로 누구보다 현명하다는 잘못된 생각을 갖게 된다"라고 지적했다(《파이돈》. 90b~c). 그가 보기에 소피스트들은 진정한 삶의 질서에 대해 단 하나의 최종적이고 결론적인 관점을 인정하지 않는다는 이유로 스스로가 가장 현명하다고 주장한다. 날씨에 맞게 돛을 조절하는 선원들처럼 실용적인 목적에 맞게 '진실'을 바꾼다. 소피스트들은 상반되는 관점과 주장을 왔다 갔다 하는 모습을 보이는데, 그들이 얼마나 로고스(이성)를 증오하는지를 보여주는 징후라고 소크라테스는 말했다.

만약에 어떤 참되고 확실한 주장(또는 논변) 그리고 깨닫게 될 수 있는 주장이 있다고 가정해보라. 그런데도 누군가가 이러한 주장 즉 같은 것이면서도 때로는 참된 것들로 여겨지지만 때로는 그렇게 여겨지지 않는 주장들에 접하게 된 탓으로 해서, 자기 자신이나 자신의 서투름을 탓하지는 않고, 마침내 괴로움의 원인을 자신이 아닌 논변에 떠넘기고서는 이제는 논변을 몹시 싫어하며 욕하면서 여생을 보내게 된다면, 그러나 존재하는 것들의 진리와 이것들에 대한 '앎'은 잃게 된다면 이 사태는 딱한 일일 것이다(《파이돈》. 90d).

둘째, 플라톤이 소크라테스에 대해 기록한 바에 따르면, 소피스트들은 그들이 말한 것의 진실에 얽매이지 않고 자신의 목적을 달성하려는 일념으로 신념과 확신의 근거를 만드는 수사적 기술을 발휘했다. 이런 의미에서 소피스트들은 언어를 폭력의 한 형태로 사용했다. 그들은 설득의 기술을 열심히 갈고 닦은 후, 부유한 젊은 아테네인들이 권력과 명예에 대한 경합과 논쟁의 장에서 이기는 방법을 가르쳤다. 반대로 소크라테스는(나중에 다루게 되겠지만) 소피스트들이 당연시한 호메로스의 윤리ethos를 근본적으로 뒤집는 새로운 삶의 방식을 일러주며 몸소 보여주고자 했다. 그리고는 트로이 성벽 밖의 전장에서부터 아테네 성벽 안의 에클레시아에 이르기까지 새로운 삶의 방식으로의 변화를 이끌었다.

셋째, 소피스트적 수사학은 청중의 '이성'보다는 '쾌락'과 '편견'에 호소했다고 소크라테스는 주장했다. 기원전 5세기 수사가이자 소피스트 고르기아스는 수사적 기교의 진수를 보여준 그의 연설문 《헬레네 찬가》에서 궤변술sophistic speech(얼핏 들으면 옳은 듯 이치에 맞지 않는 말을 둘러대어 논리를 합리화시키려는 허위의 변론—옮긴이)을 청자의 마음을 매혹하고 현혹하는 약에 비유했다. 고르기아스는 궤변술이 "사람들을 즐겁게 하고, 때로는 거짓과 과장이 섞이더라도 훌륭한 말솜씨로 설득하는 기술"(콜라이아코의 책에서 인용, 2001:27)이라고 언급했다. 플라톤이 말하는 소크라테스는 소피스트들로 인해 민중들의 비이성적인 쾌락과 탐욕을 이용해 권력을 행사하는 선동적인 폭군들이 우후죽순으로 양성된다고 주장했다.

'열정과 직관이 과연 합리적인가'에 관한 오랜 회의론의 물꼬를 틔운 철학자가 바로 소크라테스다. 관련 내용은 책에서 거듭 언급하게 될 것이다. 플라톤이 쓴 《알키비아데스 1》에서는 소크라테스는 사람들이 자신을 통제할 수 없다면, 다른 사람들을 통치하기에 부적합할 것이라고 주장한다. 이때부터 본격적으로 여러 철학자가 형이상학적 은유를 쏟아내기 시작했다((7)《알키비아데스 1》, 131a-d, 134c-135e; 푸코, 2006:33-9, 44-5).《소크라테스의 변론》에서 소크라테스가 바라는 것은 명확했다. 변설에만 능한 소피스트들이 물러나고, 자신이 아테네인들 중 가장 현명한 스승의 위치를 되찾는 것이었다. 그런데 목표를 달성하기 위해 택한 방식은 '역설' 즉 '패러독스paradox' 그 자체였다. 거만한 허풍선이였던 소피스트들과는 대조적으로, 소크라테스는 대화적 탐구로 진리를 발견하는 데 전념하면서 무지를 깨닫는 일이야말로 참된 앎의 시작이라고 제시했다(《소크라테스의 변론》. 21d). 소크라테스에게 철학적 이상은 점근선적 접근漸近線的 接近(asymptotic approach, 어떤 행위를 계속함으로써 차츰 목표하는 선(지점)에 가까워지는 접근 방식—옮긴이)이었다. 철학자들이 지혜를 얻기 위해 노력하지만 결코 이 목적을 완전히 달성하지는 못한다는 의미였다.《파이돈》에 등장하는 플라톤의 소크라테스는 이렇게 말했다. 철학자인 "우리는 여전히 지적으로 무지하지만, 자신을 있는 그대로 받아들이며 지적으로 단단해지기 위해 최선을 다해야 한다"(《파이돈》. 90e). 그런 의미에서 아도가 생각하는 소크라테스는 '지혜의 초월적 이상과 구체적인 인간 현실 사이에 있는 중재자의 표상 … 이상적 규범과 인간 현실 사이의 중재자'다(아도, 1995:147).

## 1.4 영적 단련으로의 '엘렝코스'

기원전 399년, 5백 명의 시민 배심원으로 구성된 아테네 시민 법정에 신을 부정하고 젊은이를 타락시킨 혐의로 기소된 70세의 소크라테스가 서 있다. 투표 결과 배심원 500명 중 유죄 280표, 무죄 220표의 근소한 차이로 그는 유죄를 선고받았다. 형량 재판에서는 무려 360명이 사형에 표를 던졌다. 소크라테스의 삶에는 의도치 않은 아이러니가 많았다. 그중에서도 그가 수사학을 가르치는 소피스트들을 노골적으로 비난했는데도 오히려 그가 소피스트라며 비난을 퍼부은 동료 아테네인들이 많았다는 점이다. 소피스트들은 그를 분명히 적수로 보고 그의 새로운 철학적 삶의 방식을 거부했는데도 그가 소피스트라니, 패러독스 그 자체였다. 이에 기원전 399년 그는 항변 연설에서 철학적 삶이 궤변적 지식과 얼마나 다른 개념인지, 그 차이를 설명하면서 그의 '보수적' 비평가들에게 대답할 수밖에 없었다. 한편 궤변술에 능한 비평가들에는 이렇게 직언을 날렸다. "개인적으로 또는 집단으로 명예를 얻는 데 혈안이 된 정치적 삶보다 철학을 실천하는 삶이 훨씬 더 우월하다."

소크라테스가 주창한 철학적 삶의 방식은 비판의 도마 위에 올랐다. 유명한 희극 작가이자 그와 동시대를 살았던 아리스토파네스(기원전 446~386)가 소크라테스에 대한 풍자를 실은 희극 《구름》은 기원전 416년 아테네에서 열린 향연 '디오니시오스제Dionysia'에서 소개되었다. 아리스토파네스의 희극은 소크라테스를 맹렬히 조롱하며 소피스트의 '대부' 격으로 묘사했다. 아리스토파네스의 풍자는 소피스트들이 도시의 정치적 쇠퇴와 도덕적 부패에 책임이 있다고 생각하는 아테네인들의 우려를 표현했다. [8] 이처럼 정치적으로 보수적인 평가에 따르면, '덕'에 대한 소크라테스의 변증법적 논리는 위법을 장려하는 정도는 아니지만, 법률을 무시해도 상관없다는 위험한 발상을 장려할 위험이 있었다. 따라서 당시 젊은이들이 프로타고라스, 고르기아스 등의 소피스트들에게 받는 수사학 훈련과 크게 다를 바 없다는 논리였다.

소크라테스는 재판에서 이러한 혐의들을 반박하기 위해 범汎그리스pan-Hellenic적인 신전 중에서 가장 영험한 아폴로Apollo(그리스 신화에서 지혜를 관장하는 신—옮긴이)의 신탁을 들을 수 있는 델포이 신전에서 자신의 철학이 신탁의 지시에 응답한 결과라고 주장했다. 소크라테스가 말하길, 친구 카이레폰이 델포이 여제에게 소크라테스보다 더 현명한 사람이 있는지 물었고 그녀는 아무도 없다고 대답했다. 소크라테스는 자신의 무지를 알고 있었기 때문에 이 사실을 믿을 수 없었다. 다만 아테네인들이 생각하는 '지혜'가 무엇인지를 생각하며 신탁의 명제를 고찰하는 것이 그의 철학 활동에서 중요한 부분을 차지했다고 논증했다. 그가 아테네에서 '거리의 철학자'로 거리의 사람들과 철학적 대화를 나누는 것을 일과로 삼았다는 사실은 유명하다. 그중에는 아테네 시민들도 있었지만 외국인metics('거류민'이라고도 함. 합법적 거주자와 달리 제한된 권리를 가진 고대 그리스의 외국인—옮긴이)도 있었고, 최소한 '하데스Hades(순수하고 영원하여 사라지지 않고 보이지 않는 저승—옮긴이)'에서 만나게 될 여자들도 있었다. 그는 이들에게 다가가 '엘렝코스'에 따라 상대의 주장에서 모순을 이끈 후 반박하며 함께 대화를 이어갔다. 9

그렇다면 엘렝코스는 무엇일까? 아리스토텔레스는 소크라테스의 대화법을 이렇게 설명했다. "그는 질문하되, 스스로 무지함을 고백하면서 답을 제공하는 일은 없었다"(《소피스트》 183b 6~8). 여기에서 등장하는 것이 그 유명한 '소크라테스적 아이러니'다. 그가 재판에서 자신의 무지함을 반복적으로 고백한 것, 다른 사람들로부터 배우기만을 바란다는 그의 주장 그리고 대화 상대가 갖고 있다고 생각하는 지혜를 감탄한다는 발언이 아이러니하기 때문이다. 이처럼 자신을 배움에 목마른 학생으로 생각하면서, 대화 상대의 답변을 꼬리에 꼬리를 무는 질문으로 이어갔다. "X는 무엇인가?" "덕은 무엇인가?(플라톤의 《메논》)" "절제는 무엇인가?(플라톤의 《카르미데스》)" "용기란 무엇인가?(플라톤의 《라케스》)" 이처럼 소크라테스의 캐묻기식 대화는 소피스트들처럼 돈을 받고 이론을 가르치기보다는 상대방이 도덕적으로 얼마나 성숙한지를 시험했다. 소위 '엘렝코스' 방식의 대화를 통해 그는 아테네 판사들에게 진정한 지혜는 오직 신에게만 존재한다고 했다. 또한 자신이 지혜가 부족하다는 것을 깨달을 때만 그 자신이 누구보다 현명하다고 할 수 있다고 말했다(《변론》 21d).

《소크라테스의 변론》에서 소크라테스가 철학자로서의 경력을 이야기하는 부분이 있다. 이 내용은 그가 플라톤과 나누었던 초기 대화에서 비롯된 내용이다. [10] 저명한 고전 철학자인 그레고리 블라스토스Gregory Vlastos가 강조했듯, 소크라테스는 대화 상대가 오직 '자신'의 의견을 제시하는 것에만 집중해야 한다고 판단했다. 풍문이나 통념endoxa(모든 사람이 그렇다고 받아들이는 것—옮긴이)에 의존해서 말하는 건 허용하지 않았다. 오로지 본인의 의견만 말하면 되었다. 변증법적으로dialectically(상대의 주장에서 모순을 발견해서 상대의 주장을 논파하는 방법—옮긴이) 인간미 없게 말해서도 안 되었다. 아리스토텔레스는 소크라테스의 '엘렝코스' 대화법이 '실험적peirastic'이라고 설명했다. 질문에 답하는 화자가 '자신의 신념을 토대로' 논제를 부정할 때야 비로소 논제를 반박할 수 있다는 논리다. 블라스토스(1983)와 로빈슨(1971)은 엘렝코스의 진행 과정을 다음과 같이 정리했다.

1. 소크라테스는 대화 상대방에게 특히 윤리에 관해 일반적인 질문을 한다(예: "용기란 무엇인가?").
2. 상대방은 "용기는 인내다"와 같은 일차적인 답변을 한다.
3. 다음으로 소크라테스는 꼬리를 무는 2차 질문을 한다. "어떠한 종류의 인내가 있는가? 인내를 좋은 종류와 나쁜 종류로 나눌 수 있는가?"

*이러한 2차 질문들은 1차 질문과 다르다. 일차적 질문은 답하기가 모호하고 까다롭고 추상적이지만, 이차적 질문에 대한 답들은 명백하고 확실하다. … 2차 질문들이 처음에는 일차적 질문과 무관한 것처럼 보이고 상호 간에 연결고리가 없다고 느낄 것이다(로빈슨, 1971:78).*

4. 그럼에도 상대방은 소크라테스의 지시에 따라 2차 질문에 대답하면서 어느새 자신의 원래 주장(2)과 모순되는 명제에 동의한다. 예를 들어, "나쁜 종류의 인내심이 있다 … 하지만 '용기'라는 덕은 결코 나쁠 수 없다"라고 말하는 식이다.
5. 그런 다음 소크라테스는 내용을 종합하거나 (상대방이 비유를 선호하는지에 따라) 그동안 깔아 두었던 덫을 치우며 "자, 이제

우리의 입장을 함께 놓고 생각해봅시다"라고 《프로타고라스》
(332d) 대화편에서 말한다.

6. 그러므로 소크라테스와 그의 대화 상대방 모두 지혜가 부족
   하며, 배우기 위한 노력을 배가해야 한다는 것을 인정하는 것
   으로 대화는 끝난다. [11]

소크라테스는 동료들이 갖고 있던 인식론적 자만심을 뿌리 뽑
기 위해 '엘렝코스 망치'라는 수단을 이용한 것이다(블라스토스,
1991:29). 대화 방식이 겉보기에 회의적인 차원을 갖고 있다는 점을
고려할 때 [4.2], 비평가들이 왜 소크라테스의 철학을 소피스트적인,
또는 궤변적인 회의론이나 상대주의와 쉽게 혼동되었는지 알 수 있
다. 그럼에도 아도가 영적 단련이라고 칭하는 엘렝코스의 두 가지
차원을 강조할 필요가 있다. 첫째, 엘렝코스는 소크라테스의 대화자
들이 덕 그리고 토론의 주제에 대해 혼란스럽긴 하지만 이 외에도
다양한 감정을 느끼는 상황에 대응한다. 우리 대부분도 그렇겠지만,
그들은 스스로 혼란스럽지 않다고 생각한다. 많은 대화자(예:경건함
에 관해 대화했던 에우튀프론)가 처음에는 자신이 얼마나 많이 알고 있
는지를 자랑한다. 그렇기에 외부에서 그들의 생각을 대놓고 바꾸려
고 할 경우, 그들을 인식론적이고 윤리적으로 변화시키기보다는 자
기방어적인 반응을 일으킬 뿐일 것이다. 한편 소크라테스가 문답 방
식으로 알려주고 싶었던 교훈은 명확했다. 특정 주제에 대해 자신이
모순된 믿음을 가지고 있다는 것을 보여주어, 그들이 자신의 무지를
인정하도록 하는 것이다. 플라톤의 《소피스트》의 유명한 구절은 비

록 수수께끼 같은 '엘레아에서 온 손님'의 입에서 나오는 말이지만 이 교훈을 완벽하게 묘사한다.

**방문객**: 그런가 하면 어떤 사람들은 무지는 자발적인 게 아니고, 자신이 지혜롭다고 생각하는 사람은 본인이 잘 안다고 생각하는 것들은 배우려 하지 않기 때문에, 훈계식 교육은 힘만 많이 들 뿐 성과는 미미하다고 확신하는 듯하네.

**테아이테토스**: 그들 생각도 맞아요.

**방문객**: 그래서 그들은 다른 방법으로 이런 자만에서 벗어나려 하지. … 그들은 누군가가 아무것도 말하지 않으면서 무엇인가를 말한다고 믿으면, 막 따지고 묻는 경향이 있어. 그러면 상대의 의견은 일관성이 없기에 쉽게 논박하게 되지. 그리고 토론하면서 상대의 의견을 한데 모아 나란히 놓은 다음, 같은 것들에 대해서도, 같은 것들과 관련해서도 같은 관점에서도 서로 모순된다는 점을 보여주지. 그러면 반박당하는 상대는 이걸 보고 스스로에게는 화가 치솟지만 남들에게는 공손해진다네. 이렇게 자신에 대해 크고 완고한 선입관에서 해방되지. 이보다 더 듣기 좋고, 당하는 사람에게 효과가 가장 오래 지속되는 해방은 없다네.(《소피스트》 230b~d)

둘째로, 대화 상대방은 '아포리아aporia('난관' 또는 '막다른 골목'을 의미. 의심이 꼬리를 물고 연속되어 문제 해결이 어려워지는 상태—옮긴이)'에 도달하게 된다. 아마도 처음으로 자기주장에 한계에 있음을 직면하는 순간이다. 에우튀프론과 같은 인물은 성급하게 변명을 둘러대며 토론 자리를 떠난다. 자신의 신념이 전환 또는 변화하는 순간이거나 일종의 '분석에 대한 저항'이 생겨나는 순간이다. 그런데 그 반대의 상황도 있을 수 있다. 대화 상대방이 소크라테스에게 화를 내지 않고 자신의 무지함을 원망하는 경우다. 이럴 때면 소크라테스는 집요한 심문관의 태도를 버리고 상대방이 자신을 성찰하도록 분위기를 전환한다. 레지널드 핵포스Reginald Hackforth(플라톤에 관한 연구로 유명한 영국의 고전학자—옮긴이)가 설명하듯, 소크라테스는 "윤리관을 전파할 때 천편일률적인 방식을 취하지 않았다. 줄곧 스승의 직위를 포기하고 꾸준히 방법과 길을 찾아내는 동료 연구자일 뿐이라고 한 것과 같은 맥락이다"(1933:265). 아도는 구체적으로 다음과 같이 설명했다.

*그는 다른 사람들의 의심, 불안, 낙담을 온전히 헤아린다. 변증법적 문답을 하다 보면, 상대방이 생각을 합리적으로 마무리하는 예도 있는데, 그는 이 모든 위험 요소를 받아들인다. 그리고 마치 상대의 말을 제자가 스승의 말을 듣기라도 하는 듯 경청한다. 혹여라도 자신이 훈계나 가르침을 주기라도 하면 그건 오로지 소크라테스 본인의 자책으로 돌린다. 이런 식으로 그는 대화 상대들이 자신을 투영한 모습을 보여준다. 그들은 이제 개인적인 불안감을 소크라테스에게 투영하고 변증법적 연구와 이성(로고스) 자체에 대한 자신감을 되찾을 수 있다(아도, 1995:149; cf. 샤프, 2016:417~18).* [12]

그러므로 소크라테스식 아이러니는 절대적으로 중요하다. 대화자들의 의견을 끌어내는 수단이다. 이것은 [소크라테스식] 아이러니한 자기 비하에 해당한다(PWL:154). 다음으로 한계 또는 무지함에 관한 사색이라는 공통의 문제의식을 느끼게 한다. 이때 문답 형식의 대화를 이용한다. 그러면 상대방은 "토론하는 동안 진정한 마음 상태와 움직임을 경험하게 된다"(《삶의 방식으로서의 철학》154). 아마도, 처음으로 그들은 플라톤이 '에로스eros(사랑의 본질, 즉, 절대의 선을 영원히 소유하려고 하는 차원 높은 충동적 생명력—옮긴이)'라고 칭한 개념에 압도되고 자신의 무지함을 깨닫게 되어, 결국 변증법적 심문을 통해 지혜를 찾아 나서고 싶다는 충동을 느끼게 된다. 플라톤의 《메논》에서 소크라테스에게 찾아온 젊은 귀족 청년 '메논'은 그를 '전기가오리'로 묘사한다. 소크라테스가 사형선고를 받았던 재판에서 변론하는 가운데(《변론》30e), 살찐 게으른 말 같은 아테네 시민들을 일깨우기 위해 신이 자신에게 부여한 임무를 '등에gadfly(말이나 소에 붙어서 하는 작은 곤충. 소크라테스는 "나는 신이 이 국가 아테네에 붙여준 등에야"라며, 아테네라는 혈통 좋은 거대한 말馬이 졸지 않도록 끊임없이 깨물어 대는 '등에'임을 자처했다—옮긴이)'에 비유했다.《테와 이한테 토스》에서 소크라테스 대화법인 엘렝코스는 상대가 자각하여 진리를 발견할 수 있도록 도와주는 대화법이기에, 마치 산모가 아이를 낳을 때 산파가 옆에서 도와주는 것과 같다는 의미에서 '산파술maieutic method'이라고 칭했다.

*다른 산파들도 그렇지만 나도 낳지 못하는 게 있지. 난 지혜를 낳지 못하네. 그리고 바로 이 점을 두고 이제껏 많은 사람이 나를 비난했다네. 그렇게 된 원인은 이렇다네. 신께서는 내가 산파 역할을 하게 강제하셨지만 직접 낳는 건 금하셨네. 그러니까 정말이지 나 자신은 전혀 지혜롭지 못하며, 내가 찾아낸 것 중 그런 어떤 것이 내 영혼의 자식으로 태어난 경우가 내겐 없네. 나와 교제한 사람 중에서 몇몇은 처음에는 너무 어리석어 보이기까지 하다가, 신께서 그렇게 되는 걸 허*

*용한 자들의 경우는 그 모두가 교제가 진행됨에 따라, 그들 자신이 여기기에도 남들이 여기기에도 놀라울 만큼 진전을 보인 것 같네. 그들이 나에게서는 배운 것이 없고, 그들 자신에게서 아름다운 것들을 스스로 찾아내고 출산했다는 것 또한 분명하네(《테아이테토스》 150 c~d).* [13]

피에르 아도는 우리가 고대 철학 이전에 영적 단련이 발전해온 과정에서 소크라테스의 철학을 받아들인다면 그 깊이를 가장 잘 이해할 수 있다고 주장했다(3). 아도는 소크라테스의 철학적 실천과 단련은 훨씬 오래된 '주술 종교적이고 샤머니즘적인 호흡과 기억 단련의 전통'에 기원을 두고 있고, 거의 확실히 '태곳적으로 거슬러 올라가는 전통'에 뿌리를 두고 있다는 여러 학자의 주장에 동의했다(아도, 1995:116; 도즈Dodds, 1963, 거넷Gernet, 1981, & 베르낭Vernant, 1982 참조). 그러나 소크라테스는 학자들이 '서양의 의식 세계를 고찰하여' 구체적으로 자기 변화와 자기 수양이라는 철학적 단련을 하는 데 영향을 주었다(아도, 1995:89). 아도가 설명하는 바와 같이, 그러한 철학적 영적 단련은 "정신적 과정으로, 주변 상황에 반응하지 않는 '경직된 몽환 상태'와는 전혀 무관하다. 오히려 이성적으로 통제해야 하는 상황과 그에 대한 강력한 요구에 적절히 반응하도록 도와준다. 소크라테스라는 인물 자체의 등장은 영적 단련의 시작이다"(아도 1995:116). 이러한 관점에서 소크라테스의 영적 단련은 자아의 급진적인 전환을 수반한다는 전제하에 고대 철학 이전의 전통과 함께 이어져왔다. 그러나 소크라테스의 철학을 단지 변증법과 논쟁에만 이용하고, 상대 앞에서 문답을 통한 자기 성찰의 수단으로만 사용한다면, 다시

말해 자기만의 시간을 가지며 영적 성찰을 하지 못한다면, 철학이라
는 개념이 존재하기 이전부터 맥을 이어온 자아 성찰의 전통이 이어
져 내려온 방향과는 차이가 나타난다.

소크라테스가 말하는 대화법에서 대화자들은 자신의 양심을 살펴보며 오로지
자신에 집중하며, 내면 깊숙한 곳까지 파고드는 영적 단련에 '초대'된다. 다시 말
해 그들은 '너 자신을 알라'라는 유명한 격언을 따르도록 인도된다. … 영적 성찰
은 자아를 찾아, 그 자아를 헤아리는 관계로 우리를 초대한다. 자신을 안다는 것
은 무엇보다도 자신을 '현자가 아닌 사람non-sage'으로 안다는 의미다. 즉 지혜를
바라고 욕구하며 좋아할 수 있을 뿐, 오직 신만이 지혜를 소유하므로 '소포스so-
phos(지혜로운 사람)'가 아닌 '필로소포스philo-sophos(지혜를 좋아하는 사람)'라는 것
이다. 다시 말해 자신의 본질적 존재를 발견한다는 의미이기도 하다. '자신이 아
닌 것'과 '진정한 자신'을 분리하는 것을 포함한다. '내가 아닌 것' 그리고 '이게 바
로 나야'라고 할 수 있는 것을 분리한다는 의미다. 마지막으로, 그것은 자신의 진
정한 도덕적 상태에서 자신을 아는 것, 즉 양심을 성찰하는 의미이기도 하다(아
도, 1995:90). [14]

## 1.5 프시케psyche(영혼)에 대한 돌봄

소크라테스가 그의 '변론'에서 그의 철학적 삶의 방식을 소피스트
들과 동시대 그리스인들의 가치관과 어떻게 구별했는지 물어본다
면, 그는 뭐라고 답했을까? 아마 그는 자신이 주창한 엘렝코스가 미
셸 푸코의 '자기 자신 돌보기care of the self'와 같은 결을 지닌다고 말했
을 것 같다. 아도가 개인적으로 좋아하는 인용구가 있다. 플라톤의

《라케스》 대화편에 실린 불운한 니키아스 장군(알키비아데스의 맞수)의 선언이다. 엘렝코스가 항상 자기 성찰의 실천으로 발전한다는 사실을 입증하는 내용이다.

*여러분은 누구든 소크라테스에게 가까이 다가가 대화를 시작하면, 비록 그가 전혀 다른 이야기로 대화를 시작하더라도 어느새 삶을 살아가는 방식에 관해 돌아보게 됩니다. 그동안의 세월부터 지금까지를 성찰하는 자신을 발견하게 되죠. 이 시점에 도달하면, 소크라테스는 끝까지 철저하게 대화에 집중한다. … 이때 대화에서 도망치지 않는 사람은 남은 인생에서 더 신중하게 살아갈 것이다(플라톤, 《라케스》 197e).*

니키아스 장군이 말했듯 소크라테스의 가치관은 소피스트들과도 달랐지만, 일반적인 현대적 가치관과도 대조를 보였다. 대화 상대들에게 내면을 들여다보고, 자신에게 주의를 기울이며, 자신의 믿음, 욕망, 행동을 비판적으로 검토할 것을 끈질기게 권고했기 때문이다. 《소크라테스의 변론》에 등장하는 변론의 핵심 구절에서 소크라테스는 이렇게 단언한다(5).

*경애하는 여러분, 여러분은 지혜와 힘으로 명성이 드높은 가장 위대한 나라 아테네의 시민입니다. 그런 여러분이 부귀영화에 혈안이 되어 어떻게 하면 최대한 부를 축적할지 노심초사하면서도 지혜와 진리[aletheia]에 관심을 두고 어떻게 하면 자기 영혼[psyche]을 선하게 만들 수 있을까에 대해서는 관심이 없으니, 부끄럽지도 않습니까? 여러분 중에 누군가가 내 말에 이의를 제기하며 자신은*

부귀영화에 관심을 쏟고 있다고 한다면, 나는 그를 붙잡고 질문을 던지고 심문하며 그의 말이 사실이 아님을 증명할 것입니다. 그래서 자신에게 없는 덕이 있기라도 한 듯 말했다는 사실이 밝혀진다면, 그가 가치 있는 것은 무시하고 가치가 덜한 것에 집착한다고 책망할 것입니다. … 여러분이 청년이든 노인이든 누구에게나 내가 이 부분을 강조하겠지만, 특히 여러분 같은 동포 시민에게는 이 내용을 더욱 촉구할 것입니다. 덕은 재물로부터 생겨나지 않지만, 재물을 비롯한 인간의 모든 사적이고 공적인 축복은 덕에서 비롯된다는 것을 말입니다(《변론》 29d~30b).

소크라테스는 아테네인들이 내면의 영혼을 돌보는 것을 최선에 두고, 외적인 것들을 (3장 참조, 스토아학파의 경우) 아예 간과하는 것이 아니라 차선에 두어야 한다는 권고가 공감을 사지 못했다는 점을 인정했다.

나는 일평생 대부분 사람이 중시하는 가치(돈을 버는 일, 가정을 돌보는 일, 군대나 공직에서 높은 위치에 오르는 것)와 활동(공직, 정치적인 음모, 결사)에 관심을 두지 않았습니다. … 나는 여러분 각자가 이러한 재산이나 공적인 것과 같은 세속적인 일에 관심을 두기 전에 무엇보다 자기 자신에 관심을 가지고 어떻게 하면 가장 선량하고 지혜로운 사람이 될 것인가에 관심을 가져야 한다고 주장했습니다. 그리고 이러한 관점으로 만사를 대해야 한다고 설득해 왔습니다(《변론》 36b~c).

엘렝코스라는 영적 단련의 차원에서 '자기 배려self-care'의 개념은 그리스 문화에서 진정한 '에우다이모니아eudaimonia(일반적으로 행복

happiness이나 잘 삶welfare을 뜻하는 그리스어 단어다. 어원적으로는 단어 '에 우eu(좋은)'와 '다이몬daimon(수호신, 하위의 신)으로 구성되어 있다—옮긴 이)'가 무엇인지에 대해 원점에서 생각해보는 촉매가 되었다. 소크라 테스는 대화 상대방에게 질문을 던짐으로써 직관적이거나 '상식적 인' 도덕적 판단과 신념에 대해 '내가 확실히 안다고 할 수 없구나' 를 깨닫도록 이끌어주었다. 소크라테스의 초기 대화문을 보면 플라 톤이 그를 어떠한 인물로 묘사했는지를 명확히 알 수 있다. 이른바 스스로가 분야에 능통한 전문가라고 떠벌리는 사람들, 특히 정치인, 예술가, 시인들에게 정작 자신의 무지함을 뼈저리게 느끼게 해주려 는 소크라테스의 열정과 노력은 대단한 것이었다. 소크라테스에 대 한 플라톤의 생각에 공감하는가? 그렇다면 소크라테스의 영적 단련 이 아테네 문화와 그리스 철학에 미친 영향을 과소평가하기는 어려 울 것이다. 마치 세이렌들Sirens(그리스 신화에 나오는 반은 여자이고 반 은 새인 바다 요정들—옮긴이)이 매혹적인 노래를 불러 근처를 지나가 는 뱃사람을 홀려 배를 좌초시켜 죽음에 이르게 한 것처럼, 젊은 귀 족 출신인 알키비아데스 장군을 비롯한 아테네인들에게 소크라테스 의 변증법은 그들을 매혹적으로 홀리기에 충분했다고 플라톤은 기 술했다(《향연》 216a; 《오디세이아》 XII 참조). 알키비아데스는 소크라 테스의 변증법을 떠올리며 자신이 세이렌들의 노래를 피하려는 오 디세우스와 유사하다고 생각했다. 소크라테스가 사람들을 정복하려 는 야심이 있는 인물이 아니라, 상대가 자신의 양심(에이도스aidos)을 들여다보게 하고, 성찰하고 싶은 충동을 직접 경험하게 하는 유일한 인물이라고 알키비아데스가 인정한 사실을 눈여겨볼 만하다.

이분의 말씀을 들을 때마다 나는 코리바스들Corybantes(소아시아 프리기아의 대지의 어머니 여신 키벨레를 섬기는 사제로서 반신반인의 존재. 북을 치고 피리를 불며 춤을 추고 노래하는 의식이 사람들을 신들리게 하여 치료하는 효과를 지녔다고 한다—옮긴이)보다 더 심하게 신들린 상태가 된다네. 심장은 미친 듯 뛰고, 눈물은 하염없이 흘러내리네. 나 말고도 이런 경험을 한 사람들이 너무 많네. … 페리클레스Pericles(기원전 495~429년경에 활동한 정치가이자 군인으로, 아테네의 정치개혁을 이끌어 민주정의 전성기를 이루어냈다—옮긴이)를 비롯한 훌륭한 웅변가가 하는 말을 들어보면, 언변이 뛰어나다는 생각은 들지만 앞서 말한 영혼을 뒤흔들 정도의 감흥은 주지 못했네. 내 영혼이 혼란에 빠진 적도 없고, 내가 노예나 다름없는 처지라고 생각해서 화가 난 적도 없었다는 말이네. 하지만 여기 이 마르시아스를 닮은 사람 때문에 나는 그런 경험을 자주 하게 되어서, 내가 선생님이 말씀하시는 그런 처지에 있다면 인생을 살 가치가 없다는 생각이 들곤 하네. … 이분 말씀에 귀 기울이다 보면 꼼짝없이 영혼이 흔들리는 경험을 거부할 수 없네. … 나 자신이 부족한데도 내면 성찰을 하며 자신을 돌보는 일은 소홀히 한 채, 아테네 사람들의 일에 신경 쓰고 있는 나 자신을 인정하게 하시네(《향연》 215e~216a). [15]

**1.6 현자 그리고 소크라테스의 역설**Socratic paradox(사람이 자신의 무지를 깨달을 때 비로소 지혜를 사랑하게 되며 그 결과 진정한 지혜에 도달할 수 있고, 지혜로워지기 위해 무지해야 하는 역설을 뜻함—옮긴이)

소크라테스의 엘렝코스 대화법을 통해 일부 아테네인들이 '아무 생각 없이 비굴하게 사는 삶에 종지부를 찍고 싶다'라는 생각을 하게 되고, 그러기 위해서는 자신의 '이성logos(로고스)'이 하라는 대로 주체적인 삶을 살아야 한다는 내용에 무척이나 공감했다. 알키비아데스의 연설에서 강조하는 내용이기도 하다. 알키비아데스는 소크라테스가 이야기를 통해 사람을 홀리는 재주가 있다고 찬양한다. "나의 현실(정치판)에만 매몰되지 말고 나를 돌보라는 소크라테스의 말에 '지금 이 상태로는 내 삶이 살 가치가 없다'라는 생각을 어느새 하게 되었다"(《향연》 216a). 소크라테스의 변증법은 알키비아데스가 자신의 평범한 자아를 초월한 황홀한 상태로 이끌었고, 그는 그 상태가 마치 코리바스들이 북을 치고 피리를 불며 춤을 추고 노래하는 의식을 치르며 정신이 홀린 상태에서 위대한 여신과의 결합을 추구하는 것과 비슷하다고 했다. 수 세기 후, 알키비아데스의 숭배자이자 소크라테스에 대한 애증을 병행한 비평가였던 니체는 이렇게 기술했다. "플라톤의 대화편에서 모든 말과 그에 대한 응수를 관통하는 저 지속적인 환호, 이성적인 사유의 새로운 발명에 대한 새로운 환호를 듣지 못하는 사람이 플라톤에 대해 무엇을 알 것이며, 고대 철학에 대해 무엇을 알 것인가?"(니체, 《아침놀Daybreak》 544) [16]

소크라테스의 엘렝코스 대화법은 당시 큰 화제가 된 '윤리적 원칙에 입각한 행복을 추구하는 에우다이모니즘'에 새로운 이상주의, 즉 현자의 가치관을 녹아낸 가치관으로 재정립하는 근간이 되었다(10). 고대 호메로스 문화와 소피스트 문화를 모두 존중하는 소크라테스의 문답법은 구체적으로는 새로운 차원의 '철학적 영웅주의philosophical heroism(고결한 진리를 추구하며 학문의 고결성을 중시—옮긴이)'을 선보이며, 궁극적으로는 새로운 형태의 삶을 제시하기에 이르렀다. [17] 소크라테스의 철학적 영웅주의는 다른 원칙들에 비해 이성에 근간해 더 나은 인간이 되기 위한 '자기 완성self-mastery' 또는 '덕virtue'을 절대적으로 우선시한다. 또한, 소크라테스는 덕을 일종의 지식과 동일시한 것으로 보인다. 소크라테스의 유명한 역설(6) 중 하나에서 그는 덕은 충분히 제3자가 가르칠 수 있는 개념이라는 소피스트들의 주장에 저항한다. 소크라테스의 문답법에서는 상대방 내면에서 덕을 끌어내도록 유도할 뿐 외부로부터 덕의 정의를 가르치지 않는다는 점을 생각해보면, '지혜로워지기 위해 무지함을 깨닫는' 소크라테스식 역설에 수긍할 수 있을 것이다. 출산을 돕는 산파는 교사가 아니다. '지식의 산파'라 해도 자신의 지식으로 가득 찬 컵을 학생의 보잘것없는 지식의 그릇에 쏟아부을 수 없는 노릇이다(《향연》 175d).

소크라테스와 후대의 철학 학파들의 관점에서는 철학적 현자만이 신과 같은 평온을 실현할 수 있다. 그러므로 현자는 적들을 물리쳐서 얻은 세속적인 영광을 통해 '신성함divinity'을 추구하는 아킬레우스와 같은 호메로스의 영웅들을 능가한다. 또한 도시의 승리와 아름다움에 도취한 아테네 시민들보다 우위에 있다. 소크라테스는 그리스의 가장 위대한 영웅인 아킬레우스가 진정한 의미에서 철학적 현자이길 바랐던 것 같다. [18] 한편 《변론》에서 소크라테스는 자신을 아킬레우스와 동일시하기도 한다. 불명예스러운 삶을 택하느니 숭고한 죽음의 원칙을 따르고, 어떤 역경에도 자신의 지위를 결코 포기해서는 안 된다고 생각하기 때문이다(《변론》 29b).

한편 소크라테스의 악명 높은 역설 중 몇몇은 호메로스가 주장한 덕목을 반박하려는 시도에서 비롯되었다. 소크라테스는 진정한 자아는 육체soma도 아니고 자신의 이름onoma도 아니며, 바로 영혼syche, 정신)이라고 주장했다. 비록 그가 (플라톤에 대항하여) 영혼의 불멸에 관하여 사상을 발전시켰는지는 확실치 않다. 이와 같은 소크라테스적 관점에서는 대부분의 철학 학파에서 주장하듯 자기 배려를 하려면 엘렝코스와 같은 지적 단련과 영적 단련을 거치면서, 평범한 정신 또는 선先 철학pre-philosophic의 정신을 재정립해야 한다(2, 3). 소크라테스는 이러한 정신세계에 대해 놀랍도록 독창적인 해석을 남겼다. '정신'은 '이성'과 같지 않더라도, "바른길을 걷는 질서정연한 삶에서 감각과 감정을 완전히 통제하는 것"에 의해 지배되는 것으로 생각했다. 정신의 덕은 지혜와 사고이고, 정신을 개선한다는 것은 지혜와 진리를 품고 살아가는 것이다"(거스리Guthrie, 1971:150). [19] 호메로스가 주장한 문화적 덕목을 교육받아온 평범한 아테네인에게 "자신의 영혼을 돌보면서 영혼의 완벽을 추구하는 데 힘쓰라고 하는 것은 마치 자신의 실체를 버리고 그림자를 소중히 여기라는 것"과 같다고 F. M. 콘포드는 말했다(콘포드, 1965:50).

따라서 소크라테스의 윤리학에서 '에우다이모니아'는 이성적인 '자기 통제self-control' 또는 '자기 완성self-mastery(더 나은 인간이 되려고 노력하는 것—옮긴이)'을 뜻하는 '절제sophrosyne' 또는 '자기 욕망의 다스림enkrateia'에 내재해 있다. 현자가 이러한 윤리적 관점을 갖고 있다면, '지혜'라는 특정한 종류의 지식을 뜻한다(실천적 지혜phronesis 또는 철학적 지혜sophia를 뜻하기도 한다). 이성을 통해 얻게 된 이 지혜는 영적이고 지적인 단련을 거치면서 자아를 변형시킨다. 이것은 반드시 모든 사물에 대한 지식은 아니지만, 인간이 가치를 부여하고, 추구하고, 선택하고, 피하는 데 진정으로 유익한 내용에 대한 지식이다. 육체적 감각과 정념은 신기루처럼 손에 잡히지 않은 만족이나 일시적인 만족을 줄 뿐인데, 이 지식이 있으면 현자는 이러한 감각과 정념에서 오는 산만함과 환상에서 벗어날 수 있다. 또한 이 지식이 있으면 시야가 넓어진다. 세상을 보는 눈 그리고 우리 삶의 우선순위를 보는 눈을 키울 수 있다. 소크라테스는 영혼을 돌보려면 이성이나 덕에서 그 외의 가치를 과감히 쳐내야 한다고 주장했다. 소크라테스에게는 덕이 단독으로 있을 때 행복이 찾아온다(《변론》 28B5~9, 《변론》 28d6~1, 《크리톤》 48c6~d5 참조). 그러므로 소크라테스의 윤리에서는 전투에서의 승리가 공로로 인정받는 고대의 정신을 과감히 내친다. 칼리클레스는 "당신의 말이 진심이고 옳다면, 인생은 한마디로 거꾸로 뒤집힌 게 아닌가요? 우리는 모두 해야 하는 행동과 정반대되는 행동을 하는 게 아닌가요?"라고 말했다(《고르기아스》 481c). 니체는 소크라테스의 윤리적 에우다이모니즘이 어떻게 이 영웅적 윤리와 근본적으로 충돌했는지 다음과 같이 설명했다.

그러나 소크라테스가 "가장 유덕한 사람은 가장 행복한 사람이다"라고 했을 때, 사람들은 어안이 벙벙했다. 정신 나간 소리라고 생각한 것이다. 고귀한 신분의 사람들은 가장 행복한 사람의 모습을 떠올릴 때, 오만과 쾌락을 위해 모든 것과 모든 사람을 희생시키는 전제 군주처럼 언행이 방자하고 제멋대로 행동하고 악마적인 사람을 생각했기 때문이다.(《아침놀》 199) [20]

니체는 소크라테스의 삶의 방식이 건전한 고대 그리스 문화에 먹칠을 가하고 있다고 설명하며, 철학적으로 접근하기보다는 심리적 관점에서 설명이 필요하다고 느꼈다.

그에게는 모든 게 과장 그 자체다. 그는 익살 광대buffo(이탈리아 오페라에 나오는 희극가수―옮긴이)이고 희화caricature다. 동시에 모든 것이 은폐되어 있고 뒤로는 딴생각하고 있어 음흉하기 짝이 없다. 나는 소크라테스가 말한 '이성=덕=행복'이라는 등식이 어떤 특이체질로부터 비롯되는지를 파악하려고 노력 중이다. 그것은 세상에서 가장 기괴한 등식이자, 특히 고대 그리스인의 모든 본성에 저항하는 등식이다(《우상의 황혼》, '소크라테스의 문제').

소크라테스 윤리관은 《크리톤》과 《고르기아스》에서 '친구를 이롭게 하고 적을 해롭게 하는 것이 정의'라는 고대 희랍의 호메로스 정의관을 거부하는 것을 명시된다(《국가론 I》 참조). 호메로스의 원칙에 반대한 소크라테스는 우리가 불의에 대한 보복으로라도 절대 불의를 범해서는 안 된다고 주장했다. 실제로 그는 "나쁜 짓을 하는 것보다 나쁜 일을 겪는 게 낫다"라고 말했다(《고르기아스》 469c).

그렇다면, 다른 사람에게서 해악을 입었다고 해서, 갚기 위해 해악을 입히려고 해서는 안 되네. … 그런데 이런 생각을 하는 사람은 지금이나 미래에나 소수의 사람일 뿐이라는 점을 알고 있네. 해악을 입히지 말아야 한다는 생각에 동의하는 자와 반대하는 자 간에는 원칙적으로 합의점이 있을 수 없어서, 서로의 견해를 들을 때마다 서로를 경멸할 수밖에 없네(《크리톤》 49d).

소크라테스는 "불의를 행하는 것이 불의를 당하는 것보다 더 나쁘다"라는 소크라테스의 말이 그의 대화 상대자들을 충격에 빠트렸다(《크리톤》 48 b~c; 《고르기아스》 472e~473e). 엄밀히 말하자면 소크라테스는 선하거나 도덕적인 사람은 나쁜 행동을 함으로써 자신에게 윤리적인 해를 끼칠 수 있지만, 어떠한 해나 악을 당하는 일은 없다고 믿는다고 믿는다. 그가 보기에 진정한 악은 도덕적 결함이며 이는 현자 자신 외에는 누구도 통제할 수 없기 때문이다. 사람들이 흔히 악이라고 생각하는 모든 것들, 죽음, 질환, 가난, 통증, 심지어 박해나 고문은 소크라테스에게 악이 아니다(3장 참조). 최선을 다해 이러한 고통을 받아들이고 대응할 지혜가 없다면 결국 악이 되고 피할 수 있는 고통의 근원이 될 뿐이다. 소크라테스는 "선량한 사람들은 살아서나 죽어서나 그 어떤 해악도 당하지 않는다는 이 한 가지 진실을 명심하십시오"라고 말했다(《변론》 41d).

아킬레우스가 이끄는 호메로스의 영웅들이 세속적 영광을 위해 모든 것을 기꺼이 희생했다면, 소크라테스는 지혜에 뿌리를 둔 덕을 위해 정신과 무관한 모든 외적인 요소를 기꺼이 포기하려 했다. 호메로스와 비극적 운명을 맞이한 영웅들은, 진정한 행복은 명예에서 비롯되고 명예는 개인의 흥망성쇠에 비례한다고 생각했다. 대조적으로 소크라테스의 행복은 전적으로 운명과는 별개인 덕에 의존한다. 블라스토스는 "소크라테스가 하는 행동에 믿음이 간다면" 즉 덕이 행복이라는 그의 실천에 공감한다면, "당신은 이미 행복의 열쇠를 손에 쥐고 있는 셈이다. 세상이 당신의 행복을 좌지우지할 수 없다"(블라스토스, 1991:234~5). 이러한 관점에서 볼 때, 적어도 "강제수용소에서 감옥살이하는 수용자가 철학을 알고 실천한다면 그와 같은 수준의 덕을 안고 살아가는 케임브리지 대학교 학생만큼 행복해야 한다"라는 결론에 도달하게 된다(블라스토스, 1991:215~16).[21]

또한, 죽음 앞에서 철저히 무관심한 태도로 일관한 그의 태도를 짚어볼 필요가 있다. 이 장면에 대해서 플라톤은 특히 《변론》과 《파이돈》에서 분명히 묘사하고 있다. 《파이돈》에서는 위에서 보았듯 소크라테스가 자신의 불행을 저주하기보다는 친구들을 위로하는 것으로 묘사된다. 크세노폰은 소크라테스가 아테네시에 의해 사형선고를 받은 것을 한탄하는 제자들에게 인간은 누구나 죽을 수밖에 없다고 초연하게 말했다고 전한다(크세노폰, 《변론》 27). 그가 부당하게 처형당해야 하는 상황을 한탄하는 분위기 속에서, 자신이 정당하게 처형되기를 원하는지 묻는다(블라스토스, 1991:28). 플라톤의 《변론》에서, 소크라테스가 '아킬레우스처럼' 불명예보다 죽음을 선택한 근거로 '죽음에 대한 무지함'을 내세웠다. 죽음이 악하다는 것을 알아야 죽음을 두려워하는 게 합리적이라고 주장한다. 죽음이 악한 것인지, 우리는 알 길이 없다. 죽음은 사후 세계에서 정당한 보상을 받는 길일 수도 있고, 꿈 없는 잠dreamless sleep일 수도 있다. 특히 에피쿠로스주의에서 죽음을 꿈 없는 잠으로 생각한다(3장). 중요한 것은 어느 경우에도 죽음은 두려움을 대상이 아니기에, 현명한 사람이라면 그것이 악이라고 말할 수 없다는 것이다.

## 1.7 소크라테스의 유산

만약 아도의 주장처럼 PWL에 대한 고대 철학의 접근이 '어떠한 삶을 살 것인가?' 또는 존재론적인 삶을 사는 것에서 시작된다면, PWL의 뿌리는 소크라테스가 강조하는 '덕'이다. 아도는 다소 시대착오적인 칸트의 표현을 빌려, PWL이 '도덕적 의도의 절대적 가치'로 표현한다. 즉 소크라테스의 윤리에서 가치를 부여하는 것은 단 두 가지, 개인의 선택과 그 선택에 대한 이유이다. 소크라테스는 자신과 대화하는 사람들이 자아_self로 '복귀'하는 데 최대한 집중했다. 자아는 자신의 도덕적 성품을 자유롭게 선택할 줄 알고, '내가 선한 인간이 될 것인지'에 대한 방향을 설정하는 그 행위 자체에서 "난 행복한 인간이야," 또는 "나의 도덕적 성품이 완성되었어"라고 생각한다. 따라서 "소크라테스식 지식이란 본질적으로 '도덕적 의도의 절대적 가치'이며 이 가치의 선택이 가져오는 확실성이다"(아도, 1995:34). 에피쿠로스학파가 소크라테스는 그들의 창시자에게 직접적인 영향을 미치지 않았다고 주장했다 해도, 소크라테스의 실존적 선택은 모든 고대 철학 학파의 핵심에 있다고 아도는 주장한다. 이 학파들 모두 '철학적 전환_philosophical conversion'을 달성하기 위해 영적 단련을 한다. 즉 일상적인 사고와 삶의 방식에서 벗어나, 자아실현 또는 완벽한 수행의 상태를 지향하며 나아간다. 현대적으로 해석하면 소크라테스와 헬레니즘 학파에서 주장하는 '행복의 내재화' 즉 행복이 몸과 마음에 뼛속까지 들어찬 상태다(6). 아도는 '모든 영적 단련 또는 수련'에 대해 다음과 같이 주장한다.

영적 단련은 자아로의 복귀다. 자아로 돌아간다는 것은 걱정, 정념, 욕망에 허우적거리는 상태에서 완전히 해방되었다는 의미다. 이렇게 해방된 '자아'는 이기적이고 정념이 넘치는 개성을 지니지 않는다. 도덕적 자아로서, 보편성과 객관성에 열려 있다. 또한, 보편적 시각과 생각에 도달하는 것을 지향한다(아도, 1995:103).

우리가 이 장에서 살펴본 바와 같이, PWL의 기원은 도덕적·문화적 혁명에 버금간다고 해도 과언이 아니다. 소크라테스와 고대 학파의 영적 단련은 철학적 사상이 도입되기 전에 생각하고 실천하던 '자아'의 개념에서 약간의 수정만 거친 정도가 아니었다. '다른 세계로 들어가 새로운 자아를 얻는 여정'으로의 초대였다(롱, 2006:13). 고대 철학자들은 소크라테스가 말한 역설에 가까운 말('잘 산다는 것'이란 지혜와 덕을 추구할 뿐, 그 외의 것은 운명이나 신에 맡기는 삶)을 어떻게 해석할지를 두고 논쟁을 벌이기도 했다. 한편 다양한 이유로 소크라테스의 주장에 반기를 든 철학자들도 있었다. 아리스토텔레스와 니체를 비롯한 반대론자들은 소크라테스의 단련에 관한 주장이 '부조리' 심지어는 '삶의 부정'이라고 주장했다. 아리스토텔레스는 현자에 대한 소크라테스의 정의에 대해, "고문을 당하거나 큰 불운을 겪는 사람이 '선한 사람'이기만 하면 행복하다고 주장하는 것은 헛소리다"라고 말했다(《니코마코스 윤리학》1153B 19~21).

그러나 다음 장에서 보게 되겠지만, PWL에 대해 소크라테스가 주창한 이상, 규정하거나 형용할 수 없는 '아토피아' 그리고 두려움 없는 용맹하고 평온한 상태는 헬레니즘 학파를 관통하는 '붉은 실red thread(미궁으로 들어가서 나올 수 있도록 풀고 되감으며 도움이 되는 수단을 상징한다—옮긴이)'과 같은 수단이다. 후대에 PWL이 거듭 부활하도록 영감을 주는 역할을 할 것이다. 니체는 소크라테스에 대한 찬가에서 PWL이 철학적 관점에서 카멜레온처럼 변화무쌍한 개념임을 강조한다.

소크라테스에게는 아주 다양한 철학적 삶의 양식의 길들이 거슬러 올라가 통하고 있다. 그것은 근본적으로는 다양한 기질의 삶의 양식으로, 이성과 습관을 통해 확립되어 있으며, 삶에의 그리고 자기 자신에의 기쁨을 가리키고 있다. 사람들은 소크라테스 사상이 가장 고유한 이유는 그가 모든 기질에 관심이 있었다는 점이라고 추론할 것이다. … 그리스도교의 창시자에 비교하면 소크라테스에게는 진지함의 즐거운 방식과 인간 영혼의 가장 훌륭한 상태를 형성하는 장난기 가득한 지혜가 있다(《방랑자와 그 그림자》 86).

A. A. 롱은 소크라테스 이후에 등장한 학파들이 삶의 방식을 정의할 때 소크라테스와 그의 윤리관으로부터 영향을 많이 받았다. 권위와 관습을 무조건 따라야 할지에 대한 의문을 품고, 어떠한 합리적인 근거도 없는 두려움과 욕망을 버리며, 영혼의 건강에 비중을 두고 삶의 우선순위를 재배치하는 부분 그리고 무엇보다도 자신을 앎으로써 더 나은 인간이 되는 '자기 완성self-mastery'을 강조하기 때문이다(롱, 2006:7). 롱은 소크라테스 유산의 철학적 토대를 행복 또는 에우다이모니아에 관한 다음과 같은 명제로 파악한다.

1. 행복은 자연과 더불어 사는 것이다.
2. 행복은 충분한 육체적, 정신적 훈련에 기꺼이 참여하려는 사람이라면 누구나 누리게 되는 것이다.
3. 행복의 본질은 매우 불리한 상황에서도 행복하게 살 수 있는 능력에서 돋보이는 '자기 완성'이다.
4. '자기 완성'은 덕을 지닌 인격과 같은 의미이기도 하고, 그러

한 덕을 수반하기도 한다.

5. 이 모든 것을 갖춘 행복한 사람은 진정 현명하고, 왕이 되기에 부족함이 없으며, 자유로운 사람이다.

6. 부, 명예, 정치적 권력 등 전통적으로 행복을 위해 필요하다고 생각되는 것들은 본질적으로 아무런 가치가 없다.

7. 행복을 거스르는 걸림돌은 중요한 일에 대해 잘못된 판단을 내렸을 때 그리고 이때 수반되는 정서적 혼란과 심약한 마음 상태이다. 이 두 가지는 그릇된 판단을 내렸을 때 따라오는 부작용이기도 하다(롱, 1999c:624).

물론 1번부터 7번까지 소크라테스의 사상에 뿌리를 두고 있지만, 소크라테스 이후의 철학자들, 헬레니즘, 로마 철학자들도 이를 토대로 하되 각자의 방식으로 '좋은 삶을 사는 것'을 정의했다. 고대 희극 시인들은 최고의 삶에 대한 철학자들의 의견이 분분한 점을 조롱하며 희열을 느꼈다(cf. 루치안, 《헤르모티모스Hermotimus》, 《판매를 위한 철학 사상들Philosophies for Sale》; 콘스탄, 2014 참조). 그러나 이러한 차이가 있어도 "철학자들은 자기네들이 추구하는 윤리관을 토대로 이상적인 인간상을 만드는 데 있어서 서로 비슷한 특징이 많았다. … 전대미문의 영웅, 삶 자체로 철학의 힘을 보여주는 인물, 헬레니즘 시대에 칭송받으며 자기 완성에 도달한 인물 등이다(롱, 2006:7). 고대 키니코스학파(견유학파)는 금욕적 실천만이 왕의 자격을 부여할 수 있고, 금욕을 멀리하면 언제라도 노예로 전락한다고 믿었다(10장 참조). 비슷한 맥락에서 에피쿠로스학파는 자신들의 사상을 실천하면 '인간들 사이에서 신처럼 살 수 있다'라는 희망을 약속했다(2장). 마지막으로 스토아학파는 삶의 풍랑 속에서도 이성적인 초연함을 지킬 수 있는 사람이 '스토아적 현자'이고, 이러한 현자만이 자유롭고, 나머지 사람들은 바보나 노예라고 믿었다(3장). 자, 이제는 소크라테스 이후 등장한 여러 학파의 사상을 엿보고자 한다.

# 2장

## 에피쿠로스학파: 신성한 삶의 방식으로서의 철학

### 2.1 배경

에피쿠로스주의는 기원전 4세기로 거슬러 올라간다. 당시 사모스 섬에서 태어난 아테네 시민 에피쿠로스(기원전 341~270)는 그를 따르는 친구와 학생들을 아테네로 데려왔다. 그리고 이들을 위해 아테네 시의 성벽 밖에 있는 정원에 학교를 지어 가르침을 전수했다. 플라톤이 만든 '아카데미아Platonic Academy('아카데메이아'라고도 함—옮긴이)'라는 정원, 아리스토텔레스가 훗날 아테네로 돌아와 세운, 아카데미아와 견줄 만한 학원인 리세움Lyceum 그리고 에피쿠로스의 '정원' 다음에 등장한 학교이자 스토아학파를 창시한 제논이 제자들을 가르친 '스토아 현관Stoic Porch'과 같은 주요 학교들과 쌍벽을 이룰 만한 정원이었다.

기원전 1세기, 고대 로마 시대의 스토아학파 철학자 세네카가 쓴 편지에는 에피쿠로스 정원으로 통하는 문에 조각이 서 있었는데, 다음과 같은 글귀가 적혀 있다고 소개했다. "방황하는 나그네들이여, 여기야말로 당신이 거처할 진정 좋은 곳이요. 여기에 우리가 추구해야 할 최고의 선善 즐거움이 있습니다"(《루킬리우스에게 보내는 도덕 서한Moral Letters to Lucilius》 79.15). (플라톤이 세운 아카데미인 '아카데미아'의 현관에 쓰여 있던 글귀와는 대조적이다. "정통하지 않아도 좋은데, 여하튼 수학을 모르는 자는 문화비평에 들어와도 소용없다.") 에피쿠로스주의는 기원전 4세기 말에 설립된 고대 철학의 가장 유명하지만, 논란이 많은 학파 중 하나가 되었다. 디오게네스 라에르티오스에 따르면, 에피쿠로스의 맞수였던 아카데미아 수장 아르케실라오스(기원전 316~241)는 "당시 그렇게 많은 학교가 정기적으로 에피쿠로스에게 학생들을 빼앗겼는데, 에피쿠로스학파 학생들이 다른 학교로 이탈하지 않은 이유가 무엇인가?"라는 질문 세례를 받았다. 아르케실라오스는 이렇게 대답했다. "멀쩡한 남자가 내시로 변할 수는 있지만, 내시가 다시 멀쩡한 남자로 되돌아갈 수 없는 것과 같은 이치이다"(디오게네스 라에르티오스가 쓴 《위대한 철학자들의 생애Lives of Eminent Philosophers》 4.43). 아르케실라오스가 당시의 상황을 일축한 태도는 에피쿠로스주의의 심기를 건드리기도 했다. 철학 비평가들은 학생들에게 객관적이고 비판적인 이성적 사고를 버리고 행복만 바라게 하는, 창시자 개인을 우상화하고 마치 종교처럼 신격화는 '개인 숭배'라고 비난했다(누스바움, 1994:138~9). 한편 에피쿠로스학파는 학생들이 진리를 추구하기보다는 '어떻게 하면 행복해질까?'를 고민하도록 가르친다고 주장했다. [1]

반면, 스토아학파가 주장하는 '덕'에 대해 많은 이들이 오해하는 것처럼 에피쿠로스학파가 생각하는 최고의 선이 현세의 쾌락(헤도네hedône, 에로스와 프시케 사이에서 태어난 기쁨과 쾌락을 관장하는 여신을 뜻하는 그리스어로, 쾌락, 환락, 향락 등을 나타낸다—옮긴이)이라고 비난받아 왔다. 기원전 1세기 로마의 서정 시인 호라티우스Horace(영화 〈죽은 시인의 사회〉에 등장하는 '현재를 즐기라Carpe Diem'를 기억할 것이다. 그의 라틴어 시 한 구절로부터 유래한 말이다—옮긴이)는 에피쿠로스 철학에 대한 고대인들의 고정관념을 아이러니하게 자신에 빗대어 이렇게 표현했다. "나는 에피쿠로스의 무리에서 온, 상태 좋고 매끈한 살찐 돼지다. 나를 보면 웃음이 날 것이다"(《서간집Epistles》 I.4.15f). 에피쿠로스주의를 격렬하게 비판한 로마 스토아학파의 에픽테토스[3.4]는 '선의 본질'이 쾌락에만 있다고 믿는다고 분노를 표현하며 이렇게 말했다. "누워서 잠을 자고, 당신이 자신을 가치 있다고 판단한 그 벌레의 삶을 살아가라. 먹고 마시고 짝짓기하고 배변하고 코를 골며 잠들라"(《대화록》 2.20.9~10). 또한, 디오게네스 라에르티오스는 이렇게 기록했다.

에픽테토스는 에피쿠로스를 음탕한 말을 늘어놓는 자라고 하며 맹렬히 비난한다. 메트로도로스의 형제인 티모크라테스도 같은 생각이었다. … 그는 [에피쿠로스]가 방탕하고 사치스러운 삶 때문에 하루에 두 번이나 토했다고 말했다(《위대한 철학자들의 생애》, 6).

햄릿의 '가혹한 운명의 돌팔매질과 화살을 견디는 것'과 같은 괴롭고 절망적인 삶을 묘사하는 데 금욕주의로 알려진 '스토아철학'이 인용되는 것처럼, 현대 사회에서도 '에피쿠로스 철학'은 도덕적이지 않으며, 사치스럽고 방탕한 삶을 사는 것에 주로 적용되는 '쾌락 원칙'의 대명사로 남아 있다. 이 장에서는 에피쿠로스주의가 PWL의 고대 전통에 무엇을 했는지, 이 사상에 대한 섣부른 비판이 잘못되었음을 보여주고자 한다. 이 장을 읽어갈수록 에피쿠로스 철학이 비평가들의 예상과 달리 심오하고 섬세하며, 얕거나 저속하지 않은 사상이라는 점을 알게 될 것이다. 껍질을 벗겨나가다 보면 오히려 '진지하고 절제하는 태도'를 엿볼 수 있다(세네카, 《행복한 삶에 관하여The Happy Life, Vita Beata》, 12). 오히려 '사치스러운 향락을 통한 쾌락'은 후유증을 남길 뿐이라고 주장한다(《저작집The Essential Epicurus:Letters, Principal Doctrines, Vatican Sayings, and Fragments》 200). (게다가 '비너스' [또는 낭만적 사랑]에 적대감을 표하기도 한다). 단, 그들이 추구하는 심신의 쾌락은 '이기적인 마음에서 비롯되는 것이 아니라, 절제함으로써 누리는 쾌락 없이는 너무나도 많은 불편함이 초래되기 그 때문에 지양하는 것이다. 따라서 실제로 소크라테스 사상 못지않게(1장) 현대 가치관에 대해 급진적으로 재고할 것을 제안한다. 에피쿠로스와 그의 추종자들은 어떠한 방식으로 철학의 본성을 연구했을까? 그들의 '메타 철학'에 대한 접근을 파헤쳐보자.

## 2.2 에피쿠로스주의: 삶의 방식, 치료 그리고 글쓰기

에피쿠로스주의는 다른 고대 철학 사상처럼 추종자들에게 행복 eudaimonia('에우다이모니아') 또는 축복 makaria(마카리아)을 주는 것을 주장하는 삶의 방식을 추종한다고 주장했다. 고전 연구가 디스킨 클레이Diskin Clay는 "에피쿠로스가 주장하는 '철학'은 단순히 사상과 이론을 가르치는 데 의의가 있는 것이 아니다. 일상에서 어떻게 하면 더 철학적인 삶을 살 수 있을지에 대한 치열한 고민이다"라고 주장했다(클레이, 2009:15).

고전학자 앤서니 아서 롱Anthony Arthur Long(2006)에 따르면, 스토아학파만큼이나 에피쿠로스학파(3장)가 생각하는 철학은 무엇보다도 '관습에 의문을 제기하고, 타당한 근거 없이 무턱대고 생겨나는 두려움이나 욕망의 감정을 배제하며, 영혼의 건강을 챙기고 무엇보다도 '자기완성self-mastery'의 개념을 실천하기 위해 삶의 우선순위를 재배치하는 것'이다. 그러나 에피쿠로스주의는 헬레니즘 사상에서 공통으로 등장하는 '의학적 유추medical analogy'를 바탕으로 삶의 방식을 구상하고 실천할 정도로 다른 고대 철학과 차별된 면모를 보였다. 키케로의 사상을 다룰 때 이 부분을 자세히 살펴보고자 한다(7). (누스바움, 1994; 클레이, 2007:20; 샤프, 2016a; 4.3). **²** '공허kenos('케노스', 유의어로는 내용 없는, 공허한, 허무맹랑한, 성과 없는, 유익하지 않은 것 등이 있다—옮긴이)'는 인간의 고통을 치유하지 못하는 철학자의 말[pathos anthropou therepeutai, 파토스 안트로포 테페우타이]이다. 《저작집》 221에서는 이렇게 적혀 있다. "의학으로 몸의 질병을 없애지 못하면 의학의 가치가 없듯, 철학도 마음의 고통을 없애지 못하면 철학의 가치가 없다." 에피쿠로스는 《메노이케우스에게 보낸 서신》에서 다음과 같이 훈계조로 편지를 썼다.

*누구든지 젊다고 철학 할 필요가 없다고 해서도 안 되고, 늙었다고 철학 하는 것을 싫증 내서도 안 된다. 정신을 건강하게 하는 데 너무 이르거나 너무 늦은 나이는 없기 때문이다. 철학 할 나이가 아직 되지 않았다거나 이미 지났다고 하는 것은 아직 행복할 나이가 되지 않았거나 이미 지났다고 하는 것과 같다(《위대한 철학자들의 생애》, 122).*

이 내용을 이해하기 위해서는 '자유주의 교육'(4)이라고 칭할 수 있는 그리스 전통인 '파이데이아paideia'에 대한 에피쿠로스의 직설적 비판을 파악해야 한다. 그는 "오, 축복받은 젊은이여, 배를 띄우고 모든 형태의 교육[파이데이아]으로부터 전속력으로 도망치라"라고까지 말했다(키케로《최고선악론》II, 4). 논리나 변증법에 대한 모든 철학적 접근에 대해서도 다음과 같이 비난한다. "자연철학자들은 '사물의 목소리'를 따라가는 것으로 충분하다고 보기 때문이다"(《위대한 철학자들의 생애》30). [3] 다른 분야도 마찬가지겠지만, 철학을 논할 때 오늘날 지배적인 학문적 사고와 거리가 먼 철학의 개념을 상상하기란 사실 어려울 것이다. 에피쿠로스는 철학의 시작과 끝은 피할 수 있는 인간의 고통에 대한 주요 관심사에서 비롯된다고 했다.

*육체가 울부짖을 때 영혼도 울부짖는 것을 당연히 받아들이라. 육체는 배고픔과 목마름과 추위로부터 구해달라고 외치는 것이다. 마찬가지로 영혼이 이러한 외침을 억누르기란 어렵고 자연의 섭리를 무시하는 건 위험한 생각이다(《저작집》 200).*

에피쿠로스학파는 대부분 스트레스와 혼란 속에서 힘든 삶을 살아간다고 생각한다(9). 로마 출신의 에피쿠로스학파 루크레티우스는 이 현상이 특히 유명하고 부유하며 권력을 거머쥔 사람들에게도 (대다수가 그런 것은 아니지만) 해당된다고, 그의 긴 시는 극적으로 설명한다(《사물의 본성에 관하여》II, 30~61). 마치 철학을 하지 않는 사람들이나 에피쿠로스학파가 아닌 사람들이 전염병에 걸리기라도 하는 듯, 오이노안드의 디오게네스는 산악 마을에 있는 한 석벽에 특별한 선교 활동에 대한 벽서가 새겨 있는 모습을 보고 이렇게 말했다.

*사실은 … 전염병이 전파되듯, 세상살이에 대한 거짓과 편견이 기승을 부리고 있다. 양 떼가 우르르 몰리듯, 그릇된 주장들이 입소문을 타고 여기저기로 퍼져 나가고 있다. 그런데 우리는 후손에게 도움을 주어야 하는 사명감을 안고 있다. 그들이 우리 도시를 방문하는 이방인의 자손이 아닌 한, 우리의 자손이기 때문이다. 이에, 이 '스토아stoa'를 제공하여 후손에 구원을 가져오는 방안(구제책)을 마련하여 더 많은 후손이 이 구제책의 혜택을 받길 바란다(3 II.7~VI.2 스미스).*

이처럼 에피쿠로스 철학에서는 자신들의 교리에 인간의 질병에 대한 치료법phamaka을 포함하고 있다고 명시적으로 설명한다. 그중에서도 가장 유명한 치료법으로 '네 가지 처방tetrapharmakos(신을 두려워 마라. 죽음을 염려하지 마라. 좋은 것은 구하기 어렵지 않으며, 끔찍한 일은 견디기 어렵지 않다—옮긴이)'이 있다. 그들이 치료법을 공식화하거나 전달하는 방식은 쉽게 예상할 수 있듯 이 책에서 다루는 철학과는 다른 방향성을 나타낸다(6). [4] 철학을 의학 치료의 영역으로 확대하는 것에 대해서는 신중하게 접근할 필요가 있다. 많이 알려져 있듯 에피쿠로스는 유명한 (부분 복원된) 《자연학》을 포함하여 300권이 넘는 책을 집필했기 때문이다. 특히 《자연학》은 메트로도로스에게 구두로 강의한 내용을 토대로 집필한 37권의 책으로 구성되어 있다(《위대한 철학자들의 생애》 25). 그러나 에피쿠로스는 자신의 철학을 요약하기 위해 편지를 썼다는 점 그리고 그의 저서에서 발췌한 여러 문장이 오늘날까지 보존되었다는 점은 매우 중요하다. 《저작집》 469에서처럼 쉽게 암기할 수 있도록 개별적이고 거의 격언에 가까운 문장들도 포함되어 있다. 예를 들어 "신의 축복을 받은 자연에 감사하라. 자연은 인간에게 필수적인 것ta anankaia을 쉽게 제공하고, 구하기 쉽지 않은 것ta dysporista을 불필요하게 만들었기 때문이다"와 같은 문장이 있다. [5] 《유명한 철학자들의 생애와 사상》제10권에서 디오게네스 라에르티오스는 물리학, 천문학, 윤리학을 다룬 에피쿠로스의 세 가지 편지 전문을 제공한다. 헤로도토스, 피토클레스, 메노이케우스에게 2인칭으로 쓴 비교적 짧은 이 편지들은 에피쿠로스 사상의 신념 체계를 잘 보여준다.

일즈트라오트 아도Ilsetraut Hadot(1969)는 에피쿠로스의 교육 방식에 관해 전대미문의 논문을 발표했다. 에피쿠로스가 차용한 문학적 형식 그 이면에 자리한 '교육학적 논리'를 강조한 내용이었다(5). 그녀는 《헤로도토스에게 보낸 서신》《위대한 철학자들의 생애》25 및 그 이하; 일즈트라오트 아도, 1963:347~8)에서 중요한 글귀를 인용했다. 헤로도토스에게 보낸 서신에서 에피쿠로스는 자신의 철학적 담론을 축약할 경우, 두 부류 학생들에게 특별히 도움이 될 수 있다고 주장했다. 첫째, 철학 공부를 시작한 초보자들과 에피쿠로스 철학적 담론의 면면을 탐구할 시간이 없는 학생들이 요긴하게 사용할 수 있다고 생각했다. 이들이 쉽게 이해할 수 있는 요약본을 제시하여 핵심 아이디어를 기억할 수 있게 했다. 두 번째 부류는 실력과 지식 수준이 높은 학생들인데, 이들에게도 요약본은 필요하다고 주장했다.

*기본적인 원리를 요약해놓은 것을 암기할 필요가 있다. 이때 전체적이고 포괄적인 설명도 필요하지만, 개별적이고 세부적인 것을 설명할 필요성은 상대적으로 적다(《위대한 철학자들의 생애》 35).*

에피쿠로스는 에피쿠로스 학교에서 가르치는 철학의 핵심 원칙을 '격언'으로 압축한 뒤 정리해서('편람'형 책자의 형태) 항상 수첩에 들고 다닐 것을 제안했다(일즈트라오트 아도, 1963:352). 이 외에도 글을 아름답고 깔끔하게 정리해서 알려주었기 때문에 그만큼 암기하기 쉬웠다. 에피쿠로스 철학의 윤리학에 대한 정수를 담은 《메노이케우스에게 보낸 서신》의 마지막 부분에서 에피쿠로스는 청중(즉 독자)에게 깨어 있을 때든 잠잘 때든 언제라도 평정심을 잃지 않고 이 학파에서 강조하는 윤리적 철학을 실천하라고 전했다(《위대한 철학자들의 생애》 135). 그러면 "실천은 어느덧 확고한 신념이 되어 고통과 죽음에 대한 두려움을 부추기는 뿌리 깊은 공허한 의견을 몰아낼 것"이라고 했다(에를러 & 스코필드, 1999:670). 다시 말해 에피쿠로스의 핵심 사상이 깃든 명상(3) 수련의 단계에 도달한다는 의미다. "근본적인 철학적 진리에 대해 지속해서 명상을 단련하라. 이때 명상은 혼자서 또는 다른 사람과 함께 할 수 있다"(일즈트라오트 아도, 1963:349). 마르쿠스 아우렐리우스Marcus Aurelius[3.4]를 다루는 부분에서 다시 언급하겠지만, 수련의 목표는 에피쿠로스 사상이 학생들의 인격에 깊이 녹아들어서 단순히 이론적 신념뿐만 아니라 일상적인 충동, 욕구와 행동을 변화시키는 데 있다(일즈트라오트 아도, 1963:352~3). 에를러와 스코필드에 따르면, 사람들은 에피쿠로스의

《원론적 교의Key Doctrines》를 "에피큐리언 즉 에피쿠로스의 사상을 신봉하는 사람들의 지적·정서적 혈류에서 각인되고 흡수되도록 고안된" 일종의 철학적 교리 문답서로 생각하며 읽고 있다(에를러 & 스코필드, 1999:670). 에피큐리언이 잘 살기 위해서는 철학적 담론에 대한 이론적 이해, 적어도 본질적인 사상에 대한 이해가 필요하지만 이것으로는 충분하지 않다는 의미다.

## 2.3 내적 성찰: 공허한 의견, 부자연스럽고 불필요한 욕망 버리기

에피쿠로스주의가 소크라테스와 스토아 사상처럼 '철학적 치료법'으로 의미가 있으려면, 사람의 마음과 동기를 구체적으로 설명하는 것에서 출발해야 한다. 특히 다른 고대 학파에서처럼 에피쿠로스 학파에서 중점을 두는 부분은 개인의 판단이나 신념이 행복이나 불행에 어떠한 영향을 미치는지를 진단하는 것이다. 에피쿠로스는 우리가 현재 느끼는 감각에는 거짓이나 꾸밈이 없고, 진실 그 자체라고 주장한다(키케로《최고선악론》 I, 30). 에피쿠로스는 인간 본성을 찾아보자는 학설을 뜻하는 '요람설cradle argument'을 주장했다. 인간을 위한 진정한 선이 무엇인지 판단하기 위해 아기들과 동물이 지닌 맑고 순수한 본성을 예로 들었다(《위대한 철학자들의 생애》 137; 키케로《최고선악론》 I, 30; I, 71; 브륀슈위그 참조, 1986). 그럼에도 우리는 신념과 의견에 따라 우리가 느끼는 감각을 해석한다. 그러나 잘못된 판단을 내리는 경우가 많다. 이성은 존재하지 않는 위협과 유혹을 가정하도록 유도하는 증거를 이용해 추론한다. 한편 상상력은 '정념passion(감정에 따라 일어나는, 억누르기 어려운 생각—옮긴이)'에 따른, 감각에 따라 자연스럽게 느껴지는 것을 재구성한다(누스바움, 1994:106~7). 이렇게 생겨난 거짓되고 '공허한kenos' 또는 '공허함을 유도하는keno-spoudon' 신념은 두려움과 욕망의 원인drastikē aitiai이 되고, 이는 곧 불행으로 이어진다.

쉽게 말해 인간은 삶, 죽음, 자연, 선, 신에 관한 잘못된 관념을 갖고 있기에 고통받는다는 주장이다(예:《유명한 철학자들의 생애와 사상》 30; 누스바움, 1994:153). 이는 소크라테스가 《변론》에서 변론한 것과 같은 입장(5)으로, '내면을 향하여' 우리 자신을 돌아보아야 한다는 것이다(1장 참조). 내면 성찰이 이루어진 뒤에야 잘못된 신념을 바로잡고 그에 따른 욕망을 제거하여, 결국 냉정하게 추론할 수 있는 경지에 이른다. 이것이 바로 철학이 치료 효과를 거두는 방법이다(6).

그렇다면 에피쿠로스 철학에서 말하는, 고통을 유발하는 이러한 '허영심kenodoxia(공허한 영광)'에는 어떠한 특징이 있을까? 스토아주의에서와 마찬가지로 에피쿠로스 철학에서도 허영심은 아마도 네 가지 종류로 나눌 수 있을 것이다.

## 헛된 믿음

- 신, 지옥, 사후세계와 같은 개념이 실존하지 않는데도, 어리석게도 실제로 존재하고 우리와 관련이 있다고 믿을 수 있다.
- 우리는 원자론atomic process(자연을 비롯한 세상 만물은 더는 쪼개지지 않는 궁극적인 작은 입자로 이루어진다는 가설―옮긴이)과 모든 생명체가 세상에 태어나고 죽는 현상이 비현실적이고 자신과는 무관한 일이라는 헛된 믿음을 안고 살아간다. 그러나 이러한 현상과 개념은 실존하는 현상이다.

## 헛된 욕망

- 본질적으로 행복한 삶을 사는 데 필요 없는 것들(예를 들어 막대한 부, 권력, 명예)이 행복을 위해 필요하다는 헛된 욕망을 가질 수 있다.
- 우리는 삶에서 피해갈 수 없는 현상들(예를 들어 노화, 고통, 죽음)을 충분히 피할 수 있거나 삶에서 불필요한 것이라는 헛된 욕망을 가질 수 있다.

에피쿠로스 물리학은 소크라테스 이전의 철학자 데모크리토스로 거슬러 올라가는 원자론의 한 형태다. 우주의 무한함이라는 현대 과학적인 세계관을 예견했다고 잘 알려져 있다.[6] 단, 에피쿠로스 물리학의 전제는 불안을 유발하지 않으며, 사물의 '의미나 질서를 무효화하는' 것이 아니다. 에피쿠로스는 우리가 경험하는 인간 본성이란 인간과 같은 생명체가 행복하기 위해 실제로 필요한 것에 대한 한계를 설정하는 역할을 한다고 믿는다. 따라서 에피쿠로스가 정의하는 자연스럽고 필요한 욕구orexeis란 (의식주에 대한 욕구처럼) 불안이나 스트레스 없이 충족하고자 하는 욕구다(《메노이케우스에게 보내는 편지》 127 참조;《원론적 교의Key Doctrines》 15, 26;《바티칸 금언》 21, 23, 35, 59; 키케로《최고선악론》 II 26 및 그 이하). 욕구 가운데 성욕과 같은 자연적이지만 불필요한 욕구도 있다. 이러한 욕구는 중용을 통해 만족할 수 있다. 그러나 결정적으로는 자연적이거나 필연적이지 않은 aphysikai 욕구도 있다. 우리에게 애초에 필요 없는 욕구를 의미한다. 단순히 공허한 망상에서 파생된 이러한 욕구는 그 만족감이 실로 오래가지 않는다(《원론적 교의》 15, 18, 20, 21). 예를 들어, 부를 추구하다 보면 그 욕심에는 한계가 없다. 부에 눈이 뒤집힌 사람들은 자신이 충분히 가지고 있다는 사실에 거의 만족하지 못한다. (그리고 본인들이 누려야 하는 부를, 그들이 보기에 자격도 안 되는 사람들이 빼앗고 있다고 확신하는 듯하다.) 이때, 자연은 이들에게 '신호'를 보낸다. 지금이 욕망은 "내가 행복하려면 이 정도 자산은 갖고 있어야지"라는 공허한 생각에서 비롯된, 부자연스러운 욕망이라고 말이다(누스바움, 1994:111~12; 《메노이케우스에게 보내는 편지》 130, 《원론적 교의》 14, 세네카 《루킬리우스에게 보낸 편지》 169). 따라서 《생각들에 관하여》에서는 2인칭 시점으로 "불안taraxia은 자연을 망각할수록 심해진다고 얘기한다. 무한한 두려움과 욕망을 스스로 불러일으키기 때문이다"라고 정확히 설명한다. 루크레티우스는 《사물의 본성에 관하여》 5권에서 이렇게 한탄한다(1429~31).

*인간의 종족은 공연히 헛되이 항상 애쓰고, 공허한 걱정 속에 세월을 낭비하는 것이다. 그들은 소유의 한계가 무엇인지 깨닫지 못했고 참된 쾌락이 어디까지 자랄 수 있는지 전혀 모르니까.*

에피쿠로스 철학에서 불행이란 영혼이 고통과 두려움으로 인해 영혼이 열이 난 상태, 심지어는 마음에 '폭풍우tempest'가 휘몰아치는 상태를 나타낸다(《위대한 철학자들의 생애》 128). 인간의 의견doxa에는 오류가 있게 마련이다. 그리고 이러한 오류 때문에 인생에서 반드시 필요하지 않은 것, 지나친 부와 명예 등을 갈망하고 쫓게 된다. 마찬가지로 이러한 생각의 오류 때문에 죽음과 같이 우리가 바꿀 수 없거나 신과 같이 실제로 존재하지 않는 것에 대해 걱정과 근심에서 벗어나지 못한다.《저작집》471에서는 이렇게 말한다.

자연의 섭리와 목표를 온전히 따르고, 근거 없는 욕망을 절제하는 현자는 많지
않다. 대부분의 어리석은 사람은 자신이 가진 것에 만족하지 않고 오히려 자신
이 갖지 못한 것에 대해 괴로워하기 때문이다. 질병의 악으로 인해 열이 나는 사
람은 항상 목이 마르고 그들에게 정작 필요한 것과 정반대를 원하듯, 영혼이 열
악한 상태에 있는 사람은 항상 모든 것에 결핍을 느끼고 탐욕은 변화무쌍한 욕
망을 낳는다.

따라서 치료법으로서의 에피쿠로스 철학은 우리의 잘못된 믿음을
바로잡는다. 또한 세상만사에 대한 공허한 생각, 우리에게 진정 필
요한 것에 대한 착각과 오판을 버리고 자연의 섭리를 따르는 진정한
신념으로 채워준다.

## 2.4 행복, 쾌락, 선에 대한 에피쿠로스의 재평가

소크라테스 철학과 에피쿠로스 철학에는 또 한 가지 공통점이 있
다. 고대 철학을 바라보는 관점이 '어떻게 하면 더 나은 삶을 살 것
인가?'에 있다는 점이다. 우리는 삶을 살아내는 방식으로서의 철학
을 연구하는 차원에서 고대와 현대의 가치관을 재평가해야 할 것이
다. 사실 에피쿠로스주의는 고대 철학에서 가장 목가적인 행복의 이
미지를 도시 밖의 소박한 삶에서 휴식을 취하는 것으로 제시한다.
분주한 일상, 해야 하는 일들 그리고 쳇바퀴 돌 듯 움직여야 한다는
강박관념이 우리의 욕망과 걱정을 불필요하게 증폭한다고 여긴다.

루크레티우스가 자세히 설명했듯, 에피쿠로스 학파의 추종자들에게 금전적 보상 그 자체는 '선善'이 아니다. 게다가 돈이 많다고 해서 진정한 의미의 '부자'가 되는 것도, 진정한 만족을 얻는 것도 아니다.

육체의 본성을 만족시키기 위해 기쁨을 펼쳐줄 수 있는 것들이 많지만,
본성 자체는 가끔이라도 그보다 더 은혜로운 것을 구하지 않는다.
온 집안에서 젊은이들의 황금상像이
밤의 잔치에 빛을 비춰주느라
오른손에 타오르는 횃불을 들고 서 있지 않는다 해도,
집이 은으로 빛나고 금으로 반짝이지 않는다 해도,
금박 입힌 들보들이 키타라 소리를 되울리지 않는다 해도(《사물의 본성에 관하여 II》, 23~9).

철학에서 말하는 진정한 행복에서는 그리 큰 걸 요구하지 않는다.

흐르는 물 가까이 부드러운 잔디밭
높직한 나뭇가지 아래 친구끼리 드러누워
큰 비용 없이도 즐거이 몸을 돌볼 터이니,
특히나 날씨가 미소 짓고 한 해의 계절들이
푸른 풀밭을 꽃들로 흩뿌릴 때라면.
또한, 설사 불그레한 자주 염료 직조된 그림 위에
그대가 눕는다 해도, 서민의 직물 위에 누워야 할 때보다
뜨거운 신열이 더 빨리 사라지는 것은 아니다(누스바움, 1994:II, 30~9).

다시 한 번 '쾌락의 역설'이 등장한다. 욕망을 추구할수록 불행감이 커지고 쾌락을 추구할수록 불만족과 고통이 커진다는 역설이다. 한편 내면을 향할수록, 마음의 부자가 진정한 부자라는 것, 신념을 숙달했을 때 진정한 '자기 완성self-mastery, 또는 자기 숙달'의 경지에 도달한다는 것 그리고 진정한 '경건함piety'이란 자연을 철학적으로 이해했을 때 느껴지는 것을 강조했다. "피토클레스를 부자로 만들고 싶다면, 그에게 돈을 더 주지 말고 그가 욕망을 줄이게 하라."

에피쿠로스는 이처럼 스토아학파의 사상과 유사한 내용으로 언급하기도 했다(《저작집》 135; 키케로 《스토아철학의 역설》 I). 《저작집》 207에서는 다시 한번 이렇게 말했다. "황금 소파와 호화로운 식탁을 가지고 곤경에 처하는 것보다 짚으로 만든 침대에 누워 두려움 없이 지내는 것이 낫다." 루크레티우스는 사회적 통념을 철학적 재해석으로 뒤엎으며 에피쿠로스의 전통적인 덕목인 '경건함'을 이렇게 설명한다.

머리를 감싸고서 돌덩이 쪽으로 돌아서는 모습이 자주 보이는 것도
모든 제단에 다가가는 것도
신들의 성역 앞에서 땅에 부복하여 엎드리며 손바닥을 펴는 것도
네발짐승의 흥건한 피를 제단에 흩뿌리는 것도
서원에 서원을 이어가는 것도 전혀 경건함이 아니며,
오히려 모든 것을 평온한 마음으로 바라볼 수 있는 것이 경건이로다(《사물의 본성에 관하여》 V, 1195~1202).

여기서 눈여겨볼 점이 있다. 비록 근거는 다르지만, 소크라테스만큼이나 급진적으로 당시 가치관에 도전하며 삶의 목표(8)를 재정의하고 있다는 점이다. "행복과 축복은 풍부한 재물, 고귀한 지위, 직책이나 권력과 관련이 없다"라고 주장하기 때문이다. 에피쿠로스는 "행복과 축복은 고통으로부터의 해방alypia과 평정심praotês 그리고 자연에 순응하며 절제하는 마음 상태에서 찾아오는 것이다"(《저작집》548)라고 주장한다. 심신의 쾌락을 높게 평가하고, 이러한 쾌락이 최고의 선이라는 에피쿠로스의 주장과 맞닿은 부분이다. 이처럼 에피쿠로스는 어린 시절부터 인간은 본능적으로 쾌락을 추구하고 고통을 피하는 것을 목표로 삼는다고 믿었다. 따라서 소크라테스나 스토아학파가 강조한 '덕virtue'이나 플라톤이 말한 '선Good'과 같이 심신의 쾌락을 목적으로 하지 않는 '선'은 실제로는 진정한 선이 아니라고 주장한다. 단, 그가 주장하는 쾌락은 우리에게 매우 광범위한 영향을 미치는 종류를 나타낸다는 점을 이해해야 한다. 그의 《원론적 교의》 8에서는 "어떤 쾌락도 그 자체로는 나쁘지 않다. 하지만 어떤 쾌락들을 만들어내는 것은 쾌락보다 훨씬 더 많은 괴로움을 가져온다"라고 설명한다. 수치심, 후회, 숙취를 비롯한 건강에 악영향을 준다고 알고 있는 모든 원인이 바로 육체적 쾌락을 지나치게 탐닉하도록 유도한다는 의미다. 에피쿠로스는 "우리는 쾌락을 선천적으로 좋은 것이라 인식하지만, 모든 쾌락이 그만큼 선택할 가치가 있는 것은 아니다"라고 주장한다. 어떤 쾌락은 종종 지나쳐서 불쾌감을 더 많이 유발한다는 의미다.

*모든 고통은 나쁘지만 모든 고통을 항상 회피해야 하는 건 아니다. 따라서 우리는 이해득실을 비교하고 저울질한 다음 최종 판단을 내려야 한다. 좋은 것을 나쁘다고 해야 할 때가 있고, 나쁜 것을 좋다고 해야 할 때도 있기 때문이다(《메노 이케우스에게 보낸 서신》 129~30).*

이러한 맥락에서는 공리주의 철학의 '쾌락 계산hedonic calculus(행위의 정당성을 쾌락을 가져오느냐의 여부로 결정—옮긴이)'과도 맞닿아 있다. 의미 없이 지나치게 쾌락에 탐닉하는 것 자체를 멀리한다는 의미에서다. 에피쿠로스 철학에서는 단기적 쾌락과 중장기적 쾌락의 균형을 맞추는 것이 중요하다. 실생활에서는 에피쿠로스가 정의하는 '동적 쾌락kinetic(dynamic pleasure)'에 대한 절제의 윤리를 따를 것을 제안한다. 음식을 먹고, 술을 마시며, 성관계를 하는 등 몸을 움직이는 행위에서 비롯되는 쾌락에서 절제를 중시한 것이다. 《저작집》 181에서는 다음과 같이 기술한다.

*나는 빵과 물만으로도 몸이 충분히 상쾌해질 수 있다. 내가 사치스러운 쾌락을 불경스럽게 여기는 이유는 그 자체가 나빠서가 아니라 그에 뒤따르는 불편한 느낌이 싫기 때문이다.*

여기서 말하는 '역동적인 쾌락'이란 예를 들어 갈증을 해소하기 위해 마시는 음료가 갈증의 고통을 해소하는 동안에만 쾌락을 가져오고 그 이후에는 사라진다는 논리를 따른다. 아리스토텔레스도 말했듯 이러한 쾌락을 무한정 추구하면, 삶의 균형이 깨지고 불안정해

진다. 그러나 에피쿠로스는 모든 쾌락이 이러한 '동적 쾌락'은 아니라고 주장한다. [7]

두 번째 종류의 쾌락이 있는데, 에피쿠로스는 이를 '정적katastematike' 쾌락이라고 정의한다. 디오게네스 라에르티오스는 "쾌락에 대해 에피쿠로스학파는 육체적 쾌락을 중시한 키레네 학파와 다른 주장을 한다. 쾌락이 하나의 상태로 존재하는 것이 아니라 전적으로 움직인다고 생각하기 때문이다"라고 설명했다(《위대한 철학자들의 생애 128). 그러나 쾌락의 종류를 해석하는 데에는 의견이 분분하다. 한편에서는 중요한 것은 육체적, 치료적, 동적 욕구처럼 움직임이 수반되는 욕구를 해결한 '이후'에 경험하는 쾌락, 즉 동적 쾌락이라고 주장한다. 그러나 다른 한편에서는 충족되지 않은 욕구가 없고 고통이나 결핍감이 없는 정적 욕구가 중요하다고 주장한다. 독일의 문헌학자 헤르만 우제너Hermann Usener는 다음과 같이 설명한다.

*더할 수 없는 기쁨은 큰 악이 완전히 제거되면서 생겨난다. 이는 [플라톤이 말하는] 선에 대해 말로만 떠드는 차원이 아니라, 선의 본질에 관한 것이다. 선의 본질을 삶에서 올바르게 파악하고 놓치지 않고 실천하는 상태를 의미한다.*

여기에서 눈여겨봐야 할 대목은 에피쿠로스가 정의하는 행복(8)에는 심신을 불편하게 하는 요소가 없어야 한다는 점이다. 즉 '해방'과 '자유'의 상태이어야 한다. 구체적으로는 마음이 불안, 걱정, 심적 고통에서 해방된 상태인 '아타락시아ataraxia'와 육체적 고통이 없는 '아포니아aponia'가 있다. 우제너는 "마음의 고통[아타락시아]과 육체의 고통[아포니아]으로부터의 자유가 정적 쾌락이다. 따라서 움직임을 수반하는 동적 쾌락, 즉 기쁨과 환희와는 그 결이 다르다"라고 주장한다. 물론 그러한 정적 쾌락이 육체적 만족보다 움직임이 없는 정적인 상태라는 점에서, 쾌락의 지속 시간을 기준으로 구분해야 하는 뉘앙스를 풍기는 대목도 있다. "나는 지속적인 쾌락으로 사람들을 인도한다. 일시적 보상을 얻기 위해 필사적으로 매달리는 그런 헛되고 공허한 덕이 인도하는 것이 아니다"(《저작집》 116). 이 상태가 바로 '아타락시아'다. 우리가 무엇을 원하고 두려워해야 할지 모른 채 그릇된 믿음에 사로잡히지 않은 상태, 불안, 두려움, 고민, 고통으로 흔들리지 않는 지속적이고 정적인 만족감의 상태, 나아가 이상적으로는 삶 전체로 확장될 정도로 연속성을 띤 상태를 의미한다.

## 2.5 여러 신들 그리고 현자의 모습

그렇다면 에피쿠로스주의에서 이상적으로 생각하는 공간과 분위기는 어떠할까? 루크레티우스는 도심을 벗어난, 소박한 분위기의 목가적인 분위기라고 생각했다. 같은 이유로 에피쿠로스도 아테네 성벽 외곽의 한 정원에 학교를 설립하기로 했다. 삶에서 무엇을 해도 만족스럽지 않지만 계속 욕구를 충족해야만 한다는 강박, 대개 적당히 있으면 그만이거나 전혀 필요 없는 세속의 물건에 끊임없이 집착하는 삶, 특히 이러한 공직자의 삶에서는 진정한 행복 즉 '에우다이모니아'를 느끼기가 힘들다는 의미다. 소크라테스와 냉소주의 철학자들이 도시 국가에서 새로운 형태의 시민권을 정의하고 행사하는 비평가의 면모를 드러내고, 플라톤이 철학자이면서 왕의 지위에 오른 이들을 교육하고자 했다면, 에피쿠로스는 이러한 이상에 반대하며 정치에서 물러나는 삶의 방식을 택했다(클레이, 1998:vii). [8] 인생의 적적함을 즐기라는 의미에서 '알려지지 말고 살아라Live unknown(lathe biôsas)'라는 말은 에피쿠로스가 전한 가장 유명한 명언 중 하나다(《저작집》 551).

그러나 여기서 우리가 주목해야 할 점이 있다. 이 책에서 다루는 다른 고대 학파에서와 마찬가지로, 에피쿠로스의 삶의 목표에 대한 설명(8)은 지혜를 실천하는 이상적인 삶 즉 현자의 삶에 집중한다는 점이다. 다른 학파와는 대조적으로 에피쿠로스주의에서는 에피쿠로스 자신이 추종자들에게 자신이 그러한 현자의 삶을 살고 있고, 자신을 본보기로 하라는 말을 주저하지 않았다. 에피쿠로스가 남긴 유서에서도 눈여겨볼 만한 교훈이 있다(《원론적 교의》 18). 클레이의 기록에 따르면 "에피쿠로스와 메트로도로스의 공적을 기리기 위해 매달 스무 번째 날에 기념행사가 열렸다. … 그의 유언에 따라 매달 신들을 위한 제사가 열렸다. … 매달 스무 번째 날, 에피쿠로스학파를 신봉하는 사람들이 모여 두 사람을 신처럼 모셨다"(클레이, 2007:23). 루크레티우스는 《사물의 본성에 관하여》 5권에 나온 것처럼 에피쿠로스에 대해 '저분은 신이셨도다deus ille fuit, deus'라고 칭했다(《사물의 본성에 관하여 V》 8). 에피쿠로스와 그의 제자들 메트로도로스, 폴뤼아이노스, 헤르마르코스 등은 '위대한 인간The Men'으로 추앙받았고 정원에서 이들에 대한 직접적인 비판은 '엄두도 못 낼 일이었다'(피시&샌더스, 2011:2). 스토아학파의 철학자 세네카는 정원에서 에피쿠로스 사상을 믿는 에피쿠로스주의자들에게 "마치 에피쿠로스가 지켜보는 것처럼 생각하고 행동하라"라고 권유했다. 자신을 지켜보는 파수꾼을 세우고 생각에 관여해줄 사람을 두는 것 자체가 영적 단련을 염두에 둔 발언이었다(세네카《루킬리우스에게 보내는 도덕 서한》 25, 5). 키케로는 에피쿠로스주의자들이 에피쿠로스의 동상과 초상화를 일상에서 곁에 두며 살았고 심지어 반지와 술잔에 그의 모습을 새겨 넣었다고 전했다(《최고선악론》. 5, 1, 3; 플리니우스《박물지》 35, 5). "기본적이고 가장 중요한 [원칙]은 우리가 삶의 지침으로 선택한 에피쿠로스에게 순종하는 것이다"라고《중요한 학설들Kyria doxa》 45, 8~11에 언급되고 있다(cf. 드 위트, 1936:205).

철학자들과 같은 사람들을 요즘 표현으로 '개인 숭배' 하는 사람들이 있다. 이들의 태도에 대해 비판할만한 근거는 충분하다. 그러나 단순히 비난하기보다는 그들이 주장하는 내용의 철학 기반을 이해하는 것도 충분히 의미가 있다. 위에서 언급한 '내면 성찰'과 같은 맥락이기 때문이다[2.2].《사물의 본성에 관하여》에서 크레티우스는 그리스와 로마에서 철학자가 아닌 일반인들은 밀과 같은 곡식을 주거나(로마 신화에 나오는 곡물의 여신 '케레스') 마실 포도주를 주거나(술의 신 '바커스') 물리적 위협에서 보호해주는 신(헤라클레스(그리스 신화에 등장하는 영웅으로 신화 속 최고 신인 제우스와 인간 여성 사이에서 태어났다—옮긴이))들을 믿는다고 기록했다(《사물의 본성에 관하여》 V, 1~56). 그러나 철학자들은 마음의 평화가 깃드는 상태 그리고 잘못된 신념과 부자연스러운 욕망이 영혼을 해치지 않도록 준비하는 자세가 가장 위대하며, 전통적인 이교도에서 그들의 신을 믿었을 때 얻을 수 있는 온갖 혜택보다 값지다고 생각했다. 이에 루크레티우스는 다음과 같이 기술했다.

땅은 지금도 야수들로 그득하고, 떨리는 두려움으로 가득 차 있다.

온 원림들과 거대한 산들과 깊은 숲들로.

하지만 우리에게는 그 장소들을 피할 능력이 있다.

반면, 가슴이 정화되지 않았다면 우리는 어떠한 전투와 위험 속으로

내키지 않으면서도 들어가야만 하는가?

그때는 욕망에서 비롯된 얼마나 날카로운 근심이 인간을 뒤흔들어 찢는가?

또한 얼마나 큰 두려움이 인간을 뒤흔들어 찢는가?

또는 오만함, 비열함, 방자함은 어떠한가?

이들은 얼마나 큰 재난을 일으키는가? 사치와 나태는 어떠한가?

그러니 이 모든 것들을 제압하고 정신에서 몰아낸 사람은,

그것도 무기로서가 아니라 말로서 그렇게 한 사람은,

신들 가운데 고귀하고 신성하게 여겨야 하지 않겠는가?

특히 그는 불멸의 신들 자신에 대해서도 신과 같이 잘 설명하고,

사물들의 모든 본성을 말로써 드러내곤 하였으니 말이다(《사물의 본성에 관하여
V》 54~75).

에피쿠로스주의자들이 생각하는 현자의 삶은 스토아학파가 생각
하는 것처럼, 인간의 관념에 존재하는 신과 같은 의미다. 에피쿠로
스가 생각하는 신은 초월자, 인간의 길흉화복을 주재하는 전능자의
이미지가 아니기에 사람들은 에피쿠로스를 무신론자라고 비난하기
도 한다. 그러나 에피쿠로스의 자연학은 신학적인 담론을 내포하고

있다. 자연학에서 말하는 신은 ⑴ 만물을 창조한 창조주도 아니고 ⑵ 인간의 삶에 개입하지 않으며 ⑶ 인간의 문제, 구원, 저주에 관심이 없다(키케로《최고선악론》I, 16~21). 아도는 "이것이 에피쿠로스의 위대한 직관 중 하나"라고 주장한다. "그는 신의 존재란 힘없는 존재를 창조하거나 지배하거나 자신의 의지를 강요하는 힘을 지닌 존재가 아니라고 생각했다. 그 반대로 '신적인 상태'란 행복, 불멸, 아름다움, 즐거움, 평온과 같은 최상의 완전한 상태라고 했다"(아도, 1995:121). 언뜻 보면 매우 이례적인 주장이지만 에피쿠로스의 '경건한' 주장으로 해석할 수 있을 것이다. 어떠한 종교에서든 신의 존재는 가장 이상적이고 완전한 상태이고, 이미 모든 것을 이루고 갖고 있으므로 특별한 욕구가 없는 '자기충족적self-sufficient' 상태를 의미한다. 이에 에피쿠로스는 그러한 완전하고 완벽한 신이라는 존재가 굳이 세상을 창조할 필요도 욕망도 없으리라고 판단했다. 또한 인간처럼 자기충족적이지 않은 존재들의 잡다한 일상과 요청 때문에 괴로워할 수 없는 존재라고 생각했다. "복된 존재이자 파괴될 수 없는 존재는 어떠한 괴로움이 없으며, 다른 사람에게 괴로움을 주지 않으므로 분노나 감사의 감정에 영향을 받지 않는다. 이 모든 것이 약함의 표시이기 때문이다"(《유명한 철학자들의 생애와 사상》1). 대신, 에피쿠로스학파의 신들은 우연과 보살핌의 손길이 닿지 않은 채 '빛이 넓고 멀리 퍼져나가듯 내려다보며 미소 짓는' 세계들 사이의 중간 지대 즉 '인터월드intermundia'에 존재한다. 루크레티우스는 신들에 대해 이렇게 설명했다.

*신들의 모든 본성은 자체로서 최고의 평화 속에*

*불멸의 시간을 즐기는 것이어야 하기 때문이다.*

*우리의 일들로부터 격리되어 멀리 떨어진 채.*

*그것은 그 어떤 고통도 없이, 위험도 없이,*

*스스로 풍요함으로써 권능을 지닌 채로 우리를 전혀 필요로 하지 않으며,*

*제물에 의해 환심을 살 수도 없고,*

*분노와 접촉하지도 않는 것이니 말이다(《사물의 본성에 관하여》 II, 647~52; cf. 니체, 《방랑자와 그의 그림자》 7).*

마찬가지로 죽을 수밖에 없는 '필멸의 현자'(10)는 재물의 구속에서 최대한 자유롭게 살게 된다. 현자에게는 자고로 자신의 통제 범위를 벗어난 욕망이 거의 없는 것을 보면 그 이유를 알 수 있다. 《바티칸 금언Vatican Sayings》 47에서는 "투체여, 나는 너보다 앞서서 너의 모든 은밀한 공격에 대비해 요새를 구축했다"라고 적혀 있다. 《메노이케우스에게 보낸 서신》에서는 같은 내용을 이렇게 표현했다.

*많은 사람은 '우연fortune'을 신이라고 생각하지만, 현자는 그렇게 생각하지 않는다. … 좋은 것과 나쁜 것이 주어져 축복받은 삶과 그렇지 않은 삶으로 만드는 게 아니다. … 사려 깊은 사람은 제대로 이성적인 사고를 따라 행동해서 실패하는 것이 비이성적으로 행동해서 성공하는 것보다 낫다고 생각한다. 제대로 바르게 판단해서 행동했지만 우연에 따라 실패하게 된 것이, 바르게 판단하지 않은 채 행동했다가 우연히 성공하게 된 것보다 더 낫다는 것이다(《위대한 철학자들의 생애》 134~5).*

스토아학파에 따르면 "현자는 고문 상황에서도 여전히 행복할 것"이라는 에피쿠로스주의자의 주장은 고대와 현대를 막론하고 비판의 대상이 되지 않았다. 쾌락이 선이라면, 과도한 쾌락은 심신의 궁핍을 초래한다(키케로《최고선악론》 II, 19 cf. II, 5;《투스쿨라나움 논총》 V 5). 이 외에도 디오게네스 라에르티오스가 요약한 내용을 보더라도(《위대한 철학자들의 생애》 117~21b) 에피쿠로스 현자의 '초월적' 존재를 꽤 정확하게 묘사하고 있다.

현자에게는 친구들이 있고 심지어 이들을 위해 죽을 수도 있다(단, 비평가들은 이러한 주장의 일관성에 의문을 제기하기도 한다). 현자는 노예들에게 친절하고 동정을 베풀기도 한다. 그러나 현자는 비혼주의를 고수하는 편이고, '감각적이고 방탕한 성생활'을 추구하기보다는 성관계의 쾌락이 문제와 고통을 일으키지 않는 선에서 만족한다. 지혜sophoi를 갖춘 철학자 가운데 소크라테스 또는 마르쿠스 포르키우스 카토Marcus Porcius Cato Uticensis(줄여서 '소小 카토Cato the Younger'라고도 함)와 달리 진정한 현자는 과음을 멀리한다. 현자는 자신의 재산과 미래에 마음을 쓰되, 우리가 알고 있듯 선택의 여지가 없고 시골에 사는 것을 선호하지 않는 한 공적 업무에 관여하지 않는다. 그렇다고 일반적인 세상사에서 완전히 벗어나진 않는다. 에피쿠로스 현자는 철학자가 아닌 이들이 탐닉하는 많은 활동에 참여하기도 한다. 그러나 철학적 절제미를 발휘한다. 3장에서 스토아주의와 어떠한 유사점이 있는지 자세히 살펴볼 것이다. "경멸을 피할 수 있을 정도로 적당한 명성을 얻는 것을 존중하고, 궁핍하면 돈을 벌되 오직 자신의 지혜로만 번다." 따라서 현자도 에피쿠로스처럼 사람들을 가르칠 수 있지만, "정식으로 체계를 갖춘 상태에서 군중을 모아 놓고 가르치지는 않는다." 또한 대중에 연설을 할 수 있지만 "본래의 성향에 어긋나는 일"이다. 친구들과 조용히 살면서 에피쿠로스의 교리를 항상 곁에 두고 실천하는 것이 성향에 맞기 때문이다. "에피쿠로스는 사치를 누리는 데 필요한 것은 많지 않았다. 아담한 정원, 그곳에 심어진 몇 그루의 무화과, 여기에 약간의 치즈와 친구 서넛만 있으면 충분했다"(《방랑자와 그의 그림자》 192; 《위대한 철학자들의 생애》 10.11 참조). 결여나 박탈감 없는 행복, 금욕적 쾌락이면 더는 바랄 게 없었다.

## 2.6 네 가지 처방 그리고 영적 단련으로서의 물리학

마음이 불안, 걱정, 심적 고통에서 해방된 '아타락시아'의 상태에서 현자처럼 삶을 사는 목표는 정확히 어떻게 도달할 수 있을까? 삶을 괴롭히는 고통이 없고 안정된 쾌락을 누리는 삶(8)의 목표를 정확히 어떻게 확보할 수 있을까? 앞에서 이미 에피쿠로스가 추천한 몇 가지 방법을 살펴보았다. 우선 명상을 통해 그의 주요 가르침 즉 원론적 교의 내용을 체화하고 되새기는 방법이다. 둘째, 이 가르침을 토대로 무엇을 욕망하고 무엇을 피해야 하는지를 생각해보며 지난날 고집했던 헛된 생각들을 바로잡는다. 이를 위해 가장 많이 알려진 에피쿠로스의 '네 가지 처방(테트라파르마코스tetrapharmakos)'을 소개한다. 에피쿠로스의 핵심 교훈을 일목요연하게 정리한 '네 가지 처방'은 다음과 같다.

*"첫째, 신을 두려워하지 마라aphobon ô theos.*

*둘째, 죽음을 걱정하지 마라anypopton ô thanatos.*

*셋째, 선한 것은 얻기 쉬운 것이다kai tagathon men eukteton.*

*그리고 넷째, 최악의 상황은 견딜 만하다to de deinon eukartereton."*

*(필론데모스, 헤르쿨라네움 파피루스Herculaneum Papyrus, 1005, 4.9~14)*

선한 것 또는 필요한 것은 얻기 쉬운 것이라는 주장의 근거이기도 하다(《저작집》 469). 이때 생존에 필수적인 자연스러운 욕구는 의식주에 대한 욕구다. 인간이라면 느낄 수 있는 즉각적인 욕구다. 그러나 마이클 얼러Michael Erler와 말콤 스코필드Malcom Schofield가 말했듯 신과 죽음에 관한 주장은 "편협하게 접근한 윤리적 탐구가 아니라 물리학에 의해서만 성립될 수 있다"(1999:645). 실제로 에피쿠로스는 언젠가 죽음을 마주해야 하는 운명을 지닌 모든 생명체를 괴롭히는 가장 큰 두려움을 없앨 수 있는 것은 오직 물리학이라고 주장했다.

*우주에 대해서 배우지 못하고 미신이 옳을지도 모른다고 생각하면 우리는 우주의 궁극적 근거에 대해 의문을 제기하면서 두려움을 떨쳐버릴 수 없게 된다. 올바른 자연 인식 없이 우리는 완전한 쾌락을 즐길 수 없다(《유명한 철학자들의 생애와 사상Epicurus' Principle Doctrines》 12).*

에피쿠로스는 《피토클레스에게 보낸 서신》에서 "천체 현상을 다른 분야와 결합해서 다루든 독립적으로 다루든, 천체 현상에 대한 지식을 구하는 목적은 오직 평정심과 확고한 신념에 있다"라고 언급했다(《위대한 철학자들의 생애》 85). "죽음이 우리에게 심각한 의미를 주지나 않을까 하는 걱정이 없고, 고통이나 욕구가 무제한적이 아님을 알지 못함으로 인해 불안감에 빠지지 않는다면 우리는 자연철학에 대해 더는 알 필요가 없다"라고도 주장했다(《원론적 교의》 11). 다른 고대 학파와 마찬가지로 에피쿠로스주의 역시 물리학을 행복하고 축복된 삶을 실현하는 데 필요한 영적 단련으로 생각했다. 아도는 '물리학'을 "특히 에피쿠로스주의자들은 신과 죽음에 대한 두려움을 억제하여 마음의 평화를 얻기 위한 영적 운동으로 생각했다"라고 설명했다(아도, 2006:162).

에피쿠로스에서 다루는 물리학도 눈여겨 볼 수 있다. 루크레티우스가 쓴 《사물의 본성에 관하여》에서 잘 드러나듯, 2.4에서 소개한 신학적 고찰을 기반으로 신은 인간을 벌할 수 있다는 두려움을 극복하려면 무엇보다도 그러한 신들에 대한 믿음, 그 이면에 있는 신비롭고 때로는 파괴적인 자연현상을 설명할 수 있는 물리적인 세계관을 이해해야 한다. 예를 들어 자연재해가 사람들이 신을 믿지 않는 것에 대한 처벌이라고 주장하는 사람들이 있다. 그런데 자연재해라는 것이 선인과 악인 모두에게 닥친다는 사실은 자연재해가 신의 처벌이라는 주장을 반박할 수 있다. 따라서 인간이 자연현상을 다 보거나 이해하지 못하더라도 지진과 같은 재해는 어느 정도 가정하면서 살아가야 할 것이다(《사물의 본성에 관하여》 VI, 535~607). 신들은 무로부터는 아무것도 만들어질 수 없다는 없음을 전제로 세상을 창조했다(《사물의 본성에 관하여》 II 287~307). 그러나 혹여라도 무로부터 만들어졌다면, 모든 것으로부터 모든 종種이 생겨날 수 있었을 것이고 어떤 것도 씨가 필요치 않았을 터이니 말이다. "먼저 바다로부터 인간들이, 땅으로부터 비늘 가진 종種이 생겨날 수 있었을 것이고, 새들은 하늘로부터 튀어나올 수 있었으리라"(《사물의 본성에 관하여》 I, 160~4). 그런데, 우리가 경험하는 현실은 어떠한가? 종들은 환경 안에서 그 틀이 형성되고 영향을 받게 된다.

*왜 자연은 인간들을 아주 크게 만들어서,*

*발로써 여울을 통과해 바다를 건너고*

*손으로 거대한 산들을 찢으며*

*살아 있는 사람들의 여러 세대를*

*삶으로써 제압할 수 있도록 할 수 없었는가.*

*만약 사물이 생겨나는 데에 특정한 재료가 배정되는 것이 아니라면,*

*그래서 그것으로부터 무엇이 생겨날 수 있는지 정해지는 것이 아니라면*

*어떠하겠는가?(《사물의 본성에 관하여》 I, 199~203)*

에피쿠로스 철학에 따르면 '계시종교revealed religion(인간에 대한 신의 은총을 바탕으로 하는 종교. 기독교, 유대교, 이슬람교 따위가 이에 속한다—옮긴이)'에 대한 유물론적 비판의 전통이 자리 잡으면, 인간은 설명할 수 없는 자연현상에 대한 책임을 불가사의한 초자연적인 신들의 탓으로 돌리는 경향을 보인다(cf.《사물의 본성에 관하여》 I, 67~70). 이러한 이유에서 루크레티우스 《사물의 본성에 관하여》 5권과 6권에서 세상과 동식물의 창조에 대해 자연주의 철학을 토대로 설명한다. 다윈 이후에 등장한 '자연도태natural selection(특수한 환경하에서 생존에 적합한 형질을 지닌 개체군이, 그 환경하에서 생존에 부적합한 형질을 지닌 개체군에 비해 '생존'과 '번식'에서 이익을 본다는 이론—옮긴이)'의 기초가 된 철학이 바로 자연주의 철학이다(윌슨 참조, 2019:83~123). 언어, 법, 종교, 전쟁, 예술의 창조, 천체의 질서 있는 순환, 벼락과 지진 같은 충격적인 자연현상, 아테네와 같은 대도시를 단숨에 마비시킬 수 있는 역병과 같은 질병의 창궐 등을 다룬다(《사물의 본성에 관하여》 서문). 한편 《사물의 본성에 관하여》 3권과 4권은 죽음 이후 영혼이 살아나는 것 그리고 죽음의 순간에 영혼이 느낄 수 있는 고통을 둘러싼 두려움을 극복하는 내용을 다룬다.

에피쿠로스는 이러한 믿음은 특히 유족이 고인을 만나 대화하는 꿈의 경험에서 비롯된 것이라고 주장한다. 다시 한번 에피쿠로스주의는 자연적인 관점에서 '영혼의 상태를 들여다보며 열심히 사유'하라고 제안한다. 그리하면 마음속 두려움을 떨칠 수 있다고 믿는다. 루크레티우스는 동물을 관찰해보면, 분명히 꿈을 꾸고, 현실의 걱정거리에 대해 꿈을 꾼다고 했다. 예를 들어 개들은 고양이나 새, 여우가 쫓는 꿈을 꾼다(《사물의 본성에 관하여》 IV 989 및 그 이하). 마찬가지로 인간은 깨어 있을 때 집착하고 마음을 쏟아부었던 일들을 잠잘 때 만나는 듯하다(《사물의 본성에 관하여》 IV 962~9; 1010~36). 루크레티우스는 이에 관해 명백한 예시를 제시한다(구체적인 논증 목적이기도 함). 사춘기 소년이 몽정을 하는 경우, 꿈을 꾸던 날 깨어 있을 때 아름다운 여인을 보고 욕망을 느꼈던 기억 때문이다. 루크레티우스는 꿈을 꿀 때마다 사물의 본성에 관한 혜안과 논증이 등장했다고 애교 있게 고백했다(《사물의 본성에 관하여》 IV, 967~9). 사랑하는 가족의 죽음을 경험한 유족의 심리를 헤아릴 때 죽은 가족이 너무나도 보고 싶은 마음만 헤아릴 뿐, 사후 세계의 어떤 초자연적인 영역은 언급할 필요가 없다는 의미다. 죽음에 대한 두려움을 없애라는 글귀도 많다. "이 세상에 태어난 생명체는 쾌락이 그를 달래주며 붙잡아둘 동안만큼은 삶 속에 머물기를 원해야 한다"라고 루크레티우스는 말한다(《사물의 본성에 관하여》 V, 177~8). 마사 누스바움에 따르면, 에피쿠로스 철학에서는 고대 철학의 기조에 따라 '죽는다는 생각'을 하는 것 자체가 고통을 수반하고 그런 죽음을 예상하고는 헛되이 고통스러워한다(《사물의 본성에 관하여》 III, 37~40; 《위대한 철학자들의 생애》 125; 누스바움, 1994:195; 콘스탄 2008:x~xiv).

에피쿠로스주의자들은 굽히기 힘든 이러한 두려움에 맞서기 위해 쉽게 기억할 수 있는 세 가지 주장을 제시한다. [9] "우리가 존재하는 동안에는 죽음은 우리에게 오지 않고, 죽음이 우리에게 왔을 때는 우리는 이미 존재하지 않는다"(《위대한 철학자들의 생애》 125; cf.《중요한 학설들》 II). 고통은 그 자체로 나쁘고 당연히 두려워할 대상이라는 주장이다. 단, 고통을 느끼려면 의식과 감각aisthesis('아이스테시스,' 고대 그리스어로 '감각' 또는 '지각'을 의미하는 미학 용어—옮긴이)이 필요하다. 그런데 죽음은 의식과 감각에 종지부를 찍지 않는가. 따라서 죽음에 대해서는 전혀 두려워할 것이 없다. "죽음은 아무것도 아니라는 생각에 익숙해져야 한다. 모든 좋고 나쁨은 감각이 있는데, 죽음은 감각의 박탈이기 때문이다"(《위대한 철학자들의 생애》 124). [10]

둘째, '대칭 논증symmetry argument'이라는 개념이 있다(cf. 누스바움, 1994:203). 죽는다는 것은 우리가 태어나기 전의 시간만큼이나 두려울 수도 있지만, 오히려 즐거울 수 있다는 주장이다. [11] 그러나 우리는 태어나기 전의 시간에 대한 기억이 없으니, 그 시절에 대해 슬퍼하거나 축하할 수 없는 노릇이다. 따라서 죽음에 대해서는 태어나기 전의 시간만큼이나 두려워할 이유가 없다. [12] 루크레티우스가 이 논증을 다음과 같이 극적으로 표현했다.

*오래전, 사방에서 포이니키아인들이 닥쳐와 내리치려 했을 때(저자는 카르타고와의 전쟁(기원전 3세기의 '포에니' 전쟁)을 국가적 재난으로 회상한다),*

*모든 것이 전쟁의 떨리는 혼란에 뒤흔들려*

*대기의 높은 해안 아래 떨며 전율했을 때,*

*온 인류가 땅과 바다에 걸쳐 어느 쪽의 통치로 떨어질지 불확실하던 때에,*

*우리가 아무 고통도 느끼지 않았듯*

*그처럼 우리가 존재하지 않게 될 때,*

*서로 하나로 합쳐져 우리의 존재를 이루고 있는 바*

*육체와 영혼의 분리가 일어날 때,*

*그때는 분명코, 이미 존재하지 않을 우리에게*

*전혀 아무 일도 일어날 수 없을 것이며*

*그 무엇도 감각을 일으킬 수 없으리라.*

*설사 땅이 바다 그리고 바다가 하늘과 섞이더라도(《사물의 본성에 관하여 III》, 832~42).*

세 번째 논증은 루크레티우스의 《사물의 본성에 관하여》에 실려 있다. 어느 대목에 가서 철학자이자 시인인 루크레티우스는 장수에 대한 욕심이 가득한 노인이 자연으로부터 혼쭐이 나는 장면을 묘사한다. (잘살았으면 그 자체로 만족해야 하고, 잘살지 못했다고 해서 인생의 종말을 두려워해서는 안 된다). 인간이 불로장생할 수 있다면 세상은 곧 살 수 없을 정도로 인구 과잉이 될 것이라고 주장한다. 따라서 각 세대는 다음 세대를 위한 공간을 마련하기 위해 그리고 에피쿠로스 물리학에 따르면 후대를 형성하기 위한 '물질material('원자'를 나타내며, 생산과 번식을 위한 몸, 씨앗, 첫 번째 알갱이 등으로 불리었다. 에피쿠로스는 "만물은 보이지 않는 입자로 되어 있다"라고 주장했다—옮긴이)'을 제공하기 위해 죽음을 수용해야 한다. 루크레티우스는 자연에서 얻는 조언을 다음과 같이 찬양했다.

내가 보기엔, 자연이 정당하게 변론하고 정당하게 꾸짖어 야단치는 것이다.

항상 낡은 사물은 새로움에 밀려 물러서고,

어떤 것은 다른 것들로부터 새로 만들어지는 게 필연이기 때문이다.

그리고 어떤 것도 심연이나 어두운 '타르타로스Tartarus(그리스·로마 신화에 나오는 지하세계의 심연—옮긴이)'로 넘겨지지 않는다.

이후의 세대가 자라나기 위해서는 재료들이 있어야만 하니 말이다.

그러나 이 모든 것도 삶을 마치면 그대를 뒤따른다.

그래서 그대 못지않게 이런 세대들도 이전에 스러졌고

또 앞으로도 스러질 것이다.

이처럼 하나가 다른 것으로부터 생겨나기를 그치지 않으며,

삶은 누구에게도 완전히 소유되지 않고

모든 이에게 그저 대여될 뿐이다(《사물의 본성에 관하여》 III, 965~73).

## 2.7 정원에서의 영적 단련

에피쿠로스주의자들은 세상에 대한 공허한 관념 속에서 고통을 피하려면 그 근원을 파악해야 한다고 생각하며, 고통 속에서도 삶에 바람직한 것이 무엇인지에 대해 끊임없이 고민했다. 에피쿠로스의 글들을 달달 암기하며 일상을 살았다. 글귀의 체계적인 표현 방식을 음미하고 요약 발췌본을 거듭 암송했다. 이렇게 해야 신에 대한 두려움, 죽음, 고통에 대한 철학적 해법을 요긴하게 활용할 수 있다고 생각한 것이다. 그러한 두려움과 거짓 욕망이 쉽게 극복되지 않을 경우 '명상'이라는 영적 단련에 에피쿠로스의 가르침을 계속해서 녹여내며 상기했다. 이에 관해 아도는 이렇게 적었다.

무엇보다도 에피쿠로스주의자들은 욕망의 절제를 실천해야 한다고 믿었다. 쉽게 얻을 수 있는 것 그리고 살아가는 데 꼭 필요한 기본적인 욕구를 충족하는 법은 배우되, 불필요한 욕구를 버리는 법을 배워야 한다. 이는 삶에서 실천할 수 있는 단순한 공식이지만, 삶에 미치는 파급효과는 막대할 것이다. 소박하게 먹고 입는 삶에 만족하고, 부와 명예, 공적 지위를 포기하며, 은둔 생활을 하는 것을 의미하기 때문이다(2002:123).

그럼에도 에피쿠로스 자신은 이상적인 현자의 모습[2.4]처럼 비록 많은 군중에게 개방되지는 않았지만 자신의 학교를 설립했다. 고독한 상태에서는 금욕을 쉽게 실천할 수 없다는 사실을 깨달은 것이다. 생각이 비슷한 친구와 동료들이 모여 소규모 공동체를 이룰 때 가장 효과적으로 금욕을 실천할 수 있다고 생각했다. 그가 에피쿠로스적 삶의 방식에서 우정의 중요성을 서정적으로 표현했다는 사실은 잘 알려져 있다. "우정은 우리 모두에게 복을 깨우쳐야 함을 알리며 온 세상을 춤추게 한다"(《바티칸 금언》 52). "우정을 얻는 능력은 행복에 기여하는 지혜의 활동 가운데 가장 중요한 것이다"(《원론적 교의》 27). 에피쿠로스의 원론에서는 최소한 금욕을 실천하는 초기 단계에서는 매우 도움이 된다고 주장한다. 단, 이 부분에 대해서는 철학자마다 의견이 분분하고, 우정에 관한 다른 고대 철학 담론과는 대조를 나타내기도 한다. 에피쿠로스는 "모든 우정은 그 자체로 선택의 가치가 있지만, 우정을 택하는 본연의 목적은 행복하기 위해서다"라고 말했다(《바티칸 금언》 23). 마음이 불안, 걱정, 심적 고통에서 해방된 상태인 '아타락시아'에 도달하는 데 친구가 도움이 된다는 의미다.

20세기에 들어서 학계에서는 에피쿠로스주의가 어떠한 방식으로 영혼을 치유하는 수단으로 우정을 중시했는지 명확하게 밝혀내었다(특히 드 위트, 1936; 1954). 필론데모스(110/100~40/35 BCE)가 쓴 저서, 특히 《솔직하게 말함에 관하여On Frank Criticism》가 재조명되고 여러 언어로 번역됨에 따라, 에피쿠로스학파의 정원이 에피쿠로스를 수장으로 하던 시절뿐 아니라 그에게서 바통을 이어받은 후임자('교장')들의 시기에서도 '치료의 공동체'13로 새롭게 주목받았다(추나, 2007). "플라톤 학파에서와 마찬가지로 에피쿠로스 학파에서도 우정은 자아를 변화시키는 특별한 방법이자 수단이었다. 스승과 제자는 서로의 영혼을 치료하기 위해 서로 긴밀하게 도왔다." 아도의 책에서는(2002:123) 고대 로마의 철학자 키케로가 한 말을 소개했다.

*에피쿠로스는 행복한 삶을 살기 위해서 지혜가 마련해준 모든 것 가운데 '우정'*
*보다 더 중요하고, 충실하고, 유쾌한 것은 없다고 말했습니다. 그는 말로만 하*
*고 끝낸 것이 아니라 실생활에서 행위와 규범으로 그것을 입증했습니다. 에피*
*쿠로스는 참으로 한 집에서, 그것도 비좁은 집에서 마음이 맞는 친구들을 사랑*
*의 조화로 얼마나 많이 거느렸는지요! (《최고선악론On Moral Ends I》, 25, 65; 아도,*
*2002:125)*

　따라서 에피쿠로스와 그의 후계자들은 이론을 가르치는 교사보
다는 학생들이 자신의 양심을 들추어 보고 잘못을 고해하며, 행동을
교정하고, 무엇보다도 솔직하게 숨김없이 진실을 말하도록(parrhesia,
'파레시아') 지도하는 영적 지도자에 가까웠다. 온전히 에피쿠로스의
이상에 따라 사는 것이 어렵다는 것을 인식한 학생들은 정원에서 다
른 사람들에게 자신의 잘못을 고백하고 동료의 잘못을 공개하며, 교
사들의 온화한 훈계에서 날카로운 질책에 이르는 다양한 비판을 겸
허히 받아들여야 했다. 아도는 "스승에게 자유롭게 의사 표현을 한
다는 것은 비난 어린 직언을 서슴지 않는다는 것이고, 제자에게는
자신의 잘못을 순순히 인정하고 심지어 친구에게 자신의 잘못을 말
하기를 어려워하지 않는 것을 의미했다"라고 설명한다(2002:124).
　클레이의 말대로 에피쿠로스 공동체에서 솔직한 발언은 "치료적
목적을 지녔다. 상대방에게 있는 그대로의 자기 자신을 전달하고 나
타내는 행위는 행동을 교정하고 개선하기 위한 수단이자 집단 내 불
화를 막는 장벽"이었다(클레이, 2007:7). 더는 기독교 가치관이 사회
의 주류를 이루지 않는 '후기 기독교 시대'인 현대 사회를 사는 사람

들 입장에서는 에피쿠로스주의에서 활용된 비신학적인 '고백 또는 고해'의 문화가 훗날 고해성사의 형태로 발전한 것은 아닌지 추론해 볼 수 있을 것이다[5.2].

또한 에피쿠로스주의는 정적 쾌락이라는 경지에 도달하기 위한 일련의 수련으로도 잘 알려져 있다. 마음 맞는 친구들과 철학적인 토론을 하고 때로는 서로 피가 되고 살이 되는 훈계를 주고받으며 정적 쾌락을 얻을 수 있다. "즐거움은 지식과 밀접한 관련이 있으며, 우리는 배운 후에 즐거움을 얻는 것이 아니라 배움과 동시에 즐거움을 얻기 때문"이라고 생각했기 때문이다(《바티칸 금언》 27). 수련 중에는 생각과 집중력의 숙달 훈련도 포함된다. 에피쿠로스주의자들은 생각을 고찰하면서 어떠한 문제가 있는지 알아내려 했다. 자신을 불쾌하게 만드는 주제에 집착하지 않는 법을 배워야 하기 때문이다. 이와 동시에 힘들 때 과거의 즐거움에 대한 기억을 되살리고 불안이나 스트레스 없이 현재의 즐거움을 음미할 수 있는 능력을 배양해야 한다. 에피쿠로스는 임종을 앞두고 제자 이도메네우스에게 다음과 같이 편지를 썼다. "아직 통증은 나아지지 않고 있다네. 하지만 나의 영혼에는 우리가 나누었던 훌륭한 대화에 대한 행복한 기억이 남아 있다네"(아도, 2002:124; cf. 키케로 《최고선악론》 II, 30; 마르쿠스 아우렐리우스 《명상록》 IX, 4, 1). 스토아주의에서와 마찬가지로 에피쿠로스주의에서도 죽음을 미리 염두에 두고 마음의 준비를 하되, 에피쿠로스의 영향을 받은 시인 호라티우스의 유명한 명언대로 죽음은 오늘을 즐길 충분한 명분이 된다. "새벽이 밝아오는 하루하루가 인생의 마지막 날이라고 생각하라. 그러면 예상치 못한 한 시간 한 시간을 감사한 마음으로 맞이할 수 있다. 마치 놀라운 행운이 찾아오는 것처럼 매 순간이 더해지는 시간의 모든 가치를 느끼며 살라"라고 에피쿠로스는 당부했다(호라티우스《서간시》I, 4, 13; 필론데모스《죽음에 관하여》IV 38, 24).

무엇보다도 에피쿠로스의 메타 철학을 통해 정신과 영혼에 위안과 힘을 얻을 수 있지만, 무엇보다도 스토아학파와 다른 학파와 마찬가지로 세상을 바라보는 시야가 넓게 변화한다는 점을 높게 평가할 수 있다. "폭풍우가 거센 바다를 휘몰아칠 때, 땅에서 큰 고통에 빠진 다른 사람을 바라보는 일은 얼마나 즐거운가. 다른 사람이 고통을 겪을 때 유쾌한 쾌감을 느끼기 때문이 아니라, 자신이 겪지 않은 불행을 목격하는 것이 기쁨을 가져다주기 때문이다." 루크레티우스는 이렇게 적었다. "보기에 즐겁도다. 온 들판에서 벌어지는 전쟁의 큰 싸움도, 당신 몫의 위험이 없다면. 그러나 더 달콤한 것은 없도다. 현자들의 가르침으로 높은 곳에 잘 구축된 평온한 거처를 취하고 있는 것보다"(《사물의 본성에 관하여 II》 1~10). 아도는 평정심과 최소한의 욕구에서 지속적이고도 정신적인 쾌락이 나온다고 믿은 에피쿠로스 정신과 마음 수련을 직접적으로 연결했다. 또 다른 유명한 구절에서, 루크레티우스는 에피쿠로스의 물리학이 세상의 벽을 부수는 것처럼 우리의 시야를 열어준다고 다음과 같이 표현했다.

*왜냐하면 당신의 논증이 신적인 정신으로부터 일어나*

*사물들의 본성을 언명하자마자*

*신들과 죽음, 사후 세계에 대한 공포들이 흩어져버렸기 때문입니다.*

*가로막던 세계의 성벽이 떠나갔습니다.*

*나는 허공을 통해 만사가 일어나는 현실을 봅니다.*

*신들의 권능과 평화로운 거처가 드러납니다.*

*바람도 뒤흔들지 않고 구름도 빗줄기도 흩뿌리지 않고,*

*날카로운 서리로 얼어붙은 회색 눈이 내려 침범치 않고,*

*언제나 구름 없는 대기가 덮고 있지요.*

*그리고 널리 빛을 흩뿌리며 웃지요.*

*…*

*땅도 모든 것이, 무엇이든 발아래 밑에서 허공을 가로질러 이뤄지는 것들이*

*분별되는 것을 방해하지 않습니다.*

*이러한 일들에 대해 어떠한 신적인 쾌락과 두려움이 나를 사로잡습니다(《사물의*
*본성에 관하여》 III, 12~31).*


## 2.8 비판론

에피쿠로스는 제자 루크레티우스의 탁월한 철학 시 《사물의 본성
에 관하여》을 통해 후대 철학에 막대한 영향을 미쳤다. 그러나 고대
후기에 와서 에피쿠로스주의는 쇠퇴하기 시작했다. 초기 기독교 사
상가들은 에피쿠로스의 내세를 믿지 않는 순수 자연주의 철학과 고
통이 없는 상태를 뜻하는 쾌락주의에 분노를 표출하기도 했다.[14] 중
세 시대 전반에 걸쳐 에피쿠로스와 루크레티우스가 집필한 여러 저
서는 이단으로 몰리며 사라지기 시작했고, 그 와중에 보존된 책들은
(아이러니하게도) 바티칸과 수도원 도서관에 보관되었다. 인문학자
스티븐 그린블랫Steven Greeblatt에 따르면, 이탈리아의 문헌 수집가 포

지오 브라치올리니Poggio Braccíolíni가 루크레티우스의 시를 발견한 것이 근대의 시작을 알린 사건이었다. 물론 피에르 가상디Pierre Gassendi와 같은 학자들의 연구를 보면 에피쿠로스 물리학이 고대에 영적 치료의 기능으로 활용되었다. 세월이 흐르면서 직접적으로 마음 돌봄이나 수련에 사용되진 않았지만, 현대 자연철학의 발전에 지속적인 영향을 미쳤다(윌슨, 2009). 믿지 않는 자를 벌하는, 복수심에 불탄 신을 맹목적으로 믿는다는 것이 얼마나 위험한지를 비롯해 에피쿠로스학파는 계시종교를 거세게 비난했다. 카를 마르크스는 이 부분에 대해 다음과 같이 찬사를 보냈다.

*세계를 정복하려고 하는 절대적으로 자유로운 심장 안에서 단 한 방울의 피라도 고동치는 한, 철학은 에피쿠로스와 함께 반대자들에게 다음과 같이 계속해서 외칠 것이다. '불경한 사람은 대중에 의해 숭배되는 신들을 부정하는 사람이 아니라 대중의 생각을 신들에게 덮어씌우는 사람이다'(마르크스, 2000, 서문).* [15]

앞으로 (10장에서) 보게 되겠지만, 삶의 방식으로서의 철학을 다시금 부활시키고 싶었던 근대 철학자 가운데 니체를 대표적인 인물로 꼽을 수 있다. 다소 도발적인 "신은 죽었다"라는 발언으로 유명한 니체는 고대의 윤리적 낙관주의가 부활해야 한다고 확신했다. 그는 한때 행복한 삶을 지향하는 고대 '에우다이모니아' 윤리학에 열광한 적이 있었다. 당시 그는 "에피쿠로스의 정원을 새롭게 하고" 에피쿠로스주의자들의 생활 방식대로 '철학적으로' 살기로 결심했다(영, 2010:278; 안셀-피어슨, 2013 참조). 철학의 역사를 연구하는 '철학사가'

캐서린 윌슨Catherine Wilson은 최근 많은 사랑을 받는 저서에서 에피쿠로스 철학이 "고대 철학 체계 중 가장 흥미롭고 현대인들과 관련성이 높은 철학"으로, "유쾌하면서도 윤리적인 인생을 사는 방법에 대한 [우리의] 생각을 정리하는 데 설득력 있고 유용한 지침서와 같다"라고 밝혔다(윌슨, 2019).

그러나 이 장의 서두에서 언급했듯 에피쿠로스주의는 그 시작부터 거센 비판에 직면했다. 감각적 쾌락을 탐닉하기 위해 교묘하게 논리를 합리화한다는 단순한 오해를 받기도 했다. 그러나 무엇보다도 삶의 목표로 어떠한 형태의 쾌락을 추구한다는 사실이 많은 궁금증을 유발했다. 키케로는 모든 종류의 고통이 없는 상태를 뜻하는 에피쿠로스학파의 '성석 쾌락'에 일관성이 없고, 인생에서 실현할 수 있는 목표가 될 수 없다고 비판했다(키케로,《투스쿨라나움 논총》II, 6~7). 현대 비평가 줄리아 애너스Julia Annas는 "우리가 아타락시아 상태에 도달함으로써 행복하다면, 행복은 우리가 실제로 무엇을 하거나 생산하느냐가 아니라 그것에 대해 고민하지 않는 상태에서 느껴질 수 있는 것이다. 따라서 에피쿠로스가 생각하는 삶의 최종 목적이 너무 수동적이라는 고대의 비판은 충분히 설득력이 있다. 우리가 무엇을 하는지가 아닌, 우리의 행동에 대해 어떻게 '느끼는지'를 목표로 삼으니 너무나도 수동적이라고 판단한 것이다"(애너스, 1993:347). [16] 물론 행복을 느낄 때 쾌락이 빠질 수 없겠지만, 행복을 온갖 종류의 쾌락으로 '환원'하기에는 무리가 있다. 예를 들어 아무도 보지 않을 때 은밀하게 불의한 행동을 취함으로써 정적 쾌락을 극대화하는 것도 에피쿠로스주의에서는 정당화할 수 있다는 말인가? 친구 관계에서도 마음이 평정한 상태가 무조건 최우선이라고 주장할 수 있는가? 내 마음이 평정하지 않다는 이유로 친구 관계를 방치하거나 절교하는 행동은 비도덕적인 행동이라고 비평가들은 주장한다.

특히 현대 비평가들은 에피쿠로스 사상이 삶을 치유한다고 하는데, 이것이 철학에서 추구하는 진리 탐구와 과연 어떠한 관련이 있는지에 대해 의문을 제기했다. 평정심이 깃든 행복, 평온한 '정신 건강'에 대한 과학적인 탐구가 부재하다는 주장이다. 칼 마르크스는 "[에피쿠로스주의에서는] 사물의 진정한 원인을 조사하는 데 관심이 없다는 것을 알 수 있다. 내적 평온함에만 방점을 찍고 있다"(마르크스, 2000, 랑게 참조, 1925:95~6, 103). 니체는 이 부분에 대해 더욱 신랄하게 표현했다. "에피쿠로스는 도덕적(또는 쾌락주의적) 가치를 최고의 가치로 유지하기 위해 지식의 가능성을 부정했다"(《권력의지론The Will to Power》 578).

PWL에 대해 메타 철학적으로 근본적인 질문을 제기해볼 수 있다(결론 참조). 진리와 번영을 연결하는 것이 정당한지, 또는 두 개념을 연결 짓는다고 했을 때 행복을 위해 진리를 포기해도 되는지 궁금해지기 때문이다. 에피쿠로스주의를 신랄하게 비난했던 마사 누스바움에 따르면, 에피쿠로스가 주장한 것처럼 물리학의 목적이 두려움과 불안을 덜어주는 것이라면 '사물의 이치'에 대해 거슬리는 논리는 (평정심을 유지하게 하는 논리에 비해) 자연과학에서 추구하는 목적을 달성하지 못한 채 무의미하고 공허한 것으로 치부되었을 것이다"(누스바움, 1994:124). 이러한 논리라면 에피쿠로스는 '치료, 고통에서 해방된 '아타락시아' 그리고 '지혜sophia'에 대한 애정philo(철학 philosophy은 지혜에 대한 애정을 나타냄) 중에서 한 가지를 선택했어야 한다. 세 마리 토끼를 다 잡을 수는 없는 법이다. 지혜에 대한 애정, 즉 철학을 한다는 것은 반드시 사물을 꾸준히, 있는 그대로, 전체적으로 보려고 노력하는 것을 수반하기 때문이다.

*차분한 비판적 담론을 어떠한 형태건 치료의 과정으로 전환할 수 있다. 이 과정은 언제나 가능하고, 사실 매우 쉽다. … 그러나 일단 치료에 몰입하면 … 비판적 담론의 가치로 돌아가기가 훨씬 더 어려워진다(누스바움, 1994:139).*

이제 정원에서 자리를 옮겨 현관으로 이동한다. 3장에서는 에피쿠로스주의와 쌍벽을 이루며 헬레니즘 철학을 대표한 스토아주의를 파헤쳐본다.

# 3장

## 삶의 방식으로서의 스토아주의

### 3.1 인간과 신성한 것에 대한 지혜와 지식 그리고 삶의 기술

온라인상에서 자칭 '현대적' 또는 '전통적' 스토아주의를 표방하는 커뮤니티가 늘어나는 추세 속에서, 사람들은 PWL을 언급할 때 가장 흔히 스토아학파를 떠올릴 것이다. 스토아학파('스토아$_{stoa}$'는 기둥이 늘어선 복도를 뜻한다)는 기원전 4세기 후반에 키티온(요즘으로 치면, 섬나라 키프로스의 '라르나카')의 제논에 의해 설립되었다. 그 역사의 기원을 기록한 디오게네스 라에르티오스에 따르면, 제논은 아테네 근처에서 난파선으로 모든 물건을 잃은 상인이었다. 그는 아테네 아고라로 갔고 어느 날 한 서점에서 크세노폰의 《소크라테스 회고록》 한 권을 집어 들어 읽기 시작했다. 그러다 문득 '이런 사람을 과연 어디서 찾을 수 있을까?'라고 서점 주인에게 물었다. 주인은 아테네를 중심으로 활동했던 견유$^{犬儒}$학파$_{the\ Cynics}$의 크라테스$_{Crates}$가 그러한 인물이라고 말했다. 제논은 크라테스를 찾아가 그에게서 거의 10년 동안 가르침을 받은 뒤 자신만의 철학 학파를 설립했다. 그가 세운 이 학파가 주로 강의했던 장소는 '얼룩덜룩하게 색이 칠해진 복도'를 뜻하는 '포이킬레$_{Stoa\ Poikile}$'였는데, 이 장소에서 영감을 얻어 학파 이름을 '스토아학파'로 정했다. 이곳에서 그는 대중에 강의하며 철학을 논하곤 했다(디오게네스 라에르티오스 《위대한 철학자들의 생애》 VII, 1~3).

그러나 오늘날 현대인들이 잘 알고 있는 스토아주의는 개인적 희생을 감수하더라도 공공의 덕을 도모하는 후기 스토아주의 또는 '로마 스토아주의'다. [1] 그 이유는 거의 전적으로 후기 스토아주의에 대한 고대 텍스트가 우여곡절 끝에 잘 보존되고 계승되었기 때문이다. 헬레니즘 시대를 살던 철학자들의 텍스트가 대부분 사라졌지만, 기원전 1세기부터 2세기까지의 로마제국 시대에 네 명의 철학자들 즉 가이우스 무소니우스 루푸스Gaius Musonius Rufus, 루키우스 안나이우스 세네카Lucius Annaeus Seneca('Seneca the Younger'라고 칭함), 노예 철학자 에픽테토스Epictetus 그리고 로마제국 황제이자 철학자 마르쿠스 아우렐리우스Marcus Aurelius가 쓴 저서가 대부분 보존되었다. 이 시기 로마에서 무소니우스가 한동안 강의를 하긴 했지만, 공식적으로 스토아학파가 설립되기 전이었다. 노예 출신이자 훗날 스토아학파의 주요 학자였던 에픽테토스가 그리스 서부 대도시 니코폴리스에 학교를 설립했다. 당시 로마제국에서 몇 안 되는 학교 중 하나였던 것으로 알려져 있다. 한편 스토아철학자들은 (다른 헬레니즘 및 고전 학파의 철학자들과 마찬가지로) 철학적 조언자로 활동하던 로마인들이나, 일즈트라오트 아도의 표현에 따르면 '영적 지도자들'의 가르침을 얻었다. [2]

스토아학파의 창시자 제노가 소크라테스로부터 영감을 얻었다는 사실은 매우 중요하다. 스스로를 '소크라테스를 연구하는 철학자'라고 불렀던 스토아학파(셀라스, 2014:72)가 소크라테스를 따라 철학을 행동erga과 말logoi에 관한 삶의 태도로 간주했다는 고대의 증거가 수두룩하다. 기원전 1세기, 세네카는 철학이 "말하는 방법이 아니라 사는 방법을 알려주는 처세술"이자(《루킬리우스에게 보내는 도덕 서한》 20.2) 삶의 길잡이로 정의했다(《루킬리우스에게 보내는 도덕 서한》 16.1). 에픽테토스와 2세기 회의주의자 섹스투스 엠피리쿠스Sextus Empiricus는 당시 스토아학파가 생각하는 철학은 '삶의 기술echnê peri ton bion'이었다(섹스투스 엠피리쿠스《학자들에 반대하여Adversus Mathematicos》 11.170 [=《6+2 철학자의 단편Stoicorum Veterum Fragmenta》 3.598]; (에픽테토스, 《대화록》 1.15.2; 셀라스, 2014:22). [3] 르네 브로워René Brouwer는 《스토아적 현자 The Stoic Sage》에서 스토아학파에서 정의하는 지혜를 기술했다. 그들은 모두 지혜가 단순히 '인간적인 것과 신적인 것'에 관한 체계적이고 참된 신념의 집합체는 아니라는 점을 강조했다(브로워, 2014:8). [4] 또한 철학에는 기원전 1세기 플라톤주의자 플루타르코스가 말한 '덕' 또는 갈레노스Claudius Galenus(히포크라테스 이래 최고의 의학자로 꼽히며 고대 의학의 완성자—옮긴이)의 《철학의 역사History of Philosophy》에서 언급하는 '인간을 위한 최선의 삶'을 살기 위한 '적합한 기술technê'이 녹아 있다고 주장했다. [5]

그러므로 철학은 그러한 지혜에 대한 사랑이며, 인간을 위한 최선의 삶의 기술을 수련askêsis하는 것이다. [6] 세상만사를 체계적으로 이해할 수 있는 역량을 키우고 그 지식을 각자의 삶에 구현하기 위해 정신psychê을 수련한다. 스토아철학의 수많은 문헌에서는 현명한 사람을 뜻하는 '소포스Sophos' 또는 '사피엔스Sapiens'의 특징을 깊이 탐구한다. 철학에 대한 큰 개념을 이해하는 데 도움이 될 만한 내용이다

(애너스, 2008; Hadot, 2020a:185~206). 스토아학파는 다른 학파와 마찬가지로 현자란 지혜의 화신 그 자체라고 여겼다. 언제 어디서나 덕과 지혜를 실천하는 인물이 무엇을 말하고 생각하고 행동할지 상상하는 것은 의인화된 형태로 철학의 목표를 생생하게 파악하는 좋은 방법이었다. 제논은 이 목표를 '자연과 조화를 이루는 삶'(《위대한 철학자들의 생애》 VII, 86)으로 정의했다. 그 언행이 '선한 영향력'을 줄 때, 자연과 조화를 이룬다고 했다(스토바에우스 2.77).

　　로마 스토아학파의 주요 철학자들에 대해 자세히 살펴보기 전에 스토아학파의 철학 개념 중 특히 소크라테스로부터 영향을 받은 내용을 짚어 보겠다.


## 3.2 소크라테스의 혈통: 변증법, 감정 그리고 충분한 덕

　　에픽테토스에 따르면, "신은 소크라테스에게는 논박의 직분elenktikên을, 디오게네스에게는 왕의 방식으로 인간을 책망하는 직분basilikên kai epiplēktikên을, 제논에게는 교설doctrine을 설파하는 직분을 위임했다"(《대화록》, III 21, 18~20). 한편으로 스토아학파는 소크라테스의 개인적인 행동, 특히 죽음 앞에서도 두려워하지 않는 그의 용기를 크게 존경했다. 재판에서 보여준 소크라테스의 도전적인 행동과 독약을 마시기 전의 평정심은 철학적 원칙에 대한 타협을 거부함으로써 후대의 스토아학파가 생각하는 좋은 죽음에 대한 패러다임을 정립했다. 예를 들어 청렴한 삶을 산 것으로 유명한 스토아학파의 철학자 마르쿠스 포르키우스 카토Marcus Porcius Cato는 자살하기 전에 플라톤의 《파이돈》을 읽었다고 전해진다(플루타르코스, 《플루타르코스 영웅전》마르쿠스 포르키우스 카토, 79~81). 한 세기 후, 네로 황제의 명령에 따른 세네카의 자살 역시 '정체를 알 수 없는atopos' 그리스 현자를 염두에 둔 선택이었다(타키투스, 《연대기》 XV, 60~64; 커(Ker), 2009).

한편 에픽테토스는 스토아학파가 소크라테스가 주장한 좋은 삶을 사는 데 필요한 변증법과 추론을 계승한 학파라고 평가했다. 에픽테토스는 이렇게 설명한다. "소크라테스는 정념(감정)이 이성을 가리게 되면, 의지와 상관없이 저울추는 기울어지게 마련이라고 생각했다. 단, 이성이 모순을 직시하는 순간 과감히 정념을 버릴 수 있다. 그러나 그 모순을 증명하기 전까지는 정념으로 이성이 힘을 잃은 것에 대해, 상황을 헤아리지 못하는 남들 대신 본인을 탓하라"(《대화록》 II, 26). 소크라테스와 마찬가지로 스토아학파에게 오류는 인식론적이든 윤리적이든 무의식적으로 나타난다.

*모든 잘못에는 모순이 내포되어 있다. 잘못을 저지르는 사람은 작정하고 잘못을 저지르려고 마음먹는 것이 아니다. 자신이 옳다고 생각하는, 자신의 이익을 정당화하기 위한 행동을 하다 보니, 애초의 마음과는 다른 결과를 행동으로 나타내기도 하는 것이다. 도둑질은 왜 한다고 생각하는가? 자신의 이익을 위해 물건을 훔치는 것이다. 그렇다면 도둑질이 이익을 보장하지 못한다면, 도둑질이라는 행위 자체는 욕망을 채우는 데 일절 도움이 안 된다(《대화록》 II, 26, 1~2).*

스토아학파는 플라톤이 주장한 '기억을 불러들이는 행위anamnêsis'를 부정하면서, 사람들은 선과 악, 장점과 단점, 덕에 대해 각자 나름의 생각과 '선입견'을 갖게 된다고 주장했다prolêpseis, emphytos ennoia([

《대화록》III, 12, 15]). "선을 추구하는 노력은 삶에 이점과 여러 자격을 부여하므로, 어떠한 경우라도 저버려서는 안 된다는 점을 누구나 인정할 것이다. 정의는 마땅히 누려야 하는 권리이자 선을 추구하는 삶과 어울린다는 사실도 마찬가지다"(《대화록》 I, 22, 1~2; cf. IV 1, 44~5; 롱, 2002:25~6). A. A. 롱(2002:83)의 주장에 따르면 "거짓된 도덕적 신념을 가진 사람이라도 거짓된 신념을 부정하려는 참된 도덕적 신념을 동시에 갖고 있다." 철학적으로 산다는 것은 마음속에 떠오르는 온갖 종류의 생각을 꿰뚫어 보려고 부단히 애쓴다는 것이다. 또한 스토아철학 담론에서 글로 남기고자 했던 주요 신념에 어긋나는 생각은 과감히 버리겠다는 의자도 있어야 한다. 에픽테토스는 언제나 그러했듯 《대화편》 III, 12~15에서 소크라테스의 《변론》에 비유하며 스토아 사상을 명확히 압축하고 있다.

소크라테스는 반성하지 않는 삶을 살면 안 된다는 말을 자주 했다. 나아가 감정이 느껴지기 전에 생겨나는 '인상印象, phantasia' 단계에서도 반성이 필요하다. 즉 '반성이 없는 인상anazêtaton phantasian'이 고착하지 않도록 해야 한다. 마음속에 어떠한 인상이 생겨난다고 했을 때 "인상아, 네가 누구이고 어디에서 왔는지 고민 좀 해볼게. … 네가 자연(인간이 따라야 하는 우주적 질서, 신적 질서, 신적 자연을 뜻한다. 스토아주의에서는 '자연에 따르는 것'이 인생의 목적이다—옮긴이)에서 내게 보낸 거라면 마땅히 받아들일게"라고 되뇌어야 한다(《대화편》 III, 12~15).

이처럼 자신의 신념을 반추하는 작업을 피에르 아도는 '논리의 훈련'이라고 했다[3.4 참조]. 디오게네스 라에르티오스에 따르면 스토아학파는 철학의 여러 부분이 서로 연계되어 있다고 주장했다. '논리'는 유기체의 힘줄과 뼈에 비유하거나 알을 둘러싼 껍데기, 또는 농토를 둘러싸고 있는 울타리나 도시 전체를 에워싼 성벽에 비유했다(《위대한 철학자들의 생애》 VII, 41). 그러나 소크라테스적 논리를 윤리적으로 뒷받침하려면 (현대 용어로 표현하자면) 감정에 대한 스토아학파의 '인지주의적' 또는 '지성 주의적' 설명을 파악해야 한다(프레드, 1986:93~110; 인우드 & 도니니, 1999:699~717; Graver, 2007). 스토아학파는 에피쿠로스학파처럼 사람들이 세상과 자신에 대해 어떻게 생각하는지가 고통의 원인을 이해하는 데 결정적으로 중요하다고 생각했다. 에픽테토스의 《엥케이리디온Encheiridion》에서는 "인간에게는 일어나는 일ta pragmata이 아니라 그 일에 대한 의견dogmata이 심기를 건드린다"라는 격언을 소개한다(§5). 스토아학파는 감정을 일종의 병리적 현상으로 간주하며 행복의 조건을 제시한다. 키케로의 《투스쿨룸 대화Tusculan Disputations》 IV, 6~7에서 언급하듯 충동과 감정을 뜻하는 정념pathê을 도식화하여 인간의 감정을 네 범주로 분류한다. 자신에게 유익하거나 해롭다고 생각하여 추구하거나 피해야 한다고 생각하는 것이 현재나 미래에 존재하는지에 따라 범주가 나뉜다.

　스토아학파는 '소요학파(아리스토텔레스의 제자들을 '소요학파peripatetics'라고 한다. '소요'라는 말은 '자유롭게 이곳저곳을 돌아다닌다'라는 뜻이고 그들은 소요하면서 어떠한 삶을 살아야 옳은 것인가, 곧 '덕'에 대해 대화를 나누었다—옮긴이)'와 반대로 '정념pathê'은 단순히 절제하는 것이 아니라 제거해야 한다고 주장한다. 그 이유는 감정이 생겨나게 하는 생각 자체가 명백히 그릇되기 때문이다. 감정이 생겨나는 이유는 누군가가 꼴 보기도 싫거나 무언가를 소유하고 싶은 것처럼, 자신이 원하는 상황이나 물건을 간절히 필요로 하기 때문이라는 것이다. 이러한 평가는 분노, 눈물, 좌절, 시기, 욕망 등으로 반응하는 것이 '적절하다kathêkon'라고 스스로에게 신호를 보내는 것 즉 감정이 신체에 직접적으로 부여하는 충동심리를 정당화한다. 그러나 애초에 자신이 원한다고 생각하는 상황이나 물건이 필요하지 않다는 사실을 철학적으로 증명할 수 있다면, 감정에 종속되려는 경향은 제거되어야 하고 제거될 수 있다는 논리다.

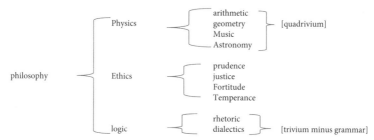

[그림 2.1] 키케로의《투스쿨룸 대화Tusculan Disputations》IV, 6~7을
기반으로 한 스토아주의의 감정 분류

|  | 현재 | 미래(계획) |
|---|---|---|
| 좋은 삶을 위해<br>필요한 것들 | 기쁨hêdonê, gaudium | 욕망epithymia, spez |
| 나쁜 삶을 유도하는 것들 | 고통lupê, dolor | 두려움phobos, metus |

스토아학파의 이러한 철학적 논증은 소크라테스로부터 받은 세 번째 영향을 분명히 나타낸다. A. A. 롱A. A. Long(1999; 2002, 67~96), 윌리엄 O. 스티븐스William O. Stephens(2002:59~62), 지젤라 스트라이커 Gisela Striker(1994)가 지적했듯, 인간이 행복해지기 위해 무엇이 필요한

지에 관한 스토아학파의 윤리적 주장은 지극히 소크라테스적이라고 할 수 있다. 이 부분에서 소크라테스가 《변론》(29d~30b)에서 아테네 시민들에게 부, 명예, 권력 같은 외적 재화보다는 영혼을 돌보는 것을 최우선으로 삼아야 한다는 유명한 주장을 되새기게 된다. 이와 같은 소크라테스의 역설적 주장에 대해 플라톤의 《에우티데무스 Euthydemus》 278c~281e는 직접적으로 옹호한다. 어림잡아 다음과 같이 정리해볼 수 있다.

1. 누구나 잘살기를 바란다.
2. 잘산다는 것은 좋은 것을 소유하거나 사용하거나 누리는 것이 포함된다.
3. 상식적으로는 다음 요소를 포함한다.
   (a) 외적 재화: 부, 건강, 미, 힘, 금수저 출신, 권력, 명예 등
   (b) 절제, 정의, 용기(덕)
   (c) 지혜
   (d) 행운
4. 그러나 지혜[c]는 항상 적합한 행동으로 이끌기 때문에 (따라서 지혜를 목표로 하는 것은 행운을 목표로 하는 것이므로, [d]는 [c]와 동일시된다) 행운과 같은 의미로 여길 수 있다.
5. 진정으로 좋은good 것은 모두 그 소유자, 향유자 또는 사용자에게 이익이 된다('좋은 삶'으로 이끈다).
6. 좋은 것들은 단순한 소유뿐 아니라 사용하거나 누림으로써 소유자에게 유익을 준다.

7. 외적 재화[a]를 올바르게 사용한다는 것은 이를 이용하거나 누릴 때 지혜[c]롭게 선택하고 행동할 수 있다는 의미다.

8. 따라서 지혜[c]는 인간에게 행운[d]을 가져올 뿐만 아니라 외부의 '재화'[a]가 실제로 그 소유자에게 좋게 이용되도록 보장한다. 반면,

9. 그러한 지혜[c]가 없다면, 이러한 재화[a]는 사람들에게 유익이 아니라 해를 끼칠 수 있다.

10. 따라서 제대로 검토되지 않은 '통념endoxa'과는 대조적으로, 지혜[c]는 삶의 다양한 관심사에서 그 지혜를 구현하는 덕[b]과 더불어 유일한 참된 선이다.

11. 외적 재화[a]는 선도 악도 아닌 '본질적이지 않거나ta adiaphora' '중개적인ta mesa' 것으로 간주하는 것이 적절하다.


11번부터는 자신의 정신세계를 벗어난 외적인 것이 선하거나 악하다고 믿는 것은 그릇되었다고 주장한다. 즉 좋은 삶을 영위하기 위해 때에 따라 선과 악을 소유하거나 피해야 한다는 의미다. 스토아학파는 아름다움, 부, 명성, 권력이 반드시 만족을 가져다주지는 않는다는 사실을 상기시키는 데서 즐거움을 느꼈다.


*왜 진정한 행복, '에우다이모니아eudaimonia'를 추구하지 않는가? 행복은 육체에 있지 않다. 내 말을 못 믿겠다면 검투사로 활약한 미로Myro와 오펠리우스Ophellius를 보라. 행복은 재물에 있는 것도 아니다. 내 말을 못 믿겠다면, 어마어마한 재산으로 유명한 리디아의 마지막 왕 크로이소스Crœsus를 보라. 현시대의 부자들*

을 보라. 그들의 삶이 얼마나 한탄으로 가득 차 있는지 보라. 행복은 권력에 있는 것도 아니다. 권력이 행복을 보장한다면, 집정관*consul*(대 로마의 관직을 일컬으며, 공화정 시대에는 로마의 시민 즉 관리가 차지할 수 있는 가장 높은 자리였으며, 제국 시대에는 명목상 황제 다음가는 자리였다―옮긴이)을 두세 번 지낸 사람이 행복해야 한다는 말인데, 실제로 그렇지 않다(에픽테토스, 《대화록》 III, 22, 26).

그럼에도 인간의 기쁨, 욕망, 괴로움, 두려움이 다양한 모습으로 나타나는 것은 바로 이렇게 잘못된 믿음을 갖고 있기 때문이다. 현자는 그러한 감정을 경험하지 않는다. 내면 상태는 깊은 내면의 고요함 또는 평정심을 뜻하는, 정념에서 초월한 상태 '아파테이아*apatheia*'로 설명할 수 있다. 현자가 유일하게 집착하는 것은 지혜와 덕을 추구하는 일이다. 그러나 이 두 가지 모두 자신의 지배력, '헤게모니콘*hêgemonikon*'이 도달할 수 있는 범위 내에 있고 재물이나 타인의 악덕에 흔들리지 않는다. 스토아철학의 현자는 정념*pathê*에 휘둘리는 법이 없고 의연함*eupatheia*을 추구한다. 그러기 위해 악을 피하려는 경계심, 덕과 기쁨을 얻고자 하는 소망, '자신의 영혼을 고양하여 선과 진리를 추구하는 마음'을 유지한다(세네카 《루킬리우스에게 보내는 도덕 서한》 59; 그레이버, 2007:57~60).

이제 로마 스토아철학의 주요 인물들이 삶의 기술로서의 철학을 어떻게 '수련'에 접목했는지 알아보겠다.

### 3.3 무소니우스 루푸스*Musonius Rufus*에서 세네카*Seneca*까지

스토아학파에 대해 오늘날까지 많은 양의 문헌이 확보된 스토아학자 두 명은 모두 초기 제국 시대 출신이다. 이들은 가이우스 무소니우스 루푸스Gaius Musonius Rufus(c. 30~101 CE)와 루키우스 안나이우스 세네카Lucius Annaeus Seneca(아버지 대大 세네카와 구별하기 위해 소小 세네카로 불린다. [4 BCE~65 CE])다. 두 철학자 모두 네로 황제 시절에 활동했다. 그러던 중 무소니우스는 기원전 65년에 추방되었고 세네카는 같은 해 제자였던 네로 황제에게서 자살 명령을 받아 자살했다.

가이우스 무소니우스 루푸스의 담론logoi('강의', '담론' 또는 '그의 이름을 딴 철학에 관한 연설'로 칭하기도 한다)은 제자 루키우스Lucius와 편집자 스토바에우스Stobaeus의 도움으로 21편이 남아 있다. 이러한 담론은 "인간은 덕을 지향하는 성향을 갖고 태어난다"와 같은 메타윤리meta-ethics(윤리적 속성, 진술, 태도, 판단의 본질을 이해하고자 하는 윤리학의 한 분야—옮긴이) 주제부터 일상에 바로 적용할 수 있는 규범적인 고려사항에 이르기까지 다양하다. 주요 주제로 '인생의 고난을 대수롭지 않게 여겨야 한다,' '성적 탐닉에 관하여', '자식은 부모 말에 무조건 순종해야 하는가' 등이 있다. 이 외에도 이상적인 철학자(10)의 모습과 철학자 자신에게 가장 어울리는 삶에 대한 글을 시리즈로 집필했다. 예를 들어 '여성도 철학을 공부해야 한다', '철학을 모르는 왕이 어찌 제대로 된 정치를 하겠는가?', '철학자는 개인적 상해를 입었을 때 누구를 기소할 것인가?', '철학자의 생계 수단', '결혼은 철학을 실천하고자 할 때 장애가 되는가?' 등이 있다. 특히 다섯 번째와 여섯 번째 담론에서는 '실천ethos('인격'으로도 번역됨—옮긴이)과 이론logos, 어느 쪽을 더 우선할 것인가'와 '배움(또는 수련)에 관하여Peri Askêseôs'를 직접적으로 다루고 있다.

무소니우스의 다섯 번째 담론(V, 1)은 이렇게 시작된다. "이론과 실천 중에서 덕을 익히는 데 어느 것이 더 효과적인가를 두고 의문이 들 수 있다." 그의 입장은 윤리적 실천이 더 중요하다는 것이었다. 소크라테스의 말을 인용하면서 그는 학생들에게 이렇게 질문했다. "두 의사가 있다. 한 사람은 의술에 대해 유창하게 논할 수 있지만 환자를 돌본 경험이 없고, 다른 사람은 언변은 변변찮지만 올바른 의학 이론에 따라 환자를 치료한 경험이 있다고 가정해보자. 그대는 아플 때 누구를 찾아가겠는가?" 이어서 이와 같은 비유를 통해 절제sôphrosyne와 자제enkrateia의 문제에서도 마땅히 해야 할 것을 말할 수 있는 것보다는 모든 행위가 절제되고 자제되는 것이 훨씬 낫다고 주장했다(V, 2~4). 이처럼 주어진 주제에 대해 이론적으로 이해하는 것은 정확하고 능숙한 실천을 하는데 필요한 요소이지만, 실천은 인간을 행동하게 만든다는 점에서 더 영향을 미치므로(proteroi) 이론보다 훨씬 효과적이라고 말했다(V, 4).

그는 '배움에 관하여' 장에서, 덕을 가르칠 때 학생들이 실제 수행을 해봐야 한다고 주장한다. 이론만으로는 항상 부족하다는 생각 때문이다. 무소니우스는 학생들이 덕이 무엇인지 배우고 나서 배운 가르침에서 이익을 얻고자 한다면, 그것이 무엇이든 탁월한 가르침을 배울 때 실질적인 훈련이 반드시 뒤따라야 한다고 주장한다(《명상록》 VI, 3). 스토아주의의 윤리학에 관한 이론을 제대로 배웠다면 즉 쾌락을 갈망해서는 안 되고 고통이나 죽음이나 가난을 두려워해서는 안 된다는 내용을 숙지한다면 덕이 유일하게 선한 것이라는 점을 이해할 것이다. 그런데 이 사실을 알면서도 고난이 닥치면 나쁜 일,

쾌락이 찾아오면 좋은 일이라고 생각한다. 마치 이러한 이론을 하나도 모르는 사람처럼 말이다. 따라서 인간은 영혼과 육체의 종합체이므로 이에 상응하는 다양한 훈련(수련, 가르침)을 받아야 한다. 영혼에 집중하는 것이 가장 우선시되지만 정신뿐 아니라 육체도 함께 돌보아야 한다(《명상록》 VI, 4).

추위, 더위, 갈증, 허기, 부족한 양식, 딱딱한 잠자리를 견디며 쾌락을 자제하고 고통을 인내하기 위해 스스로 단련할 때에는 영혼과 육체 모두에 공통된 훈련을 활용한다. 이러한 훈련을 통해 육체는 강인해지고 고난을 견딜 수 있으며, 강건해져 어떤 일이든 할 준비가 된다. 고난을 참고 견딤으로써 용기를 단련하고, 쾌락을 자제함으로써 절제를 훈련하므로 영혼 또한 강해진다(《명상록》 VI, 5).

마르쿠스 아우렐리우스를 다룰 때 논의하겠지만, 정신세계만 염두에 둔 수련(또는 훈련)을 할 경우 앞서 살펴본 에우튀데모스 논쟁을 탐구하기 시작하여 스토아학파의 이론적 교리를 깊이 내면화한다. 이와 같은 철학적 훈련askêsis 즉 영혼에만 특화된 훈련은 다음 특징을 지닌다.

무엇보다도 겉으로 좋게 보이는 것들이 정말 좋은 것은 아니며, 또한 나쁘게 보이는 것들이 정말로 나쁜 것은 아니란 사실과 관련된 논증들을 어디서나 찾아볼 수 있음을 깨닫게 한다. 또한 참된 선을 인식하는 법을 배우고 참된 선이 아닌 것들을 능숙하게 식별할 수 있게 한다.
그다음에는 겉보기에만 나쁜 것을 회피하지 않고 보기에만 좋은 것을 추구하지 않도록, 그리하여 정말로 나쁜 것을 멀리하고 정말로 좋은 것은 어떻게든 추구하도록 훈련해야 한다(《명상록》VI, 6).

무소니우스와 달리 세네카는 적어도 14권의 철학 도서를 저술했다. 고대부터 지금까지 보존된 도서가 대부분이고, 사실상 중세에 걸쳐 현존하는 유일한 스토아철학 텍스트로 남아 있다(베라베케, 1983). 스토아 윤리학에서는 '현자의 의연함', '행복한 삶에 대하여', '여가에 대하여', '마음의 평정심에 대하여', '유익함에 대하여'가 대표적이다. 스토아 물리학에서는 '섭리에 대하여'와 '자연에 관한 질문'을 다룬다. 이 (5개의) 텍스트는 각각 익명의 대화 상대에게 보내는 서간체 형식의 답변으로 구성되어 있다. 세네카의 가장 유명한 글 《루킬리우스에게 보내는 도덕 서한The Moral Epistles to Lucilius》은 에피쿠로스주의에 동조하는 로마의 기수이자 시칠리아의 검찰관이었던 루킬리우스와 주고받은 방대한 서신을 정리한 책이다. 마지막으로 현존하는 세네카의 위로를 실은 글 세 편이 있는데, 그 가운데에는 로마에서 유배된 어머니를 위로하기 위해 쓴 서신도 포함되어 있다.

일즈트라오트 아도(2014; cf. 샤프, 2018)는 주요 연구에서, 세네카의 작품을 이해하려면 그의 '부캐persona(부캐릭터, 페르소나)'가 '영적 지도자'라고 간주해야 한다고 주장했다. 이러한 부캐에도 계보가 있다. 현존하는 고대 그리스 문학의 가장 오래된 서사시 《일리아스》에 등장하는 '아킬레스의 불사조'처럼 호메로스와 헤시오도스의 시에서 등장하는 '반신반인'으로 거슬러 올라간다(일즈트라오트 아도, 2014:36). 우정에 관한 그리스와 로마의 규범에서도 '조언, 대화, 격려, 위로, 때로는 책망'을 언급하면서 영적 지도자의 개념을 등장시킨다(키케로《투스쿨룸 대화Tusculan Disputations》 I, 58).

세네카에 대한 일즈트라오트 아도의 획기적인 해석은《루킬리우스에게 보내는 도덕 서한》 94번째와 95번째 글(2014:19~21, 25~8)에 큰 비중을 두고 있다. 두 편지에서 세네카가 논박한 인물이 있다. 바로 키오스의 아리스톤Aristo of Chios(제논의 동료였으나 건강이나 부가 때에 따라 자연법칙에 기초한 선에 합치할 수 있다는 주장을 비판하며 금욕을 중시했고, 이후 제논의 제자들에 의해 소외되었다. 그의 철학은 키니코스학파의 형식과 스토아학파의 형식 혼재되어 있다—옮긴이)이다. 그는 과연 철학자라는 직책이 아리스토텔레스의《니코마코스 윤리학Nicoma-chean Ethics》에서 다루는 윤리 주제에 대해 일반적인 가르침(placita 또는 decreta)을 전수하는 것, 그 이상의 역할을 할 수 있을지에 회의론을 펼쳤다. 세네카는 그의 회의론에 반박하며, 제논을 이어 스토아학파의 제2대 영수領袖가 된 클레안테스Cleanthes(인간의 의지가 모든 덕의 원천이라고 주장했다—옮긴이)의 주장을 인용했다. 클레안테스는 학생들이 덕에 도달하는 데 구체적이고 실용적인 도움을 주지 않고, 일련의 윤리적 가르침을 주입하는 것은 "마치 병든 사람을 치유하는 것은 뒷전으로 하고, 말로만 건강하게 사는 법을 알려주고 마는 것이다"라고 했다(《루킬리우스에게 보내는 도덕 서한》 95, 5).

철학적 추론을 실천으로 연결하는 데 관심이 있는 철학자라면, 아도의 말처럼 철학의 '권면勸勉(parénésis, 알아듣도록 권하고 격려하여 힘쓰게 함—옮긴이)' 차원을 발전시켜야 한다(일즈트라오트 아도, 2014:27). 권면은 스토아학파의 이론을 전제이자 핵심으로 간주한다. 여기에는 스토아주의 담론에서 설명하는 선에 도달하도록 설득력 있는 말하기와 글쓰기가 수반되기도 한다. 따라서 권면적 철학 활동은 일반적인 가르침에 상황별 예시와 사례를 결합하여 설명하고, 다양하게 '어르고 달래며' 행동을 유도하는 권고적 수사법을 활용한다. 스토아주의를 배운 학생들이 행동하는 방식에 변화를 불러일으키는 것이 주요 목표다(5). (일즈트라오트 아도, 2014:318). 같은 맥락에서 세네카는 다음과 같이 주장했다.

*훌륭한 행위는 가르침에 의해 이루어지는데, 이때 다양한 기술arts도 가르침의 주제가 될 수 있다. 지혜도 가르칠 수 있는 주제인 이유는 지혜가 삶의 기술이기 때문이다. 그런데 (배의) 키잡이를 길러내는 사람이 가르치는 것은, '키는 이렇게 움직여라, 돛은 이렇게 올려라, 순풍은 이렇게 이용하라, 역풍에는 이렇게 대처하라, 방향이 자주 바뀌는 불안정한 바람은 이렇게 활용하라' 등이다. 그 밖의 기술자들도 가르침에 의해 양성된다. 그러므로 인생의 기술자도 가르침을 통해 같은 효과를 얻을 것이다(《루킬리우스에게 보내는 도덕 서한》 95, 7).*

이처럼 세네카는 사람들이 알아듣도록 영혼 챙김을 독려했다. 각기 다른 슬픔을 겪는 세 사람에게 그가 보낸 위로의 서신에서 그 특징이 명확히 드러났다. 그의 서신 텍스트는 추앙받는 고대 문학 장르에 속한다는 점을 유념할 필요가 있다. 헬레니즘 시대의 편지 쓰기 핸드북에서 제안하는 서간문 형식logoi paramuthikoi은 '권고적'이거나 '위로의 마음이 깃든 담론'이었다(휴스, 1991:246~8). 소크라테스와 동시대를 살았던 소피스트 안티폰Antiphon은 이미 이 형식의 '슬픔을 달래는' 장르에서 자신만의 글쓰기 기술을 널리 홍보한 것으로 알려져 있고, 호메로스가 읽은 장례식 연설도 이미 이와 같은 장르가 훨씬 더 오래전부터 존재했다는 점을 시사한다.[7]

세네카가 이렇게 위로를 주는 행위에 전념했을 때, 스토아주의 철학자들이 제공할 법한 상담 활동을 펼치거나 새롭게 상담 활동을 본격화한 것은 아니었다(cf. 키케로《투스쿨룸 대화》31).《어머니 헬비아에게 보내는 위로De Consolatione ad Helviam》의 도입부에서 세네카는 "슬픔을 달래고 진정시키기 위해 가장 위대한 천재들이 작곡한 모든 작품을 다 찾아 들었다"라고 고백했다. 한 발투센Han Baltussen(2009:71~81; cf. 홉Hope 2017)은 소피스트, 플라톤, 견유학파, 스토아학파 등 다양한 사상에 걸쳐 공통으로 등장하는 명제를 소개했다. "이 또한 지나가리라", "귀족을 비롯해 다양하고 많은 이들이 겪은 고통은 더 크고도 남았다", "죽음이란 사랑하는 사람을 불행의 손아귀에서 구원하는 개념이다", "우리는 망자에 대해 슬퍼하는 것이 아니라 자신의 상실감에 대해 슬퍼하는 것이므로 죽음을 슬퍼하는 것은 비이성적이며 사랑하는 고인이 우리에게 원하는 게 아니다", "슬픔에 빠진 이에게는 용기 있게 현실적인 조언을 하며 슬픔을 극복하는 방편으로 학문에 심취할 것을 권하라", "슬픔에 빠졌다고 자신의 의무를 게을리하거나 변하지 않는 섭리나 운명의 전개에 불평하지 말라" 등이다.

또한《마르키아에게 보내는 위로On Consolation to Marcia》는 피에르 아도가 '위에서 바라보는 풍경'(3)이라고 불렀던 몇 가지 특별한 사례로 마무리된다. 인간의 희로애락이 우주 먼발치에서 보면 아무것도 아니라는 사실을 되뇌는 영적 단련이기도 하다. [8] 세네카는 '심령술'로 마르키아에게 고인이 된 아버지의 입을 통해 슬픔은 영원의 관점에서 보면 작고 미약한 감정일 뿐이라고 전한다.

그러니 마르키아, 당신의 아버지가 하늘에서 이렇게 이야기한다 생각하세요. … 자신의 숭고함만큼이나 고양된 재능으로 말한다 생각하세요. "내 딸아, 너는 어째서 그토록 오랫동안 슬픔에 붙잡혀 있는 것이냐? 너는 왜 그토록 진실을 외면하여 네 아들이 부당한 일을 당했다고 판단하는 것이냐? 그는 집이 무사할 때 스스로 온전한 모습이 되어 조상들 곁으로 돌아온 것인데 말이다. 운명이 얼마나 커다란 폭풍으로 이 세상 모든 것들을 파괴하는지 모르느냐? … 과거 나에게는 세상의 외진 곳에서 일어난 세대의 사건, 몇 안 되는 인간들의 행적을 기록하는 것이 즐거움이었다. … 지금 나에게는 일어서는 왕국과 쇠망하는 왕국, 커다란 도시들의 파멸과 바다의 새로운 흐름을 예견하는 것도 허락되었다. 이런 말을 하는 것은 모두의 공통된 운명이 너의 그리움에 위로가 될까, 해서란다. 지금 서 있는 곳에 그대로 있을 것은 아무것도 없고 오래되면 모든 것들이 쓰러져버릴 것이다"(세네카, 《마르키아에게 보내는 위로On Consolation to Marcia》 26).

《루킬리우스에게 보내는 도덕 서한》은 세네카의 저서 중 가장 널리 읽힌 텍스트로 남아 있다. PWL에 관한 흥미로운 진술이 많다(특히, 《루킬리우스에게 보내는 도덕 서한》 16, 3). 스토아학파의 세네카는 자연과 조화로운 삶을 위한 지혜를 갈망한 철학자였다. 철학이 과도한 슬픔 같은 불행과 자연과의 부조화에 대한 원인을 파악하고 극복하는 것을 목표로 할 정도로 철학의 치료적 효과를 강조한다(7).

옛 선조의 습관 가운데, 나의 세대까지 줄곧 이어져 오던 게 있네. 편지 첫머리에 "건강하신지요, 저는 건강합니다"라고 덧붙이는 것인데, 우리의 경우에 올바른 말투는 "철학을 하고 계신지요?"가 되겠지. 건강이란 바로 그런 것이니까 말이네. 그렇지 않으면 영혼이 병든 것이고, 아무리 체력이 강하더라도 그 육체의 건강은 바로 미치광이나 정신이 이상한 자의 것이니까(《루킬리우스에게 보내는 도덕 서한》 15, 1).

특히 '33번째 서한'은 오늘날의 철학 활동에 대한 개념을 다루면서, 세네카 자신이 다른 철학자들의 텍스트에 대한 단순한 해설자에 머물지 않는다는 점을 명확히 한다. "스스로 아무것도 창조하지 않고 항상 다른 사람의 그늘에 숨어 타인의 철학에 대한 해설자 역할만 하며 오랫동안 배운 것을 감히 한 번도 실천에 옮기지 않는 사람들에게서는 배울 점이 없네"(《루킬리우스에게 보내는 도덕 서한》 33, 7~8). 세네카에 따르면 약 4000권의 책을 저술한 것으로 알려진 디뒤무스Didymus처럼 '책만 쓰고 도무지 글에 대한 실천이 없는' 사람은 '지루한 수다쟁이, 둔하디둔한 자기만족에 빠진' 사람이다. '88번째 서한'은 세네카가 백과사전적 학문은 '고상하고 용감하며 위대한 영혼을 지닌' 진정한 자유를 위한 '지혜의 연구'를 위한 디딤돌이 되지 않는 한, '하찮고 천박하다'라고 말한 유명한 비판의 내용을 담고 있다(《루킬리우스에게 보내는 도덕 서한》 88, 37).

같은 맥락에서 존 쿠퍼John Cooper(2004)도 비판했듯 세네카는 에픽테토스의 후기 구절에서 논리학에 관한 내용이 산만하다는 공격을 받을 것을 예상했다. 그는 "우리에게 정말 시간이 그렇게 많은가?

우리는 이미 사는 법과 죽는 법을 알고 있는가?"라고 반문했다(《루킬리우스에게 보내는 도덕 서한》 45, 5; 48, 12; 44, 7). 세네카는 철학의 치료적 소명을 실천하려면 일즈트라오트 아도가 주목했듯 다양한 권면적 성격의 언행이 필요하다고 판단했다.

우리의 스승 제논은 다음 추론을 이용했지.
"어떠한 악도 명예로운 것이 아니다. 그러나 죽음은 명예로운 것이다. 따라서 죽음은 악이 아니다."
어때, 멋지지 않은가! … 그러나 자네는 더욱 엄숙하게 이야기하고 싶지 않은가, 죽어가는 사람을 웃게 해서는 안 된다고 말일세.
루킬리우스, 어느 쪽이 더 어리석은지 말하는 것은 간단한 문제가 아니라네.
이러나 문답 논법으로 죽음의 공포에서 벗어날 수 있다고 생각한 사람과,
이것이 마치 중요한 문제에 관한 일인 것처럼 논박하려고 애쓴 사람 말이네(《루킬리우스에게 보내는 도덕 서한》 82, 9; 82, 22; 83, 4; 94, 27).


이에 일즈트라오트 아도는 《루킬리우스에게 보내는 도덕 서한》이 영적인 방향으로 이끄는 대작이라고 평가했다(2014:116~17).

일즈트라오트 아도는 124개의 편지가 '원심력'과 '구심력'을 이용한 두 가지 상호보완 차원에서 시사점을 제공한다고 주장했다. 세네카는 제자에게 '원심력'을 발휘하여 스토아철학 담론의 다양하고 복잡한 요소들을 알기 쉽고 명확하게 소개하며 점차 이해의 폭을 넓힌다. 따라서 1~30편은 에피쿠로스에게서 받은 편지도 여러 개 소개하며 가장 간결하고 기억에 남는 문장으로 가득 찬 윤리 지침으로 가

득하지만, 아직 스토아학파의 진지한 담론이 오간 '현관'에서 들을 법한 '심오하고 어려운' 가르침은 다루지 않는다(《루킬리우스에게 보내는 도덕 서한》 14, 4). 이렇게 '1단계'를 거친 후 등장하는 31~80편은 본격적인 교육 '2단계'다. 세네카는 루킬리우스에게 사상을 진정으로 자신의 것으로 만들라고 하며, 다른 사람의 가르침을 단순히 암기하는 것에 대해 경고한다. 에피쿠로스에 대한 의존도도 줄어들게 될 것이라고 했다. 또한 세네카는 루킬리우스에게 다양한 철학 텍스트의 필사본, 발췌본 또는 요약본을 보낸다고 했다(《루킬리우스에게 보내는 도덕 서한》 39, 1). 한편 80~124편에서는 교육의 깊이가 한층 더해진다. 세네카는 루킬리우스에게 이론적 논문(특히《자연 탐구 Naturales Questiones》와《섭리에 대하여De Providentia》)를 보내며, 윤리 논문 한 편을 훗날 보내겠노라고 약속한다(일즈트라오트 아도, 2014:116~17). 그리고 그는 처음으로 에피쿠로스학파와 다른 철학 학파의 주장에 대해 장황하게 비판한다.

이 원심력 이론 교육이 전개됨에 따라, 다른 한 편에서는 모든 단계마다 스토아학파의 핵심 원칙을 중심으로 '집중, … 본질로의 환원, … 모든 [루킬리우스의] 지식의 결합'이라는 구심력적 전개가 펼쳐진다. 세네카는 "편지의 어조가 부담스럽지 않고 편안하지만 철학 논문의 내용을 쉽게 이해할 수 있도록 다루면서" 스토아주의의 핵심 원칙으로 귀결시킨다(일즈트라오트 아도, 2014:117).

*자네는 이렇게 말하겠지. "그렇지만 이 책을 읽고 싶을 때도 있고 저 책을 읽고 싶을 때도 있습니다." 그러나 음식은 이것저것 종류가 많으면 오히려 건강을 해*

칠 뿐 영양이 되지는 못한다네. … 그러니 세상 사람들로부터 인정받는 작가들의 책을 늘 읽게나. 다른 작가의 책을 읽고 싶을 때는 전에 읽었던 작가로 돌아가게. 날마다 조금씩이라도 가난에 맞서고, 죽음에 맞서고, 그 밖의 재난에 맞서는 응원부대를 준비해두게나. 많은 것을 사색한 뒤, 그 가운데 하나를 골라 그날 안에 소화하도록 하게(《루킬리우스에게 보내는 도덕 서한》 2, 4).

"현대 논평가들은 세네카의 텍스트 전개에 일관성이 부족하다"라고 생각하게 된 데는 이유가 있다고 아도(2014:117)는 주장한다. 스토아학파의 핵심 윤리적 원칙을 집중적으로 설명하되, 독자의 이해도가 깊어지면서 이론적 범위를 점진적으로 확장해나가기 때문일 것이다. 그러나 단계별 이해를 염두에 둔 원심력과 구심력의 접근법을 이해하는 순간, 일관성에 대한 의심은 사라진다.

### 3.4 에픽테토스의 권면적 담론과 그의 편람handbook

철학자 에픽테토스(서기 55년경~135년경)는 로마 동쪽 변방에 위치한 피뤼기아의 히에라폴리스에서 태어났다. 그는 네로 황제 시절 로마 정계의 막후 실력자였던 에파프로디투스Epaphroditus의 집에서 노예 생활을 시작했다. 로마에 있는 동안 그는 무소니우스의 강의를 들었고, 노예 생활에서 해방된 이후에는 직접 강의를 시작하여 서기 96년 도미티아누스에 의해 추방당할 때까지 강의를 이어갔다. 아우구스투스가 인근 악티움 전투에서 승리한 것을 기념하여 건설한 니코폴리스Nikopolis에서 에픽테토스는 젊은이들을 위한 학교를 세웠다. 그의 생애 말년에 학교는 유명해져 하드리아누스 황제를 비롯한 제국 전역의 학생과 고위 인사들이 몰려들었다. 그러나 에픽테토스는 그의 영웅 소크라테스나 디오게네스처럼 직접 저서를 남기지는 않았다. 무소니우스의 강의처럼 오늘날 그의 이름을 딴 저술은 제자 아리아노스Arrian가 기록한 것이다. 아리아노스는 스토아철학에 관한 에픽테토스의 강의를 거의 그대로 옮겨 적었는데, 그 결과물이 바로 여덟 권으로 된 《대화록Diatribai, 'Discourses' 또는 'Conversations'》이다. 이 중에서 네 권만 남아 있다. 아리아노스는 '서문'에서 "나는 그가 말한 모든 것을 가능한 한 그의 말로 기록하려고 노력했다"라며, "그의 생각과 솔직함parrêsia을 기록hypomnêmata하여 그대로 기록하여 훗날 활용하고 싶어서"라고 기록했다(아리아노스, 1925).

우리가 검토하고 있는 다른 많은 철학서와 마찬가지로 대화록 내용에도 명확한 순서가 없는 듯하다. 에픽테토스가 전달하는 '담론'은 학생들의 질문이나 그의 학교 방문객의 관심사에 대한 답변이다. 에픽테토스는 신랄한 유머를 포함한 다양한 수사학적 기법을 사용한다. 담론 주제는 이론적, 방법론적, 논쟁적, 심리적, 사회적, 윤리적 주제를 자유롭게 넘나든다. 에픽테토스의 수업에서 크리시포스Chrysippus의 텍스트를 분석하는 데 상당한 시간을 할애한 점은 분명하다. 그럼에도 그는 세네카와 마찬가지로 철학은 텍스트 주석이나 논리의 숙달로 파악할 수 없다고 강조한다. [9]

에픽테토스가 생각하는 철학은 윤리적 의도를 지녀야 한다. "만약 크리시푸스의 사상과 같은 삼단논법을 분석할 수 있다고 해도 비참하고, 슬프고, 시기하고, 한마디로 산만하고 비참해지지 않도록 할 비법이 있을까? 그런 비법은 전혀 존재하지 않는다"라고 《대화록》

II, 23, 44에서 밝힌다. "철학자의 원칙은 무슨 일이 있어도 자연 섭리와 조화를 이루는 '주도적 영혼hēgemonikon(스토아학파에서 볼 때 인간 영혼의 핵심 기관 또는 핵심 능력으로 '이끄는 것(곳)', '지휘 또는 제어하는 것(곳)'을 뜻한다—옮긴이)'을 놓치지 않고 유지하는 것이다"(《대화록》 III, 9, 11). 다시 말하지만 "철학이란 사실상 이것 즉 욕망과 혐오를 방해받지 않고 철학을 실천하는 방법에 관한 탐구"라고 말한다(《대화록》 III, 14, 10; IV, 5, 7). 에픽테토스는 소크라테스가 고르기아스, 프로디쿠스, 히피아스 등을 신랄하게 비판한 점을 강조하며, 대중적 명성을 얻고자 했던 당대 '제2의 소피스트' 연설가들에 대한 혹독한 비판을 아끼지 않았다(롱, 2002:5~6, 62~3). 무소니우스 루푸스Musonius Rufus와 같은 철학자의 담론이 청중에게 "당신이 살아가는 방식은 선과 덕과는 거리가 멀고, 정작 해야 하는 임무는 하나도 하지 않고 있다. 선과 악을 알지 못하니 불운하고 불행하다"라고 받아들여진다면, 에픽테토스는 그 담론은 실패한 것이라고 했다(《대화록》 III, 23, 30). 에픽테토스는 "철학자의 교실은 병원iatreion과 같네"라며 철학을 의학에 비유했다(7).

너는 즐거워서가 아니라 고통 때문에 그곳에 들어온 것이네. 병원에 비유하자면 한 사람은 어깨가 탈구되었고 또 한 사람은 종기가 났고 다른 사람은 염증이 있고 또 다른 사람은 두통이 있네. 그렇다면 [병원과 같은 철학자 교실의 의사로서] 내가 앉아서 예쁘고 사소한 생각과 작은 감탄사를 내뱉고 여러분도 나를 입이 마르도록 칭찬만 한다면, 과연 증상을 치료하는 데 도움이 될 것인가? 기존의 증상 즉 어깨 탈구, 두통, 종기, 염증이 과연 사라지겠는가?(《대화록》, III, 23, 30)

피에르 아도는 에픽테토스의 《대화록》과 《엥케이리디온》(또는 《편람Handbook》으로도 번역됨)에서 일관되게 강조하는 주제를 어떻게 세 가지 종류의 철학적 훈련으로 인식할 것인지를 처음으로 소개했다. 에픽테토스는 '프로콥톤(prokopton, 철학에서 진전을 이룬 자)'이 영혼의 세 가지 활동에 몰두하는 수련askêsis의 세 가지 '주제'를 두 가지 핵심 담론(III, 2; III, 12)에서 다음과 같이 언급한다.

철학에는 세 가지 주제가 있다.

현명하고 선한 사람은 꼭 실천해야 하는 주제들이다.

첫째, 욕망과 혐오에 관한 것tas orezeis kai ta ekkliseis이다. 욕망이 과해서 실망하는 일도 혐오심이 커지도록 방조해서도 안 된다.

둘째, 충동과 회피tas hormas kai aphormas에 관한 것이다. 일반적으로 삶의 의무to kathêkon는 질서와 배려를 가지고 부주의하게 행동하지 않도록 하는 것이다.

셋째, 청렴한 마음과 신중함 그리고 반응에 대한 동의synkatatheseis(외부 사건(스토아식 표현으로 '인상')에 대한 반사 반응('전⊠ 감정' 또는 '최초 정념')에서 시작하는데, 반응은 우리가 그것에 '동의'할 때만 감정이 된다고 스토아학파는 말한다—옮긴이)를 통제할 수 있는 능력에 대한 것이다(《대화록》, III, 2).

아도의 또 다른 주장은 이 세 가지 실천적 영역topoi이 위에서 언급한 스토아주의의 세 부분 즉 논리학, 물리학, 윤리학에 해당한다는 것이다(피에르 아도, 2001:82~98).[10] 따라서 우리가 생각하고 믿는 것은 실생활에서 이론적 논리로 분석하는 분야와 일치한다. 우리가 실천하는 내용은 윤리학자들이 연구하는 내용과 분명히 일치한다. 그러나 아도는 우리가 욕망하고 경멸하는 것은 물리학(자연에 대한 이해)에서 이론적으로 연구하는 주제와 생활 속에서 일치한다고 말한다. 우리 욕망에는 세상의 어떤 것이 유익하거나 해로운지에 대한 주관적 평가가 깃들어 있기 때문이다.

우리는 에픽테토스의 《엥케이리디온》에 특히 주목함으로써 이 세 가지 주제가 어떻게 실생활과 연결되는지 그리고 스토아철학 담론과의 연관성을 살펴볼 수 있다. 근대 초기 신-스토아Neo-stoic 학파 철학자 쥐스투스 립시우스Justus Lipsius가 이 작은 책('-이디온-idion'은 작은 책자를 뜻한다)을 '스토아철학의 영혼'이라고 했다(셀라스, 2014:129). 아리아노스가 편집하고 그의 친구인 누미디아Numidia(아프리카 북부에 있었던 고대 왕국—옮긴이)의 총독 C. 울피아스 프라스티나 메살라노스C. Ulpias Prastina Messalanos에게 보낸 이 책은 제목에서도 알 수 있듯 '손에 들고' 다닐 수 있을 정도로 작다. 에픽테토스의 철학 사상을 대표하는 기억에 남을 만한 세세한 명언을 52개 장으로 나누어 정리한 책이다. 6세기 신플라톤주의 평론가 심플리시우스Simplicius는 이 책의 의도를 다음과 같이 설명한다. "이 책을 《엥케이리디온》 즉 '편람'이라고 부르는 이유는, 바람직한 삶을 살기를 원하는 사람이라면 이 책에서 지침을 얻어야 하고, 항상 손에 들고procheiron 있어야 하기 때문이다. 군인에게 검이 있듯 삶을 살며 항상 이 책이 필요하기 때문이다." [11]

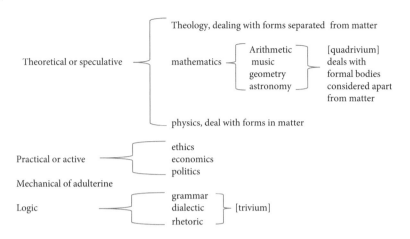

[그림 2.2] 아도의 주장을 근거로 정의한 스토아주의 세 가지 체계

- **물리학**: 욕망orezis과 혐오ekklisis 즉 우리가 원하는 것과 원하지 않는 것 그리고 세상의 현상이 어떠한 관계를 맺는지('물리적 현상')에 관한 내용을 다룬다.

- **윤리학**: 다른 사람들을 상대로 특정 행동을 하거나 하지 않으려는 충동hormai과 적합한 행동kathêkonta의 정의를 다룬다.

- **논리학**: 우리의 판단, 생각, '동의'synkatatheseis 즉 우리가 진리나 선 또는 적합하다고 받아들이는 것에 관한 내용을 다룬다.

현자를 뜻하는 '프로콥톤prokopton(제논이 정의한 '철학에서의 진전을 이루는 자'로서, 자신의 꿈을 고요하게 만들고 거친 바다 위에서 절대적인 고요를 이룬다―옮긴이)'이 되는 '지침서'가 있다. 처음 등장하는 두 섹션에서 현자 되는 법을 간략하게 소개한다. 학생들에게 '현재에 충실한para ta paron/epi tou parantos' 삶을 사는 조언을 제공한다. 몇몇 장chapter은(12~13, 22~25, 29, 46~52) '철학을 갈망epithymeis'하는 사람들을 대상으로 한다(§22). 영적 지도자에 권면(충고)적 소명이 부여되었다는 세네카의 주장에서 알 수 있듯《엥케이리디온》은 온갖 충고와 조언으로 가득 차 있다. 장의 제목도 주로 '~을 기억하라memnêso'(2, 3), '~을 생각하라epimimnêske seauton'(4)이다. 특히 제50장은 내면에 집중prosezeis하는 노력이 얼마나 시급한지 강조한다. 제33장은 중요한 삶의 원칙으로 시작된다. 그리고 이 원칙을 법과 관습nomos처럼 진지하게 실천하라고 조언한다. 말하기, 웃음, 옷차림, 성관계, 험담, 다른 사람과의 만남 등 일상적인 생활 규범 하나하나에 집중한다. 아마도 고대 철학에서 '영적 수련'을 규범에 결합한 최고의 예시라고 할 수 있다. 제47대 심플리치오Simplicius 교황은 소크라테스가 주장한 몸과 마음의 연결성에 대해 다음과 같이 언급했다.

*몸soma이 운동gymnazetai을 하고 건강해지는 동작을 자주 반복하면서 힘을 기르는 것처럼, 정신도 그 힘을 발휘하고 자연에 순응하는 단련을 실천함으로써 정신적으로 건강한 습관을 기르고 정신 건강의 체질을 강화할 수 있다(cf. 셀라스, 2014:129~31).* [12]

《엥케이리디온》의 각 장을 정확하게 구분하기에는 모호한 부분이 많다. 스토아학파에 따르면, 물리적 사물과 무엇을 욕망하거나 피할 것인가를 고려할 때, 지각이나 인식 중에서 하나를 선택해야 한다. 따라서 위에서 살펴본 에픽테토스의 조언 방식을 이해하려면 '논리적' 접근 방식이 필요하다. 타인에 대해 형성되는 윤리적 충동hormai 그리고 타인의 말과 행동에 적합한 반응을 결정할 때도 논리적 접근을 요구한다. "사람들을 심란하게 하는 것은 그 일 자체$_{ta\ pragmata}$가 아니라 그 일에 대한 믿음$_{dogmata}$이다"(§5). 따라서 욕망을 완전히 전환하거나 다른 사람을 윤리적으로 대하는 길은 의견을 논리적으로 전환함으로써 가능해진다. 에픽테토스의 가르침은 이 세 가지 주제를 모두 묶는 일종의 대원칙을 강력하게 표현한다. 존재하는 것들 가운데 우리가 통제하고 결정할 수 있는 즉 우리 손에 달린 것$_{eph'hēmin}$이 있다고 주장한다. 제1장의 도입부는 다음과 같다.

*세상에는 우리가 통제하고 결정할 수 있는 것도 있지만 그렇지 않은 것도 있다. 우리에게 달려 있는 것에는 믿음[hypolêpsis, 주제 3 '논리'], 충동[주제 2], 욕구나 혐오[주제 1 '물리학'], 한마디로 말해서 우리 자신이 행하는 모든 일이다. 반면 우리에게 달려 있지 않은 것에는 육체, 소유물, 평판, 지위, 한마디로 말해서 우리 자신이 행하지 않은 모든 일이다.*

이어서 에픽테토스는 플라톤의 《에우튀데모스》에 나오는 스토아학파의 '대가의 논변$_{master\ argument}$'을 자신만의 버전으로 풀어내어, 외적인 재화가 아닌 지혜나 자기 완성$_{self-mastery}$만이 행복을 보장함을 보여주고자 했다.

1. 행복하거나 평온한 평정의 상태는 갖지 못하거나 가질 수 없는 대상을 바라지 않고, 가지고 있거나 피할 수 없는 현실을 경멸하지 않는 모든 욕망이 충족된 상태다.
2. 그러나 정치 권력, 부, 심지어 신체적 건강을 포함한 외적인

재화는 결코 스스로 완전히 또는 영원히 통제할 수 없는 영역
이다.

3. 따라서 영원한 통제 불능의 영역을 행복에 필요조건으로 여
   기면 "살면서 여러 걸림돌을 마주하고, 한탄하며 불안해하고,
   신과 인간 모두를 비난하게 된다." "아마도 (권력과 부와 같은)
   이러한 요소를 손에 넣지 못할 수도 있다."

《엥케이리디온》의 도입부 말미에서는 아도가 주장한 스토아학파
의 '실천 논리'를 대표적으로 보여준다. 에픽테토스의 사상을 따른
다면 아침저녁으로 내면 성찰을 해야 한다(《대화록》 III, 16). 인생에
서 접하게 되는 모든 상황과 대상을 나에게 달려 있는지 없는지 즉
내 뜻대로 되는지 아닌지에 따라 구별함으로써 불필요하게 내적 피
로도를 가중할 필요가 없다. 에픽테토스는 "너는 애초부터 모든 가
혹한 인상에 대하여 '인상이니, 어쨌든지 간에 그럴듯하게 보이는
것이 전혀 아니다'라고 말하도록 힘써야만 한다"라며 다음과 같이
권고했다.

그런 다음 네가 가지고 있는 이러한 기준들을 토대로 그것을 음미하고 숙고해야
만 한다. 우선적으로 또 무엇보다도 이것에 의해, 즉 그것이 네 의지_eph'hêmin_에
달린 것인지, 의지대로 할 수 없는 것들에 관련되는지를 음미하고 숙고해야만
한다. 그래서 만일 그것이 본인의 의지 밖의 일이라면, 너와는 아무런 관련이 없
다는 점을 마음에 새겨두도록 하라.

제44장은 실용적인 논리의 예시를 제시하며 각자의 신념을 냉정하게 분석하고, 오랜 습관과 관습으로 당연시하게 된 다음과 같은 그릇된 추리에 눈을 뜨라고 충고한다. "나는 너보다 더 부자다. 그래서 나는 너보다 더 낫다." "나는 너보다 더 말을 잘한다. 그래서 나는 너보다 너 낫다." 이와 반대로 타당한 진술에는 "나는 너보다 더 부자다. 그래서 내 재산이 너의 재산보다 많다. 나는 너보다 더 말을 잘한다. 그래서 내 언변이 더 뛰어나다. 그러나 너는 '재산'도 '언변'과 같은 존재물이 아니다"(cf. §13, §32).

아도는 스토아학파의 실용 철학에서 가장 난해한 개념이 물리학의 '실천_veçu'이라고 주장했다. 욕망과 혐오를 절제하는 것과 물리적 사물 연구 사이에는 뚜렷한 연관성이 없어 보이기 때문이다. 스토아 철학의 핵심 사상은 이렇다. 우리가 일반적으로 욕망하는 대상이 자연계에서 일어나는 통제할 수 없는 '외부 상황'인데, 욕망의 눈으로 보면 이러한 대상에 환상의 아우라가 비친다는 것이다. 실제로 스토아학파는 우리가 무언가에 대해 지나치게 강한 욕망을 지니는 경우, 그 욕망은 실제로는 결코 행복을 보장하는 필요조건도, 충분조건도 되지 않는다고 주장한다. 욕망이나 두려움과 같은 감정의 긴박함은 외부의 어떤 사물이나 사건이 발생하거나 지속되어야 한다는 강박에서 비롯된다. 따라서 에픽테토스의 《엥케이리디온》에 나오는 실용 물리학의 핵심은 제8장의 유명한 첫 구절에 나타난다. "세상에서 일어나는 일들이 네가 바라는 대로 일어나기를 추구하지 말고, 오히려 일어나는 일들이 실제로 일어나는 대로 일어나기를 바라라. 그러면 너는 평온한 삶을 살게 될 것이다." [13] 우리가 통제할 수 있는 것과 통제할 수 없는 것을 구분하는 실천 논리의 기본 규칙을 반영하는 권고다. 그러나 실용 물리학을 실천하면 사물에 대해 우리가 바라는 방식이나 두려움과는 독립적으로 사물을 있는 그대로 볼 수 있는 내공이 쌓이게 된다. 따라서 《엥케이리디온》 제3장은 사물의 본질에 대해 생각하도록 다음을 제시한다.

*너의 영혼을 끌어당기는 것들이나, 유용한 것들이나, 소중한 것들 각각에 대하여, 사소한 것들로부터 시작해서 그것이 어떤 종류의 것인지를 숙고해야 한다는 점을 기억하라. 만일 네가 항아리를 좋아한다면 '나는 항아리를 좋아해'라고 말하라. 설령 그것이 깨진다고 해도, 너는 심란해하지 않을 것이기 때문이다.*

따라서 스토아적 응용 물리학의 목표는 외부 요소에 대해 그 유명한 '판단 유보hypexairēsis'의 내공을 키우는 것이다. 우리가 사랑하는 '모든 것'에 대해 적용할 수 있는 훈련이다. 그렇다고 (돈, 명성, 사회적 명성과 같은) 외부 요소를 회피하기만 하란 얘기가 아니다. 다만 욕망이 스멀스멀 올라오는 순간마다 욕망이란 우리의 완전한 소유와 통제를 벗어난다는 사실을 자각해야 하고, 이러한 상태를 유지하며 절제 있게 욕망을 추구하거나 회피해야 한다. "나는 내 친구가 나를 좋아해주길 바라지만 최종 판단은 그의 몫이고 나는 그의 판단을 존중한다"라고 생각한다. "어떤 쾌락의 인상에 사로잡혔을 때, 다른 인상들의 경우에서와 마찬가지로 그것에 의해 휩쓸리지 않도록 너 자신을 경계하라. 오히려 그 사안이 너를 기다리고 하고 또 너 자신에게 생각할 수 있는 여유를 주어라"(《엥케이리디온》 §34; cf. §20).

에픽테토스는 이기적인 두려움이나 욕망의 렌즈를 통해 사물을 바라보지 말라고 한다. 각 부분으로 이루어지는 전체 맥락에서 꾸준히 바라보는 법을 배우기 전에는 결코 지속적인 평정심을 얻을 수 없다고 한다. 같은 맥락에서 《엥케이리디온》의 여러 장에서 욕망의 대상의 덧없음을 강조하고 있다. "만일 네가 너의 아이들과 아내, 또 친구들이 전부 다 영원히 살기를 바란다면 너는 어리석다. 너에게 달려 있지 않은 것들이 너에게 달려 있게 되기를 바라는 것이고, 다른 사람에게 속하는 것들이 너에게 속하는 것이기를 바라는 것이기 때문이다"(§14).

욕망을 다스리는 법은 어렵기에 에픽테토스는 다음과 같이 조언한다(§12). "그러니 사소한 일부터 시작하라. 올리브기름이 엎질러지고, 포도주를 도둑맞았다면 이렇게 생각하라. 이것은 정념에서 벗어나 평정심을 얻기 위해 치러야 할 그만한 값이다. 값을 치르지 않고는 아무것도 얻을 수 없다"[5.2 참조]. 이처럼 감정에 관한 판단을 유보하라는 교훈은 언제 일어날지 모르는 사고와 반드시 일어날 자신의 죽음을 대비하는 스토아주의 처방과 같은 맥락이다. 제21장에서는 "죽음, 추방, 그 밖의 무시무시하게 보이는 다른 모든 것들을 날마다 네 눈앞에 놔두어야만 한다<sub>pro opthalmôn estô soi kath'êmeran</sub>. 특히 모든 것 중에서 죽음을." 제17장은 즉시 윤리적으로 사고를 전환하는 것이 중요함을 일깨우기 위해 인생을 연극에 비유한다. 인간은 인생이라는 무대 위의 배우에 불과하다. 극작가가 이 연극이 짧기를 바란다면, 맡은 역할을 최선을 다해 연기하면 되는 것이다.

세 번째 주제는 타인에 대한 윤리적 처신과 '의무<sub>kathêkonta</sub>'다. 이 주제에서는 에픽테토스가 추구하는 삶의 실천이 특히 잘 드러난다. 제22장과 제46장은 학생들에게 자칭 철학자처럼 행동하지 말고 침묵하라고 경고한다. 철학적 원리에 대한 논의가 일어날 때 "네가 소화하지 못한 것을 즉각적으로 토해낼 수 있는 큰 위험이 있기 때문이다. 자랑, 아첨, 험담은 모두 진리와 거리가 멀고, 다른 사람이 지닌 재산에 대한 시기심을 나타내므로 품위가 없어서 비난을 받을 뿐이다(§§ 25, 33, 46, 49). 제20장은 누군가로부터 모욕을 당한다고 생각할 때, 본인 머릿속의 생각이 화나게 하는 건 아닌지 구분해야 한다. 이렇게 외정 인상에 사로잡히지 않도록 노력하면 "손쉽게 너 자신의 주인이 될 수 있기 때문이다." 제5장에서는 사람을 심란하게 하는 것이 그 일 자체인지 아니면 그 일에 대한 본인의 믿음인지를 윤리적으로 구분하라고 한다. "어떤 사람이 너를 함부로 대하거나 험담할 때, 그러한 언행이 본인의 기준에서는 적합하다고 판단했기 때문이라는 점을 기억하라." 제44장에서는 그의 의견이 틀렸다면 잘못과 피해는 그의 몫이고 그가 옳다면 변화하려고 노력해야 한다고 주장한다. 제33장은 "만일 누군가가 너에게 이러저러한 사람이 너에 대해서 나쁘게 말한다고 전하면, 말한 것에 대해서 방어하지 말고 이렇게 말하라. '그는 내가 지닌 다른 단점은 제대로 알지 못한 것 같네. 그가 단지 이것만을 말하지는 않았을 테니까.'"

이와 같은 수련과 훈련의 내용은 에픽테토스의 가장 유명한 제자이자 철학자이자 황제였던 마르쿠스 아우렐리우스와의 담화에서도 다양하게 펼쳐진다.

### 3.5 마르쿠스 아우렐리우스의 《명상록Meditations, Ta Eis Heauton》

　프랑스의 인문주의자 에른스트 르낭Ernst Renan은 큰 주목을 받지 않던 마르쿠스 아우렐리우스의 《명상록》이 세상에 알려지게 된 것은 마치 그라누아 강변에서 스토아 사상을 담은 마법의 반지를 건진 신비로운 운명이라고 기술했다.

*에픽테토스 책을 능가할 놀라운 책이 발견됐다. 감정에 휩싸이지 않고 내려놓는 삶의 복음서이자, 현시대까지 쉽게 이해되지 못한 초자연적인 것을 믿지 않는 이들을 위한 삶의 지침서였다. 진정 영원한 복음서인 《명상록》은 특정 교리를 확증하지 않기에 시대를 불문하고 가르침을 준다. … 마르쿠스 아우렐리우스의 종교는 예수의 종교가 때때로 그랬던 것처럼 절대적인 종교, 즉 우주를 향한 높은 도덕적 양심이라는 단순한 사실에 기반한 종교다. 한 인종이나 국가의 것이 아니며, 어떤 혁명이나 진보, 발견에도 변화가 없다(아도, 《내면의 성채 The Inner Citadel》, 2001:307~8).*

　이 스토아 복음의 저자는 기원전 121년에 태어났다. 기원 161년부터 178년까지 로마제국의 황제를 역임했다. 기원전 161년 티베르 강의 범람과 기근, 161년과 178년 지진, 동부 지방의 끊임없는 전쟁, 173년 반란, 166년 최대 1,800만 명의 목숨을 앗아간 치명적인 전염병 등 그의 통치 기간에는 많은 문제가 있었다. 그럼에도 마르쿠스 아우렐리우스는 네르바-안토니누스 왕조Nerva-Antonine Emperors(네르바부터 콤모두스까지 총 7명의 로마 황제들로 이루어진다. 이들 중 실정을 거듭한 콤모두스를 제외한 네르바부터 마르쿠스 아우렐리우스까지의 다섯 명

의 황제를 다섯 명의 현명한 황제 즉 '오현제'라고도 한다—옮긴이) 오현제
의 마지막 황제로 묘사된다(카시우스 디오Cassius Dio, 71, 36, 3~4). [14]

마르쿠스는 열두 살 때부터 철학자의 망토를 입고 딱딱한 판자 위
에서 잠을 청하는 등 철학자가 되기로 다부진 결심했던 것으로 보인
다. 그의 10대 시절 철학을 가르쳐 준 스승에는 교사이자 정치인 퀸
투스 유니우스 루스티쿠스Quintius Junius Rusticus와 칼케돈 출신의 아폴
로니오스Apollonius가 있었다. 아폴로니오스는 스토아철학자이자 전
문 강사로서, 양부였던 안토니누스 피우스Antoninus Pius가 로마로 초빙
해서 마르쿠스를 가르치게 했다(《명상록》 I, 8). 146년에 마르쿠스가
수사학 스승인 프론토Front에게 보낸 편지는 그가 철학으로 개종했
음을 보여준다. 마르쿠스는 냉소적인 스토아철학자 아리스토Aristo의
글을 읽고 "나의 내면 성향ingenium이 세속적으로 가치가 높은 것에서
얼마나 멀어져 있는지 제자들에게 보여주면, 그들은 얼굴을 붉히며
자신에 대해 화를 낸다"라고 기술했다. [15]

이러한 '자기 성찰용 텍스트'가 결코 출판을 목적으로 한 것이 아
니라는 사실은 매우 중요하다. [16] 현대적 관점에서 볼 때 이 텍스트
의 문학적 형식(5)은 다소 혼란을 야기했다. 17세기 이후, 약 473개의
문단이나 장으로 구성된 책으로 출간되기도 했지만 각 16~75개의
장으로 구성된 12권의 책으로 출간되기도 했기 때문이다. 그러나 원
본에는 이렇게 번호로 구분되지 않았고 책 사이의 구분이 항상 표시
된 것도 아니었다(아도, 2001:28). 책 II권와 III권의 말미에서는 "지금
까지의 내용이 콰데족Quades의 땅 … 칸라툼에서 쓰였다"라는 글귀
가 등장했다. 이를 통해 본문에서 이 부분의 연대를 마르쿠스 생애

의 마지막 10년 동안 원정을 나가 병사했다는 사실을 알 수 있다. 한편 섹션 별로 길이도 다양하다. 짧은 격언으로만 구성된 부분도 있다. "우쭐함 없이 겸손하게 받고 주저없이 기꺼이 내어주라"(《명상록》 VIII, 33), "자비로움에는 적이 없다"(IX, 18), "최고의 복수는 너의 대적과 똑같이 하지 않는 것이다"(《명상록》 VI, 6). 문학적 표현이 아름다운 글도 많지만, 여러 페이지에 걸쳐 다소 인간미 없이 철학적 성찰만 담은 글도 있다. 기승전결이 있는 논증보다는 중언부언이 많기도 하다. [17] 다른 해설자들은 이 텍스트를 어떻게 이해해야 할지 난감해했지만 피에르 아도는 《내면의 성채》와 다른 저서에서 PWL을 명확하게 정의 내렸다. 세네카의 저서에 대해 아도의 아내가 내린 해석과도 유사한 부분이 많다. 마르쿠스가 감탄했던 에픽테토스의 《대화록》에서 에픽테토스는 학생들이 매일 스토아철학의 원리와 실천 내용을 글로 적도록 유도한다. "이 내용은 철학을 추구하는 사람들이 숙고해야 할 생각이고 매일 적어야 할 교훈이며, 실천하는 훈련을 해야 한다"(《대화록》 I, 1, 25). [18] 마르쿠스의 《명상록》에서는 에픽테토스가 영적 단련을 위해 글쓰기를 하라는 권고 내용에 대해 스토아철학의 '하이폼네마타hypomnêmata, 기억을 위한 수단)'도 그 의도가 같다고 기술했다(3). 미셸 푸코는 《주체의 해석학The Hermeneutics of the Subject》에서 이러한 종류의 고대 텍스트에 대해 분석했다.

'하이폼네마타'는 독서나 기억 훈련에 힘입어 말해진 바를 다시 상기할 수 있도록 하는 기억의 요약 메모를 의미한다. 교양 있는 대중이라면 인생 지침서와 같은 책으로 활용할 수 있다. 그 안에 인용문, 책에서 발췌한 내용, 목격하거나 읽은 사례, 행동, 들었거나 떠오른 반성이나 추론을 적기도 한다. … 또한 어떤 약점(분노, 시기, 험담, 아첨 등)에 맞서 싸우거나 어떤 어려운 상황(슬픔, 망명, 파멸, 수치)을 극복하기 위한 주장과 방법을 제시하는 보다 체계적인 텍스트를 작성하는 글감이 되기도 한다(푸코, 1983).

일즈트라오트 아도의 글(일즈트라오트 아도, 2014:116~17)에서 정의 내린 '하이폼네마타'는 핵심 철학 사상에 집중하고 이를 체화하도록 돕는 주요 글귀다. 고대 문헌에서는 그 글귀의 목적이 영혼을 '담금질baptizein'하는 것이라고 정의했다(《명상록》 V, 16; III, 4; 셀라스, 2014, 120~2; 참조). 세네카의 84번째 서한에서처럼 철학사상을 쉽게 '소화'하도록 하는 것도 목적이라고 묘사했다. [19] 마르쿠스는 꺼지지 않으려면 계속 돌봐야 하는 불씨에 비유했다.

네 안에는 우주의 원리들을 담고 있는 관념들이 있고, 그 관념들은 네게서 없어지지 않는데 어떻게 그 원리들이 죽어 없어질 수 있겠는가. 그러나 그 원리들이 늘 활활 타오르게 하는 것은 네 몫이다. "내게는 이런저런 일들에 대해 바른 판단을 내릴 수 있는 능력이 있다. 내게 그런 능력이 있는데, 내가 어쩔 줄 몰라 하며 고민할 이유가 어디에 있는가?"라는 점을 명심하라(《명상록》 VII, 2; cf. IV, 3, 1).

스토아 사상을 깊이 내면화하기 위해 '하이폼네마타'의 방법을 이용하는 스토아적 실천은 《분노에 대하여On Anger》에서 세네카가 하루의 일과를 마칠 때 수행해야 할 단련으로 묘사하는 스토아 사상의 '내면 성찰'(3)이다(《분노에 대하여》 III, 36).

세네카의 83번째 서한에서는 글쓰기가 내적 단련의 수단으로 효과적이라는 점을 강조한다. 여기서 루킬리우스가 "[그에게] 하루하루의 매일 일과가 어떻게 다른지, 하루를 어떻게 보내는지 설명해달라"는 요청에 세네카가 답을 한다. 에픽테토스의 《엥케이리디온》에서와 마찬가지로, 마르쿠스가 자기 자신을 2인칭 명령형으로 칭하며 스스로 훈계하는 모습이 자주 등장한다. "마르쿠스 너 자신이 이 일들을 얼마나 오랫동안 미뤄왔는지 기억하라memnêso"(II, 4), "무화과나무에서 무화과 열매가 나오는 것이 이치인데 다른 결과를 예상했다면 부끄러운 줄 알아라"(VIII, 15), "그러므로 본인이 지금 해야 할 일을 해야 한다Chrê men oun …"(III, 4, 2) [20] 같은 맥락에서 아도도 《명상록》의 교훈에 대해 다음과 같이 분석했다.

이 책 [명상록]이 여전히 우리에게 매력적이라면 그것은 우리가 이 책을 읽을 때 스토아학파가 아니라 … 자신을 비판하고 살피는 데 주저하지 않고, 자신을 권면하고 설득하는 일을 끊임없이 다시 시작하며, 살아가는 데 도움이 되고 잘 살 수 있는 말을 찾는 선의의 사람을 만난다는 인상을 받기 때문이다. … 세계 문학에서 우리는 안일함, 아이러니, 냉소 또는 괴로움으로 다른 사람들에게 도덕과 윤리를 가르치는 설교자나 쓴소리를 마다하지 않는 스승을 만나고자 하지만, 정작 제대로 된 인간처럼 살고 생각하도록 자신을 훈련하는 사람은 극히 드물다. … 노력은 반복을 통해 효과가 나타난다. … 동일한 주제와 목표를 중심으로 효과적인 다양한 방법으로 이런저런 노력을 꾸준히 반복해야 한다(아도, 2001:312~13).

아도는《명상록》의 많은 부분이 스토아철학의 핵심 교훈kephalaia을 속기로 축약해 적은 것이라고 주장한다. 따라서 정당한 추론이 생략된 한 줄 격언들이 눈에 띈다.

*쾌락과 고통은 진정한 선이나 악이 아니다(IV, 3, 6; XII, 8).*
*유일하게 부끄러운 것은 윤리적 실패뿐이다(II, 1, 3).*
*그들이 우리에게 가한 해악은 우리를 해할 수 없다(II, 1, 3; XII, 26; IV, 26, 3).*

다른 부분에서는《명상록》XII, 26과 같이 기억에 남을 만한 키워드만 이용하여 핵심 교훈을 빠르게 정리해놓기도 한다.

*네가 어떤 것에 대해 마음이 심란하다면 이 사실을 잊은 것이다. 모든 일이 우주의 본성에 따라 일어난다는 사실 말이다. … 누군가의 잘못된 행동이 너에게는 실질적으로 어떠한 영향도 끼치지 않을 수 있고 더 나아가 … 일어나는 모든 일은 항상 그렇게 일어났고 앞으로도 그렇게 일어날 것이며 지금 모든 곳에서 그렇게 일어날 것이다. … 사람과 전체 인류 사이의 동족 관계는 얼마나 가까운가, 혈육이 아닌 지성으로 이루어진 공동체이기 때문이다. 그리고 모든 사람은 신들과 똑같이 지성을 지니고 태어나고 지성은 신으로부터 받은 복된 유산이다. … 인간의 것은 아무것도 없지만 그의 아이와 육체와 영혼은 신에서 나왔다. … 모든 것은 생각하기 나름이다. 마지막으로 … 모든 사람은 다 똑같이 현재라는 순간만을 소유하고 있어서, 그가 누구든 오직 현재라는 순간만을 잃을 뿐이다 (Cf.《명상록》II.1; IV.3; VII.22.2; VIII.21.2; XI.18; XII.7; XII.8).*

세 번째 특징으로는 하나의 영적 단련 주제에 대해 마르쿠스가 상상력을 발휘하고 수사학적으로 표현을 달리하며 생생하게 표현하려는 의도를 볼 수 있다. 특히 일상에서 변화metabolē의 보편성과 항상성을 이해하고, 만물의 덧없음을 상기하는 데 실용 물리학의 원리를 인용한 것이 대표적이다. 《명상록》 IV, 32에서 마르쿠스는 자신의 시대와 베스파시아누스Vespasian 황제의 시대를 비교하며 그 시대의 모든 관심사와 주인공들이 이제 사라졌음을 예로 들고 있다.

예컨대 베스파시아누스 시대를 생각해보라. 너는 그때에도 다음과 같은 일들이 똑같이 일어났다는 것을 알게 될 것이다. 결혼해 자녀들을 양육하는 것, 병든 것, 죽는 것, 전쟁하는 것, 축제를 열어 즐기는 것, 장사하는 것, 농사짓는 것, 아부하는 것, 잘난체하는 것, 의심하는 것, 음모를 꾸미는 것, 미워하는 어떤 사람들이 죽게 해달라고 신에게 기원하는 것, 자신의 운명에 대해 불평불만을 늘어놓는 것, 사랑하는 것, 재물을 긁어모으는 것, 집정관이 되기를 탐하는 것, 왕이 되려고 하는 것. 그러나 지금은 그런 삶을 살았던 자들의 흔적은 다 사라지고 그 어디에도 남아 있지 않다(cf. 《명상록》 V, 32; VIII, 31; VI, 47; IV, 50; VI, 24; VII, 19, 2; VII, 48; VIII, 25; VIII, 37; IX, 30; XII, 27).

그럼에도 에픽테토스가 주장한 심신 수련의 주제 즉 물리학(욕망에 관한 학문), 논리학(사고에 관한 학문), 윤리학(충동에 관한 학문) 등은 《명상록》에서 아도의 표현처럼 유기적으로 연결되어 있다(cf. 《명상록》 VII, 54; IX, 6; IV, 33; VIII, 7; IX, 7). 그렇다고 마르쿠스가 심신의 수련에 대해 기존의 접근만 운운하진 않는다. 에픽테토스의 글에 나타나지 않거나 강조되지 않는 '욕망의 완화'를 실용 물리학 차원에서 설명한다. 아예 하루를 시작할 때부터 삶에 대한 '비관적인' 생각을 품으라고 한다(스티븐스, 2002:125~34). 예를 들어 마르쿠스는 자신의 욕망을 자극하는 사물이나 인간을 객관적이고 분석적으로 바라보라고 한다.

*너의 생각 속에 있는 모든 대상을 하나하나 다 정확히 정의poieisthai horon하고 서술해서, 모든 부수적인 곁가지를 다 제거gymnon했을 때 그 대상의 본질이 무엇인지를 알아야 하고, 그 대상을 전체적holon, 부분적으로 구별할 수 있어야 한다. 또한 그 대상의 고유한 명칭onoma과 그 대상을 구성하는 요소의 명칭과 그 대상이 해체되었을 때 변화된 요소의 명칭을 말할 수 있어야 한다(《명상록》 III, 11).*

《명상록》 VI, 13에서 잘 나타나 있듯, 거시적인 관점으로 우리를 사로잡는 것에 대해 한발 물러나 집착을 내려놓음으로써 비이성적인 욕망을 진정시키는 것이다.

*이런저런 맛있는 요리들을 보았을 때 이 요리는 물고기의 시체, 저 요리는 새나 돼지의 시체라고 생각하고, 팔레르누스 와인Falernian wine(라티움 지방과 캄파니아 지방의 경계에 있던 유명한 포도 산지—옮긴이)을 보면 포도송이의 즙일 뿐이라고 생각하며, 값비싼 자색 옷을 보았을 때에는 조개 피에 적신 양모일 뿐이라고 생각하고, 성관계에 대해서는 장기들의 마찰과 흥분에 의한 진액의 분출이라고 생각하는 것은 꽤 괜찮은 발상이다. 그런 발상은 사물이 주는 피상적인 인상을 꿰뚫고 들어가 그 핵심을 파악해서 그 사물의 진정한 모습 즉 본질을 볼 수 있게*

*한다. 너는 그렇게 하기를 평생 계속해서, 어떤 것들이 그럴듯해 보이면 그것을 적나라하게 벌거벗겨 그 누추함과 초라함을 드러내어, 그것이 사람들 가운데서 누려왔던 영광과 자랑을 벗겨내야 한다.*

반면 《명상록》에는 매혹적인 인상을 느낀 만물의 세부 내용에 '집중'하기보다는 아도가 주장한 대로 '위에서 바라보는 풍경'을 염두에 두며 '나무보다는 숲을 보라'고 주장한다. "고요한 바다든 폭풍우가 몰아치는 바다든 거침없이 항해하는 무수히 많은 배들, 이제 막 태어나려고 하는 것들과 태어난 것들과 죽는 것들 같은 세상만사를 높은 곳에서 조망하라"(《명상록》 IX, 30). 이 같은 정신 단련은 세네카의 글에 자주 등장하고 에픽테토스의 글에서도 가끔 등장하지만 마르쿠스는 이 훈련을 자신만의 방식으로 변주한다. 세네카의 《마르키아에게 보내는 위로》나 《자연의 의문들》에서는 단순히 공간적 차원에서 인간 관심사를 세부적인 주제에 집중하지만 마르쿠스는 거시적 관점을 고수한다. 앞서 살펴본 대로 인간의 사건을 거시적으로 바라볼 때 참신함이나 일관성이 떨어지는 것이 아니라, 오히려 새로운 시각으로 보지 못한 부분까지 보게 된다고 마르쿠스는 주장한다.

*만일 네가 갑자기 하늘 위로 올라가서 인간을 내려다보면서 그 다양함이 얼마나 방대한지 관찰하고, 하늘과 우주에 머무는 생명체의 수가 얼마나 많은지 한눈에 보게 된다고 가정해보라. 높은 지점에서 내려다봤을 때 같은 형상과 형태가 덧없이 짧은 출생과 죽음이 과연 하나의 통일된 질서를 이룬다는 점에서 자랑스럽게 느낄 수 있어야 한다*(《명상록》 XII, 27; VII, 48).

따라서 마르쿠스에게 스토아주의자로 산다는 것은 만물의 가치와 사람들이 중요시하는 세속적 가치에 대한 관념에 의문을 제기하는 것임을 분명히 알 수 있다(9). 그렇다고 특별한 관념을 다루는 건 아니다(아도, 1973; 2020c). 아도는 마르쿠스가 스토아 물리학의 네 가지 기본 범주 즉 물질, 형태나 원인, 지속 시간, 광활한 우주에서의 역할에 따라 사물을 정확히 나누는 것을 중시한다고 거듭 기술한다(《명상록》 II.4; III.11; IV.21; VIII.11; IX.25; IX.37; X.9; XII.10; Hadot, 1973, 155, n. 1). 스토아 실용 물리학의 목표는 '영혼의 위대함'megalopsychia, 세상 사람들이 중요하다고 여기는 것, 즉 돈의 많고 적음에 좌우되는 외적 요소와 상황을 아무렇지 않게 '경시'kataphronêsin(XI, 2)할 수 있는 역량을 기르는 것이다(XI, 2).

우리의 정신을 위대하게 하는 데megalophrosynê 가장 크게 기여하고 도움이 되는 것은, 우리가 삶 속에서 만나는 모든 것을 체계적이고 정직하게 살피는 능력이다. 우리는 그런 능력을 사용해서 우주의 본성이 무엇인지, 어떤 행동이나 일이 우주의 본성에 어떻게 기여하는지, 그것이 우주 전체와 인간에게 어떤 가치를 지니는지를 고찰해야 한다. … 그런 뒤에는 지금 내 생각 속에서 인상을 만들어내는 그것은 무엇이며, 어떤 요소로 구성되어 있고, 그 본성에 따라 얼마간 지속될 것이며, 그것은 온유함, 용기, 진실함, 성실함, 정직함, 소박함, 지족함 등과 같은 미덕 중에서 어떤 미덕을 요구하는지를 물어야 한다(《명상록》 III, 11).

마르쿠스가 지향하는 것은 제논이 스토아철학의 목표로 내세웠던 '자연과 일치하는' 삶의 '선한 흐름'이다(《위대한 철학자들의 생애》

VII, 88~9). 아도는 저서 《내면의 성채》에서 제목을 따온 《명상록》 제 4권의 유명한 부분(《명상록》 IV, 3) 즉 '자신의 내면으로 물러나 거기에 있는 것들을 보면 마음이 편안해진다'에서 인용했다(7). 지혜를 실천하는 '기술techné'은 '내면의 성채'를 건설하는 것 즉 재물과 그 덧없음으로부터 벗어나 평온의 안식처를 건설하는 것이다.

사람들은 시골이나 해변이나 산속에서 혼자 조용히 물러나 쉴 수 있는 곳 anachôreseis을 갖기를 원하고 너도 그런 곳을 무척 그리워하곤 한다. 그러나 그런 생각은 너무나 어리석다. 너는 원할 때마다 그 즉시 자신 속으로 물러나서 쉴 수 있기 때문이다. 사람이 모든 근심과 걱정에서 벗어나서 고요하고 평안하게 쉬기에는 자신의 정신보다 더 좋은 곳이 없다. 내면으로 물러나서 거기에 있는 것들을 보자마자 곧바로 더할 나위 없이 편안해질 수 있는 사람이라면 더더욱 그러하다. … 그러므로 이제부터는 자신이 이 작은 공간 속으로 물러나 쉴 생각을 하라. 무엇보다도 고민하지 말고 긴장하지 말라. 네가 자유인으로서 자신의 주인이 되어, 한 남자, 인간, 시민이자 죽을 수밖에 없는 존재로서 사물을 바라보라(《명상록》 IV, 3).

이제 스토아주의와 비교해서 플라톤주의자들이 생각하는 철학적 삶은 어떠한지 살펴보도록 하자.

# 4장

## 삶의 방식으로서의 플라톤주의

### 4.1 서론: 플라톤주의

'플라톤의 아카데미아The Platonic Academy'는 고대 그리스 철학자 플라톤이 건립한 고대 최초의 학교였다. 학교는 흔히 고대의 종언으로 거론되는 시기인 기원전 529년 유스티니아노스 황제에 의해 최종적으로 폐쇄될 때까지 다양한 형태로 살아남았다. 플라톤의 영향을 받은 남긴 문학, 교육 자료가 다양한 성격을 지니듯, 플라톤주의는 '단하나의 사상'으로 존재하지 않았다. 플라톤은 35편의 대화편과 14편의 서한을 저술했는데 그중에서 몇 편의 텍스트는 그 진위가 여전히 논란의 대상이다. 아이러니하게도 플라톤은 철학적인 삶을 살고자한다면 실천이 수반되지 않는 글 자체에는 큰 효용이 없다는 사실을 공공연히 강조했다. [1] 플라톤 대화편 중 다수는 '아포리아적aporetic' 성격을 지닌다. 즉 문제 해결을 위해 자신이 할 수 있는 것이 실상 아무것도 없다는 것을 깨닫는 경지를 추구한다. 대표적으로 《라케스Laches》, 《카르미데스Charmides》, 《뤼시스Lysis》, 《이온Ion》, 《에우튀프론Euthyphro》가 이에 해당된다. 소크라테스는 플라톤이 집필한 《카르미데스Charmides》의 절제나 《에우튀프론Euthyphro》의 경건함과 같은 덕목에 대해 다른 사람들의 견해에 변증법적으로 이의를 제기한다. 결국 그는 자신의 무지를 고백하는 것으로 논증을 마무리한다. 《국가론》이나 《법률론》과 같은 플라톤의 다른 대화편은 확실히 실용적인 면이 강하다. 단, 평론가들이 해석하는 의미는 엇갈리는 편이다.

따라서 플라톤이 죽은 후 여러 세대에 걸쳐 라이벌 관계인 제자들이 정식으로 출사표를 던진 것은 당연한 일일 것이다. 한편으로는 플라톤 이후 최초의 학자들을 비롯한 일부 플라톤주의자들은 회의주의에 기반하여 정교한 형이상학과 신학 체계를 발전시켰다. [2] 반면 아르케실라오스(기원전 315~240년) 이후에는 물리적 또는 형이상학적 지식의 가능성 자체에 의문을 제기하는 '학문적' 회의주의가 발전하게 되었다.

'아카데미아'에서 실시한 삶과 교육학에 관한 증거는 남은 게 거의 없다. 플라톤의 '강령적programmatic(어떻게 해야 하는가, 어떤 것이 옳은가를 지정하기 위한 행동 강령(프로그램)을 제안하는 정의—옮긴이)' 의도에 관한 논쟁은 서양철학이 존재하는 한 계속될 것이다. [3] 플라톤은 아카데미아의 교문에 수학 교육을 받지 않은 사람은 들어올 수 없다는 경고문구를 내걸었다는 얘기가 있다. 또한 중세의 7가지 교양 과목[5.3]의 커리큘럼이 《국가론》 제7권에서 이상적인 철학 교육에 대한 플라톤의 권고에서 발전한 것이고, 여기에는 중세 대학의 4과科, 산술·기하·천문·음악이 포함되어 있다는 사실도 잘 알려져 있다(일즈트라오트 아도, 2005). '구 아카데미아Old Academy 또는 스투스 엠피리쿠스의 용어로는 '제1 아카데미아'의 정확한 교과과정이 무엇이든, 신봉자들로부터 살아남은 플라톤 사상의 정의와 의도는 행복하게 잘사는 인생을 의미하는 '에우다이모니즘' 개념을 토대로 한다. 스페우시포스는 행복이 '자연적인 것의 완전한 상태'를 의미하며 이것이 '어떠한 방해도 받지 않는 자유aochlesia'와 같은 의미라고 파악했다. 한편 디오게네스 라에르티오스는 자신이 한때 쾌락의 노예였다고 인정하기도 했다(《위대한 철학자들의 생애》 IV, 1; 딜런Dillon, 1996:18). 그리스 철학자 크세노크라테스Xenocrates는 철학의 목표가 "삶의 모든 방해 요소를 제거하는 것"이라고 정의했고(딜런, 1996:33), 행복의 정의를 스토아주의를 반영하듯 '자연에 따른 삶'으로 삼았다(딜런, 1996; 33; 서스러드Thorsrud, 2009:38). 크세노크라테스의 감화를 받아 방탕한 생활을 버리고 철학으로 전향한 것으로 유명한 폴레몬Polemon도 철학의 윤리주의적 소명을 강조했다.

*폴레몬은 실제 사실로 훈련해야지, 음악의 기술적 사항은 소화했지만 실제로 연습은 안 해본 사람처럼 변증론적 이론 속에서 훈련해서는 안 된다고 주장했다. 이런 사람은 질문하는 부분에서는 찬탄을 받지만, 삶의 자세에서는 자기 자신과 싸우게 된다는 것이다(《위대한 철학자들의 생애》 IV, 18; cf. Dillon, 1996:40~1).*

앞으로 살펴보겠지만 철학의 목적telos을, 행복한 삶을 추구하는 '에우다이모니즘'(7)에 있다는 생각은 '아카데메이아'가 폐쇄될 때까지 아르케실라오스Arkesilaos(고대 그리스의 철학자이자 중기 아카데메이아의 설립자로, 형이상학을 멀리하며 확실한 지식의 존재 가능성을 부정했다—옮긴이)의 제자들이 추구한 '회의주의'와 플라톤의 '형이상학'을 결합하는 데 일조했다.

## 4.2 삶의 방식으로서의 회의주의

회의적인 아카데메이아 학자들이 "처음에는 플라톤 학파의 사상, 나아가 스페우시포스Speusippus부터 폴레몬에 이르는 철학자들의 사상을 옹호기까지 학파가 채택한 입장을 옹호했다"라고 전해진다(《인덱스 아카데미카Index Academica》 18권, 서스러드, 2009:39). 그럼에도 아르케실라오스는 플라톤의 형이상학적 주장의 인식론적 신빙성에 의문을 제기했다. 그는 플라톤의 대화편에서 "어떤 것도 단언할 수 없고 많은 주제가 찬반양론으로 논의되며 모든 것을 탐구하지만, 확실한 결론이 도출될 수 없으니 말입니다"라고 말한다(키케로,《아카데미아 학파》 I, 46). 키케로의《아카데미아 학파》에 따르면 아르케실라오스는 소크라테스의 '무지에 지'에 대한 고백, 다시 말해 자신이 조금도 지혜롭지 않다는 것을 알고 있다는 회의적인 고백에 뜻을 같이했다. 인간의 정신과 감각에는 한계가 있다는 점, 인생은 덧없이 짧다는 성찰을 통한 깨달음이었다.

*이러한 이유로 인해 [아르케실라오스는] 그 누구도 결코 무언가를 공언해서도 단언해서도 동의하여 승인해서도 안 되고, 거짓이거나 인식되지 않은 것들에 동의할 때 특징적인 경솔함을 항상 억제해서 절대 실수하지 않도록 막아야 하고, 동의와 승인이 인식과 파악에 앞서 나가는 것보다 더 수치스러운 일은 없다고 여겼다(《아카데미아 학파》 I, 45; cf.《위대한 철학자들의 생애》 IV, 28, 32).*

피론주의에서는 지혜를 향한 지름길이 판단유보를 뜻하는 '에포케'라고 했는데, 최초로 이 개념을 제안한 철학자가 바로 아르케실라오스다. 그는 세상만사가 돌아가는 방식에 대해 뭐든 확실하게 단정하는 일을 거부하며 섣부른 판단을 비판했다.[4] 우리는 이미 스토아주의에서 분노와 같은 정념을 가라앉히는 수단으로 타인의 행동의 옳고 그름에 대해 섣부른 판단을 금하는 내용을 다루었다. 아르케실라오스의 회의주의에서도 우리의 모든 신념 심지어 가장 명백하게 불변하는 것조차 결국 불확실하므로 섣불리 동의하지 않아야 한다고 주장한다(IV, 32; 서스러드, 2009:44~5). 따라서 아르케실라오스는 참된 것에서 유래한 어떤 인상도 같은 방식으로 거짓된 것으로부터는 유래할 수 없다는 사실을 보여주기 위해 논의에 힘을 쏟았다. 또한 자신의 사상과 다른 사상에 반론을 제기하며 입장을 정당화하고자 했다(키케로, 《아카데미아 학파》 II, 77; cf. 《연설가에 대하여》 III, 67; 서스러드, 2009:45~7).

기원전 1세기 아이네시데무스Aenesidemus가 '피론의 회의주의'를 주창하자 아르케실라오스의 회의주의적 성향이 급진적으로 변모했다. 회의주의의 창시자인 '엘리스Elis'의 피론(기원전 365~270년경)이 어떠한 삶을 살았는지에 대해서는 단편적인 내용만 알려져 있다. 그중에서도 피론이 알렉산더 대왕과 함께 떠난 인도 원정에서 인도의 나체 고행자들gymnosophist(짐노소피스트)과 대화를 나누며 동양철학에서 말하는 개인의 해탈 즉 '아포리아적 지혜'의 개념에 큰 영감을 받고 자신들의 사상에 결합했다는 내용이 있다(백위스Beckwith, 2015). 그러나 동양철학의 영향이 얼마나 크건 간에, 피론은 본래 철학이란 무엇보다도 어떻게 살 것인가에 관한 고민이라고 생각했고 그의 급진적 회의주의가 이러한 맥락에서 발전했다는 점은 잘 알려져 있다(8). 피론의 제자 티몬Timon은 이렇게 말했다. "진정한 행복을 추구하는 사람은 세 가지에 주목한다. 첫째, 만물은 본질적으로 어떠한 존재인가? 둘째, 우리는 어떠한 마음으로 만물을 대해야 하는가? 마지막으로 그러한 마음이 도가 지나칠 때 어떠한 결과가 나타날 것인가?"(아리스토클레스, 서스러드, 2009:19) 한편, 피론은 회의주의자들이 '독단주의자'라고 칭한 경쟁학파의 철학사상과 자신의 사상이 크게 다름을 다음과 같이 설명했다.

*그리스의 회의주의자 피론의 제자인 티몬은 스승의 말을 다음과 같이 전한다. 사물은 똑같이 무구별적이고 불안정하며 미결정적이다adiaphora kai astathmêta kai anepikrita. 이러한 이유로, 우리의 지각도 믿음도 참이나 거짓을 말하지 못한다. 그렇다면 우리는 지각과 믿음을 신뢰하지 말아야 하며, 의견도 경향도 동요도 없이 있어야 한다. 각 사물이 어떠한 만큼이나 어떠하지 않다거나, 어떠한 동시에 어떠하지 않다거나, 아니면 어떠하지도 않고 어떠하지 않지도 않다고 말하면서 말이다ou mallon estin ê ouk estin ê kai esti kai ouk estin ê oute estin oute ouk estin(아리스토클레스, 서스러드 논문, 2009:19).*

피론주의에 관한 총체적인 설명은 섹스투스 엠피리쿠스의 《피론주의 개요》에서 잘 나타나 있다. 이 저서는 르네상스 시대에 몽테뉴를 통해 재발견되어 초기 근대 철학이 뿌리를 내리는 데 지대한 영향을 끼친 작품이다[6.3]. "피론주의란 어떤 방식으로든 보에는 것들과 사유되는 것들을 대립시키는 능력dynamis"이라고 섹스투스는 말한다. "서로 대립되는 사태들이나 진술들이 힘에서 평형equipollence을 이루므로, 우리는 이러한 능력으로 인해 우선 판단유보$_{epôché}$에 이르며 그 뒤 마음이 평안에 이르게 된다"(섹스투스, 《피론주의 개요》 I, 8).

이 정의에서 몇 가지가 눈에 띈다. 첫째, 스토아학파[3.1]는 '적합한 기술$_{technê}$'이 아니라 일상에서의 실천과 움직임의 힘을 의미하는 '가능태$_{dynamis}$('잠재태'라고도 함)'다. 이때 삶의 기술 즉 '테크닉'은 체계적인 지식 체계를 의미하지만 '가능태'에는 체계적인 지식이 필요 없다. 둘째, '같은 힘을 가진 것들의 갈등'을 뜻하는 '이소스테니아$_{isosthenia}$'라는 개념이 중시된다. 모든 언명에는 그에 대치되는 등가의 언명이 있는데, 피론주의에서는 판단유보를 유도하기 위해 대치되는 개념을 찾는다. 바로 이점이 헬레니즘 시대의 독단적인 학파들이 주장하는 '판단에 대한 비판'과 차별화됨을 알 수 있다. '이소스테니아'에서 중시하는 것은 두 신념의 진실 또는 거짓에 대한 동등한 설득력 또는 '확률'에 대한 확신이다(섹스투스, 《피론주의 개요》 I, 33).

셋째, 무엇보다도 피론주의자들은 에피쿠로스 철학자들이 철학의 목표를 설명하기 위해 사용했던 용어인 '아타락시아'를 채택했다. 피론은 처음에는 여러 가지 독단적인 삶의 철학을 시험해 봄으로써 평정을 추구했던 것 같다. 그러다가 여러 시행착오 끝에 '피론주의'에 정착했을 것이다.

*화가 아펠레스*$_{Apelles}$*(알렉산드로스 대왕의 궁정 화가—옮긴이)에 관한 일화가 피론주의자에게도 적용된다. 사람들은 말하길, 아펠레스는 말 그림을 그리면서 입가에 묻은 거품을 그림 속에 묘사하고자 했으나 그의 노력은 성공적이지 못했다고 한다. 그래서 결국 그는 포기한 나머지, 붓에 묻은 물감을 닦아내는 스펀지를 집*

어 들고 그림을 향해 던져버렸다. 그런데 스펀지가 그림에 닿았을 때 거품 모양이 그려졌다. 이와 마찬가지로 피론주의자도 보이는 것들과 생각되는 것들의 불규칙성을 해소함으로써 마음의 평안을 얻고자 했으나, 이런 목적을 이룰 수 없었으므로 판단을 유보했다. 그런데 피론주의자가 판단을 유보했을 때, 마치 물체에 그림자가 따르듯 예기치 않게_hoion tuchikôs_ 마음의 평안은 피론주의자에게 생겨났다(섹스투스 엠피리쿠스 《피론주의 개요》 I, 28~9).

행복한 삶에 대한 섹스투스의 설명은 스토아주의와 에피쿠로스주의가 추구하는 방향을 다시 한번 급진화한다. 쉽게 말해 '정념_pathê_'이 생겨나면 평정을 잃고 상황과 사물에 대해 잘못된 평가와 판단을 내리게 되고, 이러한 생각을 바로잡는 것이 철학의 치료적 효능이라고 판단했다. 다만 피론주의에서는 꼬리에 꼬리를 무는 회의론적 질문에도 명쾌하고 완벽한 답이 없으므로 평가적 판단은 존재하지 않는다고 주장한다. 사실 우리의 정신적 고통은 이런저런 정념과 판단에서 비롯되는데 그 이유는 다음과 같다.

어떤 사물이 본성적으로 좋거나 나쁘다고 믿는 사람은 늘 불안해한다. 즉 그가 좋다고 여기는 것들이 그의 곁에 있지 않을 때, 그는 본성적으로 나쁜 것들로 인해서 자신이 고통받는다고 생각하며 그가 판단하기에 좋은 것들을 추구한다. 하지만 그가 원하는 것들을 획득했을 경우 그는 더욱 큰 고통에 직면하게 된다. 비이성적이고 정도를 넘어서 과도하게 의기양양하기 때문이다(섹스투스, 《피론주의 개요》 I, 27~28).

스토아학파와 에피쿠로스학파에서와 마찬가지로, 피론주의자들은 "모든 논증에는 그에 대해 같은 비중으로 대립하는 진술이 존재한다"라는 핵심 격언을 간직하며 살았다(섹스투스, 《피론주의 개요》 I, 10, 209). 마음에 동요 없이 판단을 유보하는 상태에서 어떤 것도 거부하지도 받아들이지도 않는 상태를 추구하기 때문이었다. 인간이 항구적으로 정해놓은 판단 기준(3)에 따라 한정된 어휘와 단어를 이용하여 대화를 이어간다. 이에 회의론자는 "이것은 정사각형이다"라고 단정적으로 주장하지 않고 "이것은 정사각형이 아닌 것보다 더 정사각형이 아니다", "아마도 이것은 정사각형일 것이다", "어쩌면", "꽤 그럴싸하게도", "아마도 … 이것은 정사각형이 아닐 것이다", "내가 감히 단정할 수 없는 것은 …" 등과 같은 표현을 주로 한다(섹스투스, 《피론주의 개요》 I, §§19~22). 실제로 회의주의의 실천에 결정적인 역할을 하는 것은 '논변 형식tropoi, 트로포이)'으로 알려진 논증 유형이다. 회의주의를 실천하는 삶을 살기 위해(2, 3) 학생들이 즉시 구사할 수 있는 역량을 키워야 한다고 주장한다. 연설자가 연설문을 작성할 때 외울 수 있는 그럴듯한 논증 형식인 수사학적 '주제topics'와 마찬가지로, 이러한 회의주의적 논변 형식은 회의론자가 단호하고 긍정적인 주장을 하는 사람을 만났을 때를 비롯하여 거의 모든 경우에 사용할 수 있다. 섹스투스는 아이네시데모스가 주장한 회의주의 논증 방식 '10가지'를 다음과 같이 소개했다.

1. 동물은 모두 구조와 감각이 다르기에 받아들이는 능력도 다르다. 따라서 우리가 인식하는 것이 (가장) 정확하다고 확신할

수 없다.

2. 인간 개개인에게도 이 같은 차이가 분명히 존재한다. 각자 다른 본성, 사고, 정신으로 세상을 인식하는 것과 같은 논리다.

3. 같은 사람이라도 감각을 통해 인지한 정보가 때때로 자기 모순적이기 때문에 의심스러울 수 있다.

4. 우리가 지각하는 것은 겉보기에 같더라도 시간이 지남에 따라 달라진다. 예를 들어 꿈을 꾸고 있는지 깨어 있는지 등의 마음 상태에 따라 달라질 수 있다.

5. 우리가 감각을 통해 받아들이는 정보는 위치 관계에 따라 달라지는 원근법에 달려 있다(예를 들어, 태양은 육안으로 볼 때 작은 공처럼 보인다).

6. 물체에 대한 경험은 공기, 빛, 습기 등의 매체를 통해 간접적이고, 따라서 불확실하다.

7. 물체는 색상, 온도, 크기와 움직임이 끊임없이 변화하는 상태이므로 물체에 대한 우리의 인상은 불확실할 수밖에 없다.

8. 우리가 인식하는 모든 것은 현상과 사유에 따라 상대적이므로 이들과 상호 작용함으로써 인식하는 바가 불확실해진다.

9. 우리가 대상에 대해 갖게 되는 인상은 반복, 습관과 관습을 통해 분별력이 떨어지는 경향이 있다.

10. 마지막으로 모든 사람은 서로 다른 법과 사회적 조건에서 서로 다른 신념을 가지고 자랐기 때문에 각각의 관점이 불확실하다(즉, 문화적 상대주의). (섹스투스,《피론주의 개요》, 1, 35~163, 《이론가들에 반대하여Against Theoreticians》 7.345;《위대한 철학자들

의 생애》IX, 79~88; 필론Philo,《술 취함에 대하여On Drunkenness》, 35~162).

이 회의적인 논증 방식에 대해 아그리파(기원전 1세기)는 다섯 가지 논변 형식을 도출했다. 판단유보를 뜻하는 '에포케epôchê(고대 그리스어로 '정지, 중지, 보류'라는 뜻으로, 현상학에서는 어떤 현상이나 사물에 대해 다 안다고 생각하지 않고 판단을 보류하거나 중지한다는 의미—옮긴이)'를 유도하여 마음의 평정 즉 '아타락시아ataraxia'를 누린다는 취지를 갖고 있다.

1. 철학적 의견과 믿음의 '상이성diaphônia'에 기반한 논변 형식. 가장 학식이 높은 철학자들도 상이하거나 반대되는 견해를 지닌다.
2. 무한 소급infinite regress, eis apeiron ekballonta의 논변 형식. 무언가를 설명하기 위해 제시된 모든 이유에는 신빙성을 높이기 위한 또 다른 이유가 필요하며 그 밖에도 무한히 많은 이유가 있다.
3. 상대성pros ti의 논변 형식. 이 논증은 판단하는 대상과 그와 더불어 관찰되는 것들에는 상대적인 특성이 있다(아이네시데모스가 주장한 회의주의 논증 방식 '10가지' 논리와 유사하다).
4. 독단주의자가 진리 입증을 위해 설정한 제1 원리는 증명할 수 없다anapodeiktôs는 논변 형식. 무언가를 증명하는 모든 입장은 원리나 신념에 근거해야 하는데 그마저도 정당화할 수 없다.
5. 순환ton diallêlon의 논변 형식. 증명과 증명에 대한 기준 가운데

어느 것이 우선하는지 확증pistis할 수 없기에 판단을 유보해야 하는 상황이 반복된다(섹스투스,《피론주의 개요》I, 163~167).

피론주의는 이 책을 관통하는 주제인 PWL 개념에 대해 양가적인 입장이다. 한편에서는 그 자체로 다른 학파가 달성하지 못한 것으로 알려진 마음의 평정 즉 '아타락시아'에 도달하는 데 자신들만의 방식을 제시하며 철학적 삶의 형태를 표방한다. 그러나 또 다른 차원에서는 감각과 정신으로 마주하는 삶의 수수께끼로 고민하는 이들을 위한 철학적 치료법이다. 모든 이들이 느끼는 정념을 어떻게 다스릴 것인지에 관한 일반적인 철학 사조와는 대조적이다(섹스투스,《피론주의 개요》I, 12~13). 피론주의는 인간이 지혜를 품고 살아가는 가능성 자체에 대해 회의적이게 만든다. 그들이 생각하는 지혜를 실천하는 삶을 살려면 철학적 훈련이 반드시 선행되어야 하는데, 지혜란 얼마나 '안정적인 인상katalapetikê impression'을 갖고 사물을 대하는지에 따라 생겨날 수도, 전혀 없을 수도 있다고 믿는다(cf. 루치안,《헤르모티모스Hermotimus》). 마지막으로 가장 일상적이고 기능적인 신념에 대한 피론주의자의 의심은 너무 급진적이어서 실제 삶을 헤쳐나가지 못하는 '아프락시아apraxia'에 도달하거나, 피론주의자들이 사회에서 어떠한 법규를 토대로 살아가는지에 대한 '역설적인 순응주의paradoxical conformism'를 안고 살아가게 된다. 단, 피론주의자는 사회에서 요구하는 기준과 관습을 믿지 않는다. 이들은 과거의 포스트모더니스트들이 그러했듯 건설적인 대안을 제시하지 못한다(섹스투스,《피론주의 개요》I, 23~24).

### 4.3 키케로: 수사학자이자 영혼의 의사로서의 철학자

마르쿠스 툴리우스 키케로Marcus Tullius Cicero(106~43 BCE)는 아르케
실라오스 이후 발전한 '아카데메이아 회의주의Academic scepticism(진리
그 자체의 존재를 의심하지는 않는다는 차원에서 피론주의자의 원칙과 다
르다. 피론주의자들이 완전한 평온에 도달하는 것이 목적이지만 아카데메
이아 학파는 그들의 의심으로 인한 실천적 문제에 관해서는 피론주의자보
다는 덜 압도된 것으로 보인다—옮긴이)'에 관한 두 권의 책(《아카데미아
학파》I & II)을 집필했다. 키케로는 '개연적 회의주의'를 적극적으로
옹호했다. 이는 신-아카데미 학파의 창시자인 카르네아데스Carneades
가 주창한, 이론과 실천에서 균형을 맞추고자 시도한 회의주의의 한
형태다. 카르네아데스는 기원전 155년 로마에 와서 '자연적 정의natu-
ral justice'의 명분에 대한 찬반론을 능숙하게 주장하여 로마 원로원에
파문을 일으킨 아카데메이아 회의론자다. 키케로는 피론주의자들에
게 다음과 같이 말했다. "대체 무엇이 경솔함보다 더 보기 흉한 것
이겠으며, 잘못된 생각을 고수하거나, 확실하게 지각되어 알게 되지
않은 것을 조금도 주저함 없이 방어하는 것만큼이나 철학의 진중함
과 확고함에 안 어울리는 일이 또 무엇이겠습니까?"(《예언에 관하여》
I, 1) 그러나 로마의 대표적인 정치가·변호사·웅변가로 알려진 키케
로에게 피론주의는 "어떻게 행동해야 하는가?" 또는 "어떠한 삶을
살아야 하는가?"와 같은 규범적 질문에 제대로 답하거나 생산적인
추론하기 어렵게 한다. "우리 아카데메이아 학자들은 불확실성 속에
서 방황하며 어떤 원칙을 채택해야 할지 모르는 사람이 아니다"라
하며 키케로는 《의무론De Officiis》(II, 7~8)에서 설명한다.

*사실상 토론뿐만 아니라 생활하는 데 규범이 없다면 정신 활동 아니 오히려 어떠한 생활을 하게 될까? 우리에게는 이 부분이 해당하지 않는다. 그러나 다른 학파 사람들이 어떤 것은 확실하고 어떤 것은 불확실하다고 말하는 것과 마찬가지로, 우리는 이들과는 달리 다만 어떤 것은 가능하고 어떤 것은 불가능하다고 말하고 있는 것뿐이다. 그러므로 내가 나에게 가능해 보이는 것을 추구하지 못하도록 하고, 반대로 불가능하게 보이는 것을 거절하지 못하게 하는 것은 무엇인가? 또 의견을 개진할 때 내가 오만함과 독단을 꺼리면서 지혜와 가장 동떨어져 있는 무모한 주장을 회피하려고 하는데도 방해하는 것은 도대체 무엇인가?*

키케로의 정확한 철학적 의도를 둘러싼 논쟁은 계속되고 있다. 그의 《최고선악론De Finibus》은 스토아철학에 대한 설명이 가장 긴 책이다(마르쿠스 포르키우스 카토Marcus Porcius Cato Uticensis 즉 '소小 카토'의 말이다). 그의 《스토아철학의 역설Stoic Paradoxes》은 자신이 생각하는 스토아철학의 여러 역설을 로마 독자에게 매력적인 모습으로 제시한다. 키케로가 아들에게 보내는 편지인 《의무론》은 파나이티우스 Panaetius의 스토아주의에 크게 의존해 집필한 작품이다. 그리고《투스쿨룸 대화》의 많은 부분, 특히 제3~4권의 정념에 대한 설명은 철저하게 스토아주의로 해석될 수 있다. 그러나 키케로는 때때로 아리스토텔레스의 '소요학파Peripatetic school'에 대해 찬사를 보내며 소요학파가 웅변가를 물심양면으로 지원하는 제도를 높이 평가했다(시겔 l, 1968:24~5). 윌리엄 H. F. 알트만William H. F. Altman(2016c)은 최근 키케로의 형이상학적 플라톤주의의 사례를 제시했다. 《국가론De Republica》 VI권의 '스키피오의 꿈The Dream of Scipio'과 《투스쿨룸 대화Tusculan Disputations》I(11~31)권의 영혼 불멸성에 대한 증명이 대표적이다. 키케로의 철학 사상에 대해서는 절충주의자라는 평가가 지배적이다. 단 그의 절충주의 자체는 그가 아카데메이아 회의주의라는 측면에서 정당화된다는 단서가 필요하다.

*그러므로 우리는 철학에서 우리에게만 허용된 자유를 사용하고자 합니다. 우리의 논의는 무엇도 단정하지 않고 모든 면에서 열려 있기에, 누구의 권위에도 얽매이지 않고 그 자체로 남들의 평가를 받을 수 있습니다(《투스쿨룸 대화》 V, 29; cf. IV, 4).*

키케로는 정치철학 저서 두 권(모두 기원전 53~52년경에 집필한《국가론》과《법률론》)과 함께 율리우스 카이사르의 쿠데타 이후 그의 생애 마지막 3년 동안 12권의 철학 담론서를 저술했다. 형이상학에서 실천 윤리학에 이르기까지 다양한 주제를 다룬 이 담론서들은 수사학에 관한 여러 텍스트와 함께, 철학이란 인간 탐구와 신에 대한 탐구[3.1 참조]를 아우른다는 키케로의 믿음을 반영한다(《의무론》. I, 43). PWL의 맥락에서 유실된 두 대화문 텍스트를 주목할 만하다. 첫 번째《호르텐시우스Hortensius》는 철학이 진지한 인간에게 쓸모없다는 혐의에 대해 철학을 옹호하는 항변적 텍스트다(루치Ruch, 1958). 두 번째 《위안에 관하여》는 키케로가 기원전 45년 딸 툴리아Tullia를 출산 중에 잃은 뒤 스스로를 위로하기 위해 쓴 책이다(발투센Baltussen, 2013).

키케로가 남긴 대화문 텍스트의 서문은 철학이 삶의 방식이나 정신의 치료법이라는 고전적 개념을 입증하는, 여러 현존하는 진술의 근간이 된다(6)(Ruch, 1958; Baraz, 2012 참조). 루크레티우스와 함께 라틴어로 철학을 저술한 최초의 로마 작가이자 로마 시대 유명한 정치가로 활동한 키케로는 철학에 대한 자신의 관심을 정당화하고, 정치색이 강한 로마인들이 왜 철학에도 관심을 기울여야 하는지 보여줄 필요성을 설파해야 하는지 절실하게 느꼈다. 키케로는 로마공화정이 몰락하자 정치가였던 그에게 철학 저술 활동을 하며 철학적 사유에 필요한 여유가 생겨났다고 여러 차례 이야기했다. 실제로 철학서를 집필함으로써 생계 활동, 사교 활동, 정치적 활동과 같은 '활동적 삶vita activa'을 이어갈 수 있었다.

*어떻게 하면 되도록 많은 사람에게 이익을 줄 수 있을까, 그리고 그럼으로써 내가 국가에 봉사하기를 중단하지 않을 수 있을까를 오랫동안 많이 숙고하고 탐색해본 결과, 가장 수준 높은 학문의 길을 나의 동료 시민들에게 제시하는 것보다 더 나은 일은 떠오르지 않았다. 한데 나는 그 일을 벌써 여러 권의 책으로 수행했다고 스스로 믿는다(《예언에 관하여》 2; cf. 세네카, 《여가에 관하여》, 3~4).*

따라서 키케로 철학에는 철학자로서 사색하고 고민하는 관조의 즐거움이 녹아 있기도 하지만, 각자에게 주어진 공적 의무를 반드시 수행해야 하는 책임이 강조되고 있다(8).

*다시 본론으로 돌아와, 내가 제1의 덕이라고 말한 지혜란 신들의 일과 인간사에 관한 지식으로, 여기에는 신과 인간의 공동체적 유대 관계와 사회 자체 내에서의 인간과 인간의 지식도 포함된다. 만약 지혜가 모든 덕 가운데 가장 중요하다*

면 … [그러나] … 참으로 사유와 명상은 그 결과로서 어떤 실제 행동이 뒤따라나오지 않는다면 자연 상태인 인간 본성 면에서 다소 결함이 있고 불완전하다. … 그렇다면 만약 인간의 이익을 지키는 데 집중하고 인류 사회를 유지하기 위한 요체인 덕[정의]이 지식의 추구를 수반하지 않는다면, 그 지식은 사변적이고 유의미한 결과를 도출하지 못할 것이다(《의무론》. I, 43~44).

키케로는 무법천지 로마에서 철학의 정당성에 대해 비방하는 자들에 대적하기 위해 '실천주의적' 목표를 반복해서 강조한다(6). 철학은 도덕적으로 나태하고 방만한 삶을 살게 하는 것이 아니라 철학을 실천하는 선량한 시민에게 필요한 덕목을 심어준다. 5 실제로 철학은 변화무쌍하고 우여곡절 많은 삶에 윤리적, 치료적 조언을 제공할 수 있다. 《투스쿨룸 대화》 V권의 서문에서 철학을 다음과 같은 키워드에 비유한다. 철학은 법의 근거("그대는 도시를 낳았고 흩어져 살던 인간들을 공동체로 불러 모았고")이자 입법의 핵심("그대는 법의 발견자였고 도덕과 학문의 교사였다")이고, 삶의 안식처("그대에게 피신하여 도움을 청하며")다. "삶의 평온을 우리에게 선사했고 죽음의 공포를 없애준 그대 말고 누구의 도움을 받겠는가?"라며 '삶의 가르침'을 제시한 것에 감사함을 표한다(《투스쿨룸 대화》 V, 2). 그러나 《투스쿨룸 대화》 III권의 서문에서는 서양 문화유산에서 철학이야말로 가장 영향력 높은 영혼의 치료술medicina animi 중 하나라고 한다(6).

브루투스여, 그 이유를 무엇이라 생각해야 할까? 우리가 육체와 영혼으로 이루어졌다고 할 때 육체를 치료하고 돌보기 위해 기술이 요구되고 그 기술의 유용성이 불멸의 신들이 발명한 것이라며 신성시되기까지 하는데, 반면 영혼의 치료술은 그것이 발명되기까지는 그만큼 원하는 사람들이 많지 않았다. … 참으로 영혼의 치료제는 있고 그것은 철학인데, 육체적 질병의 경우처럼 밖에서 도움을 찾을 것이 아니라 온 힘을 다하여 우리 스스로가 우리를 치료할 수 있도록 힘써야 할 것이다《투스쿨룸 대화》I, 1; I, 3).

키케로는《투스쿨룸 대화》의 서론에서 철학이 마음을 치유할 수 있다는 내용을 강조한다. 철학을 단순히 정치적이고 수사학적인 대화에 활용하는 것과는 대조적이다(7). 세네카의《루킬리우스에게 보내는 도덕 서한Letters to Lucilius》이후《투스쿨룸 대화》는 그리스·로마 전통에서 가장 긴 철학적 치료에 관한 내용을 다룬다. 다섯 개의 대화는 죽음에 대한 두려움(1권), 고통(2권), 감정(3권), 슬픔(4권)을 주제로 다루고 마지막 대화에서는 현자의 덕목(5권)에 대해 살펴본다. 3권과 4권은 스토아학파의 네 가지 정념(슬픔, 기쁨, 두려움, 희망)에 대한 이론을 확장하여 다루고 있는데, 흔히 착각하는 내용 즉 '행복해지기 위해서는 현재 또는 미래에 물질적인 것을 소유 또는 기피해야 한다'를 다루며 문제점을 지적한다[3.2](그레이버Graver, 2007:10~12, 30~46). [6]

"[정신적 고통의] 모든 원인은 자신 내면의 … 의견에 있다"라는 명제에 대해 키케로는 소크라테스, 스토아학파, 에피쿠로스학파, 회의론자들과 동의한다(6). 예를 들어 영혼의 격정grief은 "악에 대한 우리의 판단에 달려 있고 우리의 의지에 달려 있다"라는 것이다《투스쿨룸 대화》III, 31). 스토아학파와 마찬가지로 키케로도 철학의 치료적 효능은 사람들이 갖고 있는 잘못된 가치관을 뒤집을 수 있는 능력에 있다고 본다. 《투스쿨룸 대화》를 구성하는 대화문은 키케로가 독자와 자신을 위해 실천할 수 있는 영적 수련(3)의 형태를 띤다. 그는 딸 툴리아가 사망함으로써 삶의 보람을 거의 상실하기도 했고, 공화정의 몰락을 지켜보며 안타까움을 금치 못했기 때문이기도 했다(발투센Baltussen, 2009; 알트만(미스무), 2016c:4~5장).

이때 키케로가 슬픔을 어떻게 위로하는지를 눈여겨볼 필요가 있다. 《투스쿨룸 대화》는 정념을 완화하는 다양한 방법을 어떻게 절충하여 활용하는지를 제시한다.[7] 가족을 잃은 유족에게 해악을 겪은 것이 아니라는 확신을 심어주고 비슷한 고통을 슬기롭게 겪은 다른 사람들의 사례를 떠올리라는 단호한 스토아학파의 제안부터, 계속 슬퍼만 하면 죽은 사람, 산 사람 모두에게 도움이 되지 않는다는 세네카의 주장(《투스쿨룸 대화》 III, 32~3)에 이르기까지 다양한 방법이 등장한다. 단, 키케로는 의사나 수사학자에게 내담자의 고통에 민감하게 반응할 것을 권한다. 또한 사랑하는 사람에 대한 슬픔을 극복하는 데 가장 방해가 되는 것은 고인을 위해 슬퍼하는 것이 예의일 것 같다는 강박이라는 등 스토아학파가 제안한 몇 가지 위로 명제는 이론적으로는 타당하지만, 오히려 상처를 후벼팔 수 있을 것이다(《투스쿨룸 대화》 III, 33). 키케로에게 정신치료사 즉 '철학적 의사'는 환자의 사례에 맞게 치료적 논증을 달리하라고 주장한다. 또한 사람들이 감정에 사로잡힌 채 '병적인' 의견이 얼마나 깊이 뿌리박혀 있는지 주장하며, 단순하게 논증적 치료를 행하는 것에 크게 난색을 보이기도 했다. 이처럼 애도가 우울증으로 변하는 것을 막으려면 일상에서 실천할 수 있는 훈련(3)이 필요하다. 키케로는 자신의 내적 고통을 반영한 것으로 추정되는 구절을 다음과 같이 적었다.

*여기서 당연히 아주 분명하게 강조해야 할 점은, 세월에 의해 상심이 사라진다는 것이 분명할 때 이 힘은 시간이 아니라 오랜 시간의 생각에 있다는 점입니다. 만약 사건이 같고 사람이 같고, 고통을 가져오는 무엇도 바뀌지 않고 고통을 느끼는 사람이 바뀌지 않았다면, 고통 중에 어떤 것이 어떻게 변경될 수 있습니까? … 따라서 실제로는 아무런 악도 없다는 오랜 시간의 생각이 고통을 치료하는 것이지, 시간의 경과 자체가 아닙니다(《투스쿨룸 대화》 III, 20).*

PWL의 역사에서 키케로가 중요한 입지를 구축한 데는 여러 가지 이유가 있다. 우선 영혼의 치료술medicina animi, medicine of soul로서의 철학을 주창하고, 《투스쿨룸 대화》, 《노년에 관하여》 그리고 그의 유실된 저서 《위안에 관하여Consolatio ad se》에서 영혼 치료술에 대해 각종 사례를 언급하며 다양한 방법을 소개하기도 했다. 뿐만 아니라 르네상스 시대[6.1, 6.2]에 그는 철학자이자 수사학자로서 끊임없이 영향력을 떨치며 사상을 설파했다. 따라서 그가 영혼 치료술에 얼마나 진심이었고 적극적으로 전파했는지를 재조명할 필요가 있다.

이와 관련된 키케로의 주요 저서로 《웅변가에 관하여De Oratore》를 꼽을 수 있다. 이 책에서 키케로는 두 가지를 보여주고자 한다. 첫째, 완전한 철학자는 수사학의 대가라는 것, 둘째, 뛰어난 웅변가는 반드시 철학자여야 한다는 것이다. 키케로는 인류 공동체의 최초 창시자들이 현명하고 웅변력이 뛰어난 비범한 사람들이었다는 일종의 사변적 역사관을 제시하며 대칭성을 강조한다. 그는 처음에 키케로는 이렇게 주장한다. "고대인들은 … 도덕, 삶의 의무, 미덕 또는 공공업무에 적용되는 모든 지식과 과학에 두루두루 능했다." [8] 일례로 사업으로 큰돈을 거머쥔 탈레스만 제외하고 일곱 명의 현인은 모두 정치가였다(《투스쿨룸 대화》III, 34). 그런데 오늘날의 상황은 어떤가? 철학을 연구하는 사람들은 수사학 특히 정치인들의 정치적 주장에 혀끝을 차고, 정치인들은 철학을 곱지 않은 시선으로 바라본다. 분명 바람직한 상황도 아니지만 꼭 이래야 할 필요는 없다. 철학은 공직 윤리와 거리가 멀어졌고 철학적 논증 방식은 그 어느 때보다 난해해진 동시에 종파주의를 낳기도 했다(《연설가에 대하여》III, 66). 철학에 기반하지 않은 '속 빈 강정' 같은 수사학은 도덕적으로 꼼수를 부리는 것으로 간주되고 있다. 심지어 플라톤주의에 비추어 정당화 논리를 펼치고 있다. 간단히 말해, 웅변이나 연설을 하지 않는 철학은 "국가에 거의 도움이 되지 않는 한편", "지혜가 없는 웅변은 장난스럽기 그지없고 국가에 전혀 도움이 안 된다"라는 주장이다(《착상에 관하여On Invention》I, 1; cf.《연설가에 대하여》III, 61). [9]

철학이 개인이나 공동체의 삶을 변화시킬 수 있는 동력으로서 본래의 고귀한 소명을 회복하려면 대중을 향한 '웅변술'과 결합해야 할 것이다. "철학자들이 방구석에서 그 같은 주제를 심심풀이로 논의하는 사실을 인정하는 데 인색한 것은 아니지만, 그들이 무미건조하고 생기 없는 언론으로 논의하는 똑같은 사항을 온갖 좋은 기분과 중후함을 가지고 밝힐 수 있는 것은 변론가 말고 달리 없다"(《연설가에 대하여》I, 12). 키케로는 철학이 소크라테스가 그러했듯 거리와 시장으로 다가가야 한다면 무엇보다도 철학적 치료의 주요 대상인 '정념'에 감흥을 줄 수 있는 웅변의 힘이 결정적인 역할을 할 수 있다고 생각했다. 그는 《연설가에 대하여》(I, 12)에서 "변론가의 최대 능력은 본디 모습이 사람들 마음을 성나게, 미워하게, 의분으로 치닫게, 또는 반대로 격한 감정을 온화한 감정이나 연민의 감정으로 되돌리는 데 있다"라고 설명한다.

철학과 웅변술을 결합해야 한다는 키케로의 주장은 수많은 청중을 움직일 수 있는 능력이 중요했던 공화당 정치를 높게 평가한 그의 가치관에서 비롯되었다. 키케로가 연설가로서 자신의 특별한 능력(꼭 들어맞고, 명료하고, 잘 꾸며진 단어들을 구사하고, 생생한 예시를 드는)이 치료적·윤리적 목적을 지닌다고 한 주장에 주목할 필요가 있다(《의무론》. I, 2). 정념을 움직이는 것은 철학적 웅변술에서 비롯된다는 키케로의 생각은 이탈리아 인문주의 철학에 또한 밑거름이 되었다[6.1].

## 4.4 플로티노스의 신비주의 철학

신플라톤주의자 플로티노스(기원전 204~70년)와 키케로가 살았던 시대는 백여 년의 차이가 있기도 하지만, 두 사람의 사상은 극명한 대조를 보였다. 키케로 사상은 절충주의, 시민주의, 신비주의로 설명할 수 있지만, 플로티노스 사상에는 아이러니 없이 완전한 형이상학 체계System가 존재한다. 이 체계에 따르면 물질세계 자체는 파생적으로만 실재하고 살아 있는 세계일 뿐이다. 키케로가 중시한 정치적 영역은 더욱이 형이상학 체계와는 거리가 멀다. 인간의 영혼human soul은 초물질적이고 불멸하는 '영혼soul'이라는 더 큰 질서의 일부다. 이 영혼보다 앞서 있고 높은 단계인 것이 바로 '지성Intellect, Nous'이다. 이 단계에는 플라톤의 '형상Form' 또는 '이데아Idea'가 존재한다. 시간이 지나도 영원불변하고 끊임없는 사유를 통해 도달한 '가지적可知的(intelligible)인 상태다. 이데아의 세계가 '순도 100퍼센트'라고 한다면 우리가 보는 현실은 그것의 불완전한 모방이다. 이데아계 안에는 각종을 대표하는 이데아들이 서열을 이루고 있으며 이데아들을 결합하고 조정하는 이데아는 바로 '일자一者(세상의 근원이자 가장 아름답고 충만한 원천)' 즉 궁극의 선善의 세계로 간주한다. 플로티노스가 때때로 신이라고 부르는 존재이기도 하다. '일자' 밑으로는 순서에 따라 여러 불완전한 존재자들이 출현하는데, 마지막 단계는 '물질'이다. 세상 만물이 신에게서 흘러나온다는 '유출流出(emanation, aporrhoia)론에 따라 일자 ＼지성＼영혼＼육체＼물질 순으로 하강하고 일자로부터 멀어진다.

그럼에도 피에르 아도는 플로티노스의 형이상학 체계가 스승 암모니우스 삭카스Ammonius Saccas로부터 배운 '중기 플라톤주의Middle Platonism(플라톤 철학의 연속이었지만 고전적 플라톤주의를 순수이론보다는 종교성이 주요 구성요소인 포괄적 범세계주 사상체계로 변형시킨 것이었다. 여기서 제시된 이데아의 세계는 단순한 관념의 세계만이 아니라 신성으로부터 나온 영적(정신적) 세계를 의미했다—옮긴이)'의 영향을 크게 받았는데, 실생활에서 '어떻게 하면 철학을 생활화할 것인지'에 대한 관심에서 완전히 동떨어졌다는 주장은 사실에 어긋난 것이라고 주장했다. 플로티노스의 제자 포르피리오스에 따르면 플로티노스는 평생 절제를 실천하고 정념을 멀리하며 신에게 기도하는 '아토피아atopia('유별나다'라는 뜻의 그리스어로, '자리가 없는' 즉 어느 곳에도 속하지 않는다는 뜻이다—옮긴이)적 방식으로 살았다(9, 10). 평생 플라톤과 소크라테스의 생일에 기도와 제사를 올리고 그와 그의 제자들은 고기를 먹지 않았다. 교육에 대한 신념으로 강의를 쉬지 않고 (놀랍게도) 부유한 로마인들이 찾아와 개인 과외를 요청하면 기꺼이 들어주었다. 제자들에게 심신의 건강을 강조했지만 정작 본인은 잠도 거의 자지 않고 몸을 제대로 돌보지 못했다고 한다(포르피리오스,《플로티노스의 생애》1~2, 7~10). 포르피리오스의 《플로티노스의 생애Life of Plotinus》에서는 "동시대 철학자 플로티노스는 자신이 육체를 가지고 있다는 것을 혐오한 철학자였다"라며 다음과 같이 기술했다.

그는 신상에 관해 조상도, 부모도, 태어난 장소도 밝히지 않았다. 화가나 조각가 앞에 앉기를 꺼리는 모습을 보였고, 아멜리우스가 초상화 제작을 허락해달라고 계속 촉구하자 '자연이 우리를 둘러싸고 있는 이 이미지를 마음속에 품는 것만으로는 충분하지 않습니까? 후손들에게 우리가 원하는 광경의 이미지를 남기는 데 동의해야 한다고 진정 생각하나요?'(포르피리오스,《플로티노스의 생애》1)

아도는 《플로티노스 또는 비전의 단순성Plotinus, or the Simplicity of Vision》(1998)에서 플라톤주의 형이상학을 실생활에 적용하는 것과는 거리가 먼, 단순한 머리로 이해하는 '지적 단련'으로만 받아들여서는 안 된다고 주장한다. [10] 포르피리오스는 스승 플로티노스의 사상을 집대성한 논문집 《엔네아데스Enneads》에서 윤리나 절제의 보편적 원리(1권의 주제)에서 시작해서, 만물과 만법이 본래의 자리로 돌아가는 의지와 실천을 강조하는 '일자'로의 회귀(6권의 주제)를 소개한다. 한편 플로티노스가 남긴 유일한 자전적 구절도 등장한다. 이 글귀에서 그는 철학적 삶의 정점으로 여겼던 '통합적unitive(그는 지성이 영원한 것을 파악하는 '통합적' 지식으로 간주했다—옮긴이)' 경험 또는 '신비적mystical(합일 체험에 수반되는 직관적인 통찰에 기초해 궁극적 실재와 현상 세계의 관계, 궁극적 실재와 인간 본성과의 관계, 수행법과 체험의 관계 등에 '신비 사상'이 관여한다고 간주했다—옮긴이)' 경험에 대해 정확히 묘사하고 있다. 플로티노스는 "통합적·신비적 경험을 여러 번 체험했다"라며 다음과 같이 언급했다.

육체에서 벗어나 진정한 나 자신이 되고, 나를 둘러싼 모든 것은 외적 요소에 불과하고 나는 나에만 집중한다. 내면을 들여다보는 나는 놀라운 아름다움을 마주한다. 그러면 그 어느 때보다도 고매한 질서가 자리잡힌 공동체가 어떠한 공동체인지 확신하게 된다. 그 안에서 가장 고귀한 삶을 실천함으로써 신성 속에서 나만의 정체성을 획득하며, 그 활동에 도달한다. 내면의 신성으로부터 나오는 '초월자'의 능력과 의지로 인해 '지성'이 새롭게 변한다(《엔네아데스》 IV.8.1.1~11).

아도에 따르면, 이러한 관점에서 플로티노스가 설명한 신플라톤주의 형이상학의 각 단계는 '내적 삶의 수준'에 따라 달라진다.

이 틀 안에서 플로티노스가 설명하는 경험은 영적 세계에서 만물을 창조하고 관장하는 '신적 지성divine intelligence'의 수준까지 영혼을 끌어올리는 실천으로 구성

*되어 있다. 영원히 존재하는 '이데아' 즉 우리 인식 속에서 이루어지는 개념화에 불과하며, 그저 이름만이 존재하는 이미지를 상상하는 경험이다.《엔네아데스》는 모든 것을 초월하는 영혼이 만물의 원리에서 스스로 교정할 수 있는 능력을 지닌다는 사실을 알려준다. … 이 모든 전통적인 용어를 등장시키는 이유는 내적 경험을 표현하기 위함이다(아도, 1998:26~7; cf. 체이스, 1998:2~3).* **[11]**

플로티노스가 신체를 제대로 돌보지 않은 점, 플라톤주의를 일상에서 생활화한 점(3, 7)은 현대 독자들이 이질적이고 충격적으로 받아들일 수 있을 것이다. 플로티노스에 따르면 진정한 현자는(《엔네아데스》에는 현자의 덕목과 품성에 대한 설명이 자세히 실려 있다(10)) "본능에 충실한 육체의 기운을 과감히 무너트리거나 버린다. 육체의 주도권을 내려놓는다"(《엔네아데스》 I, 4, 14). 플로티노스는 플라톤의 《법률Laws》의 내용을 강조하며, 세속적인 관점에서 보면 철학을 모르는 사람들의 삶(9)은 연극배우들의 익살스러운 무대 연기만큼 가벼워 보인다. "살인, 온갖 종류의 죽음, 도시의 축소와 약탈 사태, 이 모든 현상은 … 연극의 장면 전환만큼 강렬한 인상을 남긴다. 모든 상황은 주어진 줄거리에 따른 기승전결이고, 무대에 오르는 배우처럼 의상을 입고 벗고, 슬픔과 애도를 연기하는 것 그 이상도 이하도 아니다"(《엔네아데스》 II, 2, 15).

그럼에도 플로티노스는 스승 플라톤과 마찬가지로 육체와 정념을 중시하는 물질세계에서도 아름다움과 질서를 발견할 수 있다는 사실에 고무되었다. 플로티노스가 물질을 악이라고 가르치는 영지주의gnostics(헬레니즘 문화에서 동서양의 철학과 종교 사상이 조화되어 나타난 이원론적 사상운동. 영지주의의 골자는 신의 피조물인 영혼이 악마의 창조물인 물질(육체)에 갇혀 고통받고 있으므로 구원에 대한 영적인 앎 gnosis('지식'을 뜻하는 고대 그리스어)을 통해 탈출해야 한다는 것이다—옮긴이)를 공격하는 이유는 첫째, 현세에서 '현실 세계를 제대로 바라보는 법'을 모르기 때문이다. 현세를 못 본다는 것은 '영적 세계도 명확하게 볼 수 없음'을 의미한다는 주장이다(《엔네아데스》 II, 9, 16). 플로티노스는 고대 그리스 시기에 활동했던 전설적인 시인 호메로스Homer(현존하는 고대 그리스어로 쓰인 가장 오래된 서사시 《일리아스》와 《오디세이아》 그 밖에 여러 서사시의 저자로 유명하다—옮긴이)이 책에 등장하는 린케우스Lynceus(그리스 신화에 나오는 아이깁토스의 아들이다. 아이깁토스는 여러 여인과 관계를 맺어 50명의 아들을 두었는데, 린케우스는 그 가운데 장남이라고도 한다—옮긴이)처럼 눈에 보이지 않는 '초자연적인 질서Higher Order'의 흔적을 사소한 것에서 발견할 수 있는 철학적 시각을 기르는 것이 필요하다고 주장한다.

*가장 위대한 작품들뿐만 아니라 … 심지어 신적인 섭리의 관점에서 쓸모없다고 여겨질 소소한 것들 속에서도 놀라운 예술성을 발견해보라. 식물의 세계에서도 마찬가지다. 과일과 심지어 잎의 우아함, 화려함, 섬세함, 절묘한 꽃의 다양성 그리고 이 모든 것이 한 번만 생겼다가 사라지는 것이 아니라 항상 새롭게 만들어진다(《엔네아데스》 III, 2, 13).* [12]

플로티노스에게 이처럼 아름다움을 경험하는 것은 인격 형성에 중요하고 심오하다. 그것은 우리의 평범한 현실 감각을 흔들어 '경외심에 사로잡힌 공포와 놀라움'과 '고통의 후유증을 낳는' 쾌락을 직시하게 하기 때문이다(《엔네아데스》 IV, 5, 12, 33~35). 그러나 중기 플라톤주의자들과 마찬가지로 플로티노스에게도 '초자연적 질서' 는, 우리가 일생에서 경이로운 경험을 함으로써 물질적이고 세속적 인 것은 그 기쁨이 오래 지속되지 못하고 만족을 주는 속성마저 변 질된다는 사실을 깨닫게 한다. "물질적 형상들은 그 안에 빛을 포함 하지만 그 본연의 빛이 드러나기 위해서는 여전히 그들에게서 떨어 져 있는 빛이 필요하다"(《엔네아데스》 VI, 7, 21). 또한 이러한 초자연 적이고 비물질적인 '빛'(플로티노스의 반복되는 은유 중 하나(7))을 영 혼의 눈으로 볼 수 있어야 한다. "영혼이 현세의 아름다움이 사라짐 을 볼 때 그 위에 반짝이던 빛이 초자연적 질서에서 나온 것임을 알 게 된다"(《엔네아데스》 V, 7, 31, 28).

무엇보다도 플라톤의 《향연》에서처럼, 플로티노스의 아름다움에 대한 경험은 '에로스Eros(플라톤에 따르면 이 개념은 절대선을 영원히 소 유하려는 차원 높은 충동적 생명력이다—옮긴이)'를 불러일으킨다. 가장 기본적인 수준인 성적 결합에 대한 욕망에서부터 모든 것의 원인을 알고자 하는 철학적 욕망까지를 포괄하는 '에로스'를 뜻한다. 경험 의 근간이 되는 '이데아'의 질서를 감지한 영혼은 이 아름다움의 근 원과 하나로 이어지고 싶은 갈망에 흔들리게 된다(《엔네아데스》 VI, 7, 22). 플로티노스는 인간 영혼에는 항상 "우리 자신보다 더 많은 존 재"가 현세를 뛰어넘는 초월적 존재로 남아 있다고 주장한다. 철학 의 임무는 이 초월적 차원을 다시 일깨우는 것이다.

*다른 사람들의 의견을 거스르더라도 스스로가 볼 때 사실이라고 생각되는 것을 감히 말할 필요가 있다면, 우리의 영혼조차도 그 전부가 하강한 것은 아니며, 그 중 일부는 '지성적 실재Intellectual Realm' 안에 영구히 남아 있다는 것이다. 그러나 만약 감각 [세계] 안에 있는 부분이 지배한다면, 아니 오히려 지배되고 혼란 속에 있다면 영혼이 성찰하는 바를 인식하지 못하게 된다*(《엔네아데스》 IV, 8, 8).

'영혼' 위의 단계에는 변하지 않는 '지성' 그리고 지식과 진리의 원인으로서 인간의 앎을 가능하게 하는 플라톤적 '이데아'의 세계가 있다. 플로티노스는 사물의 종류마다 하나의 이데아가 설정되어 있지만 동시에 이데아들의 총체라는 큰 개념을 차지하는 일부이다. 따라서 인간의 이데아는 그 안에 생명성을 포함하며, 또한 합리성, 물질성 등을 아우른다. 이데아의 총체는 철학적 변증법으로 식별할 수 있는 이성적 관계에 따라 구조화되어 있다(cf.《엔네아데스》 VI, 7, 10; V, 8, 4, 36~37). 이러한 맥락에서 플로티노스는 상호 연결된 질서가 얼마나 신비롭고 아름다운지 강조한다. 우리가 현세에서 경험하는 아름다운 모든 것은 이 같은 초자연적이고 형이상학적 질서에 비하면 빙산의 일각일 것이다.

*설령 육체적으로 아름다운 것들을 본다고 해도 가까이하지 말고, 오히려 그런 아름다운 것들이 [정신적인 아름다움의] 모상이자 환영이요, 그림자에 불과하다는 사실을 깨달아야 한다. … 환영을 보고 그것을 취하고자 달려드는 것같이, 아름답게 복사된 것을 참된 것으로 여기고 그것을 취하고자 달려든다면 결국 영영 보이지 않는 깊은 물속 아래로 가라앉아 버리는 꼴이 될 것이다. 그리고 그곳 아*

*래서 오랫동안 그림자 속에 갇혀 지내게 될 것이다(《엔네아데스》 III, 8, 11, 26~33; cf. V, 8, 10, 26~30).*

그러나 이러한 경외감조차도 신플라톤주의에서 말하는 만물이 신으로 복귀하는 상승ascent(신으로부터 세계가 출원하는 하강descent의 과정은 신플라톤주의의 통찰에 따라 정신계, 생명계, 물질계의 순으로 이루어지지만, 만물이 신으로 복귀하는 상승 과정은 그 역으로 진행된다—옮긴이)의 과정을 나타내지는 않는다. [13] 이데아의 초자연적 질서 자체는 이전의 통일적인 원리인 '일자' 또는 '선'에서 비롯되었고 이를 반영한다. 따라서 영혼의 '에로스' 여정에서 마지막 종착역은 이데아를 구별하고 정의하는 담론적이고 변증법적인 사유 방식을 초월하는 단계다. 추론적 사고Dianoia 심지어 지성Nous을 이용한다면 이데아의 단계까지만 겨우 도달한다. 가장 높은 수준의 통합적unitive 경험은 플로티노스가 설명하는 '사랑의 질서order of love(사랑의 대상에 대한 우선순위—옮긴이)'에서 어떠한 대상을 어느 위치에 놓는지에 좌우된다.

*일단 영혼이 선으로부터 '범람outflow'해 오는 물결을 마주하면 격한 파동이 생긴다. 세속적 정념에 사로잡혀 충동이 꼬리에 꼬리를 문다. 이렇게 사랑이 태어난다. … 그런데 신성한 빛이 그 안에 들어올 때, 영혼은 힘을 얻고 깨어나 진정한 날개를 펴고 가까운 주변에서 아무리 재촉을 받더라도 다른 곳으로, 영혼이 기억하기에 더 큰 무언가를 향해 빠르게 부양해 나아간다. 가까운 것보다 더 높고 고귀한 것이 존재하는 한, 그 사랑을 주는 절대적 존재가 그 영혼을 위로 들어 올리면 자연스럽게 영혼도 그 사랑을 품고 위로 올라가게 된다. 이때 지성Nous*

너머로 지나가지만 선Good을 넘어서는 지나갈 수 없다. 선 위에는 아무것도 없기 때문이다(《엔네아데스》 VI, 7, 22).

통합적 경험에 대한 플로티노스의 텍스트는 언어의 한계를 뛰어넘고 있다. 사랑과 욕망의 언어도 등장하지만 취함, 영감, 광기, 비행, 빛, 절정에 다다르는 의식epopteia에 대한 은유도 나타난다(6). 플로티노스는 '일자'를 통합적으로 경험하는 과정에서 인식하는 자와 인식 대상, 보는 자와 보는 대상 그리고 의식과 그 대상이 결합한다고 설명한다. 이러한 결합은 인간 스스로 노력해서는 달성할 수 없다. 절정에 다다르려면 '신비로운 우연의 일치'나 '행운'이 있어야 한다.

갑자기 순수한 하나의 빛이 솟아오른다. 우리는 그 빛이 외부에서 왔는지 내부에서 왔는지 알 길이 없다. 그런데 그것은 어느 곳에서도 오지 않았다. … 여기서 우리는 그간 학습한 어쭙잖은 모든 지식을 내려놓는다. 빛을 바라보면서 지상에서 얻은 온갖 지식을 간직하고 있다가 초월적 아름다움을 지닌 이 빛 앞에서 갑자기 백지상태가 된다. 빛의 깊은 곳에서 솟구치는 지성의 물결에 휩쓸려 영문도 모른 채 고양된 상태에서 환상을 보게 된다. 환상은 빛으로 눈을 가득 채우지만 그것은 다른 어떤 대상을 보여주는 빛이 아니라 빛 자체가 환상이 된다(《엔네아데스》 V, 5, 7, 33~36).

플로티노스의 신비주의적 여정의 정점에서 《엔네아데스》는 뚜렷한 종교적 비전이 아니면서도 '삶의 방식으로서의 철학' 즉 PWL의 패러다임을 최대한 확장했다. [14] 플라톤은 담론적 추론이자 반성적 사유를 뜻하는 '디아노이아Dianoia'가 이데아를 지적 관점으로 대하는 '시각'을 토대로 하는 초감각적 진리의 인식 즉 '노에시스Noesis'와 다르다는 점을 분명히 했다. 아리스토텔레스는 《니코마코스 윤리학》 10권에서 궁극적인 행복인 '관조theoria'야말로 인간이 누릴 수 있는 최고의 삶이라는 유명한 문구를 기록했다.

《향연》에서는 철학자 디오티마Diotima가 플라톤의 사랑에 대한 이론을 설명하는 장면이 등장한다. 사랑하는 주체와 대상은 사랑의 사다리ladder(사랑하는 자의 내적인 동기와 열정, 즐거움을 부각하고 몸에서 영혼, 행위와 제도, 지식과 학문 그리고 이데아로 이어지는 학습경험의 확장과 상승을 보다 실제적이고 경험적으로 표현―옮긴이)에 머물며 '초월적 아름다움Transcendent Beauty'의 세계를 갈망한다. 그러나 이 글에서 사다리의 각 층은 "과학, 교육, 국가 조직을 생산하는 여러 생각과 행동"을 자유자재로 하는 '능동적인 힘'을 상징한다(아도, 1998:56). 마찬가지로 플라톤의 《국가론》 제7권에서 선善을 본 철학자들은 동굴 속으로 '다시 내려가야만' 하는 상황에 놓인다. 이와는 대조적으로 플라톤이 동경하는 '일자'의 경지에서 '에로스'는 일자에 도달하기 위한 충분한 목적 그 자체이다. 플라톤 철학에서는 관조적인 삶이 최선이자 최고이다. "[진리를 구하는 자가] 정치적 활동을 피해갈 수 없다면, 그것을 초월하는 경지에 올라가서 관조하라. 경험이 많을수록 관조를 생활화한다"(《엔네아데스》 VI, 9, 7, 21~23, 26~27).

그러나 플로티노스의 담론은 그리스·로마 철학 전통에 기반을 둔다. 플로티노스는 현자에 대한 이상향과 그의 특징에 대한 담론을 전개한다(9). 철학을 모르거나 실천하지 않는 '비非철학자들'의 삶의 방식을 비판하는 이면에는 이렇게 현자를 연구하는 노력이 필요하다(8). '일자'의 경지는 아니더라도 '이데아'에 도달하는 유용한 수단으로 변증법을 활용할 수 있다(4). [15] 무엇보다도 플로티노스 철학은 위대한 헬레니즘 학파에서처럼 전체에 대한 거시적인 관점으로 변화된 삶을 살기 위한 수단이 된다. 마치 조각가(6)가 아름다운 상을 만들기 위해 여기를 잘라내고 저기를 다듬으며 군더더기를 제거하고 굽은 것을 곧게 하듯 말이다. [16] 아도는 플로티노스가 사상의 성숙기에 접어들면서 윤리적 주제에 점점 더 관심을 기울였고, 철학자로서 미덕을 함양할 필요성을 강조했다고 주장한다.

*'신을 바라본다'라고 말할 경우 그 깊은 뜻을 헤아리지 않고서는 도움이 되지 않는다. 신을 '바라본다'라고 하지만 여전히 쾌락을 포기하지 않고, 충동의 노예가 되어 입으로는 '신'을 부르짖지만 온갖 정념에 사로잡혀서 영적으로 거듭나려는 노력은 전혀 하지 않는다면 무슨 도움이 되겠는가. … 삶의 선한 행위 없이 입으로만 신을 되뇌인다면 아무 의미가 없다(《엔네아데스》 II, 9, 15, 24 및 그 이하; cf. II, 9, 9, 45~60).*

영혼은 신과의 합일을 원한다. 이를 회귀라고 한다. 이렇게 '유출'과 '회귀'는 순환하며 하나의 운동을 이룬다. 여기서 '유출'은 아래로 하강하는 운동이고 '회귀'는 위로 상승하는 운동이다. 유출은 넉넉함에 이르렀을 때 흘러넘치는 '내리사랑'의 미덕이다.

그러나 미덕을 생활화한다는 것의 의미는 근본적으로 플로티노스 사상에서 찬양하는 '초월적 선Transcendent Good'을 토대로 구성된다.

덕의 단계에서 가장 높은 '진리Truth'에 도달하거나 순간적으로 진리에 닿았다 하더라도, 그들의 영혼은 "위에서의 삶과 아래에서의 삶을 번갈아 가며 살게 된다(영혼은 '일자'와 하나 되기를 원하는데, 이를 '회귀'라고 한다. '일자'가 분수처럼 흘러넘쳐 만물을 만들어내는 것을 '유출'이라고 하는데, 이렇게 아래로 하강하는 '유출'과 위로 상승하는 '회귀'는 순환하며 하나의 운동을 이룬다"(《엔네아데스》 IV, 8, 4, 31~33). 이때 궁극의 목표는 '위'에 있는 선에 대한 기억을 또렷하게 기억하며 삶을 사는 것이다. 그러기 위해서는 힘든 내적 수련(3)이 필요하다. 포르피리오스는 그의 스승을 묘사하면 영혼이 깨어 있는 상태에 있다며, '주의력prosoché'[17]이 해이해지지 않고, 경계심 또는 '명민하고 또렷하게 정신이 깨어 있는 상태'라고 설명했다(《엔네아데스》 VI, 9, 11, 46~51).

따라서 플로티노스는 우리가 일반적으로 이해하는 '시민의 덕'을 탁월한 '관조력'과는 대조적으로 '정화력'으로 재구성한다(아도, 1998:69~73; 플라톤 《파이돈》 82d~83c 참조). [18] 신플라톤주의에서 추구하는 것은 영혼이 물질적인 것에 단순히 무관심으로 일관하는 상태로 있는 것이 아니라 "정신세계와 달리 불완전한 물질세계의 물질적인 것들은 생명의 모상에 불과한 것들이라 완전하게 살 수 없다"(《엔네아데스》 I, 2, 4, 16; I, 1, 10, 7~10). 플로티노스가 말하는 '정화'의 단계는 위로 갈 길이 많이 남은 낮은 단계이지만, 관조적으로 '탈아ekstasis(철학 용어로 '황홀'이라고 일컫는 심리적 상태. 신과 합일하면서 느끼게 되는 '망아'의 상태로, 본래 장소(현재)에서 이탈함을 의미한다—옮긴이)'를 향한 영적 사다리(6)에서 영적으로 준비 단계이기도 하다.

새로 깨어난 [영혼]은 궁극의 찬란함을 감당하기에는 너무 연약하다. 그러므로 영혼에는 훈련이 필요하다. 먼저 모든 종류의 고결한 목표에 주목하는 습관을 길러야 한다. 그다음에는 '선goodness'을 생활화하는 것으로 유명한 현자의 덕이 인위적인 노동의 결과가 아닌, 어떠한 아름다운 결과물로 이어지는지를 참조하여 훈련한다. 마지막으로 이러한 아름다운 형태의 결과물을 만든 사람들의 영혼을 계속해서 찾아 나선다(《엔네아데스》 I, 6, 9).

다양한 단련과 훈련은, 외적인 것(3)에 대한 미적 감각을 키우는 훈련(3)도 마찬가지이지만 플라톤의 《파이돈》에서 추구하는 이상향 즉 모든 물질적인 것에서 벗어나 내면세계에 마음을 돌리는 영혼 돌봄의 훈련에 집중하고 있다.

세상에 존재하는 것을 제대로 지각하고자 한다면 내면을 들여다보고 내면에 주의를 기울이라. 원하는 소리를 듣고자 한다면 원치 않는 온갖 다른 소리를 귓등 너머로 듣고, 마음으로 가장 환영하는 그 소리를 놓치지 않아야 한다. 순전히 필요한 경우를 제외하고는 귀에 들려 오는 소리를 다 들을 필요가 없다. 다만, 영혼이 위로부터 들리는 소리에 명민하고 빠르게 반응할 수 있어야 한다(《엔네아데스》 V 1, 12, 12~21).[19]

그러나 이 섹션을 마무리하는 다음 구절에서는 신플라톤주의에서 중시하는 '위에서 내려다보는 관점'을 토대로 하는 단계적 명상 과정에 대한 정확한 방향성을 파악할 수 있다.

그러므로 우리 우주를 마음속으로 그려보자. 각 구성원은 뚜렷하게 분리된 상태 그대로 남아 있어야 한다. 그러나 모든 것은 가능한 한 완전한 통일성을 형성해야 한다. ⋯ 한 평면에 태양과 모든 별과 땅과 바다와 모든 생명체가 마치 투명한 구체sphere 위에 놓여 있는 듯한 환상vision이 즉시 떠오르는 상태다. [그다음에는] 이 환상을 눈앞에 가져와서, 우주의 만물이 움직이거나 정지해 있는 지구의 빛나는 표상 즉 이미지가 마음속에 떠오르게 하라. ⋯ [그다음에는] 이 구체를 당신 앞에 두고 크기와 부피가 같은 다른 구체를 상상하라. '물질'에 대한 본능적인 감각을 버리되 단순히 감각을 억누르진 말라. 그런 다음 지금 당신이 상상하는 구체의 조물주이신 신God을 떠올리며, 그분이 마음속으로 들어오도록 기도하라. ⋯ 그분은 유일신이자 모든 신을 아우른다. 그분 안에서 각 신이 모두 한데 어우러져, 힘은 다르지만 다양한 신성함으로 하나의 신을 이룬다(《엔네아데스》 V, 8, 9).

## 4.5 보에티우스, 고대 철학에 종지부를 찍다

신플라톤주의자 플로티노스의 사상은 플라톤주의에 비해 종교적이고 연속적인 초월의 사상이다. 그의 사상은 후기 로마제국 시절 이교도 사상이 곧 그것을 대체하게 될 기독교와 가까워지는 데 가교역할을 했다. 그는 이집트 현자들이 '상징 문자hieratics(또는 '상징 기호')'를 자유자재로 사용했는데, 굳이 입 밖에 내어 말하지 않고도 의도로 전달할 수 있는 상형 문자는 저마다 학문이나 지혜의 체계를 이룬다고 주장했다. 그를 이은 아테네와 시리아의 신플라톤주의자들은 상징 기호가 "철학을 초월하여 신이 원하는 방식으로 신성한 의식과 예식을 행할 수 있다"라고 주장했다(아도, 2020:253, 255). '영적 플라톤주의'를 주장한 이암블리코스Iamblichus의 사상을 따르는 신플라톤주의자들은 인간의 본성은 영혼보다는 육체, 내면 성찰보다는 밖으로의 행위에 이끌린다고 믿었다. 그 결과 플로티누스가 상상했던 내면 성찰을 통한 신과의 관조적 결합을 이루기 어렵다고 믿었다.

*신성한 세계를 향해 열린 유일한 길은 … 신들 스스로가 정해놓은 길이다. 그것은 우리의 이성으로 보면, 의식의 의미도 모호하고 신들이 의식에서 우리가 발음하기를 원하는 이름조차도 이해하지 못하니 혐오스러워 보일 수 있다. 그러나 … 우리는 그 효과가 우리의 지능을 능가하기 때문에, 애써 의식을 이해하지 않고 수행하면 된다(아도, 2020:254).*

플로티누스의 《엔네아데스》 외에도 '삶의 방식으로서의 철학', 즉 PWL의 고대 이교도적 의미를 다룬 책이 더 있다. 바로 유명한 고전으로 손꼽히는 《철학의 위안The Consolation of Philosophy (De consolatione philosophiae)》이다. 이 책은 아니키우스 만리우스 세베리노스 보에티우스Anicius Manlius Severinus Boethius(480~524 CE)가 유스티니아누스 1세Justinian가 마침내 아테네 학교를 폐교하던 시기에 쓴 마지막 저서다. 보에티우스는 르네상스 시대의 위대한 인문주의자 로렌조 발라Lorenzo Valla가 '최후의 로마인이자 저작이 미친 영향으로 최초의 스콜라 철학자'로 불린 인물로 유명하다. 그는 《철학의 위안》 외에도 수사학, 변증학, 논리학에 대한 책을 집필하기도 했다. 아리스토텔레스의 저서 《명제론Of Interpretation》, 《변증론Topics》, 《궤변론Sophistical Refutations》, 《분석론 전서Prior Analytics》를 번역하고 주석서를 남겼고, 이는 스콜라주의 형성에 중요한 역할을 했다[5.3]. 마지막으로, 보에티우스는 삼위일체에 관한 책을 비롯해 기독교 신학에 관한 여러 저작물을 저술했으며 가톨릭 내에서 순교자로 인정받고 있다. 그럼에도 보에티우스가 테오도시우스 대제에 대한 반역죄로 처형을 앞두고 감옥에서 시름에 잠겨 있을 때, 그의 생애 마지막 해(기원전 523~4년)에 쓴 위로의 책에서 기독교 본문의 인용이나 그리스도의 생애와 수난에 대한 언급을 전혀 찾을 수 없어 주석가들은 당혹스러워 했다(메어본Marebon 참조, 2003:146~63). 대신 《철학의 위안》은 애통해하는 보에티우스가 이교도적인 신, 철학의 여신Lady Philosophy을 맞이하는 내용으로 시작한다. 여신의 가운에는 사다리 모양(6)이 새겨 있는데, 그리스어 철자인 '파이Pi, 실천praxis'에서 '세타Theta, 이론 theory'으로 올라가는 모양이다(《위안에 관하여》 I, 1). 책의 제목은 어떠한 장르의 책인지 알려준다(5). 세네카가 위안에 관해 쓴 네 권의 책, 키케로의 유실된 책 《위안에 관하여》와 《투스쿨룸 대화》에서 강조하듯 철학의 목적은 혹독한 운명으로 고통받는 인간에게 따뜻한 위로를 전하는 데 있다. 정치적으로 인정받고 대중으로부터 명성을 얻다가 어느 순간 불명예가 그를 짓누르고 죽음이 임박해 오듯, 몰락할 대로 몰락한 인간에게 위안을 주려고 철학이 다가가는 것이다(레러Lerer, 1985; 짐Zim, 2017). 고대 철학의 마지막 작품에 걸맞게, 세네카의 위로에 관한 세 권의 책은 우리가 살펴본 PWL의 거의 모든 특징을 간결한 요약본처럼 한데 모아놓았다(홀데인Haldane, 1992; 글리사콕Glasscock, 2009).

첫째, 글의 초반에는 시를 비롯한 다양한 인문학에 등장하는 여신들(주로 운명의 여신들이 말하는 운명을 벗어날 수 없다는 말)의 말을 일축했지만(《위안에 관하여》 I, 1), '철학의 여신'이 보에티우스에게 낭독하거나 불러주는 시 또는 '노래'(4, 5)에는 변증법, 대화, 수사학적 발언이 혼합되어 있다. 둘째, 대화의 행위는 (이 장에서도 여러 번 확인했지만) 키케로(7)의 글에서 두드러진 의학적 은유를 중심으로 구성되어 있다.[20] 철학의 여신은 숙련된 의사처럼 고통받는 '죄수(플라톤은 '동굴의 비유'를 통해 인간을 태어나면서부터 온몸이 묶인 채로 의자에 붙들려 있는 동굴 안 죄수와 같다고 생각했다. 동굴은 감각적 세계를 뜻하고 인간은 감각이라는 캄캄한 동굴에 갇혀 참다운 진리의 세계를 보지 못한다는 주장이다—옮긴이)'에게 실천하기에 상대적으로 쉬운 치료법을 전달한 다음 보에티우스의 거듭되는 항의에 직면하여, 《위안에 관하여》 III권 10절 이후부터는 '약발이 잘 듣지만 실천하기 어려운' 처방을 전달하고 위로 올라간다.

지금 네 속에서는 이런저런 많은 감정이 한데 뒤섞여 소용돌이치고 비탄과 격분과 암울함이 너의 마음을 천 갈래 만 갈래로 찢어놓고 있어서, 현재 상태에서는 아무리 강력한 처방을 쓴다고 해도 네 병은 치유가 힘들기에 나는 임시로 조금 약한 처방을 사용할 것이다. 너를 강타한 걷잡을 수 없는 불안과 격동으로 말미암아 뒤틀리고 굳어진 네 마음을 풀어주고 부드럽게 하여, 나중에 더 독한 처방을 사용하기 위한 것이다(《위안에 관하여》 I, 6; cf. II, 3; II, 4; III, 1).

셋째, 철학의 여신은 보에티우스의 정념을 다스리기 위해 순한 치료법을 제시한다. 이 치료법은 모두 죄수를 억압하는 것은 불행해 보이는 자신의 운명이 아니라, 운과 행복의 본질에 대한 그의 '그릇된' 생각이라는 소크라테스의 근본적인 주장에 기초한다. "오류와 무지가 당신을 당황하게 한다"(6)(《위안에 관하여》 II, 4). 넷째, 후기 플라톤주의의 절충적 특징을 반영하여 '철학의 여신'은 보에티우스의 잘못된 신념을 치료하기 위해 스토아학파, 에피쿠로스학파, 플라톤 학파의 다양한 주장이나 단련을 한데 모아 강도 높은 집중요법을 제시한다(3). 행운과 운명의 여신인 '포르투나 여신'은 늘 자기 멋대로 변덕을 부린다. 종잡을 수 없다는 게 이 여신의 변함없는 특징이다(《위안에 관하여》 II, 1). 그녀가 인간에게 부여하도록 명령하는 재화 즉 돈과 재산, 권력, 명예, 영광과 쾌락은 애초에 보에티우스가 소유하거나 잃을 만한 것이 아니었다. 게다가 본질적인 가치를 지니지도 않는다(II, 5~7; III, 1~8). 운명의 수레바퀴를 타고 위로 올라가는 모든 것과 모든 사람은 결국 내려와야 한다(II, 1). 따라서 보에티우스의 병은 철학적 훈련을 통해 예방 접종을 해서 막았어야 하는 잘못된 신념에서 비롯되었다.

보에티우스의 고통에 대한 철학의 여신이 내린 진단 결과는 이렇다. 물질세계에서 외적인 것을 자신의 행복에 필수적인 것으로 받아들임으로써 자신의 이성적 본성을 타락시킨 것이다(II, 5). 세속에서 중시하는 외적인 요소로는 행복, 안전, 권력, 존경 그리고 진정한 영광을 얻을 수 없다(III, 3~6). 실제로 보에티우스와 같은 '고귀한 자질을 가진' 사람(III, 7)도 매혹될 만한 영광에 대한 욕망을 치료하기 위해 철학의 여신은 위로부터의 관점에 대한 현존하는 가장 순수한 처방 중 하나를 다음과 같이 제시한다(3).

그러나 영광과 명성이 아무런 가치도 없는 하찮은 것임을 알아야 한다. 천문학자들의 관찰을 통해 네가 알고 있듯 이 지구라는 땅덩어리 전체는 우주의 크기에 비하면 한 점에 불과하다. 즉 우주 전체의 크기에 비한다면 지구는 크기를 지니고 있다고 말할 수조차 없다는 것이다. … 우주의 아주 작은 부분에 불과한 이 지구에서도, 우리가 알고 있는 생물이 사는 지역은 겨우 '사 분의 일'밖에 되지 않는다. 지구의 '사 분의 일'에서 바다와 늪지로 덮인 모든 지역과 모든 광대한 불모지를 제외한다면, 인간은 아주 작은 공간에서 살아가고 있을 뿐이다. 그런데 너는 우주 가운데 한 점에 불과한 지구 중에서도 아주 작은 공간에서 이름을 떨쳐 명성을 얻으려고 하는 것이냐. 거기에서 명성을 얻었다고 해도, 이토록 작고 협소한 공간 속에서 얻은 명성이 뭐가 그리 위대하고 대단하겠느냐(III, 7).[21]

그러나《위안에 관하여》III, 10에 이르면 대화는 윤리적 관심사에서 벗어나 철학적 신학으로 향한다. 이는 곧 천 년 동안 만학의 여왕 Queen of Sciences으로 불려온 철학을 무너뜨릴 기독교적 화두로 이어진다(4). 행복이 가장 높은 단계의 자족적인 선이라면, 행복은 오직 신 자신과 동일시될 수 있다고 철학의 여신은 주장한다(III, 10). 아무것도 원하지 않는 경지에 있는 이 신은 전지전능하고 모든 앎의 표본이다(III, 11; V, 1~6). 이에 반해 선의 상극에 있는 '악한evil' 보에티우스가 한탄하는 상황, 세속적 사람들이 현세에서 우월한 힘이 있다고 착각하는 상황은 전혀 득이 될 것이 없는, 긍정적이지 않은 상황이다. 선의 경지에서 상극에 있는 '악한' 사람은 악한 행동을 통해 선을 얻으려 하지만 악을 통해 선을 얻을 힘이 없기 때문이다(IV, 2). 플라톤의 스승 소크라테스가《고르기아스》에서 가르쳤듯, 보에티우스처럼 겉으로 보기에 무고한 사람에게 면죄부를 주는 것보다는 처벌하는 것이 낫다. 처벌은 정의를 실천하는 수단이기 때문이다(IV, 4). 처벌로 따끔한 맛을 보이지 않는다면 그릇된 신념을 갖고 사는 사람은 짐승과도 같아서 다스려지지 않는 정념의 먹잇감이 된다(IV, 3). 보에티우스는 온갖 처방에도 굴하지 않고 마지막으로 "나의 조국에서 권력과 부와 명예를 누리는"(IV, 5) 자유인이 되고 싶다고 항의한다. 철학의 여신은 인간의 관점으로 보는 세상과 달리 신의 섭리 안에서는 모든 것이 최선이라는 것을 보여주려고 한다. 다만 인간은 "만물을 선으로 인도하기 위해 인간 앞에 정해진 한계"(IV, 6)를 이해할 수 없을 뿐이다. 보에티우스는 운명이 가혹하다고 하지만, "절대적으로 모든 운명은 그럴 만한 이유가 있는 선한 운명"이다(IV, 7). 보에티우스의 마지막 저작인 이 책은 신의 예지력과 인간의 자유 의지가 맞닿을 수 있음을 입증하는 유명한 논증으로 이어진다(V, 1~6).

학자들은 알프레드 대제나 단테 같은 인물이 《철학의 위안》에서 어떤 위로를 받았다고 주장하든, 과연 보에티우스를 위로했는지에 이의를 제기한다[5.5]. 보에티우스의 운명에 대한 마지막 신학적 주장에 대해서도 의견이 분분하다. 위로에 실패했다는 주장도 있고, 진정한 위로를 하려면 철학의 한계를 인정하고 신앙에 절박하게 의존해야 함을 강조해야 한다는 주장도 있다(메어 본, 2003:154~9, 161). 이 장은 이 책에서 고대 철학에 대한 마지막 텍스트로서 헬레니즘과 로마 철학 사상의 영혼을 다스리는 치료법을 정리했다. 앞으로 펼쳐질 내용에 대해서도 독자 여러분이 큰 기대를 갖고 읽어주기를 소망한다(V, 6).

# 중세와
# 초기 근대 철학

PHILOSOPHY
AS A WAY OF
LIFE

# 5장

## 중세 시대: 삶의 방식으로서의 철학

### 5.1 '철학'으로서의 기독교

19세기 이후 과학과 철학은 '종교'에 대항하여 순조롭게 연합하지 못했다. 그런데 기원전 1세기 무렵, 주요 사상가들이 기독교 자체를 진정한 '필로소피아$_{philosophia}$(고대 그리스인들은 현대처럼 지식 체계가 분화되고 전문화되기 이전의 인간과 우주의 자연현상에 대한 다양한 분야의 지적탐구 활동을 총칭하는 말. 특정한 학문을 의미하기보다는, 모든 지식 탐구를 포함하는 일반적인 의미의 '학문'을 뜻한다. 철학$_{philosophy}$이라는 용어는 고대 그리스어의 필로소피아('지혜에 대한 사랑')에서 유래했다—옮긴이)'라고 칭했다는 점은 쉽게 수긍할 만하다. 한편으로 지금까지 살펴본 고대 학파들은 고대 전통 종교를 두 가지 방향에서 비판했다. 첫째, 에피쿠로스주의에서와 마찬가지로 제사나 의식, 순교와 같은 희생, 기도를 바침으로써 초자연적이지만 사람의 모습을 닮은 신의 존재에 각 종교에서 온갖 지식을 부여하며 주장하는 내용이 오늘날에도 공공연하게 비난받기도 한다. 둘째, 스토아주의와 일부 플라톤주의에서와 마찬가지로, 우리는 계시종교$_{revealed\ religion}$(절대자이신 하느님의 계시를 통해서 약속된 종교를 뜻한다. 반대로 자연종교는 인간에 의하여 자연 발생한 종교—옮긴이)의 주장에 대해 철학적으로 '합리화'할 만한 형태를 모색하기도 한다. '유대 철학자 필론Philo Judaeus'과 다른 철학자들은 시인들의 글귀나 성경 본문을 은유와 우화를 통해 이해하는 방식을 택했다. 목표는 스토아철학의 '물리학'이나 플라톤의 존재에 대한 근본을 연구하는 '형이상학'을 통해서든, 종교에서 주장하는 하나님이나 다른 신들에 대한 초이상적인 주장을 철학자들의 담론과 같은 맥락이 되도록 일관성 있게 조율하는 것이었다.

반면 기독교는 종말의 임박을 확신하는 종말론적 종교로 시작되었다. 기독교의 초기 신자들은 평범한 남성과 여성들이었다. 신플라톤학파 철학자 포르피리우스Porphyry, 이교도 철학자 켈수스Celsus를 비롯해 교육받은 다른 이교도들은 평범한 이들에게 배움과 교양이 부족하다고 그들을 비난했다. 바오로와 교부敎父, Church Father(사도들의 직계 제자로서 교리의 정통성을 지녔으며 교리발전에 중요한 역할을 차지함은 물론 교리발전에 크게 공헌하여 후세의 권위가 된 성직자—옮긴이)들을 비롯한 다른 이들은 때로는 '세상의 지혜'를 비난하고 "십자가의 도가 멸망하는 자들에게는 미련한 것이요 구원받는 우리에게는 하나님의 능력이라"라고 찬양했다. 피에르 아도가 말했듯 "그리스도 사후 한 세기가 지난 후, 일부 기독교인들이 기독교를 단지 철학 즉 그리스 문화 현상이 아니라 유일하고 영원한 철학으로 제시할 것이라고는 아무도 예측할 수 없었던 것 같다"(아도, 2002:237).

그럼에도 '철학자'라고도 불리는 유스티노 순교자Justin the martyr(기원전 100~165년경. 말년에 로마에서 머물며 설교와 저술을 통해 그리스도교를 수호하다 165년 참수형으로 순교했다—옮긴이)와 같은 기독교 변증가들Christian apologists(세상을 향하여 기독교를 증거하기 위해 변증법으로 글

을 쓰는 사람들—옮긴이)로부터 시작해서, 기독교와 철학의 결합이 본
격화되었다. 교회 교부들은 그리스도인으로서 고대 철학의 이론적
주장에 도전하기도 했다. 그들은 신이 개입한다고 믿는 기독교 세계
관이 이교도들의 철학적 담론보다 자연 세계와 인간의 조건을 더 진
리에 가깝게 설명한다고 믿었다. 그러나 무엇보다도 변증가들과 교
부들이 '이교도 철학pagan philosophy(이교도들은 세상을 죄와 고통의 장소
가 아닌 기쁨과 생명의 장소로 여긴다. 신은 하늘의 먼 곳에 있는 것이 아니
라 자연계에 우리와 함께 있다고 믿고, 인간은 자연과 대지에 대한 깊은 경
외심을 갖고 살아야 한다는 사상—옮긴이)'에 이의를 제기한 주제가 있
다. 과연 이교도 철학이 인간에게 지속적인 지혜나 완성에 이르는
참되고 충분한 길을 제공할 수 있는지에 관한 것이었다.

기원후 2세기에 기독교 운동이 본격적으로 성장하자, 초기 변증
가들은 그들이 추구하는 삶의 방식을 설명하기 위해 이교도 철학에
서 사용하는 많은 어휘를 기독교라는 텃밭에 씨앗으로 뿌리기 시작
했다. 변증론적으로 자신들의 사상이 이교도의 '이방인 철학'과 구
분되는 '기독교 철학' 또는 '우리의 철학'이라고 명시하는 변증가들
도 있었다(아도, 1995:126). 알렉산드리아의 필론Philo(기원전 20~50년
경, 유대교와 철학적 이성의 결합을 시도한 최초의 유대 철학자이자 기독교
신학의 선구자—옮긴이)과 같은 저명한 유대 철학자들은 유대교의 신
성한 텍스트를 깊이 이해하기 위해 플라톤 사상을 필두로 한 그리스
철학의 사상을 도입하기도 했다. 그러나 결정적으로 철학이란 자신
의 철학적 신념에 비추어 살아가는 방식이라는 고대의 메타 철학적
가정에 대해서는 이견이 없었다.

폴란드 학자 율리우시 도만스키Juliusz Domanski는 《제3의 교회Church 3》에서 '기독교 철학'이라는 토대를 적용한 세 가지 이유를 설명한다. 첫째, 기독교는 고대 철학에서 가장 높은 경지에 있는 개념 즉 신, 세계 그리고 인간의 운명에 대한 계시 섭리를 주창한다. 아도가 강조했듯 요한복음the Fourth Gospel(복음서 중에 〈마태복음〉·〈마르코 복음〉·〈루카복음〉을 공관복음共觀福音이라 하고 〈요한복음〉을 제4복음서라 한다—옮긴이)의 도입부에서는 복음을 전파하는 전도사들이 강조하는 섭리와 진리를 뜻하는 '로고스Logos'가 등장한다. 이때, 로고스는 '신' 또는 '신의 현존'을 의미한다. 이 개념은 신플라톤주의에서 신과 현실 세계 사이의 중재 역할을 하는 차원으로도 묘사되기도 했다(아도, 2002:237). 둘째, 기독교는 고대 철학의 한 요소인 윤리 즉 '에티카ta ethika(외부의 물리적 강제에 의해 행해지는 '도덕'의 뉘앙스와는 다르게 스스로 지켜내야 하는 내부적, 심리적 정서를 강조하는 개념—옮긴이)'와 같이 고매한 섭리에 비추어 도덕적 교훈을 제시한다. 셋째, 기독교 텍스트에서는 그리스도와 성인들의 사례를 통해 기독교 지혜에 따라 살았던 삶의 모범을 제시한다. 삶의 교과서와 같은 이들의 사례는 고대 철학자들과 정치가들의 삶보다 더 진정성 있는 '철학적'인 모델로 소구했다(도만스키, 1996:25).

실제로 얼마 지나지 않아 변증가들은 기독교 철학이 이교도 철학자들이 추구하는 경지의 지혜를 대체할 뿐 아니라 다른 차원으로는 '완성'했다고 주장했다. 이미 유스티노의 사상을 다루면서, 플라톤과 다른 철학자들의 가르침은 성경의 선지자들로부터 영감을 받았을 뿐이라는 주장을 확인했다(유스티노, 《제1 호교론First Apology》, 20

장). 유스티노는 로고스에 따라 삶을 사는 모든 사람 즉 언행이 일치한 철학자들을 포함하여 이야말로 신앙의 삶을 사는 '기독교인Christian'이라고 주장했다. 대표적으로 소크라테스와 그리스 철학자 헤라클레이토스Heraclitus가 있다(도만스키, 1996:23; 아도, 2002:241). 알렉산드리아의 클레멘트Clement of Alexandria(기원전 150~215) 교부는 신이 섭리에 따라 그리스인과 로마인들에게 철학이라는 선물을 주어, 그들이 선한 사람이 되도록 했다(도만스키, 1996:26)라고 말했다. 그렇다고 예수의 몸으로 이 땅에 오신 하느님의 성육신成肉身으로서의 모든 '로고스'가 그들에게 주어진 것은 아니다(아도, 1995:128).

대성大聖 바실리우스Basil the Great(c. 329~79)는 지혜란 철학자들이 말로만 설명하던 미덕을 삶에서 실천하는 것을 기본으로 한다(아도, 1995:27). 철학자들은 이론적으로는 훌륭한 업적을 이루었지만 그 고귀한 이론적 가르침을 완전히 실현할 수 없었다고 교부들은 주장한다(도만스키, 1996:28). 요한 크리소스토무스John Chrysostom(기원전 349~407년경)는 기독교인의 삶이란 스토아주의에서 이상적으로 여기는 현자의 자질을 적절하게 실생활에 적용하는 삶이다. 그에게 기독교 철학은 미덕과 지혜를 실현하기 위해 삶 전체에 영향을 주는 학문을 의미한다. 이교도 철학자들이 생각하는 미덕은 기독교인들이 얼마나 윤리적인 삶을 사는지를 평가하고, 그러한 삶을 살도록 영감을 주는 데에도 활용될 수 있다[5.4, 6.1 참조]. 그러나 크리스토스토무스는 인간은 혼자의 힘으로는 가장 높은 경지의 삶을 실현할 수 없다고 주장한다. 실제로 스스로 위대한 영혼을 지녔다고 생각하는 데서 오만이 비롯된다고 생각한다. 견유학파를 상징하는 세노페의 디오게네스Diogenes가 접근한 상식을 초월한 영혼 단련 방식은 오만방자하다고 여기며 죄악시했다. 소크라테스 이후 철학자들이 추구한 '아토피아atopia' 즉 규정하고 형용할 수 없는 것은 '애정' 또는 '자세' 즉 심오한 실존적 무력감을 지나치게 감추는 연극적 반항처럼 보이게 되었다(도만스키, 1996:29). 그리스도와 성인들은 "철학자들에게 적합한 삶을 가르치기 위해(도만스키, 1996:29)" 왔는데, 철학자들은 그 깊은 뜻을 다 헤아리지 못했다. 기독교만이 "우리가 하나님을 닮을 수 있도록 행동하도록 가르치고 신성한 계획[오이코노미아]을 교육의 지침으로 받아들이도록 가르친다"(아도, 1995:128).

그럼에도 기독교가 이교도 철학을 대체했다 해도 철학은 무리 없이 문화 양식으로 계승되었다. 로마 집정관 술라Sulla가 아테네를 침공한(기원전 87~86년) 이후, 헬레니즘 시대에 흩어져 살던 유대인들은 철학 학파들을 설립한 창시자들이 남긴 텍스트의 주석에 기초하여 고대 철학 교육관을 갖게 되었다(아도, 1981:4). 세계 종교의 신성한 책들 즉 토라, 성경, 코란이 자리매김할 수 있었던 것도 철학 활동이 수반되었기 때문이라는 개념과 같은 맥락이다. 신플라톤주의자들은 윤리학에서 물리학을 거쳐 형이상학이나 '신비로운 경지epop-tics'로 올라가는 것, 특히 배움과 영적인 단계를 끌어 올리려면 처음에는 아리스토텔레스의 텍스트를 읽고 그다음 플라톤의 텍스트를 읽으라고 순서를 정해주었다. [1] 또한 알렉산드리아학파를 대표하는 기독교의 교부 오리겐Origen(기원전 185~254년경)은 자신의 학파 제자들에게 처음에는 '잠언서the Book of Proverbs'를 읽고 그다음에는 '전도서 Ecclesiastes(기독교와 유대교에서 쓰이는 구약성경의 한 책이다. 전도서의 저자는 자신을 다윗의 아들이며 이스라엘의 왕인 전도자라 밝히고 있으며 책의 제목은 여기에서 나왔다. 전도서는 삶의 허무함과 삶의 최선의 방법을 이야기하고 있다―옮긴이), 그런 다음 '아가서the Song of Songs(구약의 5권 시가서 중 한 권이다. '아름다운 노래'라는 뜻으로, 히브리어 성경에서는 '노래 중의 노래' 즉 '최상의 노래'라고 한다. 구약에서 남녀 간 지고지순한 사랑을 노래한 책이다―옮긴이)'를 읽으라고 했다. 이를 통해 윤리적으로 정화되고 물리적 지식(쉽게 이해할 수 없는 개념에도 마음을 쏟음)을 깨우친 다음, 신학을 거쳐 하느님과의 일치에 도달하려는 바람 때문이다(4)(아도, 2002:239~40).

교회 교부들이 생각하는 '철학사상'의 상당 부분은 이교도 철학자들의 담론discourses에 영향을 받았다. [2] 과연 교부들의 사상과 이교도 철학자들의 사상이 얼마나 '뒤섞였는지'를 극명하게 보여주는 저서들이 있다. 저자는 바로 저명한 초기 수도원 작가 에바그리우스 폰티쿠스Evagrius Ponticus(4세기의 기독교 이론가, 수도자로, 이집트 사막에서 16년 은수 생활을 보내고 많은 저작을 남겼다―옮긴이)(c. 345~99 CE)(아도, 2020:260~4)다. 첫째, 《프락티코스Praktikos(4세기의 기독교 이론가이자 수도자로, 이집트 사막에서 16년 은수 생활을 보내고 많은 저작을 남겼다. 수행을 통해 내적 평정에 도달한 수행자―옮긴이)》에서 에바그리우스는 '구세주 그리스도의 교리doctrine of Christ our Saviour'가 철학 용어에 빗대면 '실천praxis, 물리학, 신학'으로 구성되어 있다고 주장한다. 이 세 가지는 기원전 1세기 이후 플라톤 학파 철학에서 중시한 세 가지 부문과 맞닿아 있다[4]. 그는 신약성경에서 '천국kingdom of heaven'을 언급할 때 의도한 것은 물리학이고 복음서의 '하느님 나라Kingdom of God'

를 이야기할 때 의도한 것은 신학이라고 설명한다. 한편 아도는 성경 말씀에 '전혀 예상치 못한' 의미를 부여하기 위한 것이라고 하며 그의 말을 과소평가하고 있다(아도, 2002:250).

기독교가 '그리스도를 따르는 철학'(르클레르크, 1952:221; 아도, 1995:129)이라는 인식은 고대 후기에 널리 퍼져 있었다. 4세기 동방 정교회의 카파도키아 교부 세 명Cappadocian Fathers, 카이사레이아의 주교 바실레이오스, 나지안조스의 주교 그레고리오스, 초기 기독교의 교부이자 콘스탄티누폴리스 대주교 요한 크리소스토무스, 니사의 주교 그레고리오스와 에바그리우스Evagrius를 중심으로 하는 초기 수도원 작가들의 글에서도 잘 나타나 있다(아도, 1995:129). 베네딕토회 출신의 20세기 학자 장 르클레르크Jean Leclercq(1952:221~6)와 폴란드 학자 율리우시 도만스키는 적어도 13세기까지 수도원 계보 내에서 기독교를 '필로소피아'라고 부르는 관습이 얼마나 오래 이어졌는지를 기록했다. 한편 기독교 전반에 걸쳐 철학의 영향이 깊게 뿌리 내렸다는 사실을 몇 가지 증거를 통해 확인할 수 있다. 제22대 캔터베리의 오도(10세기)는 수도자의 소명을 설명하기 위해 '그리스도의 참된 철학'이라는 표현을 사용했고, 클루니Cluny의 베드로 대수도원장Peter the Venerable(c. 1092~1156)은 12세기에 수도원 복장이 '그리스도의 참된 철학'을 실천하는 의도로 제작되었다고 했다. 에버바흐의 콘라드Conrad of Eberbach(독일 에버바흐 수도원의 시토회 수도사이자 나중에는 수도원장이었으며 초기 시토회 수도회의 역사가다. '시토회Ordo Cisterciensis'는 가톨릭교회 봉쇄 수도회 가운데 하나다. 시토 수도회의 수도자들은 하얀색 수도복 위에 검은색 스카풀라레를 걸치는데, 이 때문에 이따금

'백의 수도자들'이라고도 일컬어졌다―옮긴이)는 저서 《위대한 시토회에 관한 소개Great Cistercian Exordium, Exordium magnum cisterciense》(12세기 말~13세기 초)에서 로마 가톨릭 성인 '베르나르 드 클레르보Bernard of Clairvaux'가 수도사들에게 '천상 철학의 학문'을 가르친 사실을 언급한다(아도, 1995:129; 르클레르크, 1952:221~4). 이때 눈여겨볼 부문은 속세에서 벗어난 '수도주의monasticism(자신의 모든 생을 종교적 영적 활동에만 쏟는 종교 행위. 출가자들은 속세에서 멀리 떨어진 오지에 수도원을 짓고 격리 생활을 한다―옮긴이)'라는 개념이 속세 사람들과 열띤 철학 담론을 하는 것과는 '상극에 있는 삶의 방식'으로 간주했다는 점이다(도만스키, 1996:63~5). 이에 대해 아도는 다음과 같이 성찰한다.

*기독교가 철학에 동화될 수 있었다면 그 이유가, 철학이 그 자체로 이미 다른 무엇보다도 존재 방식이자 삶을 사는 방식이었기 때문이라는 점은 너무나도 중요하다. 장 르클레르크에 따르면 "수도원이 정신생활이나 문화에서 매우 중요한 역할을 담당했던 중세 시대에도 고대와 마찬가지로 '필로소피아'는 이론이나 지식의 수단이 아니라 살아 있고 경험된 지혜, 이성에 따른 삶의 방식을 의미했다"(르클레르크, 1952:221; 아도, 2002:130).*

이제 주목해야 할 주제는 수도원에서 철학의 어원이자 지혜에 대한 사랑을 뜻하는 '필로소피아'를 기독교에 어떻게 접목했는가다.

## 5.2 수도원의 필로소피아 그리고 영적 수련의 기독교화

초기 기독교 수도주의는 다양한 형태로 존재했다. 공통되게 전통적 방식의 '삶을 살아내는 방식PWL'을 적용했다는 놀라운 사실을 고증하는데 가장 큰 노력을 기울인 사람은 바로 '피에르 아도'다. 초기 시리아와 이집트 수도사들과 사막 교부들Desert Fathers(3세기경 시작된 주로 이집트의 스케티스 사막에서 생활한 은수자들, 금욕주의자들, 수사들, 수녀들(사막 교모)이다—옮긴이)은 학식을 갖춘 이들은 아니었다. 이들에게 구약과 신약성경은 삶의 방식을 안내하는 지침서였다. 그들은 인도-이란 계통의 종교인 마니교摩尼敎, Manichaeism('빛의 사도'를 자칭한 페르시아의 예언자 마니Mani(210?~276?)가 창시한 이원론적 종교—옮긴이)와 동양 금욕주의의 사례 또는 그리스도 시대까지 거슬러 올라가는 에세네파Essenes(그리스도 시대의 유대교 일파. 바리사이파·사두가이파와 대등한 교파의 하나다. 유대계 그리스인 필론의 철학적 영향이 강한 신비적인 금욕주의를 주창하며, 하느님과 완전한 일치를 추구하여 사해死海 주변에 종교적 공동생활권을 만들고 장로의 지도하에 공동생활을 했다—옮긴이)와 테라페우타이파Therapeutai('치유자'나 '간호인'을 의미한다. 에세네파와 마찬가지로 금욕주의였으며 1세기, 알렉산드리아의 마레오티스 호숫가에 집단 거주했다. 테라페우타이파에게서 여수는 여러 가르침을 받았다—옮긴이) (필론이 《관조적 삶에 대하여(관조적 삶에 대하여)》에서 '철학자들'이라고 칭했다.) 같은 교파로부터 영감을 받기도 했다(머튼Merton, 1970; 아도, 2002b:242; 맥클로흐MacCulloch, 2014:69~79). 그러나 기원후 3~4세기에 유스티노, 클레멘트, 오리겐의 영향을 받아 새로운 형태의 '학구적 수도주의'가 등장했다(아도, 2002:242). 이들에게 수도원 생활은 그리스도의 복음적 소명에 응답하며 그리스도인의 삶의 완성을 목표로 하는 한, 그 자체로 '철학'이었다. 예수께서 그에게 이르셨다. "네가 완전한 사람이 되려거든, 가서 너의 재산을 팔아 가난한 이들에게 주어라. 그러면 네가 하늘에서 보물을 차지하게 될 것이다. 그리고 와서 나를 따르라"(마태복음 19:21).

아도의 분석에 따르면 수도사들은 두 가지 차원에서 고전 철학의 유산에 빚지고 있다. 첫째, 수도원 철학에서 추구하는 목표의 근본에는 고전 철학이 녹아 있다(7).

*우리는 인정해야 할 사실이 있다. … 고대 철학의 영향으로 기독교 내에서 부차적인(존재하지 않는 것은 아니지만) 가치관에 불과했던 특정 가치관이 가장 높은 중요도를 갖게 되었다. 하느님의 나라가 도래한다는 복음 사상은 금욕주의와 묵상으로 가능한 하느님과의 결합이라는 철학 사상으로 대체되었다(아도, 2002b:252).*

둘째, 수도사들은 아도가 칭하는 이교도의 '영적 수련'을 완전히 소화하여 새로운 형태의 수련으로 탄생시켰다(3).

### i. 수도원 생활의 목표

"천국은 현존하는 것들에 대한 참된 지식을 가진 상태에서 영혼이 어떠한 자극에도 흔들리지 않는 부동심apatheia(아파테이아)의 상태를 나타낸다"라고 에바그리우스 폰티쿠스Evagrius Ponticus는 신플라톤주의의 영향을 받아 집필한 《프락티코스》에서 말했다(아도, 1995:137). [3.1]에서도 에바그리우스가 정의하는 '지혜sophia'와 스토아학파에서 정의하는 두 가지 차원의 지혜 즉 '인간적이고 신성한 것에 대한 지식'과 '미덕 또는 인간으로서 최고의 삶을 사는 기술'이 매우 유사하다는 점을 알 수 있다. 에바그리우스가 최고의 정신 상태를 '천국'에 비유하며 그리스어 '아파테이아'를 인용했는데, 이 부분에서도 스토아학파를 연상할 수밖에 없다. 앞서 다루었지만 철학자들이 말하는 '아파테이아'의 핵심은 정신을 방해하는 정념을 선택적으로 소멸시키는 것이다[3.2]. 아우구스티노와 같은 다른 기독교 저술가들은 아파테이아를 최고 지향점으로 삼는 것에 대해 비판했다. 그리스도가 고난을 겪고, 인간을 불쌍히 여긴 것과 하느님에 대한 경외심이 지혜의 시작이라고 믿었기 때문이다(브룩Brooke, 2012:1~11). [3]

에바그리우스 외에도 수도자의 수행 목표를 설명하는 데 철학에 관한 이교도 용어를 차용하는 수도사들이 많았다. 알렉산드리아의 클레멘트 교부는 신성한 법은 두려움을 불러일으켜야 한다고 주장했다. 그렇게 함으로써 "철학자[기독교인]는 신중한 지혜eulabeia와 '내면 성찰prosoche' 덕분에 마음의 평정amerimnia을 얻고 이 상태를 유지할 수 있다." 아도(2002b:241)는 "고대 철학의 전체 사고 세계를 나타내는 대목이다"라고 언급했다. 4세기 후, 수도사 가사의 도로테우스St. Dorotheus of Gaza(기원전 505~65년경)는 세속적이고 물질적인 것들로부터 분리함으로써aprospatheia 수도원적 덕목과 철학이 추구하는 부동심의 상태인 '아파테이아'에 도달할 수 있다고 주장했다(아도, 1995:136). 도로테아Dorothea(디오클레티아누스 황제 박해 때 순교한 동정 순교자—옮긴이)는 정념으로부터 자유로운 '아파테이아'의 중요성을 강조하면서, 마음이 어수선해지는 그 어떠한 생각이나 말로부터 거리를 두어야 한다고 했다(아도, 1995:138). '아파테이아'는 고대 후기의 신플라톤주의에 통합된 스토아주의 유산에서도 중시했듯, 순리나 운명에 따르는 삶을 지향했다. 평론가들에 따르면 에픽테토스의 《엥케이리디온》7에서는 도로테아가 쓴 '반복 치환법antimetabole(앞 문장의 단어를 순서를 거꾸로 하여 제시하는 것—옮긴이)'이 절정을 이루는 다음 구절이 등장한다.

*욕심과 의지를 내려놓을 줄 아는 사람은 어떤 일을 하건 만족하게 된다. 욕심과 아집을 내려놓으니 자신에게 일어나는 모든 일이 만족스럽다. 자연스러운 순리를 따르겠다는 마음이다 보니 자기 뜻대로 하기보다는 앞에 놓인 운명에 수긍하며 만족한다(아도, 1995:136; 아도, 2002b:243).*

'내 의지로 어떻게든 해보겠다'라는 생각을 버리는 개념은 엄격한 금욕주의로 발전했다. 금욕주의의 목표는 육체를 완전히 부정하는 것이었고 스토아철학의 일원론적 사고보다 신플라톤 철학에 훨씬 더 깊이 뿌리를 두고 있었다. 나지안조스의 그레고리오스Gregory of Nazianzus(기원전 329~90년경)는 플라톤의 말을 직접 인용했다. "현세에서의 삶이 죽음을 위한 훈련이 되게 하라. …… 영혼을 가능한 한 육체에서 분리하는 단련이 필요하다"(아도, 1995:138). 이것이 '철학의 실천'이라고 그는 가르친다(아도, 1995:138). 에바그리우스 역시 《파이돈》에 나오는 플라톤의 문구를 인용하며 육체와 정념에서 영혼을 분리하는 수도사의 능력에 대해 언급한다. "조상들은 '죽음을 대비하는 훈련'과 '육체로부터의 이탈'에 특별한 이름을 붙였다. 바로 한

적한 곳에서 혼자 기도하는 삶인 '은수隱修 생활anachôresis'이다(아도, 1995:138). 7세기 '고백자 막시모스Maximus the Confessor(신학자 막시모스 또는 콘스탄티노폴리스의 막시모스(580년경~662년 8월 13일)로도 불리는 기독교인 수사이면서 신학자, 학자다—옮긴이)'는 "그리스도의 철학에 따라 … [우리의 삶을 죽음에 대한 명상meleten으로 받아들이는 것]"을 책에서 강조했다(아도, 1995:138).

## ii. 철학적 운동의 기독교화

16세기, 이냐시오 데 로욜라Ignatius of Loyola(1491~1556, 스페인 바스크 귀족 가문의 기사이자 로마 가톨릭교회의 은수자이자 사제, 신학자. 또한 예수회 창립자이자 초대 총장이기도 하다—옮긴이)는 '영신 수련spiritual exercises(묵상과 관상 등 여러 기도를 통해 하느님과 더 깊은 관계를 갖게 되는 훈련—옮긴이)' 개념을 본격으로 사용했다. 고대 철학 활동뿐 아니라 초기 기독교 수도원 수행을 함축해 표현한 이 개념이 과연 역사적 가치가 있는지에 대해서는 의견이 분분했다(르클레르크, 1935).

그러나 장 르클레르크는 중세 시대 내내 다양한 형태의 '수련exercitium'을 습관화하는 방법에 대해 기록했다. 일상의 수련 활동은 실천(그전에는 '덕을 실천한다'라고 표현했다)과 관상contemplation 즉 '금욕주의'와 '신과의 합일'이라는 두 가지 영적 생활을 생활화하는 것이었다. '[수도자로 사는] 일과는 조화로운 영적 단련의 연속으로 구성된다'라는 의미이기도 했다(르클레르크, 1935).[4] 여러 종파의 일일 수행 요법과 함께 이러한 관행이 실시되었다는 사실이 여러 문헌을 통해 입증되고 있다.[5]

육체의 고행mortification of the body(육체의 고행은 성화 과정의 일부로서
개인이나 집단이 죄성을 죽이는 행위다. 기독교에서는 죄를 회개하고 예수
님의 수난에 동참하기 위해 금식, 금욕, 경건한 무릎 꿇기 등을 통해 육신의
고행을 행한다―옮긴이)은 가장 대표적인 수행 방식이다. 여기에는 은
둔 수도사(또는 '기둥 은수자stylites 또는 pillar saints, 초대교회 시대에 기둥
위에서 수도한 수도자. 기둥의 높이는 곳에 따라 다르고 기둥 위에 작은 초
막이 마련된 평평한 장소였으며 고행자가 잠시 잠들 때 기댈 수 있는 난간
이 마련되어 있었다―옮긴이)들은 때때로 장엄한 고행과 기도, 노래, 전
례, 명상뿐만 아니라 육체노동, 금식, 철야 묵상 등 공동 수도원에서
시간별로 치밀한 일정을 준수해야 했다. 그러나 아도는 이처럼 고난
도의 고행 속에서도 철학자들과의 연결고리를 발견했다. 수도원에
서는 '영혼의 혼란, 분산과 소멸'에 대한 주요 원인이 정념이라고 정
확하게 진단했다(아도, 1995:133). 영혼이 병들었다는 것은 부동심이
나 평정심과 거리가 먼 삶을 사는 것으로 파악했다.

이러한 진단은 무감각증이나 아메립니아의 상승과 반대되는 것
으로, 가자Gaza의 도로테우스Dorothea 수도사는 에픽테토스[3.4]와 마
찬가지로 깊은 집착을 고칠 수 있는 내면의 힘을 기르기 위해 먼저
작은 것을 포기하는 훈련을 습관화하라고 충고했다(아도, 1995:133;
2002b, 145). 한편 에바그리우스는 키케로가 《투스쿨룸 대화》에서 강
조한 교훈을 인용하며, 수치심에 호소하는 정욕처럼 제3의 정욕으
로 문제를 일으킨 정욕과 싸우라고 충고했다[4.3](아도, 1995:133).

그럼에도 서양철학에서 금욕주의를 처음으로 주장한 플라톤의 영
향에 따라 이러한 형태의 육체적 금욕주의askesis(그리스어로 '훈련'을

뜻함)는 정신 수행 또는 '신성한' 언행의 경지에 '실질적으로' 가까이 다가갈 수 있는 디딤돌이다. 성인 카시아누스Cassian의 《제도집Institutes》에서는 수도원에 입회하려는 사람은 "열흘 이상 밖에 누워 겸손과 인내뿐만 아니라 간절한 소망과 관용을 나타내야 합니다"(카시아누스, 《제도집》 IV, 3장). 기독교가 자리를 잡아가던 초기를 지나, 기독교가 최고의 안정을 누리던 중세 후기에는 말씀 묵상기도의 네 단계 구성인 독서lectio, 묵상meditatio, 말로 하는 기도oratio, 관상contemplatio이 제시되었다(르클레르크, 1935).

또한 여러 수도회에서도 자기 자신, 세상 그리고 하느님에 대한 끊임없이 다양한 형태로 내면에 집중prosochē해야 한다는 것을 불변의 원칙으로 받아들이게 되었다.[6] 아타나시우스Athanasius의 《성 안토니의 생애Life of Antony》에서는 영적 생활이 금욕 그 자체였던 성 안토니가 오로지 '내면에 집중'하며 수도 생활에 전념했다고 기록한다(아도, 1995:131). 성 안토니는 임종을 앞두고 추종자들에게 "오늘 하루를 생의 마지막 날처럼 살며 '자기 내면에 집중'하라[proschontes heautois]. 그리고 나의 강론을 기억하라"라고 말했다(아도, 1995:131). 죽음의 임박함, 시간의 허무함, 내면에의 집중이 서로 연결되었다는 사실은 시인 호라티우스의 시를 인용한 도로테아Dorothea(디오클레티아누스 황제(재위 284~305) 박해 때 순교한 동정 순교자—옮긴이)의 말에서도 발견된다. "형제 여러분, 아직 시간이 있는 동안 우리 자신에게 주의를 기울이고 경계합시다 … 보세요! 우리가 한자리에 앉은 이후로 두세 시간을 다 써버렸고 죽음에 그만큼 가까워졌습니다"(아도, 1995:131).

카이사리아의 주교 성대聖人 바실리우스(기원전 330~78년경, Basilius Magnus Caesariensis, Basil the Great of Caesarea)는 성서 '신명기'의 본문을 인용하며 내면에의 집중에 대해 설교했다. "오직 너는 스스로 삼가며 네 마음을 힘써 지키라. 그리하여 네가 생존하는 날 동안에 그 일들이 네 마음에서 떠나지 않도록 조심하라"(《내 곳간을 헐어내리라 Homilia In Illud》, "너 스스로를 돌보라Attende tibi ipsi", 31, 197 및 그 이하). [7] 바실리우스는 사람들에게 영혼의 이치에 눈을 뜨라고 촉구한다.《알키비아데스》1(The First Alcibiades, 알키비아데스와 소크라테스의 대화를 다룬 대화편으로, 플라톤이 썼다고 하나 진위를 놓고 학계에 논란이 있다―옮긴이)에서는 (육신을 넘어선) 내면의 소리에 주의를 기울여야 한다고 주장한다. 스토아학파 문헌에서처럼 바실리우스는 부의 물질성, 삼라만상이 비천한 자에게도 선사하는 찬란한 광경, 영혼의 본질적인 아름다움을 상기시키며 끊임없이 내면의 판단을 관찰하고 바로잡을 것을 권유한다(아도, 1995:130~1). 카시아누스의 비유를 빌리자면, 물레방아를 돌리는 물처럼 생각을 자발적으로 끊임없이 떠오르게 하려면(《제도집》I, 18장) 정확하게 계획과 의도를 갖고 수행에 임해야 한다. 외부 자극으로는 충분치 않다. 바실리우스가 소크라테스와 에픽테토스의 말을 인용한 것처럼, 우리는 "영혼의 눈이 쉬지 않고 자신을 감시하도록 해야 한다"(베르네, 1935).

피타고라스·에피쿠로스·스토아학파의 '양심 다스리기'에 착안하여 수도원에서 실행하는 방식이 있다. 성서 '아가서'에서는 수도원 유산의 관상적 지혜와 밀접한 관련이 있는 내용이 등장한다(폰 세베루스 & 쏠리냑von Severus & Solignac, 1935). 오리겐Origen(기원전 184~254년,

아가서의 알레고리적 해석(성경의 어떤 구절들을 해석할 때 문자적인 차원을 뛰어넘어 영적인 해석을 시도하는 방법)에 지대한 영향을 미친 초대교회 학자—옮긴이)은 아가서의 글귀 "나의 사랑, 나의 어여쁜 자여, 너 자신을 알아야 한다"를 영적으로 해석한다. 그는 그 안에서 영혼이 정욕을 다스리고 영적인 삶을 추구하는 데 진전이 있는지 성찰하라는 성서 말씀을 발견한다(아도, 1995:134). 4세기에 활동했던 알렉산드리아의 총대주교 아타나시우스Athanasius, 바실리우스, 요한 크리소스톰John Chrysostom에 따르면, 수도사들은 매일 아침 그리고 세네카[3.3]에서 다루었듯 매일 밤 잠들기 전 오늘 하루 나는 어떠한 삶을 살았는지를 설명할 의무가 있다(베르네, 1935). 기독교 수사 존 클리마쿠스John Climacus(기원전 579~649)는 하루의 성찰은 마치 은행원이 장부를 관리하듯 영적 계좌를 관리하는 것에 비유했다(베르네, 1935). 도로테아는 매일, 매주, 매월, 계절별로 심지어 6시간마다 자가 진단을 권장하며, 특히 정념을 극복하는 진행 상황에 주의를 기울이라고 권장한다(아도, 1995:134~5). 아타나시우스가 감명을 받은 안토니의 생애를 다룬 《성 안토니의 생애》에서 안토니는 내면 성찰을 반드시 글로 적어 보라고 권한다. 자신의 행동을 가상의 제3자의 눈으로 객관화하는 방법이라고 말하며 "기록한 내용이 동료 수행자들의 눈을 대신하게 하라"고 권한다(아도, 1995:133). 엑소몰로게시스exomologesis와 고해성사에서는 혼자서 하는 자아 성찰과 달리 실제 상대방이나 고해 성사자가 의무적으로 참여해야 했다.

이러한 집중과 자기 성찰의 관행은 명상에 해당한다. 고대 철학에서와 마찬가지로 수도원에서 하는 명상에서는 무조건 마음을 비워야 한다거나 담론을 초월해야 한다고 하지 않는다. 신플라톤주의의 영향을 받은 몇몇 신비주의 저자들이 주장하는 '관상 수행'과 다른 것도 이 때문이다. 한편 내면 성찰에만 집중하다 보면 '하느님과 계명'을 새기는 기도를 경시할 수 있다. 자칫하다가는 성서 본문뿐만 아니라 교부들의 말씀도 개의치 않을 수 있다. 그러던 중 5세기 고행자 포티키의 성 디아도코스Diadochus of Photice는 "인간의 지성이 하느님과 그분의 계명을 새기려면 오직 금욕을 통한 고난을 경험해야 한다"라고 말했다(아도, 1995:132). 그러나 스토아학파나 에피쿠로스학파는 수도자라면 이러한 말씀을 항상 가까이에 두어야 한다고 믿었다. 계율에 대한 명상은 '적절한 순간에 체화된 말씀이 발현하기 위해' 필요한 수단으로서 가능한 한 지속적이어야 한다고 생각했다(도로테아, 아도, 1995:134). 수도원 원칙을 통해 자신의 경험을 끊임없이 해석하고 실천할 수 있어야 한다는 것이다. 아도는 이와 관련하여 그리스와 로마 철학자들이 주목한 여러 문학 장르의 수도원 저술에서 '실천'의 중요성에 주목한다(5). 고대 그리스 전기 작가 디오게네스 라에르티오스Diogenes Laertius가 기술한 철학자들의 재치 있는 명언 같은 문답을 수록한 《사막 교부들의 금언집Apothegmata of the Desert Fathers》의 명언도 여럿 발견된다(Merton, 1970). 아리아노스Arrian는 스승 에픽테토스의 주옥같은 명언을 실어 《어록Diatribai》을 집필했는데, 이처럼 권위 있는 인물들과의 문답을 긴 형식으로 정리한 책들도 있다. 마지막으로 그리스도 생애에 대한 복음서를 생활 속에서 실천한 성인과 교부들이 실천한 모범적인 삶의 교본이 있다. 아도가 말했듯 (1995:133) "이러한 문학 장르야말로 명상에서 필요한 모든 요소를 담아내고 있다." 기억에 남을 만한 문장과 영감을 주는 이야기에 삶의 영양분과 같은 글귀를 실어 일상에 활용할 수 있다.

아마도 우리에게 가장 잘 드러나는 문학적인 수도원 작품은 중세부터 르네상스 시대까지 번성했던 수도사들의 명상 수첩florilegium일 것이다(모스Moss, 1996). 주로 익명의 글로 쓰이며 제목은 《처벌Senten-tiae》, 《발췌집Excerptiones》, 《단편집Excerpta》, 《고찰서Scarapsus》 등이다. 성스러운 글귀를 내면화하도록 도움이 될 만한 명상집들로, 성서를 읽고 묵상하는 수행Lectio divina을 하지 않으면 이해할 수 없다. 스토아학파[3.3]에서 '철학 사상을 소화해야 한다'라는 표현을 썼는데(폰 세베루스 & 쏠리냑, 1935), 여기에서도 성서적 은유(7)를 반추해야 함을 강조한다. 성서를 읽고 묵상하는 수행은 궁극적으로 하느님과 관상적 일치를 이루고자 하는 행위다. 이를 위해 우선 텍스트를 큰 소리를 읽고 그다음엔 낮은 소리로 읽는다. 그런 다음 마음과 입에서 반복해서 곱씹어 완전히 자신의 것으로 만든다.

고대인들에게 명상한다는 의미는 무엇일까? 글을 읽고, 글에서 표현하는 완전한 의미를 온 힘을 실어 '마음으로' 체득하는 것이다. 다시 말해 글을 입으로 암송하면서 장기 기억으로 저장하려고 하며, 그 의미를 이해하는 지성으로 그리고 그것을 실천하고자 하는 의지를 쏟아부으며 체득한다. … '묵상meditatio(묵념 기도를 뜻하는 기독교 영성의 용어로서 정신적으로 이치를 더듬으면서 하는 기도를 말한다. 일종의 상념想念 같은 기도로서 영성 초보자들에게 권장되는 초보적 영성 단계. '묵상은 한층 더 고상한 기도 형식인 관상觀想 기도contemplatio와 대조된다—옮긴이)'은 몸과 마음이 온전히 이 훈련을 기억하여 집중해서 실행하는 것이다. 이는 '정독精讀,

*lectio(경청하려는 믿음과 사랑의 마음으로, 글의 본문에 관심을 집중하여 온 마음으로 주의 깊게 꼼꼼히 읽되 편견 없이 정확하게 읽는 것—옮긴이)'과 불가분 관계에 있다(르클레르크, 1996:182).*

이러한 반추적 독서의 효과는 수도사들에게 여러 글이 '살아 숨 쉬는 도서관'이 되도록 해주었다. 수도사들은 명상 수첩에 명상에 사용할 인용문을 매끄럽게 연결된 영혼의 도서관이 되어주었다.

*수도원의 철학에 관한 화보집花讚輯, florilegium … 은 영적 독서 과정에서 탄생하게 되었다. 수도사는 즐겨 읽던 텍스트를 필사하여 여가 시간에 음미하고 개인 명상의 주제로 새롭게 사용했다 … 그는 "내가 하는 말과 하나님의 말씀Dicta mea, dicta Patrum은 … " 등을 암송했다. 이렇게 깊게 파고들게 된 것은 … 신에 대한 열망 때문이었다. 가슴으로는 [가톨릭 서적과 성서] 글귀를 하나씩 음미하니, … 정제되고 다듬어지고 새로운 풍미가 가득해졌다. … [그래서] 무엇이 원본이고 무엇이 교부들로부터 온 것인지 구분하기 어렵다(르클레르크, 1996:184).[8]*

물론 이교도의 영적 수행과 수도사들의 영적 수행(집중, 양심 점검, 독서, 글쓰기, 명상)에는 접점이 있다. 그렇다고 두 영적 전통 사이의 광대한 간극을 결코 줄이지는 못한다. 이 책의 1~4장에서는 이교도 철학적 사상과 관습을 집중적으로 소개했다. 그런데 이러한 사상과 관습이 수도원에서 어떻게 수용하고 기독교화했는지를 입증하기 위해 아도는 부단히도 노력했다. 그러나 성육신, 부활, 종말론의 교리는 말할 것도 없고, 카시아누스의 《제도집》(푸코, 1997:248)에서처럼 기독교에서 중시하는 '은총' 그리고 수도원에서 강조하는 '겸손'과 '순종'(푸코, 1997:248)은 헬레니즘과 로마 철학자들의 사상과는 차이를 보여준다(아도, 2002b:248~9).

이와 관련하여 이교도의 영적 수행과 수도사들의 영적 수행에는 최소 두 가지 상호 연결점이 있음을 강조하고자 한다. 첫째, 초기 수도원 텍스트에는 '신명기'를 비롯한 다른 성서 말씀에서 '악마'라는 존재와 문구가 있다. 이는 철학자 이암블리코스Iamblichus 이전의 철학적 유산과는 완전히 이질적인 내용이다(다니엘루Denielou, 1935; 브라운Brown, 1970; 스미스Smith, 1978; Brakke, 2001:19~22, 46~8). 아일랜드 태생의 역사학자 피터 브라운Peter Brown은 이 악마를 '고대 후기에 관한 종교 드라마에 등장할 법한 스타'라고 칭했다. 악마는 수도사들을 유혹하고 정욕이나 영혼의 병 '아키디아accidia', 우울함melancholy과 같은 정념 이면에서 고행자를 속이기 위해 음모를 꾸민다. 아타나시우스의 《성 안토니의 생애》에서는 이러한 악마의 이름을 지정하고 가면을 벗기고 맞서 싸우는 다양한 전략이 제시되어 있다. 바실리우스의 '내면 성찰prosoche'에 관한 강론에서 영혼에 영향을 미칠 수 있는 의인화된 세력을 막으려면 '원수가 사방에 숨은 그물을 쳐놓았다'며 조언한다(바실리우스, 《내 곳간을 헐어내리라》"너 스스로를 돌보라").

이교도의 영적 수행과 수도사들의 영적 수행의 두 번째 차이점을 소개한다. 스토아주의와 에피쿠로스주의에서는 죽음과 악이 진정한 악이 아님을 보여주기 위해 죽음과 악에 미리 대비하도록 한다. 양심을 점검한다는 것은 자신의 행동이 객관적인 철학 원칙에 얼마나 잘 부합하는지를 평가하는 것이다. 반면 카시아누스는 세 가지 은유를 사용하여 양심의 점검에 대해 기독교 신앙적으로 새로운 의미를 부여한다(6). 첫째, 좋은 곡식과 나쁜 곡식을 분류하는 방앗간 주인, 둘째, 좋은 보병과 나쁜 보병을 구분하는 군 장교, 마지막으로 셋째, 성전에 봉헌하는 헌금에는 로마 황제의 형상(악령이나 악마를 나타내는 우상을 상징)이 있어서는 안 되기에 유대 화폐(하나님을 상징)로 바꾸어주는 환전상이다. 푸코는 마지막 은유에서 자아에 관한 새롭고 명백한 기독교적 해석을 강조한다. "자아는 언행의 근원에 색욕과 육욕을 비롯한 세속적 욕망이 있는지 분별해야 한다. 스스로 무고하다고 생각하는 생각에도 악한 기원에서 비롯되었는지, 보이지 않는 '위대한 유혹자the great Seducer'가 잠복해 있는지 분별해야 한다"(푸코, 1997:241). 이러한 자기 성찰에 대한 개념은 이교도 철학에서 영적 수련을 하는 이들에게는 낯설기만 하다(푸코, 1997:240~1; 246~9).

**5.3 스콜라주의**scholasticism(기독교 신앙을 체계적으로 정리하고 이를 이성을 통해 입증하고 이해하려 했던 중세의 철학 체계—옮긴이) **철학의 이론화, 변증법의 부상**

이처럼 수도원에서는 철학적 수련에서 영감을 얻은 '영적 수련'을 실시했다. 한편 중세 시대에 들어서는 '필로소피아'의 개념에서 철학을 바라보는 시각에서 두 번째 경향이 대두되었다. 12~14세기 중세의 위대한 대학들에서는 아도의 표현을 빌리자면, 특히 그전까지 대세였던 서양의 메타 철학의 종말을 예고하기라도 하듯 PWL을 세가지 차원에서 평가 절하하기 시작했다.

첫째, 고대 철학 활동의 실존적 또는 '실천 주의적' 차원이 수도원에 통합되면서 대성당 학교cathedral school(중세 시대 때 고급 교육 센터로 시작되었으며 일부는 중세 대학으로 발전했다. 교회 지도자와 성직자를 양성하는 데 목적을 두었으나 나중에는 일반 자녀도 받아들여 중세 교육의 일대 중심을 이루게 되었다—옮긴이)와 대학의 철학 과목은 PWL과 무관한 '이론적이고 개념적인 학문'으로 자리 잡았다(아도, 2002b:254). 반면 기독교 사상가들은 신플라톤 형이상학과 신학의 요소들을 받아들여 그리스도의 신성the Divine Nature에 대한 교리를 더욱 능통하게 풀이할 수 있었다. 이처럼 형이상학적 개념을 기독교 사상에 녹여내는 동시에, 아리스토텔레스의 명저《오르가논Organon》의 내용을 교리에 인용하기도 했다. 특히 기독교의 가르침을 설명·해명·전파하는 데 활용할 사유의 규칙도 참조했다. 12세기 중반 이후에는 윤리, 자연철학, 형이상학에 관한 아리스토텔레스의 저술이 새로 발견되어 기독교적 담론에 적용되기도 했다. 서기 1250년경 이후에는 북 알프스의 유럽 인문대학 교과과정에서 철학 과목을 집중적으로 다루기도 했다(리Ree, 1978; 레프Leff, 1992). 이 시기에는 전문 철학자란 난해한 철학 텍스트를 알기 쉽게 풀이해주는 사람이라는 인식이 팽배해졌다. 도만스키의 말을 빌리자면,

스콜라 철학자는 아리스토텔레스의 저서에서 이성이 제기하는 문제propos를 해결하려고 시도하는 학자이며, 이러한 문제에 대한 해결책을 다른 사람들에게 찬성과 반대의 모든 주장과 관련해 설명한다. 이는 전적으로 지적인 작업이다. 이 상황에서 [철학자라고 해서] 품위나 역량을 발휘해서 텍스트에서 도출된 진리를 증언해야 할 의무는 없는 것이다(도만스키, 1996:50).

둘째, 철학에 대한 이러한 '이론 주의적' 개념은 시간이 지남에 따라 문법·변증법·수사학(삼학三學, trivium)을 거쳐 산술·기하학·음악·천문학(사과四科, quadruvium)으로 이어지며 플라톤 철학[4.1]으로 거슬러 올라갔다. 《신학대전De Divine II》을 통해 선보인 철학과 신학의 주류였던 아우구스티누스 사상이 한풀 꺾이고 '인문과학'에서 철학 이론을 본격 도입하게 된다(I. 아도, 2005). 세네카와 아리스토텔레스는 각각 다른 방식으로 철학을 공부하기 위한 선행 학문으로 인문학을 강조했다. 철학에 대한 학계의 평가 절하 경향 즉 철학을 인문학으로 동일시하는 경향 [9]은 알렉산드리아의 필론Philo of Alexandria으로 거슬러 올라간다. 필론은 '창세기'를 은유로 해석하며, 기하학·음악·수사학·문법을 아브라함이 자녀를 낳고자 결혼해야 했던 이집트 노예 하갈Hagar(하갈은 애굽 사람으로, 아브라함의 아내 사라의 여종이었다. 아브라함의 본처인 사라는 자신이 아이를 낳지 못하자 남편 아브라함을 권하여 여종 하갈과 동침하게 한다—옮긴이)과 동일시하고, 신성한 모세의 지혜를 아브라함의 아내 사라와 동일시했다. 기독교 시대의 첫 세기에 클레멘트와 오리겐은 필론의 알레고리적 해석을 받아들였다. 단, 모세의 지혜가 기독교 정신을 상징함을 인정하지만 철학을 인문학의 교양 과목 수준으로 격하시켰다(헨릭스Henrichs, 1968; 드 모브레이de Mowbray, 2004; 드 브리스de Vries, 2009). 따라서 오리겐은 제자 '기적자 그레고리오스Gregory Thaumaturgus(당시 많은 기적을 행하였기에 기적 행위자라고 불렸다—옮긴이)' 주교에게 보낸 편지에서 기하학과 천문학을 비롯한 다른 교양 과목들이 이교도들에게는 철학이나 다름없듯, 기독교에서도 이교도 철학을 수용해야 한다고 주장했다. "나는 여러분이 기독교에 대한 기본 지식을 형성하고 심신을 준비하는 데 여러 그리스 철학 사상을 참조하길 바란다"(도만스키, 1996:32).

셋째, 철학은 중세 대학에서 단순히 '신학의 시녀'로 전락했다는 상징을 갖게 되었다(헨리히Henrichs, 1968). 삶의 지침으로 빛을 발하던 '필로소피아'는 어느새 신학적 목적을 위해 그 지적 전통을 기독교에 의해 약탈당하고 말았다. 마치 도망친 히브리인들(기독교)이 이집트인들의 보물(철학)을 가져간 것에 비유할 만하다(에반스, 1993:13; 아우구스티누스, 《기독교 교리De Christina Doctrina》 II, 40, 60). 파리대학, 옥스퍼드대학과 기타 13세기 주요 대학의 인문학부에서 한때 상당수의 과목을 꿰차던 철학의 위치는 그야말로 좌불안석이었다. 그 결과 앞서 언급한 세 가지 이유로 평가 설하된 철학은 본격적으로 찬밥 신세가 되었다. 결국 대학에서는 기초 교양 과목을 전면 개편했다. 철학 대신 신학·법학·의학 등 전공과목을 전문으로 공부할 수 있는 교육 기반을 제공한다는 취지였다. 따라서 신생 전공인 '신학'은 한때 '학문의 꽃'으로 불리던 철학이 하던 삶의 잣대로의 역할을 대신하게 되었다. 교황 그레고리오 9세는 1229년 파리대학을 신학 연구 중심의 대학으로 승격하며, '하갈'과 '사라'의 비유를 상기시켰다.

이스라엘 연합군인 짧은 머리와 손톱을 지닌 적에게 납치된 어린 소녀가 있다고 가정하자. 그런 소녀는 적을 정복해서는 안 되고 적의 신하로서 적에게 복종해야 한다. 신학적 지성은 사람처럼 [대학의] 모든 학문을 관통해야 한다. 그리고 영혼은 육체를 지배하는 힘을 행사하는 과정에서 육체가 일탈하지 않도록 강직함의 길로 인도한다(임바흐Imbach, 1996:15).

중세 철학의 몰락에 대한 아도와 도만스키의 주장을 뒷받침하는 증거가 많다. 기독교 문화는 삼위일체三位一體, Trinity(성부聖父, 성자聖子, 성령聖靈이 한 몸 즉 성부 여호와, 성자 예수, 성령이 하나라는 뜻—옮긴이)의 교리와 더불어 천지창조, 인간의 타락, (예수의 몸으로 이 땅에 오신 하느님의) 성육신成肉身, 부활, 속죄, 심판이라는 서사를 중심으로 구축되었다. 따라서 교리와 상충되는 면이 있는 고대 철학 사상을 기독교 방식으로 해석해야 했을 것이다. 기독교 교리를 옹호·증명·전파하기 위해 고귀하고 내실 깊은 이교도 철학에서 '단물'만 쏙 빼 올 수밖에 없었을 것이다. 아우구스티누스Augustine, 아퀴나스Aquinas, 안셀무스Anselm를 비롯한 많은 사상가들도 같은 생각이다(에반스, 1993:13). 한편 이교도 철학이 기독교 정통성에 대치되며 위협을 가한다고 생각한 사상가들도 있다. 테르툴리아누스Tertullian, 히에로니무스 성인 Saint Jerome, 보나벤투라Bonaventure(임바흐 참조, 1996:33~7), 로마의 자일스Giles of Rome가 있다. 1215년과 1277년, 파리에서는 기독교와 철학은 결코 어울릴 수 없다고 판단해 철학은 이단의 뿌리이고 철학자들은 이교도들의 족장이라고 선언하며 이단에 대한 사형 집행이 있었다(에반스, 1993:14). 에반스G. R. Evans에 따르면 위그 드 생 빅토르Hugh of Saint Victor, 로버트 그로스테스트Robert Grosseteste, 안셀무스Anselm, 피에르 아벨라르Peter Abelard, 솔즈베리의 요한John of Salisbury, 토마스 아퀴나스Thomas Aquinas는 더는 철학자로 살아갈 수 없었다.

*과거에는 아우구스티누스나 보이티우스와 같은 철학자들은 '철학자의 삶'이 기독교인의 삶과 동일하다고 여겼다. 그러나 시간이 흘러 기독교와 철학은 동일시*

되지 않게 되었다. 잉글랜드의 수도사제, 역사가이자 가톨릭·정교회·성공회의 성인 베다*Bede(c.673~735년경)* 이후 서유럽에는 기독교를 버리고 철학 체계를 삶의 근거로 선택한 자는 없었다 … *(에반스, 1993:3, 5).*

그럼에도 도만스키는 이러한 설명이 충분한 근거 없이 복잡한 중세 메타 철학을 지나치게 단순화하는 오류를 범할 수 있다고 경고한다(1996:38~9). 13세기에 인문 교과과정에 '철학의 삼학(물리학·윤리학·형이상학)'이 포함된 이유도 여러 철학사상이 오랜 세월에 걸쳐 서로 복잡하게 얽혀 있기 때문이다. [10] 한편으로 고대 철학의 내용과 전승 과정 전반에 걸쳐 인문학이 녹아 있었다는 점은 명백하다. 철학에서 파생된 여러 학문에도 인문학의 흔적이 나타나기도 했다. 《국가》 제7권에 대해 4장에서 언급했듯, 플라톤의 소크라테스는 이미 철학자-수호자의 교육에서 음악·산술·기하학·천문학(훗날 사과四科로 발전)의 필요성을 규정하고 있다. 여기서도 수학적 지식이 요구되는 학문에서조차 고도로 '철학적인' 의도가 부여된다. 이 목적은 "영혼이 추상적인 숫자에 대해 추론하게 함으로써 … 가시적·유형적 대상에 대한 논증을 애초에 하지 못하고"(플라톤, 《국가론》 525d), 감각적인 이미지에 얽매이지 않고 추상적 개념에 대한 추론에 익숙해지도록 하기 위함이다. 사물의 본질이자 원인인 '이데아'를 접근할 때, 수학적 추론에서 시작해서 체계적인 철학적 추론에 이르게 된다. 이때 플라톤의 변증법 즉 사물의 본질에 대한 정의, 분할과 입증 자체를 탁월한 철학적 방법론으로 변증한 것 자체가 '인문학'의 일환임을 다시 발견하게 된다(아도, 2020:106~8, 135, 148, 152).

물론 아리스토텔레스는 '변증법'은 진리에 어긋나는 방향으로 설득하기 위해 상식에 논박하는 기술이라고 폄하하고 철학의 존엄성을 따라가지 못한다고 주장했다(리브Reeve, 2012; 아도, 2020:136~7). 그러나 변증법은 스토아철학에서 논리학의 한 부분으로 계승되었고 중세 후기의 인문학인 삼학三學에서 '수사학'과 어깨를 나란히 하게 되었다. 그리고 플라톤, 스토아, 아리스토텔레스의 사상을 한데 모은 듯 확률에 의한 개연성을 중시한 철학 사조는 아르케실라오스 이후 변증법을 철학의 중심으로 놓았다. 단, 변증법은 가장 개연성 높은 진리를 추구하고 변론하는 것으로 용도를 제한했다(아도, 2020:150, 143~5).

피에르 아도의 기록에 따르면, 모든 고대 학파에서는 변증법적이고 수사학적인 방법으로 '양방향으로 사고하고 말하기in utramque partem'를 일상 교육에서 중시했다(아도, 2020:141~8, 153~5). 플로티노스조차도 학생들에게 변증법적 문답 방식으로 가르쳤다. 단, 학생들의 호응이 다 좋았던 것은 아니었다(아도, 1998:84~7; 아도, 2020, 154). 이러한 이유로 아리스토텔레스는 존재의 근본을 연구하는 부문을 '제1철학the first philosophy'이 모든 학문의 우위에 있다고 주장했고 세네카는 덕을 가르치는 학문으로 인문학의 지위가 철학보다 아래에 있다고 주장했다. 에피쿠로스가 전인교육을 뜻하는 '파이데이아paideia'를 철학자들의 관심사에서 완전히 배제하려 시도했다는 유명한 일화가 있다. 그러나 이 경우는 고대부터 내려온 인문학과 철학을 결합하는 경향의 예외적인 경우일 뿐, 고대 전반에 걸친 사상을 대변하지 않는다.

다른 한편으로는 고대와 마찬가지로 중세 학문에서 인문학이 철학에 포함되는 현상이 나타난다. 아우구스티누스, 마르티아누스 카펠라Martianus Capella, 암모니우스Ammonius를 비롯한 후대의 다른 고대 주석가들은 사실 이교도 학파에서는 인문학과 철학 사이에 명확한 선을 그었다. [11] 예를 들어 고대 말, 암모니우스와 보에티우스Boethius는 (아리스토텔레스에 따른 경험 철학과는 대조적인) 이성을 지식의 근거로 삼는 사변思辨철학을 세 가지로 구분하면서 물질(육신)로부터 추상화된 형태를 고려하는 수학을 포함하기에 이르렀다.

[그림 5.1] 성 이시도르Saint Isidore가 분류한 학문 체계(와이스헤이플의 번안본, 1965:64).

수학은 물질적인 것을 고려하는 '물리학' 그리고 물질과 운동과는 완전히 분리된 형이상학적 실재를 고찰하는 '신학theologica' 사이에 위치한다(그림 5.1)(와이스헤이플Weisheipl, 1965:59~61).

그러나 여기서 '수학'은 존재론적 순수성과 우선순위에 따라 정확하게 사과四科의 학문, 즉 '지혜로 가는 네 갈래 길'로 나뉜다. 그 시작점은 물질성에서부터 완전한 추상화의 차원에서 숫자를 고려하는 것이다. 그다음엔 음악이나 화음으로 이어진 후 숫자를 기반으로 하는 기하학으로 내려간 다음, 마지막으로 수학적 지식scientia이 절정을 이루면서 가장 오래되고 유서 깊은 자연과학인 천문학으로 내려온다(와이스헤이플, 1965:61~2; 카단Caddan, 2013:246).

얼마 후 세비야의 성 이시도르Saint Isidore, 560~636년)가 집필한 《어원학Etymologiae》에서는 '지식'을 여러 갈래로 분류했는데, 이 분류는 후대에도 큰 영향을 주었다. 결과적으로 스토아철학의 삼분법 즉 논리, 윤리, 물리학(또는 '자연철학'[카단, 213:246])은 보에티우스의 신플라톤주의 유산과 통합하게 되었다. 이번에는 수학 대신 '물리학'이 사과四科에 통합되고 '신학'이나 '신성 학문'은 포함되지 못했다. 한편 보에티우스의 이론과는 대조적으로 논리학은 철학의 일부로 복원된다. 그러나 여기에는 훗날 삼학三學이 될 변증법과 수사학이 포함되어 있으므로, 후대의 모든 인문학 중 문법만 철학에 포함되지 못했다.

중세 후기, 12세기 위그 드 생빅토르Ugo di San Vittore가 쓴 《연학론》에서는 철학을 네 가지 학문으로 나눈다(와이스헤이플, 1965:65~6). 여기서도 이시도르의 이론에서처럼 플라톤, 아리스토텔레스, 스토아 사상의 도식을 결합하는 문제가 대두된다. 이제 삼학三學 전체를 포함하는 논리학은 철학의 한 부분이 되었다. 논리학에 일곱 가지 '기예技藝'가 추가되고 그다음에는 경험 철학(윤리·경제·정치의 세 가지 아리스토텔레스적 구분에서)이 추가되어 사변철학의 지위까지 올라간다. 그러나 보에티우스의 이론처럼 사변철학은 자연철학과 신학 사이에 설정된 수학적 사과四科를 수용하고 물질과 분리된 형태의 학문으로 간주된다(그림 5.2)(와이스헤이플, 1965:65~6).

간단히 말해 고전 시대와 달리 중세 시대에 들어서는 학문을 분류할 때, 철학은 인문학과 동일시되지 않고 인문학으로 범위가 좁혀지지도 않았다. 고대 이교도들의 접근 방식처럼, 철학이라는 거대한 울타리 안에 인문학이 포함되어 있다고 믿었다.

그림 5.2 유럽의 사상가 위그 드 생빅토르Ugo di San Vittore가 분류한 학문 체계
(와이스헤이플의 번안본, 1965:66).

피터 해리슨Peter Harrison이 《과학과 종교의 영역The Territories of Sciences and Religion》(2015)에서 강조했듯, 현대인들처럼 중세인들도 학문에 대한 충분한 '개념' 또는 객관적이고 명확한 '탈주체화된 정보'를 숙지했다고 자부하며 '인문학'을 비롯한 여러 '학문'을 이해했다고 속단하기 어렵다. 해리슨(2015:11~13)에 따르면 13세기 후반에도 아퀴나스는 《니코마코스 윤리학》 제6권에서 아리스토텔레스의 관행을 따라 '지식scientia'을 '지적 미덕'으로 이야기했다. 탐구자의 지적 능력을 변화시키고 완성하는 동시에 외부에 있는 진리를 드러내는 '습관'이라는 의미였다. 해리슨은 다음과 같이 '요약'했다.

무언가를 이해한다는 것은 제1원칙을 파악하는 것, 제1원칙으로부터 진리를 도출해내는 학문을 습득하는 것 그리고 삼라만상의 제1원인인 하느님을 섬김으로써 지혜를 쌓아가는 것이다[아퀴나스Aquinas, 《신학대전Summa Theologica》 1a2ae, 57, 2]. 학문의 진보는 세상에 대한 체계적인 지식을 더 얻는 것이 아니라 일반 전제에서 '학문적' 결론을 도출하는 데 더 능숙해지는 것이었다. 이렇게 이해된 '학문'은 논리적 증명을 반복하여 점진적으로 습득하는 정신적 습관이었다(2015:12; cf. 120~1).

중세 시대에 다양한 방식으로 학문을 분류하는 원칙을 살펴보면 교육적 고려 사항을 염두에 두었다는 점을 알 수 있다. 오히려 같은 시기에 '지식scientia'을 분류할 때는 학생들에게 정보를 제공할 뿐만 아니라 학생을 양성하는 데 필요한 요구에도 세심한 주의를 기울였다. 앞서 언급했듯 플라톤에서 영감을 받은 분류 체계는 (천문학, 음악, 기하학, 산술과 같은) 자유주의에 기반한 수학적 학문을 정신 수련으로 간주하는 취지를 유지해왔다(3).

이러한 학문은 모든 물질성과 운동으로부터 추상화된 '순수한 형태'로 사유하기 위한 정신 수련이라고 생각했다. 플라톤 이후 중세 학문 분류에서 볼 수 있는 '추상화' 움직임은 결코 삶에서 '추상적'이거나 '공허한' 담론으로의 도피가 아니다. 참된 삶과 가장 높은 대상에 대한 관조를 향해 영적으로 다가간다는 의미다. 이러한 이유에서 아퀴나스는 신학의 최고 목표를 '하느님의 현존을 느끼는 즐거움'(《신학대전》II q19 a7)이라고 하고, 성 빅토르의 휴고Hugo von St. Viktor(1097년경~1141년 2월 11일, 색슨 의전수도회 신학자들의 리더였으며 신비주의 신학자—옮긴이)는 일찍이 인문학의 연구가 '인간의 마음속에 있는 신성성의 형상likeness 즉 타락의 결과로 상실된 형상을 회복하는 것'을 목표로 한다고 주장했다(해리슨, 2015:66). [12]

마지막으로, 아도는 《고대 철학이란 무엇인가》에서 서양 중세에 철학이 '기독교 신앙의 시녀'로 강등된 상황으로 책을 마무리한다는 점을 눈여겨봐야 한다. 중세에는 모든 것이 신학 중심으로 되었기 때문에 철학이 신학보다 하등하다는 의미이기도 하지만, 신학을 하려면 철학적 소양을 갖춰야 한다는 의미도 있었다. 스콜로 철학자들은 글쓰기에 관해 그들만의 특징적인 교수법이 있었다(5). 권위, 이성, 경험에 의존하여 논쟁의 양쪽 모두를 논증하는 물음quaestio 방식이었다. 아도가 다른 책에서 고대 철학 교육의 핵심으로 여긴 변증법적 교수법(2020:140~8)을 떠올리게 한다. 예를 들어 알베라르Abelard의 《예-아니오Sic et Non》에서는 "지혜를 향한 첫 번째 열쇠는 꼬리에 꼬리를 무는 질문을 던지는 것이다. … 끊임없는 탐구를 거쳐 진리에 도달한다"라는 경건한 근거를 제시하며, 157개의 질문을 제기한 뒤 각 질문의 어느 한쪽을 지지하며 상대 의견에 대한 반대론을 소개한다(듀란트 & 듀란트Durant & Durant, 1950:939).

12~13세기에 스콜라 신학에서 도입한 '찬반의 방법론Sic et Non'은 여러 인문학과 신학과 관련된 문제를 도출한 후 이에 대한 찬sic과 반non의 대답을 유도하는 사유 기법이다(마렌본, 1991:18~19). 이 외에도 두각을 사유 기법에는 대학에서 활용한 반박 기법이었다. 스콜라 신학서의 근간이 되는 '양방향으로 사고하고 말하기ad utramque partem'를 집중적으로 훈련하는 교수법이자 지적 단련(2)이었다. 반박 기법에는 질문과 답변에 대한 의무 예제가 체계적으로 성문화되어 있었다. 학생들은 주어진 논제에 대해 반대론자opponens 또는 찬성론자 respondens가 된다. 그런 다음 학생들은 '권위에 의한 논증'(명제가 참인 것을 입증하기 위해서 그 권위를 제시하는 귀납적 추론의 하나로 "A가 B라고 주장한다-A에 관해서 어떠한 적극적인 면이 있다-따라서, B라는 주장은 참이다"라는 전개 형식—옮긴이)과 '삼단 논법 추리'(두 개 이상의 전제에서 직접 관련되지 않았던 항목 간 관계에 대해 결론을 내리거나 주어진 결론이 연역적으로 타당한지 판단하는 추리—옮긴이)에 의존하여 논쟁에서 이기려고 할 것이다. 때로는 어떠한 주제든 형식에 구애받지 않는 공개 자유quodlibet 토론도 활용했다. 공개 토론은 대중의 볼거리이기도 했다(마렌본, 1991:19). [13]

여기서 요점은 스콜라 철학에서 변증법의 우위를 말할 때 철학적 활동이 삶으로부터 '이론적으로' 동떨어져 있다고 섣불리 단정하지 않아야 한다는 점이다. 철학적 토론과 논쟁은 그 자체로 고도로 발전된 형태의 지적 단련이었기 때문이다(2)(아도, 2020:35, 58~9). 당시 교수들은 아리스토텔레스의 《변증술》(아도, 1981:1~2)을 참조하면서, 14 학생들이 변증법적으로 검토하고 논쟁하도록 양성하는 것을 목표했다. 그러나 궁극적으로는 피터 아벨라르와 시제 브라방Siger of Brabant 이 지적했듯 학생들은 주체적이고 독립적인 의견을 제시하기보다는 기존 기독교 교리를 옹호하고 명확하게 하려는 취지가 강했다.

## 5.4 철학의 저력: 아벨라르부터 단테의 《향연The Banquet, Il Convito》까지

아도는 기독교에 의해 존재감을 잃은 중세 '필로소피아'의 운명에 관한 설명의 한계를 인식하고 있었다. 그래서 그는 율리우스 도만스키Juliusz Domanski의 《철학, 이론 또는 삶의 방식La Philosophie, Théorie ou maniere de Vivre》의 설명을 참조했다고 밝혔다. 앞서 지적했듯 도만스키 역시 12~13세기에 스콜라주의가 지배적인 사조였다는 점을 언급했다. 철학은 기독교 신학을 거드는 담론 또는 개념적 도구로 축소되고 변증법을 우위에 두며, 고대 철학에서 중시한 생활 속에서 실천하는 철학은 흔적조차 보이지 않게 되었다고 덧붙였다. 도만스키의 말처럼(1996:50) "고대 철학자들의 이름은 기독교 교리와 사상을 거드는 [스콜라주의자들의] 기호일 뿐이다." 오늘날 대학 철학자들도 이 말을 대부분 사실로 간주한다. 아리스토텔레스의 《니코마코스 윤리학》에서 말하는 윤리학조차도 오늘날 대학에서는 이론이나 '학문'으로 머물러 있다. '철학'에서 다루는 물리학이나 형이상학을 읽는 것과 동등한 수준일 뿐, 실존적 함의를 제시하지 못한다(1996). 15

그럼에도 도만스키는《철학, 이론 또는 삶의 방식》에서 별도의 장을 할애하여 이러한 철학의 초상을 규명하고, 스콜라 철학의 절정기에 활동한 철학자들의 사상을 비롯해 중세 시대를 꽃피운 메타 철학을 살펴본다. 도만스키는 중세의 위대한 대학들이 각자의 교수법을 확립하던 13세기, 토마스 아퀴나스, 보나벤트라Bonaventure(1221~74, 이탈리아의 스콜라학파 신학자—옮긴이) 등의 스콜라 철학 개념보다 고대의 '필로소피아' 개념에 훨씬 더 가까운 철학과 그 역할에 대한 두 번째 계보가 등장했다고 주장한다. 도만스키는 피터 아벨라르, 보에티우스 다치아Boethius of Darcia, 리차드 킬워디Richard Kilwardy, 로저 베이컨Roger Bacon의 사상을 인용하며 다음과 같이 주장한다(1996:65).

*철학자들의 인성이 단연 돋보인다. … 삶을 대하는 태도와 언행은 타의 추종을 불허한다. 그들의 고결한 삶은 그리스도인들에게 모범이 아니라면 적어도 자극제가 될 수 있을 것이다. 정작 신앙인으로의 삶이 철학자들의 삶에 비해 보잘것없다는 수치심을 느낄 수 있을 터이니.*

우선 아벨라르의《철학자, 유대인, 그리스도인의 대화Dialogue between a Philosopher, a Jew, and a Christian》(기원전 1136~39년경)에 등장하는 철학자는 주장을 가감 없이 펼친다. 무엇보다도 젊은이들이 이상적인 지성인이 되는 방법을 제안한다. 이를 위한 전인교육 즉 '파이데이아'는 인문·사회·과학기술 기초 소양을 균형 있게 함양하고 윤리학으로 공부한 후, 바람직한 삶을 사는 방법을 지속하여 탐구하도록 한다. 한편 기독교인들은 이렇게 '실천' 관점에서 학문 습득의 순서와 단계를 정하는 것 자체는 거부감 없이 받아들인다. 단, 이교도에서 칭하는 '윤리'에 대해 기독교인들은 "우리는 그것을 신성한 지혜라고 한다"라고 하며, 자신들이 그 지혜를 함양하고 있다고 생각한다(1996:66). 더욱이 기독교인들은 삶의 진정한 목표를 하느님과의 친교라고 생각하는 반면 철학자는 목표에 도달하기 위한 수단 즉 덕을 쌓는 과정을 중시한다. 한편 철학자는 기독교에서 추구하는 '최고의 선summum bonum'이 자신이 추구하는 덕보다 더 높은 경지라는 점을 순순히 인정한다. 그러나 철학자가 일관되게 중시하는 것은 바람직한 삶을 살면서 '최고의 선'에 도달하기 위해 노력하는 것 즉 소크라테스 이후 철학의 '실천주의'적 개념이다.

사실, 비기독교인도 구원받을 수 있는지에 대한 문제를 제기한 아벨라르의 《기독교 신학의 요람Epitome theologiae Christianae》에서 저자는 이교도 철학자들을 높게 평가한다. 순교자 유스티누스Justinus Martyr(약 100년~165년, 기독교의 변증가, 성인, 순교자, 신학자 겸 철학자—옮긴이)와 몇몇 다른 교부들을 치하한 것처럼, 세례를 받지 않은 기독교인에 대해서도 호의적으로 평가했다. 성 바오로Saint Paul조차도 하느님께서 이교도 철학자들에게 삼위일체를 계시하셨다고 인정했다는 점을 인정했다. 한편 범죄자에게는 형벌이, 의로운 사람에게는 보상이 주어지는 사후 세계를 주장한 사람들도 많았다. 아벨라르는 이런 주장에 자부심을 느낀 사람들도 분명히 있었다고 인정한다. 실제로 사후 세계에서 보상을 얻으리라는 믿음을 가진 기독교인들이 많다. 그럼에도 고대인들이 미덕에 대해 정교하게 묘사할 수 있었던 것은 이러한 미덕을 진정으로 알고 있었기 때문이다. 실제로 아벨라르는 하느님의 섭리가 그리스와 로마 철학자들을 보내어 그리스도인에게 양심의 가책을 불러일으키고 의로운 겸손에 대해 많은 모범적인 부름으로 봉사함으로써, 그들을 가르치고 선동하고 징계했다고 제안한다(1996:68). 아벨라르는 요한 크리소스토무스 대주교도 매우 중요한 기독교 신학자 가운데 한 사람으로 끊임없이 기독교 교리에 대해 설전을 펼쳤지만, 그에 비견될 만큼 훌륭한 삶을 살았던 이교도 철학자들도 많았다고 언급한다. 피타고라스와 소크라테스의 덕이 충만한 삶을 비롯해 이 세계의 모든 것이 많은 원자로 이루어져 있으며, 세계는 이 원자와 텅 빈 공간으로 이루어진다고 생각한 원자론자 데모크리토스의 삶도 소개한다.

도만스키가 메타 철학적 성찰을 통해 살펴본 중세 후기의 두 번째 철학자가 있다. 그 역시 기독교에 빛을 잃은 철학의 저력을 묵묵히 보여주었지만, 세상에 알려지지 않은 13세기 인물 '보에티우스 다치아Boethius of Darcia'다. 보에티우스는 라틴계 '애버로이스트Averroist(진리와 신앙은 별개의 존재라고 주장하는 학자들—옮긴이)'였다. 다른 스콜라학자들과는 달리, 보에티우스는 적어도 도만스키의 해석에 따르면 신학으로부터의 완전한 자율성을 철학에 부여했고, 철학이 기독교 교리에 대한 보조 수단이 아니라 그 자체로 목적이 된다고 믿었다. 따라서 보에티우스는 《최고선에 관하여De summa bona sive de vita philosophi》에서 '인간의 최고의 덕은 지성의 덕'이라고 주장하기 전에는 인간에게 최고의 선은 '[인간에게] 최고의 덕을 부여하는 것'이라고 제안했다(1996:71). 아리스토텔레스의 사상에 대한 보에티우스의 해석은 이렇다. '지성'에는 두 가지 종류가 있다. (참을 지향하는) 사변적 지성과 (선을 지향하는) 실천적 지성이다. 그에 따르면 "진리에 대한 지식, 선의 성취와 향유가 인간이 추구할 수 있는 최고의 선"이다 (1996:71~2). 그렇다. 모든 인간은 그러한 지식과 성취를 갈망하며 살아간다. 그러나 '지혜에 대한 탐구studio sapientiae vaccant'에 오로지 헌신하는 철학자들은 소수에 불과하다. 따라서 특히 이단을 피하던 보에티우스는 철학자만이 인간의 본성에 따라 충만한 살아간다고 추론했는데, 이는 고대 철학자들의 인간 본성에 관한 역설을 공개적으로 반박한 주장이었다(1996:72). 보에티우스가 생각하는 이상적인 철학자란 사람들 사이에서 유일하게 "행동의 혼탁함 즉 악을 의식하고, 행동의 고귀함 즉 미덕을 알고 있다"(1996)라고 한다. 따라서 본인은 이상적인 철학자로서 자연의 섭리를 거스르는 '죄'를 짓지 않는다는 논리다. 보에티우스에게 지성과 사색에는 죄가 개입할 여지가 없다. 아리스토텔레스가 주장했듯이(《니코마코스 윤리학》10권, 7) 선의 과잉은 있을 수 없기 때문이다. [16]

그러나 도만스키가 제시했듯 로저 베이컨(기원전 1214~94년)은 르네상스 이전 기독교 시대의 철학자 중 가장 높은 평가를 받는다. 베이컨은 '다양한 이유로 그 시대의 전형적인 스콜라주의를 초월한, 시대를 앞서간 학자이자 중세 인본주의자'다(1996:74). 베이컨과 동시대 인물인 리처드 킬워디Richard Kilwardy(1215~79 CE) [17]에게 형이상학이나 신학이 아닌 윤리는 철학에서 '가장 소중한' 부분이었다. 베이컨에게 윤리학은 다른 모든 철학적 학문의 한계이자 끝을 구성한다. 베이컨은 스콜라주의 관점에서 이론철학의 결론이 윤리원칙으로 이어져야 한다고 설명했다. [18] 베이컨 외에 다른 철학자들의 전기, 신조, 행위, '의견과 교리'에서도 비슷한 생각을 읽을 수 있다(도만스키, 1996:76). 고대 철학자들의 삶은 베이컨, 아벨라르 그리고 인문주의자들의 관점에서는 겸손한 미덕을 지닌 기독교인들에게 윤리적 삶의 교본이 될 수 있다.

중세 평신도 철학에 관한 뤼에디 임바흐Ruedi Imbach의 주목할 만한 업적을 기리며 이 장을 마무리하고자 한다. 우리가 살펴본 모든 사상가들 심지어 보에티우스 다치아처럼 사상에 대해 비난받은 몇몇 사상가들조차도 "성직자처럼 생각하고 성직자를 위해 글을 쓰며" 성직자와 같은 생활을 했다(임바흐, 1996:7). 평신도들은 중세 시대 왕세자 계급을 포함하여 종종 중세 문학에서 인문학과 신앙의 신비에 대해 무지한 것으로 묘사되곤 했다(임바흐, 1996:8~13). 그럼에도 임바흐는 성 토마스, 로마의 자일스, 자크 르그랑Jacques Legrand 등이 평신도를 대상으로 쓴 철학 저작에 주목한다. 때로는 평신도들이 서간문에 대해 이들에게 문의한 내용에 대한 답변으로 구성되어 있고 철학서는 읽기 쉽도록 라틴어에서 그들의 모국어로 번역되어 있다. 이러한 텍스트는 한편으로는 수도원과 대학 외부에 있는 일반 평신도들이 철학에 관심이 있고, 철학 교육에 대한 수요가 높다는 점을 시사한다(임바흐, 1996:76~7). 임바흐가 강조하듯 다른 한편으로는 철학을 접하는 대상에 맞게 다양한 유형의 철학서가 등장했다. 로마의 자일스(1243~1316 CE)가 쓴 《군주통치론De regimine principum》에서도 내용을 주제별로 나누고 수사학적으로 고려하여 독자들이 쉽게 이해하고 공감할 수 있도록 했다(1243~1316 CE) (임바흐, 1996:52~5).

또한 이 텍스트들은 대학의 커리큘럼에 얽매이지 않고 교회인 감독을 벗어나 다양한 메타 철학적 성찰을 위한 장을 제공했다. 자크 르그랑Jacques Legrand(기원전 1360~1415년)의 야심 어린 《지혜의 고고학 Archiloge sophie》은 아리스토텔레스의 《오르가논》을 프랑스어로 쉽게 풀이한 뒤 철학적 삶에 대한 주제를 본격적으로 파헤쳤다. 르그랑은 아리스토텔레스이 쓴 《형이상학》의 서문과 《니코마코스 윤리학》 제 10권을 인용하며, 모든 사람은 행복을 갈망하고 이러한 행복은 '지 성sapience'에 있다는 사상을 옹호한다(임바흐, 1996:57). 그런 다음 그는 '고대 사람들'이 지혜를 추구하는 방식은 '진리와 도덕을 실천하는 삶', '세속적인 일'에서 벗어나 산이든 사막으로 들어가 은둔한 삶을 사는 것으로 이해했다고 언급했다(임바흐, 1996:58).

임바흐가 중세 시대에 평신도를 위해 쓴 가장 수목할 만한 철학 텍스트는 단테 알리기에리Dante Alighieri(1261~1321년)의 미완성작 《연 회The Banquet, Il Convito》다. 이 책에서는 성직자도 아니고 '천사의 빵'을 먹어 본 적도 없는 평신도 주인공이 1인칭 시점의 모국어로 이야기 를 펼쳐 나간다. 주인공은 은혜로운 향연에 평신도들을 초대하고 싶 은 자비로운 열망을 안고 있다(임바흐, 1996:135). 이 책은 주인공의 자서전적인 구절과 단테의 주인공에 대한 서사를 오간다. 단테는 자 신이 사랑하는 베아트리체가 죽었을 때, 두 번째 《향연》(II, 13)에서 보에티우스의 《철학의 위로》[4.5]와 키케로의 《우정에 관하여》[4.3] 를 읽었다고 기록했다(임바흐, 1996:135). 당시 보에티우스의 '철학의 여신'(도만스키, 1996:37 참조)이 단테가 사랑하는 이를 잃어 슬픔으로 가득 차 있을 때 그를 찾아온다는 극적인 이야기가 시로 적혔다. 철 학의 여신은 단테에게 베아트리체에 대한 사랑을 버리고 자신을 사랑해달라고 간청한다. 그러나 단테는 자신의 영혼이 쉽게 다른 곳으로 눈을 돌리긴 어렵다고 생각한다.

*사랑은 갑자기 생겨나거나 위대해지거나 서둘러 완전해지지 않는다. 특히 사랑에 걸림돌이 있다면 더 많은 시간과 고민이 필요하다. 새로운 사랑이 여물어 완전해지기까지, 고민과 사랑을 방해하는 걸림돌과의 전투도 불가피하다. 눈부시게 아름다운 베아트리체를 위해 여전히 내 마음을 봉쇄할 요새를 지키려면 어쩔수 없다(II, 2).*

단테의 《향연》에서는 '영혼의 전투'에서 드러나는 세 가지 특징이 있다. 첫째, 단테는 책의 도입부에서 아리스토텔레스의 《형이상학》에 등장한 선언 즉 '모든 인간은 본성적으로 지식을 욕망한다'가 이 평범한 일상에서 어떻게 나타나는지 보여준다(임바흐, 1996:136 참조). 단테는 이 구절을 "집안 사정이나 사회 상황에 의해 어쩔 수 없이 굶주림에 처한 사람들이 있다. 그들은 형편이 여유롭거나 사회적으로도 풍족하도록 '선택된' 이들에게 다가와 음식을 나누어 먹는다"라고 해석했다(임바흐, 1996:136 참조). 최고의 철학적 권위를 지닌 철학자의 사상은 특정한 틀로만 해석될 필요가 없다. 철학을 잘 모르는 일반인도 자신만의 해석으로 철학을 이해하면 된다.

둘째, 이야기가 전개되면서 단테가 강조하고자 하는 철학에 대한 진정한 찬사가 이어진다. 단테는 보에티우스 다치아의 (논란의 여지가 없는) 주장처럼 인간이 도달할 수 있는 완성의 경지가 철학이라고 정의한다.

인간의 지성이 그녀에게 작용하는 한, 그녀의 선善은 본성에 작용한다. 다음은 그러한 그녀에 대한 칭송의 글이다. … 그녀의 존재는 그걸 주신 분의 마음에 들어, 그분은 우리 본성의 요구보다 더 많은 당신의 역량을 언제나 그녀에게 넣어주시고, 그녀를 아름답고 역량 있게 만드신다고 말한다. 그러므로 일부 사람들이 철학의 습관을 갖게 되더라도, 누구도 고유한 의미에서 습관이라고 말할 수 있는 것을 갖지는 못한다. … 실제로 완전하든 불완전하든, 그녀는 완전함의 이름을 잃지 않기 때문이다(III, 13).

마지막으로 임바흐는 《향연》의 단테가 형이상학을 철학의 정점으로 삼는 정통 아리스토텔레스의 메타 철학과, 생활 속에서 철학하기를 우선하는 두 번째 메타 철학의 입장 사이에서 어떻게 절충안을 마련하는지(로저 베이컨보다는 보에티우스 다치아의 주장과 비슷하지만)에 주목한다. 지혜를 추구하는 철학의 목표가 구체화되지 않은 이론적 진리 주입이 아니라 미덕을 함양하는 것이어야 한다고 그는 주장한다(Palmer, 2016:192 참조). 그는 《향연》 3권 15장에서 "철학의 육체에 해당하는 지혜의 아름다움은 그 즐거움을 감각으로 지각할 수 있도록 하는 도덕적 덕성들의 질서에서 나오기 때문이다"라고 썼다. [19]
철학은 결국 신이 인간에게 보낸 삶의 '지침'이어야 한다. 철학의 위로와 방향은 원칙적으로 모든 사람이 대상이다(물론 철학에서 추구하는 '습관'을 온전히 실천할 수 있는 이는 거의 없다). 그리고 신앙이나 신학이 아닌 '철학의 습관'(II, 13)이 인간 본성을 완성시킨다고 주장한다. 《향연》의 이러한 모든 입장은 단테가 시뿐만 아니라 철학에서도 이탈리아 르네상스의 포문을 열고 있다는 사실을 정당화한다.

# 6장
## 삶의 방식으로서의 철학—르네상스를 맞이하다

### 6.1 철학, 인문주의 그리고 수사학의 승격

대학에서 호기심으로 가득한 눈빛의 학생들이 철학 강의실을 메운다. 강의 주제는 유럽 르네상스 철학 사상이다. 이 시기를 다루는 철학 수업이 많지 않다. 아퀴나스나 스코투스의 '신학'에서 베이컨이나 데카르트의 '인식론epistemology(지식의 본질, 기원, 근거, 한계에 관한 철학 연구나 이론—옮긴이)'으로 이어지는 중요한 시기 말이다.[1] 그런데 근대 문화가 꽃피우는 과정에서 이탈리아 및 북유럽 르네상스가 막대한 영향력을 끼쳤다는 사실을 고려해보라. 철학 교육에서 유럽 르네상스 사상을 깊이 다루지 않는다는 건 어폐가 있다. "르네상스 시대에는 내로라할 철학 사상이 없었다", "대학에서는 아리스토텔레스 사상만 가르쳤다"라는 평가가 있지만 실제로는 사실이 아니었음을 밝히고 싶다. 심지어 르네상스 시대의 주요 인물들도 그렇게 생각지 않았다. 앞으로 살펴보겠지만 프란체스코 페트라르카Francesco Petrarch는 자신을 시인이자 도덕 철학자(또는 윤리학자)로 소개했다. 콜로초 살루타티Coluccio Salutati, 레오나르도 브루니Leonardo Bruni, 로테르담의 에라스뮈스Erasmus of Rotterdam를 비롯한 다른 인문주의자들도 자신들의 생각과 활동을 '철학적'이라고 파악했고, 동시대 사람들도 그들이 '철학적'이라는 자기 평가에 의문을 제기하지 않았다(시겔 Siegel, 1968; 셀렌자Celenza, 2013). [2]

사실 15~16세기가 수 세기 동안 서유럽 철학 문화가 가장 눈부시게 개방된 시기였다는 사실에 대해서는 맹렬한 회의론자들도 부인하지 못한다. 루크레티우스, 크세노폰, 에픽테토스, 섹스투스 엠피리쿠스, 스토바이오스, 디오게네스 라에르티오스 등의 학설지doxographies(어떤 철학자가 다른 철학자의 연구에 대해서 서술한 다양한 작업물—옮긴이), 플로티노스의 사상, 플라톤의 대화편 전체 그리고 마르쿠스 아우렐리우스Marcus Aurelius의 사상이 복원되어 재조명된 시기이기도 하다(행킨스Hankins & 파머Palmer, 2008). 4세기 라틴어 학자들은 아우구스티노와 보에티우스 이후 처음으로 키케로의 해설에 의존하지 않고, 철학을 적대시한 교부들의 태도에 개의치 않고, 플라톤, 포르피리오스, 아리스토텔레스의 사상뿐 아니라 위대한 헬레니즘 철학Hellenistic philosophies(서양철학의 한 시대를 일컫는 낱말로 헬레니즘 문명에서 전개된 철학을 의미한다. 보편적 진리를 추구하기보다 개인의 행복과 안전을 중점적으로 생각한다—옮긴이)에 대해 자유롭게 토론할 수 있었다. 복구된 고대 철학 텍스트에 대해서는 새로운 해설서와 번역서가 대거 등장했다. 해설서에는 최고의 선에 관한 대화(8), 도덕적 규율, 미덕과 편의성, (겉으로 보이는 것과 대조되는) 진정한 고귀함, 여러 학문의 관계성, 인간사에서 운의 힘, 이상적인 교육, 이상적인 예절, 활동적인 삶과 관조적인 삶의 비교 그리고 영혼의 불멸 등 고대 도덕 철학의 주요 주제를 다루는 글이 추가되기도 했다(트링커스Trinkhaus, 1965; 크리스텔러Kristeller, 1980; 스트루에버Streuver, 1992). 페트라르카는 후기 작품에서 기독교와 스토아철학과의 화합을 모색하는 기독교화된 스토아주의의 한 형태를 발전시켰다. 이탈리아의 인문주의자이자 문헌학자였던 로렌조 발라Lorenzo Valla는 기독교 신앙과 결합한 에피쿠로스주의를 공공연히 옹호했다(로쉬Lorch, 2009). 이탈리아 르네상스의 철학자 마르실리오 피치노Marsilio Ficino는 신비주의hermeticism('헤르메스주의', 연금술로 지상의 죽음과 부활, 윤회를 공부한 뒤 점성술로 천체의 신비를 통해 신들의 마음과 운명을 파악하는 전통—옮긴이)의 영향과 기독교의 영향을 받은 새로운 신플라톤주의를 주장했다. 한편 르네상스 시대에 고전 스토아철학 부흥의 창시자라 할 수 있는 유스투스 립시우스Justus Lipsius[7.4]는 그로부터 한 세기 이내에 '신스토아주의'를 제안했다. 같은 시기에 미셸 몽테뉴Michel de Montaigne[7.3]도 세 가지 사상 즉 회의주의, 금욕주의, 에피쿠로스주의에서 유래한 절충된 형태의 철학을 구상했다.

PWL 접근에서 나타나는 10가지 철학적 특징을 뜻하는 '텐네아드Tennead'에 비추어 이탈리아 르네상스의 문학적·철학적 결과물을 평가할 때, 르네상스 철학에 PWL의 10가지 특징을 모두 포함하고 있다는 점을 알 수 있다. 이 시기에는 다양한 문학적 형식(5)과 최고의 경지 또는 최고의 선에 대한 명시적인 관심(8)과 함께 인문주의(및 초기 과학) 사상의 매개체가 주로 대학 외부에 위치하면서 철학 활동의 제도적 형태에 변화(1)가 나타나게 되었다. 철학의 구성요소와 목적(4) 그리고 법, 의학, 변증법, 수사학과의 관계에 대한 열띤 논쟁이 벌어지기도 했다. 인간이 추구할 수 있는 새로운 경지를 목표로 알베르티Alberti의 《델라 파밀리아Della Famiglia》에서처럼 지적(2) 및 영적 단련(3)법이 소개되기도 했다. 또한 알베르티의 《비타》(잭$_{Zak}$, 2014)에서처럼 구체적인 수련 방법을 묘사하기도 했다. 무엇보다도 율리우시 도만스키$_{Juliusz\ Domanski}$가 기록한 것처럼, 철학자들의 삶과 날카로운 격언$_{apothegms}$에 대한 관심이 고대 이후 다시 부활하고 있다는 점이 시사하는 바가 가장 컸다(5, 10).

도만스키는 부흥의 시작이 13세기로 거슬러 올라간다고 했다(1996:97~100 [5.4]). 영국 철학자이자 과학자 로저 베이컨과 프란치스코회의 신학자 존 오브 웨일즈$_{John\ of\ Wales}$ 또는 '요하네스 갈렌시스$_{Johannes\ Guallensis}$'가 철학의 부흥에 크게 기여했다. 특히 존 오브 웨일즈의 두 저서 《저명한 철학자들의 삶과 그들의 도덕적 명언에 대한 요약집$_{Compendiloquium\ de\ vitis\ illust.\ philosophorum}$》과 《인간 생활의 체계에 대한 요약집$_{Summa\ de\ regimine\ humanae\ vitae}$》에서도 관련 내용을 싣고 있다. [3] 앰브로스 트라베르사리$_{Ambrogi\ Traversari}$는 1425~1433년 동안 디오게네스 라에르티오스의 책을 라틴어로 번역하고 해설을 덧붙여 그의 후원자였던 코시모 데 메디치$_{Cosimo\ de\ Medici}$ 장로에게 헌정했다. 트라베르사리는 이교도 학파가 생각하는 바람직한 삶의 기준과 비교하여 기독교에서 제시하는 이상적인 삶의 우월성을 강조했다(도만스키, 1996:100). 그럼에도 아벨라르와 로저 베이컨[5.4]처럼 그는 이교도들이 '열정과 성실함'으로 추구했던 '덕과 중용'이 삶의 밑거름이 될 수 있다는 점을 기독교인들에게 소구했다[5.1]. [4]

르네상스 시대 인물들이 직접 쓴 철학자들의 전기(8)도 많다. 1415년, 레오나르도 브루니$_{Leonardo\ Bruni}$는 그리스 철학자 플루타르코스의 생애를 번역한 책의 서문에 키케로의 생애를 싣기도 했다. 1429

년, 브루니는 아리스토텔레스의 생애와 실천 철학을 담고 있는《니코마코스 윤리학》을 번역했다. 이 외에도 소크라테스 사상에서 큰 감명을 받은 알키비아데스가 쓴 소크라테스 찬사문을 실은 플라톤의《향연》을 번역했다. 그는 이 번역서가 기독교 독자들이 쉽게 읽고 철학에 교화되길 바라는 마음이었다(도만스키, 1996:103~4; 행킨스, 2006:187~8). 잔노초 마네티Giannozzo Manetti는 소크라테스 전기(c. 1440)와 세네카 전기를 집필하기도 했다. 신플라톤주의 이론가 피치노Ficino는 그로부터 25년 후 소크라테스와 플라톤에 대한 전기를 집필했다(행킨스, 2006:190~6). [5] 모든 인문주의 전기는 철학자들의 삶에서 드러난 도덕성에 집중할 뿐만 아니라 기독교 덕목과의 접점을 보여준다. 저자가 불명확한(브루니 또는 과리노 과리니Guarino Guarini)《플라톤의 생애Vita Platonis》는 플라톤의 원론적인 가르침을 나열하기보다는 "플라톤의 삶은 그 자체로 교과서다. … 그를 보면 일상에서 귀중한 덕을 실천하는 법을 쉽게 이해하고 배울 수 있기 때문이다"(도만스키, 1996:106~7).

제임스 행킨스James Hankins(2008:204)는 15세기 피렌체를 대표하는 지식인 잔노초 마네티Giannozzo Manetti가 쓴 소크라테스의 전기를 인용하며 "이 글의 취지는 [이교도 철학자들이] 인문주의 문화를 몸소 보여주고 바람직한 삶을 사는 모범으로 인식되게 하는 데 있다"라고 기술했다. 현대 사회에서 인문주의자들의 작품을 철학적이지 않은 것으로 치부하는 경향에 반기를 든다는 점에서 주목할 만하다. 대표적인 르네상스 학자 폴 로토 크리스텔러Paul Otto Kristeller가 페트라르카와 그의 추종자들에게 '철학자'라는 칭호를 부여할 수 없다고 주장한 것도 철학이 휴머니즘보다 한 수 위에 있다는 관념 때문이다. [6] 이탈리아의 휴머니즘을 좁은 의미로 해석한 학파의 대표 폴 오토 크리스텔러Paul Otto Kristeller는 주요 인문주의자들은 논리학·신학·자연철학이 통합된 사과四科보다는 문법·변증법·수사학을 아우르는 삼학三學 출신이 대부분이라는 점을 파악했다(4). 삼학 출신이 아닌 경우에는 브루니와 살루타티Salutati처럼 '시민 휴머니스트'라는 호칭의 '행동주의자'였다. [7] 크리스텔러의 말처럼, 인문주의자들의 탁월한 업적은 중세 후기 스콜라학파가 교수법의 우선순위에 두었던 변증법(4)을 뒤집고 인문 교과목에서 사과四科를 대체한 것이었다. 그 결과 7개의 인문학 대신 문법· 수사학·시학·역사학·도덕 철학의 인문주의 4 학문이 등장했다. 이 과목들은 아리스토텔레스나 아랍의 주석가들, 대학 교과서에 의존하는 것이 아니라, [8] 고대 역사가, 시인, 수사학자, 철학자들의 최신 저작을 읽으며 습득하는 것이었다. 따라서 크리스텔러가 지적했듯 도덕 철학과 직접적인 관련이 있는 인문학 텍스트조차도 수사학적·권면적 차원이 분명히 존재한다. [9]

그러나 고전 특히 키케로의 웅변술을 모방하려는 인문주의자들의 욕망이 있다 하더라도, 인문주의자들의 작품이 철학적이라고 단정할 수는 없다. 플라톤은 《고르기아스》에서 정교한 수사학을 일축했지만 《파이드로스》에서는 철학의 무기를 장착한 수사학을 설득력 있게 옹호했다. [10] 아리스토텔레스는 수사학을 철학의 한 부분으로 언급하지는 않았지만, 수사학을 체계적으로 고찰할 수 있는 방대한 저술을 남겼다. [11] 에피쿠로스학파는 수사학의 기교를 무시한 반면 스토아학파는 수사학을 논리학의 한 부분으로 유지했다. [12] 또한 이 책의 4.3에서 다루었지만 키케로는 "지혜가 웅변보다 우월하며, 지혜에 근거하지 않은 웅변은 공허하거나 비도덕적일 수밖에 없지만 웅변이 없는 지혜는 인간이 생각을 행동에 옮길 수 없다"라고 주장했다.[13] 따라서 철학자에게 수사학과 교육학 기술을 배양하는 데 효과적으로 도움을 줄 수 있는 교사의 자질이 요구되었다. 인문주의자들은 학자들의 변증법은 담론의 논리적 차원 즉 정의, 구분, 논증의 차원만을 요구한다고 보았다. [14] 인문주의자들은 논쟁을 좋아하는 스콜라학파의 변증법을 비판하고, 양립 불가능한 '예-아니오'를 동반한 토론에서 파생된 문학적 형식의 전승을 거부했다. 이러한 태도는 헬레니즘 스토아학파의 논증법에 대한 키케로의 비판과 맞닿아 있다. [15] 한편으로 '종교 토론회disputatio'에서 장려하는 표현은 '잔인하고 야비하며barbarous' 웅변이나 일상에 사용할 수 있는 것과는 거리가 멀었다. [16] 다른 한편으로 변증법에 기반한 철학은 일상적 담론과 거리가 멀었기에 점차 대중으로부터 공감대를 잃게 되었고 결국 완전히 사라졌다. 페트라르카는 그의 《서간집Familiar Letters》에서 이를 갈며 이렇게 썼다.

그들[변증가들]은 로마의 수사학자이자 웅변가 퀸틸리아누스가 《웅변가 교육론(웅변학)》에서 말하는 부류에 속한다. 논쟁에서는 놀라울 정도로 따뜻하지만 일단 자신의 굴레에서 벗어나게 하면 심각한 순간 좁은 공간에서는 충분히 활동하지만, 들판에서는 쉽게 잡히고 마는 작은 동물처럼 무력한 존재다. [17]

반대로 수사학에 크게 호응한 집단은 성직자나 전문가가 아닌 시민과 평신도였다(5.4 참조). 수사학의 기본 규칙 중 하나는 수사가가 다양한 청중이 이해할 수 있는 언어를 사용해야 한다는 것이었다. 연설자의 말이나 글은 아리스토텔레스의《수사학》에서 언급한 유명한 영혼 삼분설tripartition(영혼의 세 부분을 이성Reason, 기개Spirit, 욕망Desire으로 나누었다—옮긴이)을 연상시키기도 하는데, 청중에게 화자가 자신을 표현하는 '에토스ethos'와 청중을 기쁘게 하고 감동하는 능력인 '파토스pathos'를 포괄한다. 4.3에서 언급했듯, 페트라르카와 그의 추종자들은 '수사적 언어의 힘'이야말로 청중에게 감동을 주고 지식을 전달하는 도덕 철학의 귀중한 요소로 받아들였다. [18] 인문주의자들은 고대 이교도를 존경하는 만큼 기독교 유산으로부터 많은 영향을 받았다. 이들은 아리스토텔레스가 '의지의 나약함akrasia(자제력 없음)'이라고 칭했던 개념 즉 아무리 선을 잘 안다 해도 선을 적극적으로 실천하기는 어렵다는 것을 예리하게 인식하고 있었다.

페트라르카는 1367년에 쓴《나 자신과 다른 많은 사람들의 무지에 대하여Of My Own Ignorance and That of Many Others》에서 르네상스 시대 내내 영향을 미친 상징적인 구절을 실었다. 그는 책에서 아리스토텔레스의 윤리학에 관한 글을 읽으면 미덕과 미덕에 대한 지식을 함양할 수는 있지만, "그 철학자(아리스토텔레스)는 우리가 궁극적으로 추구해야 하는 바를 알려주지 않았다. … 우리는 지식을 얻기 위해서가 아니라 더 나은 사람이 되기 위해 철학의 이 부분을 배우는 것이다"라고 주장했다(페트라르카,《나 자신과 다른 많은 사람들의 무지에 대하여》, 82). 단, 페트라르카가 윤리학을 강조한 '그 철학자'를 비판할 때 구분해야 할 개념이 있다. 그는 궁극적으로 더 나은 사람이 되기 위해서는 지식과 이해도 중요하지만 사랑과 개인의 의지도 그만큼 중요하다는 교훈을 알려주고 싶었다.

*아는 것과 사랑하는 것은 다른 것이고 이해하는 것과 의지를 품는 것은 다른 것이다. 그[아리스토텔레스]가 미덕이 무엇인지 가르친다는 사실을 나는 부정하지 않는다. 그러나 그의 교훈에는 미덕을 사랑하고 악을 증오하도록 자극하고 불을 지피는 말이 부족하거나, 어쨌든 그러한 힘이 충분하지 않다(《나 자신과 다른 많은 사람들의 무지에 대해》, 102).*

신학자 브라이언 비커스Brian Vickers(2008)가 주장한 것처럼, 페트라르카와 그의 추종자들은 윤리학의 이론적 분석에 '수사학'을 맥락에 맞게 사용해야 한다고 판단했다. 상대의 행동을 이유 없이 비난하고 모범 행동을 강요하는 것은 소크라테스가 알키비아데스에게 그랬던 것처럼 상대에 괴로울 정도로 수치심을 줄 수 있다. 반대로 상대를 칭찬하고 모범을 보임으로써 닮고 싶은 욕구를 불러일으킬 수 있다(비커스, 2008:734~7). 《니코마코스 윤리학》과 에픽테토스의 《엥케이리디온》의 문학적 형식만 비교해보더라도 주제의 차이를 느낄 수 있다. 니콜라스 페로티Nicolas Perotti가 니콜라스 5세에게 보낸 편지에서도 나타나듯이 "우리는 다른 사람의 글을 통해 정의가 무엇인지, 용기와 중용이 무엇인지 알게 되지만 에픽테토스의 권고를 통해 용감하고 정의롭고 중용을 실천하는 사람이 된다"(도만스키, 1996:108). 페트라르카에 이어 마네티도 《소크라테스의 생애Vita Socratis》에서 키케로와 세네카의 도덕적 저서를 아리스토텔레스의 저술보다 더 높게 평가한다. "잠을 자고 있거나 다른 일에 몰두하고 있는 독자들에게도 미덕을 갈망하는 삶을 살고 싶다는 마음과 악덕에 대한 증오심을 야기하며," 더 큰 영향력과 영감을 준다는 이유에서다(도만스키, 1996:108~9).

이쯤에서 르네상스 시대의 인문주의를 대표하는 세 인물을 소개하겠다. 이들은 각각 고대의 PWL 개념을 되살리기 위해 노력했다.

## 6.2 페트라르카의 기독교-스토아주의 정신 의학

프란체스코 페트라르카의 삶(기원전 1304~74년)은 그의 복잡한 정체성만큼이나 변화무쌍했다(트린카우스Trinkhaus, 1971; 셀렌자Celenza, 2017). 젊은 시절 페트라르카는 운명의 여인 '로라Laura'에게서 영감을 받고 모국어로 사랑을 노래한 불멸의 서정시를 남겼다. 그의 사랑시는 그를 설명하는 세 가지 단어 '변동, 분열, 망명'을 내포한다(잭, 2010:82). 그럼에도 페트라르카는 《노년기의 편지Letters of Old Age》의 마지막에 등장하는 《후대에 보내는 편지Letter to Posterity》(1898)에서 자신을 시인으로서뿐만 아니라 도덕 철학자로 묘사하기도 했다. 플라톤 사상에서는 '철학'과 '시'가 상반된 축을 차지하는데, 이러한 대립은 페트라르카의 삶과 문학 작품에 나타나는 수많은 대립 중 하나에 불과하다. 기독교와 페트라르카가 숭배했던 이교적 고전 문화 사이의 대립, 수도원의 은둔 생활과 세속적 명성의 추구 사이의 대립 그리고 페트라르카가 유년 시절을 보낸 중세 문화와 급성장하는 근대의 대립도 있었다.

페트라르카는 다양한 문학 장르에 걸쳐 집필 활동을 펼쳤다(5)(커

캄Kirham & 매기Maggi, 2012). 그는 토속어로 쓴 시를 비롯해《서간집》과《노년기의 편지》를 출간했다. 위인들에 대한 전기를 실은《명사들Illustrious Men》, 서사시《아프리카》, 고대인과 교부들의 명언과 일화 모음집도 있다. 대화문 형식으로 쓴《내 욕망의 충돌에 관한 비밀의 책Secret Book of the Conflict of My Desires》, 오늘날에는 거의 읽히지 않지만, 사후 수십 년 동안 페트라르카의 가장 인기 있는 작품 중 하나였던《행운과 불운에 대처하는 법Remedies for Both Kinds of Fortune, De Remediis Utriusque Fortunae》의 방대한 모음집(페트라르카, 1991)도 있다.

페트라르카의 문학적 성향이 키케로와 세네카를 중심으로 살펴본 고대 철학자들과 비슷하다는 사실은 결코 우연이 아니다. 구르 잭, 율리우시 도만스키Domanski, 에티엔 안헤임Etienne Anheim, 뤼에디 임바흐Ruedi Imbach가 살펴본 바와 같이(1996:91~7; 안하임, 2008; 자크, 2010; 임바흐, 2015), 페트라르카의 작품에서도 PWL에 대한 헬레니즘과 로마 시대의 개념이 특히 순수하게 재탄생했다는 점을 확인할 수 있다. 그가 쓴 철학서들은 스콜라철학의 기본 기법인 변증법과 이론(4)을 냉철하게 분석하고, 철학자가 아닌 일반인들이 지향해야 하는 삶(8)을 제시한다. 또한 지적 및 영적 수련 방식을 소개하고(3) 인간의 불행에 대한 (스스로 마음을 다스리고 위로하는 방법을 포함) 위로의 글, 조언과 기타 '치료법'을 제공한다(6). 그의 시에서도 드러나지만 페트라르카의 철학적 명상은 어디에서나 지혜를 찾고 귀한 행복을 지속하는 방법에 초점을 맞추고 있다(7, 9). 이러한 각 특징을 차례로 살펴보자.

## i. 철학, '말장난'이 아닌 삶의 방식

페트라르카는 자주 스콜라 변증법에 대해 신랄하게 비판했다. 그의 비판은 고대의 PWL 개념에 비추어볼 필요가 있다(4). 그는 학생들을 교육할 때 스콜라철학의 변증법만 앞세우게 되면 삼라만상의 진리보다는 '말' 그 자체를, 실질적·인식론적·실천적 덕목보다 지적 정교함을 우선하는 결과를 초래한다고 주장했다. 그는 성아우구스티누스와의 대화 형식으로 된 라틴어 작품《나의 비밀Secret Book, Secretum》1권에서 다음과 같이 말했다.

*변증법 학자들의 이 궤변은 끝을 모른다. 그들이 말하는 변증법은 거품과 같은 요약과 정의를 던져주고, 실제로 끝없는 논쟁 대상이 된다. 그러나 그들은 자신들이 말하는 것의 진정한 진실에 대해 아무것도 모른다. … 부주의하고 공허한 호기심만 가득한 학구적인 아우라를 지닌 그들을 대하는 가장 좋은 방법은 이와 같은 욕설을 퍼붓는 것이다. "이 불쌍한 피조물들아. 왜 굳이 헛수고밖에 안 되는 이 고생을 하는가? 이 어리석은 말장난의 대가로 뭘 얻는단 말인가? … 천국에서는 당신들의 어리석음이 당신 자신 외에는 아무도 해치지 않고, 젊은이들의 뛰어난 정신과 능력에 가능한 한 해를 끼치지 않기를 바랄 것이다"(페트라르카, 1989:54).*

변증법 학자들이 '인간'에 대한 세세한 정의를 분석하면서도 놓치는 것이 있는데, 바로 철학의 진정한 목표인 '영혼의 형성'이라고 페트라르카는 주장한다(안하임Anheim, 2008:601). 따라서 그는 '오늘날의 현자'를 양성한다고 주장하는 대학의 학과와 교수법은 터무니없다고 강조하며 "진정한 현자는 다른 곳에 있다"라고 피력한다. 대학 교육과 현자 육성이 무관하다고 주장하며 그는 다음과 같이 설명했다(안하임, 2008:603).

나는 '교수직cathedrarios'에 있는 사람들이 진정한 '철학자'라고 생각하지 않는다. 아무리 철학과 교수라고 해도, 행동에서는 [철학의 원칙을] 의식하지 못하고 다른 사람에게 철학적 교훈을 가르치면서도 정작 자신들은 그 원칙들을 실천하지 못하거나 심지어 철학 법칙에 어긋나는 언행을 하기 때문이다 … 그러므로 내가 말하는 진정한 철학자란 이런 사람들이 아니라, 항상 소수이지만 자신이 설파하는 바를 진정 실천하는 철학자 즉 지혜를 사랑하고 아끼는 사람들이다《고독한 삶De vita solitaria》, 도만스키, 1996:94).

따라서 페트라르카에게 철학은 고대인들에게 그랬던 것처럼 '인생의 학교'다(《고독한 삶》, 시겔, 1968:44). '선한 마음'을 갖추는 데 자양분을 제공하는 목표를 갖고 있기 때문이다(《서간집》 1, 9, 3). 페트라르카는 이러한 철학적 소명에 대한 실천주의를 바탕으로 소크라테스 이후에 발전한 PWL의 두 가지 특징을 되살려냈다. 철학의 소명은 지친 영혼을 치료 또는 치유하는 것이다. 에피쿠로스와 키케로(7)는 철학을 의학에 비유했는데 이는 페트라르카의 작품에서도 자주 등장한다. "영혼을 돌보는 일에는 철학자가 필요하지만 언어를 적절히 사용하는 일에는 웅변가가 필요하다"라고 그가 말했다. "주변 사람의 입김에 흔들리지 않고 줏대 있게 살려면, 흔히 말하듯 영혼 돌봄과 언어 사용을 다 잘해야 한다"《행운과 불운에 대처하는 법》, 맥클루어, 1991:62~3). [19] 고대 플라톤주의자나 스토아학파처럼 페트라르카는 정념을 정신 장애의 원인으로 파악하며, 온갖 정념의 감정 속에서는 바로잡을 수 있는 잘못된 믿음도 포함되어 있다고 판단했다.

*인간의 육체와 마찬가지로 잡다한 정념에 영향받는 그들도 '말의 약medicamenta verborum'이 많은 이에게 그리 효과가 없다는 사실을 잘 알고 있다. 그러나 '마음의 질병animorum morbi'은 눈에 보이지 않는다. 따라서 그 치료법도 보이지 않는다는 사실을 알아야 한다. 거짓 의견으로부터 공격받는 사람들은 참된 격언의 손길을 통해 거짓에서 해방될 수 있다. 헛된 말로 넘어진 이들은 참된 말을 듣고 나서야 다시 일어날 수 있다(《행운과 불운에 대처하는 법》 1권 '서문', 맥클루어, 1991:54).*

몽테뉴의 말처럼 페트라르카는 플라톤-키케로의 철학이 죽음에 대한 준비라고 (다소 격렬하게) 정의하면서 이렇게 말했다. "힘없는 사람아, 할 말이 무엇이냐? … 그대도 언젠가 죽음을 맞이해야 할 운명이라는 사실을 모르는가?"라고 아우구스티누스는 《나의 비밀》의 서두에서 책의 주인공이기도 한 '프란체스코 페트라르카'에게 말한다(《나의 비밀》, 41). 《의사에 관한 독설Invectiva contra medicum》 역시 독자들에게 "본인의 죽음에 대해 깊게 생각해보고 죽음에 대해 만반의 준비를 하며, 죽음에 맞서 자신을 무장하라. 그리고 죽음을 경멸하고 지금 내 앞에 주어진 삶을 사랑하라"라고 충고한다. 이는 페트라르카의 《서간집》에서 권장하는 명상법이기도 하다(잭,

2010:144~5). 페트라르카에게 명상이란 '진정한 철학Meditatio mori'을 향한 디딤돌이다(페트라르카, 《의사에 관한 독설》, II, 9, 안하임, 2008:600).

페트라르카에게 이상적인 철학적 삶(7)은 관조적 은둔의 삶이다. 브루니, 살루타티를 비롯한 인문주의 추종자들이 추구한 '시민적 인문주의civic humanism'보다는 그의 형제 제라르도Gherardo가 추구한 금욕적인 '수도주의monasticism'에 가까운 삶의 방식이다(블랑샤르Blanchard, 2001:401~2 참조). 이러한 유유자적에 대한 갈망은 평생 페트라르카를 그림자처럼 따라다녔다. 한편으로는 철학을 공부하지 않는 비非철학자의 삶에 대한 신랄한 비판의 이면을 나타내기도 한다(8). 블랑샤르가 보여준 것처럼 은수 생활의 관점에서 '세상에 대한 경멸contemptus mundi'을 보이기도 한다(2001; 맥클루어, 1991:55~8). 페트라르카는 《나의 비밀》 II권(91)에서 "가장 우울하고 무질서한 도시 속에서 내가 사는 이곳에 대한 혐오감"을 묘사할 때 간신히 평정심을 유지할 수 있을 정도라고 했다.

*부자들의 과시용 사치, 그 옆의 사악한 거지 떼, 더러운 비참함에 짓눌린 사람들, 쾌락과 폭동으로 방탕한 사람들 그리고 거리에서 행인들이 서로 뒤엉키면서 끝없고 … 혼란스러운 외침이 이어졌다.*

페트라르카의 《고독한 삶》은 '평화가 가득한, 하늘의 생명과도 같은'(안하임, 2008:595) 유유자적한 삶을 갈망하는 세속인의 찬가이기도 하다. 서두름, 불안, 혼란, 주의 산만에 도움이 되는 글귀로 구성되어 있다. 대조적으로 《서간집》의 '관조적 삶vita contemplativa'에 관한 부분에서는 철학 즉 '필로소피아'를 이해하는 데 가장 핵심인 '자신의 내면으로 돌아가기'(《서간집》2, 5, 6; 1, 88; 잭, 2010:87 참조)를 강조한다(6).

*영혼을 정화하고, 도덕을 바로잡고, 애정을 새롭게 하고, 흠을 지우고, 잘못을 제거하고, 하느님과 사람을 화해시키는 삶이여 … 육체를 경멸하고, 영혼을 기르고, 과도한 것을 절제하고, 졸린 자를 깨우고, 고귀한 식욕을 일으키고, 미덕을 키우고 유지하며, 정념을 길들이고 파괴하는 삶이여. 피 튀기는 싸움터, 살벌한 전쟁터가 되기도 하고, 승리의 개선문, 독서를 위한 도서관, 명상을 위한 장소, 성스러운 기도소, 명상을 위한 산속 … 이 모든 것을 품은 것이 바로 삶이다(안하임, 2008:595~6).* [20]

## ii. 영혼을 다루는 의학medicina animi으로의 철학

메타 철학에 충실했던 페트라르카는 그의 편지와 《행운, 공정, 반칙에 대한 치료법Remedies for Fortune, Fair and Foul》에서 자신을 다양한 질병에 대해 구두로 치료법을 제시할 수 있는 의술사medicus animorum(6)로 소개한다. [21] 책에서는 번영과 역경에 대한 254가지 사례에 철학적 의사의 처방을 적용할 수 있다고 제시한다. [22] 마음이 병드는 원인에는 슬픔과 사별, 슬픔 또는 근심aegritudo(맥클루어, 1991:69~70; 25, 29), 박탈감, 지나친 야망, 종잡을 수 없는 사랑과 경제적 상황 그리고 죽음에 대한 두려움이 있다. 페트라르카는 스토아주의 관점에서, 키케로가 《투스쿨룸 대화》III~IV권에서 언급한 것처럼 네 가지 정념에 대해 '매우 드물게 대담한 사람Reason'의 입을 빌려 치료법을 소개한다. 네 가지 정념은 '희망Spes', '기쁨Gaudium', '공포Metus', '슬픔 Dolor'이다(맥클루어, 1991:46~72).

페트라르카의 '심리 치료'에 대한 글(파니짜Panizza, 2009)은 이전 장에서 살펴본 이교도 문헌과 기독교 문헌에서와 마찬가지로 그가 오로지 내면으로 관심을 돌리려는 목적을 두고 있다(5). 철학적 또는 영적 치료를 하려면 외적인 사건에서 벗어나 "내가 과연 이러한 사건에 어떻게 반응했는가?"에 주목해야 한다는 것이다. 예를 들어, 페트라르카는 《서간집(2, 3, 5)》에서 세베로에게 "박탈감이란 무엇인가?"라고 수사학적으로 묻는다. "상황의 본질인가? 사랑하는 사람을 떠나보낸 상태인가? 아니면 시들해지는 마음에서 생겨나는 분노와 조급함 때문에 짜증이 나는 것인가?" 에픽테토스(파니짜, 2009)와 마찬가지로 페트라르카도 사람들을 괴롭히는 것은 외부 요소가 아니라고 주장한다. 마음이 괴로운 것은 마음에 품은 생각 때문이다.

*그러나 만약 당신이 다른 사람 대신 '내면의 자아와 상의하고te ipsum consulere', 대화하기로 한다면, 더할 나위 없이 바람직한 결정이다. 스스로 판사 역할을 하기에 당신은 가장 행복한 사람이고, 사람들의 동정이 아닌 부러움을 사게 될 것이다.*

고통의 본질과 원인에 대한 페트라르카의 진단에서는 기독교와 이교도에서 사용하는 철학 개념과 표현을 자유자재로 사용한다. 금욕주의에 관한 《행운과 불운에 대처하는 법》 출간 10년 전, 《나의 비밀》 2권에서 페트라르카는 성아우구스티누스을 모델로 삼은 동명의 주인공 아우구스티누스를 등장시킨다. 주인공은 얼떨결에 자신의 일곱 가지 대죄인 정욕, 탐욕, 나태, 분노, 교만, 시기, 폭식을 고백한다. 구르 잭의 주장과는 반대로 아우구스티누스, 카르투지오회의 5대 원장 귀고 1세Guigo I, 토마스 아 켐피스Thomas a Kempis가 품은 죄책감을 파헤치기 위한 수단으로 기독교적 글쓰기를 했다는 점과 페트라르카가 강조하는 내면 성찰 사이에는 분명한 연속성이 있는 것으로 보인다(cf. 잭, 2010:114~16). 페트라르카의 아우구스티누스도 자아에 대한 기독교적 해석을 제시한다[5.2 참조]. 따라서 페트라르카와 아우구스티누스의 대화록에서 아우구스티누스는 저항하는 프란체스코 페트라르카가 병든 영혼에 찬물만 끼얹는 다양한 형태의 '자기기만'에 맞서도록 강요한다.

*행복이나 불행은 각자의 선택에 달려 있다. 그러나 내가 처음에 말했듯 인간에게는 자신을 속이려는 비뚤어지고 위험한 성향이 있는데, 이는 인생을 망가트릴 수 있는 가장 치명적인 면이다. 함께 사는 사람이나 주변 사람들로부터 뒤통수를 맞을까 두렵다고들 한다. … 생각해보라. 기만 상태로 남아 있는 것이 더 두렵지 않은가? 사랑, 영향, 익숙함에 좌우되는 내면을 깡그리 무시하는 상태, 속임을 '가하는' 자아와 속임을 '당하는' 자아가 같은 상태가 더 끔찍하지 않겠는가?(《나의 비밀》, 46)*

그렇긴 하지만 《나의 비밀》의 다른 부분에서 페트라르카는 영혼이 괴로운 상태에 대해 플라톤 사상에서 영감을 얻었다. 우리가 겪는 어려움의 근원은 육체적 감각을 '괴롭히는 무수한 자극에 압도되어'(잭, 2010:60) 영원한 것에 눈을 돌리지 못하는 데서 비롯된다고 했다.

*내가 태어났을 때 내게 몸 그리고 영혼의 법칙이 부여되었다. 그 법칙은 나와의*
*연관성 때문에 특별히 내게 부여된 것이지만, 그 법칙이 아니었다면 겪지 않을*
*많은 일을 겪어야 한다는 의미이기도 하다. 자연의 섭리를 알고 있는 시인[베르*
*질리우스]은 하늘에서 비롯된 '불타는 힘'이 인간의 영혼에 부여되어 힘을 실어*
*준다며 이렇게 덧붙였다. "영혼이 그 힘을 발휘하려면, 필멸의 육체가 영혼의 움*
*직임을 느리게 하지 않고 우리의 육체와 주변인들의 육체가 영혼의 기운을 약*
*화하지 않으면 된다. 그런데 영혼의 역할을 가로막기 때문에 두려움에 휩싸이*
*고, 무언가를 갈망하며, 기쁨에 젖어 있으며 하늘의 존재를 망각하게 된다. 영혼*
*을 챙기지 않는 어두컴컴한 감옥에 갇혀 있기에 하늘의 존재를 인식할 수 없다"*
*(《서간집》 2, 5, 4; 잭, 2010:88~9).*

잭에 따르면, 페트라르카의 편지에 인용된 아우구스티누스가 다른 책에서 기독교가 영적으로 교정하고 치료하는 데 영향을 주는 차원에서 금욕주의적인 '펠라기우스주의Pelagianism'를 언급했다. 《나의 비밀》의 도입부에서 아우구스티누스는 어떻게 하면 인간을 구원할 수 있는지 고민한 세네카와 비슷할 정도로, 정직하고 겸손하게 구원을 소망하는 사람은 그 의지가 구원에 닿을 수 있다고 주장한다. [23] 그다음 등장하는 개념이 스토아주의 사상을 실은 '영혼을 다루는 의학medicina animi'이다. 영혼을 돌봄으로써 정화하는 것은 신의 은총을 얻기 위함이 아니라 덕의 규칙rule of virtue을 내면화하기 위함이다.

*인간의 정념을 경멸하고 덕의 지배에 전적으로 복종했을 때 마침내 멍에를 끊었*
*음을 알게 될 것이다. 그때부터 당신은 자유롭고, 아무것도 필요하지 않으며, 인*

간에게 종속되지 않고, 마침내 진정으로 강력하고 완전히 행복한 왕이 될 것이다(《나의 비밀》 78).[24]

### iii. 영적 수련으로의 읽기 및 쓰기(3)

그러나 무엇보다도 페트라르카의 PWL을 실천하는 사상이 각광받는 이유는 읽기와 쓰기 연습을 수련에 결합했기 때문이다(안하임, 2008; 잭, 2010:81~6). 여기서도 페트라르카의 사상에 영향을 주었고, 이 책의 앞부분에서도 설명한 기독교 수도원과 이교도 철학 계보를 재조명할 수 있을 것이다. 세네카의 《폴리비우스에게 보내는 위로문Consolation to Polybius》에서 보듯, 독서는 걱정으로부터 위안과 주의를 분산시키는 방법이었다. 그가 세베로에게 보내는 위로의 편지(1372년 《보카치오에게 보낸 편지》[세네카. 1, 5, 51; 《노년기의 편지》, 1, 23; 잭, 2010:146~7])에서도 독서가 주는 위로가 잘 나타나 있다.[25] 페트라르카는 자신이 읽는 것에 대해 적극적으로 명상하지 않고 윤리적 변화만을 목표로 한다면, 독서의 한계가 있다는 점에 대해 수도원 작가만큼 예리하게 인식하고 있다[4.2 참조]. 아우구스티누스는 《나의 비밀》 2권(92) 도입부에서 프란체스코에게 불만을 토로했다. "내면 성찰을 병행하지 않는 이런 독서 방식은 이제 일반화되어 버렸다. 혐오스러운 무리인 '지식계급'이 사방에 퍼져 학교에서 삶을 사는 방식에 대해 긴 토론을 벌이면서도 실천은 거의 하지 않는다." 프란체스코는 '독서에서 열매를 얻기' 위해 다르게 읽는 법을 배워야 한다고 주장했다(잭, 2010). 프란체스코는 책을 읽을 때 눈에 띄는 격언과 예화를 오랫동안 기억에 남길 목적으로 자신에게 최면이라도 걸듯 내용을 체화하라고 주장했다. 다시 한번 철학을 의학에 비유하자면, 적극적인 독서 습관은 인생에서 조언이 필요할 때 열매를 맺게 된다. 어떠한 삶을 살아야 할지에 대한 지침이자 치료책을 제시하기 때문이다.

*책을 읽다가 당신의 영혼을 자극하거나 매료시키는 건전한 격언을 만날 때마다 단지 지혜의 저장고에만 채우지 말고, 의사들이 임상실험을 할 때와 마찬가지로 그것을 마음으로 흡수하고 명상함으로써 아주 익숙하게 만들어 언제 어디서나 긴급한 질병이 발생하더라도 치료법을 자신의 마음에서 끄집어내어 활용하는 것이 좋다(《나의 비밀》, 92~3).*

수도원에서 하는 독서법lectio과 마찬가지로 [26](단, 여기서는 이교도 시인, 웅변가 및 철학자의 세속적인 글도 염두에 둔다(잭, 2010:144~8).) 페트라르카는 글을 마음뿐만 아니라 소리 내어 읽어야 한다고 주장했다. 교화적인 담론을 완전히 내면화하는 것을 목표로 하기 때문이다. "혼자서 마음속으로 새기는 것도 중요하지만 입으로 친숙하고 유명한 단어들을 되뇔 때 어마어마한 가치가 발휘된다. [그리고] 다른 사람의 글이나 때로는 자신의 글을 반복해서 읽으면 얼마나 많은 기쁨을 얻는지 모른다!"(《서간집》 1, 9, 11~12; cf. 1, 49; 잭, 2010:80~1)

마지막으로, 페트라르카는 글쓰기 행위 그 자체가 영적 수련이라고 생각하고 직접 글쓰기를 실천했다(3). 첫째, 기억과 교화를 위해 다른 사람의 격언과 그들로부터 배울 점을 '발췌'한다. 이는 초기 근대에 '에세이' 또는 '수필' 장르가 등장하게 된 근간이고, 페트라르카의 전체 작품에서 《잊을 수 없는 추억의 책들Rerum memorandarum libre》가 별도로 출간되기도 했다(모스Moss, 1996; 체키Chechi, 2012). 둘째, 페트라르카의 글쓰기는 종종 자기 위로, 자기 성찰, 자기 수양의 수단이자 다른 사람들에게 조언과 조언을 제공하는 매개체였다. 그는 "나의 정념과 독자들의 정념을 달래거나 최대한 없애기 위해 최선을 다했다"라고 말하며 기념비적인 '치료법'을 집대성했다고 회고한다(세네카 16, 9; 맥클루어, 1991:56). 그가 썼던 많은 편지의 기저에도 상대방의 영혼을 치료하려는 의도가 있음을 분명히 알 수 있다. 여기서도 글쓰기의 중요한 기능이 강조된다. 글쓰기가 자신의 행동을 재구성하고 검토하며 평가하는 수단으로서 상대방에게 노출시키는 기능을 하고 있다고 판단했다. [27] 《나의 비밀》에서는 아우구스티누스가 최고의 경지에 이른 자아 및 영적 지도자로 묘사되는데, 작가가 강조해온 자기 성찰의 단련을 픽션으로 각색했다. 페트라르카의 사후에 출간된 《나의 비밀》의 서문에서는 집필 의도가 마르쿠스 아우렐리우스의 《명상록Ta Eis Heauton》과 비슷하게 '친밀하고 깊은' 자기 성찰을 도와주는 것이라고 설명한다.

이 담론(⋯)을 잊지 않기 위해, 나는 그것을 글로 적어 이 책을 만들었다. 단순히 나의 저작물을 늘려가는 차원도 사회적 명성을 얻기 위함도 아니다. 내가 꿈꾸는 목표는 더 높은 곳을 향한다. 훗날 내가 이 책을 읽음으로써 내가 담화 자체에서 느꼈던 즐거움을 원할 때마다 되새겨보길 바란다. ⋯ 그리고 내가 어떠한 문제에 대해 깊이 고민할 때, [이 책은] 나의 장기 기억 속에 저장되며 나만 알고 있던 그 소중한 교훈을 다시 나에게 알려줄 것이다(《나의 비밀》, 39).

셋째, 구르 잭(2010:100~4; 2012:501)이 지적했듯, 페트라르카는 두 종류의 글쓰기(남이 읽을 글을 쓰는 것과 오로지 자신이 읽을 글을 쓰는 것)에는 새로운 의미가 있다고 했다. 그는 《서간집》을 준비하면서 자신이 분석한 키케로와 세네카의 편지 쓰기 양식을 참조했다. 자신의 삶을 모범으로 제시하려는 그의 야망이 느껴지는 이유이기도 하다. 그의 서신들을 통해 페트라르카의 일상적인 활동과 여행에 대한 기록을 볼 수 있다. 한편으로는 시인이자 철학자인 그가 일찌감치 세속적인 명성을 얻었지만, 다른 한편으로는 깊은 상실감과 지속적인 내적 방황 속에서 경제활동이 주춤해지면서 경제 상황이 불안정한 나날을 보내기도 했음을 알 수 있다. 페트라르카의 자전적 자서전은 때때로 무장을 해제된 상태에서 자기 폭로를 서슴지 않는 동시에 깊이 내면화된 고전적 문장들로 내적 담론으로 엮어낸다. 프랑스 철학자 미셸 드 몽테뉴Michel de Montaigne의 글에서 볼 수 있는 '에세이' 장르를 예고하는 것이기도 하다(5).

## 6.3 몽테뉴: 철학자로서의 수필가

마르실리오 피치노Marsilio Ficino(1433~1499, 이탈리아의 의사, 인문주의자, 철학자—옮긴이), 조반니 피코 델라 미란돌라Giovanni Pico della Mirando-la(1463~1494, 이탈리아 르네상스 시대의 귀족이자 철학자—옮긴이) 그리고 '플라톤 아카데미'의 시대가 지나간 후 이탈리아에서 시작된 문예부흥은 북쪽으로 이동했다(크리스텔러, 1980:69~88). 프랑스의 이탈리아 침공의 피해, 피렌체 공화국의 몰락, 희망봉을 경유하는 인도 항로의 개척, 동부 지중해에 대한 이슬람의 지배력 강화, 신대륙 발견과 유럽의 경제 중심이 대서양 연안으로 이동하는 등 학자들이 칭하는 '이탈리아 르네상스의 쇠퇴'에 영향을 가했다(보우스마Bousma, 2002). 그럼에도 고대 인문주의에서 말하는 PWL은 새로운 예술과 건축과 더불어 이탈리아 북쪽으로 전파되었고 이 과정에서 인문주의를 가르치는 교사들도 대거 북쪽으로 이동했다. 라틴어로 된 새로운 판본과 복원된 스토아학파, 에피쿠로스학파, 회의주의 텍스트를 모국어 이탈리아어로 제작하기도 했다. 예를 들어 에라스무스는 키케로의 《의무론》에 대한 이탈리아어 번역본을 준비했고, 1503년에 출간한 《그리스도인 병사의 생활 지침서Encheiridion Militis Christiani》는 "고전 텍스트에서 제공하는 윤리적 문제에 대한 해결책을 고려하여 이성과 의지를 통해 도덕적 삶을 영위하는 가능성을 강조하는 기독교'를 전파한다는 그의 도덕 철학에 대한 야망을 극명히 보여준다(에팅하우젠Ettinghausen, 1972:5~6; 딜리Dealy, 2017). 페트라르카의 《행운과 불운에 대처하는 법》가 출간된 이후, 후안 루이스 비브스Juan Louis Vives는 1524년 《올바른 사고의 기술Introductio ad Sapientium》에서 스토아주의와 기독교 도덕 사상의 결합을 시도했다(커티스Curtis, 2011). 북부 르네상스에서 가장 영향력 있고 가장 사랑받는 철학자는 미셸 드 몽테뉴(1533~1592)일 것이다. 그는 1580년에 첫 출간되어 1588년 증보판으로 많은 사랑을 받은 《수상록Essais》을 저술했다.

몽테뉴는 페트라르카와 이탈리아 인문주의자들만큼이나 고전 이교도 역사, 시, 철학에 몰두했다. 《수상록》에는 '소小카토', '키케로에 대하여', '데모크리토스와 헤라클레이토스에 대하여', '세네카와 플루타르코스에 대한 변호(몽테뉴가 가장 좋아하는 고대 작가들)' [28]에 대한 헌신적인 고찰과 소크라테스에 대한 언급이 대거 포함되어 있다 (림브릭Limbrick, 1973; 곤티어 & 메이어Gontier & Mayer, 2010). 아무리 개인적인 내용의 에세이라도 로마인과 그리스인, 플리니, 호레이스, 키케로, 베르길리우스, 루크레티우스, 헤로도토스, 투키디데스, 플라톤 등의 인용문이 곳곳에 있다. 앞으로 살펴보겠지만, 에세이가 영적 단련에 지나지 않는다고 주장한 피에르 아도(2002a:374)의 말이 옳든 그르든(3) 몽테뉴가 고대인들이 생각하는 PWL에 대해 잘 알고 있었던 것만큼은 분명하다. 그는 "내가 만드는 내 예술작품과 내 직업은 내가 산다는 것이다"라고 고백했다(7)(《수상록》II, 6, 274).

몽테뉴의 《수상록》은 몽테뉴가 30대 후반에 치안판사 생활을 은퇴한 후 집필한 작품이다. 저자의 말대로 이 책은 곧바로 대중적 성공을 거두었다. 이후 절판된 적이 없을 정도다. 셰익스피어, 볼테르, 디드로, 니체, 버지니아 울프, 슈테판 츠바이크 등 많은 이들의 찬사를 받기도 했다. 몽테뉴 책의 문학 양식(5)은 독특하고 혁신적이었다. 그의 《수상록》은 최종적으로 107개의 장, 세 권의 책과 간결한 서문으로 구성되어 있다. 몇 페이지 안 되는 짧은 장도 있지만 '레몽 세봉을 위한 변명The Apology of Raymond Sebond'처럼 거의 단행본에 가까운 장도 있다. 하나의 주제가 관통하는 것이 아니라 그때그때 떠오르는 느낌이나 생각을 병렬적으로 제시한다. 선형적이고 논리적인 논증 대신, 고대, 현대, 이교도, 기독교 자료에 등장하는 이야기와 사례를 통해 다양한 주제를 다룬다. 몽테뉴는 이러한 명백한 하나의 논리나 계획이 부재함을 자연스럽게 생각하며, '거칠고 종잡을 수 없는 계획'(《수상록》II, 8, 278)과 '의식의 흐름대로의 전개'에 뿌듯함을 느끼는 듯하다(《수상록》 II, 3, 251). [29] 《수상록》에는 페트라르카가 《서간집》에서 보여준 무장 해제된 솔직함을 훨씬 뛰어넘는, 사소한 것과 우연한 일을 쉽게 지나치지 않는 태도가 나타난다. 몽테뉴는 "이 시집에서 공간을 차지할 가치가 없는 경박한 주제는 결코 없다"라고 주장했다(I, 13, 32). 그는 '냄새에 대하여', '식인종에 대하여', '옷을 입는 관습에 대하여', '이름에 대하여', '같은 일로 울고 웃는 방법', '엄지손가락에 대하여', '잠에 대하여'를 주제로 에세이를 쓰는 것도 충분히 의미 있다고 생각한 것이다. 몽테뉴의 글에서 두드러진 인문학적 상식과 현학적인 라틴어 인용문과는 사뭇 다르게 페트라르카는 일상의 에피소드, 다양한 장소, 민족, 기후, 시대가 묻어나는 진귀한 소장품에 관한 이야기도 흥미롭게 풀어낸다.

그렇다면 이 훌륭한 작품의 장르(5)를 어떻게 바라볼 수 있을까? 아마도 프랑스 수필가 몽테뉴는 새로운 형식의 글쓰기를 사유의 시험, 연습, 시도, 실험, 탐구(II.11, II.13, III.12)로 활용하거나 이러한 경험을 통해 배우고자 했던 것 같다(I, 20; II, 6; III, 13; 에델만Edelman, 2010). 많은 고대 저술에서도 그의 글쓰기 방식이 엿보인다. 정해진 틀에서 벗어나 의식의 흐름대로 다양한 글감을 다루기도 하고 여담의 유희를 발휘하기도 한다. 글의 어조가 일상 언어와 비슷하다는 점도 반짝이는 아이디어와 재치 넘치는 말투가 날개를 다는 데 한몫했다(아도, 2020:81~90). 몽테뉴 자신도 세네카와 플루타르코스를 가장 좋아하는 작가로 꼽았는데, 그 이유는 "내가 추구하는 지식은 긴 글을 읽을 필요가 없는 느슨한 조각들로 담론화되어 있기 때문이다 … 서로에 대한 순서나 의존성이 없기 때문이다"(II, 10, 300 참조).

《수상록》은 마르쿠스 아우렐리우스의 《명상록》과 같은 새로운 형태의 철학적 '개인 메모집hypomnemata'을 구현했다는 기록도 있다(몽테뉴는 자신의 기억력이 좋지 않다고 불평하곤 했다)(I, 9, 21~2 참조). 특히 피에르 빌레Pierre Villey의 분석에 따르면 몽테뉴의 평범한 책들에서도 주제를 설명하거나 주장에 근거를 부여하기 위해 예시, 인용문, 이야기를 많이 인용함으로써 그의 생각이 어디에서 기원했는지(적어도 베이컨의 후기 수필작[자이틀린Zeitlin, 1928; 호비Hovey, 1991])[30] 알 수 있다(빌리, 1908; 참조:I, 25, 100).

베이컨의 짧은 '수필essayes' 초기작들에서는 인용이 많지 않고 거의 자작으로 구성된 한편, 몽테뉴는 주제에 대해 다양한 출처에서 인용문과 예시를 가져와 연결하는데 이때 그 연결고리마저 하나의 글감이 되기도 한다(맥Mack, 1993). 페트라르카의 편지를 비롯한 기록에서는 몽테뉴의 《수상록》에 인용문과 예시는 미미하고 오히려 자전적인 내용이 주를 이룬다고 나와 있다. 실제로 서문(2)은 《수상록》이 거의 전적으로 몽테뉴 자신에 관한 것이라고 약간의 과장을 섞어 일러둔다.

독자여, 여기 이 책은 성실한 마음으로 쓴 것이다. 이 작품은 처음부터 내 집안 일이나 사사로운 일을 말하는 것 말고 다른 어떤 목적도 가지고 있지 않음을 말해둔다. 추호도 그대에게 봉사하거나 내 영광을 도모하고자 쓴 책이 아니다. … 내가 묘사하는 것은 나 자신이다. 내 결점들이 여기에 있는 그대로 나온다. 터놓고 보여줄 수 있는 한도에서 천품 그대로의 내 형태를 내놓는다. … 그러니 독자여, 여기서는 나 자신이 바로 내 책자의 재료다. 이렇게도 경박하고 헛된 일이니

*그대가 한가한 시간을 허비할 거리도 못 될 것이다. 그러면 안녕히. 미셸 드 몽테뉴, 1580년 6월 12일.* [31]

그러나 마르쿠스나 페트라르카의 경우처럼 여기에서도 글쓰기의 활동이나 수행은 글감이나 주제만큼이나 글쓴이 자신을 반영하는 거울이다. 몽테뉴는 '회개에 대하여'(III, 2, 611)에서 그의 책과 자기 자신은 '동반자'라고 했다. 실제로 몽테뉴는 머릿속에 흩어져 있던 좋은 말들과 명상용 격언을 기록함으로써 자신을 적극적으로 변화시켰다고 말한다.

*그리고 아무도 내 글을 읽는 사람이 없다고 한들 내가 이렇게도 유용하고 유쾌한 사색으로 한가로운 때를 보냈는데, 과연 시간이 낭비되었다고 할 수 있는가? 내 모습을 이 저작에 박아넣으며, 나를 뽑아내려고 그렇게도 여러 번 손질하고 꾸며보아야 했기 때문에 나라고 하는 원형이 어느 점에서 굳어지고 만들어져갔다. … 내가 내 작품을 만들었는지 내 작품이 나를 만들었는지 모를 정도로 작품은 그 작가와 동체同體다(II, 18, 304).*

《수상록》에 대한 해설은 문헌에서 읽을 수 있지만(쉐퍼Schaeffer, 1990 참조) [32] 여기서 우리가 관심 있게 보는 대목은 첫째, 몽테뉴가 고대의 PWL 사상에 영향을 받았다는 점과 둘째, 몽테뉴의 《수상록》이 그 사상에서 어떠한 부분을 변형했는지 여부다.

# i. 몽테뉴의 신헬레니즘 메타 철학

몽테뉴는 이 책에서 다루는 철학의 실천적, 윤리적 의도성을 공공연히 옹호할 필요 없이 당연한 개념으로 받아들인다(5). '철학은 우리에게 삶을 살아가는 지침', '판단과 관습moeurs의 근간'(I, 25, 120), '인간의 옳고 그른 매너를 알려주는 학문'(I, 25, 117)이라고 표현하고, '독단적 이성은 우리를 조롱할 뿐 이성은 우리에게 몸과 마음의 만족을 주는 것, 그 이외의 목적을 가져서는 안 된다', '이성은 바람직한 좋은 삶을 사는 데에만 이용되어야 한다'라고 말했다(I, 20, 122). [33] 몽테뉴는 스토아철학, 에피쿠로스 철학, 플라톤 철학, 회의주의 철학 그리고 그들이 주장하는 행복 즉 '에우다이모니즘'의 정의(7)에도 능통하다. 《덕에 대하여》에는 피론Pyrrho을 치하하는 대목이 나온다. "진정한 철학자였던 다른 모든 이들과 마찬가지로 그의 삶은 그의 사상과 일치했다"(II, 30). '책에 대하여'는 세네카와 플루타르코스의 삶의 방식에 대한 가르침이 '철학의 진수'라고 소개했다(II, 10, 300). 몽테뉴는 어떻게 살아야 하는지에 관한 질문이(이 주제에 대해 진지한 사상가들이 호언장담을 했는데도) 가장 어렵지만 중요한 문제라며, '우리는 아무것도 모르는 바보We are great fools'라는 소크라테스의 명언을 인용하여 다음과 같이 안타까움을 전한다.

'그는 게으름으로 일생을 보냈다'라고 우리는 말한다. '나는 오늘 아무것도 하지 않았다'라고 하는데, 말이 되는 소리인가? 본인이 하루를 산 게 아니란 말인가? 매일을 사는 일은 모든 직업 중에서 가장 기본적일 뿐만 아니라 가장 훌륭한 직업이다. '내가 남들이 보기에 번듯한 일을 맡았더라면 생색이라도 낼 수 있을 텐

데,……'라고 생각하는 사람도 있을 것이다. 그런데, 무엇보다도 일상에서 명상하고 삶을 관리하는 법을 알았다면 당신은 가장 위대한 일을 수행한 것이다. … 행실을 다스리는 법을 알았다면, 당신은 여러 권의 책을 쓴 사람보다 훨씬 더 많은 일을 한 셈이다(III, 13, 850).

몽테뉴는 고대 철학에서 제시하는 현자(9)가 이상적인 고요함과 영혼의 위대함(II, 11, 387)으로 인해 진정한 현자로 인정받는다고 주장했다. 스토아학파처럼 몽테뉴는 소크라테스와 소카토야말로 모범적인 인간상이라고 판단했다. 그들의 언행에서 나타나는 덕은 제2의 천성처럼 본능적이라고 표현하며, "영혼의 본질, 자연스럽고 평범한 습관, 풍부하고 훌륭한 본성을 비추는 철학적 계율의 오랜 실천으로 그렇게 덕이 쌓였다"(II, 11, 310)라고 평가했다.

그는 페트라르카와 고대인들이 그랬던 것처럼, 기억을 쓸데없는 사상으로 채우고 양심과 이해를 비워두고 공허하게 만드는(8) 세속적인 '현학'을 맹렬히 비판하며 실천주의 철학을 강조했다. 세속적인 '현학'은 마치 "새끼에게 먹이를 주기 위해 직접 맛보지 않고 곡식을 부리에 담아 끊임없이 새집으로 가져오는 어미 새처럼" 분별없이 퍼주기만 한다고 주장했다(I, 24, 100). 그러나 몽테뉴 학파의 학자들은 철학자에 대한 고정관념(우월한 위치에서 공적인 활동을 경멸하고 고아하고 비범한 원칙에서 비롯된, 흉내 낼 수 없는 특별한 생활 방식을 택한다고 여겨짐)을 깨며, '일반적인 세태에 못 미치는 처신을 하고, 공직을 감당할 능력도 없으며, 속인들과 다름없이 저열하고 천한 삶과 풍속을 유지하고 있다는 이유로 경멸의 대상이 되기도 했다'(I,

24, 99). 11장 '절름발이에 관하여'는 '당대에 자기네는 모든 것을 알고 있다고 주장하는 사람들의 뻔뻔함과 도를 넘는 교만함'을 비난한다(III, 11, 792). 베이컨이 그랬던 것처럼, 몽테뉴는 '정신적 삶vita mentis'을 방해하는 모든 요소를 비난하며 '무엇을 해석하는 것보다 해석을 해석하는 일이 더 까다롭다'라고 주장한다(III, 13, 818). 몽테뉴는 헬레니즘 학파와 마찬가지로 철학의 목표는 배움 그 자체가 아니라 덕의 함양 즉 정신이 건전한 상태eupatheiai에 있다고 한다. '덕이 베푸는 가장 중요한 혜택 중 하나가 죽음에 대한 경멸이다. 죽음에 대한 경멸은 우리 삶에 굴곡 없는 평온을 부여하고 우리에게 삶을 순수하고 즐겁게 누리게 해 주는 수단이다'라고 몽테뉴는 말한다(I, 19, 37). 몽테뉴는 마르쿠스 아우렐리우스의 말을 인용하며, 철학적 수행의 효과가 '내면의 성채'는 아니더라도 각박한 삶에서 한 발짝 후퇴할 수 있는 마음 안에 있는 뒷방을 정리하는 것으로 설명했다(5).

할 수 있다면 아내를 갖고 자식을 갖고 재산과 특히 건강을 가질 일이다. 그러나 우리 행복이 그것에 달려 있다는 듯 거기에 너무 집착할 일은 아니다. 온전히 우리 것이고 온전히 자유로운 골방 하나를 자신에게 따로 마련해두어야 한다. 그곳은 우리가 진정한 자유를 누릴 만한 공간, 주요한 은둔처이자 홀로 있을 공간이다(I, 38, 177).

《수상록》은 인격을 형성하는 과정에서 얼마나 지혜롭게 판단력을 발휘할 수 있는지, 그 역량을 평가하는 데 집중한다. 몽테뉴가 제시하는 도덕 철학에는 세 가지 키워드, 판단력Judgment, 양심conscience, 지성entendment이 있다(6), "판단력은 모든 일에 사용되는 도구이며 어디서나 관여한다"(I, 50, 219; 데 라 샤리테de la Charite, 1968).《수상록》I권 14장은 우리에게 영향을 미치는 것은 사물이 아니라 사물에 대한 우리 판단이라는 스토아철학자 에픽테토스의 격언을 반영한다. 그는 "견해란 강력하고 대담하고 절도를 모르는 상대이다"라는 명제에 동의한다(I, 14, 41).《수상록》은 사람들이 사건에 대응하는 방식이 운명에 좌우되지 않는다는 것을 보여주려고 겸허하게 죽음을 받아들인 사례와 군대에서 탈영하지 않고 죽어간 군인들의 사례를 여러 번 강조한다. "우리 안에서 고통과 쾌감을 날카롭게 만드는 것이 우리 정신의 민감성임은 쉽사리 알 수 있다"라고 거듭 주장한다(I, 14, 38). 그는 에피쿠로스의 격언을 인용하며 우리가 심한 고통에 어떻게 반응하는지도 마음의 힘에 달려 있다고 주장한다. "마음이 우리의 안위에 적합한 길을 선택하도록 하면 우리는 모든 상처에서 보호될 뿐 아니라, 마음만 동의한다면 그 상처와 불행 자체로부터 영광과 자부심을 얻게 될 것이다"(I, 14, 37).

헬레니즘 철학이 그러하듯 몽테뉴에게 엄청난 고통의 결정적인 원인은 인간의 상상력이다. "우리는 망상의 종잡을 수 없는 자유에 빠지고 말았다"(I, 14, 39). "단순한 상상의 힘으로 얼마나 많은 이들이 병에 걸렸는가?", '레몽 스봉을 위한 변명The Apology of Raymond Sebond'이라는 제목의 장에서는 "우리가 정신적 나약함으로 무너지려 할 때 지식은 우리에게 도움의 손길을 내민다"라고 수사학적으로 지식을 표현했다(I, 12, 358). 마르쿠스 아우렐리우스처럼 몽테뉴도 상상력과 수사학은 철학적으로 사용되고 경험과 모범에 대해 검증

된다면 그 자체로 문제가 되지 않는다고 생각했다. 몽테뉴는 "우리가 우리 것으로 여기는 자산이란 공상적이고 허황된 것, 지금은 없는 미래의 것으로, 인간의 능력만으로는 장담할 수 없는 것들이거나 우리 멋대로 스스로에게 부여한 것들이다"(I, 12, 357; cf. III, 11, 787~8)라고 썼다. 몽테뉴에게 철학은 '죽음을 준비하는 일'(I, 19)(5)이다. 노년의 삶에서 죽음을 준비한다는 의미도 있지만 상상 속의 온갖 착각과 허상을 버린다는 의미도 있다. 이 고대 주제에 대한 몽테뉴의 유명한 수필집은 죽음을 주제로 회의론, 금욕주의, 에피쿠로스적 치유법의 전체 체계를 총망라한다(3).[34] "영혼이 [죽음]에 대한 두려움에 떠는 동안 [영혼이] 안식하는 것은 불가능하다"(I, 19, 63). 그러나 극복해야 할 대상은 '죽음' 그 자체가 아니라 죽음에 대한 두려움이다. 출생처럼 자연스러운 죽음, 그 자체를 극복하는 것이 아니라 죽음에 관한 불안함과 두려움을 극복해야 한다(I, 18, 53). 몽테뉴는 세네카의 말을 인용하며 "죽음에 대한 대비는 자유를 장착하기 위한 대비"이기도 하다고 말하는데, 죽음에 대한 두려움이 근거 없는 것임을 보여주려는 의도이다(I, 19, 60). 사람들은 죽음을 심신이 병든 상태에서 곧 맞이하게 될 운명이나, 삶과 대척점에 있는 두려운 것으로 인식하는 경향이 있다. 그는 이러한 관념을 깨며 "죽음을 대비하는 법을 가르친다는 것은 더 나은 삶을 살아가는 법을 가르치는 것"이라고 주장한다(I, 19, 62).

## ii. 고대 철학에서 근대 철학까지

몽테뉴 사상의 많은 부분이 고대 철학의 개념을 되풀이한다면, 그의 《수상록》에서 새롭게 소개되는 사상에는 어떠한 것이 있을까? 이 책에서 다뤄온 메타 철학적 전통을 변형하거나 계승하는 새로운 사상을 담고 있는가? 첫째, 몽테뉴의 사상은 고대 회의주의의 다양한 형태에서 깊은 영향을 받았다. 고대 회의주의는 특히 16세기에 섹스투스 엠피리쿠스의 텍스트를 통해 재발견되어 천 년 만에 처음으로 학계에 공개된 바 있다(행킨스 & 파머, 2008; 4.2).³⁵ 몽테뉴는 기독교의 종파적 폭력이 난무하는 유럽에 '회의주의'에 입각한 철학적 치료법을 도입하고자 했다. 사회적으로 종교적 화해의 기운을 가져올 수 있을 것이라 믿었다. 《수상록》의 '레몽 스봉을 위한 변명'은 몽테뉴가 말한 '방법에 대한 담론'에 가깝다(cf. I, 4. I, 26; 1, 31; 1, 47). 몽테뉴는 피론적 회의주의가 섣부른 판단을 멀리하도록 유도하는 차원에서 높이 평가하며, 반대론을 펼치는 상대를 너그럽게 이해하도록 가르침으로써 사회성을 향상시키는 수단이 될 수 있다고 여겼다.

*판단도 동의도 없이 모든 사물을 받아들이는 곧고도 단호한 태도는 평정 즉 '아타락시아'로 이끈다. 아타락시아는 우리가 사물에 대해 안다고 생각하는 견해와 지식이 주는 인상이 야기하는 동요에서 벗어난, 평화롭고 고요한 생활의 조건이다. 그 동요에서 두려움, 인색, 시기심, 무절제한 욕망, 야심, 오만, 미신, 새것에 대한 애호, 모반, 불복종, 고집이 대부분 나온다. … 의심을 불러일으키고 판단을 유보하게 만들기 위해서 말이다. 그것이 그들의 목적이다(II, 12, 372).*

그는 다른 책에서 극단적 형태의 회의주의(또는 피론주의)를 비판하기도 하는데, '결정론'보다는 '확률론'에 가까운 입장이라고 해석할 수 있다(포스Force, 2009). [36] 그는 경험에 근거한 진리 주장(III, 13)이 형이상학적 진리에 관한 주장보다 훨씬 더 신빙성이 높다고 평가한다. '레몽 세봉을 위한 변명'에서는 인간은 하느님 또는 그 외의 신, 영혼의 본질, 죽음 이후에 일어나는 일에 대해 아무것도 알 수 없다는 주장을 정당화하기 위해 '현자들의 주장 불일치diaphonia'를 토대로 거의 모든 고대 회의주의에 관한 비유가 등장한다. [37] 몽테뉴가 말했듯 이는 인식론적 중용의 문제이다. "우리 능력이 어떤 것들을 알게 해 줄 수 있고 어느 정도 역량을 지니고 있지만 그 정도 이상으로 사용하는 건 만용이라고 보는 것은 치우치지 않은 순한 생각이다. 이는 수긍할 만하고 온건한 사람들이 지지하는 견해다. … 하지만 우리 정신에 한계를 정해 주기란 쉽지 않다"(II, 12, 421).

때때로 몽테뉴의 신학적 회의론은 자신의 가톨릭 신앙에 반하는 것처럼 보이기도 한다. "하늘에 대해 전혀 판단하지 않는 것이 가장 좋은 판단이다. 이는 소크라테스의 생각이자 나의 생각이기도 하다", "인간은 벼룩도 만들지 못하면서 신을 수십 개씩 만들어낼 정도로 미쳐 있다"(II, 12, 395). 몽테뉴는 이렇게 말했다. "협잡이 활동하기에 딱 알맞은 무대와 소재는 미지의 일들이다. 우선은 생소함 자체가 믿음을 주기 때문이요, 나아가 우리의 평범한 상식으로 따져볼 수 없는 일들이라 반박할 수단도 없기 때문이다"(I, 31, 159).

둘째, 몽테뉴의 형이상학적 회의론은 점점 더 현자의 이교도적 이상이 과연 달성할 수 있는 것인지, 또는 바람직한 이상인지를 다루는 윤리적 회의론으로 해석된다(9). 몽테뉴의 일부 수필 '중용에 관하여'(I, 30), '주벽에 관하여'(II, 2), '덕에 관하여'(II, 29), '잔인성에 관하여'(II, 11) 등은 과도한 자기 의로움이 악과 갈등의 주요 원인이라고 제안함으로써 기존의 패러다임 즉 원인이 구속받지 않는 정념에서 비롯된다는 관념에 도전한다. 그는 "지극하고 특별한 미덕은 광기에 가까울 정도로 엄청난 영향을 미칠 수 있다"라고 주장한다(II, 12, 362). 몽테뉴는 당대 주요 문제들을 고찰하면서, 가장 가증스러운 잔인함은 무절제한 욕구에서 비롯되는 것이 아니라 자신이 모르는 것을 안다는 '착각'이라고 평가했다(II, 17). 이런 관점에서 몽테뉴는 앞서 살펴본 것처럼 소小카토를 존경하면서도 덕에 대한 지나친 엄격함에 의문을 제기한다(I, 36; II, 11; II, 37). 그는 "평소의 얼굴로 죽음과 안면을 투고 익숙해지며 즐기는 것은 오직 한 사람, 소크라테스만이 할 수 있는 일이다"라고 하며, 일반인에게는 '너무 고상하고 어려운 일'이라고 했다(II, 11, 309). [38] 일반인이라도 끊임없는 수련으로 비슷한 경지에 오를 수는 있겠지만, 소크라테스와 소小카토는 특별하게 타고난 '고차원적인 영혼'으로 인해 철학에서 얻는 쾌락도 '더 활력 있고 튼튼하고 힘이 좋은 만큼 더 진정한 쾌락이다'(II, 11, 309). 그럼에도 몽테뉴는 철학적 수련을 거듭한 내공으로 더 높은 경지의 덕을 얻게 되었다고 고백했다(II, 11, 311; cf. I, 19).

셋째, 몽테뉴는 소소한 것으로부터 새로운 가치를 발견한다. '나에게 주어진 삶에 순응하는 태도'를 강조하는 신스토아주의 또는 신에피쿠로스주의에서 나아가 평범한 일상의 소중함을 강조하고 있다(II, 16). "나는 보잘것없고 광채 없는 삶을 제안한다"라며, "더 풍성한 소재로 된 삶과 마찬가지로 평범하고 개인적인 삶에도 도덕 철학 전체가 연결된다. 사람은 누구나 인간 조건의 온전한 형태를 지니고 있다"(III, 2, 611, 614). 소소한 일상에서 행복을 느끼던 몽테뉴는 소크라테스가 지적한 내용(우리 각자는 자신의 앎에 한계가 있다는 사실을 깨달아야 한다)이 프랑스 계몽주의에 심오한 영향을 미칠 정도로 중요한 교훈이라고 여겼다[8.1~3]:

*폼페이우스가 자기네 도시에 온 것을 기념해 아테네인들이 적은 멋진 비문은 내 생각과 맞는다. '그대가 인간임을 인정하는 그만큼 그대는 신이로다.' … 우리는 우리 자신의 사용법을 모르기 때문에 다른 조건들을 찾아다니고, 자신 내면을 모르기에 내면 밖으로 나간다(III, 13, 857).*

이 아이러니한 소크라테스적 틀 속에서 몽테뉴가 좋아하던 '즐겁고 사교적인 지혜'(III, 5, 642)를 파악해야 한다. 어떤 면에서는 니체[9.2]의 사상을 예견하기도 한다. 몽테뉴는 이렇게 노래한다. "지혜의 가장 현저한 특징은 지속적인 즐거움입니다. 지혜의 상태는 마치 달 위에 있는 상태와 같습니다. 항상 평온하지요"(I, 25, 119). 그리고 자기 자신에 대해 다음과 같이 말한다.

*내가 다시 살게 된다면 나는 내가 살아온 것처럼 다시 살 것이다. 나는 과거를 한탄하지도 않으며 미래를 두려워하지도 않는다. 그리고 내가 잘못 생각하는 것이 아니라면 내 삶은 속에서도 겉에서와 비슷하게 진행되었다. 내 몸 상태의 변화가 하나씩 모두 제 시절을 따라 이루어져 왔다는 것은 내가 나의 운수로부터 얻은 중요한 덕 중 하나이다. 나는 그 잎과 꽃과 열매를 보았다. 그리고 지금은 그것이 말라가는 상태를 보는 중이다. 다행이다. 자연의 순리대로이니 말이다. 나*

*는 지금 내가 가진 병들을 훨씬 더 순하게 견딘다. 그것이 제때 온 것이기 때문에 그리고 내 지난 삶의 긴 행복을 더 애틋하게 추억하게 해주니 말이다*(II, 2, 620).

언뜻 보면 《수상록》의 주제가 중구난방인 것 같지만, 이 책은 '아토피아ₐₜₒₚᵢₐ'(규정하거나 형용할 수 없는 비장소성—옮긴이)의 방식으로 구성되어 있다. 몽테뉴의 철학 개념을 이해하면 이와 같은 구성 방식의 합리성에 공감하게 될 것이다. 몽테뉴가 기억에 남는 문장들과 예시를 하나둘 '쌓아 올린' 과정은 그 자체로 회의주의적 영성 훈련이라고 할 수 있다(3). 그는 영성을 단련함으로써 자신을 둘러싼 종파적 독단주의와 잔인함에 대항하여 '내 주장도 틀릴 수 있다'라는 인식론적 겸손함을 키우고자 했다. 몽테뉴는 이렇게 말했다. "세상의 풍속과 관례가 하도 복잡하다 보니 내가 새롭게 배우는 것도 많다." "우리 것과 다른 가지각색의 풍습과 사고방식도 내게는 불쾌하기보다는 교훈이 된다"(II, 12, 383). 이것은 볼테르, 루소와 다른 사람들에게 깊은 영향을 준 그의 유명한 수필 '식인종에 대하여'(I, 31)의 집필 의도이기도 하다. "인간의 끊임없는 내적 변화를 성찰함으로써 우리의 판단력을 강화하고 계몽할 수 있다"(I, 48). 한편으로 이와 같은 영적 단련은 습관성 노곤함과 졸음을 흔들고, 경험의 일시성, 복잡성 및 뉘앙스에 눈을 뜨도록 마음을 일깨운다. 《수상록》 2권의 마지막 단어는 'the most universal quality is diversity'이다(II, 37, 598). 반면, 남의 눈의 티끌은 보여도 내 눈의 들보는 보지 못하는 자세에 대해 크게 비난한다. "남의 눈에 티는 보되, 내 눈의 들보를 보지 못한다"(II, 30, 155). 무엇보다도 소크라테스(10)의 인격 즉 크산티페Xanthippe 남편으로서의 모습은 철학자로서의 모습과 다르기도 하고, 모든 피조물 중 인간이 신과 가장 닮았다고 주장한 피치노Ficino와 여러 철학자가 묘사한 신에 가깝진 않지만(마냐르Magnard, 2010) 무엇보다도 몽테뉴의 주요 영감으로 남아 있다.

## 6.4 유스투스 립시우스의 신스토아주의Neostoicism

후기 근대 학자들이 후기 유럽 르네상스 시대의 '신스토아주의'라고 칭하는 사상(파피Papy, 2010)은 무엇보다도 벨기에의 철학자 유스투스 립시우스(1547~1606)와 관련이 있다. 립시우스는 몽테뉴와 같은 시기인 16세기 마지막 수십 년 동안 왕성한 활동을 펼쳤다. 초기 근대 유럽에서 그의 명성과 영향력, 1584년《항심恒心에 대하여De Constantia Libri Duo》와 1589년《정치 또는 시민 교리에 관한 여섯 권의 책 Politicorum sive Civilis Doctrinae Libri Sex》을 토대로 한 그의 명성은 그를 추종한 몽테뉴에 필적할 만한 것이었다(몽테뉴,《수상록》II, 12, 436). 파피에 따르면, 립시우스가 신스토아주의의 창시자로 불리는 이유는 그의 저서에서 스토아주의가 '기독교와 성서에서 말하는 도덕을 진정으로 보완할 정도로 새로운 세속 윤리의 특별한 기초'가 된다고 언급했기 때문이다(파피, 2010:51). 몽테뉴가 개신교와 가톨릭의 갈등으로 점철된 유럽에서 시민 평화를 증진하기 위해 절충적 회의주의를 추구했다면, 립시우스는 동일한 민족적인 목적을 확보하기 위해 최대한 기독교와 일치하는 스토아주의에 주목했다.

이러한 윤리·정치적 희망은 립시우스의 가장 유명한 작품이자 이 책에서 가장 관심을 보이는 작품《항심에 대하여》에 잘 나타나 있다. 이 텍스트의 장르(5)와 관련해 존 셀라스는 《항심에 대하여》가 (보에티우스의 잘 알려진 대화와 같은) 독자의 마음을 위로하는 철학서들과 비슷한 면이 있지만, 우리는 또한 페트라르카의 《나의 비밀 Secretum》처럼 심리 치료를 위한 대화집으로 읽어야 한다" [39]라고 주장한 바 있다[6.2]. 서문 '독자에게'에서 립시우스는 철학을 '치료법이 아닌 교양'으로 사용하는 사람들을 공격한다(2006:28~9). 철학의 유일한 목표는 '평화롭고 조용한 마음'(8)을 갖게 하는 것이라고 그는 말한다(셀라스, 2017:351~2). 또한 "하나면 충분하지만, 완벽하게 충분할 수는 없다"라고도 말한다(《항심에 대하여》 '독자에게', 29). 그는 알렉산더 라토Alexander Ratho에게 보낸 편지에서 이 글은 "나의 '벨기에인들'을 위해 그리고 고통받는 조국을 위로하기 위해" 쓴 것이라고 설명한다(파피, 2010:53).

《항심에 대하여》가 고대 철학 모델을 '영혼의 의학medicina animi'으로 탈바꿈한 것에 주목하면서 관련 내용을 더 자세히 살펴보겠다(7).

### i. 진단: 사적 및 공적 악의 내적 원인

립시우스는 종교적, 정치적 분쟁들 속에서 고통을 겪는 사람들에게 구체적 도움을 제시하기 위해 경험을 토대로 《항심에 대하여》를 저술했다. 1572년과 1579년, 벨기에 루벤에 있던 그의 전 재산은 내전으로 약탈군에 의해 휴짓조각이 되었다. 이 책은 이틀간의 대화문으로 구성된 두 권의 대담집이다. 본문에는 립시우스 자신이 등장인물 즉 자신이 존경하는 친구 랑기우스Langius에게 도덕적 조언을 구하는 젊은 청년으로 등장한다. 페트라르카가 《나의 비밀》에서 아우구스티누스와 얘기했던 이상적인 현자이자, 세네카가 루킬리우스에게 제시한 현자이자 자문관으로 묘사된다. [40] 철학에 대한 고대의 치료적 또는 의학적 개념(6)은 《항심에 대하여》의 시작 부분부터 명확하게 드러난다. "당신이 열거한 대로 나를 인도하고 가르쳐주시오. 나를 지도하고 교정하시오. 나는 면도칼이나 불로 절단하거나 지지는 등 어떤 종류의 치료법도 받아들일 준비가 되어 있는 당신의 환자입니다"라고 립시우스는 스승에게 말했다(《항심에 대하여》 1, 7, 41). [41] 랑기우스는 립시우스의 의학적 비유를 전적으로 받아들이며, 자신보다 어린 립시우스와의 철학적 논쟁에서 '채혈기, 쑥과 같은 약초 그리고 톡 쏘는 식초'를 이용해 치료하겠다고 약속했다(《항심에 대하여》 I, 10, 47).

세네카의 《어머니 헬비아에게 보내는 위로》와 페트라르카의 많은 편지에서와 마찬가지로 《항심에 대하여》에서도 철학자가 망명해야 하는 상황에 놓일 때 영적 단련을 하게 된다. 책에 실린 대화는 1572년, 립시우스가 조국의 문제를 피해 비엔나로 가는 길에 랑기우스를 방문하기 위해 리에주에 들렀을 때를 배경으로 한다(《항심에 대하여》 I, 1, 31; 셸라스, 2017:343). '무고한 사람들이 피를 흘리고 법과 자유를 잃은'(《항심에 대하여》 I, 8, 45) 상황에 직면한 립시우스는 자국민들을 위해 선한 의도로 어떠한 행동을 할 수 있을지 고민했다(《항심에 대하여》 I, 8, 45). 랑기우스는 소크라테스의 철학적 분석법(5)에 따라 립시우스의 고민을 내면적인 것으로 재정의하는 것부터 시작한다. 마음속에 '온갖 생각으로 자욱한 안개fumo Opinionum'가 껴 있는지, 어떠한 혼돈으로 마음이 뒤숭숭한지, 문제의 진정한 원인을 파악한다(《항심에 대하여》I, 2, 33). 따라서 랑기우스가 제시하는 해결책은 물리적인 '망명'이 아니라 철학에 있다. 현자의 영혼이 없는 세상에 온전히 평화로운 곳은 없다(cf.《항심에 대하여》I, 9, 45~6). 따라서 립시우스가 해야 할 일은 스토아 덕목인 흔들리지 않는 마음 즉 '항심constantia'을 기르는 것이다. "외부적 또는 인과적 사고에 의해 들뜨거나 눌리지 않는 올바르고 부동적인 마음의 힘"을 키우는 것이다(8)(《항심에 대하여》I, 4, 37; 셀라스, 2017:345). [42] 그러나 이처럼 고양된 마음가짐을 얻기 위해서는 '인간에게 또는 인간 내면에 일어날 수 있는 모든 일을 원망하지 않고 고통을 애써 외면하지 않는' 힘든 윤리적 훈련이 필요하다(3)(《항심에 대하여》I, 4, 37). 립시우스는 마르쿠스 아우렐리우스[3.5 참조]의 말을 되새기며 소크라테스 철학 이전의 견해에 대해 '어떤 확실한 해결도 없이, 불평하고, 번거롭고, 신과 인간에게 해를 끼치는 의심의 물결'에 맞서 일종의 내적 '성벽'을 세워야 한다고 주장했다(《항심에 대하여》I, 5, 440).

립시우스가 비이성적으로 외적인 것 즉 '헛된 재화false goods'에 집착하고 '헛된 악false evils'을 피하려는 욕망이 크다는 것이 문제다. "나는 이 두 가지를 우리 내면의 것이 아니라 우리를 둘러싼 것으로 정의한다"(《항심에 대하여》I, 7, 42; 셀라스, 2017:343~4). 외적 요소들은 '선'이나 '악'으로 칭할 수 없으며, 외적 요소를 추구하거나 회피하는 마음은 불필요한 정념으로 '마음을 어지럽힌다'《항심에 대하여》I, 7, 42; 참조:I, 11, 49). [43] 그러한 헛된 악은 (페트라르카의 로라에 대한 상사병처럼) '사적인 것'일 수도 있지만, 많은 사람들에게 영향을 미칠 때 '공적인 것'이 될 수 있다. [44] 랑기우스는 립시우스가 겪는 주된 고통이 이러한 공적인 경우라는 점을 감안하며 《항심에 대하여》1권 후반부에서 메타 철학적 은유를 립시우스의 고통을 치료하는 의사에서 그의 공적인 고통에 대항할 '선한 선장'으로 바꾼다. 이어서 립시우스의 불변성에 대한 세 가지 구체적인 '적'(《항심에 대하여》I, 8, 44~5; 셀라스 2017:346)과의 전투가 이틀간의 나머지 대화의 대부분을 차지한다.

이 적들 가운데 첫 번째 적은 '모략'이다. 랑기우스는 사람들이 조국의 공공의 악에 대해 탄식할 때 '마음'보다 '혀'나 '이'로 말하는 것을 경계해야 한다고 진단한다(《항심에 대하여》I, 8, 44). 그는 종종 '말'에 대해 이렇게 경고한다. "'나라의 재앙이 나를 괴롭힌다'라는 말은 진실보다 허영심을 더 많이 담고 있다." 사람들이 '공공의 악'을 애도하는 듯하지만 알고 보면 자신의 사적인 몫만 애도하거나 '남을 의식하여' 시장에서 애도하는 것처럼 보이게 하는 경우가 많다고 말한다(I, 8, 44). [45]

공공의 악으로 인지되는 것을 유발하는 두 번째 원인은 '경건'으로 분류된다. 랑기우스는 어떤 이유에서인지 '경건'을 애국심과 동일시하는데, 기독교적 경건함은 명시적으로 그리고 아마도 신중하게 배제한 듯하다. 립시우스가 조국을 사랑하고 애도한다면, 랑기우스는 자연과 이성이 아닌 관습과 의견의 산물을 사랑하고 애도한다고 말한다. 랑기우스는 "천상의 씨앗에서 싹튼 인류의 종족이 어디에 있든 온 세상이 우리의 조국이다"라고 제자의 생각을 바로잡는다. 한편 소크라테스는 어느 나라 사람이냐는 질문에 "나는 세계의 시민이다"라고 대답했다(《항심에 대하여》I, 9, 46).

립시우스가 말하는 '항심의 부재' 즉 변덕스러운 마음의 세 번째 원인은 동료 시민들이 느끼는 고통에 대한 '연민pity' 때문이다(《항심에 대하여》I, 12, 52). 랑기우스는 이처럼 연민이 생기는 이유는 '아브젝시옹abjection(문화적으로 타자를 혐오하고 배제하면서 자기의 정체성을 만들어가는 심리적 메커니즘—옮긴이)의 결함' 또는 '부드러움과 아브젝시옹의 공존'(《항심에 대하여》I, 12, 53)을 말하며, 셀라스(2017:347)가 논평했듯 기독교적 도덕성인 '완전한 사랑charitas'에 어긋난다고 주장했다. 자비mercy는 타인이 고통을 당할 때 부여되는 것으로, 연민과는 다르다. 우리는 다른 사람의 운명에 대해 애통하고만 있어서는 안 된다. 그들을 도와주려는 마음을 키워야 한다. 단, 상대의 입장에 서서 함께 고통을 나누려는 마음을 품을 때에는 반드시 '감성'이 아닌 '이성'으로 판단해야 한다. 이렇게 하면 우리는 '다른 사람의 전염병(고통)에 감정적으로 감염되지 않을 것이며, … (펜서스Fencers의 말대로) … [우리] 자신의 갈비뼈에 다른 사람이 가하는 타격을 받지 않을 것이다"(《항심에 대하여》I, 12, 53).

## i. 주요 (예후적) 전투:항심(불변)을 품은 네 개의 부대

철학적 치료법에 대한 설명에서 《항심에 대하여》1권 13장에 이어 책 전체를 관통하는 무술적 은유를 사용한다. 철학적 치료법은 진단에서 예후로 그리고 교전에서 '본전'으로 넘어간다《항심에 대하여》I, 13, 54). 랑기우스 대장은 세 명의 적을 상대로 립시우스가 말한 항심을 확립하기 위해 네 개의 '부대'를 배치한다. 이 경우 PWL 개념에서 형이상학적으로 고려해야 할 사항을 배제하지 않고 오히려 재구성하는 방식이 흥미롭다. 네 개의 부대는 '신학적 논증'을 비유하는 것으로 해석할 수 있다. 보에티우스가 《위안에 관하여》 후반부에서 자주 인용한 것처럼, [46] 이러한 주장은 인지적 치료법에서도 녹아들어 있다.

a. 첫 번째 부대: 공공의 악은 하느님의 뜻이다.

랑기우스에 따르면, 모든 기독교인이 그러하듯 립시우스가 하느님의 섭리를 받아들인다면 공공의 악도 받아들여야 한다. 그러므로 '악'으로 추정되는 대상에 대해 불평하는 것은 하느님에 대해 불평과 같다고 주장했다. 하느님에 대한 불평은 불경스러운 언행이다. 자신의 운명에 대해 불평하는 동물은 인간뿐이다. 세네카가 주장한 '영혼의 격정grief'처럼 [47] 불평은 백해무익일 뿐이다. 운명은 감내해야 한다. 행군에 부름 받은 병사들처럼, 립시우스는 필요한 것에 순응해야 한다고 주장한다. [48]

b. 두 번째 부대: 공공의 악이 필요한 존재다.

《항심에 대하여》 제1권의 나머지 부분(15~22장)에서 랑기우스는 고전적인 스토아주의적 관찰을 두 가지로 정리한다. 첫째, 삼라만상에 적용되는 두 가지는 필멸과 끊임없는 변화이다. 립시우스는 마르쿠스 아우렐리우스처럼 이 단순하고 심오한 진리에 대해 더 깊이 묵상했으면 좋았을 것이다. 논증의 대상을 큰 것에서 작은 것으로 옮겨오면서, 지구나 별처럼 위대한 것에도 변화와 죽음이 닥친다면 우리 자신처럼 작은 존재에게 변화와 죽음이 닥친다는 사실에 호들갑을 떨지 말아야 한다. [49] 랑기우스는 더 작은 것에서 더 큰 것으로 논증하면서 인간의 몸이 시간이 지나면 성숙하고 늙어 죽는 것처럼 벨기에 같은 국가도 언젠가는 사라질 것이라는 사실에 한탄해서는 안 된다고 조언한다. [50]

c. 세 번째 부대: 공공의 악에도 목적이 있다.

셋째, 공공의 악은 훈련의 좋은 재료다. 각자의 덕을 발전시키고 단련할 수 있는 도전과 기회가 되기 때문이다. 세네카는 《섭리에 관하여》(3, 3)에서 다음과 같이 썼다. "나는 역경을 느껴본 적이 없는 사람보다 더 불행한 사람은 없다고 생각한다"(셀라스, 2017:353). 공공의 악은 징벌을 받아 마땅한 사람들을 징벌하는 하느님의 정의를 실현하는 징벌적 도구 역할을 한다. 더욱이 공공의 악은 하나님의 원대한 계획에서 필수적인, 어쩌면 아름다운 일부를 형성할지도 모른다(《항심에 대하여》 II, 11, 94~7). [51]

립시우스는 세 번째 부대에 대해 볼테르가 1755년 리스본 지진 이후 신정론theodicy(신의 정당함을 주장하는 이론—옮긴이)의 형태에 대해 제기했던 그리고 보에티우스의 《위안에 관하여》 [4.5]에서 형이상학적 전환의 동기가 되었던 저항과 혁명의 은유이기도 한 성경의 '욥기'를 제기한다. 그러나 고통받는 무고한 사람들에 대해서는 어떻게 해석해야 하는가? 처벌을 받지 않고 자유의 몸이 된 죄인들은 또 어떤가? 그리고 왜 아들이 아버지의 죄를 갚아야 하는가? 이에 대해 랑기우스는 다섯 가지 대답을 한 후 '그것들은 심오한 신비들'이라고 현자답게 강조한다(《항심에 대하여》 I, 17, 110; 참조, I, 16, 107). 악인들은 결국 모두 형벌을 받는다(《항심에 대하여》 II, 13, 99~101). 악인이 받는 형벌 중 일부는 내면적이고 눈에 보이지 않는 형벌이다. 어떤 형벌은 다음 생에서만 일어나며, 원죄가 있기에 결국 완전히 결백한 사람은 아무도 없다(《항심에 대하여》 II, 16, 105~7). 마지막으로, 아들이 아버지로부터 재산을 물려받는 데 이의를 제기할 사람이 없는데, 왜 랑기우스는 아들이 부모와 부모의 부모로부터 죄의 삯을 물려받는 정의에 반대하는 것일까(II, 17, 108~11)?

d. 네 번째 부대: 공공의 악에 대해 슬퍼하거나 그러한 악이 닥칠 것을 예측할 수도 없다.

《항심에 대하여》 II권 19(112~14)에서 랑기우스는 립시우스에게 잃어버린 물건을 자연이나 신에게 돌아가는 물건으로 생각하라고 에픽테토스의 방식으로 얘기한다. 남의 재산을 훔쳐서도 안 되지만, 불가피하게 잃어버린 재산을 한탄하는 것은 어리석은 일이라는 것이다. 이아고의 말처럼 "한 때는 내 것이었지만 이제는 다른 이의 것이다." 랑기우스는 성경과 그리스와 로마 역사에 나오는 고통, 전쟁, 학살, 재앙, 기근을 다루는 참으로 음울한 교독문을 상기시키면서 무거운 수사학적 포격을 가한다(II, 23, 120~2; 셀라스,

2017:354~5). 다음 장에서는 인간의 잔인함과 폭정의 예를 쏟아낸다(《항심에 대하여》 II, 24, 122~4). 이 목록들은 립시우스에게 현시대의 악에 놀라는 게 얼마나 어리석은 일인지 생생하게 보여주기 위한 것이다. 이것은 현실에서 거리를 두고 위에서 내려다보는 관점, 또는 우리가 역사를 치료라고 부를 수 있는 관점(셀라스, 2017:354, 355)이기도 하다. '왜 하필 나만 이런 극심한 고통을 겪어야 하는가?'에서 한 걸음 물러나 자신의 상황을 상대적인 관점으로 보도록 유도한다.

《항심에 대하여》는 앞선 논증에서는 철학의 영적 단련의 목적을 강조하면서(3) 립시우스가 제시한 성찰 즉 페트라르카의 《나의 비밀》에서 아우구스티누스가 했던 성찰처럼 끝을 맺는다(셀라스, 2017:355~9).

*하느님께서 이 말씀이 네게 기쁨이 될 뿐 아니라 득이 되게 하시고, 네게 유익이나 도움이 되게 하시기를 원하노라. 그것이 네 귀에만 그치지 않고 네 마음에도 분명히 그렇게 역사할 것이며, 한번 들은 후에는 땅 위에 흩어진 사료처럼 가만히 시들지 않게 될 것이다. 마지막으로, 그 말씀을 자주 반복하고 일상에서 자주 떠올리라(《항심에 대하여》 I, 24, 129).* [52]

셀라스의 말을 빌리자면 "《항심에 대하여》는 사실상 립시우스가 내면 성찰과 단련을 위해 지은 책이다. 자신이 이미 알고 있는 철학적 이론들을 '소화'하려는 자신과의 대화다"(셀라스, 2017:357). 따라서 립시우스가 가장 자주 인용한 세네카뿐만 아니라 페트라르카의 《나의 비밀》과 마르쿠스 아우렐리우스의 《명상록》과의 신스토아주의 사상의 연속성이 특히 두드러진다.

# 7장

## 초기 근대 철학에서 바라본 '정신 경작Cultura animi'

### 7.1 PWL, 또다시 사라질 운명인가?

5장에서 살펴본 것처럼 피에르 아도는 이성과 신앙의 조화를 주로 다루는 스콜라 신학이 출현하면서, PWL이 결정적으로 종말의 운명에 처했다고 주장했다. 스콜라 신학은 변증법과 철학 텍스트를 쉽게 설명하는 주해commentary를 중시하는 대학 학문의 형태를 지녔다. 게다가 여러 아테네 학파가 해산하면서 고대로 거슬러 올라가 철학을 이론 구성으로 취급하는 경향을 공고히 하기도 했다[5.3]. 6장에서는 르네상스 철학에서 아도가 강조한 PWL의 흔적을 살펴봤다. 17세기는 '과학 혁명'을 일으킨 '천재들의 세기'인 동시에, PWL의 주요 학자들이 실천 없는 이론 위주의 철학을 보내고 자기 수양, 생활 방식 또는 삶의 방식으로서의 철학을 강조한 두 번째 시기다.

철학을 이론으로만 볼 것인지 생활 양식으로만 볼 것인지에 대한 견해는 두 갈래로 나뉜다. 한편에서는 스티븐 가우크로거Stephen Gaukroger(2001)와 (변형된 주장을 펼치기도 하지만) 피터 해리슨Peter Harrison(2015)과 같은 저명하고 학식이 높은 역사가들의 주장이 있다. 그들의 사상에는 자연철학을 철학자의 자아를 변화시키는 작업으로만 받아들이지 않기 위해 철학 활동을 재구성한 프랜시스 베이컨의 사상이 녹아들어 있다. 이 논증을 뒷받침하는 수렴적 주장들(수렴적 사고$_{convergent\ thinking}$는 수렴적 사고$_{convergent\ thinking}$라는 추상적인 개념에 주의를 집중하여 특정한 문제에 대한 단일한 해결책을 만들어내는 사고를 뜻한다—옮긴이)이 있다. 첫째, 베이컨은 자연철학자로서 외부 세계를 진정으로 이해하고 능숙하게 행동하여 '가능한 모든 것에 영향을 미치기 위해' 실생활이나 실제 세계에 변화를 가져오는 데 관심을 가졌다. 베이컨이 유토피아 소설 《새로운 아틀란티스$_{New\ Atlantis}$》에서 유토피아의 수호자들에 대해 쓴 것처럼 말이다. 둘째, 베이컨은 '새로운 학문의 도구'를 뜻하는 《신기관$_{Novum\ Organum}$ 또는 '노붐 오르가눔'》 서문에서 자신이 자연의 형태를 이해하기 위해 발견한 새로운 '학문의 도구$_{organum}$'를 얻기 위해 위대한 예지력이나 천재성이 필요하지 않고 이 도구는 누구나 조작할 수 있는 기계에 가깝다고 주장했다. 셋째, 베이컨은 자연 세계를 새로운 관점에서 이해하기 위한 노력을 거듭 강조했다. 《신기관》을 비롯한 그의 여러 저서에서도 자연 세계의 계획적·체계적 탐구를 여러 사람이 함께할 것을 명시적으로 권장한다(《학문의 진보》 II. 서문 13; 《신기관》 I 57; I 108; I 113; 사전트$_{Sargent}$, 1996). 진정한 철학의 밑거름은 세밀한 실험적 탐구이고 이는 개인이 혼자서 할 수는 없는 영역이라는 주장이다. 베이컨 이후 왕립학회처럼 많은 구성원이 참여하는 새로운 문화와 실험적 탐구 기관의 필요성이 공감을 얻었다. 마지막으로, 자연의 형태와 과정에 대한 누적된 이해의 초기 단계에서 획득한 지식을 세세히 기록할 필요도 생겨났다(옹$_{Ong}$, 2007; 베이컨, 1863). 해리슨에 따르면(2015) 철학과 과학이 인간의 실생활과 무관한 독립적인 담론으로 '물화$_{rei-}$

fication(인간이 인간적 방식으로 행동하지 않고, 사물 세계의 법칙에 따라 행동하는, 사물과 같은 존재로 변형되는 것—옮긴이)'되는 과정(탐구자들에게 일방적으로 덕목을 심어주는 과정이라기보다는)을 지향하고 있었다.

그렇다면 철학을 바라보는 두 번째 입장은 무엇일까? 미셸 푸코가 《주체의 해석학The Hermeneutics of the Subject》(2005)에서 옹호하는 내용이기도 하다. 푸코는 '경험주의empiricism' 창시자로 여겨지는 베이컨이 아니라 '합리주의rationalism' 창시자인 르네 데카르트에게 주목한다. 푸코(2006:17)는 고대 철학이 궁극적으로 '영성spirituality'을 지향한다고 주장했다. 여기서 '영성'이란 더 높은 형태의 지식이 철학자의 윤리적·영적 변화에 의존하고 또 그것을 불러일으킨다는 고대 철학의 사상을 나타낸다. 그러나 푸코의 생각은 달랐다. 그는 "진리의 역사가 근대에 접어든다고 말할 수 있다. … 진리에 다가갈 수 있게 하는 디딤돌(주체가 진리에 접근할 수 있는 조건)은 '지식connaissance(인식)'이다. 오로지 지식만 진리에 다가가게 한다"(2006). 이는 데카르트가 《방법서설》에서 개괄하고 《제1철학에 관한 성찰》(이하 《성찰》)에서 정립한 새로운 철학 수행 방법의 토대가 되는 인식 체계다.

푸코는 베이컨의 새로운 과학적 접근 방법에 관한 주장을 되풀이하면서, 이제부터 "철학자(또는 과학자, 또는 단순히 진리를 추구하는 사람)'에는 다른 어떤 것도 요구되지 않고 그가 주체로서의 자신의 존재를 변화시키거나 변형시킬 필요 없이, 오직 자신의 앎의 활동을 통해서만 진리를 인식하고 그것에 접근할 수 있다"라고 주장했다(2006:18). 이때 철학자가 준수해야 할 조건들이 있다. 기본적으로는 '지식 습득 행위의 형식적·내재적 조건과 진리에 접근하기 위해 준수해야 하는 규칙'을 준수한다. 그리고 이에 더해 '문화적' 조건만 충족하면 된다. 즉 "진리에 접근하기 위해서는 정해진 과학적 합의 안에서 연구하고, 교육받으며, 활동해야 한다"(2006:18). '주체의 구조가 아닌, 구체적으로 실존하는 개인에만 집중'한다는 차원에서 고대 철학적 자기 수양 방식과 차이를 보인다(푸코의 '실존주의'는 결단을 내리는 주체인 인간을 강조했지만 고대 철학의 '구조주의'는 결단의 주체가 인간이 아니며 오히려 주체가 구조의 결과에 불과하다고 주장했다—옮긴이)(2006:18).

이 장에서는 특히 획기적인 철학서, 소라나 코르네아누Sorana Cornea-nu의 《마음의 요법:보일, 로크 그리고 초기 근대 정신의 경작 전통) Regimens of the Mind:Boyle, Locke, and the Early Modern Cultura Animi Tradition》을 중심으로 '철학의 본질은 실생활의 적용'이라는 논리를 펼쳐 나갈 것이다. 코르네아누(2011:6~7)에 따르면 '삶의 방식으로서의 철학'은 적어도 '초기 근대 영국의 실험적 철학 활동'에는 적용할 수 있다. 코르네아누는 베이컨의 사상[7.2]과 초기 근대 실험 철학[7.4]이(샬레톤 Charleton and 글랜빌Glanvill(코르네아누, 2011:84~7, 107~12)을 통해 데카르트[7]로 이어지는데) '마음의 경작cultura animi'이라는 더 큰 초기 근대 문학적 전통과 관련하여 이해해야 한다고 주장했다. 나아가 이 전통은 '영혼의 열정, 마음의 해부학, 수사학, 지혜와 위로'(코르네아누, 2011:4)에 관한 다양한 기독교, 수사학, 철학적 텍스트를 결집하는 데 일조했다. 텍스트 간에 이론을 비롯한 다양한 차이점이 나타나는데도 하나로 결합할 수 있었던 요인은 코르네아누가 언급한 '융합적인 영혼의 치료 모델convergent models of medicina animi'(코르네아누, 2011:88)

즉 마음을 진단하고 치료하는 방법을 제안할 수 있다는 사실이었다. 한편으로는 고대 치료 철학에서와 마찬가지로 마음의 '질병', '기능 장애', '악덕'을 진단할 때 참조하는 기준이 있다. 우선 정신적 타락으로 무너진 인간 정신에 대한 아우구스티누스의 개념(해리슨, 2006;2007)을 근거로 다양한 증상을 살피고, 잘못된 사실과 판단으로 동요된 '감정pathe'에 대한 고대 스토아주의와 키케로 사상에 비추어 마음을 들여다보기도 한다. 반면에 타락한 본성과 정념으로 신념이 타격을 입지 않도록 미리 대응하기 위해 영적, 인지적 단련(2, 3)을 권장하는 처방책으로 '마음 다스리기 요법'에 의존하기도 한다.

코르네아누는 베이컨, 보일Boyle, 후크Hooke, 스프랫Sprat, 샬레톤Charleton, 글랜빌Glanvill, 로크Locke의 텍스트를 설명할 때, 근대 후기 '인식론'이라는 범주를 신중하게 사용해야 한다고 주장한다. 새롭게 등장한 실험적 탐구라는 '논리'를 처방에 녹여낼 때, "형식적 타당성의 문제와 별개로 인간의 인지력이 지닌 무한 가능성에 집중하며 '논리'에 대한 후기와 초기 근대 시기의 변화를 눈여겨봐야 한다. 이때, '논리'란 지성의 추론 활동이라는 새로운 정의를 적용해야 한다"(코르네아누, 2011:88). 이러한 맥락에서 '물리학'이나 '자연철학'은 다음의 두 가지 목적을 추구하는 것으로 간주되었다(코르네아누, 2011:99). 첫째, 베이컨과 데카르트가 이상적으로 여긴 '자연 세계'에 관한 새롭고 잠재적으로 유익한 진리를 발견하는 것이다(베이컨, 《학문의 진보》 I XI, 5; 데카르트, 《방법서설》 VI, 61). 두 번째 목적은 해리슨-고크로거와 푸코가 추구한 방향과 상반되는 것으로, 공동 연구를 위한 학회 결집을 옹호하는 등 새로운 종류의 철학적 탐구자를 양성하는 고전적인 활동을 이어가는 것이다(코르네아누, 2011:8, 53~8).

이쯤에서 이 책에서 가장 수수께끼 같은 인물인 프랜시스 베이컨 경을 먼저 살펴보자(1561~1626 CE).

## 7.2 프랜시스 베이컨: 마음의 우상과 농경시Georgics

과학 시대의 창시자로 칭송과 비난을 동시에 받았던 베이컨은 당대에는 존경받는 수사학자이자 웅변가였으며, 영국 총리대신(대법관)을 지냈다가 물러난 정치가였다. 또한 수상록, 격언집, 고대 신화에 대한 미학 작품, 유토피아적인 《새로운 아틀란티스》의 저자이기도 하다(비커스Vickers, 2000). [1] 1561년 1월, 국새관國璽官('국새'는 국가를 상징하는 도장으로 국가의 중대사에 사용됨. '국새관'은 이를 관장하는 정부 관리—옮긴이)의 둘째 아들로 태어난 베이컨은 일찍이 그리스어, 라틴어와 여러 유럽 언어에 능통하고, 법조인이 되기 위해 법학을 전공했다. 그러나 벌리 경Lord Burghley에게 보낸 유명한 편지에서 알 수 있듯, 그는 어릴 때부터 주변의 기대로 인한 책임감과 학문 그 자체에 대한 '철학적 탐구' 사이에서 갈등했다. "나는 온건한 시민으로서의 목표도 있지만 방대한 시야로 삶을 관조하는 목표도 갖고 있다. 이에 모든 종류의 지식을 내가 정복해야 할 영토로 삼았다 … 그 불씨가 호기심이든 헛된 영광이든 자연세계를 이해하는 것이든 (내 의도를 호의적으로 받아들인다면) 박애주의든, 지식에 대한 욕구는 마음속에 깊이 뿌리내린 터라 제거할 수 없다"(베이컨, 1591 [1753]).

페트라르카와 데카르트처럼 베이컨도 아리스토텔레스주의에 대한 초기 근대 비평가였지만, 철학이 다양한 분야를 아우르는 백과사전적 학문이라는 점에서는 만학萬學의 아버지 아리스토텔레스와 생각이 같았다(4). 다만, 베이컨은 철학에서 실험을 강조하고 올바른 과학적 사고 방법으로 유도하는 등 철학에서 자연과학을 중요시했다. 《학문의 진보Advancement of Learning》(1605) 2권에서 베이컨은 인간적 학문을 크게 세 분야로 나누며, 각 분야는 '학문을 주관하는 '인간 오성Verstand(인식 능력을 뜻한다. 넓은 의미로는 사고능력을 말하며 일반적으로 감성과 대립하는 의미로 사용된다—옮긴이)'의 세 가지 기능과 관련짓는다. 역사학은 인간의 기억력과, 시는 인간의 상상력과 철학은 인산의 이성에 각기 상응한다(《학문의 진보》 I, VII, 15). 베이컨은 인간의 오성을 탐구하는 실질적인 목적은 군주가 자신의 영토를 알고 싶은 마음과 비슷하다며, "어떤 학문 분야가 인간의 근면한 노력으로 개간되지 않은, 미지의 황무지로 남았는지 검토하겠다고 한다(《학문의 진보》 II, 머리말, 15). 인간이 지닌 오만한 자기 확신과 아집이 여러 탐구 영역이 만족스럽지 않거나 '결핍된' 대우를 받고 있음을 발견했다. 또한 로마 제국이 건립된 이후 '인간적 학문의 번영과 진보'에 보탬될 만한 의학과 기술의 발전이 거의 없었다는 사실에 실망했다(《학문의 진보》 I, V, 11). 그의 저서 《대혁신Great Instauration》은 케임브리지 대학 시절에 구상했다고 전해지는 평생의 프로젝트였다. 자연철학을 중심으로 다양한 분야의 새로운 탐구 방법을 가르치려는 취지로 집필했다. 베이컨은 케임브리지의 플레이퍼 박사Dr. Playfer에게 "나는 자연철학을 통해 우리가 지닌 기지와 재치를 끌어낼 수 있다고 생각한다"라고 조언했다(베이컨, 1841). 《학문의 진보》의 마지막 부분에서 그는 놀라운 비유를 통해 베이컨 사상의 밑그림을 보여준다.

여기서 잠시 멈추어 내가 지나온 길을 되돌아본다. 내가 내 작업을 정확하게 판단할 수 있다면 내 글은 연주자들이 악기를 조율할 때 내는 시끄러운 소리에 불과한 것으로 보인다. 하지만 조율할 때의 불협화음은 당장은 귀에 거슬려도 조금 뒤에 더욱 조화로운 음악을 연주하는 원인을 제공하는 것이 아닌가? 내가 뮤즈들의 악기를 조율하여, 나보다 훌륭한 솜씨를 지닌 사람들이 그것들을 연주할 수 있도록 준비하는 데 만족하려는 것도 비슷한 의도라고 하겠다(《학문의 진보》 II, XXIV, 1).

그렇다면 베이컨의 철학 개념은 고대와 르네상스 시대의 다양한 PWL 개념과 어떤 관련이 있을까? 적어도 두 가지 측면에서 관련 고리가 있다. 첫째(i), 베이컨의 《대혁신》은 서양 전통의 인식론적 심리학epistemic psychology(지식에 대한 제반 사항을 다루는 철학의 한 분야로서 지식의 본질, 신념의 합리성과 정당성 등을 연구—옮긴이)에 대한 통찰에 근거하고 있다(8). 코르네아누(2011), 가우크로거(2001)를 비롯해 최근의 몇몇 주석가들이 분석한 바와 같이, 베이컨 철학에는 마음 치료로서의 철학이 지닌 오랜 역사(5)와 '지식의 체계'를 추구한 철학의 면모가 깃들여 있다(해리슨, 2015). 둘째, 그가 자연철학에서 새로운 형태의 탐구를 옹호하고(ii, a) 도덕 철학에도 구체적인 업적을 남길 수 있었던 것은(ii, b) 지적 및 윤리적 실천의 새로운 체제를 정립하고, 철학적 이론과 실천의 괴리를 줄여야 한다는 생각(초기 PWL 사상가들의 생각) 때문이었다.

## i. 베이컨의 4대 우상론

현존하는 초기 근대 학문 형태의 결함에서 비롯된 '인식론적 병리학epistemic pathology'의 형태를 명확하고 깊이 있게 설명한 책이 바로 《신기관Novum Organum》 제I권이다. 베이컨의 4대 우상론idols, idola('우상'은 스토아학파에서는 영혼에 나타난 관념이나 표상을 뜻하고, 베이컨에게 '우상'은 우리 자신이 만든 것으로 마음속에 가진 오류나 편견, 선입견을 은유적으로 언표한 말이다—옮긴이)을 다룬다. 이 중 첫 번째는 '종족의 우상idols of the human 'tribe(genus)'이다(《신기관》 I, XLI~LII). [2] 현재 증명하거나 확인할 수 있는 것보다 더 많은 세상의 질서를 가정하려는 인간의 습성을 나타낸다. 부족한 관찰이나 검증되지 않은 추정에 근거하여 선제적으로 '예상'하거나 일반화하거나 비약하는 편견이기도 하다(《신기관》 I, XVIII~XXXVII, LXV). 또한 우리는 어떠한 것에 강력한 인상을 받을 때 쉽게 설득당하는 경향이 있다. 몽테뉴의 주장처럼 '갑자기 마음을 휘감자 순식간에 상상의 나래를 펼치게 되는' 고립된 경험이나 편협한 주장에 흔들리기도 한다(《신기관》 I, XLVII; cf. I, XXVII). 그렇게 마음이 흔들린 후에는 그것을 사실로 믿는 '확증 편향confirmation bias'이 생겨난다. 어떤 믿음을 형성하면, 새로운 경험을 하더라도 '기존에 마음을 점령한 유사한 대상과 비교하거나 그에 비해 부족하다'고 생각한다. 이때 의식의 흐름은 '거의 알아차리지 못할 정도로' 빠르게 전개된다(《신기관》 I, XLVII). 또한 신념에 도전하는 '부정적' 또는 '반대되는 사례'를 무시하거나 간과하거나 폄하하는 경향이 있다. 게다가 이러한 의견을 제기한 상대에 대해서도 '유해한 편견injurious prejudice'을 갖기도 한다(《신기관》 I, XLVI).

두 번째는 '동굴의 우상idols of the cave'이다(《신기관》 I, LXII~LXVIII). 사람들은 각기 다른 수준의 인지 능력을 지닌다. 그러나 누구나 자신이 관여하면서 두각을 나타내는 기술이나 탐구 형식이 가장 중요하다고 생각하고, 자신과 다른 것을 추구하는 이들을 경멸하거나 평가절하하는 경향이 있다. 특히 분석철학analytic philosophy(철학 연구에서 언어 분석의 방법이나 기호 논리의 활용이 불가결하다고 믿는 이들의 철학을 총칭하며, 세 가지 신조 즉 형이상학 거부, 언어적 전회, 과학과 철학의 관계에 대한 특정한 견해를 지니는 것으로 정의된다―옮긴이)을 하는 이들 중에서 모든 철학이 분석철학의 방향을 따라야 한다고 생각하는 철학자들, '근대성modernity'에 대해 격렬한 반감을 드러내는 고전주의자들도 그러한 경향을 보인다. 세 번째 우상은 '극장의 우상idols of theater'이다. 마치 실제 세계를 보지 못했지만 내로라하는 훌륭한 이론가들이 만들어 놓은 무대 즉 '들뢰즈적 세계' 또는 '하이데거적 세계'를 보는 것처럼, 사람들의 생각을 형성하고 흔들어놓을 정도로 영향력이 큰, 역사적으로 계승된 철학·신학 이론에 충성하는 경향이 대표적인 '극장의 우상'이다(《신기관》 I, LXI~LXII). 마지막으로 네 번째 우상은 '시장의 우상idols of the marketplace'이다. 사람들이 주고받는 언어가 애초에 정확하고 매우 실용적인 질문을 할 수 있도록 만들어지지 않았기 때문에, 언어에 의해 기만당하기 쉬운 경향을 뜻한다(《신기관》 I, XLIII, LIX~LX). [3]

베이컨은 새로운 형태의 지식이 생산되려면 이러한 우상을 인식하고 이를 타파할 수 있는 인식론적 대책을 마련해야 한다고 주장한다.

## ii. 토성과 목성의 재결합

(가장 많은 위성을 거느린 행성이라는 타이틀을 두고 목성과 토성의 경쟁은 아직도 이어지고 있다—옮긴이) 베이컨이 보기에는 권위 있는 철학 텍스트의 주석에 문제가 많았다. 그는 자연 세계에 대한 보다 체계적인 실험적 고찰을 바탕으로 새로운 형태의 탐구(《학문의 진보》, I, IV, 12;《신기관》I, LXXXIV)와 사색과 행동, 이론과 실천을 새로운 방식으로 결합하기를 바랐다(6). 인간에게는 반대 주장에 대면했을 때 무의식적으로 생겨나는 조바심, 성급한 일반화로 상대를 제압하려는 욕구가 있다. 따라서 인식적으로 자신과 상대의 주장을 하나하나 객관화하며 오판이나 편견을 인정하는 데 깊은 반감을 드러내기도 한다. 한편 베이컨에 따르면, 이 과정에는 "면밀한 조사의 노동이 필요하고 명상으로 감정을 조절하기엔 이미 심각도가 높으며, 오가는 담론이 거칠지만 결국 비생산적인 대화만 할 뿐이고, 결코 끝이 안 보이지만, 대화의 뉘앙스는 미묘하기 그지없다"(《신기관》LXXXIII).

이에 베이컨은 제한, 규칙, 규율의 행성 '토성'과 사색의 행성 '목성'을 결합시킬 것을 제안한다(《학문의 진보》I, V, 11). 즉 겸손하게 경험에 근거한 탐구 방식과 철학적 사변을 결합하자는 제안이다. 그의 주장은 첫째, '학문의 새로운 도구new instrument of science 또는 novum organum scientiarum'의 조건에서 나타나고, 둘째, '도덕 철학'이라는 특정 분야에 그의 사상이 기여한 바를 통해 나타난다.

### 학문의 새로운 도구: 정신을 경작하는 수단

베이컨을 경험 과학의 창시자라고 한다. 그런데 그가 철학을 대하는 태도에는 경험 과학, 그 이상이 녹아 있다.《신기관》 II에서는 새로운 종류의 자연철학을 한다는 것은 새로운 부류의 탐구자를 단련시키는 것이라고 정의한다. 탐구자가 새로운 인식 습관 즉 사례를 관찰하고 표로 만든 다음 특정 인식적 가치에 대해 다양한 '특권적 사례prerogative instances(다른 사례에 비해 이론적으로나 실용적으로 가치가 더 큰 사례. 그는 개별적인 사례들을 하나하나 정확하게 관찰하고 조사하여 일반적인 명제를 도출하고, 최후에는 가장 일반적인 명제를 이끌어내는 방법이 '귀납법'이라고 보았다—옮긴이)'를 골라내고 이를 통해 세부적인 것에서 가설적이고 검증 가능한 일반화로 조심스럽게 다가갈 수 있는 습관을 갖도록 단련한다. 최근 한 저자가 주장했듯(샤프, 2018a), 신기관 즉 새로운 학문의 도구를 체화하는 단련으로의 철학 실천은 분명 마음의 우상에 맞서기 위해 고안되었다. 실제로 27개의 '특권적 사례' 중에서 여섯 가지 사례, 예를 들어 '비례적 사례proportionate instances'(공통점이 전혀 없는 여러 종의 현상에서 놀랍게도 공통된 특성이 나타나는 경우), '일탈적 사례deviating instances'(종 내에서 특이성을 보여주는 경우), '진취적 사례frontier instances'(두 개 이상의 종(예를 들어 오리너구리)의 특징을 복합적으로 지닌 종을 포함하는 경우)는 철학의 치료 기능을 설명하기 위해 인용되었다(5). 스스로 내면 성찰을 훈련하는 것은 지적 단련에 해당된다(2). 단련의 목적은 마음의 '정화'(《신기관》 II, XXXII) 차원에서 '단조로운 일상에서 지성이 벗어나게 하는 것'(《신기관》 II, XXXII), '흔들리는 유리잔의 물이 평평하게 있게 하면서 참된 관념의 영롱하고 순수한 빛이 들어오게 하는 것'(샤프, 2018a), '관습과 타성에 타락한 지성을 회복하는 것'(《신기관》 II, XXVII), '사물의 허상과 껍데기를 걷어버리는 것'(《신기관》 I, XXXV), 심지어 '자연의 경이롭고 절묘한 미묘함에 지성의 시선을 끌어들여 충분한 주의와 관찰, 탐구에 이르러 의식을 일깨우는 것'이라고도 표현했다(《신기관》 II, XLII).

[표 7.1] 프랜시스 베이컨의 《신기관》에서 제시하는 27개 특권적 사례(1869).

| 생물의 분류 체계인 '속屬, Genus' | 아속亞屬, Subgenus 1.1:이해를 돕는 수단 | 정보를 제공하는 사례 | |
|---|---|---|---|
| | | 고립 사례 | 형태(반사된 빛의 색, 물감과 피부색)를 제외하고는 공통점이 없음. 형태의 배제를 재촉함. |
| | | 이동 사례 | 사물이 생겨나고 사라지는 것을 보여줌. |
| | | 명시 사례/찬란한 사례/자유로운 지배적 사례 | 탐구 대상 본성의 모습을 최고 최대의 형태로 보여주는 사례로, 본성의 발현을 막는 모든 장애를 자신의 강인한 힘으로 극복함. (예:검온계는 공기 팽창 진행 과정을 분명하게 보여줌) |
| | | 은밀/여명 사례 | 탐구 대상이 되는 본성이 최저한도로 나타남. (예:이어지는 물이 충분하지 않을 때 동그란 방울 모양을 만드는데, 연속성의 단절을 막는 최상의 상태임) |
| | | 구성/집합 사례 | 탐구 대상 본성에 대한 하위의 형상을 구성하는 사례 (예:일정 순서에 의해 배열된 목록) |
| | | 지성을 도와주는 치유/준비의 사례 | |
| | | 상사/균형/병행 사례 또는 자연적 유사 | 사물의 유사와 결합을 하위의 형상에서가 아니라 구체적으로 단적으로 명시하는 사례 |
| | | 단독/불규칙/파격적 사례 | 본성이 기발하여 같은 유에 속한 다른 사물과 거의 공통점이 없는 물체를 구체적으로 보여주는 사례 (예:심해에서 서식하는 일부 어류) |
| | | 일탈 사례 | 진귀하고 괴이한 자연의 모습들 |
| | | 경계/분사分詞 사례 | 두 개의 종이 합성된 것 또는 두 종 사이에 있는 맹아로 생각되는 종류의 사물을 보여주는 사례 (예:오리너구리) |
| | | 힘의 사례 또는 표장標章 사례 | 인간의 힘으로 만들 수 있게 된 세련된 작품 |

| | | | |
|---|---|---|---|
| 생물의 분류 체계인 '속屬', Genus | 아속亞屬, Subgenus 1.1:이해를 돕는 수단 | 동반 사례 및 적대 사례 | 사물의 형상이 이동 작용에 의해 도입되는 경우 (예:겨울에 내리는 눈 그리고 추위) |
| | | 추가 사례 또는 극한/한계 사례 | 본성 작용의 한도와 극한을 보여주면서 확정 명제와 비교 및 대조되었을 때 진가를 발휘하는 경우 (포유류의 크기 면에서는 고래) |
| | | 동맹 사례 | 기존의 분류 체계에서 이질적으로 간주 되어 온, 따라서 그렇게 구분 및 기록되어 있는 본성을 혼합하고 합일하는 사례 |
| | | 이정표 사례/결정적 사례/판결 사례/신탁 사례/명령 사례 | 어떤 본성을 탐구하고 있을 때, 여러 개의 본성이 동시적으로 나타나 두 개의 본성 가운데 어떤 것이 탐구 대상 본성의 진정한 원인인지를 알려주는 안내 표지 (예:폭탄과 같은 투사체의 힘의 이동, 피사의 사탑에서 서로 무게가 다른 쇠공을 떨어뜨려 무거운 물체가 가벼운 물체보다 빨리 낙하하는지 여부) |
| | | 이별 사례 | 보통은 함께 발현되는 본성의 형태가 분리되는 사례 (예:열과 빛의 분리, 빛나기는 하지만 뜨겁지 않은 달) |
| | 아속亞屬, Subgenus 1.2:감각의 결함을 보충하는 사례:'램프의 사례' | 입구 사례 | 시력의 능력을 확장해주는 현미경처럼, 한계를 지닌 감각기관의 직접적 작용을 도와주는 사례 |
| | | 소환 사례 | 이전에 나타나지 않았던 것을 나타나도록 불러오는, 감각될 수 없는 것을 감각될 수 있도록 환기하는 사례 (예:중간 물체에 의해 감각이 차단되는 경우) |
| | | 노정路程/순회巡廻/관절關節 사례 | 서서히 계속되는 자연의 운동을 나타내 보여주는 사례 |
| | | 보충/대용代用 사례 | 인간의 감각으로는 도저히 어찌해볼 방법이 없는 경우에 필요한 정보를 보충해주는 또는 아쉬운 대로 대신 쓸 수 있는 사례 |
| | | 해부 사례 | 자연을 해부해서 절묘하고 심오한 자연의 신비를 일깨워주고 인간의 지성이 관찰하고 탐구하도록 환기하는 사례 |
| | 속 2: 실천하는 데 유익한 사례 | 먹줄 사례/척도 사례 | 사물의 힘과 운동은 한정된 특정 공간에서 일어나고 작용하는데, 이때 공간을 측정 |
| | | 진행 사례/물의 사례 | 시간의 길이로 자연을 측정 |
| | | 양量의 사례/자연의 복용량(의학용어) 사례 | 자연을 탐구할 때 어떤 효과를 내는 데 필요한 물체의 양을, 약의 복용량처럼 잘 기록함. |
| | | 투쟁/우세 사례 | 우열을 비교하기 쉽도록 운동 종류를 명확히 파악함. |
| | | 암시 사례 | 자연적 사건/과정에서 '무엇이 인간에게 유익한 것인지를 암시 또는 지시하는 사례' |
| | | 일반적 유용사례 | 인간이 자연 물체에 대해 작용하는 일곱 가지 방식(즉, 1 저지 및 방해하는 사물을 배제하는 것, 2 압축, 신장, 진동 등을 가하는 것, 3 열 또는 냉을 가하는 것, 4 적당한 장소에 억류하는 것, 5 운동을 제어 및 규제하는 것, 6 특별한 공감에 의한 것, 7 이 모든 방식 또는 그 가운데 몇 개의 방식을 시의적절하게 교체하거나 연속하는 것—옮긴이) |
| | | 마술 사례 | 원인이나 작용은 미미한데, 그로부터 생기는 일이나 결과는 엄청난 경우 |

## 선의 이중적 본질과 마음의 농경시Georgics of the mind

어느덧 베이컨은 도덕 철학으로 눈을 돌렸다. 도덕 철학을 연구하면서도 '목성'을 '토성'으로 끌어온다는 가능성, 나아가 철학적 이론을 실생활에 적용하는 가능성에 심장이 두근거리기도 했다(샤프, 2014b). 그는 도덕적 사고에는 두 가지 구성 요소가 있다고 주장했다. '선의 기반the platform of the Good'은 선의 본질, 덕의 가짓수, 정도, 상관관계 및 관련 고려사항 등에 대한 이론적 분석으로 구성된다(《학문의 진보》 II, XX, 4). 베이컨은 도덕 철학에서 고대인들이 이와 같은 '메타 윤리적meta-ethics(보편적 기준을 형이상학적인 것으로 간주하여 그것의 실제적 의미를 인정하지 않고 윤리적 판단 자체를 거부한다—옮긴이)' 부분을 잘 다루어왔으며, '관상contemplation'을 최고의 선으로 선택한 고대 이교도들은 단 한 번의 결정적인 망설임(아래 참조)으로 최고의 선에 대한 개념을 착각했다고 주장했다(7)(《학문의 진보》 II, XX, 4; cf. 《학문의 진보》 II, XIV, 9; I, VII, 1; II, 8).

베이컨은 '선'에는 두 가지 본질이 있다고 했다(II, XX, 7). 한편으로는 개인의 삶과 번영에 관한 선이 있다. 개인의 광범위한 사회적 의무에서 추상적으로 인식하고 있는 선이자, 고대 윤리에서 중시한 가치이기도 하다. 다른 한편으로는 정치 공동체의 구성원으로서 인간과 폭넓은 인간의 종에 관한 선이 있다. 베이컨은 두 번째 선의 구성 요소가 '보다 일반적인 형태의 선을 향하기 때문에 더 위대하고 가치 있다'라고 했다(《학문의 진보》 II, XX, 7). 따라서 에피쿠로스학파 또는 소요학파 그리고 페트라르카나 몽테뉴 같은 초기 르네상스 인물들이 중시했던 '사적인 안식과 만족'이라는 명상적 삶은 빠져 있다.[4] 스토아학파는 '최고의 삶을 사는 데 필요한 모든 조건은 우리에 달려 있다'라고 주장했지만, 베이컨은 이에 반대하며 광의의 개념으로 선을 설명했다(《학문의 진보》 II, XX, 11). 베이컨은 또 다른 철학자 정치가 키케로[4.3]에 대해 "자신에 주어진 삶에서 바라는 모든 것을 얻는 것보다 공공을 위한 선과 덕을 얻지 못하는 것이 훨씬 더 행복한 일"이라고 했다(《학문의 진보》 II, XX, 10).

베이컨의 선의 이중성에 대한 감각은 베이컨 도덕 철학의 두 번째 그리고 PWL 관점에서 볼 때 더 흥미로운 부분에도 영향을 미친다. '정신의 양육과 배양' 또는 '농경과 경작을 마음에 적용하는 작업'이라고 칭한 것과도 같은 맥락이다(《학문의 진보》 II, XX, 3). '마음의 농경시'(가장 아름다운 로마의 시로 알려진 베르길리우스(기원전 70~19)의 '권농가'에서 차용)는 '평범하고 일상적인 문제들'에서조차 선을 추구하며, '선에 부합하고 순응할 수 있는 인간의 의지'를 형성하는 것에 초점을 둔다(《학문의 진보》 II, XX, 2). 페트라르카와 그의 추종자들이 그랬던 것처럼 베이컨은 아리스토텔레스를 '완전히 무시하거나' '경미하고 무익하게' 취급하며 공격했다(《학문의 진보》 II, XII, 1). 베이컨은 이러한 '권농가'가 없다면 선이나 미덕에 대한 모든 이야기는 공허하며, '관상용으로는 아름다운, 보기 좋은 그림이나 동상에 버금갈 수는 있겠지만 … 생명과 움직임이 없는 것'이라고 주장했다(《학문의 진보》 II, XXII, 1). 베이컨이 이상적으로 여기는 '도덕 철학자'는 페트라르카의 이상과 마찬가지로 사람들이 미덕을 사랑하도록 이끌고 그들의 열정과 욕망을 재구성하는 철학자로서, 칭찬의 말과 충고의 말을 자유자재로 현명하게 구사할 수 있는 수사의 대가였다(5).

베이컨은 인본주의자들의 사상을 인용하며 다음과 같이 말했다. "그들은(스토아학파) 예리한 논박과 결론만으로 미덕을 강요할 수 있다고 믿었지만, 사람들의 의지로부터 아무 공감도 얻지 못했다. 물론 감정이 본성상 유순하여 이성에 쉽게 복종하기만 한다면 굳이 설득하거나 유인해서 의지를 움직일 필요는 없을 것이다. 만일 설득력 있는 수사를 동원하여 상상력을 감정의 편으로부터 빼앗고 감정에 대항하여 이성과 상상력의 동맹을 체결하지 않는다면, 이성은 감정의 포로이자 노예로 전락할 것이다"(《학문의 진보》 II, XVII, 1).

수사학적으로 능숙한 도덕 철학자는 고대의 은유에 따르면 영혼을 고치는 '의사'가 될 것이다(7). 정념으로 인한 환자 마음의 교란 상태를 치료해주는 역할을 하게 될 것이다.

*육체의 치료과정에 비유하자면, 먼저 다양한 체질을 인식하고 다음에는 질병, 다음에는 치료법을 인식하는 것이 바른 순서일 것이다. 정신의 치료과정도 이와 같다. 치료하기에 앞서, 인간 본성의 다양한 기질을 인식하고 정신의 다양한 질병이나 연약함을 인식하는 것이 바른 순서라는 말이다. 여기서 정신의 질병이란 곧 감정의 동요와 무질서를 일컫는다(《학문의 진보》 II, XXI, 5). [5]*

베이컨은 이러한 영혼의 의학을 위해서는 지금까지 시도된 것보다 훨씬 더 다양한 성격과 기질(《학문의 진보》 II, XXII, 4)은 물론 나이, 양육 환경, 정치적-사회적 운명이 사람에게 미치는 영향에 대한 체계적인 관찰이 필요하다고 믿었다(《학문의 진보》 II, XXII, 5). 아리스토텔레스가 사람들의 행동을 형성하는 데 있어 '제2의 본성'(《학문의 진보》II, XXI, 8)인 습관이나 관습의 역할을 강조한 점에 대해 베이컨은 높게 평가했다.[6] 그러나 다시 페트라르카를 인용하면서 '철학자'가 생활 속에서 그러한 습관을 기르는 방법을 가르치는 데 소홀했다고 비난했다(《학문의 진보》II, XXI, 8). 이에, 베이컨은 '영적 단련'을 설명하는 약 16개의 머리글을 제시하며(3), 효과적으로 정신에 힘을 발휘하고 작용하여 의지와 욕망을 다스리고 태도를 바꾸기 위해 노력해야 한다고 판단했다. 이 문제를 해결하려면 '습관, 활동, 습성, 교육, 추종할 귀감, 모방, 경쟁, 동료, 친구, 칭찬, 비난, 권유, 명성, 법률, 책, 연구' 등을 두루두루 다루어야 옳다고 생각했다'(《학문의 진보》II, XXII, 7).

베이컨은《학문의 진보》에서 '마음 수련'을 위한 몇 가지 규칙을 소개하면서 '맹세나 지속적인 다짐'의 필요성을 강조했다(《학문의 진보》II, XX, 14). 이러한 '단련'의 목적은 립시우스와 스토아학파가 주장한 것처럼 '정신을 계속해서 복종상태로 묶어두는 한편, 악을 지우고 축출해야 한다'(《학문의 진보》II, XXII, 14). 이러한 목표를 염두에 둔 베이컨의 격언은 다음과 같이 정리할 수 있다.

i. 실망이 너무 클 수 있으니 너무 높은 목표를 세우지 말라.
ii. 인생에서 전성기와 쇠퇴기가 오더라도 초심을 잃지 않고 최선을 다해 실천한다. 그러면 전성기에 마음의 역량을 키우고 쇠퇴기에 '더 큰 진전을 이루리라.'
iii. 덕의 방향으로 한참 진전해 있으면, 악덕을 마주하더라도 마음의 균형을 잃지 않는다(베이컨의 《수상록》에 실린 '자연에 관하여'에서 반복되는 아리스토텔레스의 격언).

iv. 현재 처한 어려움에서 고민을 분산시킬 만한 다른 것에 매진함으로써 힘든 일에 대한 마음의 내성을 키워나간다(《학문의 진보》 II, XXII, 9~12).


## 러틀랜드 백작에게 보내는 첫 번째 편지 그리고 최고의 선

베이컨이 《학문의 진보》에서 '농경시'에 대한 추천과 '공적인 지식civil knowledge'이라는 주제를 여러 번 다루는데, 로널드 크레인Ronald Crane은 이 내용이 1597년, 1612년, 1625년에 쓴 《수상록》의 주제와 얼마나 관련이 깊은지를 처음 지적한 인물이다(크레인, 1968). 그러나 베이컨이 정의한 '마음의 경작 즉 마음을 경작하고 거름을 주기 위한 가장 체계적인 단일 처방은 그의 놀라운 첫 번째 편지, '러틀랜드 백작에게 보내는 충고 편지'에 담겨 있다(베이컨, 2008:69, 69~76). 이 서신에서 베이컨(익명화 차원에서 자신을 '에섹스 백작'으로 소개)은 세네카 역을 맡아 러틀랜드의 루킬리우스에게 아름다움, 건강, 인격의 힘을 기르는 방법에 대해 여행을 떠나는 귀족에게 처방전을 제공한다(베이컨, 2008:69). 마음을 아름다운 상태로 유지하려면 사람들의 다양한 관습과 매너를 주의 깊게 관찰하고 훌륭한 모범사례를 기억하고 모방해야 한다(3)(베이컨, 2008:69~70). 정신적 또는 영적 건강을 위해서는 자신의 정념과 선입견을 냉정하게 관찰하는 법을 배우고(5), 소소한 문제는 말할 것도 없고 죽음에 대한 두려움마저 극복할 수 있는 결의의 힘이 얼마나 큰지 특히 주목해야 한다(베이컨, 2008:70~1). 마음의 힘이나 위대함을 키우려면 고결한 형태와 행동에 익숙해져야 하고, 일종의 스토아주의에서 강조하는 분별력을 배양해야 한다. 즉 "부귀영화 그 자체가 우상이 되어서는 안 된다. 그러한 경우 사람은 부귀영화를 감시하는 교도관일 뿐, 부귀영화에 휘둘리지 않는 주인이어야 한다"(베이컨, 2008:71). 또한 "받는 것보다 주는 것이 더 낫다beatius dare quam accipere"라는 것을 알아야 한다. 주는 자에게는 주권의 휘장이, 받는 자에게는 복종의 휘장이 부여된다"라는 사실을 깨달아야 한다(베이컨, 2008:71).《학문의 진보》II권에서와 마찬가지로 여기에서도 학문의 중요성을 강조한다. 특히 공적인 일에서 '인간을 현명하게 만드는' 역사야말로(《학문에 관하여》) 기본 덕목에 필요한 자양분으로 권장된다. 이 외에도 '진정한 종교'를 찾고 자유주의 및 '불변성 또는 인내'를 얻기 위해 학문이 권장된다(베이컨, 2008:72). 페트라르카와 마찬가지로 베이컨도 메모를 작성하는 습관과 책갈피를 활용하여 읽던 곳이나 필요한 곳을 찾는 습관을 중시했다(5)(베이컨, 2008:74). 이 내용은 베이컨이 쓴 '헨리 새빌 경Sir Henry Savill'에게 보내는 편지와 담화, 지적인 힘을 위한 감동적인 도움'에서도 다루고 있다. 메모 작성과 책갈피 사용은《수상록》의 주옥같은 경구들이 탄생하는 데 큰 보탬이 되었다(베이컨, 2008b; Sharpe, 2019). 마지막으로, 베이컨은 현명한 멘토를 만나는 것이 특히 중요하다고 권한다. 러틀랜드가 "멋진 마을을 눈으로 직접 보기 위해 5마일을 가는 것보다 현명한 사람과 이야기하기 위해 100마일을 가는 것이 낫다"라고 표현한다(베이컨, 2008b:74).

이처럼 베이컨은 PWL 전통이 시들해가는 분위기 속에서도 PWL에 다가가는 것이 얼마나 중요한지를 피력했다. 또한 전통 철학 사상을 받아들일 때 자신의 페르소나에 얼마나 밀접하게 영향을 주는지, 실생활과 연결 지을 만한 접점을 찾기 위해 애썼다. '아는 것이 힘이다'를 주장한 그는 진정한 깨달음이란 그 자체로 머무는 것이 아니라, 외부 세계에 변화를 가져올 수 있는 '집합적이고 실용적인 앎'이어야 한다고 믿었다는 해리슨의 해석에 동의한다(2015:106~7, 122~4)(사전트, 1996). 앎을 중시한 그가 '백과사전학파Encylopaedists(18세기 무렵 계몽주의 시대의 프랑스에서 등재되었던 과학적 실증주의 사조 중 하나로 당대 모든 지식을 망라하여 하나의 책이나 백과사전으로 만들자는 운동―옮긴이)'의 계몽운동에서 영웅으로 떠오른 데에는 충분한 이유가 있었다[8.3].

베이컨은 자신의 철학사상을 내세우기보다는 자연철학 추구의 유용성과 고귀함을 강조하며 과학적 탐구를 중요시했다. 세대에 걸쳐 과학이 점차 발전하면서 학문의 꽃으로 부상함에 따라, 1700년 이후에 가서는 한때 철학이 차지했던 왕좌에 오르게 되기까지는 베이컨의 첫 음표가 훗날 이어질 멜로디의 물꼬를 틔운 셈이었다. 베이컨 첫 음표가 교향곡이 되기에는 부족하던 즈음에 인간의 빈약한 능력에 대한 척도로 아쉬움이 있었던 데카르트가 등장했다. 삐걱대던 오케스트라의 악기를 조율할 수 있는 인물의 반가운 등장이었다.

## 7.3 데카르트의 철학적 방법과 명상

### i.《방법서설》:젊은 시절의 초상화

베이컨과 마찬가지로 르네 데카르트는 인식론적 렌즈를 통해, 또는 포스트 구조주의자들에 따라 새로운 주관주의적 '존재 개념'의 창시자로만 인식되는 경향이 있다(하이데거, 2008). 우리가 살펴보고 있는 다른 사상가들의 경우처럼, 이러한 접근 방식은 데카르트의 '제1철학'(5)이 수많은 문학서와 철학서에 다양한 영향을 주었다는 점을 간과하고 있다. 결과적으로 이러한 접근 방식은 이러한 저술, 그 안에 담긴 철학의 실천과 개념 그리고 우리 자신을 제대로 성찰하는데 희뿌연 안개를 드리울 뿐이다.

《성찰》의 장르와 그 안에 내포된 메타 철학적 입장에 대해서는 뒷부분에서(iii) 다시 살펴볼 것이다. 우선《방법서설方法書說, The Discourse on Method》로 알려진 텍스트가(제목만 보면, 수학자 유클리드의 기하학에 관한 내용을 다룰 듯하지만, 내용은 사뭇 다르다) 평전intellectual biography 방식으로 전개된다는 점이 주목할 만하다. 《방법서설》이라는 담론은 철학자의 젊은 시절을 그린 일종의 초상화에 비유할 수 있다(5). 이 평전은 플루타르코스나 디오게네스 라에르티오스로 거슬러 올라가는 오랜 인문학적 문학 장르와 매우 유사하게 어떠한 삶을 살아야 할 것인지에 대한 주요 가치를 싣고 있다.

이렇듯 나의 목적은, 자기의 이성을 올바로 이끌어 가기 위해 따라야 할 모든 사람에게 알맞은 방법을 여기서 가르치는 것이 아니라, 내가 어떻게 자신의 이성을 이끌려고 노력했는가를 보여주려는 것뿐이다. … 이 책은 하나의 이야기로서 또는 하나의 우화라고 할 수도 있는데, 그러한 것으로서만 보여주려는 것이며 이 속에서 모방해도 좋을 본보기와 함께 다루지 않는 편이 나은 사례도 수많이 발견될 것이다(《방법서설》 I, 42).

데카르트는 1596년 투렌 지방Touraine의 투르 인근에 있는 소도시 라에la Haye에서 태어났다. 여덟 살에 예수회 계열 학교인 라플레슈La Flèche에 입학해, 1616년 12월에 졸업하고 1618년에 법률 자격증을 취득했다. 그러나 케임브리지 대학 생활에 불만을 느꼈던 베이컨과 마찬가지로 데카르트는《방법서설》에서 자신의 공부가 깊은 당혹감과 불만족을 남겼다고 말했다. 그는 다음과 같이 유명한 말을 남겼다. "학교에 있을 때부터 아무리 유별나고 믿기 어려운 것을 상상할지라도, 철학자들 가운데 누군가에 의해 언급되지 않았던 것은 하나도 없음을 배워서 알게 되었다"(《방법서설》 II, 46). 따라서 몽테뉴나 베이컨이 지혜로운 청년이 되라고 권유한 것처럼 그는 여행을 떠났다(《방법서설》 I, 44). 몽테뉴의 어조로 "그러므로 그러한 관찰에서 얻어낸 가장 큰 유익함은" 다음과 같다고 설명했다.

*비록 우리에게는 대단히 엉뚱하고 우스꽝스럽게 보이지만 다른 많은 민족들에 의해 널리 인정되고 용인되는 것들과 마주치게 되었을 때 단지 표본과 관습으로 믿어왔던 그 어떤 것도 너무 확고하게 믿어서는 안 된다는 점을 배웠다(《방법서설》 I, 44).*

몽테뉴와 회의론자들이 그랬던 것처럼, '의견의 불일치diaphonia'로 인한 대립은 데카르트의 참과 거짓을 받아들이는 데 아무런 도움이 되지 못했다. 데카르트는 인간 지식의 불확실성에 대한 이러한 통찰을 그 자체로 지혜로 가는 소크라테스적 관문으로 받아들이는 대신 새롭고 확실한 지식의 토대를 찾기 위한 자극으로 삼았다. 건축가가 새로운 기초를 세우거나 정치가가 기존 법률을 완전히 개혁하는 것처럼 말이다.

*내가 그때까지 받아들여 믿어온 여러 견해는 모두 '자신의 신념'에서 일단 단호히 제거해보는 게 최선이다. 나중에 다른 더 좋은 견해를 다시 받아들이고, 전과 같은 것이라도 이성의 기준에 비추어 올바르게 해서 받아들이기 위해서다(《방법서설》II, 45).*

하이데거 이후 데카르트주의와 인본주의의 연관성(하이데거, 2008b)을 고려할 때, 지식을 새롭게 재건하려는 데카르트의 급진적인 포부와 고전 철학의 인본주의적 '르네상스'[6.1~4] 사이에 어마어마한 차이가 있다는 점을 눈여겨볼 필요가 있다. 데카르트의 새로운 기초에 대한 탐색은 논리, 대수학, 기하학에서 빛을 발했는데, 특히 기하학에 대한 통찰이 뛰어났다. 그의 지혜와 통찰은 고대의 시인, 역사가, 철학자의 사상을 무색하게 했다. 데카르트에 따르면, 그러한 논리학은 "제법 진실하고 유익한 많은 규칙을 포함하고는 있지만, 개중에는 유해하거나 불필요한 게 많이 섞여 있어, 그것을 가려내기란 아직 사전준비도 초벌 손질도 되어 있지 않은 대리석 덩어리에 다이애나나 미네르바의 상像을 조각하는 만큼이나 어렵다"(《방법서설》II, 46). 우리는 페트라르카, 몽테뉴, 립시우스, 심지어 베이컨과는 거리가 멀다.

데카르트는 마음이 이끄는 삶을 추구하기로 결심한 후(ii. 참조), 진리를 탐구하는 방법으로 '4단계 진위 파악법'을 고안했다(이 방법이 참신하다는 주장도 있지만 유클리드와 플라톤주의적 영향이 짙게 나타난다). 키케로처럼, 제1의 규칙은 '명증성의 규칙'으로, "내가 명증적으로 진실이라고 인정하지 않으면 어떤 것이든 진실로서 받아들이지 않는 일이었다. 바꿔 말하면 주의 깊게 속단과 편견을 피하는 것이다"(《방법서설》 II, 47). 데카르트는 이 부분에서 '의심 품을 여지가 전혀 없을 만큼 분명하게 정신에 나타나는' 증거에 대해서만 동의하기로 결심한다. 제2의 규칙은 복잡한 문제를 해결할 수 있는 부분으로 나누는 '분석의 규칙'이다. 세 번째 규칙은 "나의 사고를 순서에 따라 이끌어 갈 것, … 거기서는 가장 단순하고 가장 인식하기 쉬운 것부터 시작하여 조금씩 계산을 올라가는 식으로 가장 복잡한 것들의 인식까지 올라간다"(《방법서설》 II:46). 그리고 마지막 규칙은 "모든 경우에 하나하나 철저히 살피고 전체에 걸친 재검토를 하여 아무것도 빠뜨리지 않았음을 확신하는 것"이다(《방법서설》 II:46).

고대의 PWL 개념에 대해 데카르트는 지속적이지만 다소 불분명한 주장을 펼쳐왔다. 그럼에도 그가 생각하는 삶의 방식으로서의 철학은 《방법서설》 III(48~51)에 실린 '잠정적 도덕성provisional morality'에서 가장 명확하게 드러난다. 이 도덕성은 형이상학과 물리학에 대한 자신의 새로운 방법을 적용하는 철학에서 줄곧 녹여내고자 했던 개념이다. 제1의 격률과 제2의 격률은 데카르트가 자신의 급진적인 이론적 추구가 전통적인 도덕에 대한 순응주의를 뒤흔들거나, 불확실한 불확실성이 그의 실천적 결의를 방해하지 않도록 결심하는 모습을 보여준다. 한편 제3의 격률은 데카르트의 반反인간중심주의(데카르트는 몽테뉴와 마찬가지로 인간이 우주 또는 존재의 질서 내에서 중심이라는 생각을 거부하고 인간의 존엄성이 아니라 인간의 완전성에 대한 사유를 전개했다—옮긴이)에도 굴하지 않고 에픽테토스의 《엥케이리디온》의 내용을 자신의 언어로 표현한 것처럼 보인다.

*내 제3의 격률은, 운명보다는 오히려 자신을 이겨내도록, 세계의 질서보다도 자신의 욕망을 바꾸도록 항상 힘쓰는 일이었다. 그리고 일반적으로 완전히 우리의 능력의 범위 내에 있는 것은 우리의 사상밖에 없다고 믿듯 습관 들이는 일이었다. 따라서 우리 외부에 있는 것에 대해서는 최선을 다하고도 성공하지 못하는 것은 모두 우리에게는 절대적으로 불가능하다는 이야기가 된다. 그리고 나의 손에 들어오지 않은 것은 앞으로 바라지 않기에 자신을 만족시키는 데는 이 격률만으로 충분하다고 생각되었다(《방법서설》 II:49).*

이 '방법'을 바탕으로 《성찰》(1636)에서 '불과 8년 전'(《방법서설》 II:51) 기술하고 《성찰》(1636)에 자세히 설명한 '명상'에 대한 처음 세 가지의 내용을 《방법서설》 IV에서 개괄적으로 제시한다.

## ii. 판단의 기초이자 규율로서의 철학

《성찰》로 넘어가기 전에, 데카르트가 《방법서설》에서 급진적인 철학 프로젝트(8)를 실시하게 된 동기에 대해 생각해보자(8). 그는 이전의 모든 철학이 근본적으로 불확실하게 성립되어, 철학의 기초가 지나치게 단순화되었다고 판단했다. 이에, 새로운 철학을 정립할 수 있다면 그는 《방법서설》 VI (61)에서 다음과 같은 희망에 부풀어 있었다고 고백한다.

*불, 물, 공기, 별, 하늘과 그밖에 우리를 둘러싸고 있는 모든 물체의 힘과 작용을, 마치 우리가 장인의 여러 기능을 알 듯 분명하게 앎으로써, 그 물체들을 각각 적절한 용도에 사용할 수 있다. 그래서 우리를 말하자면 자연의 주인이자 소유자가 되게 한다는 것이다.*

반면에 《방법서설》 III(49~50)에서 스토아주의 영향을 받은 도덕론(i)의 결론 부분에서 자신의 프로젝트에 대한 여러 동기를 소개했다. 그는 어떤 삶의 방식이 가장 좋은지 파악하기 위해 가능한 모든 직업의 목록을 작성했다. 그의 결론은 다음과 같았다. "전 생애에 걸쳐 자신의 이성을 배양하고 스스로 규정한 방법에 따라 가능한 한 진리 인식의 길을 전진해가는 것이다. 자신이 방법을 유용하게 사용하기 시작한 이후로 더할 나위 없는 만족감을 느꼈기 때문에, 나는 이 세상에서 이보다 더 상쾌하고 사념 없는 만족감은 얻을 수 없으리라고 생각할 정도다"(《방법서설》 III:49~50). 데카르트는 (베이컨과 마찬가지로) 아리스토텔레스의 사상을 비판했지만, '철학의 실천'에 대한 생각만큼은 같았다. 데카르트는 일상에서 철학을 추구하고 실천하는 활동에 대해 이렇게 말했다. "이 방법을 사용하기 시작하자 이 세상에서 이보다 더 달콤하고 순수한 것을 찾을 수 없다고 생각할 정도로 극도의 만족을 얻었다"(《방법서설》 III:50).(8) (보에티우스 다치아의 행복론과 맥을 같이한다[5.4]). [7]

나아가 《주체의 해석학》에서는 데카르트 철학을 실천하려면 '도덕적 조건'이 필요하다는 푸코의 주장을 정당화하는 근거를 싣고 있다. [8] "다음과 같은 오직 하나의 길로 나가지 않았다면, 나는 자신의 욕망을 제한할 수도, 만족할 수도 없었을 것이다"라고 말하며, "그 길로 가면 나에게는 가능한 모든 지식을 확실하게 얻을 수 있다고 생각되는 동시에, 같은 방법으로 자신의 역량에 부응하는 참된 선의 모든 것을 확실하게 얻을 수 있다고 생각하고 있었다"라고 덧붙였다(《방법서설》 III 50). 스토아학파에서 주장한 것처럼, 진정한 행복과 번영을 얻기 위해서는 철학적 판단 규율을 따르는 것이 필수적이다. 고대 철학에서 철학을 하는 이유가 치료적 가치를 얻기 위함이었듯, 데카르트의 추론에서도 철학의 동기는 내적 치료에 대한 '인지주의적' 이해에 기인한다(6):

*우리의 의지는 지성이 사물의 선악을 나타내주는 것에 따라서만 그것에 따르거나 피하기 때문에, 잘 행하기 위해서는 잘 판단하면 충분하다. 모든 미덕과 함께 우리의 손에 들어올 수 있는 다른 모든 선도 획득하기 위해서는, 가능한 한 잘 판단하기만 하면 충분한 것이다(《방법서설》 III:50).*

《성찰》 IV에서는 데카르트의 '오류 이론theory of error(명석하고 판명한 관념은 참이고, 틀린 판단의 책임은 인간의 의지에 있다—옮긴이)'은 그의 사상에서 베이컨의 4대 우상론(종족의 우상, 동굴의 우상, 시장의 우상, 극장의 우상)과 같은 기능을 수행한다[7.2, i]. 오류 이론을 다루는 부분(iii 참조)에 이르러 데카르트는 '무한한 신Infinite God'이 존재할 수밖에 없다고 이야기한다. 그가 생각하는 신은 완전하고 무한한, 전지전능한 창조자다(그는 그러한 '신의 관념His Idea'을 염두에 두고 있지만, '유한 실체로서의 나'는 무한 실체의 신을 가늠할 수 없다). 전지전능한 완전한 존재로서의 신은 결코 속일 수 없고(누군가를 속인다는 것은 속이는 주체가 약함을 의미하므로) 불완전성의 대상이 되는 인간의 능력을 창조하지도 않는다. 그렇다면 우리가 어디에서나 목격하는 인간의 오류 성향은 어떻게 설명할 수 있을까?

데카르트의 매우 가톨릭적인 주장은 이렇다. 오류는 '과도한' 힘 즉 신이 풍성하게 우리에게 부여한 무한한 자유 의지에서 비롯된다. 코르네아누(2011:84~6)가 지적했듯 우리가 서로 다른 신념에 얼마나 공감하고 동의할 것인지를 결정하는 '자유 의지'가 있는데, '내 의지는 언제나 나의 것'이라는 가정은 고전 철학자들을 비롯해 베이컨 이후의 영국 실험주의자들에게는 낯선 개념이다. 그러나 얼마나 동의할 것인지, 실증되지 않은 가설에도 적극적으로 동의할 것인지 말 것인지에 대한 판단 기준은 자유 의지로 지배될 수 있다. 잘못된 판단을 내릴 때 자유 의지는 인식을 탑재한 채 폭주하는 열차처럼 지성이 확립한 것을 앞지른다고 주장한다. 따라서 철학은 지성이 체계적인 탐구를 통해 증명할 수 있는 범위 내에서 정념까지는 아니더라도(정념을 억제하기도 하지만) 자유 의지를 억제하는 학문이다. "오류는 두 가지 원인 즉 지성과 의지에 좌우되는 것이다. 판단을 내릴 때 지성이 맑고 또렷하게 보여주는 것까지만 의지가 확장되도록 묶어 둔다면, 오류를 범하는 일은 결코 없을 것이다"(《성찰》IV, 92).

### iii. 데카르트식 명상

피에르 아도는 자신이 철학사를 이해하는 관점이 미셸 푸코의 관점과 어떻게 다른지 분석하면서, 데카르트의 사상에 대한 견해가 다르다는 점을 강조했음에 주목할 만하다(아도, 2020:131~2). 아도는 데카르트의 철학에서 '진리에는 항상 대가가 따른다. 금욕주의 없이는 진리에 접근할 수 없다'라는 고대 사상이 과연 철저히 배제되었다고 단언할 수 있는지 의문을 제기한다(드레이퍼스Dreyfus & 레비나우Rabinow, 1983:251~2). 무엇보다도 아도는 데카르트가《성찰》이라는 제목으로 소개한 하나의 문학 장르에 주목한다. 그는 '성찰'을 뜻하는 라틴어는 'Meditationes'(비슷한 의미로 성찰, 묵상, 명상, 수상이 있다—옮긴이)인데, 이 외에도 '단련exercises'(비슷한 의미로 연습, 훈련이 있다—옮긴이)으로도 번역할 수 있다고 주장한다. 라틴어 '메디타시오meditatio'는 원래 '단련', '준비preparation', '견습apprenticeship'을 의미하며, 그리스어로 '멜레테melete'에 해당한다(아도, 2019:197). 그럼에도 아도가 말했듯 마르쿠스 아우렐리우스가 자신의 원고를 '무제'로 두었다는 점을 상기하면서, '성찰'이라는 제목이 그 전의 철학 텍스트에서 사용된 적이 없다는 점을 보인다는 점이 놀랍다[3.4]:

데카르트는 명상을 담은《성찰》을 집필했다. '성찰'이라는 단어는 매우 중요하다. 그는 독자들에게 첫 번째 성찰에서는 보편적 의심에 대해, 두 번째 성찰에서는 마음의 본질에 대해 명상하도록 권하면서 그 기간을 몇 달 또는 적어도 몇 주를 할애하라고 조언한다. 이것은 데카르트의 주장처럼 의심을 완화할 만한 '증거'는 영적 단련을 통해서만 인식될 수 있다는 것을 분명히 보여준다(아도, 2002:299; 2019:194~5; 2020:232).

데리다는 데카르트의《성찰》을 읽고 1972년 '이 몸, 이 종이, 이 불This Body, This Paper, This Fire'이라는 제목으로 논문을 발표했는데, 흥미롭게도 푸코는 다음과 같이 신랄하게 비판했다. 데리다의 글은 "담론적 실천을 텍스트적 흔적으로 연역(추론)한 것이고, 어떻게 실천할 수 있는지에 대한 담론을 이차원적인 '텍스트'로 회귀시켰다"(푸코, 1998:416). 푸코는 데리다가 데카르트의 《성찰》의 실증적 차원에만, 비록 비판적이기는 하지만 배타적으로 주목하고 있다고 주장했다. 그 결과 아도가 강조하는 '명상'이나 '성찰'로서의 텍스트가 누려야 할 문학적 지위를 간과한다고 했다.

*어떤 담론이든, 그것이 무엇이든 각각의 공간과 시간 속에서 수많은 담론적 사건으로 생산된다. 비록 순수한 시연에 관한 문제라 할지라도 이러한 발화들은 일정한 형식 규칙에 따라 서로 연결된 일련의 사건들로 해석할 수 있다. … 반면에 '성찰' 또는 '명상'은 수많은 담론적 사건처럼, 새로운 발화 내용에서 화자가 변화된 모습이 비추어진다. 화자는 명상에서 자신에게 말을 건네고, 내적 대화를 통해 그는 어둠에서 빛으로, 탁함에서 순수함으로, 정념의 굴레에서 해체로, 불확실성과 무질서한 움직임에서 지혜의 평온으로 넘어간다(푸코, 1998:405~6).*

데카르트에 대한 아도와 초기 푸코의 해석은 아멜리 로티Amelie Rorty(1983), 개리 햇필드Gary Hatfield(1986), 제노 벤들러Zeno Vendler(1989)의 저서를 비롯한 여러 문헌에 영향을 미쳤다. 이 책에서는 스토아 학파[3.4]와 수도원에서 경전과 성서를 이용해 명상을 수행함으로써 '적재적소에 그 글귀들을 되새기는' 명상법들을 소개했다[4.2](가사의 도로테우스St. Dorotheus of Gaza, 아도, 1995:134). 스토아 학자들과 수도사들의 명상 방식에는 특정 형태의 글쓰기가 사용되기도 했지만, 마르쿠스 아우렐리우스가 쓴 책이나 수도사들이 쓴 잠언집, 문장집, 발췌록 등 문헌에서 명상을 위한 명언들을 보면, 특별한 형태가 없고 당시의 필요에 따른(마르쿠스의 경우) '우발적 글쓰기aleatory form(마음속에서 하고 싶은 말이 솟구칠 때 술술 쏟아지듯 나오는 진정성이 가득한 글쓰기—옮긴이)'의 방식도 눈에 띄었다. 알파벳순으로 정리된 제목에 따라 글(발췌록 및 비망록)을 취합하기도 했다[6.2, 7.2 참조]). 대조적으로, 이 저자들은 데카르트의 《성찰》이 '저자가 단계적인 자기 성찰을 통해 스스로 변화하려고 시도하는' 기독교 명상서 장르에 속한다고 주장한다(로티Rorty, 1983:540). 로티는 '명상 문학'을 다음과 같이 두 가지 분류로 나눌 수 있다고 주장하며, 데카르트의 《성찰》은 세 번째 부류 즉 '분석적'(로티) 또는 '인지적'(햇필드) 명상의 특징을 포함한다고 했다(로티, 1983:550~3).

첫 번째, '상승적ascensional' 명상 유형은 권면, 훈계, 축하 또는 기도를 통해 저자-독자가 새로운 존재로 거듭나는 방식이다. 성 보나벤투라Saint Bonaventure의 《하느님을 향한 마음의 여정Itinerarium Mentis Deum》과 성 로버트 벨러민Saint Robert Bellarmine의 《피조물의 사다리를 타고 신에게로 향하는 마음의 상승The Ascent of the Mind to God by a Ladder of Things Created》(Rorty, 1983:550)이 대표적이다. 명상 문학 특히 기독교 명상의 두 번째 종류는 성 이냐시오 로욜라St. Ignatius of Loyola의 《영신수련Spiritual Exercises》을 통해서 나타나는 '참회' 명상이다(로티, 1983:551~3). 여기서 저자-독자는 정신적으로 피폐하고 타락하여 '마음 비우기kenósis'에 온 정신을 모아야 하는 상태를 전제로 한다. 마음에 묵은 정념을 쓸려 보내는 방법은 다양하다. 정해진 루틴에 따른 마음 수련을 하거나 뇌가 쉴 수 있도록 잠시라도 감각의 자극을 쉬도록 한다. 무엇보다도 마음 비우기에는 시행착오를 통한 연습이 필요하다. 신플라톤주의적 영향을 받은 아우구스티누스 사상의 계보에서[4.4] 참회 명상은 수행자에게 '보이지 않고 비물질적이지만 스스로 변하는 힘'을 부여함으로써, 영혼 안에 있는 하느님의 형상을 재발견하게 한다고 했다(햇필드, 1985:14). 근대 합리론의 아버지라 불리는 데카르트는 감각 지식은 완전하지 않기에 학문의 근거가 될 수 없고, 신이 부여한 이성적인 능력 즉 이성이 지닌 자연의 빛lumen naturale을 통한 '명확하고 뚜렷한' 관념에 있다고 주장했다. 그의 주장은 아우구스티누스 명상 계보에 영향을 받은 것으로 추정된다.

그러나 벤들러는 데카르트의《성찰》에서 나타나는 글쓰기 방식과 문학적 각색이 초기 예수회 회원 성 이냐시오 로욜라의 글에도 영향을 주었고, 참회 명상에 대한 '토마스주의Thomism'(성 토마스 아퀴나스에 영향을 받은 철학·신학적 사유 학파로, 주로 철학적 실재론으로 이루어진다—옮긴이)에도 영향을 주었음을 강렬히 주장한다. 벤들러에 따르면, 우리의 사악한 집착과 잘못된 언행은 우리의 감각에서 비롯되기 때문에 '모든 과도한 집착을 제거하도록 영혼을 대비하고 단련하며, 집착을 제거한 후에는 영혼의 구원을 위해 삶에 대한 욕심과 비움에서 하나님의 뜻을 찾고 발견'(이냐시오, 벤들러, 1989:196)하려면, 의식적으로 정념과 상상력뿐만 아니라 정신을 다스리는 수사학과 기타 운동 요법을 단련해야 한다. 데카르트의《성찰》이 6단계에 걸쳐 진행되는 것처럼, 이냐시오의《영성 수련Spiritual Exercises》도 한 주간의 참회로 시작하여 '그리스도를 위한 결단'으로 절정에 이르는 정확히 정해진 기간(8주)에 걸쳐 수행해야 할 영적 수련 프로그램을 제안한다(벤들러, 1989:197). 이에 비해 데카르트의 《성찰》은 마음을 비우고 티끌이라도 의심의 여지가 생길 수 있는 모든 것을 의심하는 것으로 하루를 시작한다. 둘째 날에는 ('나는 생각한다, 고로 나는 존재한다'를 기반으로) 신에 대한 지식으로 다가간다. 셋째 날에는 자신의 오류의 근원을 진단하고(넷째 날까지 이어진다) 새로운 과학의 기초를 재구성(다섯째 날과 여섯째 날)한다. 푸코의 '이 몸, 이 종이, 이 불'이라는 논문에서 정관사 '이것This'을 강조한 것처럼, 데카르트 역시 자신의 《성찰》을 시공간에서 구체적으로 끌어내기 위해 애쓴다. 그는 시종일관 일인칭과 현재 시제를 사용한다. 《성찰》의 도입부는 이렇게 시작한다. "오늘 나는 모든 걱정거리로부터 풀어놓는다hodie mentem curis ......exsolvi." 《성찰》 II는 '어제의 성찰esterna meditatione'을 돌이켜 보고, 《성찰》 IV는 '지난 며칠 동안his duebus' 달성한 것을 검토하고, '오늘 얻은 수확hodie ......didici'에 대해 생각해본다. 《성찰》 V와 VI은 '며칠 동안 빠져 있던 의심dubiis, in quae superioribus diebus incidi'을 곱씹는다(벤들러, 1989:201). 아도가 강조했듯 데카르트는 독자들이 이 일정표를 따르기를 기대한다고 강조하기 때문에 사실상 《성찰》의 '나'는 데카르트가 의도한 독자인 '당신'과 동일시된다(아도, 2019:195~6). "나는 다만 진심으로 나와 더불어 성찰하며, 자신의 정신을 감각으로부터, 모든 선입견으로부터 떼어놓을 수 있고, 또 떼어놓으려고 하는 사람들을 위해 이 책을 쓰는 것이다"(《성찰》 '서문', 73). 그와 반대 방향에서 이 책을 읽으려는 사람들, 특히 "내가 제시하는 근거들의 순서와 연관 관계를 고려하지 않는 이들, … 이들은 이 책을 읽은 뒤에도 별 소득을 얻지 못할 것이다."

한편, 이냐시오는 글쓰기 명상 방식에 대해 수련할 장소에 대해 생생한 상상을 하는 '첫 단추를 끼는 것'과 같다고 한다. '두 번째 단계'는 수련을 본격적으로 실행하는 단계인데, 수련자가 자신의 기억과 이해 그리고 결정적으로 의지를 순차적으로 떠올릴 수 있는 몇 가지 '요점'을 제시한다(벤들러,1989:197). 벤들러의《데카르트의 수련Descartes' Exercises》(198~211)은 데카르트가 여섯 권의《성찰》을 집필할 때 이냐시오의 영향을 받아 주제와 목적에 맞게 구성했다는 점을 보여준다. 이냐시오는 "수련을 거듭하는 효과는 폭넓게 펼쳐진다. 주변 친구와 지인 그리고 세속적인 관심사로부터 더 많이 물러나도록 내적 힘을 길러주기 때문이다"라고 조언했다(벤들러, 1989:202). 데카르트는《성찰》I에서 홀로 수련할 장소에 대해 언급한다. "오늘 나는 정신을 모든 걱정거리로부터 풀어놓고 나 자신과 차분한 한때를 약속한 뒤 홀로 들어앉아 있다"(《성찰》I, 74). 이냐시오의 두 번째 단계를 연상시키듯 수련의 목표에 대해 이렇게 설명한다. "이제부터 진지하면서도 자유롭게 내 의견들을 통째로 뒤집는 일에 몰두할 것이다"(벤들러, 1989:77).《성찰》I의 주요 목표는 감각을 내려놓는 것, 우리가 실재라고 경험하는 것이 꿈일 가능성을 상기하는 것, '기만하는 신deceiving God'이 존재할 가능성마저 염두에 두고 의심해야 한다고 주장하며, 형이상학적 회의를 통해 사유의 극한(3)으로 가는 내용을 다룬다. 이 부분에서도 이냐시오의 영향이 드러난다. 각 주장의 시작에서 다음의 유사한 문구가 등장한다. "지금까지 내가 처한 모든 상황은 무엇이든 받아들였지만 내가 때때로 느꼈던 감정은 …
이었다." "자고 일어나면 전에 했던 실수나 경험을 기억하지 못하는
사람처럼 … ", "내 마음속에는 전지전능하고 신에 대한 관념이 깊
이 뿌리 박혀 있다"(벤들러, 1989:75~7).

이때 중요한 메타 철학적 요점은 《성찰》의 여러 부분에서 다루지
만, 각 권이 별도의 주제로 매듭지어지는 방식이 아니다. 《성찰》 1을
포함한 각 권에서 핵심 논증적 주장은 종결되지 않는다. 《성찰》 1의
내용이 그 후에도 연결되어 있기 때문이다. 이냐시오에 따르면, 우
리가 갖고 있던 모든 지식을 신뢰할 수 없다는 사실이 입증된 후에
야 우리는 각자의 자유 의지에 대한 확고한 결심을 얻게 된다. "그러
므로 앞으로 나는 어떤 확실성을 발견하고자 한다면 명백한 거짓을
발견할 때와 마찬가지로 기존의 믿음을 확실히 가져갈 것인지에 대
해 신중하게 고민해야 한다"(《성찰》 1, 77). 그런데 왜 이 '체계 구축
을 기반으로 하는 합리주의'를 다루는 글에서 자유 의지를 강조하
며, 키워나가야 한다고 하는가? (ii)에서처럼, 고대인과 마찬가지로
데카르트에게도 우리의 판단은 논증만으로는 지속적으로 움직일 수
없는 정념과 습관에 의해 형성되기 때문이다. 그가 말했듯, 자신의
지성으로 무엇을 확인했든 간에 "내가 습관적으로 형성해온 의견은
나의 의지와 무관하게 오랜 직업과 관습의 법칙으로 인해 그것에 얽
매인 기존 신념을 계속 되풀이하게 한다"(벤들러, 1989:77).

그렇다면 데카르트는 어떻게 오랜 인지적 습관을 비롯한 여러 습
관을 어떻게 고칠 수 있었을까? 베이컨[7.2, ii, b]과 마찬가지로 이냐
시오는 자신의 수행자들에게 마음속에서 뿌리 박힌 가치관을 비롯

한 윤리관을 바꾸려면 오랜 습관이 이끄는 반대 방향으로 가도록 의식적으로 노력해야 한다고 한다. 그래서 데카르트는 자의식적으로 유명한 '악마evil demon'를 소개함으로써 첫 번째 명상을 시작한다. "그러니 의지를 정반대로 돌려voluntate plane in contrarium versa 나 자신을 속이고, 당분간 이것들이 모두 거짓되고 상상된 것이라고 꾸며내보자"(벤들러, 1989:77). 그는 이렇게 설명한다. "양쪽 선입견이 평형을 이루었을 때처럼, 다시는 못된 습관과 판단이 사물을 올바로 지각하지 못하게 방해하는 일이 없을 때까지."

마찬가지로 《성찰》 II의 서문도 내적 단련에 관한 내용으로 문을 연다. "갑자기 깊은 소용돌이에 휘말려 바닥에 발이 닿지도 않고 수면 위로 헤엄쳐 오를 수도 없는 상황이다"(벤들러, 1989:77). 이냐시오의 글쓰기 방식으로 다음과 같이 목표를 설명한다. "하지만 힘을 내어 다시 나아가리라 … 조금이라도 의심의 여지가 있는 것은 마치 확실히 거짓된 것으로 경험한 양 모두 제쳐두고 무언가 확실한 것을 만날 때까지"(벤들러, 1989:77). 성찰의 '요점'은 다음과 같다. 데카르트는 (거짓말을 했던 기억[mendax memoria]을 명시적으로 언급하며) 어제를 성찰하고(《성찰》 II, 78), 유명한 '나는 생각한다. 고로 존재한다'의 수행적 불변성(내가 의심한다는 것은 생각한다는 의미이고 생각한다는 것은 존재한다는 의미다)을 입증한다. 그러나 논증 작업이 끝난 후에도 데카르트의 고집 센 습관은 다시 한번 등장한다. "'상상하다'는 바로 '몸이 있는 것의 모양이나 그림을 자신의 시야로 가져오다'라는 뜻이다. 그러나 지금 내가 확실히 아는 것은 내가 있다는 것 그리고 이런 모든 그림과 몸의 본성에 관한 모든 것이 대개는 몽상에 지나지 않을 수도 있다는 것이다"(《성찰》II, 79). 이리저리 돌아다니기를 좋아하는 정신을 '진리의 울타리 안에 머물도록' 데카르트는 유명한 '밀랍의 예시'를 소개한다(벤들러, 1989:80). 흥미롭게도 이 물체를 생생하게 묘사할 때 온갖 감각을 불러온다("아직 꿀맛을 완전히 잃지는 않았다. 꽃향기도 없지 않다. … 이것의 빛깔, 모양, 크기도 명백하다. 단단하고 차갑고 … 만일 손마디로 두드리면 소리가 날 것이다"[벤들러, 1989:80].) 비록 대상의 유일한 불변의 성질인 '확장'이 마음의 눈을 제외하고는 어떻게 보이지 않는지 명확하게 생각하기 위한 과정이었지만 말이다.《성찰》의 마지막 구절에서 나타나듯 오래된 의견의 습관이란 그렇게 빨리 떨쳐내지지 않는 법이니, 수련을 통해 최소한 기존 의견에 아무것도 덧붙이지 않았고 오히려 내 실존에 대한 다짐을 더욱 공고히 했다. "나는 마침내 내 뜻대로 내가 바라던 곳에 돌아왔다"(벤들러, 1989:81).

《성찰》III의 구성도 이냐시오의 영향을 받아 본격적인 '영적 단련'의 수행 방식을 소개한다. "이제 나는 눈을 감으리라. 귀를 막으리라. 모든 감각을 멀리하리라"(《성찰》III, 81). 데카르트가 의도한 바는 "나 자신과 대화하고 나 자신을 더 깊이 관찰하며, … 자신에 대해 더 깊은 지식을 조금씩 얻으려고 시도하는 것"(벤들러, 1989:81~2)이다.《성찰》의 핵심은 자신의 사상이 어디에서 비롯되었는지를 확인하기 위해 생각의 뭉치들을 펼쳐놓고 검토하는 것이다.《성찰》의 하이라이트는 (데카르트의 주장대로) 유한한 인간이 무한한 실체에 대한 관념을 세우는 것은 불가능하므로, 인간에게 무한함에 대한 관념이 있다는 것은 무한한 실체가 나에게 그 관념을 부여했기 때문이라는 내용이다. 그러나 《성찰》 III에서 이어지는 것은 상상력이나 감각을 동원하여 자신의 의지를 공고히 하는 연습이 아니라, 이전에 확립된 주장을 공고히 하기 위한 예상된 반론과 답변이다. 그러나 아도가 주목하는 마지막 대담에서(아도, 2019:199) 데카르트는 이 모든 것에서 벗어나 창조주를 관조하기 위해 순간적으로 '상승적' 명상으로 전환하는 모습을 보인다(3). "여기서 잠시 신을 바라보고, 그의 속성들을 헤아리며, 내 정신의 눈이 멀 정도로 막대한 이 빛의 아름다움을 통찰하고 경탄하며 우러르는 것이 좋겠다"(《성찰》 III, 89).

사실 데카르트는 종교인의 가르침이 아니라 이성으로만 활동한 '세속 철학자'이지만, 그의 철학서를 읽다 보면 그가 종교의 영향을 받지 않았는지에 대한 의문이 든다. 특히 《성찰》의 마지막 세 권의 내용은 전지전능한 무한한 존재이자 기만하지 않는 신의 존재에 대한 추정적인 '증거'에 기초하여 구성된다. 그는 《성찰》 IV(89)에서 이렇게 고백한다. "보다시피 나는 이제 모든 지식과 지혜의 보고인 참된 신을 바라보는 데에서 그 밖에 다른 사물들을 인식하는 데로 나아가는 길을 바라보고 있다." 《성찰》의 서문에서 강조했듯, 인식의 시선이 변화할 수 있었던 것은 앞서 살펴본 이냐시오 이후의 단계적 명상 수련 덕분이었을 것이다. 데카르트는 플라톤 사상과 중세 철학을 떠올리게 하는 방식으로[5.4], 감각으로부터 추상화할 수 있는 능력 덕분에 결정적으로 정신이 강화되었음을 명시하고 있다.

*나는 지난날부터 감각으로부터 마음을 분리하는 습관을 길러왔다. 육체적 대상에 대해 확실하게 알려진 것이 극히 적고, 인간의 마음과 신 자신에 대해 훨씬*

*더 많이 알고 있다는 사실도 정확하게 관찰했다. 따라서 나는 이제 감각적이거나 상상할 수 있는 대상에 대한 미련과 집착을 버릴 것이다. 그리함으로써 어려움 없이 세속적이고 물질적인 것에서 벗어나 순수하게 이성으로 인식할 수 있는 가지적인intelligible 대상에 적용할 수 있을 것이다(아도, 2019).*

이와 같은 접근이야말로 PWL을 실생활에 녹여낼 수 있는 새로운 합리주의의 실존적 토대이다.

## 7.4 결론: 실험 철학에서 계몽주의까지

PWL이 데카르트 합리론의 뼈대에 일부분이라면, 베이컨과 데카르트가 죽고 나서 PWL은 어떻게 진화했는가? 20세기 초반, 철학 본성의 연구 즉 PWL에 대한 메타 철학이 종적을 감춘 후 어떠한 모습으로 다시 나타나게 되었을까? 영국에서는 프랜시스 베이컨의 연구 이후 PWL은 두 방향으로 발전해 나갔다. 영국과 스코틀랜드 계몽주의의 주요 사상가들이 케임브리지 플라톤주의자들의 영향을 받은 후 그들만의 방식으로 스토아주의를 채택했지만, 동정심에 의해 주도되는 도덕적 정서에 대한 가치를 평가할 때만큼은 스토아주의의 '아파테이아apatheia(헬레니즘 시대의 스토아학파가 주장한 정념에서 해방된, 또는 초월한 상태를 말한 것이다. 또 이러한 주장은 정념에서 해방된 자유인의 삶을 최고의 윤리적 삶으로 주장한 근대의 스피노자에게 많은 영향을 주었다—옮긴이)'를 중점적으로 적용하려 했다(브룩, 2012:111~20, 159~80; 존 셀라스, 2019). 존 셀라스가 '나 자신에게 들려주고 싶은 이야기'를 엮은 《샤프츠베리의 아스케타마Shaftesbury's Askemata》(2016)는 형식과 내용 면에서 마르쿠스 아우렐리우스의 스토아 명상과 스토아적 자기 글쓰기 방식에 얼마나 직접적으로 영향을 받았는지 보여준다. 그러나 17~18세기에 접어들면서 페트라르카와 립시우스(뒤 베르Du Vair와 토마스 가테이커Thomas Gataker[브룩, 2012:134~5]와 같은 인물도 포함하여)의 글에서 스토아주의와 기독교가 서로에게 조금씩 빗장을 풀며 화해의 손길을 내밀기 시작했다는 사실이 엿보였다. 그러나 이에 대한 반대 주장을 실은 책들도 등장했다. 야코프 토마시우스Jacob Thomasias가 1676년에 쓴 《세계 최고의 수련Exercitatio de stoica mundi exustione》(브룩, 2012:137), 플라톤 학파 철학자인 랄프 커드워스Ralph Cudworth가 1678년에 쓴 《세계의 진정한 지적 시스템True Intellectual System of the World》(셀라스, 2011), 독일의 루터교 신학자이자 철학자 요한 프란츠 부데우스Johann Franz Buddeus가 1716년에 쓴 《무신론과 미신에 대한 신학 논문Theses theologica de atheismo et superstitione》이 대표적이다. 그리고 이 부분에서 간과할 수 있는 철학자가 바로 데이빗 흄David Hume이다(브룩, 2012:139~42). 무신론자 흄에 의해 지나치게 '수도사적'이라고 비난받았던 금욕주의는(다비Davie, 1999) 특히 독일과 다른 곳에서 스피노자의 범신론을 둘러싼 논쟁 이후 초기 근대에 들어 '무신론적'이라는 비난을 점점 더 많이 받았다. 그 후 아고라 현관으로 상징되는 스토아학파는 18~19세기 거스를 수 없는 세속화secularization(프랑스 혁명을 기점으로 봉건왕조 체제에서 누렸던 종교, 특히 기독교의 특권은 박탈되었다. 프랑스 혁명정부는 국교 지위에 있었던 가톨릭을 혁명의 장애물로 여겼고 특정 종교의 전횡을 방지하기 위해 정교를 분리했다. 이처럼 종교적 가치와 제도가 매우 동일시되던 사회가 비종교적 가치와 세속적 제도로 변화하는 과정을 '세속화'라고 일컫는다—옮긴이)의 물결로 인해 스토아주의는 영미권에서 쇠퇴에 접어들었다(브룩, 2011:136~48).

위에서 언급하고 코르네아누의 《마음의 처방Regimens of the Mind》에 기록된 PWL의 두 번째 변화 경향은 영국 학술원 설립에 관해 '실험 철학자들'이 쓴 텍스트와 그들이 추진했던 계획에서 나타난다. 보일, 후크, 스프랫, 샬레톤, 글랜빌 그리고 가장 유명하게는 로크가 그 선두에 있었다. 베이컨으로부터 직접 영감을 받은 새로운 형태의 실험적, 경험적 탐구를 옹호하는 그들의 텍스트에서 우리는 베이컨과 데카르트(7)에서 보았던 마음의 치료와 덕을 향한 (신학적) 모티브가 서로 얽혀 있음을 볼 수 있다. 첫째, 베이컨과 몽테뉴가 주장했듯 '하느님이 창조하신 자연계'의 복잡성과 비교하여 인간 이해의 한계를 예리하게 파헤쳤다(코르네아누, 2011:8, 97; 55~6). 이러한 의미에서 이 텍스트들은 인간의 정신을 피폐하게 만드는 '마음의 질병', '기능 장애', '악덕'에 대한, 베이컨 이후 등장한 사상을 진단한다. 아리스토 텔레스와 같은 거장들의 관점에서 보면 인간은 알고자 하는 욕망, 심지어 찰턴의 표현을 빌리자면 '지식에 대한 끝없는 욕구'나 '탐욕'을 갖고 있다(코르네아누, 2011:91). 그러나 베이컨이 진단했듯 사람들은 자신들이 파악할 수 있는 세계가 내면의 정념과 바람, 집요한 편견, 무한한 허영심에 부합하기를 간절히 바라고 있다.

그러나 둘째, 탐구하는 '마음의 질병', '기능 장애', '악덕'은 이러한 사상가들이 구제할 수 있는 성질이 아니다. 다만 심한 정도를 '완화'하고 그에 상응하는 인식론적 미덕을 심어주려면(코르네아누, 2011:105, 208) 새로운 철학적 수련이 필요하다는 것이다. 존 로크는 영혼의 치유를 다루는 《인간지성론》에서 수련에 대해 다음과 같이 설명한다.

*글을 잘 쓰거나 그림을 잘 그리거나 춤을 잘 추거나 울타리를 잘 세우는 등 수작업을 능숙하고 쉽게 수행하게 하려면, 활기차고 활동적이며 유연한 능력이 타고날 것이라고 기대하지 않는다. 그 분야에 익숙해지고 필요한 동작에 손동작을 비롯한 다양한 운동성을 부여하며 필요한 기술을 형성하는 데 시간과 수고가 들어가는 것은 당연시된다. 마음도 마찬가지다. 이성을 잘 발휘하게 하려면, 이성을 수시로 사용하고 생각의 연결고리를 관찰하고 훈련할 때 마음을 단련해야 한다(로크Locke, 《인간지성론Of the Conduct of Understanding, §6).*

이 책의 저자들은 베이컨과 데카르트를 비롯한 유수 철학자들의 사상이 메타 철학적으로 연결고리가 많다고 생각한다. 그 연결고리를 관통하는 키워드는 '마음의 경작'이다. 이는 물리학과 형이상학에 대한 새로운 이해를 발전시키는 촉매가 되었을 뿐 아니라, 하나의 문화로서 철학 활동의 주요 축을 이루고 있다. 그러나 '마음의 경작'이라는 공통분모가 있는데도 미세한 사상 차이와 상호적 비판이 나타난다. 데카르트가 지칭하는 이성 즉 '자연의 빛'을 구성하는 '본유관념innate ideas'에 대한 로크의 비판은 잘 알려져 있고, 글랜빌은 데카르트의 방법론이 '다른 사람의 도움을 받아 [자기의 생각을] 측정하거나 강화하는 것이 훨씬 현명할 때' '자신의 적나라한 관념'(코르네아누, 2011:107)에 의해 자칫 잠식될 수 있다고 주장한다. 실제로 철학 대가들의 저서에서 엿볼 수 있는 실험주의적 현자(10)는 데카르트의 철학자와는 매우 다른 모습 즉 '소크라테스적 겸손'(코르네아누, 2011:105)을 발휘하여 자신의 한계를 인정하는 모습을 보인다. 또한 주어진 문제에 대한 해결책의 확률 정도를 분석하여 자신이 얼마나 수용할 것인지를 판단하고, 현상의 특정 사례를 체계적으로 수집하고 표로 작성하는 인내심을 보유하며, 자신 또는 다른 사람의 후속 연구에 의해 기존의 어떠한 확고한 결론도 반박될 수 있는 가능성을 열어두는 관용을 지닌다. 그렇다면 이러한 현자는 어떻게 훈련될 수 있을까? 데카르트처럼 연구를 멈추지 않고 끊임없이 실험을 수행하고 그 결과를 새로운 학회나 동료들과 공유하여 면밀한 검토를 요청하는 등 새로운 탐구 주체들이 탐구 단계에 적극적으로 참여하는 것이 전제되어야 한다.

이러한 관점에서 근대 초기에는 실험적 탐구가 지식과 철학을 전적으로 객관화하는 학문 과정이 아니었다. 새롭게 철학 단련을 받은 탐구자가 지적 사교 활동을 통해 다른 사람의 영혼을 치료하고 미덕을 추구하는 활동으로 인식되었다. 스티븐 쉐이핀Steven Shapin과 기타 학자들이 주장했듯 '실험 철학'의 배양은 실제로 영국 제도에서 계속되는 종교적, 시민적 분쟁을 종식하려는 정치적 영향을 지닌 광범위한 평화주의 운동을 위한 것이었다(쉐이핀, 1994; 코르네아누, 2011:96). 8장에서 살펴보겠지만 영국 경험주의자들의 철학 사상에서 나타나는 연결고리(유럽에서의 실험적 탐구와 타인의 사상을 수용하자는 관용주의의 강조)가 뿌리내림에 따라 프랑스 '계몽주의' 철학이 새롭게 정의되기에 이르렀다.

# 8장

## 프랑스 계몽주의 사상가들

### 8.1 계몽주의 철학

"'철학자'라는 타이틀을 얻는 것만큼 쉬운 일도 없다."《철학자<sub>Le</sub> Philosophe》라는 얇은 수상록을 쓴 세자르 셰스노 뒤마르세<sub>Cesar Chesneau Du Marsais</sub>(2002)의 말이다. 책에서는 현대 사회의 '철학자'란 '속세를 떠나 은둔한 삶 속에서 책에 파묻혀 지혜의 표징이 되곤 하는 자'를 뜻한다고 한다(계몽주의는 프랑스어로 '뤼미에르Lumières'인데, 18세기 후반 프랑스를 기점으로 유럽 전역에 유행했던 문화·철학·문학·지적 사조를 의미한다. 프랑스어 'philosophe'는 전문 철학자뿐 아니라 문필가, 교사, 교수, 저널리스트, 예술가를 포함한다. 즉 계몽주의는 철학보다 훨씬 폭넓은 대중적인 사상체계라고 할 수 있다—옮긴이). 다른 한편으로는 스스로 철학자라고 자처하며 '종교가 설정한 신성한 경계를 과감히 뒤집고, 이성에 대한 신앙의 족쇄를 깨뜨렸기 때문에 자신들이 유일하게 진정한 철학자라고 간주한다.' 한편 그들은 자신을 우월하게 생각하는 만큼 '다른 사람들은 미약한 영혼으로 생각하며 멸시하는 경향을 나타낸다.' 그럼에도 글에서는 '철학자에 대한 평가가 지금보다 공정해야 한다'라고 주장한다. 이처럼 철학자에 대한 객관적이고 공정한 평가를 주장하는 책이 뒤마르세의 수상록이다.

지난 수십 년간 여러 연구는 프랑스 계몽주의가 불러온 복잡한 영향을 재조명했다. 웨이드Wade(1977a; 1977b), 게이Gay(1995a; 1995b), 조너선 이즈리얼Jonathan Israel(2013), 파그덴Pagden(2013), 라스무센Rasmussen(2013)의 연구에서는 특정 텍스트를 그 시대를 전적으로 대표하는 이론으로 간주하지 말라고 경고한다. 그러나 1743년 익명으로《철학에 대한 변명Apology for Philosophy》이라는 제목으로 발표되었던 뒤마르세의《철학자》는 18세기 파리에서 널리 유포되었고, 결국 디드로Diderot와 달랑베르D'Alembert의《백과전서》가 본격적으로 이 주제를 담론화하게 되었다. 이 책은 훗날 볼테르에 의해 다시 출판되었다. 따라서 이 책은 18세기 '철학'의 진면모를 이해하는 데 가장 확실한 근거를 제공한다.

그렇다면 뒤마르세의《철학자》는 그의 '철학'을 어떻게 설명하고 있는가? 그가 이야기하는 철학은 PWL의 역사와 어떻게 연관되어 있을까? 본문에서는 "철학자에게 이성은 그리스도인에게 은혜와 같은 것이다"라고 선언한다. 무엇보다도 데카르트의 영향을 받은 합리주의 철학[7.3]이 활개를 칠 것이라 상상하게 된다. 이어서 이성은 체계를 구축하는 근간도 아니고 확실성을 보증하는 수단도 아니다. 단, 정념을 좌지우지할 수 있는 주인으로서 이성에 관한 고전적이고 실용주의적인 주장이 이어졌다. "[철학자가 아닌] 다른 사람들은 자신의 행동에 성찰이 선행되지 않은 채 정념에 휩쓸리며 그림자 속에서 걷는 사람들이지만, 철학자들은 정념 속에서도 성찰한 후에야 행동하고, 깜깜한 밤을 거닐더라도 앞에는 길을 밝혀주는 횃불이 놓여 있다."

여기에서 말하는 철학자는 인식론epistemology, 認識論(모든 지식은 인간이 인식할 수 있어야 한다는 감각론이며 인식 일반의 근본 문제를 다루는 철학의 한 부문—옮긴이)적 차원에서는 합리주의자(합리론에서의 진리의 기준은 감각적인 것이 아니라 이성적이고 연역적인 방법론이나 이론으로 정의된다—옮긴이)가 아니다. 사물의 원리와 원인을 찾을 때 영국의 실험주의자[7.4]들처럼 감각을 주요 수단으로 삼기 때문이다. 이성의 통상적인 인식 능력 즉 스콜라주의에서 말하는 '자연의 빛'에 의존하지 않는다. 또한 감각의 경험을 통해 얻은 증거들로부터 비롯된 지식을 강조하는 경험주의는 회의론을 펼친 후에 등장한 뚜렷한 자의식을 중시한다. "철학자 …… 는 '자신이 할 수 있는 한도 내에서' 문제에 대한 원인을 밝혀낸다"라고 뒤마르세는 말한다. 여기에서는 왕립학회의 철학자들이 관심을 두었던 사상 즉 고대 회의주의와 키케로의 확률론 사상을 결합한 현대적 형태의 사상이 등장한다[4.3, 7.2]. 뒤마르세가 말하는 철학자는 몽테뉴와 베이컨이 생각하는 철학자의 이미지와 비슷하다.

철학자는 확실히 [진리]를 확률과 혼동하지 않는다. 그는 진실한 것을 진실한 것으로, 거짓된 것을 거짓된 것으로, 의심스러운 것을 의심스러운 것으로, 가능성만 있는 것을 가능성 있는 것으로 받아들인다. 더 나아가(철학자의 위대한 완성의 경지이기도 한데), 판단을 내릴 적절한 동기가 없을 때 별다른 결정을 내리지 않는 상태로 남아 있다.[1]

이 논리대로라면 지혜는 재치나 독창성으로 생겨나는 것이 아니다. 합리적 이성에 근거한 시대정신을 중시한 볼테르 시대에서 재치나 독창성은 뒤편으로 밀려났다. 지혜(프랑스어로 'sagesse')는 학습된 냉철함 즉 '사리분별력'으로 구성되어 있다. 대담하고 거침없는 판단보다는 현명하고 신중한 판단을 중시한다. 분별력에는 주로 회의주의자들이 사용했던 '에포케epôche' 즉 판단 중지의 개념이 녹아 있다. 적절한 근거가 제시될 때까지 동의를 유보한다는 의미다.

*진정한 철학자는 결정에 대한 적절한 이유를 파악하기 전에는 섣불리 결정을 내리기보다 결정을 유보했을 때 스스로에 대해 더 만족한다. 따라서 결정을 자주 내리거나 말을 많이 하진 않지만, 더욱 확실한 판단을 내리고 현명하게 말한다.*

1960년대 이후 포스트모더니즘은 여러 갈래로 확산했다. 그러나 경험주의와 합리주의로 대표되는 계몽주의 철학은 결국 '합리주의' 보다는 '경험주의'의 방향으로 치우치게 되었다('경험주의'가 감각을 우리 인식의 유일한 원천으로 삼고 선천적인 관념을 거부하며 실험적인 방법에만 의존하면서 감각적인 방법과 관념적인 인식 사이의 모든 차이점을 부정하는 체계라면, '합리주의'는 감각을 신뢰하지 않고 이성적인 인식에 절대적인 가치를 부여하며 이성을 유일한 가치로 받아들이는 철학 체계다—옮긴이). 누군가가 모든 것의 원리를 설명할 수 있다는 허세를 부릴 때, 이는 미신적인 상상의 과잉에 필적하는 일종의 '인식론적 무감각'으로 파악된다. 철학자가 현상에 대한 하나의 사상을 받아들일 때, 신중에 신중을 기하는 유보적 자세를 보인다. 스토아학파 용어를 빌리자면 "철학자는 하나의 사상체계에 집착하지 않는다. 집착을

버리니 자신의 사상에 반대하는 세력을 느낄 수도 없다"라고 한다.[2]

따라서 인식론점 관점에서 뒤마르세가 말하는 '철학자'는 이러한 철학 정신으로 자연스럽게 전환한다. 페트라르카나 몽테뉴와는 달리 뒤마르세의 철학자는 '자연이 선사하는 만물을 즐기는 현자'이자 '다른 사람들과 함께 즐거움을 찾고자' 하는, 거의 에피쿠로스에 가까운 현세 중심적인 인물이다. 오히려 명상을 지나치게 많이 하거나 잘못된 방향으로 할 경우 아마추어 철학자들을 '모든 사람에게 사나움을 표출하는 사람이 되어, 사람을 피하고 사람들도 그를 피한다'라고 마르세스는 말했다.[3] 대조적으로, 뒤마르세는 시민정신이 투철한 철학자였다. 이러한 면에서는 에피쿠로스보다는 스토아주의자나 키케로와 더 비슷하다. "그에게 시민 사회는 지상의 신성한 사회였고 그는 그것을 찬양하고 의무를 지켰다. … 정확한 시민주의와 쓸모없거나 부끄러운 일원이 되지 않으려는 진지한 열망으로 시민 사회를 존중했다."[4]

그렇다면 뒤마르세는 스토아주의자를 '철학자'라고 칭할 수 있을까? 그는 그렇게 철학자라고 칭하지 않을 것이다. 복잡다단한 인간적인 감정에 사로잡히기 때문에, 정념이 없는 평정한 상태와는 거리가 멀 뿐 아니라 도시적인 회의론에 빠져 있기에 철학자로 칭할 수 없다는 데 힘을 싣기 때문이다. 중용을 지키며 감정을 순화하는 것 metriopatheia은 뒤마르세가 말하는 철학자의 윤리적 이상향이다. "[자신의 열정에] 지배당하지 않기 위해 노력한다. … 정념을 합리적으로 활용할 수 있고 이성이 그렇게 하도록 지시하기 때문에, 최대한 정념이 합리적으로 쓰이도록 한다." 글에서는 플라톤적 관점에서 단순한 현자(10)가 아니라, 원칙적으로 통치력을 발휘할 만한 가장 적격인 인물로 제안한다.

따라서 철학자는 모든 일에 대해 이성에 따라 행동하고 성찰과 정확성, 도덕과 사교적 자질을 발휘하는 품격 있는 사람이다. 철학자에게 주권을 이양한다면 완벽한 주권자가 탄생할 것이다.

《백과전서》에 소개되는 거의 모든 문장에 대해서는 추가 설명이 필요하겠지만, 이 책에서는 여섯 가지 관찰 사항만 소개하겠다. 첫째, 뒤마르세가 강조한 주제는 한 인물 또는 페르소나로서의 철학자다. 활동으로서의 철학 또는 제도나 담론이 되어버린 '철학'과는 그 결이 다르다(10). 철학자가 새로운 주제로 부각되는 시점에 매우 시의적절하게 《철학자》가 출간되었다. 아이라 웨이드Ira Wade에 따르면 계몽주의 프랑스에서 철학자를 등장인물로 내세운 연극은 무려 225편에 달했다.

일부 극작가들은 [철학자를] 사회에서 위험한 구성원으로 신랄하게 풍자했다. 예를 들어 몰리에르의 《학식을 뽐내는 여인들Femmes savantes》을 모티브로 한 《철학자들》을 집필한 팔리소Palissot는 실제로 조프랭Geoffrin, 디드로Diderot, 엘베시우스Helvetius, 루소Rousseau 등 당대 유명 철학자들을 무대에 올렸다. 다른 극작가들은 철학자가 인간의 정념을 극복하여 금욕생활을 유지하는 것으로 보이지만, 다른 사람들과 마찬가지로 철학자도 그러한 정념 특히 사랑의 정념에 쉽게 휘둘리게 된다는 점을 강조하기 위해 노력했다. … 그러나 세데인Sedaine을 비롯한 극작가들은 ⋯《자신도 그런 줄 모르는 철학자Le Philosophe sans le savoir》⋯ 와 같은 작품에서 철학자가 실제로는 상식과 부르주아적 문화 규범(절제, 검약 같은 미덕)을 지닌 인물이며 편견이 없는 선량한 시민이라는 것을 부각하려고 노력했다(웨이드, 1977a:14).

철학 강의에서 거의 완전히 사라진 내용이지만, 프랑스 계몽주의는 이탈리아 르네상스와 함께 서양 지성사에서 철학자의 페르소나와 소명에 대한 성찰이 가장 치열했던 사조 중 하나로 꼽힌다(10). 이 시기는 특히 프랑스의 철학자들이 전무후무한 방식으로 사회·문화·종교·정치 논쟁에 가장 크게 휘말렸던 시기였다. 캐롤라인 윌슨 Caroline Wilson(2008:417)은 철학자들이 학계에서 '제명delisting'되어야 한다고 주장했지만, 프랑스 계몽주의 철학자들은 PWL의 관점에서 재조명할 만한 가치가 충분하다.

둘째, 이미 뒤마르세의 '철학자' 개념이 철학사에서 우리가 만났던 다른 인물들과 닮은 듯하면서도 다르다는 점을 관찰했다. 뒤마르세가 제시하는 철학자는 우선 일반적인 인물의 모습을 지니지만, 매우 특별하고 이상적인 인간형을 제시한다. 즉 단순히 '평범한' 철학자가 아닌 특정 사상에 치우치지 않은 '진정한' 사상가에 가깝다는 변론에 도달한다. 지금껏 PWL의 역사를 살펴보면서 특정 철학자들이 강조한 PWL의 언행을 집중 조명했지만, 이제는 범사상적인 철학자 즉 '사상가'라는 광범위한 인물형에 마주하게 된다. 이 새로운 유형은 무엇보다도 볼테르와 디드로에 의해 구체화되었다. 몽테스키외Montesquieu와 퐁타넬Fontanelle(고크로거Gaukroger, 2008)이 예상했던 철학자의 이미지와도 가까웠고 그 이전에는 17세기의 '자유사상가'가 구상했던 이미지 즉 새로운 유형의 피론주의자들 또는 자유주의자들libertins érudits이 생각했던 이상적인 철학자의 모습과 부합했다(대표적으로 가브리엘 노데Gabriel Naude, 장 드 라브뤼예르Jean de La Bruyere, 라모트 르 바이에르Le Mothe du Vayer, 시라노 드 베르주라크Cyrano de Bergerac가 있다)(코헤인Keohane, 1980:144~50; 팝킨스Popkins, 2003:80~98; 모로Moreau, 2007; 까바이예Cavaille, 2012). 마거릿 제이컵Margaret Jacob이 주장했듯 (2001), 철학자의 페르소나는, 뒤마르세가 우아하고 고상하게 이미지화했음에도 여전히 편견에 사로잡혀 있었다. '변방의 음침한 출판사 사무실에서 거침없는 대화를 이어가는 동인 무리이자, 펜대를 쥐며 생계를 이어가고 싶다는 열망이 가득한 야망가'라는 이미지가 드리워 있었다(제이콥, 2001).

셋째, 계몽주의 철학은 데카르트, 스피노자, 말브랑슈, 라이프니츠가 이끈 17세기 체계철학자systematic philosopher(철학이 영속적으로 적용되도록 체계, 건설적인 주장과 논증을 제시하며, 문화의 한 영역에서 어떤 실천을 뽑아내어 그것을 인간 활동의 패러다임으로 제시한다—옮긴이)의 영향을 받았기 때문에, 계몽주의 철학과 이들 초기 철학자들의 철학 개념을 구별하는 것이 중요하다. 에른스트 카시러Ernst Cassirer는《계몽주의 철학The Philosophy of the Enlightenment》에서 다음과 같이 언급했다.

*18세기는 [17세기 합리주의자들에 비해] 다른 차원과 겸손한 의미에서 이성을 받아들인다. 이성은 더는 모든 경험 이전에 주어지고, 사물의 절대적 본질을 드러내는 '본유관념innate idea'을 합해놓은 개념이 아니다. 이성은 이제 … 진리의*

*발견과 전제를 인도하는 본래의 지적인 힘 … 이자, 일종의 작용과 효과로만 완전히 이해할 수 있는 에너지이자 힘으로 간주된다(카시러, 1955:13).*

종교개혁 이후 독일에서 이안 헌터Ian Hunter의 주장대로 "아리스토텔레스의 대학 형이상학을 가장 많이 훼손한 것은 데카르트의 물리학이나 갈릴레이의 역학이 아니라 반형이상학적인 시민 철학이었다"라는 믿음이 생겨나기 시작했다(헌터, 2007:582). 사무엘 폰 푸펜도르프Samuel von Pufendorf(1632~94)와 그를 이어 크리스티안 토마시우스Christian Thomasius(1655~1728)와 같은 사상가들이 등장하여 신학과 형이상학 철학의 권위에 도전하고, 시민의 권위와 종교적 권위를 분리하기 위해 박차를 가했다. 이때 그들이 인용한 논리는 '타락으로 인해 인간의 능력이 손상되었다는 기독교 교리와 육체적 정념에 직면한 인간 이성의 무력함에 대한 에피쿠로스 교리'였다(헌터, 2007:581). 이와는 대조적으로 프랑스 철학자들에게 영감을 준 것은 첫째, 주로 영국 철학에서 비롯된 '체계적 사고esprit de systeme'에 대한 융합적 비판, 둘째, 7장에서 살펴본 베이컨의 《신기관》을 토대로 한 과학적 탐구에 대한 접근법, 마지막으로 왕립학회 거장들의 사상을 실은 텍스트[7.2, 7.4]였다. 프랑스 계몽주의의 시초로 평가받는 볼테르의 《철학서간Philosophical Letters》(1734)에서 가장 중요하게 언급되는 사상 다섯 가지가 등장하는데, 베이컨, 로크, 뉴턴에 대한 사상이다(볼테르, 1733 [2007]:37~58). 뒤마르세의 《철학자》에 따르면, 볼테르가 로크에게서 가장 존경하는 부분은 이성의 한계를 인정하는 동시에 가능한 경험의 범위 안에 있는 것을 신중하게 탐구하는 동력이 되는 '스스로의 무지에 대한 자각learned ignorance'이다(볼테르, 1733:41~6). 볼테르는 로크에 대한 편지에서 "순전히 물질적인 존재가 생각하는지 아닌지 결코 알 수 없을 것이다"라는 영국 철학자의 말을 높게 평가한 것으로 유명하다(볼테르, 1733:43). 무교에 대해 비난을 가한 경건한 비평가들을 대상으로 볼테르는 다음과 같이 말했다.

*그러나 신이 전지전능함에도, 인간의 이성이라고 하는 감정, 지각, 사고의 기능을 우리의 더 섬세한 기관에 전달하지 않고 인간에게 선택권을 주는 이유는 무엇인가? 종교의 유무와 상관없이, 당신은 자신의 무지와 창조주의 무한한 힘을 인정할 수밖에 없다(볼테르, 1733:44).*

마찬가지로 볼테르가 영국으로 망명(1726~1730)한 후 아이작 뉴턴 경을 존경하게 되었다면, 그것은 뉴턴이 중력의 본질에 관한 가설 즉 '중력은 만유인력이다rocedes huc, et non amplius'라는 가설을 전제하지 않고서는 중력의 효과를 수학적으로 도표화하는 것 외의 결과물을 도출할 수 없다는 사실을 인정했기 때문일 것이다(볼테르, 1733:58). 뉴턴이 인간 이해의 한계를 인정했다는 점은 형이상학적 '낭만주의'와 정확히 대조된다고 볼테르는 주장한다(볼테르, 1733:42; 볼테르, 2004:374). 볼테르는 데카르트가 '영혼의 본질에 대해 잘못 인식하고 있고 특히 물질·운동 법칙·빛의 본질에 관해 신의 존재를 입증하는 과정에서 인식이 틀렸다'라고 판단했다(볼테르, 2004:51). 볼테르는 이렇게 잘못된 인식이 생기는 데는 확실한 원인이 있다고 생각했다. 데카르트는 천부적으로 '가설 형성의 기질'을 타고났는데, 가설을 만들 때 경험과 실험의 한계와 절충점을 찾지 못했기 때문이라고 판단했다(볼테르, 2004:51; 42). 이런 종류의 체계적 철학 활동을 가장 적나라하게 풍자한 소설이 있다. 바로 볼테르의 정치·사회·철학사상을 명쾌하게 실은 풍자 소설 《캉디드Candide》이다. 주인공 캉디드는 라이프니츠의 영향을 받고 '형이상학-신학-우주론'을 믿는 낙천주의 철학자 팡글로스Pangloss의 가르침대로 세상은 '최선最善으로 이루어져 있다'라고 믿는다(볼테르, 1977). 한편 계몽주의를 깊이 이해하려면 《백과전서》에 등장하는 '체계System'의 의미를 파악해야 한다.

*이제 그러한 체계는 형이상학의 혼돈을 없애는 것과는 거리가 멀다. 다만, 대담한 결과로 상상력을 현혹하고, 증거의 거짓된 빛으로 마음을 유혹하고, 가장 처참한 오류를 믿는 고집을 키우고, 분쟁이 끝나지 않게 하며, 괴로움과 분노를 멈추지 않게 한다. … 다른 한편으로는 사람들의 환심을 사는 체계도 있다. 예술작품처럼 감탄을 자아내는 분위기, 편안함, 화려함, 웅장함이 전해지기도 한다. 그러나 그 가치를 떠받드는 기초가 너무 취약해서 일시적인 마법 효과로 보인다(디드로, 1765 [2009]).*

넷째, 이와 관련하여 주목해야 할 18세기 선구자가 있다. 바로 비범한 철학자 피에르 벨Pierre Bayle(1646~1707)이다. 오늘날 전문가를 제외하고는 거의 읽지 않는 피에르 벨의 《역사 비평 사전Historical and Critical Dictionary》은 18세기에 가장 널리 읽힌 책 중 하나였다. 형식과 내용 면에서 진정한 '계몽주의의 무기고'(스미스, 2013)였던 이 책이 출간되자 급물살을 타고 피에르 벨에 대한 찬사를 실은 디드로와 달랑베르의 《백과전서》가 소개되었고(디드로, 2003), 볼테르의 《철학 사전Philosophical Dictionary》과 《백과사전에 관한 질문Questions on the Encyclo-pedia》의 연달아 출간되었다. 벨의 《역사 비평 사전》의 제목에서 '비평'이라는 단어에는 나름의 의미가 있다. 무엇보다도 벨이 《역사 비평 사전》을 집필한 의도는 다른 사전들의 오류를 바로잡는 데 있었다고 했다. 이때 그는 고대 회의론자들의 철학접근에 착안하여 오류를 수정했다. 회의론의 시조였던 피론뿐만 아니라 아르케실라오스와 카르네아데스에 대한 그의 존경심은 명백하게 드러났다[4.2]. 무엇보다도 벨은 문제에 대해 모든 관점에서 비판적인 시각으로 접근하는 동시에 '판단을 유예'할 필요성을 주장하며 실천하며 살았다(벨, 2006: 《계몽주의 사상Project》 III, 228b). 베이컨과 비슷한 사상을 지녔던 벨에[7.2] 따르면, 우리 각자는 자신의 결함에 눈이 멀어 '상대방의 결함 중 일부만 보려는'(베일, 2006: 《계몽주의 사상》 III, 229a) 경향이 있다. 나아가 "자신의 선입견으로 인해 찬성하는 주장을 과대평가하거나 반대하는 주장을 과소평가해서는 안 된다"(벨, 2006: 《역사 비평 사전》의 도입부Maldonat L, 169a.). 따라서 제2의 스토아학파 창시자 크리시포스는 자신의 사상체계에 대한 반박 목록을 작성하고, 각 반박에 맞서는 설득력 있는 주장을 제시하지 못함을 인정했다. 이 부분을 벨을 높게 평가했다(스미스, 2013:23). [5] 대조적으로, 기원전 155년 카르네아데스가 로마에서 정의justice의 이중성에 대해 유명한 연설을 한 것처럼 '학자들만이 정의에 대한 찬반론을 같은 비중으로 제안했다'(벨, 2006: '카르네아데스Carneades G' and '피론Pyrrho B'; 스미스, 2013:25~6). 벨은 《역사 비평 사전》에서 길게 나열한 담론적 각

주를 통해 역사적 인물에 대한 고찰뿐만 아니라 다윗 왕과 같은 성서적 주제와 악의 문제와 같은 신학 문제에도 이 '이율배반antinomy'(동일한 대상에 관해서 동등한 정당성과 동등한 필연성을 가지고 주장되는 서로 대립하는 두 개의 명제—옮긴이) 접근법을 적용했다.[6] 이러한 관점에서 베일의 철학이 철학의 계몽적 인격을 형성하는 데 얼마나 중요한지 파악할 수 있다(메이슨, 1963).

다섯째, 계몽주의에서 생각하는 '철학자'를 그 이전과 근대 철학자들과 구분 짓는 것은 계몽주의 철학자들의 사회·정치·종교적 주제에 깊이 관여했다는 점이다(윌슨, 2008). 캐서린 윌슨Catherine Wilson에 따르면, 18세기에 검열되거나 불태워지거나 압수된 철학 저작물에는 '군주제, 전제주의, 식민주의에 관한 논문과 비교 도덕론에 관한 논문'이 포함되어 있다(윌슨, 2008:416)(몽테스키외Montesquieu의 《페르시아인의 편지Lettres Persans》)(웨이드Wade, 2015:361~91).[7] 계몽주의 철학자들은 스토아학파나 에피쿠로스학파처럼 욕망과 정념을 억제하는 것에만 국한하지 않았다. 스토아학파나 회의론자들처럼 통제할 수 없는 욕망과 정념을 평온하게 받아들이라고 설교하지도 않았다. 아무리 애를 써도 피할 수 있는 인간 악의 형태가 '외부'에서 작용할 수 있기 때문이다. "계몽주의 철학자들은 다양한 주제를 다루었다. 대표적으로 식민주의, 사치, 금욕주의, 위선, 반페미니즘(일부 형태의 페미니즘도 포함), 군주제, 귀족주의, 성직자, 종교, 의사, 문예가 있다"(윌슨, 2008:416).

여섯째, 마지막으로 계몽주의 철학자들이 철학을 전파하려고 했던 청중은(뒤마르세가 친근한 사교성을 강조한 것도 같은 맥락이다) 학자나 성직자가 아니라 세속 세계를 변화시킬 수 있는 일반 시민들이었다. 드 퐁파두르 여후작Madame de Pompadour, 쥘리 레스피나스Julie de L'Espinasse, 돌바크 남작Baron D'Holbach과 같은 저명한 여성들이 주재하는 담화와 토론은 '살롱salon'(18세기에 크게 유행했던 프랑스의 '살롱'은 단순한 사교장이나 오락장 정도가 아니고 남녀노소와 신분과 직업의 벽을 깬 '대화'와 '토론'의 장이었으며 '문화 공간'으로서 계몽사상의 산실이자 중계소였다—옮긴이)에서 주로 진행되었고 '부르주아 커피하우스bourgeois coffee house'(주로 부르주아 상인과 지식인들이 만나고 교류하는 장소로, 공개 토론이 이어져 각종 경제와 정치 문제로 확대되기도 했다—옮긴이)와 같은 장소들은 당시 철학자들의 특징 즉 강제 추방되지 않고 자유롭게 담론을 펼칠 수 있는 지위를 드러냈다(굿맨, 1989; 하버마스, 1989; 페카츠, 1999). 볼테르는 자신이 글 쓰는 이유가 '철학을 실천하기 위해서 J'écris pour agir'라고 했고, 이와 같은 사상은 그의 다양한 글에서 엿볼 수 있다.

계몽주의에서 말하는 '철학자'의 역할은 … '생각'의 관리에 초점을 맞추기보다는 자신의 욕망에 맞게 세상을 바꾸려고 시도하되 자신의 통제 범위를 크게 벗어났다고 인식한 외부 문제는 그 자체로 수용하려는 '역사적 행위자'에 가까웠다(윌슨, 2008:417).

이러한 이유로 계몽주의 철학자들은 인본주의자들과 자유주의자들과 마찬가지로 오늘날 진지한 학자들이 시도하지 못할 다양한 문학 매체로 글을 썼다(5). 그러나 이 시기에는 지금까지 살펴보았던 명상, 위로의 글, 편지, 수련 지침서, 기억을 상기하는 수련, 격언 또는 명언집[3.4, 4.3, 5.2, 6.2, 7.2]보다는 보다 실험적인 문학적 형식에 대한 체계적인 논문이 등장했다. 급성장하는 부르주아 대중에게 다가가 인문학적이고 지적인 욕구를 충족하면서도 신학적이고 정치적인 검열을 피하려는 목적이었다.

*외국에서 출판된 책들을 집필한 프랑스 작가들은 책 표지에 이름을 거의 넣지 않았다. 저자로 고발당하면 양심에 가책을 느껴 거짓말을 하기도 했다. 전쟁법에 따라 책의 내용을 엄격하게 검열하던 시절이었다. 볼테르는 저서 중 몇 권에 대해서는 집필 사실을 부인했을 뿐만 아니라 때로는 죽은 사람의 이름을 빌려 저술하기도 했다. 심지어 자신의 작품에 대한 비판이나 비난의 글을 발표함으로써 혼란을 일으키기도 했다. 중의적 의미, 대화, 우화, 이야기, 아이러니, 과장법 등 프랑스 산문의 미묘함을 형성하는 데 도움이 되는 형식이나 표현 기법 그리고 무엇보다도 다른 어떤 문학도 따라올 수 없는 섬세한 재치가 그의 작품에 깃들여 있다. 갈리아니 사제*Abbe Galiani*는 웅변을 바스티유 감옥에 송치되지 않는 수준으로 무언가를 말하는 기술이라고 정의했다*(듀란트 & 듀란트, 1965:497~8).

전형적인 계몽주의 철학자의 특징에 대해서는 충분히 설명한 것 같다. 이제는 대표적인 두 계몽주의 철학자를 탐구해보자. 반봉건· 반교회 운동의 '장로長老'로 불리는 볼테르 그리고 친구들에게 단순히 '계몽주의 철학자'로 알려진 사상가 드니 디드로Denis Diderot를 소개한다.

## 8.2 볼테르 그리고 시리우스에서 바라본 풍경

작가 아이라 웨이드Ira Wade는 볼테르의 특별한 경력의 기저에는 두 가지 근본적인 의도가 있었다고 주장했다. 첫째, 1730년대 초에 구상된 것으로 아리스토텔레스의 '지혜Sophos'를 반영하여 자신을 '백과사전적 인간'(8)으로 피력하고자 했다(웨이드, 1977b:26). '시인, 뉴턴주의Neutonian(아이작 뉴턴 이후에 뉴턴의 과학적 방법론과 목적론을 따르려는 18세기 유럽 과학의 경향—옮긴이) 과학자, 정치·경제 사상가, 문학 평론가, 역사가, 비판적 이신론자, 도덕주의자, 백과사전 주의자'(웨이드, 1977b)라는 겉보기에 전혀 서로 관련이 없는 타이틀로 그를 따라다니는 사실만 보더라도, 그의 방대한 작품에 깃든 야망의 결실이 두드러진다(웨이드, 1977b:28). 시, 로맨스, 소설(또는 콩트), 일반사전, 백과사전, 역사, 비극, 풍자, 희극, 에세이, 팸플릿, 형이상학과 관용에 관한 논문 등 다양한 문학 장르(5)에서 족적을 남겼다(웨이드, 1977b; 웨이드, 2015b, 367~450; 755~67). [8]

볼테르가 추구했던 두 번째 의도는 '조화롭고 유기적인 삶의 방식을 발견하기 위해 백과사전적인 지적 과정을 거치면서 끊임없이 자신을 단련하는 것'이었다(웨이드, 2015b:28). 웨이드는 볼테르가 "새로운 삶의 방식에 기존의 모든 지식과 관념을 녹여내야 한다는 책임의식을 지니며, 훌륭한 삶을 사는 기술로서의 철학을 구축해야 한다고 주장했다"라고 덧붙였다(웨이드, 2015b:28). 그렇다면 볼테르가 생각하는 이상적인 삶의 기술과 이 책에서 살펴본 헬레니즘, 로마, 기독교에서 주장하는 삶의 기술은 어떠한 상관성을 지니는가?

프랑스 계몽주의가 형성되는 과정에서 이교도 시학, 역사학, 윤리 철학을 수용하는 것이 중요하다는 사실을 누구보다도 강조한 사람은 피터 게이Peter Gay다(게이, 1995a:46~56; 105~9; 몽테스키외, 2002). 볼테르도 신념과 욕망을 정제하고 다스리는 치료법으로서 PWL에 대한 고대사상의 의미를 충분히 인식하고 있었다. 계몽주의 철학자를 논하며 '현자는 영혼의 의사'라는 그의 명언은 《철학사전》(1901)에 실려 있다. 배경 설명은 이렇게 시작된다.

*철학자는 본래 '지혜' 즉 '진리를 사랑하는 사람'이라는 뜻이다. 철학자라면 누구나 지혜와 진리에 대한 애정을 지녀야 한다. 고대의 철학자 중 인류에게 미덕의 본보기와 도덕적 진리의 교훈을 제시하지 않은 철학자는 단 한 명도 없다(볼테르, 2004:334).*

뉴턴의 등장 이후, 고대 철학자들이 자연철학에서 잘못 파악한 내용이 꽤 많다는 점을 볼테르도 즉시 인정했다. 그러나 "그것은 삶의 행위에서 비교적 중요하지 않았다. 따라서 철학자들에게 완벽한 정확도가 요구되지 않았다"(볼테르, 2004)라고 말한다. 이 대목에서 볼테르의 철학적 소명에 대한 고전적 감각은 더욱 강조된다. [9] 그리스 철학자들이 여전히 존경받아야 한다면, 그것은 "그들이 정의로웠기 때문이며 인류도 정의로운 삶을 살도록 가르쳤기 때문이다. 그들이 주장한 이론의 옳고 그름으로 그들을 판단해서는 안 된다"라고 주장했다(볼테르, 2004:335). 볼테르는 페트라르카도 인용한 바 있는 플라톤의 사상이 우리를 '관대한 행동에 대한 열렬한 사랑'으로 이끈다고 주장했다. 또한 키케로[4.3]가 '그리스 철학자 중에서 가장 높게 평가할 만한 철학자'라고 주장했다. 이와 같은 평가는 몽테스키외를 비롯한 다른 철학자들도 공감한 내용이다(샤프, 2015). 키케로 이후에는 '노예가 된 에픽테토스, 왕좌에 오른 안토니누스와 줄리안'이 등장했다(볼테르, 2004:335). 이 모든 인물이 존경받는 이유는 철학적으로 모범적인 삶을 살았기 때문이다. 볼테르는 에픽테토스나 마르쿠스 아우렐리우스를 언급하지는 않지만, 그들의 겸손과 생활 태도moeur를 치하하며 공자, 솔론Solon, 샤론Charron과 더불어 "신이 요구하는 미덕을 가르치고 실천한 위대한 인물들로서, 신의 법령을 선포할 권리를 가진 유일한 사람들로 보인다"라고 묘사했다(볼테르, 2004:180). 잉 볼테르는 독자들에게 이러한 질문을 던진다.

줄리안, 안토니누스, 마르쿠스 아우렐리우스처럼 부귀영화와 안락한 삶을 버릴 수 있는 용기를 지닌 시민들이 과연 존재할까. 그들처럼 맨땅에서 잠을 자려고 할 사람들이 있을까? … 그들처럼 모든 정념을 완벽하게 억제할 수 있을까? 우리 중에는 그들을 존경하는 신봉자들은 있지만, 과연 현자가 있을까? 정의롭고 관용적이며 고요하고 겁먹지 않는 영혼은 어디에 있는가?(볼테르, 2004:335~6)

이러한 관점에서 과연 볼테르가 고대의 PWL 패러다임을 고수했는가에 대한 여부는 두 가지 측면에서 검증되어야 한다. 첫째, 볼테르는 플라톤이나 소크라테스, 에피쿠로스, 에픽테토스, 필론데모스, 마르쿠스 아우렐리우스, 페트라르카, 몽테뉴, 베이컨의 철학 실천에서 우리가 익히 알고 있는 것과 같은 의미의 영적 수련(3)을 규정하지는 않았다. [10] 몽테뉴는 자신을 완전한 현자로 만들려는 야망을 실현할 수 있을지를 고민하며 자신을 냉철히 평가하는 회의론을 펼쳤는데, 볼테르의 자아 성찰은 몽테뉴의 회의론을 초월했다(10). '철학자 또는 인간의 지혜the Philosopher, or Human Wisdom'라는 부제가 붙은 단편소설 《멤논Memnon》(그리스 신화에 나오는 에티오피아의 왕이자 트로이 전쟁의 영웅으로, 새벽의 여신 에오스의 아들이다. 트로이군을 도와 혁혁한 공을 세우지만 아킬레우스와의 일전에서 패해 죽음을 맞는다─옮긴이)은 제목과 같은 이름의 영웅 '멤논'이 "위대한 철학자가 되기로 결심한 후 그리고 완벽하게 행복해지기로 결심한 후"의 하루를 묘사한다(볼테르, 1807:181). 멤논의 생각은 스토아학파의 사상을 닮아 있다. 철학하기의 훈련을 통해 성욕을 포함한 모든 정념을 제거하는 것을 목표로 삼았기 때문이다.

*아름다운 여인을 보면 나는 나 자신에게 이렇게 말하곤 한다. '그녀의 뺨은 언젠가 주름이 생기고 눈가는 주홍빛으로 변하고 가슴은 축 늘어지고 머리숱은 다 빠지고 뇌는 제대로 작동하지 않을 것이다.' 어떻게 변할지를 떠올리며 현재의 그녀를 상상하면, 아무리 예쁜 외모도 내 고개를 돌리게 하지 못한다(1807:181~2).*

멤논은 창문 옆을 지나가는 첫 번째 소녀와 사랑에 빠지는데, 그녀는 멤논의 삼촌과 무자비하게 그에게서 돈을 갈취하기 위해 음모를 꾸민다. 돈을 빼앗긴 그는 친구들과 술 취해 도박하고 도박에서 더 많은 돈을 잃고 이어지는 분쟁에서 한쪽 눈을 잃는다. 결국 불운한 외눈박이가 된 그는 한 손에 컵을 들고 강압적으로 궁정에 구걸하러 갔다가 집으로 돌아온다. 집에 와보니 몇몇 남자들이 자신의 가구를 철거하는 광경이 펼쳐진다. 그에게는 철학자의 자아가 있는데, 멤논은 짚으로 만든 철학자의 침대에서 잠들게 된다. 이때 멤논에게 시리우스 행성에서 온 천사 같은 존재가 나타나고 상처 입은 철학자는 천사에게 도움을 청한다.

*"너의 운명은 곧 바뀔 거야." 행성의 동물이 말했다. "사실 너는 결코 눈을 되찾지 못하겠지만, 그것만 빼고 완벽한 철학자가 되기 위해 다시는 눈을 머릿속에 넣지 않는다면 충분히 행복할 수 있어." "눈을 다시 찾는 게 불가능한가요?" 멤논이 물었다. "완벽하게 현명하고, 완벽하게 강하고, 완벽하게 강력하고, 완벽하게 행복해지는 상태. 그 상태에 도달하는 만큼 불가능한 일이야." ⋯ 이 모든 것이 가능한 세계가 실제로 존재하지만, 우주의 여러 지역에 흩어져 있는 수억 개의 세계에서 그 도달 정도는 각각 다르다"(1807:188).* [11]

둘째, 볼테르가 생각하는 진정한 철학자란 사회·정치적으로 적대시하는 '광신주의'와 분명 모순되는 개념이다. [12] 볼테르는 몽테뉴가 생각한 것처럼 광신주의에 두 가지 요소가 있다고 판단했다. 첫째, 정념의 정도가 상식을 벗어난 수준이라는 것을 '내적'으로도 충분히 인지한다. 무엇보다도 광신주의는 '상상력의 변덕과 정념의 과잉에 종교를 종속하는 거짓 양심의 영향'이다. [13] 누구나 알 수 있는 광신주의의 특징이기도 하다. 그러나 둘째, 광신주의는 '다른 사람을 강제로 끌어들이고', 자신의 형이상학적 신념을 따르지 않거나 의식을 수행하지 않는 사람들을 책망하고 검열하고 추방하거나 죽일 권리가 있다고 착각하는 수준에 이를 수도 있다. 볼테르는 '광신은 미신을 믿는 것과 다름없다. 섬망delirium(헛소리하면서 사람도 못 알아봤다가 어느 순간 가라앉았다가 감정 기복도 심했다가 나아졌다가 이런 상황을 반복하는 증상—옮긴이)이 열병이고, 역정이 분노와 같은 것처럼'이라고 말했다. 볼테르는 광신도에 대해 이렇게 덧붙였다. "황홀경과 환상에 빠져 꿈을 현실로, 상상을 환상으로 받아들이는 사람, 살인으로 광기를 뒷받침하는 사람은 광신자다"(2004:200~1).

볼테르는 광신주의라는 '악evil'을 없애는 유일한 해결책은 철학이라고 주장한다. 그의 작품에서 욕망의 치료사는 '인간의 예절을 문명화하고 부드럽게 하며 [광신도라는] 질병의 접근을 막는 … 철학의 정신'(7)(볼테르, 2004:203)을 전파하는 사회 비평가가 된다. [14] 철학은 납득할 수 없는 신념을 비판하는 기능을 하는데, 이때 광신주의의 인지적 뿌리를 건드린다. 따라서 "다양한 종파의 고대 철학자들은 광신주의와 같은 인간 사회의 병폐에서 벗어날 수 있었고, 철학은 병폐의 독을 없애는 해독제 역할을 했다. 철학의 효과는 영혼을 평온하게 만드는 것이며 광신과 평온은 완전히 양립할 수 없기 때문이다"(볼테르, 2004:203).

그렇다면 철학은 정확히 어떻게 이러한 철학·사회적 치료를 수행할 수 있을까? 한편으로는 학자와 대학에 국한되지 않고 일반 대중이 읽을 수 있는 다양한 장르로 철학 저서를 쓰는 것이 그 해답이다. 1761년과 칼라스 사건Calas affair(1762년에 일어난 한 개신교인 청년의 자살과 가톨릭교도들의 부당한 모함으로 장 칼라스Jean Calas의 온 가족이 풍비박산 난 사건을 말한다. 칼라스의 아들이 가톨릭으로 개종하는 것을 막기 위해 칼라스를 비롯한 그의 가족이 그를 살해했다는 가톨릭교도들의 모함을 받게 되었고, 결국 가족 모두 재판에 회부된 후 칼라스가 수레바퀴형(거열형)으로 처형된 사건이다. 볼테르가 이 사건을 적극 변호하여 세상에 널리 알려졌다—옮긴이) 이후, 볼테르가 당시 강력한 지배계급이었던 로마 가톨릭 교회의 부패와 부도덕을 공격하는 캠페인을 시작한 뒤로도 수많은 콩트, 우화, 드라마, 대화, 시, 팸플릿을 방대하게 제작했다. 이에 대한 첫 번째 근거를 소개한다(듀란트 & 듀란트, 1965:727~44). 볼테르가 달랑베르D'Alembert에게 말했듯 "천연두에 관한 책 12권(즉《백과전서》)이 혁명을 일으킨 적은 없다. 다만, 두려워해야 할 것은 한 권에 30수sous(프랑스 혁명 이전 20수는 1리브르('프랑'의 속칭)였다—옮긴이)짜리 작은 휴대용 책이다. 만약 성경의 가격이 무려 1200 세스터스sesterces(고대 로마의 화폐단위—옮긴이)라면, 기독교 종교는 결코 설립되지 않았을 것이다"(듀란트 & 듀란트, 1965:740).

반면 볼테르는 과학적 문화와 정치적 관용의 대의를 홍보하려면 단순히 반대론자들의 약점을 지적하는 것으로는 충분치 않다는 것을 알고 있었다. 또한 종파주의자들의 행동이 우스꽝스럽고 터무니없다는 사실을 독자들에게 거의 본능적으로 보여주어야 했다. 여기서 우리는 볼테르 철학의 핵심, 소크라테스보다 더 악명 높은 그의 아이러니를 만나게 된다(5). 볼테르는 자신의 무지를 거듭 고백하는 데 그치지 않는다. 그는 가면을 쓰고, 페르소나를 늘리고, 연극을 연출하고, 우화를 구성하고, 고대, 근대, 근동 역사에서 수천 가지 예시를 제시하고, 대사를 고안하고, 영웅과 악당의 이미지를 구상했다. 볼테르가《철학사전》에서 정의한 '위트wit, esprit'는 아마도 그의 창의성creative élan을 가장 잘 설명한 말일 것이다.

*우리가 '위트'라고 하는 것은 신선한 비유이거나 섬세한 암시이다. 한 가지 의미로 제시되기도 하지만 독자가 다른 의미로 이해하도록 유도한다. 특정 단어를 사용하거나 때로는 공통점이 거의 없는 두 가지 아이디어를 미묘하게 연결하기도 한다. … 위트는 분리된 두 가지를 하나로 모으거나, 연결된 것처럼 보이는 곳에서 나누거나, 하나를 다른 것에 대비시키는 기술이다. 독자가 나머지를 여백의 의미를 추측하도록 작가 생각의 절반만 드러내는 방법이다.* [15]

지금까지 이 책에서는 고대의 몇몇 영적 단련(3) 활동을 다루면서, 익숙한 것들을 새로운 관점에서 바라보며 재구성하는 실천에 대해 살펴보았다. 예를 들어 수평적인 시각에서 벗어나 위에서 내려다보기 훈련이나 스토아학파의 심신 훈련처럼 익숙한 것을 재구성하는 연습을 소개했다[3.4]. 한편 볼테르의 경우, 그가 강조한 '재치'에서 알 수 있듯 그의 문학 기조는 '인지적 낯섦cognitive estrangement'(낯섦을 그대로 인정하면서 이미 알고 있던 인식의 틀로 재조정—옮긴이)을 공통분모로 하고 있다. 그가 재미 삼아 쓴 콩트《랭제뉘L'Ingenu》는 초창기 단순한 형태의 기독교와 18세기 가톨릭이 서로 차이점이 컸다는 점을 나타내는 작품이다. 볼테르는 이 책을 집필할 때 몽테스키외의 1723년 저서《페르시아인의 편지Lettres Persans》에서 모티브를 차용했다. 콩트에서는 신약성서만 알고 있는 순진하고 고결한 미국 인디언이 현대 프랑스를 방문한다. 그가 18세기 프랑스 가톨릭의 화려함과 권력 속에서 그리스도의 이상에 따라 살려고 노력하는 과정에서 희극이 펼쳐진다. 볼테르는 이웃을 사랑해야 한다고 믿는 도덕심과 신학적 종파주의 정신 사이의 괴리를 강조하기 위해 '살라망카 대학의 신학 교수로 임명된 … 장로교 목사 자파타'를 등장시킨다. [16] 자파타는 1629년 의사 위원회를 상대로 설교를 하게 된다. 그는 난해하고 독단적인 신학을 전파하는 대신 단순하고 인간적인 도덕을 설교함으로써 신앙심이 깊은 사람이라면 누구나 주변 사람들에게 가장 의미있는 봉사를 하는 셈이라고 설파한다. 그런데 볼테르가 내린 결론은 참담한 반전이다.

*아무런 응답도 받지 못한 자파타는 단순하게 하느님을 전파하기 시작했다. 그는 사람들에게 인류의 아버지이자 상을 주시고 벌을 주시고 용서하시는 그분을 선포했다. 거짓에서 진리를 구출하고 종교와 광신을 분리했으며 덕을 가르치고 실천했다. 온화하고 친절하며 겸손했던 그는 구약에서 선포된 희년year of Grace이었던 1631년 스페인 바야돌리드Valladolid에서 화형당했다. 사파타 형제의 영혼을 위해 하느님께 기도합시다. [17]*

볼테르가 콩트에 녹여낸 철학은 독자들에게 민족적이고 철학적인 정신을 불러일으키기 위해 마법을 부리는 영적 수련(3)이라고 해도 과언이 아닐 것이다. 분명 그는 그러한 수련과 훈련의 효과에 대해 회의론을 펼치기도 했다. 그럼에도 영적 훈련에 관한 이야기와 그의 다른 작품들은 독자의 마음을 움직이는 수단으로 '영적 수련'을 중앙에 배치한다. 볼테르가 쓴 가장 훌륭한 철학 콩트에《미크로메가스Micromégas》('작고 큰'이라는 의미)(1807:118~45)를 꼽을 수 있다. PWL의 관점으로 보면 고대 여러 학파가 공유했던 위에서 내려다보는 훈련을 확장한 형태다[3.3, 3.5 참조].《미크로메가스》는 시간과 공간

차원에서 허를 찌르며 상상을 초월한 코미디적 요소를 최대한 발휘한다.

시리우스라는 별의 궤도를 도는 행성 중 하나에 활기에 넘치는 한 청년이 살았다. 그는 마지막 항해 장소로 우리의 작은 개미 언덕을 방문했고, 그를 만나는 것이 나에겐 영광이었다. 그의 이름은 '미크로메가스'였다. 그렇게 위대한 사람에게 어울리는 이름이었다. 그는 키가 8리그 즉 5피트씩 2만 4000보에 달하는 기하학적 신장을 지녔다. 그는 해박하기까지 해 지식을 활용해 발명품을 제작하기도 했다. 그는 250세도 되지 않은 나이에 유클리드의 명제 중 50개 이상을 혼자 힘으로 깨우친 수재로, 지구상에서 가장 유명한 대학에서 공부했다. 그는 블레즈 파스칼Blaise Pascal(1623~1662, 프랑스의 심리학자, 수학자, 과학자, 신학자, 발명가, 작가, 철학자―옮긴이)보다 명제 18개를 더 풀었다(볼테르, 1807:118~19).

인간의 지각과 자기 인식 중에 훈련되지 않은 것들은 지각하는 사람의 능력에 좌우된다는 볼테르의 우화는 고대 회의론자들의 주장을 반영한다[4.2]. 《미크로메가스》에는 키가 6000피트에 '불과'한 토성 출신의 '학자'를 만나는 장면이 있다. 학자는 자신의 행성에서 사람들은 '단지' 72개의 감각만 갖고 있다고 불평한다. 이에 현명한 미크로메가스는 "우리 행성 사람들은 거의 1000개의 감각을 갖고 있지만 여전히 모호한 느낌, 일종의 근심을 안고 살고 있다. 근심과 걱정을 한다는 사실은 우리보다 더 완벽한 존재가 있다는 사실을 경고한다"(볼테르, 1807:123)라고 이해하며 대답한다. 한편 토성 학자는 토성 사람들이 얼마나 오래 사는지에 관한 이야기를 꺼낸다. 토성인들은 태양이 약 500회 공전하는(약 1만 5000 지구년) 동안만 산다고 주장한다. "그러니 인간은 거의 태어나자마자 죽는다고 생각한다. 우리의 존재는 한 점이고, 수명은 한순간이며, 지구는 한 원자라고 생각한다. 우리는 죽음이 다가와서야 비로소 조금이라도 인생에 대해 배우기 시작한다"(볼테르, 1807:124).

행성 간 거인들interstellar giants이 지구에 발을 디딘다. 그들은 한 마리만큼이나 미미한 인간 우주선을 정탐한다. 미크로메가스는 이 작은 유물을 발견하고 경이로움을 느낀 나머지 작은 사람들에게 보호막이 되어준다. 볼테르는 이때 인간들은 베이컨[7.2]의 '동굴의 우상'에 따라 이 새롭고 무서운 현상을 이해하려고 노력했다고 적었다. "함께 배를 타고 온 목사가 퇴마 기도문을 낭송하고 선원들이 맹세를 선언한다. 배에 탄 철학자들이 체계를 만들었지만 어떤 체계를 만들어도 누가 말하는지 알아낼 수 없었다"(볼테르, 1807:137~8). 불행히도 한 학자가 배에 타고 있었고[5.3] 다음 사건이 벌어졌다.

*그는 두 천상의 주민들을 위아래로 바라보았다. 그는 그들의 민족, 세계, 태양, 별들이 모두 인류를 위해 특별하게 만들어졌다고 주장했다. 두 항해사는 그의 연설을 듣고 (호머에 따르면) 신들과 공감할 수 있는 그 지울 수 없는 웃음으로 거의 쓰러질 뻔했다(볼테르, 1807:145).*

《미크로메가스》는 볼테르가 위에서 내려다보는 자아 성찰 방식을 강조하기 위해 의인화한 허구의 인물이다. 마르쿠스 아우렐리우스나 세네카가 강조한 일상에서의 수련과 같은 취지를 담고 있다. 미크로메가스가 '무한히 작은 [인간]이 무한히 큰 교만을 가졌다는 사실에 약간 화가 났다'(볼테르, 1807:145)는 대목이 등장하는데, 이 부분에서 불편한 심기를 느꼈을 법한 볼테르를 떠올릴 수 있다(볼테르, 1807:145). 볼테르는 '콩트'라는 장르를 통해 사고에 대한 실험을 펼치며, 독자에게 불쾌감에 공감하도록 유도하고 있다. 무엇보다도 볼테르의 작은 우화를 통해 인간이 처한 상태를 마치 위에서 내려다보는 것처럼 다시 바라보게 하고, 미크로메가스의 눈을 통해 우주적 규모에서 무한히 미세한 것을 볼 수 있게 했다. 볼테르가 정의하는 철학의 정신은 이론을 경험의 구체적 ('미시적') 현실과 대조하여 시험하도록 일깨우는 동시에, 코페르니쿠스와 뉴턴 이후 근대 유럽인들에게 열린 확대된 ('거시적') 관점 즉 새로운 세계와 인도와 중국 문명의 깊은 고대 사상을 참조하여 이론과 경험의 틀을 구성하도록 한다. '페르네Ferney(볼테르의 고향)의 현자' 볼테르가 자연과학, 인문과학, 문학·예술에 대한 백과사전적 지식을 추구한 것은 이처럼 확대된 그러나 궁극으로는 겸손한 철학적 관점을 추구했기 때문이다.

## 8.3 디드로와 세네카론

역사는 때때로 예측할 수 없는 방향으로 흘러가지만, 볼테르와 동시대 사람이었던 드니 디드로Denis Diderot(1713~1784)는 볼테르 못지않은 지적인 힘을 발휘했다. 디드로는 자신이 존경했던 볼테르와 마찬가지로 소설(철학 및 에로틱), 편지(실제 및 허구), 비평, 대화, 드라마, 백과사전, 에세이, 익명의 글, 타인의 글에 대한 '첨언의 글' 그리고 《달랑베르의 꿈Le Rêve de d'Alembert》과 《라모의 조카Rameau's Nephew》를 중심으로 살아생전 그의 친구들 사이에서만 유포된 저서 등 다양한 문학과 철학 매체(5)를 넘나들며 작업했다. 아이라 웨이드(1977b)와 같은 저명한 비평가들은 그가 쓴 여러 훌륭한 글에서 '유기적 통일성'이 거의 나타나지 않는다고 했다. 그가 《백과전서》에 삽입한 개념 중에 잘 알려진 '절충주의Eclecticism' 개념이 있다. 철학자의 페르소나에 대한 디드로의 비전과 그가 인생을 살아가는 방식에 대한 가장 간결한 설명을 제시한다. 회의주의, 경험주의 그리고 '과감히 알려고 하라Sapere aude'라는 호라티우스의 명문을 토대로 한 칸트의 사상에서 영향을 받은 독립적 도전정신을 혼합한 '절충주의' 항목은 그의 철학적 정체성의 특별한 야망과 복잡성을 암시한다.

•

*절충주의자는 편견, 전통, 고대사상, 보편적 동의, 권위, 한마디로 마음을 정복하는 모든 것에 도전하되, 스스로 생각하고 가장 명확하고 일반적인 원칙으로 돌아가서 조사하고 토론하고 자신의 경험과 이성에서 입증할 수있는 것만 허용하며, 모든 철학 체계를 어떤 경우에도 편파성 없이 분석한 후 자신만의 주관적인 체계를 구성하는 철학자다. … 그는 씨앗을 심고 뿌리는 사람이 아니라 결실을 거두어들이고 거르는 사람이다(디드로, 1967:86).*

다행히도 여기서 디드로가 남긴 업적을 전면적으로 파악할 필요는 없다. 이 책에서는 디드로의 철학적 활동에 대한 개념에만 초점을 맞추겠다. 그는 1750년 이후 20년에 걸쳐 숙원 사업이자 일생 최대의 프로젝트를 완수했다. 《백과전서 또는 과학, 예술, 기술에 관한 체계적인 사전Encyclopédie, ou dictionnaire raisonné des sciences, des arts et des métiers》

15권을 공동 편집하고 집필한 것이다. 철학자의 역할에 대한 디드로의 개념 즉 결실을 수확하고 선별하여 인식론적으로 수확한 결실을 공유하고자 하는 사상가의 면모를 보여주는 전집이다. 철학자는 보편 지식 또는 여러 학문을 넘나드는 '다학제적' 지식을 보유한 사람이다. 그러나 그러한 지식을 비밀리에 쌓아두지 않고, 지적인 대중에게 학문의 빛을 전파하는 데 헌신하는 사람이어야 한다. 그럼에도 백과사전학파 철학자 디드로는 볼테르와 뒤마르세 그리고 그 이전의 로크를 비롯한 다른 철학자들과 마찬가지로 자신의 한계를 예리하게 인식했다. 달랑베르는 '서론Preliminary Discourse'에서 백과사전적 노력은 한 사람이 모든 지식을 지배할 수 없는 한, 다양한 학문과 전문가들을 한데 모으는 집단적 작업일 수밖에 없다고 강조했다.

과연 누가 그렇게 뻔뻔스럽고 이해력이 무지해서 혼자서 모든 학문과 예술을 모조리 다룰 수 있을까? 따라서 우리가 짊어져야 할 짐과 같은 무게의 짐을 지탱하려면 그 짐을 나눌 필요가 있다는 것이 분명해졌다. 이에 자신의 분야에서 능력과 재능을 겸비한 수많은 장인과 전문가들을 눈여겨봤고, 각자가 기여할 수 있는 부분을 배분해주었다(딜랑베르, 1751 [2009]).

'서론'에서는 이탈리아 르네상스에 대한 찬사를 노래한다[6.1, 6.2]. "이탈리아 르네상스가 꽃피웠기에 훗날 유럽 전역에서 그토록 풍성한 결실의 여러 학문이 계승되었다. 무엇보다도 미술의 발전과 미술에 대한 식견이 성숙할 수 있었다"(달랑베르, 1751 [2009]). 그러나 무엇보다도 백과사전 프로젝트를 수행하는 데 물심양면으로 도움을 주었던 정신적 지주[7.2]는 바로 프랜시스 베이컨이다. 상상력과 엄격한 분석을 결합한 베이컨의 폭넓은 사상 범위와 활기에 찬 강건함은 백과사전 편찬자들이 '그를 가장 위대하고 가장 보편적이며 가장 설득력 있는 철학자로 간주'하는 데 충분했다.

현재 많은 학문에서 포스트모더니즘에 관한 진부한 표현이 난무하지만, 인류 역사적으로 지식이 얼마나 많은 발전을 거듭했는지 아무리 강조해도 지나치지 않을 것이다. 《백과전서》의 서론에서는 철학자들이 현존하는 모든 지식을 한곳에 모아야 할 필요성이 있었다면, "야만은 수 세기 동안 이어진 인간의 자연스러운 면모이지만 이성과 식견은 육성하려는 노력이 없으면 스쳐 지나가는 현상에 불과하다"라는 인식에서 비롯된 것이라고 명시한다(달랑베르, 1751 [2009]:II). 《백과전서》은 17권의 방대한 분량이지만, 타임캡슐처럼 대홍수에서 살아남아 학문의 기초를 잊어버린 후손에게 물려줄 수 있는 소중한 선물이 될 것이다(로젠버그, 1999).

그러나 철학자로서의 디드로를 '주요 백과전서파'로만 규정지을 수 없다. 미학 비평이나 레이날Raynal의 《두 개의 인도의 역사L'Histoire des deux Indes》에 대한 주석interpolation과 같은 정치적 텍스트에서 '도덕주의자'다운 면모를 볼 수 있다. 친구들 사이에서 그는 '무슈 토플라Monsieur Topla'로 불렸다('Topla'는 철학자 플라톤Platon의 이름 철자에서 순서를 바꾸어 새롭게 만든 단어이다. 즉 'Platon'의 어구전철語句轉綴, 애너그램anagram이다). 볼테르보다 더 많이(고대 철학의 복권을 부르짖은 몽테스키외만큼은 아니지만) 고대 철학의 삶의 방식을 표본으로 삼아 삶의 방향을 잡으려는 시도를 이어갔음을 알 수 있다. 디드로는 "수

년 동안 나는 취침 전에 훌륭한 사제가 기도하듯 종교적으로 호메로스의 서사시를 읽었다"라고 말하며, (볼테르와 마찬가지로) 예수회의 가르침은 자신의 교육과 교양(즉 '파이데이아paideia')에 큰 힘이 되었다고 했다. "어릴 때부터 호메로스, 베르길리우스, 호레이스, 테렌스, 아나크레온, 플라톤, 에우리피데스의 젖을 먹으며 자양분을 얻었고, 모세와 선지자들에 의해 그 젖의 영양분은 희석되었다"(디드로, 굴본, 2011:14에서 인용). 1749년, 그가 쓴 《맹인에 관한 서간The Letter on the Blind for the Purposes of Those who See》으로 불경죄를 선고받은 디드로는 옥살이를 하게 되었다. 디드로는 마음을 위로하기 위해 플라톤의 《변론Apology》을 번역하기 시작했다(3). 이때부터 볼테르가 디드로에게 보낸 편지에는 그를 '우리의 소크라테스'라고 부르는 경우가 많았다(굴본, 2011:21~2). 두 철학자는 아테네 시민들에게서 비난을 받은 소크라테스와 검열관들에게 박해를 당한 디드로 자신이 유사하다고 보았다(굴본, 2007; 부르고Bourgault, 2010). [18] 디오게네스의 신랄한 재치와 이상주의적 윤리적 비판의 조화는 디드로에게 강력한 영향력을 발휘했다(굴본, 2007:22~3). 삶의 양식으로서 냉소주의자의 모습은 《라모의 조카》의 시삭과 끝에 모두 등장하는데, 여기서 보잘것없는 인물 '루이'는 철학자 '모이'를 앞뒤가 막힌 '카토'라고 조롱한다(시아Shea, 2010:45~73).

디드로는 《1767년 살롱》에서 두 철학자의 깊은 내적 대화를 실었다. 독배를 마심으로써 파레시아parrhesia 즉 진실을 말할 용기를 몸소 보여준 '소크라테스'와 바람 부는 대로 돛을 달겠다는 신념으로 '세상 돌아가는 대로Le monde, comme il va'라는 주제로 철학연설을 하는 '아리스티포스'의 대화다(굴본Goulbourne, 2011:22~3). 디드로의 1769년 희극 에세이《나의 오래된 가운을 버림으로 인한 후회Regrets on Parting with My Old Dressing Gown》에서는 뱅센Vincennes에 도착하기 전 디오게네스의 모습과 지금은 우아한 새 옷을 입은 아리스티포스로 변신한 철학자를 비교한다. "오 디오게네스, 네 제자가 아리스티포스의 멋진 코트를 입고 있다면 얼마나 웃으실지!" 디드로는 특유의 호소법으로 말했다. "폭군 밑에서 조아리며 복종하기 위해 네가 통치하던 통을 벗어났지"(디드로는 디오게네스 철학의 단순함과 검소함에서 벗어나, 사치스럽고 억압적일 수 있는 생활 방식을 받아들이는 자신의 모습을 표현하고 있다. 그는 이러한 전환을 디오게네스의 '통'으로 상징되는 자유와 독립을 포기하고 폭군 밑에서 봉사하는 것에 비유하며 철학적 이상에서 외부의 힘으로부터 지배되는 삶으로의 전환을 암시한다―옮긴이)(디드로, 1875).

여러 고대 철학자들을 드라마틱한 인물로 대화에 끌어들이는 디드로만의 글쓰기 방식은 장편《세네카의 삶에 관한 에세이Essay[s] on the Life and Works of Seneca the Philosopher》와《클라우디우스와 네로의 치세에 대한 시론Reigns of Claudius and Nero》(1778, 1782)에서 절정을 이룬다. 제목에서 알 수 있듯 디드로의 마지막 저서들은 '세네카'를 철학 텍스트에 등장하는 철학자보다는 역사적 인물로 다루고 있다. 특히 타키투스Tacitus, 수에토니우스Suetonius, 디오 카시우스Dio Cassius 등이 그를 역사적 인물로 소개했다. 한편 디드로의《세네카의 삶에 관한 에세이》에서는 철학자 세네카의 삶, 역사적 맥락, 정치 경력을 포함한 일대기를 전반부에서 다룬다. 철학자의 고귀한 자살과 세네카가 섬겼던 두 독재자의 불명예스러운 죽음을 교훈적으로 비교하는 것으로 이야기는 절정에 이른다(디드로, 1828:186~96; 234~9). 후반부는 《루킬리우스에게 보낸 편지》, 세네카가 쓴 세 권의 《위로의 글》그리고 로마 스토아학파의 다른 열한 권의 철학 저작을 하나씩 살펴본다[3.3]. 디드로가 세네카에 대해 쓴 책들은 그 자체로 PWL의 차원에서 우리가 가장 관심을 두는 문헌들이다.

에드워드 앤드류Edward Andrew(2016)와 엘레나 루소Elena Russo(2009)와 같은 비평가들은 디드로가 자신의 글과 등장인물과 본인을 동일시하는 인상을 준다고 비평하기도 했다. 디드로가 세네카를 등장시킨 것은 예카테리나 2세 궁정에서의 불명예스러운 5개월(《백과전서》를 완성한 후에도 생계가 그리 풍족하지 않았던 디드로는 애지중지하던 딸 앙젤리크가 방될Vandeul 집안과 결혼하자 결혼 지참금을 마련하기 위해, 자신의 장서 대부분을 러시아 예카테리나 2세에게 판다. 다행히 그녀는 디드로의 가치를 알아보았고 그의 모든 장서를 인수하고 후원해주었을 뿐만 아니라, 또한 장서의 파리 관리인 자격으로 매달 월급을 보내주었다. 그는 이런 인연으로 1773년까지 상트페테르부르크 궁전에 머무르기도 한다—옮긴이)과 장 자크 루소(10)와의 우정이 혹독한 결말로 치달은 사실에 대해 후손들에게 품위를 유지하려는 시도를 표현하기 위한 것이라고 주장한다(루소Russo, 2009). [19] 그의 작품을 이러한 시각으로 읽을 경우, 장점이 있어도 단조롭게 느껴질 수 있으므로 주의가 필요하다. 특히 디드로의 세네카 철학 작품에 대한 해석, 로마 스토아철학에서 바라보는 역사와는 어떠한 차이가 있는지 그리고 그의 작품세계가 철학자 디드로의 이념적이고 도덕적인 사상에 대해 우리에게 어떤 정보를 전달하는지를 평가할 때 진부한 결론에 도달할 수 있다.

한편 디드로의 《백과전서》 서문은 이 책의 깊은 의미를 함축적으로 드러낸다. 디드로가 제시하는 것처럼, 이 연구의 의도는 성숙한 독자들이 영적 수련이나 지적 훈련을 하는 밑거름이 되는 것이다(2, 3).

내 성찰이 너무 길거나, 너무 빈번하거나, 주제에서 너무 멀리 떨어져 있다고 판단할 [아마도] 65세 또는 66세의 남성에게 제안하고 싶은 실험이 있다. 사람들의 방해를 받지 않고 멀리 떠나 지친 영혼에 쉼을 주고자 할 때, 타키투스, 수에토니우스, 세네카의 책을 챙겨 가길 바란다. 그러고는 본인에게 관심 있는 주제, 마음을 일깨우는 글귀를 종이에 적어두라. … 그가 느끼는 감정은 자기 자신을 가르치는 것 외에 큰 흥밋거리가 없다는 느낌일 것이다. … 그런데 이 철학자들의 책을 읽다 보면 그도 내가 읽다가 잠시 멈춘 부분에서 멈추며, 그가 사는 시대와 과거를 비교하기도 하고 책에 등장하는 상황과 인물이 현실에도 펼쳐진다는 사실을 느끼게 될 것이다. 그러면 현실이 제시하는 해답, 나아가 미래가 예고하는 두려움이나 희망을 책에서 얻게 될 것이다(디드로, 1828:3~4).

디드로가 세네카에 자신을 투영했다는 점, 철학자로서의 페르소나를 세네카와 연결 지어 표현했다는 점에는 의문의 여지가 없다. 그는 "내 작품에 등장하는 다른 인물들의 영혼만큼이나 내 영혼을 투영하는 것은 없다"(디드로, 1792:8)라고 말했다. 그의 목표는 세네카의 이름을 더럽힌 고대와 현대의 '아니투스Anytus'(소크라테스를 고소한 3인 중 정치인을 대표한 인물로, 나머지는 시인을 대표하는 멜레투스Meletus와 웅변가를 대표하는 리콘Lycon이다—옮긴이)에 대해 세네카를 향한 사과문을 쓰는 것이다(디드로, 1828:7). 무엇보다도 우리가 철학자

세네카를 편견 없이 읽는다면, 그의 '조언으로부터 배울 점이 많다'라고 디드로는 생각했다. 세네카의 철학은 지성을 미화하는 것이 아니라 삶을 인도하는 것을 목표로 했고(8), 디드로 자신도 조금이라도 일찍 세네카 사상을 습득하지 못했음을 후회했다.

*세네카여, 당신의 숨결로 인생의 헛된 유령을 쫓아낼 수 있습니다. 당신이야말로 사람들에게 품위와 굳건함, 친구와 적에 대한 관대함, 운명·저격·중상·명예에 대한 경멸, 현재의 삶에 의미를 찾고 죽음을 두려워하지 않아야 함을 강조한다. 미덕에 대해 말하는 법, 삶을 살아가는 의미와 동기를 부여하는 법을 당신을 알고 있다. 당신은 나의 아버지, 어머니, 선생님들보다 나에게 더 많은 영향을 주었다(디드로, 1828:431~2).*

일부 비평가들이 암시하듯 디드로가 세네카의 행동, 생각 또는 권위에 이의를 제기하지 않고 노예처럼 우상화했다는 뜻은 아니다. 다만 작품 후반부 서문에서 디드로는 "나는 편견이나 편파성 없이 세네카의 작품을 이야기할 것이다. 다른 철학자에게는 하지 않는 것을 그의 생각으로 실천하는 특권을 행사함으로써, 때로는 그를 반박해보려고도 할 것이다"(디드로, 1828:317)라고 설명한다. 디드로는 단순히 현자에 대한 찬사(10)를 하는 것이 아니라, 세네카의 텍스트를 통해 정교한 가면 쓰기 기술의 의미를 독자들이 생각해보길 바란다. "나는 철학자 [세네카] 뒤에 숨어 있다. 검열관 앞에서 나 대신 철학자를 선보인다. 검열관이 안 보이면, 나는 다른 사람이 된다. 나는 내 뒤에 숨은 세네카만 아프게 할 화살을 나에게 쏜다(디드로,

1828:317~18). 정교한 가면 쓰기 기술을 통해 독자들에게 텍스트의 특징이 무엇인지 알린다. 로주킨Lojkine의 말처럼, 추도문으로 시작한 글은 역사에서 철학으로, 에세이의 전반부에서 후반부로 갈수록 점점 더 '모순적인 대화'처럼 보인다(로주킨, 2001:109). 이러한 관점에서 세네카의 삶과 작품에 비추어 디드로가 바라보는 세네카의 특징을 네 가지로 요약할 수 있다. 첫째, 디드로는 세네카를 독단적인 스토아학파가 아닌 절충주의자로 해석한다. 디드로는 세네카가 루킬리우스에게 보낸 초기 편지에서 '자유로움liberality'을 높게 평가한다. 에피쿠로스의 금욕적 쾌락주의 사상을 인용하고 그 안에서 진리를 발견하는 데서 희열을 느끼며 다음과 같이 적었다.

세네카 … 는 소크라테스와 함께 추론하고 카르네아데스와 함께 의심하고, 제노와 함께 선과 자연에 순응하고, 디오게네스와 함께 자신을 한 단계 고양하기 위해 노력하는 완화된 스토아주의자 또는 절충주의자였다. 그는 [스토아] 학파의 원칙 중에서 세속적인 삶, 재산, 명예를 멀리하는 삶을 강조하는 원칙을 수용했다. 또한 우리를 불행에 빠뜨리고 죽음에 대한 경멸을 불러일으키며, 역경을 수용하고 극복하려는 마음을 체념시키는 모든 세속적인 것들을 멀리하는 원칙을 가슴에 새겼다. 군인이 행동의 순간에 방패를 잡는 것처럼, 폭군의 통치하에서 본능적으로 실천해야 하는 원칙이다(디드로, 1828:42).

둘째, 볼테르가 고대 학파의 물리학과 형이상학을 부인한 것처럼 디드로도 세네카의 철학서를 탐독하면서 스토아 논리와 신학을 확고하게 비판했다. 디드로는 만물의 상호연관성에 대한 스토아학파의 개념에 공감하면서도, 스토아 신학도 여타 학파처럼 기독교 교리를 제대로 설명하지 못한다고 비판했다. 이러한 입장은 특히 세네카의 《섭리에 관하여》에 대한 디드로의 냉담한 반응에서 잘 드러난다. 그는 "현자는 과연 이 논쟁자들 사이에서 어느 편을 들라는 말인가?"라고 수사학적으로 묻고, 스스로 답을 제시하지는 않는다 (1828:371). [20]

셋째, 디드로는 스토아 윤리 체계의 중심에 있는 몇몇 엄격한 교리에 대해 일관된 의구심을 제기한다. 디드로는 처음부터 '미덕이 악덕보다 더 자연스러운 것'이라는 스토아철학의 가르침에 반대하며 자신이 관찰하는 현실에 반하는 것이라고 주장한다(1828:273~4). 무엇보다도 정념이 없는 스토아적 삶이 '자연에 따르는kata physin' 삶인지 아니면 오히려 자연에 맞서 투쟁하는 삶은 아닌지 의문을 제기한다(1828:371). 또한 분노와 연민을 포함한 모든 정념을 뿌리 뽑아야 한다는 스토아적 가르침에 반복해 도전한다(뒤플로, 2003:495~8). 그는 세네카의 《분노에 대하여》에 대한 주해를 집필했다. 세네카와의 대화 형식으로 구성한 일부 내용을 살펴보겠다.

분노는 짧은 광기, 스치는 섬망과도 같다. … 동물은 따라서 분노가 없다. … 왜 사랑, 증오, 질투를 비롯한 여러 정념 대신 분노가 일어날까? … 분노는 이성을 가진 존재에서만 발생하기 때문이다. … 기억과 느낌도 이성을 가진 존재에만 해당된다! 그런데 왜 동물에게는 분노가 없는 것일까? … 분노는 인간이 타고난 본성과 일치하지 않는다. … 분노만큼 인간의 본성과 더 일치하는 정념이 있을까. 분노는 상처의 결과다. 지혜로운 자연은 '법의 부재'에 대한 불편함을 인식시키기 위해 인간의 마음에 분노를 심었다. ⋯ 인간이 화를 내지 못한다면, 분노를 모른다면 어떻게 될까? 약자는 사회에서 소외되고, 생계를 이어갈 자원을 잃고 강자의 폭정에 시달릴 것이고, 자연은 자신이 낳은 가장 폭력적인 자식들에게 무수히 많은 노예를 붙여줄 것이다. 그러나 우리의 이성이 [분노와 같은] 악덕의 도움을 필요로 한다면 우리의 미덕은 가엾은 신세일 것이다. ⋯ 《분노에 관하여》, 제1권, X장)

아니, 우리의 정념은 악덕이 아니다. 정념을 어떻게 사용하느냐에 따라 악덕이 되기도 하고 미덕이 되기도 한다. 위대한 정념은 경박함과 권태로움에서 비롯된 상상력을 소멸시킨다. 평범한 시민이 어떻게 정념 없이 행동할 수 있는지 나는 상상할 수 없다. 물론 치안판사는 정념 없이 중립적인 판결해야 하는 것은 사실 이다. 그러나 그의 취향이나 정념이 있었기에 그는 법관까지 오를 수 있었다(디 드로, 1798:448~9).

디드로는 현자는 친구를 잃어도 슬픔을 느끼지 않을 수 있다는 세네카의 스토아학파의 가르침에 분노한다. 소중한 사람을 잃는 비극적인 경험을 마주할 때 정념이 솟구쳐 오르는 이유는 사회적 동물인 인간에 내재한 사교성을 증명하는 것이라고 주장한다. 이때 그는 자신이 번역한 샤프츠베리Shaftesbury의 저서와 도덕 사상을 주장하는 사상가들을 인용한다. 따라서 정념을 완전히 침묵시키는 것은 비인간적인 것보다 오히려 미개한 것에 가깝다.

뭐라고요, 세네카?《분노에 관하여》제1권, 제12장) 당신은 [현자는] 누군가가 자신의 아버지를 죽이거나 아내를 빼앗아 가거나 한 남자가 자신이 보는 앞에서 딸을 범해도 분노하지 않는다고 말하죠?' … 그렇다면 당신은 인간이 도저히 할 수 없는 것, 실제로 당신 말대로 하면 해로운 것을 하라고 하는 것과 같습니다. 여기에서 내가 강조하고 싶은 것은 당면한 사건에 무관심한 사람으로서 행동하는 것이 아니라 한 아이의 아버지로서, 또는 남편으로서 행동해야 한다는 겁니다. 소크라테스 자신도 하인에게 '내가 그렇게 화를 내지 않았다면 오히려 당신을 때렸을 것이다!'라고 외치면서 화를 냈습니다(디드로, 1828:375). [21]

넷째, 디드로는 이러한 무정념apatheia을 비판하면서 스토아적 운명론이 독재적 불의 앞에서 완전한 수동성을 합리화한다고 비난한다. 특히 스토아적 운명론의 함의에 대해 혹독한 비판을 가한다. "이 도덕은 세네카가 칼리굴라Caligula(로마의 제3대 황제(12~41). 즉위 초에는 민심 수습책으로 환영받았으나 점차 독재자로서 방탕한 생활을 하고 원로원과 대립하여 자신을 신격화할 것을 요구하다가 암살되었다―옮긴이)에게 영감을 받은 것일까?"라고 묻는다. 그럼에도 《랜더스에 보내는 서간Lettre a Landres》과 《운명론자 자크와 그 주인Jacques La Fataliste》을 쓴 세네카와 '결정론determinism'(이 세상의 모든 일은 일정한 인과관계에 따른 법칙으로 결정되는 것으로, 우연이나 선택의 자유에 의한 것이 아니라는 이론―옮긴이)에 대해서만큼은 생각을 같이 한다(디드로, 1828:521; 뒤플로, 2003:498 ff; 앤드류, 2004:295~6).

무엇보다도 디드로는 사교적 정념을 옹호할 뿐 아니라 아레나arena 광장에서 철학의 공적 책임을 알리는 것을 중시했다. 이것이 일상에서의 실천을 중시했기에 '묵상하는 삶vita contemplativa'에 대한 반대론의 근거가 되었다. 또한 세네카가 《여가에 관하여De Otio》에서 내면 성찰을 위한 여가를 강조한 주장에 대해서도 반대했다. '다른 사람들과 함께 보내는 시간은 잃어버린 시간이다'라고 생각하는 '고독한 산책자solitary walker'에 대한 옹호론에도 찬물을 끼얹었다(디드로, 1828:153~4, 158~60). 세네카가 루킬리우스에게 보낸 36번째 편지에서 "사람들이 모이는 광장을 박차고 나와 새로운 영예가 기다리고 있는 어둠 속으로 후퇴하라"라고 적은 데 대해 디드로는 이렇게 답한다.

아마도 세네카 자신에게는 도움이 될 수 있겠다. 그러나 이러한 태도가 사회에 도움이 된다고? 스토아주의에는 내가 싫어하는 금욕주의적 수도원 정신이 있다. 공무를 수행하는 높은 관직의 사람들을 법정으로 소환하는 데 적용할 법한 정신이다. 아니면 아무도 없는 광야에서 울부짖는 울음소리에 불과하다. 나는 경기장의 운동선수처럼 대중의 관심을 받는 현자를 좋아한다. 보여줄 힘이 있는 강자만이 그 능력을 인정받을 수 있다(디드로, 1828:267~8).[22]

디드로는 세네카의 텍스트를 읽으면서 네 가지 시사점을 도출했다. 즉 세네카의 절충주의, 디드로의 형이상학적 회의주의, 무정념에 대한 비판, 참여형 철학에 대한 옹호이다. 디드로의 사상은 세네카 사상의 밑거름이 되는 고대 및 근대 사상과도 충돌했다. 디드로는 그를 비판하는 사람들이 인정하는 것처럼 세네카의 이론과 실천 사이의 불일치를 받아들인다. 그러나 그가 세네카를 대하는 태도에는 차이가 있다. 디드로는 스토아주의자 세네카가 아닌, 인간 세네카가 윤리적으로 모범적인 인물이라는 점을 강조하고 싶었다(10). 네로 황제의 스승이었던 세네카는 네로의 변덕에 대해 누구보다 대담하게 말했고, 가정교사가 할 수 있는 모든 것을 다했다고 디드로는 주장했다(1828:148~50, 160~1).

세네카가 네로 황제의 스승으로서 궁중에서 몇 년 동안 함께 생활했다는 점은 세네카가 이타주의자였다는 증거이지 부나 권력에 대한 욕망이 아니었다(1828:174~7, 206~22). 폭군이었던 네로 황제가 제국을 통치할 때 세네카가 피비린내 나는 현실에서 일찍 물러나려고 했다면, 그것은 황제의 심기를 건드리는 자살 행위였을 것이다. 디드로가 바라본 세네카는, 아버지, 형제, 친구, 남편으로서 궁중에서 야반도주를 하면 자신의 주변 이들도 멸망할 수 있다는 사실을 절실히 깨달은 이였다. "세네카가 궁중 생활을 박차고 나갔다면, 네로 황제의 무자비함에 벌벌 떠는 자신의 아내, 형제, 친구 그리고 정직하고 용감한 시민들이 살해되는 비극을 낳을 수도 있었을 것이다"(1828:440). 따라서 디드로의 세네카는 자신과 사상이 다른데도 이타적인 인물이다. 세네카는 스토아학파가 지향했던 금욕의 경지인 '아파테이아'적 헌신과 때때로 관조적 삶을 옹호함에도, 참여적인 현자로 삶을 살았던 모범적인 인물이다.

*오, 훌륭한 세네카! ⋯ 나는 당신만큼 온화하고, 인간적이며, 자비롭고, 부드럽고, 연민 가득한 스토아철학에 전념하며, 자신의 본성을 관심을 덜 기울인 사람은 없었다고 생각합니다. 당신은 '머리로는' 스토아 학자였지만 매순간 당신의 마음은 제논 학파 너머를 향해 있었습니다(1828:338).*

세네카야말로 디드로가 정치 분야에서 자비로운 철학자라고 여기는 이상형이었고, 계몽주의적 정신이 투철한 세네카의 스토아 정신은 고대 스토아 사상과 괴리가 크다는 점이 명백해지는 대목이다.

### 결언: 또다시 PWL의 종말인가?

프랑스 계몽주의 후기까지만 해도 철학자라는 개념은 대학 교수진에 국한되지 않고(9) 고대에 심신을 치료해주는 치유자와 같은 자의식을 지니며(7), 특정한 지적 단련으로 꾸준히 마음을 다스리고(2), 단순히 철학적 주장을 하는 것이 아니라 마음과 삶을 변화시키기 위해 다양한 문학 장르를 사용하며(5), 철학이 사람들이 더 나은 삶을 살도록 도와야 한다는 '에우다이모니아eudaimonistic' 신념(8)으로 특정되는 인물로 규정되어왔다. 그렇기 때문에 프랑스 철학에서는 영적 단련을 소개하는 철학 도서 즉 '처방전'을 읽는 데 혈안이 되지 않는다(3). 볼테르와 디드로는 모두 윤리적-철학적 이상으로서 무정념 상태에 있다는 것, 또는 그러한 상태에 있어야 한다는 것에 대해 회의적이다. 디드로는 스토아철학의 가르침에 반감이 있었는데도 세네카에게 찬사를 보낸다(8). 더욱이 철학자들은 베일과 로크를 존경했지만, 그렇다고 영국 철학자들이 실험적으로 '영혼의 약medicina animi' 즉 의술의 형식을 차용하는 것에 반대하는 글을 쓰지는 않았다[7.2, 7.4]. 따라서 PWL 관점에서 자신의 어리석음을 깨우치는 '계몽'이 하나의 체계적인 교리나 일회성 '프로젝트'가 아니라 냉소적, 회의적, 스토아적, 에피쿠로스적 요소를 사회와 신학 비평의 작업에 적용하는 정신 철학으로 식별되어야 한다는 점을 강조할 수 있다.

적어도 현대 강의 시간에 '위대한 철학자'로 널리 소개되는 사상가 가운데 전체주의적 체계를 가져온 최초의 근대 학자 또는 대학 기반 철학자로 불리는 인물은 바로 임마누엘 칸트Immanuel Kant다(헌터, 2001). (이 장에서는 칸트와 같은 전형적인 철학자의 이미지와 프랑스 철학자들 사이의 간극을 보여주었다.) 19세기에 접어들고 나폴레옹과 훔볼트 대학Humboldtian University 조직이 등장하면서 마침내 PWL은 서구의 지배적인 메타 철학으로서 결정적인 종말에 도달하게 된다. 그러나 이제 살펴볼 쇼펜하우어, 니체, 푸코와 같은 인물들의 PWL에 대한 재주장은 철학이 '상아탑 학문'일 뿐이라는 방향에 과감히 도전한다.

## 3부

현대 철학,
19세기 PWL과
대학

PHILOSOPHY
AS A WAY OF
LIFE

# 9장

## 쇼펜하우어: 삶의 방식으로서의 철학

## 9.1 서론

피에르 아도는 쇼펜하우어의 철학을 현대의 PWL을 재창조한 몇 안 되는 사상이라고 했다. 쇼펜하우어의 철학은 '우리 삶의 방식을 근본적으로 변화하도록 안내하는' 초대장과 같다는 주장이다(아도, 1995:272). 이 장에서는 고대 철학 패러다임과 쇼펜하우어의 형이상학 철학이 어떠한 경계에서 연속성과 불연속성을 나타내는지 살펴본다. 먼저 쇼펜하우어가 고대의 철학 개념을 현대 대학 철학을 판단하고 비난하는 기준으로 삼는 배경을 소개한다. 또한 그는 고대를 뜨겁게 달구었던 논쟁, '철학 vs. 궤변'에 다시 불을 붙이기도 했다. 그는 소크라테스가 정의한 철학이야말로 자아를 돌보고 구원하는 유일한 실천이라고 믿고 그의 사상을 옹호했다. 그는 대학 학문으로서의 철학이 현대적으로 전문화하면서 철학이 영혼보다는 시장의 요구에 답하는 정교한 담론으로 변질했다고 주장했다. 쇼펜하우어가 생각하는 철학은 인간이 의지와 정념을 갖고 사는 피조물로서 경험하는 고통을 설명하고 극복하는 활동이다. 이러한 점에서 그는 영혼의 상태를 변화하거나 치료하는 영적 수련으로서의 철학에 대한 고대 철학 학파들의 이상을 소환하여 자신만의 철학으로 재탄생시킨다.

한편 그는 스토아주의를 중심으로 고대 철학의 낙관적 합리주의에 근본적으로 이의를 제기했다.[1] 간단히 말해서, 우리가 정념을 이성적으로 자제할 수 있다는 잘못된 가정을 하기에 고대 철학이 치료법으로서 필연적으로 실패할 수밖에 없다는 주장이다. 쇼펜하우어는 고대 학파와 달리 아무리 이성적으로 노력한다 해도 고통에서 벗어날 수 없다고 주장한다. 예를 들어 스토아주의는 일시적으로 우리의 정념을 절제할 수는 있지만 우리를 고통으로부터 결정적으로 또는 영구적으로 해방시킬 수는 없다는 점을 인정했다. 궁극적으로 그는 이성적인 현자라는 고대의 이상은 공허한 허구라고 본다.

이 장에서는 먼저 쇼펜하우어가 그의 대작 《의지와 표상으로서의 세계The World as Will and Representation》 1권과 2권에서[2] 고대 철학에서 중시한 '자아 돌보기care of the self'를 옹호한 배경을 살펴본다. 앞으로 살펴보겠지만 쇼펜하우어는 철학을 영혼 구원의 활동과 연결 짓는다. 한편 섹션 2에서는 고대 철학의 부당한 합리주의적 낙관주의에 대한 그의 비판론을 살펴본다. 그는 이성만 제대로 작동하면 행복할 수 있다는 소크라테스와 스토아철학의 가정이 거짓이라고 주장한다. 쇼펜하우어에 따르면, 우리가 의지를 지닌 피조물 즉 실천적 행위자로 살아가는 한 고통을 겪을 수밖에 없다. 따라서 쇼펜하우어는 삶이 행복하다는 개념 자체가 모순이라고 한다. 이것이 그가 주장하는 철학적 비관주의의 본질이기도 하다. 그는 세계의 형이상학적 진리를 삶의 의지로 파악하려 든다면 이성적인 '자기 완성self-mastery'에 도달하더라도 영혼의 구원에 이를 수 없고, 궁극적으로 삶의 의지를 이성에 종속시킬 수 없다고 주장한다. 오히려 우리의 구원은 체계적인 '자기 부인 또는 자기 포기, 자기 부정abnegatio sui ipsius'에 있으며, 진정한 자아는 삶에 대한 의지와 같기 때문이라고 주장한다(《의지와 표상으로서의 세계》 2:606). 쇼펜하우어에게 진정한 자아는 영원히 고통받는 삶을 받아들이는 의지와 같다. "살려는 의지가 마음속에서 소멸하면 결국 죽음에 이르게 된다"(《의지와 표상으로서의 세계》 2:634).

섹션 3에서는 쇼펜하우어의 형이상학 철학에 따르면 진정한 구원은 합리적인 삶의 방식을 확립하는 것이 아니라 삶의 탈출구를 찾아야 한다는 점을 보여준다. "세계의 본질을 순수하고 참되며 깊이 인식하는 것이 … 삶으로부터 한순간만 구제하는 데 지나지 않을 것이다"(《의지와 표상으로서의 세계》 1:295). 쇼펜하우어는 기존의 현자에 대한 개념을 자신이 정립한 성자의 개념으로 대체한다. 이성을 실현하여 행복을 추구하는 현자를 버리고, 행복한 삶이라는 개념 자체를 거부하고 모든 삶의 본질을 구성하는 의지나 노력으로부터 자신을 해방시키는 것을 목표로 하는 성자를 선택한 것이다. 인간의 의지에는 절대선도 존재하지 않고 언제나 일시적인 선만 존재할 뿐이다. 그런데 예부터 습관적으로 사용해온 이 표현을 완전히 버리지는 않고 말하자면 퇴직자emeritus로서 명예직을 부여하는 것이 좋다면, 비유적이고 상징적으로 말해 의지의 충동을 영원히 진정시키고 잠재우며 "오로지 세계를 구원하는 의지의 완전한 자기 포기와 부정, 진정한 무의지를 최고선이나 절대선이라 부를 수 있을지도 모른다"(《의지와 표상으로서의 세계》 1:362). 마지막 섹션에서 살펴보겠지만 쇼펜하우어가 생각하는 인간의 구원은, 성자처럼 욕심과 의지를 앞세우려는 마음을 완전히 내려놓을 때 가능하다. 세상을 향한 의지를 완전히 버린 후에 남는 것은 순전히 수동적으로 세상을 투영하는 것뿐이라고 주장한다. "인식만 남고 의지는 사라진 것이다"(《의지와 표상으로서의 세계》 1:439).

## 9.2 또다시 펼쳐지는 대립: 철학 vs. 궤변

쇼펜하우어는 현대 '대학' 철학에 대한 논쟁에서 고대의 메타 철학적 패러다임을 끌어온다. [3] 《여록과 보유Parerga and Paralipomena》(1851) ('쇼펜하우어의 행복론과 인생론'으로도 번역됨—옮긴이) 첫 권에 실린 '대학 철학에 대하여'에서 그는 현대 대학 철학자들이 고대 철학의 모델을 타락시키고 있다고 주장한다. 철학의 전문화는 필연적으로 철학을 타락하게 만든다는 논리다. 쇼펜하우어는 그의 논쟁의 서문에서 플라톤이 진정한 철학의 이름으로 궤변을 공격한 구절을 다음과 같이 인용한다. "철학은 사람들이 그 자체의 가치로 다가가지 않기 때문에 불명예라는 덫에 빠졌다. 철학은 사이비 철학자가 아닌 진정한 철학자가 수행해야 한다"(《국가론》 VII, 535c). 이 과성에서 쇼펜하우어는 철학과 궤변 사이의 오래된 논쟁에 다시 불을 붙이며 소크라테스의 철학 접근법에 확고히 동의했다. 쇼펜하우어는 대학 철학자들은 단순한 궤변가라고 주장했다. "시민 생활에서 철학을 업으로 한다는 사람들이 있다. 그런데 그들은 정작 왕을 연기하는 배우처럼 철학을 논한다. 예를 들어 궤변가 즉 소피스트들은 소크라테스가 그토록 지칠 줄 모르고 논쟁했던 대상이자 플라톤이 조롱했던 대상이었다. 그들은 단지 철학과 수사학 교수에 불과한 것 아닌가? 소피스트들이 말하는 철학의 진위에 대한 고대의 논쟁은 현재에도 계속되고 있는 것은 아닐까?"(《여록과 보유》 1:141)

대학교수들이 '코믹 철학' 또는 '국가 철학'만을 생산하는 궤변가일 뿐이라고 한 쇼펜하우어는 코믹 철학자들이 철학적 통찰력 부족을 감추기 위해 무의미한 유사 기술 담론을 만들어낸다고 조롱한다. 코믹 철학은 공허함을 안고 있다. 그는 "진정한 사고 숨기기 위해" 자칭 철학자들이 "길고 복합적인 용어, 복잡한 문구, 헤아릴 수 없는 기간, 새롭고 들어본 적 없는 표현을 남발하는 분위기로 압도한다. 가능한 한 어렵고 학술적으로 들리는 전문 용어를 만들어낸다"라고 비꼬았다. 그러나 이 모든 것이 '헛될 뿐'이라고 한다(《여록과 보유》 1:143). 코믹 철학자들은 독자를 속이기 위해 이해할 수 없는 글을 쓴다고 암시한다. 쇼펜하우어는 "거의 모든 한심한 낙서꾼들이 자신의 고상하고 깊은 생각을 표현할 수 없는 것처럼 보이도록 모호하게 글을 쓰려고 했다"라고 썼다(《여록과 보유》 1:146).

쇼펜하우어는 진리를 추구하는 철학의 목적을 간과한 '국가 철학자'들을 비난했다. 쇼펜하우어가 헤겔을 경멸한 이유이기도 하다. 헤겔에 따르면 철학이 더는 "그리스인들이 그랬던 것처럼 사적으로 수행하는 기술이 아니라 대중을 위한 공적인 기술로서, 주로 또는 독점적으로 국가를 위해 이용되어야 한다"(아도, 2002:260에서 인용). 쇼펜하우어는 현대 철학자들이 그들의 카리스마와 저서 판매량을 높이기 위해 무의미한 전문 용어를 만들어내진 않지만, 선동가로서 일하겠노라고 당국과 구두 계약을 맺은 유급 공무원 같다고 했다. 쇼펜하우어는 이러한 국가 철학자들이 무조건 진리를 추구하기보다는 교회와 국가 권위에 대한 이데올로기적 정당화로 철학적 담론을 변질시킨다고 주장했다. 그는 "철학 교수가 새로운 제도의 진리를 연구하는 경우는 결코 없다"라며, "오히려 그 제도가 기성 종교의 교리, 정부의 이익, 당시의 지배적인 견해에 힘을 실어주는지 즉시 확인할 뿐이다. 그런 후에야 제도의 운명을 결정한다"라고 말했다(《여록과 보유》 1:134). 그는 현대 국가와 교회가 대학 철학자들을 철저하게 길들였다고 주장했다. "사슬에 묶인 개가 벽에 묶여 있듯 기성 종교에 묶인 철학은 인류의 가장 높고 고귀한 노력에 대한 격렬한 풍자화일 뿐"이라고 조롱했다(《여록과 보유》 1:129). 대학 철학은 냉소주의자들마저 꼬리를 내리도록 길들여왔다.

쇼펜하우어는 현대의 '소피스트'들이 코미디언이자 선전가라고 비난했다. 진정한 철학은 철학으로 밥벌이를 하는 사람이 아니라 순수하게 철학을 위해 사는 사람에게서만 나올 수 있다는 소크라테스의 주장을 강조했다(《의지와 표상으로서의 세계》 2:163). 스토아학파에 대한 스토바에우스Stobaeus의 보고서에서 철학자와 소피스트를 구분 짓고 있는데, 쇼펜하우어도 이에 뜻을 같이하며 다음과 같이 인용했다.

*소피스트와 진정한 철학자는 엄연히 구분해야 한다. 전자는 돈을 받고 철학 교리를 전수하는 소피스트를 자처하고, 진정한 철학자는 소피스트들이 돈을 받고 철학을 가르치는 것(철학 사상으로 호객행위를 하듯)은 무가치하다고 본다. 이러한 종류의 돈벌이는 철학의 존엄성을 떨어뜨리기에 그것을 추구하는 사람들의 교육을 위해 돈을 버는 것은 잘못이라고 믿는다(《의지와 표상으로서의 세계》 1:139).*

쇼펜하우어 자신은 베를린 대학에서 무보수 강사Privatdozent(독일어권 대학에서 학생에게서 사례를 받는 원외員外 강사―옮긴이)로 잠시 일한 후(1819~1820) 학업을 포기하고 소소한 개인 수입으로 생활했다. 쇼펜하우어는 자신이 하는 단 한 번의 강의 일정을 당시 유럽에서 가장 유명한 철학자로 전성기를 구가하던 헤겔의 강의 일정에 일부러 맞추었다. 그리고 그의 강의에는 다섯 명의 학생만이 참석했다(카트라이트Cartwright, 2010:365).

쇼펜하우어는 헤겔주의 동시대 철학자들에 맞서 '철학자'와 '소피스트'라는 두 부류 사이에서 자신이 '고대의 전투'를 벌였다고 판단했다. 즉 자신의 삶을 진리 추구의 수단으로 삼는 '철학자'와 자신의 사상을 삶을 보장하는 수단으로 삼는 '소피스트'의 좁혀지지 않는 오랜 간극의 한복판에 있다고 여긴 것이다. 쇼펜하우어는 '세속과 진리만큼이나 다른 두 주인을 동시에 섬길 수 없다'고 주장했다(《여록과 보유》 1:138). 쇼펜하우어는 고대 철학자를 철학자의 척도로 삼고 이를 토대로 대학 철학자들을 판단하고 비난했다. 그는 철학으로 생계를 이어가는 '전문 철학자들'이 두려움 없이 진리를 추구하기보다는 시장 논리에 부응한다고 주장했다. 그들은 더는 세상의 눈치 따위 보지 않는 비판적인 소크라테스나 추문이 끊이지 않는 견유학파도 아니었다. 돈에 눈이 먼 나머지 '솔직한 발언parrhesia'을 하지 못했을 뿐이다.

우리는 쇼펜하우어의 대학 철학에 대한 공격이 자칫 '인신공격의 오류'라고 쉽게 단정 지을 수 있다. 물론 자신이 학문적으로 실패했다는 생각에 헤겔과 그의 스승 피히테Johann Gottlieb(1762~1814, 칸트파의 독일 철학자)와 같은 동시대 헤겔주의자들에 대한 깊은 분노를 품고 있었음은 의심할 여지가 없는 사실이다. 그러나 제너웨이Janaway가 예리하게 관찰했듯 쇼펜하우어의 논쟁에서는 보복심과 고상한 원칙, 성공한 동시대인들을 부러워하는 마음에서 비롯된 공격 그리고 '시류에 편승하는 소심한 순응주의에 맞서는 지적 자유에 대한 강력하고 신랄한 옹호, 생계와 이기심보다 진리를 추구하자는 호소, 정권과 종교의 영향으로 사상이 왜곡되는 것에 대한 파괴적인 공격'이 조화를 이룬다(제너웨이, 2014:xxvii). 쇼펜하우어가 고대 철학을 선망의 대상으로 삼았다는 사실보다 고대 철학을 옹호하는 데 앞장섰다는 부분에 초점을 맞춰보자. 그러면 니체와 같은 현대 철학자들의 사상과 어떻게 맞닿아 있는지, 철학의 일상화에 대한 불안 즉 상아탑에서의 현학적 철학의 권위를 잃는 것에 대해 어떻게 강력하게 반향을 일으켰는지 알 수 있을 것이다. 쇼펜하우어의 논쟁에서는 '전문 철학'에 대한 현대인들의 비판을 예고한다. 고대 철학에서 진리 또는 '솔직한 발언'과 '좋은 삶'을 사는 방법에 대한 치열하고 실질적인 고민에 찬물을 끼얹은 점을 괘씸하게 여긴 것이다(프로데만 & 브리글레Frodeman & Briggle, 2016; 샤프 & 터너, 2018).

쇼펜하우어는 우리가 대학 철학을 평가하고 비난해야 한다고 믿는 철학의 진정한 목적에 대해 명확한 개념을 발전시켰다. 그는 올바른 철학이란 '존재의 문제'에 관한 '타협하지 않는 진리 탐구'로 정의한다(《여록과 보유》 1:140). "이 세상에 바람직한 것이 있다면 그것은 우리 존재의 모호함에 한 줄기 빛이 떨어지고, 비참함과 허무함 외에는 그 무엇도 분명하지 않은 이 수수께끼 같은 존재에 대한 정보를 얻어야 한다는 것"이라고 그는 적었다(《의지와 표상으로서의 세계》 2:164). 이것이 바로 철학이 충족하려는 인간의 욕망이다. 철학은 "존재의 가치 또는 무가치, 구원 또는 저주의 문제"에 관한 것이라고 그는 주장했다(《의지와 표상으로서의 세계》 1:271). 구체적으로는 철학이 존재의 고통을 이해하고자 하는 우리의 형이상학적 욕구를 해결해준다는 점이 철학의 차별점이라고 했다. 우리는 인류의 한 종으로서 이성의 능력 즉 자신과 존재에 대해 성찰할 수 있는 능력이 있는 한 고유한 존재라고 주장했다. 그의 표현을 빌리자면 우리는 '형이상학적 동물animal metaphysicum'이다(《의지와 표상으로서의 세계》 2:160). 그에 따르면 자연은 인간 내면에서만 스스로를 의식할 수 있다. 즉 인간은 자연이 의식하는 유일한 생명체다. 자연은 우리 의식의 거울을 통해 자신을 본다(《의지와 표상으로서의 세계》 1:275). 쇼펜하우어는 인간의 의지는 인간 지성의 거울에 비추어 자기 인식에 도달하고, 그렇게 함으로써 자기 자신으로부터 반동한다고 말한다.[4] 쇼펜하우어는 자신의 철학을 완전한 자기 인식에 도달하는 의지로 파악했다. 그는 《의지와 표상으로서의 세계》 2권에서 "의지는 나와 함께 스스로에 대한 객관화를 통해 자기 인식에 도달하며 … 이로써 의지의 폐기, 전환, 구원이 가능해진다"라고 설명했다(《의지와 표상으로서의 세계》 2:141).

쇼펜하우어는 우리가 형이상학적 동물로서 우리의 자연적 존재에 불쾌해하며 놀란다고 주장했다. 데카르트의 '나는 생각한다. 고로 나는 존재한다'에 대한 쇼펜하우어의 비유는 '나는 고통받고 있다. 고로 나는 생각한다'라고 말할 수 있다. 철학은 존재의 아름다움이나 완벽함에 대한 경이로움이 아닌, 그 추함이나 불완전함에 대한 고뇌에서 비롯된다. 철학에 동기를 부여하는 것은 기쁨이 아니라 고뇌다. '철학은 돈 후안의 서곡처럼 단조로운 화음으로 시작된다'라고 그는 간결하게 표현했다(《의지와 표상으로서의 세계》 2:171). 그가 말했듯 '삶의 고통과 비참함'은 '세계에 대한 철학적 성찰과 형이상학적 설명에 가장 강한 충동이 가해지는 것'이다. 만약 우리 삶에 끝이 없고 고통도 없다면, 세상이 왜 존재하는지, 왜 이러한 방식으로 존재하는지 묻는 사람은 아무도 없을 것이며 모든 것이 당연한 것으로 받아들여질 것이다(《의지와 표상으로서의 세계》 2:161). 자연계에서 재생산되는 특별한 고통의 원칙을 생생하게 묘사하면서, 인간이 고통받는 이유를 설명했다. "우리는 순간적인 만족, 욕구가 조절하는 찰나의 쾌락, 심하고 오랜 고통, 끊임없는 투쟁, 만인의 투쟁bellum omnium, 사냥꾼과 사냥의 대상, 압박, 욕구, 필요, 불안, 비명과 울부짖음 그리고 이 모든 것이 멈추지 않는 쳇바퀴만 지켜볼 뿐이다"(《의지와 표상으로서의 세계》 2:354).

쇼펜하우어는 철학이란 존재의 비참함을 이해하고자 하는 인간 특유의 형이상학적 욕구에서 비롯된다고 주장하며, "무슨 죄 때문에 인간은 이 고통을 겪어야 하는가? 이 공포의 의미가 무엇인가?"라는 질문을 던졌다(《의지와 표상으로서의 세계》 2:354). 그는 진정한 철학에 동기를 부여하는 고통에 관한 문제 즉 "단순히 세상이 존재하는 것에서 나아가 너무나도 비참하고 우울한 세상이라는 사실"에 대한 응답으로 자신의 철학을 구상했다(《의지와 표상으로서의 세계》 2:172). 따라서 쇼펜하우어는 근본적인 철학적 질문을 던졌다. "우리는 왜 고통받는 존재로 존재하는가?" 우리가 이 철학적 질문을 던지는 이유는 '삶의 깊은 슬픔에 대한 위로'를 찾기 위해서라고 제안했다(《의지와 표상으로서의 세계》 2:167).

쇼펜하우어의 세계관은 고대 그리스 철학과는 분명 결이 다르다. 그러나 철학의 기원에 대한 쇼펜하우어의 개념에서 앞서 살펴본 고대 패러다임과 맥을 같이하며, 철학을 발전시킨 동기를 확인할 수 있다. 첫째, 쇼펜하우어는 철학을 단순히 추상적이고 이론적인 진리를 산출하는 것이 아니라 우리 삶의 방식을 변화시키는 것을 목표로 하는 매우 실용적인 프로젝트로 생각했다는 점이다. 니체가 말했듯 쇼펜하우어의 철학은 단순히 가르침이 아닌 변혁을 추구한다(8). 젊은 니체는 세상의 숭고한 장엄함을 비추는 거울을 들면서 쇼펜하우어의 철학이 존재론적 변혁을 추구하는 대목에 대해, 온몸에 전율을 느꼈다.

그가 말했듯 쇼펜하우어의 "모든 문장은 [이전의 존재에 대한] 포기, 부정, 체념을 외쳤다"(자너웨이, 1998:16에서 인용). 쇼펜하우어에게 진리를 안다는 것은 존재론적 변혁을 겪는 것이었다. 그는 형이상학적 진리를 획득하는 데 필요한 효과는 우리의 존재를 급진적으로 전환하는 것이라고 주장했다. 그의 말대로 "인식cognition 구원의 길을 열어준다"(《여록과 보유》 2:166). 줄리안 영이 주장하듯 그는 "사람의 도덕적 의지는 형이상학적 지식과 분리할 수 없다고 판단했다"(참조:니체, 1985:152; 영, 1997:105).[5] 니체는 쇼펜하우어를 다음과 같이 평가했다.

*쇼펜하우어가 추구하는 이상적인 인간은 진실이 되는 데 수반하는 고통을 자발적으로 감수하며, 이 고통은 자신의 고의성을 파괴하고 자신의 존재를 완전히 전복하고 전환하는 것 즉 앞으로 나아가야 할 삶의 진정한 의미를 준비하는 밑거름이 된다(《교육자로서의 쇼펜하우어*Schopenhauer As Educator*》:152).*

쇼펜하우어는 삶에 대한 의지로서 세계에 대한 직관적 지식을 습득하는 것은 우리의 성격을 수정하는 것뿐만 아니라 그것을 완전히 억제하거나, 아스무스Asmus로 알려진 독일 시인 클라우디우스가 말한 '보편적이고 선험적인 변화'를 경험하는 것이다(《의지와 표상으로서의 세계》 1:431; 《의지와 표상으로서의 세계》 1:421, 425). 이러한 지식을 습득하면 "사람의 전체 본질을 뒤집어 그토록 집착하고 의지하던 것을 내려놓는 상태, 이전의 '낡은 자아'를 '새로운 자아'로 대신하는 상태'에 이르게 된다(《의지와 표상으로서의 세계》 1:432; 《의지와 표상으로서의 세계》 2:604 참조). 형이상학적 깨달음을 통해 우리는 그의 말대로 "우리 자신과는 전혀 다른, 실제로는 정반대의 존재가 되어야 한다"는 사실을 발견하게 된다(《의지와 표상으로서의 세계》 2:604).

둘째, 이와 관련하여 그는 앞 장(6)에서 논의한 의학과 철학의 고대 비유를 통해 철학을 개념화한다. 앞서 살펴본 바와 같이 쇼펜하우어는 철학을 '변혁적 지식' 또는 '근본적 치료법'으로 제시하여 고통을 해결하는 치료법으로 개념화한다(자너웨이, 1998:161, 178). '쾌락에 대한 정념, 일상을 살면서 느끼는 온갖 감정 소모를 치료하고 세속적인 집착을 내려놓는 방법'을 사람들에게 알려주고자 했다(《의지와 표상으로서의 세계》 2:635; 강조 내용 추가). 그는 삶에 대한 과도한 욕망이야말로 우리가 치료해야 할 질병이라고 했다. 쇼펜하우어는 삶에 대한 이러한 정념을 없애려면 특정 유형의 금욕주의를 실천해야 한다고 제안했다. 이 치료법을 힌두교의 '포기 의례'를 뜻하는 '산야사sannyāsis'(금욕주의의 한 형태로, 물질적 욕망과 편견의 포기, 물질적 삶에 대한 무관심과 분리의 상태를 특징으로 하며 평화롭고 사랑에 영감을 받은 단순한 영적 삶에서 삶을 보내는 목적을 지닌다—옮긴이) 수련, 불교의 승려와 기독교 성자들의 수련에서 공통으로 나타나는 금욕주의와 동일시된다. 쇼펜하우어의 철학은 이들의 고행에서 그 완성을 발견하며, 이 고행은 구원에 이르는 유일한 길을 제공한다고 주장한다. 이러한 고행자들이 '비존재non-existence'가 '현존재existence'보다 낮다는 비관적인 진리를 깨닫게 된다고 믿었다.

셋째, 쇼펜하우어는 고대 학파들이 주장했듯 감정적 혼란에서 벗어나려면 '일상적(또는 평범한) 이기주의ordinary egoism'를 초월해야 한다고 했다. 그러나 쇼펜하우어가 치료해야 할 질병으로 간주한 것은 외부 재화에 대한 욕구를 충족시키는 데서 행복을 추구하는 '평범한 이기주의'뿐만 아니라 '비범한 이기주의'였다. 쇼펜하우어는 고대 철학자들이 평범한 존재가 겪는 고뇌를 치료하려면 '비범한 이기주의'를 다스리면 된다는 잘못된 인식을 지녔다고 주장했다. 또한 현자의 지혜란 비범한 이기주의를 다스리는 지혜라고 했다. 쇼펜하우어의 철학적 치료는 평범한 인간의 상태뿐만 아니라 이를 극복하기 위해 고대 철학에서 정의한 새로운 장애 요소도 치료하는 것을 목표로 했다. 이성만으로도 충분히 행복할 수 있고 모든 평범한 정념을 뛰어넘을 수 있다는 고대 철학의 믿음, 그 자체가 문제라고 여겼다. 이 부분에 대해서는 다음 섹션에서 더 자세히 살펴보겠다.

그는 이성의 작용으로 행복에 도달할 수 있다는 고대 철학자들의 낙관적 믿음에 반해, 삶에 대한 의지라는 존재의 본질 때문에 우리는 고통받을 수밖에 없음을 보여주려 했다. 그의 말대로 '삼라만상과 인생살이'란 "분명히 행복한 실존을 억제하도록 설정된 것은 아니다"(《의지와 표상으로서의 세계》 2:634). 이에, 고대 철학자들이 주장한 것처럼 우리가 고통받는 것은 단순히 올바르게 사유하지 못하기 때문이 아니라 '존재의 본질' 때문이라고 주장했다.

그는 고대 철학자들의 낙관적 합리주의에 깊은 반감을 지닌 철학자였다. 이러한 이유로 평범한 이기주의에서 비롯된 정서적 혼란에는 스토아주의(또는 스피노자주의)의 철학적 전환보다 훨씬 더 급진적인 치료가 필요하다고 주장했다. 이때, 급진적 치료법은 평범한 이기주의의 과정을 따라 욕망을 충족시키려 하거나, 자신을 보편적 이성이나 로고스와 동일시하여 욕망과 열정을 뛰어넘을 수 있다는 고대 철학적 '망상'에 빠지는 대신, 삶에 대한 의지를 완전히 버리도록 노력할 것을 요구한다. 즉 삶에 대한 의지를 거부하고 초연함과 체념이라는 상태를 받아들여야 한다는 것이다. 우리가 구원받는 길은 의지를 합리화하는 것이 아닌, 의지를 거부하는 데 있다. 그것은 단순히 의지를 합리화하려는 시도가 아니라 의지의 실천적 주체를 완전히 없애라는 의미다. 그의 말대로 금욕 윤리의 목표는 '[의지를] 완전히 죽이는 것'(《의지와 표상으로서의 세계》 1:416)이다. 다시 말해 쇼펜하우어는 '의지의 완전한 자기 소멸과 부정, 진정한 의지가 부재한 상태'를 '다른 모든 재화에 대항하는 질병에 대한 유일한 근본적 치료법'으로 정의하고 옹호한다. 모든 성취된 소망과 성취된 행복 같은 감정들은 단지 완화제 또는 진통제anodynes에 불과하다'(《의지와 표상으로서의 세계》 1:389). 그가 정의한 구원은 필연적으로 우리가 삶에서 '벗어나는' 길을 찾는 것이다.

따라서 어떤 면에서 쇼펜하우어의 철학이 PWL을 부활시켰다는 아도의 주장은 분명 옳다. 그러나 실질적으로 PWL을 수면 위로 끌어올려 담론화한 철학자는 푸코다. 푸코의 해석(2005:251)에 따르면, 쇼펜하우어가 우리 삶의 방식을 근본적으로 변화시키도록 유도한 메타 철학 패러다임을 소개했지만, 당혹스럽고 논란의 여지를 많이 남겼다는 면에서 개운치 않은 구석이 있다. 고대 철학과는 달리 쇼펜하우어의 철학적 비관주의는 우리가 자아를 수양하기보다는 부정해야 한다고 주장하기 때문이다. 다만, 쇼펜하우어가 자기 수양에 대하여 고대 윤리를 어떻게 비판했는지 좀 더 자세히 살펴봄으로써 쇼펜하우어와 PWL의 패러다임과의 관계를 조명해볼 수 있을 것이다. 쇼펜하우어는 왜 합리적 주권이라는 고대의 윤리적 이상을 추구하는 것이 반드시 행복이나 만족을 가져다주는 것은 아니라고 주장했을까?

## 9.3 금욕주의를 위한 두 번의 건배

쇼펜하우어는 고대 철학자들에게 삶의 깊이에 대한 지식이 부족했다고 지적했다. 존재의 형이상학적 근거에 대한 통찰력이 부족했기 때문에 이성에 대한 비합리적인 믿음을 지지하게 되었다는 주장이다. 쇼펜하우어는 이러한 근거 없는 합리주의적 낙관주의를 1장에서 살펴본 이성 또는 미덕이 행복에 충분하다는 고전적 철학 논리와 동일시했다. 그는 "고대인들 특히 스토아학파는 미덕이 삶을 행복하게 하는 충분 요소라는 점을 증명하기 위해 헛된 노력을 기울였다. 그런데 실질적 삶의 경험이 이 논리의 모순을 크게 드러냈다. … 애초에 인간이 저지른 가장 큰 범죄는 태어났다는 사실이다. … 오히려 기독교에서 영감을 받은 시인 칼데론Calderon이 현자들이 가진 것보다 훨씬 더 심오한 지식으로 미덕을 표현했듯이"(《의지와 표상으로서의 세계》 2:603; 카트라이트 참조, 2010:116). 쇼펜하우어는 이교 철학 pagan philosophy이 인간의 불행을 덜어주려는 고귀한 의도가 있지만 근본적으로 우리의 고통과 그 치료법을 잘못 진단하고 있다고 주장했다. 고대 학파는 인간이 고통을 안고 사는 이유를 외적인 재화의 가치를 제대로 평가하지 못하고, 그로 인해 정서장애에 취약해진다고 주장했다. 이성적 자제력을 강화하는 '영적 수련'과 함께 순수이성 practical reason을 올바르게 사용함으로써 고통을 없앨 수 있다는 논리다.

이런 점에서 쇼펜하우어는 '순수이성의 윤리'라고 설명하는 스토아 윤리를 구체적으로 표적으로 삼았다(《의지와 표상으로서의 세계》 1:117). 그는 스토아주의가 철학 치료법으로 유효하고 성공적이었는지에 대해서는 의문을 제기했다. 쇼펜하우어는 고대의 모든 도덕 체계와 마찬가지로 스토아주의는 '행복주의'를 추구하는 '에우다이모니즘eudaimonistic' 철학이며, 행복한 삶을 위한 안내서(《의지와 표상으로서의 세계》 2:150)라고 여겼다. 인간의 욕망을 특징짓는 '강렬한 불안과 고통'에 대해 '나약하지 않은 상태'를 목표로 한다(《의지와 표상으로서의 세계》 1:114). 그는 이러한 윤리 체계의 진가는 "철학적 수련 즉 '철학 하기'가 곧바로 그리고 필연적으로 행복을 만들어낼 수 있는지에서 나온다. 그렇게 할 수 없다면 목표 달성에 실패한 것이며 가급적 멀리해야 한다"라고 했다(《의지와 표상으로서의 세계》 2:151). 그러나 스토아철학의 순수이성이 현자를 모든 고통과 슬픔에서 해방시킬 수 있을까? 스토아학파의 주장처럼 순수이성이 우리를 불안과 고통에 흔들리지 않는 강한 존재로 만들 수 있을까? 현자는 자연과 조화를 이루며 완전히 자유롭고 자율적이며 감정에 휘둘리지 않고, 심지어 교수대에서 고문당하는 순간에도 행복할 수 있을까?(예를 들어《위대한 철학자들의 생애》 X, 118; 아리스토텔레스 E. N. 1153B19~21 참조) 쇼펜하우어는 이러한 질문에 부정적으로 답했다. 그는 스토아주의가 '복된 삶을 위한 지침'을 제시하는 데 실패했다고 주장했다(《의지와 표상으로서의 세계》 1:117). 실제로 그는 스토아적 현자의 이상은 '인간의 본질과 모순되는' 허황된 개념이라고 했다(《의지와 표상으로서의 세계》 1:118).

쇼펜하우어는 스토아철학이 실패한 것은 순수이성이 최고의 선을 실현할 수 있다고 잘못 가정하기 때문이라고 주장했다. 스토아철학의 '순수이성 윤리'는 인간의 고통을 완화하려는 의도는 인정하지만 이러한 약속을 이행하기에 충분하지 않다는 논리였다(《의지와 표상으로서의 세계》 1:117). [6] 그는 스토아학파가 이성을 올바르게 사용한다고 해도 "실제로 삶의 모든 짐에서 벗어나 행복한 상태에 이르는 데는 아직 멀었다"라고 주장했다(《의지와 표상으로서의 세계》 1:90). 그는 스토아학파에 반대하며, 마음이 불안, 걱정, 심적 고통에서 해방된 상태인 '아타락시아$_{ataraxia}$'는 현실적으로 구현될 수 없다고 주장했다. 그렇다면 스토아적 '아타락시아'가 현실화되기 불가능한 이유는 무엇일까? 쇼펜하우어의 스토아주의에 대한 비판은 그의 의지 형이상학에서 비롯된다. 쇼펜하우어는 삶에 대한 의지를 안고 사는 피조물에게 최고의 선이나 절대적인 선이란 존재하지 않는다고 주장했다. 쇼펜하우어에게 '최고선$_{summum\ bonum}$' 또는 '지고선'은 "의지의 궁극적 만족을 의미하며, 그 이후에는 새로운 의지가 존재하지 않는다"라는 의미다(《의지와 표상으로서의 세계》 1:389). 그러나 그가 정의하는 삶의 본질은 끊임없는 의지다. 채워지지 않는 끊임없는 욕구와 충동, 그 자체가 삶의 본질이라는 의미로 다음과 같은 정의를 지닌다.

만족감을 느끼기 위해 새로운 것을 원하는 인간의 의지를 멈추게 할 수는 없다. 흐르는 시간을 새롭게 시작하거나 끝나게 하는 것만큼이나 불가능하다. 의지는 그 노력에 완벽하고 영구한 만족을 주는 지속적인 충족감을 얻을 수 없다. 다나오스 딸들의 구멍 뚫린 항아리를 비유로 들 수 있다$_{vessel\ of\ the\ Danaids}$(나일강 근처에 다나오스라는 사람이 살았는데 딸만 50명을 두었다. 신기하게도 형 아이깁토스는 아들만 50명을 두었다. 아이깁토스의 아들 50명은 모두 한결같이 다나오스의 딸들과 결혼하고 싶어 하지만, 다나오스의 딸 들은 누구도 아이깁토스의 아들과 결혼하고 싶어 하지 않았다. 다나오스는 딸들과 함께 배를 타고 다른 나라로 도망쳤는데, 아이깁토스의 아들들이 쫓아왔기 때문에 할 수 없이 결혼할 수밖에 없게 되었다. 딸들의 강제 결혼을 반대한 아버지는 피로연에서 딸들에게 단도 하나씩을 선물로 주었다. 결혼식이 끝난 후 한밤중에 딸들은 새신랑을 모두 죽이기로 합의했다. 49명은 모두 약속을 지켰다. 그러나 히

9장 쇼펜하우어: 삶의 방식으로서의 철학                    433

*페름네스트라라는 이름의 딸은 차마 자신의 옆자리에서 자고 있는 아름다운 육체를 가진 청년을 싸늘한 주검으로 만들 수 없었다. 동정심에 그를 깨워 도망치게 했고 화가 난 아버지는 딸을 감옥에 가두었다. 다나오스의 딸 49명은 남편을 죽인 벌로 영원히 끝나지 않는 헛된 일을 해야 했다. 구멍이 시루처럼 숭숭 뚫린 항아리에 물을 채워 넣어야 하는데, 돌아서면 물이 새어 나가 다시 물을 길어 부어야 하는 벌을 받은 것이다─옮긴이). 의지를 위한 최고의 선물이나 절대적인 선물은 없으며, 언제나 일시적인 선물만이 존재할 뿐이다(《의지와 표상으로서의 세계》 1:389).*

　쇼펜하우어는 우리가 하나의 특정한 의지를 만족시킬 수는 있지만 그것은 단지 다른 의지로 대체될 뿐이며 무한히 반복될 것이라고 했다. "모든 충족된 욕망은 새로운 욕망을 낳는다"라는 말처럼, 어떤 특별한 행복도 모든 욕망을 제거할 수 없으며 지속될 수 없다(《의지와 표상으로서의 세계》 2:573). 쇼펜하우어는 '의지를 충족시키는 것'과 '거지에게 자선을 베푸는 것'이 비슷하다고 했다. 두 경우 모두 현재의 불행을 덜어주는 듯하지만 결국 불행은 내일까지도 계속될 뿐이다. 따라서 의지를 갖는 것이 고통이기에, 끊임없이 의지를 갖는다면 존재한다는 것은 즐거움이 아니라 고통 그 자체가 된다.

　또한 쇼펜하우어는 소위 '행복'이라는 것은 모두 부정적이거나 허상에 불과한 것으로, 고통스러운 욕망 하나를 순간적으로 제거한 후 다른 고통스러운 욕망의 출현을 위한 길을 준비하는 것에 불과하다고 주장했다. 특정 욕망을 충족할 때조차 긍정적인 기쁨을 경험하는 것이 아니라 단지 한 욕망의 부재를 경험할 뿐이며, 이는 곧바로 다른 욕망으로 대체된다고 했다. 그는 "모든 만족 또는 일반적으로 행복이라고 불리는 것은 실제로 그리고 본질적으로 부정적일 뿐 절대적으로 긍정적이지 않다. … 따라서 만족이나 행복은 고통이나 욕구로부터의 해방 그 이상일 수 없다. 우리는 어떤 고통이나 욕구로부터 해방되는 것 그 이상을 결코 얻을 수 없으며, 따라서 우리는 결국 욕구가 있기 전의 모습 그대로를 발견하게 된다"라고 했다(《의지와 표상으로서의 세계》 1:345~6). 엄밀히 말하면 쇼펜하우어의 형이상학은 우리가 결코 만족을 얻을 수 없다는 것을 의미한다. 우리가 가장 중요하게 여기는 영구적이거나 무한한 만족은 근본적으로 내면의 '가장 깊은' 수준에서 우리가 가진 본성과 상반된 개념이다. 인간은 세상이 모든 고통과 갈등의 근원인 '삶의 의지'를 갖고 살아가기 때문이다. 따라서 쇼펜하우어에 따르면 스토아주의가 약속하는 '축복받은 삶'은 모순 그 자체다. 산다는 것은 고통이기 때문이고 그 원인은 그가 삶의 의지라고 부르는 포기하지 않는 노력 때문이다(《의지와 표상으로서의 세계》 1:117).

그는 우리가 충동, 욕망, 혐오, 또는 (그의 표현을 빌리자면) 삶에 대한 의지를 일관되고 자유롭게 이성적으로 통제할 수 있다는 생각은 스토아적 환상이라고 주장했다. "즉각적인 고통의 감정을 이성이 지배하는 것 자체가 거의 불가능하기 때문이다"(《의지와 표상으로서의 세계》 1:342). 스토아학파는 우리가 통제할 수 없는 것 이른바 모든 외부 재화는 가치가 없다고 여기거나 (호불호에 상관없이) 마음에 두지 않아야 한다고 한다. 이 주장에 대해 쇼펜하우어는 동의하지만, 이러한 판단을 내린다고 해서 실제로 무관심하거나 개의치 않게 되는 건 아니라고 했다. 이성적 판단이 인간의 의지를 쥐락펴락 못하기 때문이다. 스토아 사상으로는 다음 논리를 설명할 수 없다. "의지는 사소하게 다뤄지지 않는다. 쾌락에 심취하지 않고는 쾌락을 즐길 수 없다. 구운 고기 한 조각을 개의 입속에 넣었을 때 개는 무관심한 상태로 있지 않고, 아무리 현자라도 배가 고프면 무념무상을 실천하기 어렵다. 욕망과 포기 사이에 중간 따위 없다"(《의지와 표상으로서의 세계》 2:156). 쇼펜하우어에 따르면 인간에게는 필연적으로 이성적 자제력이 부족할 수밖에 없는데, 고대 그리스 철학자들은 이를 의지나 자제력이 없는 상태인 '아크라시아akrasia'라 했고 쇼펜하우어는 이를 라틴어로 '의지를 다스릴 수 없는 이유ratio regendae voluntatis impotens'로 표현했다(《의지와 표상으로서의 세계》 2:149). [7] 인간의 몸은 본능적으로 올바른 판단에 반대되는 방향으로 행동하려는 경향이 있다. 성경의 구절을 빌리자면 "마음은 간절하나 몸이 말을 듣지 않는다"(마태오복음 26장 41절).

쇼펜하우어는 '이성의 실제적 사용과 금욕주의에 관하여'라는 장의 서두에서 '아크라시아'를 묘사했다. 아무리 훌륭한 지성인이라도 사소한 사건과 사람에게서 '막대한 영향을 받는다면'(《의지와 표상으로서의 세계》 2:149) 당황하고 동요될 수 있다고 했다. 쇼펜하우어는 이성의 무력함을 '동기를 규제하는 법칙'의 관점에서 개념화했다. 동기를 규제한다는 다소 역설적인 이 법칙에 따르면, 내면의 가장 하찮고 무의미한 동기라도 우리에게 훨씬 '밀접하다면' 가장 중요하고 이성적인 동기에 우선한다(《의지와 표상으로서의 세계》 2:149). [8] 이 법칙이 적용된다면 실천 이성practical reason으로 삶을 규제하려는 스토아학파의 시도는 실패로 끝날 수밖에 없다.

쇼펜하우어는 스토아학파가 자살을 옹호하는 것은 그들이 의지의 끊임없는 요구에 너무 괴로운 나머지, 어떤 상황에서는 자살을 통해 삶으로부터 도피하려는 욕망을 보여주는 것이라고 했다. 스토아학파에서는 이성을 적절히 활용하여 행복을 얻고 '격렬하게 다가오는 갈망과 회피의 감정'을 넘어설 수 있다면 누구나 영생을 소망할 것이라고 했다. [9] 그러나 쇼펜하우어는 행복과 삶 사이에 근본적으로 모순이 있다고 했다.

*그 모순은 … 순수이성의 윤리 자체에서 드러난다. 스토아학파는 축복받은 삶을 위한 지침에서 … 원칙과 추론으로 '철학화'할 수 없는 불치병처럼 극심한 육체적 고통의 경우 자살을 권고하고 있기 때문이다. … 이 정도 단계까지 왔다면 삶을 사는 이유가 사라지고, 이제 고통은 죽음을 통해서만 피할 수 있으며 그 자체는 다른 약물치료 과정처럼 덤덤히 수행되어야 한다(《의지와 표상으로서의 세계》 1:117~18).*

쇼펜하우어는 아우구스티누스와 마찬가지로, 궁극으로 고대의 '행복주의eudaimonism'를 교만이라는 악덕의 표현으로 비난했다. 스토아철학자들이 교만과 자만심에 빠져 정념이 항상 연약한 이성의 돛단배를 난파시킨다는 사실을 인식하지 못했다고 했다. 따라서 스토아철학에서 최고의 경지에 있는 인간형 '현자'를 공허하고 생명력 없는 허상이라고 일축하며 글을 마무리했다. 스토아학파에 대해 그는 이렇게 결론지었다.

스토아철학자들은 내면의 시적 진리를 지닌 살아 있는 존재로서 그들의 이상인 스토아적 현자를 표현할 수 없었다. 그들이 상상한 현자는 딱딱하고 경직된 채, 마네킹처럼 누구와도 교감할 수 없고 자신의 지혜로 무엇을 해야 할지 알지 못하는 존재다. 그의 완벽한 평정, 평화, 행복은 인간의 본질과 모순되기 때문에 우리는 그에 대한 직관적 표상을 만들어낼 수 없다(《의지와 표상으로서의 세계》 1:118).

그렇다고 해서 스토아 윤리 전체를 부정한 것은 아니다. 그는 스토아주의의 두 가지 측면을 옹호했다. 스토아 윤리가 "인간의 위대한 특권인 '이성'을 중요하고 유익한 목적 즉 누구에게나 찾아드는 고통과 고뇌에서 벗어나게 하는 목적에 적용하는, 매우 가치 있는 시도"라고 인정했다(《의지와 표상으로서의 세계》 1:117).

스토아주의가 인간에게만 부여된 특징 즉 실천 이성 또는 추상적 인식을 활용한다고 판단했다. 인간은 실천 이성을 통해 "좁게는 실제로 존재하는 것뿐만 아니라 과거와 미래를 초월하는 폭넓은 영역 전체를 파악함으로써 현재와 실재를 훨씬 뛰어넘어 삶의 다양한 측면을 볼 수 있다"(《의지와 표상으로서의 세계》 1:111). 반면 다른 동물은 현순간에 눈앞에 곧바로 존재하는 실제 대상만 직관적으로 인식한다. 인간은 추상적 인식으로 무장된 상태이기에 "인간과 동물의 관계는 해도海圖, 나침반과 사분의四分儀에 힘입어 자신의 항로는 물론, 바다 위에서 그때그때의 위치를 정확히 알고 있는 선장과 그저 파도와 하늘만을 쳐다보는 선원과의 관계와 같다"(《의지와 표상으로서의 세계》 1:111~12).

쇼펜하우어의 비유에 따르면, 아무리 숙련된 조종사도 배가 난파할 운명에 처하더라도 자신의 기술은 어느 정도 쓸모가 있다고 말할 수 있다. 그는 스토아철학자들이 '개념을 실생활로 옮기기만 한다면' 더할 나위 없이 행복해한다는 점을 인정했다(《의지와 표상으로서의 세계》 1:117). 스토아학파에서 말하는 이성을 통해서도 고통과 불행을 달래거나 완화할 수 있다는 점도 인정했다. 게다가 대중적인 유형의 스토아적 운명론이 고통에 대한 감각을 둔화시켜, 이성적이고 자의식적인 동물만 느낄 수 있는 특정 고통을 상당히 완화하거나 심지어 제거하는 데 효과적일 수 있고, 실제로 그렇게 활용되고 있다고 했다. [10]

그렇다면 스토아학파에서 주장하는 이성적인 삶을 위한 지침이 마음 치유 효과가 부족한 면에 대해 쇼펜하우어는 어떻게 평가했을까? 간단히 말해, 쇼펜하우어는 고통이 우리의 형이상학적 운명이라고 주장하지만, 고통의 범위와 강도를 조절하는 것은 어느 정도 우리 능력에 달려 있다고 주장했다. 즉 고통의 강도와 지속 시간은 가변적이기 때문에, 잘못된 신념의 희생양이 되지 않도록 실천 이성을 얼마나 잘 발휘하느냐에 따라 달라질 수 있다. 쇼펜하우어는 우리의 슬픔을 크게 심화하는, 단 '철학의 실천'으로 어느 정도 해결할 수 있는 인간의 본성을 지적했다. "인간이 갖고 태어난 관념 중에 유일한 오류가 있다. 우리가 행복하기 위해 존재한다는 생각이다"(《의지와 표상으로서의 세계》 2:634). 그는 '행복하기 위해 존재한다'라는 잘못된 인식으로 인해, 자연스럽게 몸과 마음이 '삶에 대한 의지'를 나타낸다고 주장했다(《의지와 표상으로서의 세계》 2:634). 그러나 이렇게 '타고난 오류'를 받아들임으로써 존재론적 고통의 깊이와 기간이 늘어난다고 했다. 다시 말해 우리는 끊임없이 의지하거나 욕망하기 때문에 고통을 겪기도 하지만, 삶이 모든 고통에서 벗어날 수 있고 또 그래야만 한다고 생각하기 때문에도 고통을 겪는다. 우리가 행복하기 위해 존재하고 실제로 행복해야 한다는 '낙관적 신조optimistic dogma'는 역설적으로 우리가 벗어나기를 바라는 고통을 더욱 심화할 뿐이다(《의지와 표상으로서의 세계》 2:634). 무분별하게 욕망을 추구하는 사람들은 세상살이가 행복과 멀어진다는 생각에 반복해서 괴로워한다. 한편 행복하려고 살아가는 사람들 즉 최고의 선을 실현하기 위해 존재한다는 견해를 의식적으로 지지하는 사람들은 '[자신이] 행복을 누릴 수 있는 세상과 삶이 자신의 목적에 반드시 부합해야 하는 이유'에 대해 '이론적 당혹감'을 경험하기도 한다(《의지와 표상으로서의 세계》 2:634).

그렇다고 쇼펜하우어가 고통에서 벗어날 길이 전혀 없다고 한 것은 아니다. 이차적인 욕망 즉 고통을 없애고 행복한 삶을 살고 싶다는 강박, 나아가 행복에 대한 갈망과 원하는 정도의 행복이 부재한 현실 사이의 모순에서 비롯되는 극심한 고통에서 벗어나는 길을 제시했다. 행복을 그릇되게 갈망하는 이들에게는 인간의 의지와 갈망을 인식적으로 재구성하는 스토아주의의 수련 방식을 실천하는 것을 제안했다. 스토아철학의 운명론은 은유적으로 말하자면, 우리의 '상처'를 치유한 다음 상처를 흉터로 바꿀 수 있다고 했다(《의지와 표상으로서의 세계》 I:333). 특히 스토아철학의 운명론(피할 수 없는 것은 어떻게든 피할 수 없다는 주의)을 통해 우리는 고통을 우연이 아닌 필연으로 받아들임으로써 일차적 욕망(또는 의지)의 고통을 더 잘 견디고 덜 예민하게 느낄 수 있다고 제안했다. 대신 고통은 피할 수 없고 삶에 필수적이며, 오로지 고통의 '단순한' 형태만 우연에 달려 있음을 정확히 인식한다면, 우리는 '상당한 수준의 스토아적 평정심'을 얻을 수 있다고 했다(《의지와 표상으로서의 세계》 1:342). "돌이킬 수 없는 필수 불가결성에 대한 완전한 확신 속에서 우리는 가장 큰 위안을 얻는다"(《의지와 표상으로서의 세계》 1:333). 쇼펜하우어의 관점에서 볼 때 스토아철학의 운명론을 체화한다면 우리는 고통에서 효과적으로 벗어날 수 있을 것이다. 그는 자아 중심적 욕망을 지니며 사는 평범한 삶과 대조적인, 고통을 겸허히 받아들이는 삶의 가치를 인정하며 고귀함을 부여하기도 했다.

*관대함과 내재한 공덕은 다른 사람들이 환희에서 절망으로, 절망에서 환희로 넘어가는 동안, 우울한 평온 속에서 피할 수 없는 현실을 묵묵히 견디는 데서 발견할 수 있다. 따라서 금욕주의를 영적 영양소라고 생각하면 된다. 금욕을 생활화하면, 세상의 풍파, 현실적 궁핍이나 속박에도 흔들리지 않는 몸을 단련하게 된다. 또한 불행, 위험, 상실, 불의, 악의, 배신, 오만 그리고 인간의 어리석음에도 흔들리지 않는 마음을 단련하게 된다(《의지와 표상으로서의 세계》 2:159).*

그러나 쇼펜하우어는 삶에 대한 의지를 억누르는 이러한 스토아적 인내를 고통으로부터의 진정한 구원과 혼동해서는 안 된다고 주장했다." 스토아주의의 목표인 '아타락시아' 즉 불안, 걱정, 심적 고통에서 해방된 상태를 진지하게 고려한다면, 쇼펜하우어의 설명대로 "우리는 그 안에서 단지 운명의 타격에 대한 강인함과 무감각함을 발견한다. … 그러나 이것은 행복한 상태나 조건이 아니라 불가피하다고 예견하는 고통에 대한 침착한 인내일 뿐이다"(《의지와 표상으로서의 세계》 2:159). 단, 금욕주의는 구원에 대한 환영simulacrum('시뮬라크룸')일 뿐이다. 고통으로부터의 진정한 구원을 실현하려면 더 급진적인 치료법이 필요하다. 쇼펜하우어는 현자와 정반대에 서 있는 성자의 모습과 구원을 동일시했다. 스토아적 현자(10)와 비교하여 쇼펜하우어는 성자의 이미지에 대해 다음과 같이 썼다.

인도의 지혜가 우리에게 보여주고 또 실제로 탄생한 세계극복자나 자발적 속죄자, 또는 기독교의 구세주 즉 심오한 생명으로 가득 차 있고 가장 위대한 시적 진실성과 최고의 중요성을 지녔으면서도 완전한 덕, 신성함, 숭고함을 겸비하고, 최초로 고통받는 상태에서 우리 앞에 서 있는 탁월한 저 인물 … 얼마나 전적으로 다르게 보이는지 모른다(《의지와 표상으로서의 세계》 1:118).

이제 그 인물에 대해 살펴보겠다.

### 9.4 성자 vs. 현자

쇼펜하우어는 스토아학파의 사상과는 반대로 현세에서 육체에 고통이 없고 영혼에 불안이 없는 평정 상태 즉 아타락시아ataraxia에 도달하는 것은 불가능하다고 주장했다. 고통은 삶의 의지를 나타내는 현상으로, 우리 존재에 내재하기 때문이다. 쇼펜하우어는 스토아적 낙관주의에 반대하는 주장을 전개하면서 존재의 가치와 목적에 대해 불교, 브라만교, 기독교의 비관론을 인용했다. 그는 "기독교가 그리스와 로마의 이교를 극복할 수 있었던 힘은 오로지 그 비관론 즉 우리 상태가 지극히 슬프고 죄악이라는 고백에서 찾을 수 있는 반면에 … 이교는 [낙관주의를 펼쳤다]"라고 썼다. 모든 사람이 싫어하고 고통스럽게 느끼는 그 진리가 효력을 발휘하고 구원의 필요성을 수반했다(《의지와 표상으로서의 세계》 2:170). 이러한 비관주의에 따르면 지금의 세상이 현재의 모습이어서는 안 된다. "기독교의 진정한 정신과 핵심은 브라만교와 불교와 마찬가지로 지상의 모든 행복이 허망하다는 것을 알고 그것을 완전히 경멸하며, 그것과는 전혀 다른, 실제로는 반대되는 종류의 존재로 돌아서는 것이다"(《의지와 표상으로서의 세계》 2:444). 쇼펜하우어는 자신의 사상을, 철학사상 최초로 종교적 금욕자들이 직관적으로 알고 행동으로 표현하는 진리이자 추상적 개념으로 정립했다(《의지와 표상으로서의 세계》 1:410).

그러나 슈펜하우어는 기독교의 현세에 대한 경멸을 지지하면서도 천국을 믿고 기대하는 기독교 신념을 부정했다. [12] 인간의 의지를 완전하게 만족시킬 수 있는, 기쁨과 행복이 가득한 세상이 존재하지 않는다고 주장했다.

모든 사람이 고통과 죽음 상태에서 해방되길 바라고, 우리가 말하는 대로 영원한 축복에 이르거나 천국에 들어가길 원하지만, 그들은 제발로 천국에 걸어 들어가길 원치 않는다. 그들은 자연의 섭리를 따라 천국에 들어가길 바란다. 하지만 이것은 불가능하다. 자연은 우리 의지의 사본, 그림자에 불과하기 때문이다. 그러므로 자연이 우리를 어디엔가로 이끌어가는 것이 아니라 언제나 자연 속으

*로 되돌려놓을 뿐이다. 그럼에도, 모든 사람은 삶과 죽음을 통해 어떻게 각자가 자연계의 일원으로서 얼마나 불안정하게 존재하는지 경험하게 된다. 따라서 '현존재existence'라는 개념은 분명히 오류나 실수로 여겨져야 하고, 현존재의 상태를 벗어나 원래 상태로 돌아오는 방법은 구원이라 할 수 있다(《의지와 표상으로서의 세계》 2:605).*

스토아주의에 대해서는 이성이 이 세상에서 우리에게 행복을 줄 수 없다고 반론을 제기한 한편, 기독교에 대해서는 현세 너머에 다른 세계가 없다고 주장했다. 아우구스티누스처럼 스토아주의의 이성 중심론을 거부하는 동시에 눈물 골짜기(현세) 너머의 다른 세계를 믿는 기독교 신앙도 부정한다. 니체는 쇼펜하우어가 '허무주의자nihilist'라고 했다. 니체의 설명에 따르면 '허무주의자 세상이 지금의 모습처럼 있어서는 안 되며, 세상이 지금의 모습처럼 존재할 필요가 없다고 판단하는 사람'이다(《권력의지론The Will to Power》 585). 따라서 쇼펜하우어는 고전적 내재론과 기독교적 초월론의 오류를 피하면서도, 근본적인 인간 고통을 치유하는 방법을 정립하는 것을 목표로 삼았다. 신도, 이성도 우리를 구원할 수 없다고 믿은 쇼펜하우어는 형이상학 철학을 바탕으로 구원론을 발전시켰다.

그렇다면 성자를 긍정적으로 설명한 쇼펜하우어는 어떠한 존재론적 근거를 제시했을까? 논란의 여지가 있지만, 그는 세계가 그 자체로 분할될 수 없고 목적이 없으며, '삶에 대한 영원한 의지eternal will to life'라고 주장했다. 이와 같은 삶에 대한 영원한 의지를 매순간 표현하면서 사는 인간은 어쩔 수 없이 고통을 경험하게 된다고 했다. 쇼펜하우어는 다른 사람을 고통스럽게 할 정도로 자신의 이익을 추구하는 이기주의자를 신화 속 티에스테스Thyestes(펠롭스는 히포다메이아와 사이에서 아트레우스와 티에스테스를 낳았다. 아트레우스와 티에스테스는 아버지의 사랑을 독차지한 배다른 동생 크리시포스를 죽이고 미케네 왕에우리스테우스에게 도망쳤다. 미케네 왕이 죽자 형인 아트레우스가 왕으로 등극했다. 동생인 티에스테스는 형수인 아에로페를 유혹해 미케네의 왕위를 빼앗으려고 하다가 추방당했고, 티에스테스와 아트레우스 사이에 골육상쟁과 근친상간의 비극이 시작되었다. 티에스테스의 형 아트레우스는 복수를 위해 동생의 아들을 죽여 만든 수프를 티에스테스에게 먹인다—옮긴이)에 비유했다. 이기주의자들도 결국 자기 살을 삼켜 먹는 존재로 전락할 수 있다고 했다(《의지와 표상으로서의 세계》 1:400).

쇼펜하우어는 형이상학적 지식에 이르는 두 가지 뚜렷한 길을 제시하는데, 이 두 가지 길은 모두 자아 즉 '나'로서의 우리 자신에 대한 관습적 경험 또는 세상과 분리되고 구별되는 삶에 대한 개인의 의지를 송두리째 버린다. '첫 번째 길'은 세상과 자신의 정체성에 대한 계시로, 개인의 의지를 잠재우는 변혁적 지식이지만 성자Saint만이 힘들게 얻을 수 있다. 한편 보편적인 '두 번째 길'은 고통과 슬픔을 통한 길이다. 이때, 쇼펜하우어가 마이스터 에크하르트Meister Eckhart의 말을 인용했다. "고통은 완벽으로 이끄는 가장 빠른 동물이다"(《의지와 표상으로서의 세계》 2:633). 첫 번째 길은 "선택받은 자들 즉 성자들의 좁은 길이며 따라서 드문 예외로 간주 되어야 한다"라고 주장했다. 한편 두 번째 길은 대다수를 위한 유일한 구원의 희망이라고 했다(《의지와 표상으로서의 세계》 2:638). 쇼펜하우어가 첫 번째 길을 설명한 것처럼 '우리의 눈은 더 나은 지식에 열려 있다'라는 것은 세계에 대한 우리의 일상적 표상 즉 세상이 우리에게 드러나는 방식을 중단시키는 기이한 경험을 통해서 가능해진다. 일상적 인식을 방해하는 경험을 하다 보면, 세상이 별개의 실체로 구성되어 있다는 기존의 망상을 깨고 모든 현상이 하나의 영원한 삶의 의지를 표현한다는 것을 분별해낼 수 있다고 했다. 따라서 세상을 제대로 파악하기 위해서는 드러난 표상의 배후에 존재하는 의지의 세계가 있다는 것을 알아야 하는데, 세상의 진정한 본질은 의지이기에 세상을 의지로 바라보는 행위는 극적인 변화를 수반한다고 제안했다.

*사물의 진정한 본질이라는 관점에서 보면, 모든 사람은 세상의 모든 고통을 자신의 고통으로 간주해야 한다. … 개체화의 원리*principle of individuation*(개체를 다른 것으로부터 구별하는 형이상학적 원리—옮긴이)로 사물을 바라보는 인식에서, 끊임없는 다른 이들의 고통 가운데서 우연히 느껴지는 안도감이나 분별의 결과로 얻은 행복한 삶은 오직 거지가 자신을 왕으로 꾸민 꿈에 불과하며, 그 꿈에서 깨어나 자신의 고통과 연결되어 있음을 깨닫게 될 것이다*(《의지와 표상으로서의 세계》 1:380).

쇼펜하우어는 우리가 이 형이상학적 지식에 도달하기 위해 이 두 가지 길 중 어떤 길을 택하든, 그것은 반드시 우리 자신의 욕구와 열정을 통해 표현되는 삶에 대한 의지를 부정하면서 시작된다고 주장했다. 그렇다면 왜 우리의 구원은 삶에 대한 의지를 부정하는 데서 시작될까? 쇼펜하우어는 '의지=고통'이라고 생각했기 때문이다. 모든 의지는 부족함이나 결핍에서 비롯되며, 즉 고통에서 나온다고 주장했다. '각고의 노력'은 '결핍에서, 자신의 상태에 대한 불만족에서 비롯되기에 불만족이 멈추지 않는 한 고통은 멈추지 않는다'라고 했다(《의지와 표상으로서의 세계》 1:336). 실재의 근본적인 본질은 맹목적이고 비합리적인 의지 때문이라는 전제하에서, 여러 정념 가운데 하나의 정념을 충족시킨다 해도, 그 만족은 일시적일 뿐이라는 것이다. 즉시 새로운 대상을 향한 또 다른 정념이나 권태라고 부르는 목적 없는 욕망이 빈자리를 비집고 들어온다. 이에, "인생은 고통과 권태 사이에서 오락가락하는 시계추와 같다. 이 두 가지 축이 인생을 구성하기 때문이다"라고 했다《의지와 표상으로서의 세계》 1:338). [13]

이러한 형이상학적 통찰이 사실이라면, 삶에 대한 의지를 계속 긍정하는 한 고통에서 벗어날 수 없다는 사실을 알게 된다고 했다. 우리는 이생에서 결코 행복을 실현할 수 없으며, 욕망이나 의지에 방해받지 않는 완전한 만족의 '축복받은 삶'은 말 그대로 모순에 불과하다. 인간의 본질이 의지와 고통에 있다면, 구원은 필연적으로 '자기 초월적인 회심 또는 깨달음transcendental conversion(인간 주체의 내면적 수행을 통해 지적, 도덕적, 종교적으로 깨달음을 얻는 상태—옮긴이)'을 수반한다. 단, '의지'하는 피조물에서 '의지'하지 않는 성자로 거듭나려면 급진적인 변화를 겪어야 한다.

기독교뿐만 아니라 브라만교와 불교에 담긴 위대한 근본 진리는 고통과 죽음에 내맡겨진 '현존재'가 구원받아야 하는 필요성에서 출발한다. 이때, 구원은 의지를 버림으로써 얻을 수 있다. 삶을 욕망하고 기대하고 집착하는 의지를 버리는

*것이야말로 그 어느 것과도 비교할 수 없는 가장 중요한 진리다(《의지와 표상으로서의 세계》 2:628, 강조 내용 추가).*

앞에서 살펴본 것처럼 쇼펜하우어는 모든 형태의 범신론과 유신론을 거부하지만, 불교, 브라만교, 기독교에 공통된 수행법(3)에서 진리의 핵심을 발견했다. 수행법들은 그의 말대로 '가장 위대한 시적 진리와 가장 고귀한 의미'를 지니고 있기 때문이다(《의지와 표상으로서의 세계》 1:118). 이 종교들의 진리는 형이상학적인 교리에 있는 것이 아니라 삶에 대한 의지를 내려놓게 하는 고행의 실천에 있다고 했다(《의지와 표상으로서의 세계》 1:406~7). 극도의 고행을 통해 의도적으로 고통을 극대화함으로써 고통을 유발하는 삶에 대한 의지의 표상을 소멸시킬 수 있다고 제안했다(《의지와 표상으로서의 세계》 1:432~3). 성자들은 고행이나 자기 소멸을 통해 의지에 대한 혐오감을 키우고, 그 과정에서 삶에 대한 의지를 긍정하기보다는 부정하게 된다. 동시에 모든 악을 선으로 갚고, 자발적인 순결, 모든 쾌락의 포기, 모든 소유물 버리기, 가난과 단식 등 여러 종류의 고행을 실천한다(《의지와 표상으로서의 세계》 1:415). 자신의 의지를 직접 경험한 고통과 끊임없이 연관시킴으로써 '의지=고통'에 대한 형이상학적 지식을 깊이 얻게 된다. 쇼펜하우어는 이러한 형이상학적 진리를 가시적이고 구체화하는 삶의 방식을 '금욕주의'라고 정의했다. 그가 정의한 금욕주의는 "즐거움을 포기하고 불쾌한 것을 추구함으로써 의지를 고의로 깨뜨리고, 의지를 끊임없이 죽이기 위해 참회와 자기 채찍질의 생활 방식을 선택하는 것"이다(《의지와 표상으로서의 세계》

1:419). 고행은 성자들에게 행복을 얻을 수 있다는 망상적인 희망에 만족하기보다는 고통의 근원이 되는 삶에 대한 의지에서 돌아서도록 가르친다. 성자들은 의지를 품는 순간 항상 수반된다고 자각하는 고통의 강도를 고의로 높이며, 스스로 끊임없는 고통을 가하고 자신에게 가해지는 모든 불행과 고의적인 악을 기꺼이 받아들인다. 그들은 "의지가 자신과 세상의 고통스러운 존재의 근원임을 인식하고 혐오하기 때문에 끊임없는 박탈과 고통을 통해 의지를 계속 깨뜨리고 죽이기 위해" 고통을 강화한다.

고대의 현자들이 이성적으로 의지를 단련하여 고난을 운명으로 받아들이고 불평하지 않고 담담하게 견뎌내려 했다면, 쇼펜하우어가 지향하는 고행의 성자들은 고통의 근원인 의지를 제거하려고 노력했다. 고행을 수행함으로써 의지를 가진 피조물을 의지 없는 성자로 변화시키며, 이를 통해 "의지의 완전한 자기 제거와 부정, 의지의 진정한 부재, 의지의 충동을 영원히 억누르고 달래줄 수 있는 유일한 것, 영원한 만족을 줄 수 있는 유일한 것, 세상을 구원할 수 있는 유일한 것"을 깨닫게 해준다(《의지와 표상으로서의 세계》 1:389). 쇼펜하우어 사상을 따르는 성자는 고통을 보편적인 운명으로 평온하게 받아들이려 하지 않고, 고통으로부터 완전히 해방되는 것에 초점을 둔다. 성자의 구원을 위해서는 쇼펜하우어의 말처럼 "자기 부인 또는 자기 포기, 자기 부정abnegatio sui ipsius이 필요하다. 진정한 자아는 본능적으로 삶에 대한 의지를 놓지 않으려 하기 때문이다"(《의지와 표상으로서의 세계》 2:606). [14] 쇼펜하우어가 중세 후기 기독교 영성가 토마스 아 켐피스Thomas à Kempis(1380?~1471, 독일의 신비 사상가이자 수사—

옮긴이)의 말을 빌려 말했듯, 구원을 위해서는 그리스도를 본받아야한다(《의지와 표상으로서의 세계》 2:636 참조). 그리스도의 삶을 따르는 것은 삶에 대한 의지의 구체화인 진정한 자아와 인간적인 욕심을 근본적으로 내려놓는다는 점에서 급진적인 치료법이라고 보았다. 구원받기 위해서는 마음이 '즐거움에 대한 정념, 삶에 대한 세상적 욕심'에서 치유되어야 한다"(《의지와 표상으로서의 세계》 2:635, 638). 쇼펜하우어가 생각하는 성자는 자신의 특정한 삶뿐만 아니라 모든 삶의 본질 즉 삶에 대한 의지 그 자체의 가치를 부정한다. 그가 말했듯 "세상의 본질에 대한 완전한 인식"은 "의지를 진정시키는 진정제 역할을 하며, 내려놓기 즉 체념을 유도하고, 삶뿐만 아니라 삶에 대한 의지 전체를 포기하도록 한다"(《의지와 표상으로서의 세계》 I:253).

쇼펜하우어의 입장은 고대 냉소주의자들의 고행과 종교적 성자, 참회자, 대승불교의 사문沙門(출가하여 수도에 전념하는 사람―옮긴이), 힌두교의 출가 수행자sannyâsis('산야시스')가 실천하는 고행을 구분하는 데서 분명하게 드러난다. 표면적으로는 냉소주의자들과 승려나 출가수행자와 비슷해 보이며, 둘 다 비슷한 형태의 고행을 실천한다. 그러나 고대의 냉소주의자와 종교적 성자들은 근본적으로 다른 목적을 달성하기 위해 금욕적인 삶의 방식을 채택했다. 기독교와 힌두교 고행자들은 '삶을 초월'하기 위해 포기와 고행을 실천하는 반면, 냉소주의자들은 삶 속에서 행복을 얻는 것을 목표로 하기 때문이다(《의지와 표상으로서의 세계》 2:155; 《위대한 철학자들의 생애》 vi. 9 참조). 이런 점에서 쇼펜하우어는 냉소주의와 스토아주의는 '우리 안에 내재한' 선천적 오류proton pseudos('원초적 거짓말')를 바로잡지 않고,

이 삶 안에서 행복이 가능하다는 믿음으로 이 오류를 영속시킨다고 주장했다(《의지와 표상으로서의 세계》 2:635).

쇼펜하우어는 '겸손이라는 미덕'과 '교만이라는 악덕'의 대립이라는 측면에서 성자와 현자의 차이를 정교하게 설명했다. 그는 "냉소주의와 금욕주의 정신의 근본 차이점은 금욕주의의 기본이 되는 '겸손humility'에서 매우 분명하게 드러난다. 한편 냉소주의에는 '겸손'의 미덕이 부족한 나머지, 다른 인간에 대한 교만과 경멸을 품고 있다"(《의지와 표상으로서의 세계》 2:155; 푸코, 2011:262 참조). 쇼펜하우어는 냉소주의자들과 스토아학파가 삶에 대한 의지를 부정하기 위해 금욕적인 수련을 했다기보다는 자신의 '내적 강함invulnerability'에 대한 자부심을 얻기 위해 그렇게 했다고 했다[위의 5.2 참조]. 예를 들어 고대 냉소주의자들은 자신이 진정한 올림픽 승리자라고 주장함으로써 자신에게 영광을 돌리려고 했다(데스몬드, 2006:107; 《위대한 철학자들의 생애》 6.33, 6.43).

쇼펜하우어는 자기 부정적인 종교적 고행자들의 삶에서 '세계와 그 본질에 대한 직관적이고 직접적인 인식'(《의지와 표상으로서의 세계》 1:410)을 표현한다고 했다. 그들은 삶의 방식에 진리를 몸소 실천하려 했다. 세상을 있는 그대로의 모습으로 바라보는 직관적 지식은 추상적 개념이 아니라 '오직' '수련 행위'에서 '완전히 표현된다'라고 했다(《의지와 표상으로서의 세계》 1:410). 수행자들이 추구하는 형이상학적 진리를 제대로 이해하려면 그들의 추상적인 철학적 개념을 넘어 그들의 삶(10)을 연구해야지, 그들의 교리와 미신을 연구해서는 안 된다고 제안했다. 쇼펜하우어에게 세속적 고통을 '극복'한 성자들, 그들이 수행을 통해 실천하는 기독교, 불교, 힌두교의 교리가 '소小카토'와 유명한 스토아 학자의 사상을 포함하여 '세상을 정복'한 그리스와 로마의 영웅들을 보여주는 플루타르코스의 《영웅론》보다 '비교할 수 없을 정도로 더 교훈적이고 중요하다'라고 했다(《의지와 표상으로서의 세계》 1:412).

## 9.5 쇼펜하우어의 구원론

쇼펜하우어가 지향하는 고행자는 어떠한 삶의 방식을 추구할까? 고행자는 '우렁찬 삶에 대한 의지의 노래'를 침묵시킨 후 어떻게 살아갈까? 흥미롭게도 그는 이 질문에 답하면서 미학적 삶의 방식과 금욕적 삶의 방식, 성자와 예술가 사이의 경계를 모호하게 정의했다. 더 정확하게 말하자면, 그는 금욕주의자의 평온함을 '예술가가 느끼는 예술적 쾌락을 가장 완전하고 순수하게 실현하는 것'으로 생각했다. 어떤 의미에서 금욕주의는 미학의 정점이기 때문이다. 쇼펜하우어의 금욕적 구원에 대한 설명은 플라톤과 칸트의 관념론ideal-ism(마음, 정신 또는 관념을 중시하는, 또는 근본적인 것으로 보는 철학적 입장들의 통칭. 일반적으로는 형이상학적 입장을 가리키는 말로 쓰인다—옮긴이)에서 파생된 '미적 쾌락주의'에 대한 특별한 개념을 바탕으로 한다. 금욕주의가 어떤 의미에서 미학을 완성하는지 파악하기 위해 그의 미학 이론을 간략히 살펴볼 필요가 있다.

쇼펜하우어는 예술적 인식과 일반적 인식을 극명하게 대조함으로써 미적 쾌락의 개념을 명확히 설명했다. 그는 평범한 지식과 과학적 지식 모두 자아ego의 동기와 행동으로 표상되는 삶에 대한 의지를 객관화하는 도구라고 주장했다. 자아는 사물을 평범하게 인식함으로써 삶의 의지를 구체화하는 동기motive의 시각으로 세상을 본다. 따라서 자아는 자신을 보존하고 새로운 생명을 번식하려는 욕망을 지니기 위해 노력한다. 쇼펜하우어는 과학은 자아가 삶에 대한 의지를 충족시키기 위해 끊임없지만 헛된 노력의 행동을 효과적으로 조정하는 도구라고 했다. 그는 과학을 '계산적 이성calculative reason' 또는 '도구적 이성instrumental reason'이라고 파악했다. [15] 따라서 원칙적으로 인식은 '전적으로 의지에 순종하게 된다'(《의지와 표상으로서의 세계》 1:199)이다. 인식은 삶에 대한 의지의 노예가 된다. 쇼펜하우어는 그의 가장 유명한 구절 중 하나에서 영원한 형벌에 관한 그리스 신화를 인용하여 인식의 노예화가 가져오는 끔찍한 결과를 묘사한다.

그러므로 우리의 의식이 의지에 사로잡혀 있는 한, 우리가 끊임없는 희망과 두려움으로 여러 소망의 충동에 내몰려 있는 한, 우리가 의욕의 주체인 한, 우리에게는 지속적인 행복도 마음의 안정도 결코 없다. … 그리하여 의욕의 주체는 익시온Ixion(그리스 신화에서 헤라를 모독한 죄로 영원히 도는 바퀴에 묶인 사람—옮긴이)의 돌아가는 바퀴에 계속 묶여 있는 것과 같고, 다나오스 딸들이 밑 빠진 독에 끊임없이 체로 물을 퍼 올리는 것과 같으며, 영원히 애타게 갈망하는 탄탈로스 Tantalos(제우스의 아들이자 시필론스의 왕. 신들이 사는 올림포스산에 식사 초대를 받고 가서 암브로시아를 훔치려고 하다가 다른 신들에게 발각된다. 이를 괘씸하게 생각한 제우스는 탄탈로스를 지옥으로 떨어뜨린다. 결국 그는 영원한 굶주림과 갈증에 시달리게 된다—옮긴이)와 같다(《의지와 표상으로서의 세계》 1:220).

그러나 쇼펜하우어는 예외적으로 의지의 노예가 되지 않는 인식이 있다고 했다. 바로 '미적 인식'이다. 삶에 대한 의지에 얽매이지 않는 의식이다. 그는 미적 관조가 우리를 '익시온의 수레바퀴'에서 벗어나게 해준다고 했다.

*외적 계기나 내적 기분이 우리를 갑자기 의욕의 끝없는 흐름에서 벗어나게 하고, 인식이 의지에 노역하는 것에서 빠져나오게 하고, 이제 의욕의 동기에는 이제 관심을 기울이지 않고, 사물을 의지에 대한 관계로부터 자유롭게 파악하고, 즉 관심도 주관성도 없이, 순전히 객관적으로 고찰하게 된다. … 그것이 에피쿠로스가 최고선이자 신들의 상태로 찬양한 고통 없는 상태다. 우리는 그 순간 비열한 의지의 충동을 면하고, 의욕의 강제 노동에서 벗어나 안식일을 지키며, 익시온의 바퀴도 멈추기 때문이다(《의지와 표상으로서의 세계》 1:220).*

우리는 쇼펜하우어의 미적 인식에 대한 분석에서 고대 PWL과 쇼펜하우어의 비관적 삶의 방식 사이의 연속성과 불연속성을 모두 볼 수 있다. 쇼펜하우어는 예술적 천재라면 고대 철학자들의 최고 목표인 '아타락시아'를 순간적으로 실현할 수 있다고 했다. 미적 관조는 '평화롭고 조용하며 의지가 없는 마음의 상태'(《의지와 표상으로서의 세계》 1:221)이기 때문이다. 루이스달Ruysdael의 풍경화와 같은 네덜란드 거장들의 '정물화' 양식에서도 이를 발견할 수 있다. 작품은 내면의 평온을 반영하는 동시에 관람객의 마음에도 평온을 일으킨다.

그림 9.1 야콥 반 루이스달Jackob van Ruysdael,
〈하를렘 근처 풍차가 있는 풍경Landscape with Windmills near Haarlem〉 (1651).

쇼펜하우어는 아름다운 것에 대한 순수한 관조에서 주체는 순수한 인식의 주체로 변모하며, 그 대상은 플라톤적 이데아라고 주장했다(《의지와 표상으로서의 세계》 I:191 및 그 이하 참조). 그러나 예술적 천재는 스토아철학자나 에피쿠로스 현자가 추구했던 것처럼 실천 이성의 실천이 아닌, 의지의 완전한 제거를 통해 신과 같은 평온을 실현한다. 미적 인식은 자아를 의지적 피조물에서 순수한 지식의 주체로 근본적으로 전환하는 것 즉 그의 표현대로 '의식을 모든 관계로부터 독립된 순수하고 의지가 없는 영원한 인식의 주체로 고양하는 것'(《의지와 표상으로서의 세계》1:223)을 요구한다. 쇼펜하우어는 금욕적 구원이야말로 의지 없는 관조라는 미적 체험을 급진화하고 정화하는 단계라고 했다. 고행자는 자기 절제를 통해 삶에 대한 의지를 확실히 침묵시킨 후, 의지의 고통에서 영구적으로 자유로운 순수한 앎의 주체가 된다. 쇼펜하우어는 금욕적 구원을 흔들리지 않는 미적 관조와 유사한 것으로 생각했다.

*이런 사실에서 우리는 아름다움을 즐길 때처럼 인간의 의지가 순간적으로 진정되는 것이 아니라, 영원히 진정되는 즉 신체를 유지하다가 이 신체와 더불어 소멸하게 될 마지막으로 이글거리는 불씨마저 완전히 소멸되는 인간의 삶이 얼마나 복된 것인지 추측할 수 있다. 그 자신의 본성과 수많은 쓰라린 투쟁을 거친 뒤 완전히 극복하는 인간은 순수하게 인식하는 존재로서만, 세계를 맑게 비추는 거울로서만 남아 있다. 그는 이제 아무것에도 불안해하거나 동요하지 않는다. 그는 이 세상에 우리를 묶어두고 계속되는 고통에 시달리게 하면서 욕망, 두려움, 질투, 분노로서 이리저리 휩쓸리게 하는 의욕의 온갖 수천 가지 실마리를 끊어버렸기 때문이다(《의지와 표상으로서의 세계》1:417).*

그는 삶에 대한 의지를 부정하는 고행자야말로 구원을 실현한다고 주장했다. 즉 지금껏 살펴본 것처럼, 진정한 철학의 동기가 된다고 믿는 '고통의 악'과 '죽음을 두려워하는 마음'을 정복한다는 것이다. 고행자가 더는 삶에 대한 의지를 갖지 않는다면 자신의 고통과 죽음은 완전히 초월할 수 있는 무관심한 문제가 될 수 있다. 쇼펜하우어가 지향하는 금욕주의자의 모습은 다음과 같다.

*그는 이제 조용히 미소를 띠고, 한때 그의 마음 깊이까지 동요해 괴롭혔지만 이제는 승부가 끝난 뒤의 장기말처럼 … 그의 앞에 아무렇지도 않은 것으로 존재하는 이 세상의 환영을 되돌아본다. 삶과 그 모습은 덧없는 현상처럼, 이미 꿈에 현실의 햇살이 새어 들어와 더는 그를 속일 수 없는, 반쯤 깨어난 사람의 가벼운 아침 꿈처럼 그의 눈앞에 어른거릴 뿐이다. 또 이 꿈과 마찬가지로 삶의 모습도 급기야는 무리한 변천을 거치지 않고 사라져버린다*(《의지와 표상으로서의 세계》 1:417).

그러나 쇼펜하우어는 인식이 '의지의 진정제'가 되었다고 해도 수행자가 '평화와 행복'에 항상 머물러 있는 것은 아니라고 했다. 오히려 '의지의 부정'은 각고의 노력과 실천으로 끊임없이 되찾아야 하는 마음 상태다. 삶에 대한 의지는 항상 새롭게 피어나기 때문이다. "성자가 도달한 평정의 상태는 의지의 끊임없는 극복에서 생겨난 꽃봉오리로만 생각하고, 이 꽃을 피우는 토양은 삶에 대한 의지의 끊임없는 투쟁으로 본다. 지상에서 지속적인 평정을 얻을 수 있는 사람은 아무도 없기 때문이다"(《의지와 표상으로서의 세계》 1:418). 다시 말해 쇼펜하우어는 금욕적인 삶의 방식이 실제로는 삶에 대한 의지를 극복하기 위한 끊임없는 투쟁이라는 것을 인정했다. 이를 위해 고행자는 끊임없이 솟아오르는 삶의 의지를 물리치려면 의도적으로 일련의 고행적 절제를 실천해야 한다. 따라서 쇼펜하우어주의 고행자들은 《파이돈》의 소크라테스처럼 삶에 대한 의지의 결정적 종결로서 기꺼이 죽음을 맞이한다(《의지와 표상으로서의 세계》 1:393). 의지가 완전히 소멸한 이들에게 "육체의 죽음에는 괴로운 것이 있을 수 없으며 … 이와 같은 죽음은 사실 매우 환영할 만한 것"이고(《의지와 표상으로서의 세계》 1:418), "구원의 시간이 다가왔음"을 의미한다(《여록과 보유》 2:168).

쇼펜하우어는 자신의 구원론적 비전에 대한 한 가지 '비난의 여지'를 인정함으로써 그의 대작을 마무리했다. "이 비난이란, 우리의 고찰로 결국 우리가 완전한 성스러움 속에서 모든 의욕을 부정하고 포기하며, 바로 그럼으로써 전체 현존재가 우리에게 고뇌로 나타나는 세계로부터의 구원을 눈앞에 보는 것에 이른 뒤, 이제 우리에게 바로 이 현존재가 헛된 무無로의 이행으로 생각된다는 점이다"(《의지와 표상으로서의 세계》 1:436). 여기서 쇼펜하우어가 말하는 '존재'와 '무'는 무엇을 의미할까? 쇼펜하우어에게 우리가 긍정하거나 존재하는 것으로 받아들이는 것과 수행자가 무를 위해 부정하는 것은 바로 표상의 세계이며, 표상은 삶의 의지를 투영하는 거울이다. 다시 말해 쇼펜하우어의 고행자는 현상을 재현하거나 반영하지 않는다. 그들은 의지적 주체 즉 '평범한' 자아가 생각하는 존재에 대해서는 아는 바가 없다. "의지는 목표도 끝도 없는 노력이다. … 이 현상의 가장 보편적인 형식인 끝없는 시간과 공간에서 나타나고, 표상하는 자(주체)와 표상(객체)으로 구성되는 최종적으로 근본적인 형태를 거친다"(《의지와 표상으로서의 세계》 1:438). "의지의 부정, 폐기, 방향 전환도 의지의 거울인 세계의 폐기이자 소멸이기도 하다." 다시 말해 수행자는 시공간적으로 구별되고 인과적으로 연결된 현상의 관점에서 세계를 재현하려는 동기에 이끌리는 삶에 대한 의지를 폐지했기 때문에, 세속적인 세계를 투영할 수 없다. 그는 단도직입적으로 이렇게 표현했다. "의지가 없으면, 표상도 세계도 없다"(《의지와 표상으로서의 세계》 1:438). "의지가 사라지면 세계는 녹아 없어지고, 우리 앞에 무無만이 남게 된다"(《의지와 표상으로서의 세계》 1:438).

따라서 쇼펜하우어에게 있어 구원론의 궁극적 목표인 '의지 없는 세계'는 그 어떤 긍정적인 지식으로도 설명할 수 없다. 쇼펜하우어는 자신의 가르침을 실은 최고 정점이라고 묘사한 《의지와 표상으로서의 세계》 1권 4장의 마지막 부분에서 이렇게 적었다.

'무無'의 개념이 본질상 상대적이고, 그 개념이 부정하는 특정한 무엇에만 관계한다는 것을 언급하지 않을 수 없다. … 사람들은 이 특성을 결여적 무, 부정적 무라고 설명했다. 이 상대적 무와 달리 모든 점에서 무일지도 모르는 부정적 무를 내세웠고, 이에 대해 사람들은 그 자신을 지양하는 논리적인 무를 사용한다. 그런데 자세히 고찰하면 절대적인 무, 완전한 절대적 무는 생각할 수 없는 일이고, 이런 종류의 모든 것은 높은 관점에서 고찰하거나 더 넓은 개념에 포괄하면 언제나 다시 하나의 상대적 무에 지나지 않는다(《의지와 표상으로서의 세계》 2:612).

따라서 쇼펜하우어는 금욕주의적으로 의지를 부정하면, '우리 앞에는 아무것도 남지 않는다'라는 주장을 인정했다. 그러나 그가 인정하듯 의지의 부정이 '무無로 녹아드는 길'로 이어진다면, 그것을 두려워하기보다 '이상화'해야 할 것이다(《의지와 표상으로서의 세계》 1:438). 쇼펜하우어의 구원론에 대한 마지막 주장은 우리의 관점을 바꾸도록 즉 '+, -'의 기호를 뒤집어 "우리에게 있는 것은 아무것도 아니며, 우리에게는 아무것도 아닌 것이 존재한다"(《의지와 표상으로서의 세계》 1:437)는 진리를 간파하도록 설득하는 데 있다. 삶에 대한 의지의 관점에서 '무'를 추구하려는 자연스러운 성향을 따르기보다는, 일상적인 '사소한 걱정'을 중단하고 세속적 고민에서 벗어나고 평화나 평온을 얻은 수행자들의 삶을 살펴볼 것을 권유한다. 사실상 그는 우리에게 무의 관점에서 존재가 어떻게 보이는지 생각해보라고 권한다. 좀 더 구체적으로 말하자면 수행자의 무아 상태라는 관점에서 우리의 일상적인 이기심을 평가해보라고 한다. 그럴 때 우리는 무에 대한 자연스러운 두려움을 떨쳐버릴 수 있다고 암시한다.

이런 사람들을 보면 우리에게는 쉼 없는 충동과 혼잡 대신 소망에서 두려움으로, 기쁨에서 고통으로의 끊임없는 이행 대신 의욕하는 사람의 삶의 꿈을 이루려는 욕망은 결코 충족되지 않는다. 소멸하지 않는 희망 대신 모든 이성보다 높은 평화, 대양처럼 완전히 고요한 마음, 깊은 평정, 흔들림 없는 확신과 명랑함이 드러난다. 라파엘로 Raphael(이탈리아 화가이자 건축가. 이탈리아 르네상스의 3개 거장으로 불린다—옮긴이)나 코레조 Correggio(이탈리아 화가. 로마에서 미술학교를 창립했고 성화와 누드화를 많이 그렸다—옮긴이)가 그린 얼굴에 이것이 반영된 것도 완전하고도 확실한 복음이다. 즉 인식만 남아 있고 의지는 사라진 것이다(《의지와 표상으로서의 세계》 1:438~9).

이러한 예술에서 인도, 기독교, 모하메드교의 신비주의자들이 공유하는 내적 체험은 "내적 진리의 표식에 의해 보증된다"(《의지와 표상으로서의 세계》 1:439)라고 그는 주장했다. 라파엘의 성 세실리아 같은 성자의 예술적 묘사는 무無를 황홀한 상태로 바꿔준다고 했다.

[Figure 9.2] 라파엘로, 〈성녀 체칠리아의 법열The Ecstasy of St. Cecilia〉(1516~17).

쇼펜하우어에게 예술적 형상은 대양처럼 완전히 고요한 마음을 전하는 '무無'를 나타낸다. 의지로 가득 찬 세계가 우리를 치유할 수 없는 고통 속에 가두어놓지만, 의지가 비어 있는 세계는 텅 빈 무로 녹아내린다고 인식할 때 '오랜 위안'을 줄 수 있는 유일한 존재가 바로 예술적 형상이다. 라파엘로가 그린 성녀 체칠리아와 같은 인물로부터 '흔들림 없는 평화, 완전히 고요한 마음, 깊은 평정'을 느낄 수 있다. 그 상태를 즉시 유일하게 옳은 것, 다른 모든 것보다 무한히 우월한 것으로 인정하고 우리의 더 나은 정신은 이것을 향해 '과감한 통찰력을 갖도록 하라Dare to know'라고 외친다(《의지와 표상으로서의 세계》 1:416~17). 예술적 형상은 생의 의지를 부정하고 지상의 모든 쾌락을 거부하며, 세속의 노래를 침묵시키는 것을 궁극적인 구원의 형태로 드러낸다. 이러한 예술은 내적으로 아무런 정념이 없는 '무의 상태'에 대한 인간의 유치한 두려움을 없애주기도 한다. 두려움이 사라진다면 우리는 무를 진정한 구원의 수단으로 받아들일 수 있을 것이다. 쇼펜하우어는 이교도 교리에 반대하고 일부 기독교 수도사들[4.2]의 주장을 반영하여, 무를 지향하는 마음 즉 삶에 대한 급진적인 부정이 '모든 이성보다 높은 평화'를 가져온다고 했다(《의지와 표상으로서의 세계》 1:439).

# 10장

## 니체: 삶의 복귀로서의 철학

## 10.1 서론

앞서 살펴본 바와 같이 PWL 연구 분야의 두 중심인물인 아도와 푸코는 철학 사학자들이 그리스-로마 철학 모델이 현대 유럽 철학에서 얼마나 중요한 기반을 마련했는지를 인식하지 못한다고 제안했다. 이러한 맥락에서, 이전 장에서 살펴본 바와 같이 두 사람은 니체의 철학 실천 방식을 고대 철학 모델을 재구성하려는 시도로 개념화하면 그 범위, 성격과 중요성을 이해할 수 있다고 가설을 세웠다. 아도가 지적했듯 '쇼펜하우어와 니체의 철학은 … 우리 삶을 근본적으로 변화시키기 위한 초대장'이다(아도, 1995:272). 19세기 독일 철학자 가운데 주류 철학자들과는 이질적인 사상을 지닌 철학자들이 있었는데, 그들은 철학에서 그리스-로마 철학을 말살하려는 오랜 노력에 맞서 삶의 방식으로서 그리스-로마 철학 모델을 부활하려는 암묵적인 목표를 지녔다. 이에 푸코는 니체도 이러한 목표를 지닌 철학자라고 간주했다(푸코, 2005:251).

아도와 푸코는 니체가 특별히 고대의 철학 개념을 삶의 방식 또는 기술로서 받아들였다고 주장했다. 이 책 전체에서 살펴본 바와 같이, 삶의 방식으로서의 철학 모델에서는 특정 사상이 사람들이 지닌 고유의 성품ethos이나 인격에 실질적인 영향을 주는 경우에만 체계적 담론의 대상으로 삼았다. 철학 하기 즉 철학을 실천한다는 것은 일련의 신념을 받아들인 결과 특정한 종류의 자아와 행동 양식을 구성하는 행위이다. 이러한 이유로 사상만 번지르르하게 늘어놓는, 말과 행동이 다른 철학자보다는 삶과 죽음의 방식에 사상이 녹아 있어, 그 자체로 귀감이 되는 철학자들이 존경받아 왔다. 자크 루이 다비드Jacques Louis David는 소크라테스의 철학적 평정심 또는 죽음에 직면한 세네카의 금욕적 자기 억제에 대해 유명한 신고전주의 방식으로 묘사했다. 그에 따르면 그들이 실천한 철학은 눈에 보이는 증거로 실천 여부가 증명된다는 그리스·로마 사상의 믿음을 보여준다. 고대 철학의 맥락에서 철학은 삶을 변화시키는 방법이며, 따라서 철학의 가치를 가늠하는 가시적인 척도는 삶과 죽음의 방식이다.

니체의 주요 목표 중 하나는 헬레니즘 철학, 특히 에피쿠로스주의와 스토아주의를 구성한 영혼의 치유로서의 '치료 효과'를 재조명하는 것이다(키케로, 1927:3.6; 2~4장). 그러나 앞으로 살펴보겠지만 니체는 고대의 철학적 의사들(고대의 견유학파, 에피쿠로스학파, 스토아학파)이 그들이 '치료'하고자 했던 영혼의 질병에 대해 더 나쁜 '치료법'을 만들어냈다고 보여주며, 새로운 부류의 철학적 의사로 이들을 대체하고자 했다. 이 과정에서 니체의 심연에 떠오르는 의문이 있었다. 그가 쇼펜하우어적 또는 '낭만적' 비관주의가 현대 문화를 독살한다고 주장하기는 했지만, 부분적으로는 고대 철학에서 제시한 영혼 돌봄의 의료 모델을 되살릴 수 있지 않을까, 하는 생각이었다. 니체 철학은 "바로 이러한 '비관주의'에도 굴하지 않고, 아니 어쩌면 그 때문에 누구나 바라는 심신이 풍요로운 삶을 영위하는 것이 가능한가?"라는 질문을 던진다. 우리는 니체가 어떠한 과정을 거치며 철학 사상을 형성했는지 간략히 살펴봄으로써 현대 비관주의의 출현이라는 맥락에서 고전적 철학적 치료의 야망을 재조명하려 했던 니체의 시도를 파악할 수 있을 것이다.

## 10.2 니체의 형이상학적 명상법

고등학생 시절 니체는 고전 교육학으로 유명한 '슐포르타Schulpforta 기숙학교'에 다녔고 이후 본 대학교University of Bonn(1864~5)와 라이프치히 대학교University of Leipzig(1865~9)에서 고전 문헌학 (또는 신학)을 공부했다. 그는 본 대학교와 라이프치히 대학교를 다니며 저명한 문헌학자 프리드리히 리츨Friedrich Ritschl의 지도를 받은 후, 3세기 학설지가學說誌家(고대 그리스 철학자의 여러 학설을 수집 분류한 학자—옮긴이) 디오게네스 라에르티오스의 《위대한 철학자들의 생애》의 출처에 대해 수준 높은 에세이를 쓰며 이름을 알렸다.[1] 1869년 1월 28일, 24세의 니체는 정식 논문을 발표하지 않은 채 바젤대학교University of Basel 정교수로 임용되었고 13개월 뒤에는 특훈교수로 승진할 수 있었는데, 니체가 쓴 이 에세이들과 그를 고전 문헌학의 '귀재'로 극찬한 리츨의 추천서 덕분이었다.

젊은 시절 니체는 철학적 경력을 쌓는 동시에 독일 철학자 쇼펜하우어의 거대한 형이상학적 비관주의와 독일의 위대한 작곡가이자 쇼펜하우어주의자인 리하르트 바그너Richard Wagner의 카리스마 넘치는 성격과 음악적 천재성에 심취해 있었다.[2] 바그너에게 보낸 편지에서 "내 생애 최고의 고귀한 순간은 당신의 이름과 연결되어 있으며 나는 단 한 사람, 당신의 위대한 영적 형제 아르투르 쇼펜하우어를 알고 있다. 그는 내가 종교적 차원religione quadam으로도 그렇게 존경하는 인물이다"라고 적었다(1869년 5월 22일:《선악의 저편》 3/8). 니체는 쇼펜하우어의 철학적 비관주의에 공감했다. 게다가 작곡가 지망생이자 뛰어난 피아니스트였던 그는 모든 예술 가운데 음악만이 삶의 의지에 대한 형이상학적 통찰을 이끈다는 쇼펜하우어의 대담한 주장을 가슴 깊이 새겼다[10.4]. 쇼펜하우어에 대한 니체의 발견과 바그너의 음악에 대한 열정은 학문에 대한 그의 태도에 포문을 열었다. 그리고 무엇보다도 그의 삶을 변화시켰다. 니체는 1865년 10월경 라이프치히에서 집주인 뢴Rohn이 운영하던 서점에 들러 쇼펜하우어의 대작《의지와 표상으로서의 세계》를 발견했다. 그는 즉시 쇼펜하우어의 열렬한 팬이 되었다. 2년 후 그는 이 우연한 발견을 극적으로 회상했다.

어떤 악마가 그의 귀에다 대고 "이 책을 사서 돌아가라"라고 속삭였는지 모르겠다. … 나는 무언가에 홀린 듯 소파에 앉아 보물과 같은 그 책에 코를 파묻고 푹 빠져 지냈다. 그의 활기차고 침울한 천재성이 나에게 작용하기 시작했다. 모든 대사가 포기, 부정, 체념을 외치고 있었고, 여기서 나는 세상과 삶 그리고 내 마음을 무섭게 웅장하게 바라보는 거울을 보았다. 예술의 충만하고 무관심한 태양 같은 눈이 나를 바라보았고, 여기서 나는 질병과 치유, 유배와 안식처, 지옥과 천국을 보았다(제너웨이의 글 인용, 1998:16).

니체는 쇼펜하우어를 '지난 천 년 동안 가장 위대한 철학적 반신 반인demi-god'이라고 묘사했다(제너웨이, 1998:1). 니체가 형이상학적으로 영감을 받은 쇼펜하우어의 질병과 치유에 대한 이론에 심취할 무렵, 디오게네스의 《유명한 철학자들의 생애와 사상》의 출처를 추적 연구하면서 극도의 금욕주의적 수련을 실천하고 있었다. 쇼펜하우어의 비관론과 디오게네스의 고대 철학자 전기는 니체의 철학 사상에 대한 기틀 마련에 핵심 자료가 되었다.

그는 바젤대학교에서 철학을 연구하고 가르치던 철학자(1869~77)에서 대학을 벗어나 이곳저곳에서 강연과 활동을 펼치는 철학자(1877~88)로 반경을 넓혀갔다. 이 과정에서 니체는 PWL에 대한 고전적 유산의 중요한 가닥을 계승하고 발전시켰다. 니체가 그리스 철학을 이해하게 된 계기는 디오게네스의 《유명한 철학자들의 생애와 사상》에 대한 집중된 문헌학 연구를 통해서였다. 니체는 디오게네스에 대해 "자신도 그 어마어마한 가치를 알지 못하는 보물을 지키는 서투른 파수꾼'이라고 표현했다. "그는 그리스 철학사의 야경꾼이며, 누구도 그에게서 열쇠를 얻지 않고는 그 안으로 들어갈 수 없다"라고 말했다(《고증 전집판Beck'sche Verlagsbuchhandlung (BAW)》 5:126, 1868/1869).

르네상스 인문주의자들과 마찬가지로 철학적 전기[6.1]에 관심을 가졌던 디오게네스의 생애는 니체의 철학적 지향의 토대가 되었다. [3] 그는 무엇보다도 철학은 삶의 방식이며 철학자는 의사라는 고대의 주요 사상을 받아들였다. 니체는 '호메로스와 고전 문헌학'이라는 제목으로 첫 바젤 강연(1869년 5월 28일)을 선보였는데, 이때 정교한 가르침의 부상으로 인해 지혜의 학문인 철학이 단순한 말의 학문인 문헌학으로 변질되고 있다는 세네카의 한탄을 노골적으로 드러냈다. "어느 순간 철학은 언어학으로 바뀌었다$_{Itaque\ quae\ philosophia\ fuit}$ $_{facta\ philologia\ est}$"[《도덕 서한》 108. 23; 10.1 참조]. 니체는 자신이 굳게 믿고 있는 '신념'을 '고백하면서, 철학이 사실 우리에게 어떻게 살아야 하는지를 가르쳐주는 학문인데 그 본연의 취지를 되돌리는 작업을 수행하고자 한다고 선언했다. "철학은 사실 그 본연의 철학이 맞다$_{Philosophia\ facta\ est\ quae\ philologia\ fuit.}$"

1870년대 초, 니체는 고대 그리스 철학에 관한 미발표 연구서《그리스 비극 시대의 철학$_{Philosophy\ in\ the\ Tragic\ Age\ of\ the\ Greeks}$》(1873)을 완성했다. 그리고 동시대 철학자에 관한 책 이른바《철학자의 책$_{Das}$ $_{Philosopenbuch}$》에 대한 미공개 노트 시리즈를 썼다. 두 경우 모두 그는 '문화를 치유하는 의사'로서 철학자의 고대 이상을 강조하고 철학자의 삶과 인격을 기록된 이론보다 우선시했다. 철학자에 대한 그의 간략본 중 하나의 제목은《문화 의사로서의 철학자$_{The\ Philosopher\ as}$ $_{Cultural\ Physician}$》다. 그는 고전적인 맥락에서 '철학자의 산물'은 '그의 작품보다 중요한 가치를 드러내는 그의 삶 자체'라고 주장했다. "그의 삶은 그가 만드는 예술작품이다"(니체, 1979:48).

《그리스 비극 시대의 철학》을 통해 니체는 '철학 하기'의 본보기로서 철학사에 대한 기여를 확대해 나갔다. 여기서 그는 철학자의 사상에서 그의 개성을 구성하는 측면만을 강조하고자 했다. "나는 어떤 철학자들의 이야기를 단순화해서 말하려고 한다. 나는 그들의 개성의 한 부분을 구성하고 따라서 역사가가 기록하는 내용에서 논쟁의 여지가 없는 사실에 대해서만 조명하며 그 철학적 체계에 대해서만 강조할 것이다"(《그리스 비극 시대의 철학》:24). 니체는 플라톤 이전 철학자들의 체계보다 그들의 인격 연구에 우선순위를 두었다. "우리가 영원히 사랑하고 존경해야 하는 것, 그 이후의 어떤 깨달음도 빼앗을 수 없는 것, 바로 위대한 인간에 관한 것이다"(《그리스 비극 시대의 철학》서문). 실제로 니체는 디오게네스 라에르티우스의 평범한 일화를 인용하기도 했다. "철학 사상이 반박과 비난을 받는 경우가 있다. 이때, 내가 가장 관심을 두는 것은 철학자의 개인적인 삶에 관한 것이다. 그의 사상 대신, 그가 살아온 삶은 반박의 여지가 없이 있는 그대로 평가받는다. 나는 세 가지 일화에서 한 인간의 이미지를 제시할 수 있다. 각 사상체계에서 세 가지 일화를 강조하고 나머지 내용은 과감히 버릴 것이다"(《그리스 비극 시대의 철학》서문).

니체는 또한 이 고대 철학 모델을 사용하여《반시대적 고찰 II》[4] 의 '삶에 대한 역사의 공과'(1874년 2월) 2편과 '교육자로서의 쇼펜하우어'(1874년 2월)를 구성했다. 앞으로 살펴보겠지만 니체가 일컫는 '명상'은 고대 철학에서 이상향으로 삼은 PWL, '철학적 의사' 또는 '문화적 의사'에 대한 개념 그리고 아도 이후 정립된 '영적 수련'을 토대로 한다. 니체는 현대판 철학적 의사의 역할을 자처함으로써 고대 철학의 모델을 부활시켰다. 아도와 니체의 명상이 고대 철학의 메타 철학적 전제에서 어떻게 영향을 받았는지 간략히 살펴보겠다.

니체의 '반시대성Untimeliness 또는 Unzeitgemasse'에 대한 개념은 PWL을 연구하는 우리 목적에 몇 가지 중요한 의미를 내포하고 있다. 첫째, 니체는 '반시대성'이라는 용어를 사용하여 자칭 '현대 문화

비평가'로서 스스로를 평가했다. 훌륭한 역사적 감각으로 현대 문화를 바라보면서, 특별히 고전적인 시각에서 문화를 평가했다.

*현대의 자식인 내가 스스로에 대해 그토록 반시대적인 경험을 했다는 점에서 내가 옛 시대의, 특히 그리스 시대의 자식이라는 점을 숨기지 않아야 할 것이다. … 고전 문헌학이 반시대적으로, 다시 말해 시대와 대립함으로써 시대에 그리고 바라건대 앞으로 도래할 시대를 위해 영향을 미치는 것 외에 우리 시대에 어떤 의미가 있는지 나는 잘 모르기 때문이다(《삶에 대한 역사의 공과》 서문).*

니체는 냉소적인 시각에서 현대 문화가 최고의 미덕으로 여기는 것이 사실은 타락한 악덕이나 병이라고 평가하며 잘못된 인식을 보편화하려는 현대 문화의 경향을 비난했다. 고전 고대의 관점을 통해 현대를 관찰하는 반시대적 비평가로서 그는 우리가 '소모적인 역사적 열병'에 고통을 받고 있다고 했다(《삶에 대한 역사의 공과》 1). 이 새로운 역사적 질병 때문에 현대인들은 자아 성찰하는 법을 모르게 되었다. 자신의 행동을 자극하고 발전시키기 위해 지난 과거를 회상하고 곱씹을 줄 모른다. 삶과 성격에 과거를 비추어보지 못한 채, 그저 '과거는 과거일 뿐' 역사의 '객관적인' 구경꾼이 되는 것이다. 니체는 이러한 현대의 역사적 병폐야말로 지식을 통합하고 행동으로 전환하는 능력의 상실이라고 정의한다.

니체가 제안하는 이와 대조적인 관점은 고전적 관점이다. '아는 것이 힘이다'라는 원칙하에 지식이 삶을 향상하는 데 기여해야 한다는 원칙을 따르는 관점이기 때문이다. 단, 그는 한 걸음 더 나아가,

지식보다 더 중요한 것은 '어떠한 삶을 사는 것인가'이므로 삶을 지식 위에 두고 있다. 그의 말처럼 우리는 '더 나은 삶을 살기 위해 역사를 활용하는 방법을 잘 배워야 한다'(《삶에 대한 역사의 공과》1). 니체에게 현대 문화의 병폐는 바로 PWL의 특징인 진리를 삶의 실천에 녹여내지 못한다는 점이다. 그는 현대 철학자들이 더는 PWL을 이론적 담론으로 생각하지 않는다는 점을 한탄했다. 그들은 이러한 철학을 삶의 방식으로 바라보지 못한 채, 철학 체계에 대한 학술적이고 포괄적인 역사만을 편찬할 뿐이다.

*누구도 감히 철학의 법칙을 스스로 실천하려 하지 않으며, 누구도 철학적으로 다시 말해 어떤 노인이 스토아학파에 충성을 맹세한 이상 그가 어디 있든 무슨 일을 하든 스토아 학자처럼 행동하게 만드는 저 소박한 지조를 가지고 살지 않는다(《반시대적 고찰》의 제3권 '교육자로서의 쇼펜하우어Schopenhauer as Educator' 5).*

쇼펜하우어[10.1]에 이어 니체도 PWL의 종말이야말로 현대의 역사적 질병을 드러낼 뿐 아니라, 철학이 국가가 자신의 필요에 따라 활용하는 교육적 도구가 되었다는 사실을 암시했다.

*현대의 모든 철학적 사색은 정치적이며 경찰과 같다. 그것은 정부와 교회, 학술원과 관습, 인간의 비겁함으로 인해 학자적 외관에만 제한되어 있다. 그것은 "만약 그랬다면"과 같은 탄식이나 "과거에는 어떠했다"라는 인식에 머물러 있다. 철학이 영향력 없이 내적으로 억제된 지식 이상의 것이 되고자 한다면, 철학은 역사적 교양 안에서는 아무 권리가 없다. … 그것은 아직 인간인가 아니면 혹시 사*

둘째, 니체는 이처럼 고대의 관점으로 현대를 바라보는 것은 건강과 질병의 관점에서 현재를 진단하고 그 질병을 치료하고자 하는 문화적 의사의 관점을 취하는 것이라고 주장했다. 이때, 그의 접근은 계몽주의 철학에 근접해 있다고 할 수 있다[8.1]. 그는 현대 문화에서 '역사 과학historical sciences'(인간에 관한 사물과 현상을 반복이 불가능하고 일회적이며 개성적인 것으로 보고, 연구하고 기술하는 과학을 통틀어 이르는 말—옮긴이)을 과대평가하는 데서 문제가 비롯되었다고 판단하며, 의학적 은유를 반복해서 사용함으로써 자신의 취지를 전하고자 했다. 니체는 현대의 '병폐', '부상', '질병' 치료를 목표로 삼았다.

셋째, 그의 반시대적 고찰은 현시대에 대한 '의학적' 또는 '진단적' 관찰로서, 현대 사회에서 진단하는 각종 질병에 대한 치료법으로 다양한 운동과 수련을(4) 처방한다. 예를 들어 역사에 대한 명상에서 니체는 '역사에 의한, 역사의 질병에 의한 삶의 질식'을 치료하기 위해 견유주의(냉소)적이면도 스토아적인 해독 기능이 있다는 사실을 발견했다(《삶에 대한 역사의 공과》 10). 니체는 견유주의는 과거를 '망각'하는 단련을 지향하는 '역사와 무관한unhistorical' 해독제인 한편, 스토아주의는 영원의 관점에서 사물을 바라보는 '초역사적인 supra-historical' 해독제로서 '존재에 영원의 성격을 부여'한다고 설명했다(《삶에 대한 역사의 공과》 1 & 10). 니체는 고대의 냉소주의를 망각의 연습과 동일시했다. 그가 생각하는 고대 냉소주의는 건강한 동물적 이해를 되찾기 위한 엄격한 철학적 수행 과정이다. 니체는 쇼펜하우어가 동물적 인식과 인간적 인식을 구분한 것[9.2]을 바탕으로 냉소주의자가 행복을 되찾기 위해 전자의 직관적 인식을 발휘할 것을 제안했다. 추상적 인지를 통해 과거를 회상하고 미래를 상상할 수 있어 후회를 일삼고 예상되는 두려움에 시달리는 인간과 달리, 동물은 현재의 순간에 온전히 몰입한다(《삶에 대한 역사의 공과》 1). "'그랬다'라는 말을 투쟁, 고통, 권태와 함께 인간에게 다가와 그의 존재가 근본적으로 무엇인지, 미완성의 과거임을 상기시켜주는 저 암호를 배운다"(《삶에 대한 역사의 공과》 1). 그러나 니체는 쇼펜하우어와 달리 냉소주의 철학에 반대하여 우리가 고통받을 운명이라는 비관적 결론을 긍정하는 것이 아니라, 삶의 의지에 반하거나 도피하려는 비관적 욕망을 극복하는 데 어떻게 냉소주의적 망각의 수련이 필요한지를 보여주었다.

행복이, 새로운 행복을 재빨리 붙잡는 것이 어떤 의미에서 살아 있는 자를 삶에 고정하고 그를 삶으로 강요하는 것이라면, 어떤 철학자보다 견유주의자가 더 많은 권리를 갖고 있을 것이다. 완성된 견유주의자로서 동물의 행복은 견유주의의 권리를 증명하는 살아 있는 증거이기 때문이다. … 행복을 행복으로 만드는 것은 언제나 하나다. 잊을 수 있다는 것, 또는 … 자신이 지속되는 동안 비역사적으로 느낄 수 있는 능력이 그것이다. 순간의 문턱에서 모든 과거를 잊으면서 정착할 수 없는 사람은, 또 승리의 여신처럼 현기증이나 두려움 없이 한 지점에 서 있을 수 없는 사람은 행복이 무엇인지 결코 알지 못할 것이다(《삶에 대한 역사의 공과》 1).

    니체의 세 번째 명상록 《교육자로서의 쇼펜하우어》는 PWL 개념을 되살리려는 그의 취지를 드러낸다. 쇼펜하우어의 형이상학적 체계를 거의 언급하지 않고 그가 어떠한 삶을 살았는지에 관한 '전기'에만 집중한다는 점에 주목해야 한다. 이런 의미에서 니체의 쇼펜하우어 연구는 철학자의 삶이 가장 중요하다는 디오게네스 라에르티우스의 고전적 개념을 모델로 삼고 있다(셀라스, 2001 참조). 니체는 이러한 고전적 가정을 토대로 '교육자로서의 쇼펜하우어'를 치하했다. 1874년 니체는 사실 쇼펜하우어의 형이상학과 윤리학의 핵심 이론을 거부했지만, 그가 철학적 삶의 모범을 보여주며 철학적 시사점을 남긴다고 주장했다. [5] 니체의 '전기'는 한 위인이 시대의 한계와 병리로부터 해방되기 위해 자신의 시대에 맞서 싸워야 하는 투쟁의 영웅적 모범으로 쇼펜하우어를 표현했다. 니체에게 쇼펜하우어의 철학적 삶은 현대 문화의 주요 병리 즉 지식과 행동을 통합하지 못해 자신을 수양하지 못하고 무리에 맞춰 행동하는 약화된 인격의 탄생을 극복하는 지침이었다. 다시 한 번 니체는 그가 표현하는 '나쁜 양심'을 진단하는 철학적 의사의 역할을 자처했다.

자신이 단 한 번, 유일무이한 존재로 세상에 존재한다는 것을, 또 어떤 이상한 우연도 두 번씩이나 그토록 기이하게 다채로운 갖가지를 뒤흔들어 섞어 그 같은 하나의 존재로 만들지는 못하리라는 것을 누구나 다 알고 있다. 그는 그것을 알고 있지만 나쁜 마음인 양 그걸 숨긴다. … '너 스스로가 되어라! 네가 지금 행하고 생각하고 원하는 것은 모두 네가 아니다'라고 그에게 외치는 양심의 소리를 따르면 된다(《교육자로서의 쇼펜하우어》 1).

니체가 생각한 쇼펜하우어의 삶은 우리가 어떤 사람이 되어야 하는지를 보여준다는 점에서 제대로 된 철학 교육이다. 니체는 쇼펜하우어에게서 다음과 같은 진가를 발견한다. "교육자로서의 진정한 철학자 즉 시대에 내재한 불만을 넘어설 수 있고 생각과 삶 속에서 단순하고 정직하라고, 다시 말해 반시대적으로 되라고 다시 가르칠 수 있는 교육자로서의 철학자를 그렸다"(《교육자로서의 쇼펜하우어》 2). '철학적 삶의 해방'에는 여러 단계가 있는데, 쇼펜하우어는 그 단계들을 항해하는 데 평생을 바쳤다는 점에 니체는 감흥을 얻었다(《교육자로서의 쇼펜하우어》 3). 따라서 교육자 쇼펜하우어에서 니체가 고대 철학의 PWL 이상향을 긍정했다는 것은 자연스러운 결과다.

*나는 어떤 철학자가 모범을 보이는 정도만큼만 그를 인정한다. … 단순히 책을 통해서가 아니라 눈에 보이는 구체적인 삶을 통해서 모범을 보여야 한다. 다시 말해 그리스 철학자들이 표정, 태도와 의복, 음식과 관습 즉 말하거나 쓰는 것 이상을 가르쳤던 것처럼 그렇게 모범을 보여야 한다. 철학적 삶을 이처럼 용감하게 구현하기 위해서는 우리 독일에 부족한 것이 얼마나 많은가!(《교육자로서의 쇼펜하우어》 3)*

여기서 니체는 '사람들의 눈에 비치는 철학자의 삶'이 그의 철학적 발언이나 글보다 더 중요하다고 판단했다. 디오게네스는 자신의 의심에 직면하여 더욱 적극적으로 '금욕적인' 삶을 살았고, 이에 대한 플루타르코스의 일화를 인용했다.

*나는 디오게네스의 첫 번째 밤을 생각한다. 고대의 모든 철학은 삶의 단순성을 지향했고 사회 전복 사상에 대한 가장 중요한 처방 수단으로 일정한 무욕을 가르쳤다. … 완전히 변화된 삶의 질서를 추구하고, 예를 통해 제시하는 용기를 획득하지 못할 경우 철학자는 아무것도 얻지 못할 것이다*(《유고Kritische Studienausgabe》 7, 31[11] 752, 강조 내용 추가).

니체가 생각하는 철학은 관습에서 벗어난 모범적인 삶의 방식 즉 모범적인 행동을 통해 입증되는 '비범한 삶의 방식strange mode of life'을 옹호한다(10). 니체에게 철학의 목적은 삶의 방식을 실천하는 것이고 이러한 실천적 실현을 통해 철학은 '증명'된다. 그렇다고 이론이 실천에 필수적이지 않다는 주장이 아니다. 단, 이론은 철학자가 자신의 삶을 수행하는 방식에서 실천하는 한도 내에서만 중요하다고 주장했다. 즉 실천하지 않는 이론은 의미 없다는 것이다.

니체는 쇼펜하우어가 '대학 철학에 관해 쓴 유명한 논문'[10.2]에 이어, 고대 PWL 모델을 부활시킴으로써 현대 대학 철학이 삶과 행동으로부터 단절된 학문이라는 점에 불편한 심기를 드러냈다(9). 니체는 철학적으로 영웅다운 삶을 살겠다는 쇼펜하우어의 의지와 스스로를 유급 공무원 정도로 생각하는 현대 대학 철학자들의 안일주의를 극명하게 대조했다. 그는 대학 철학자들이 국가 철학자로서 자신의 학문을 삶의 방식이 아니라 주로 체계화, 역사적 학식, '비판'의 문제로 생각한다고 주장했다. 진리를 추구하는 격론이 시들어가는 가운데 니체는 에두아르트 첼러Eduard Zeller와 같은 동시대 철학자들이 철학을 실천하기는커녕 잊어가고 있다고 암시했다.

학자적이지만, 학문적이지는 않고 너무 지루한 리터_Ritter_나 브란디스_Brandis_나 첼러_Zeller_의 저서들이 널리 퍼뜨린 졸음 오는 안개로부터 그리스의 철학사를 구원해줄 사람은 누구인가? 나는 첼러보다는 디오게네스 라에르티오스를 즐겨 읽는다. 디오게네스에게서는 고대 철학자들의 정신이 살아 있지만, 첼러에게서는 그 정신은 물론 어떤 다른 정신도 없기 때문이다(《교육자로서의 쇼펜하우어》 8). [6]

헤겔은 디오게네스 라에르티오스의 철학적 재능이 부족하다며, 그의 책이 이전 작가들의 의견을 모은 것에 불과하다고 비판한 적이 있었다. 그러나 니체는 헤겔의 디오게네스 라에르티오스에 대한 폄하를 뒤집고 PWL을 실천한 고대 철학자들의 '철학하기'를 재평가했다.

가능한 유일한 철학 비판은, 또 무엇인가를 증명하는 즉 철학에 따라 살 수 있을지를 시도하는 철학 비판은 결코 대학에서 가르칠 수 없다. 그것은 언제나 말에 대한 말의 비판이다(《교육자로서의 쇼펜하우어》 8).

## 10.3 영적 단련으로서의 니체 철학

니체는 이른바 철학적 성찰 3부작으로 불리는 《반시대적 고찰_Untimely Meditations_》(1877~82)에 이은 저작들에서 고대 PWL 모델과 그 메타 철학적 가정을 폭넓게 적용했다. 3부작에서 소개하는 고대 철학 모델은 세 가지 범주로 세부 저서를 구분할 수 있다. 첫째, 《인간적인, 너무나 인간적인_Human, All Too Human_》(1877), 《속담과 격언 모음집_Assorted Opinions and Maxims_》(1879) 그리고 (《인간적인, 너무나 인간적인》 2

권에 이어 출간된《방랑자와 그의 그림자The Wanderer and His Shadow》(1880)가 있다. 두 번째는《아침놀Daybreak》(1881), 마지막으로 세 번째는《즐거운 학문The Gay Science》(1882/1887)이다. 니체는 1886년 3부작 시리즈의 각 책에 적은 서문에서 자신의 메타 철학과 고대 학파의 연관성을 강조했다. 그가 말하는 연결성과 연속성이란 무엇일까?

첫째, 이 중기 작품에서는《교육자로서의 쇼펜하우어》에서 그랬던 것처럼 철학은 삶의 방식 그 이상이라고 했다. 그는 이제 기존 주장에서 한 걸음 나아가 철학적 담론이 삶을 형성하고 변화시키는 주요한 수단 중 하나라고 인식했다. 니체는 이 논제에 영혼의 치료적 측면을 부여한 것이다. 철학을 실천하는 자가 스스로 자신을 치료하는 수련이라는 것이다(3). 그렇다고 모든 철학 사상이 심신의 건강이나 번영을 목표로 삼는다는 것은 아니다. 니체가 이렇게 단호하면서도 격언적으로 주장을 펼친 이유는 철학을 치료 수단으로 삼으려는 그의 노력에서 비롯되었다. 이 책에서 살펴본 다른 철학자들의 경우와 마찬가지로 니체의 수사적 방식은 PWL에 대한 굳은 의지를 나타내는 지표이다(5).

둘째, 그는 1886년《인간적인, 너무나 인간적인》1, 2권과《즐거운 학문》의 서문에서 자신의 철학적 탐구를 쇼펜하우어적으로 또는 낭만주의적 비관주의를 극복할 수 있었던 치료적 단련(3)으로 회고했다. 니체는 이를 위해 고대의 철학적 치료법, 가장 분명하게는 견유주의, 스토아주의, 에피쿠로스주의 치료법 즉 '모든 고대 철학을 담은 연고 상자와 약'을 활용했다고 회고했다. 이들 작품에서 니체는 '고대 사상을 체화하라'라는 자기 주도적 명령을 따랐다(《유고》8:28

[41]; 《유고》 8:28 [40]).

　마지막으로 셋째, 3부작의 마지막 책 《즐거운 학문》에서는 고대의 철학 치료법의 한계점을 지적했다. 심신이 온전히 건강한 '위대한 건강'의 경지에 오르려면 최종 순간에서는 고대 철학에서 제시하는 치료법을 걷어차 버려야 하는 '임시가설물scaffold'로 취급한다(《즐거운 학문》 382). 견유주의에 따라 고통을 망각하고, 에피쿠로스주의에 따라 쾌락을 기억하며, 스토아주의에 따라 역경에 당당히 맞서고 모든 가치에 대한 회의적인 무관심으로 일관한다면 평정심을 찾을 수는 있지만, 이는 이제 훨씬 더 높은 유형의 건강으로 올라가는 첫 번째 단계에 불과하다. 그는 고대의 치료법이 금욕적인 삶의 부정은 극복할 수 있지만 삶을 완전히 긍정할 수는 없다고 주장했다. 니체는 삶을 완전히 긍정하는 '디오니소스적 비관주의'를 쇼펜하우어적 비관주의의 대척점에 놓았다. 제너웨이에 따르면 니체의 이상향은 어떤 면에서는 쇼펜하우어의 반대 논제anti-thesis이기도 하다.


*쇼펜하우어: 삶에 대한 의지의 부정을 통해서만 이 고통으로 가득한 존재를 구원할 수 있다.*

*쇼펜하우어 반대론자: 모든 고통이 있는 삶을 긍정해야만 힘과 위대함을 얻을 수 있다.*

*쇼펜하우어: 차라리 내가 존재하지 않았다면, 세상이 없었다면 더욱 좋았을 것이다.*

*반쇼펜하우어 반대론자: 나는 이미 일어난 모든 일을 사랑하고 의지하며, 끝없이 그와 같은 일이 반복되기를 바란다(제너웨이, 2003:171).*

니체가 《즐거운 학문》을 집필한 가장 중요한 목표는 고전 이후의 철학 치료법을 체계화하는 것이었다(유어 & 라이언, 2017). 그는 영원한 순환에 대한 고대 사상을 건전한 디오니소스적 비관주의를 배양하고 달성하는 영적 수련으로서 재구성했다. 니체의 중기 저서들은 PWL에 대한 그의 너무나도 중요한 기여도를 나타내고 있기에, 이 책에서는 이에 관한 텍스트와 주장에 초점을 맞출 것이다.

## 치료적 훈련으로서의 철학적 담론

앞서 살펴본 바와 같이, 니체는 《반시대적 고찰》에서 철학은 철학자가 무엇을 말하거나 쓰는 것이 아니라 어떻게 사는가에 달려 있다고 주장했다. '자유 정신 3부작'에서는 철학자의 삶에서 철학적 글쓰기 또는 담론의 중요성을 고려했다. 니체는 《아침놀》에서 철학 사상은 영혼의 측면에서 바라본 '전기傳記'와도 같다고 했다(《아침놀》 481). 각 철학자의 사상가 이론 체계에 따라 철학의 역사가 발전되는 것이 아니라, 각 철학 사상가가 어떠한 삶을 살았는지를 담아내는 전기를 비교하고 평가했다. 그에 따르면 철학 '사상'은 한 영혼의 '무의식적인 전기'로서 영혼이나 인격을 글로 표현하고 있고, 최소한 평범하고 틀에 박힌 전문 철학보다 위대하다고 여겨진다(《아침놀》 481). [7]

위대한 철학은 철학자의 전기에 기반을 둔다. 더 정확하게 말하자면 니체는 이러한 철학들을 무의식적인 자기 고백 또는 현세의 다양한 측면이나 유형의 성격을 표현하는 '회고록'에 비유했다. 정념의 변덕(플라톤, 스피노자, 파스칼, 루소, 괴테), 안정된 성격 또는 기질(쇼펜하우어), '머리Kopfes' 또는 지적 메커니즘(칸트)을 표현하는 회고록인 셈이다. 철학을 '영혼이 거치는 정념의 역사'에 관한 것이라는 관점도 있다. 이 부분에 대해서 니체는 철학이 위기, 재앙 또는 죽음의 장면으로 가득 찬 [로마의] 소설처럼 구성된다고 관찰했다. 니체는 칸트에게 그러한 철학적 '소설가'의 기질이 부족하다고 평가했다.

*칸트는 그 사상 전체에 걸쳐 빛을 발하고 최상의 의미에서 성실하고 존경할 만한 사람인 것처럼 보이지만, 또한 대단하지 않은 존재인 것처럼 보인다. 그에게는 넓이와 힘이 결여되어 있다. 그는 그다지 많은 체험을 하지 않았으며 그가 일하는 방식이 어떤 것을 체험할 수 있는 시간을 빼앗았다(《아침놀》 481).*

그렇다고 단순히 철학자들이 철학적 담론을 통해 내적 경험과 욕구를 무의식적으로 표현한다고 주장하진 않았다. 또한 철학적 담론을 자신을 발전시키는 수련으로도 활용한다고 했다. 이러한 관점에서 니체는 자신의 자유 정신을 위한 '자유 정신 3부작'은 그 자체로 자아의 자발적인 단련 즉 '정신 치료' 또는 자기 글쓰기의 한 형태라고 주장했다(《인간적인, 너무나 인간적인》 2권 서문 2; (4)). 그는 《인간적인, 너무나 인간적인》에서는 자신의 '체험' 즉 '하나의 질병과 회복의 역사'를 기록한다(《인간적인, 너무나 인간적인》 2권 서문 6). [8] 《인간적인, 너무나 인간적인》은 니체의 말에 따르면 "일시적인 병에 저항하는 나의 건강한 본능이 스스로 발명해내고 처방한 반낭만주의적인 가지 치료의 연장이며 강화였다. … 그 가르침은 바로 다음 세대의, 훨씬 더 정신적인 본성을 가진 사람들에게 의지의 단련을 위하여 추천될 수 있는 건강의 가르침이다"(《인간적인, 너무나 인간적인》 2권 서문).

## 현대 비관주의에 대한 치료로서의 고대 낙관주의

니체는 자신의 철학 사상이 '삶에 싫증을 내는 비관주의에 대한 전쟁을 선포한 것'이라고 했다(《인간적인, 너무나 인간적인》 2권 서문 5). 즉 니체는 사람들이 자신의 철학을 쇼펜하우어적 비관주의라는 병을 치료하기 위한 치료법으로 사용했음을 인식했다. 니체가 적은 메모에는 이런 글이 있었다. "1876년경 나는 내 본능이 쇼펜하우어와는 정반대의 방향 즉 가장 끔찍하고 모호하며 비참한 삶의 정당화를 향해 가고 있음을 파악했다. 이를 위해 나는 '디오니소스'의 철학하기 공식을 갖고 있었다"(《유고》 12/354~5). 《인간적인, 너무나 인간적인》 1, 2권의 1886년 서문에서 니체는 삶의 피로와 싸우는 과정에서 견유주의, 금욕주의, 에피쿠로스주의 등 고대의 철학적 치료법을 본인도 자신에게 적용해봤다고 했다.

의사가 환자를 완전히 낯선 환경에 처하게 하는 것과 같이 … 한 사람 속에 의사와 환자를 동시에 지니고 있는 나는 지금까지 시도된 적이 없는 정반대 영혼의 풍토로 즉 낯선 고장과 낯선 것 속으로 물러서는 방랑과 모든 종류의 낯선 것에 대한 호기심을 나에게 강요했다. … 사실상 최소한의 삶, 모든 조야한 욕망의 사슬의 해방, 모든 종류의 외적인 불리함 가운데서의 독립, 이러한 불리함 속에서도 살 수 있다는 긍지, 나아가서 아마도 약산 냉소적인 것과 약간의 '술'(《인간적인, 너무나 인간적인》 2권 서문 2).

《인간적인, 너무나 인간적인》 2권의 서문에서 그는 고대 철학을 이론적 교리가 아니라 주로 '정신적 강화'의 수단으로 삼았다고 기록했다. 회의주의(견유주의)와 금욕주의(스토아주의)와 가장 밀접하게 연관된 신체적 단련과 수련과 유사한 고대 사상을 비유하기도 했다(6)(《인간적인, 너무나 인간적인》 2권 서문 5). '자기 점검self-testing'을 통해 '삶에 대한 평형, 여유, 나아가 감사의 마음까지도 잘 유지된 상태'를 유지하기 위해서였다(《인간적인, 너무나 인간적인》 2권 서문 5). '멀리 달리고 높이 비상하며 무엇보다 항상 또다시 비상하는 일을 정신이 가능한 한 더 쉽게 할 수 있게 하는 훈련'으로도 실행할 수 있다(《인간적인, 너무나 인간적인》 2권 서문 5). 그는 이러한 단련과 연습을 통해 고통의 경험을 바탕으로 세상을 비난하는 쇼펜하우어주의나 낭만주의적 비관주의와 '염세주의자가 되기 위한 재건의 목적을 가진 낙관주의'에서 자신만의 확고한 '관점'을 정립했다고 회상했다(《인간적인, 너무나 인간적인》 2권 서문 5). 니체의 '낙관주의'는 불행과 고통에 대한 고요한 인내라는 일반적인 헬레니즘적 목표와 같은 형태를 취했다(7).

따라서 니체는 쇼펜하우어의 비판적 판단을 뒤집었다. 니체는 형이상학적 통찰력의 부족을 전제로 냉소주의와 금욕주의를 거부하는 대신, 쇼펜하우어의 형이상학적 비관주의를 질병의 증상으로 진단하고 이러한 학파가 우리에게 질병을 치료할 수 있는 수련 기회를 연습할 수 있다고 주장했다. 그는 쇼펜하우어의 형이상학 가르침은 '신비적인 당혹과 도피에 빠져들게 하는' 방식으로 사람들을 현혹했다고 주장했다. '하나의 의지One Will'에 관한 증명 불가능한 교설("모든 원인은 의지가 이 시간, 이 장소에서 현상으로 나타나는 기회 원인에 불과하다", "삶에의 의지는 가장 미미한 존재에 이르기까지 완전하고 분리 불가능한 상태로 현존한다. 그것은 존재했던 것, 존재하는 것, 존재할 것, 모두를 완전히 채우고 있다.")도 여기에 해당한다. 니체는 이러한 교설로 인해 악습과 탈선의 증상이 발현된다고 보았다(《즐거운 학문》 99). 동시에 페트라르카[6.2]나 몽테뉴[6.3] [9]처럼 니체는 자신의 철학적 글쓰기를 다른 '자유 영혼들'이 모범으로 삼아 자신의 치료법을 개발할 수 있는 자기 치료의 기술로 생각했다.

*나의 체험(회복이 끝났기 때문에 하나의 질병과 회복의 역사다)은 단지 내 개인적인 체험에 불과한 것일까? 나는 지금 정반대로 믿고 싶다. 내 방랑의 책이 때때로 그런 모습을 보였듯 계속해서 단지 나 자신만을 위해서 쓰인 것이 아니라는 확신이 들기 때문이다. 이제 이 커지는 확신 속에서 6년을 보낸 지금, 새롭게 이 책들을 시험적으로 여행길에 내보내도 되지 않을까? 특히 어떤 한 '과거'에 사로잡혀 있고 과거의 정신을 고뇌할 수 있는 정신을 아직 충분히 가지고 있는 사람들의 마음과 귀에 이 책들을 권해도 되지 않을까?(《인간적인, 너무나 인간적인》 2권 서문 6) [10]*

   니체의 자유 정신 3부작은 평정심을 회복하는 영적 수련법도 가득하다(3). 네 가지 '에피쿠로스 공식' 즉 '테트라파르마콘tetrapharma-kon, 네 가지 치유책)' 중 두 가지 버전(《방랑자와 그의 그림자》 6)과 '위에서 본 고대 관점(《방랑자와 그의 그림자》 14)'을 예로 들 수 있다. 니체는 체계적인 이론적 설명보다는 스토아학파나 냉소주의의 교훈(5)을 쉽게 떠올릴 수 있는 간결하고 기억하기 쉬운 격언과 격언을 무수히 많이 남겼다. 예를 들어 《인간적인, 너무나 인간적인》에서 니체는 현자에 대한 설명에 담긴 전통적인 스토아적 지혜에 박수를 보낸다. 그는 모든 외부 요소로부터 독립한 합리적 자급자족이라는 일반적인 스토아적 이상을 정확히 짚어내고 긍정한다.

*동산과 부동산, 삶이 언젠가 도둑과 같이 인간을 대하면서 명예, 기쁨, 가족, 건강 등 모든 소유물을 빼앗을 수 있을 만큼 다 빼앗아버린다면, 아마 우리는 처음의 공포가 사라진 후에 전보다 훨씬 더 부유해졌다는 사실을 발견할 것이다. 그는 강도의 손길도 닿을 수 없는 자신만의 고유한 소유물이 무엇인지를 비로소 알게 되기 때문이다. 이렇게 우리는 아마도 모든 약탈과 혼란 속에서도 대지주의 품위를 몸에 지니고 나올 것이다(《인간적인, 너무나 인간적인》 2권 334).* [11]

3장에서 살펴본 것처럼 스토아학파에서는 사람들이 세상과 자신에 대해 어떻게 생각하는지가 고통의 원인을 이해하는 데 결정적으로 중요했다(7). 그리스-로마 철학 치료사는 환자의 고통의 근원을 자연적 욕망의 악이나 죄악이 아니라 환자의 신념과 판단에서 찾았다. 니체도 비슷한 견해를 가지고 환자의 고통을 지적 오류에서 비롯된 것으로 생각한다고 강조했다.

니체가 말하는 영혼의 의사는 '다른 사람들의 여러 의견으로 뒤죽박죽된 머리를 가진 사람들을 도와주는 역할'을 할 뿐 '그것으로 어떠한 '시기'나 '적의'를 갖거나 명성을 얻으려 하지 않는다(《아침놀》 449). 《아침놀》에서는 에픽테토스의 격언을 재조명했다. "사물이 아니라 결코 존재하지 않는 사물에 대한 의견이 인간을 그렇게 혼란스럽게 만든 것이다!"(《아침놀》563). [12] 니체는 (여기서는 볼테르[9.2]와 마찬가지로) 형이상학(그는 형이상학을 존재하지 않는다고 주장하는 사물에 대한 의견을 제시하는 것으로 받아들였다)을 제거함으로써 철학자들이 그러한 오류에서 파생되는 정서적 문제도 제거할 수 있다고 생각했다(《인간적인, 너무나 인간적인》2권 7). 또한 쇼펜하우어의 형이상학을 포함한 형이상학을 비판하는 이유가 철학의 '치료적 단련'으로서의 기능을 중요시했기 때문이었다. 기본적으로 철학으로 영혼을 치료하는 것을 가장 우선시한 것이다. 이에, 고대의 치료적 철학 모델을 발전시키지만, 궁극적으로 고대의 윤리적 이상인 평정심을 그가 '위대한 건강'이라고 부르는 개념에 훨씬 못 미친다는 이유로 거부하게 되었다. 이 부분에 대해서는 자세히 다루어볼 것이다.

### 니체의 고전 시대 이후의 치료법post-classical therapy

앞서 살펴본 바와 같이, '자유 정신의 3부작'의 첫 두 편인 《인간적인, 너무나 인간적인》과 《아침놀》에서 헬레니즘 철학 특히 에피쿠로스주의와 스토아주의를 구성했던 의학적 유추를 소환하여, 철학의 입지를 다시 한번 굳히고 치료적 의미에서의 철학을 재조정했을 때 어떠한 장점이 있을지 탐구했다. 이러한 맥락에서 니체는 교육자로서 쇼펜하우어에게 다음과 같은 질문을 던졌다. "현대 인류의 의사 중에서 스스로 굳건하고 건강하게 서서 다른 사람들을 돕고 그들의 손을 이끌 수 있는 의사는 어디에 있을까?"(《교육자로서의 쇼펜하우어》2)《아침놀》에서도 같은 질문을 제기한다. "영혼을 치유하는 새로운 의사들은 어디에 있는가?"(《아침놀》52) 3부작의 마지막 편인 《즐거운 학문》에서 니체는 고대 철학이 '의료술'이라는 생각을 실천에 옮기려 시도함으로써 현대인들을 위한 문화적 의사이자 영혼 돌봄의 의사로서 자신의 역할을 강조했다. 이 책은 철학을 삶의 기술이자 치료적 실천으로 재인식하려는 니체의 10년에 걸친 시도의 정점이다.

그러나 《즐거운 학문》은 단순히 고대의 철학 모델을 차용하는 것에 그치지 않는다. 고전 이후의 철학적 치료법을 개발하는 것이 이 책을 쓴 목표였다. 앞서 살펴본 것처럼 《인간적인, 너무나 인간적인》과 《아침놀》에서 니체는 자신의 낭만주의적 또는 쇼펜하우어적 비관주의를 치유하기 위해 고전적 철학적 치료법을 적용했다. 니체는 또한 비합리적인 도덕적 감정과 종교적 감정의 혼란에서 벗어나기 위해, 계몽된 과학적 회의주의 특히 새롭게 등장한 자연사적 방법을 활용했다. 그의 말대로 '과학'은 '인간의 기쁨을 박탈하고 인간을 더 차갑게, 더 조각상처럼, 더 금욕적으로 만들기 위해' 활용될 수 있다(《즐거운 학문》 12). 이것이 바로 니체가 《교육자로서의 쇼펜하우어》와 《아침놀》에서 추구했던 바이기도 하다. 3부작의 첫 두 편에서 니체의 '반낭만적이서도 과학적인 처방'은 폴 프랑코Paul Franco가 적절하게 지적했듯(프랑코, 2011:206), 니체 자신의 '삶에 대한 비관주의'(《인간적인, 너무나 인간적인》 2권 서문 5)를 치료하는 데 필수적인 부분이었다. 3부작의 마지막 편인 《즐거운 학문》에서 니체는 고전주의 이후 철학적 치료의 선구자를 자처했다. 이처럼 《즐거운 학문》은 니체 철학의 중요한 전환점으로, 고전 철학적 치료법의 동기를 부여하는 동시에 고전 철학의 치료에서 파격적으로 결별하는 윤리 체계와 행복의 이상을 공식화하기 시작했다(8). [13]

《즐거운 학문》에서는 '낭만적' 비관주의 그리고 보편적 이성과 금욕주의로 대변되는 헬레니즘 철학이 사람들에게 질병으로 작용했다고 주장했다. 그에 대한 반격으로 자신이 정립한 '낭만적' 비관주의를 도출하게 되었다. 《즐거운 학문》에서 그는 고대의 '낙관주의'를 치료제가 아니라 삶을 지치게 하는 질병의 지속 또는 굴절로 재고했다. 그는 고요한 인내나 인내심을 인간의 번영과 혼동해서는 안 된다고 경고했다. 《즐거운 학문》은 견유주의와 스토아주의적 치료가 자기 증진이 아닌 자기 폭정의 한 형태라고 비판했다. 마찬가지로 육체에 고통이 없고 영혼에 불안이 없는 평정 상태 즉 '아타락시아'라는 헬레니즘적 이상은 그에게 삶을 '무감각'하게 하거나 '화석화'하여 증상을 일으켰다(《즐거운 학문》 326). 특히 스토아주의에 초점을 맞춘 이 시기의 메모에서 그는 카토[6.3]에 관한 몽테뉴의 제안 즉 스토아철학은 정념을 두려워하는 성향의 사후적 합리화이며, 정념에 대한 취약성에 맞서 자아를 강화하는 훈련을 공식화한다는 제안을 거듭했다. [14]

나는 사람들이 스토아주의를 잘못 판단하고 있다고 생각한다. 이 성향의 본질은 스토아철학의 본질을 고려했을 때 고통과 불쾌한 인식에 대한 태도이다. 스토아주의에서는 약간의 고통을 느끼기 위해 특정 무게, 압력 및 관성을 극한으로 높인다. 뻣뻣함과 차가움은 마취 장치다. 스토아 교육의 주된 의도는 쉬운 흥분을 없애고, 자신에게 영향을 미칠 수 있는 대상의 수를 점점 더 제한하고, 정념을 불러일으키는 대부분을 경멸하고 무가치한 것으로 여기며, 마치 정념 자체가 질병이나 고상하지 못한 것인 것처럼 흥분에 대한 증오와 적대감을 지니고, 모든 추하고 괴로운 고통의 계시에 대해 면밀히 파헤친다. 요약하면 고통에 대한 치료제로서의 감각을 마비시키는 석화 과정이며, 신성한 덕의 모든 고매한 이름이 동상 앞에 바쳐질 것이다(《유고》 9:15[55]). [15]

일반적으로 니체가 제안한 새로운 윤리론에서는 고전 및 헬레니즘 철학의 중심 윤리인 '정의' 즉 '텔로스telos, 복수는 'teloi'를 거부한다. 현실 감각에서 완전히 동떨어진 사상, 완벽한 평정, 또는 정념으로 인해 마음이 동요되지 않도록 완전히 무감각한 상태를 유지하는 것을 중시하지 않았다. 니체의 긍정적인 윤리론은 정념 그 자체를 편하게 받아들인다. 니체의 윤리 사상은 자기 긍정과 자기 강화를 실천하도록 도와주는 수단으로서, 자아가 열린 마음으로 정념을 대하도록 한다. 니체는 도덕성의 개념을 정의하면서 "다음과 같이 말하는 모든 도덕성을 혐오한다"라고 선언했다. "'이것을 행하지 마라! 단념하라! 너 자신을 극복하라!'라고 말하는 모든 도덕은 내게 근본적인 반감을 불러일으킨다. 반면에 아침부터 저녁까지 어떤 일을 행하고 또 행하도록 하고, 밤에도 그 일에 대해 꿈꾸게 하는 도덕, 이 일을 가능한 한 잘해내는 것 외에는 다른 아무것도 생각하지 않도록 만드는 도덕에 나는 호감을 느낀다!"(《즐거운 학문》304)

따라서 니체의 윤리는 자아의 다양한 욕구에 대한 마음을 열고, 각자 고유의 개성을 실현하는 데 힘을 실어주는 내적 욕구에 귀 기울이고, 이러한 욕구에 기틀이 되는 정념을 발전시키는 가치 판단을 긍정하라고 주장한다. 욕구를 옥죄는 '부정적인 미덕'이 내적 욕구에 찬물을 끼얹는다면, 니체의 '긍정적 도덕'은 자기 확신의 수단으로서의 욕구에 가치를 부여한다. 이러한 도덕은 특정 욕구나 정념을 금지하는 것이 아니라 이상적인 목표를 긍정하는 데 초점을 맞추며, 각자가 바라는 목표를 위한 것이지 그 목표에 반대하는 것이 아니다. 니체는 우리가 하는 행동(각자의 개성과 목표를 추구하는 것)이 금욕의 대상(포기해야 할 것과 버려야 할 것)을 자발적으로 결정하도록 유도하는 긍정적 도덕성을 지지한다. 그가 반대하는 부정적 도덕성은 금욕의 대상으로 인해 어쩔 수 없이 특정 행동을 유도한다. 마음속에서 어떤 욕구가 삶에서 멀어진다면 그것은 미워하거나 금지되어서가 아니라 소중한 이상을 반복하고 재현하려는 우리의 갈망에 불필요하기 때문이다. "그렇게 살아가는 사람에게는, 그런 삶에 해당하지 않는 것들이 계속 하나씩 떨어져 나간다. 그는 아무런 반감 없이 미풍이 나무에서 낙엽을 떨어트리는 것처럼 오늘은 이것, 내일은 저것과 작별을 고한다"(《즐거운 학문》 304).

반면에 니체는 도덕성이 인간의 권리를 앗아가는 형태로 작용한다면, 그것은 질병의 증상이자 원인이라며 비난했다. "나는 두 눈을 뜬 채 가난해지려고 애쓰지는 않을 것이다. 모든 부정적인 덕, 그 본질이 부정과 단념인 덕을 나는 싫어한다"(《즐거운 학문》 304). 그에 따르면, 우리가 본능적인 욕구로 고통받는다면 그것은 결코 본능을 행사한 결과가 아니라 그것이 '악한 본질'이라는 판단의 결과다(《즐거운 학문》 294). '우리의 자연적 본성과 모든 자연에 대해 우리가 저지르는 불의의 원인'이기도 한 도덕적 판단에 기인한다(《즐거운 학문》

294). 자연스러운 욕구를 행사하다가 병에 걸리는 경우, 이 병은 그 욕구를 경멸하거나 부끄러운 것으로 해석하고 경험하도록 강요하는 도덕적 판단에서 비롯된다. 니체가 보기에 욕구 자체는 '무죄'이고, 그 욕구를 도덕적으로 비방하지 않는 한 고통이나 질병을 일으키지 않는다. 니체는 도덕 규범이나 부정적인 도덕성으로 인해 우리는 자기 부정의 질병으로 괴롭다고 진단했다. '모든 자연스러운 흥분과 경향에 대한 과민증과 일종의 간지러움을 유발하는 것'과 같다(《즐거운 학문》 305). [16]

   내면의 요새 또는 성채를 철학적 자유와 유사하다고 생각한 철학자로 가장 잘 알려진 이들이 고대 스토아 학자들이다(4.3~5; 마르쿠스 아우렐리우스, 《명상록》 IV, 3; 세네카, 《루킬리우스에게 보내는 도덕 서한》 82.5). 그는 스토아적 극기 즉 자기 통제로 인해 "영혼의 지극히 아름다운 우연들에 대해 얼마나 빈곤해지고 절연되어 있는가! 그리고 더 나은 가르침들에 대해서도! 인간은 우리 자신이 아닌 것들에서 무언가를 배우려 하면 시간이 지남에 따라 점차 자기 자신을 상실할 수밖에 없기 때문이다"(《즐거운 학문》 305). 디오게네스 라에르티우스의 말을 빌리자면, 《즐거운 학문》에서 니체는 금욕주의가 '죽은 자의 색'을 취해야 한다고 한탄한다. 이는 제논이 최고의 삶을 사는 방법을 물었을 때 델포이의 신탁으로부터 받았다고 전해지는 유명한 대답이기도 하다(《아침놀》 7.1).

   이 모든 것은 니체가 이제 헬레니즘 철학의 치료법을 치료의 수단이 아닌, 수정해야 할 대상으로 취급한다는 사실을 의미한다. 고전 이후 철학적 의사의 관점에서 볼 때 고대 철학에서 제시하는 치료법에 따라 '질병으로 진단하거나' 오히려 '질병을 유발한' 안타까운 경우에 대해 새로운 치료법이 필요했다(유어 & 라이언, 2014; 파우스티노, 2017). 마르타 파우스티노Marta Faustino가 말했듯, 니체는 반反헬레니즘 사상을 기반으로 한 '에로스적인 교육학erotic pedagogy'을 '기존 치료법을 대체할 치료법' 즉 최고의 치료법Faustino(2017)으로 정립했다. 니체의 《즐거운 학문》이라는 제목은 이 에로스적 교육학의 중요성을 강조한다. 영어로는 'The Gay Science'로 번역되는 독일어 원제 'Die Fröhliche Wissenschaft'는 니체가 쓴 프로방스어 표현 'la gaya scienza(the joyful, cheerful, or gay science)'를 독일어로 번역한 것이다. 이 표현은 12~14세기에 활동했던 음유시인들이 시 예술The Art of Poetry을 가리키기 위해 사용했다. 니체의 고전 이후 규범 윤리와 치료는 사랑 즉 '에로스'의 힘과 이상화idealization의 시적 힘을 (고대 철학과 쇼펜하우어 금욕주의가 '아타락시아'의 규범적 목표와 양립할 수 없는 것으로 간주하는) '정념과 욕구'로 재전환하려는 시도이다(8).

이후 《즐거운 학문》에서 니체의 고대 헬레니즘 학파에 대한 칭송은 어느 순간 경멸로 바뀐다. 기독교 금욕주의와 쇼펜하우어의 비관적인 인생관을 비난하고, 헬레니즘 치료법도 여전히 효과가 미미하거나 새로운 질환을 유발하기까지 한다고 주장했다. 니체는 여전히 철학적 의사 모델을 지지하면서, 스토아학파와 에피쿠로스학파가 추구한 인간 번영에 대한 자연주의 윤리를 정립하는 데 뜻을 같이했다. 그러나 그의 자연주의 윤리는 좋은 삶이 반드시 정념의 소멸 또는 최소화를 요구한다는 그들의 믿음에 반대한다. 니체는 《즐거운 학문》에서 정념의 고통이 자신이 추구하는 새로운 행복의 이상 즉

'풍성한 행복'에 필수적인 부분이라고 주장했다. 아래에서 살펴보겠지만 니체는 이 새로운 행복의 이상을 키우는 자신만의 '영적 수련'으로서 '영원회귀eternal recurrence'(동일한 것의 영원회귀는 니체 철학에서 볼 수 있는 근본 사상이자 모든 존재와 에너지가 반복되어왔고, 무한한 시간을 가로질러 무한한 횟수로 계속 반복될 것이라는 개념—옮긴이)에 대한 고대 사상을 재구성했다.

이런 점에서 니체의 철학적 오디세이에서 《즐거운 학문》의 중요성이 더욱 분명히 드러난다. 그는 책에서 이성보다는 감성에 호소하는 낭만주의가 불러오는 절망과 사투를 벌인 끝에 겨우 건강을 회복한 경험을 고백한다. 그리고 깊은 내면으로 다가가, 즉 내적 성채로 후퇴함으로써 세상에 대한 염세주의를 극복하려고 발버둥 치는 자신을 표현하고 있다. 대조적으로 3부작의 초기 책에서 니체는 자신을 '치료'했지만 '청춘의 한가운데서 … 잘못된 시기에 오점을 남긴 듯' 죽은 자의 색을 취함으로써만 자신을 '치료'했다(《즐거운 학문》 서문 1). [17] 니체가 추구하는 '즐거운 학문'은 헬레니즘적 무감각, 동상 같은 냉정함에서 회복하는 것을 목표로 한다. 《즐거운 학문》은 "무섭도록 오래 지속된 억압에 저항해온, 그러나 아무런 희망도 없이 끈기와 엄격함과 냉정함만을 가지고 굴복하지 않아온 정신, 그러다가 이제 갑자기 건강에 대한 희망, 회복기의 도취감에 사로잡힌 정신의 사투르날리아saturnalia(풍작을 기원하는 제사—옮긴이) 축제를 의미한다"(《즐거운 학문》 서문 1).

## 10.4 니체의 영적 수련: 영원한 반복

니체 철학의 핵심은 '신은 죽었다' 즉 우주에는 형이상학적 목적이나 구속 목적이 없다는 사실에 대해, 쇼펜하우어적 염세주의에 대한 대안을 정립하는 것이었다(허황되고 형이상학적인 관념에서 과감히 벗어나 현실을 직시하고, 삶을 중시하며, 허무주의의 도래에 대하여 운명이라는 것을 수용하고 사랑할 것을 주장한 것이다—옮긴이). 목적 없는 우주에서 우리는 어떻게 운명을 사랑할 수 있을까?('운명애運命愛 즉 아모르 파티amor fati') 쇼펜하우어의 말처럼 우리 삶이 '끝없이 지속되거나 끊임없이 새롭게 반복되는' 삶이 되기를 바라는 것 자체가 가능할까?(《의지와 표상으로서의 세계》 1:310) 이전 장에서 살펴본 것처럼 아우구스티누스에 이어 쇼펜하우어는 스토아철학의 현자들조차도 우리가 현세에서 경험하는 모든 악이 끈질기게 우리 삶에 붙어 있다면 결코 영생을 바라지 않을 것이라고 주장했다.[18] 아우구스티누스의 주장대로 신이 그런 삶을 영원히 살아야 한다고 선언한다면 스토아 철학자들은 삶을 비참하다고 여길 것이다. 니체는 인생관에 대한 아우구스티누스와 쇼펜하우어의 금욕주의적 부정적 인생관에 반박하여, 있는 그대로의 삶을 영원할 만한 가치로 인정하는 것이 가능하다는 사실을 증명하고자 했다. 니체의 치료법을 살펴보기 전에 먼저 금욕주의적 이상에 대한 그의 생각을 알아보자.

니체는 자신의 염세주의를 치료하기 위한 몸부림을 통해 '생각이 질병의 압박을 받을 때, 생각이 어느 방향으로 흘러가고 또 잘못 가고 있는지'를 알게 되었다.

*전쟁보다 평화를 높이 평가하는 모든 철학, 행복의 개념을 부정적으로 파악하는 모든 윤리학, 어떤 종류이든지 궁극적이고 최종적인 상태를 인식하려는 모든 형이상학과 물리학, 현실에서 떨어져 있고 현실을 넘어서 있으며 그 바깥에 있고, 그 위에 있는 것을 추구하는 모든 미학적, 종교적 요구 등에 직면할 경우, 우리는 그 철학자에게 영감을 준 것이 혹시 질병이 아닐까 하는 물음을 던져보아도 좋다(《즐거운 학문》 서문 2).*

이에 니체는 심리학자들이 스토아 학자, 에피쿠로스 학자, 회의론자와 플라톤주의자들이 주장하는 삶의 철학을 다음과 같은 '증상'으로 취급해야 한다고 주장했다. "육체의 증상, 즉 육체의 성공과 패배, 충만, 힘, 역사 속에서의 자기과시, 또는 육체의 장애, 피로, 빈곤, 종말에 대한 예감이나 종말에의 의지 등으로서 가치 있는 암시를 제공한다"(《즐거운 학문》 서문 2). 니체의 격언대로 이러한 증상은 '무無, Nihil, Nothingness'에 대한 역설적이거나 자기 패배적인 의지의 변형된 형태이다. "인간은 아무것도 의욕하지 않는 것보다는 오히려 허무를 의욕하고자 한다"(《도덕의 계보》 III. 28). 그는 《즐거운 학문》 5권에서 이렇게 적었다.

*철학자들의 지혜에 대한 요구는 … 그들이 피로, 노령, 신체의 냉각과 경화를 느낄 때 그 뒤로 몸을 숨겨 자신을 구하기 위한 것이다. 그것은 죽음을 목전에 둔 동물이 지니는 영리한 본능에서 나온 것이다. 이때 동물들은 옆으로 물러나 조용해지고, 고독을 선택하여 동굴로 기어 들어가 현명해진다(《즐거운 학문》 359).*

니체는 조롱 섞인 어조로 철학에 대한 소크라테스의 개념을 죽는 법을 배우는 것으로, 스토아철학의 이상은 차가운 조각상처럼 달라지는 것으로 암시했다. 철학자들이 그토록 삶에서 '지혜'를 찾는 태도는 삶이 실패하고 쇠퇴하며 노화하고 있다는 증상이라고 했다. 니체가 보기에 고대의 가장 높은 철학적 이상은 동물들이 죽어가는 순간에 바라는 바를 충족해주는 것이었다. 그는 "지혜란 어쩌면 썩은 고기 냄새를 맡고 영감을 받은 까마귀의 모습으로 지상에 나타나는 것일까"(《우상의 황혼》 '소크라테스의 문제' 1)라고 질문을 던졌다.

니체가 말하는 '금욕주의적 이상'은 의지를 구속하는 데 효과가 있다. 고통에 의미를 부여함으로써 '자살적 허무주의'로부터 보호해주기 때문이다. "지금까지 인류 위로 널리 퍼져 있던 저주는 고통이 아니라 고통의 무의미였다. 그리고 금욕주의적 이상은 인류에 하나의 의미를 주었던 것이다!"(《도덕의 계보》 III. 28) 그러나 이 이상은 의지 없음 즉 '무의지'에 의해서만 의미와 의지를 '구원'할 수 있다. 금욕적 이상을 통해 우리는 삶에 반대함으로써 의지를 구원한다.

금욕주의적 이상에 의해 방향을 얻은 저 의욕 전체가 본래 표현하고자 한 것은 도저히 숨길 수 없게 되었다. 인간적인 것에 대한 이러한 증오, 더욱이 동물적인 것, 더욱이 물질적인 것에 대한 이러한 증오, 관능에 대한 이성 자체에 대한 이러한 혐오, 행복과 미에 대한 이러한 공포, 모든 가상, 변화, 생성, 죽음, 소망, 욕망 자체에서 도망치려는 이러한 욕망. 이 모든 것은 감히 이것을 이해하고자 시도해볼 때 허무를 향한 의지이며, 삶에 대한 적의이며, 삶의 가장 근본적인 전제들에 대항한 반발을 의미한다(《도덕의 계보》 III. 28).

그런 다음 니체는 다양한 형태의 금욕적 이상주의가 우울한 일상을 살아가는 이들에 어떻게 의미를 부여했는지 진단했다. 플라톤주의(4장), 헬레니즘(2~3장), 기독교(5장), 마지막으로 쇼펜하우어(9장)는 그 방식에 차이는 있지만, 우울한 나날을 보내는 이들의 삶에 대한 증오심에 의미를 부여하고 그 나름의 고귀함을 인식하게 한다는 점은 비슷하다고 주장했다. 굴곡진 인생살이, 죽음을 준비하는 마음가짐에 최고의 가치를 부여함으로써 지치고 '병든' 삶을 지탱하게 했다. 각 사상은 다양한 음영의 허무주의를 띄었다. 그중에서도 쇼펜하우어의 급진적 금욕주의야말로 철학적 전통에 깃든 부정적인 인생관의 정점을 이룬다(하탑Hatab 참조, 2008:31~2). 니체가 철학을 통해 가장 이루고 싶었던 꿈이 있다. 욕구 또는 '정신'의 표현을 제한하고 마비시키며, 부정하는 금욕적 가치 판단이나 도덕적 가치관으로부터 영혼의 족쇄를 풀어주는 것이다. 금욕주의적 이상은 지금까지 있었던 최상의 '어쩔 수 없는 것faute de mieux'이었다. 그렇다고 과연 더 나은 대안이 있을까?(《도덕의 계보》 III. 28)

《즐거운 학문》에서 니체는 근대에 들어 인류가 직면한 위기란 신의 죽음 또는 유럽에서 금욕주의적 도덕관이 쇠퇴한 것이라고 했다. 그러나 그는 신의 죽음을 인정하면서도 한탄하지 않았다. 적어도 그가 말하는 자유 정신에 대해서는 신의 죽음을 잠재적인 역사적 분수령 즉 '새로운 여명'(《즐거운 학문》 343)으로 간주한 것이다. '유럽의 도덕 전체'가 몰락하게 되면 새로운 종류의 '차고 넘치는 건강super-abundant health' 상태를 만들어내는 자유 영혼이 생겨날 수도 있다고 판단했다(《즐거운 학문》 326). 즉 '위대한 건강'(《즐거운 학문》 382). 이러한 자유 영혼은 삶을 부정하지 않고 영원한 반복을 기꺼이 받아들이는 범위 내에서 삶을 긍정하며 산다. 니체는 자유 영혼들이 유럽 도덕관의 핵심에 있다고 믿는 금욕주의적 무無의 이상화에 맞서 아직 알려지지 않은 미지의 세계를 누릴 더 높은 단계 즉 '초인간적' 유형의 출현을 촉진하는 새로운 가치를 발견하고 탐구하고 실험할 것을 권유했다. 이러한 경지는 '인간적-초인간적인 행복과 선의라는 이상'의 경지였다(《즐거운 학문》 382). [19] 니체는 '디오니소스적인 염세주의('디오니소스'는 근원적 일자 즉 궁극적으로 파악할 수 없는 포괄적인 존재다. '디오니소스적'이라는 개념은 결국 근본적인 경험으로 환원되는 이론적 결단을 함축한다. 이미 젊은 니체에게 존재는 활동적인 것이고, 위협적이면서도 유혹적인 것이었다—옮긴이)를 실현한다는 것, 아우구스티누스와 쇼펜하우어가 주장한 영원성의 기준을 만족시키는 것을 자기 수양의 윤리관과 연결지었다(유어Ure 참조, 2019).

니체는 금욕주의적 이상에 대항하고 삶에 대한 새로운 긍정의 길을 열어줄 수 있는 일종의 '미학적' 교육을 정교화하기 위해 운명애와 영원회귀의 사상을 체계화했다. 먼저 새롭게 애정을 갖고 주창한 사상 '운명애'에 대한 그의 강렬한 선언을 생각해보자.

*새해에. 나는 아직 살아 있다. 나는 아직 생각한다. 나는 아직 살아야만 한다. 아직 생각해야만 하니까. '나는 존재한다. 고로 나는 생각한다. 나는 생각한다. 고로 나는 존재한다Sum, ergo cogito:cogito, ergo sum.' 오늘날에는 누구나 자신의 소망과 가장 소중한 생각을 감히 말한다. 그래서 나도 지금 내가 나 자신에게 이야기하고 싶은 것, 앞으로의 삶에서 내게 근거와 보증과 달콤함이 될 생각에 대해 말하*

*고자 한다. 나는 사물에서 필연적인 것을 아름다운 것으로 보는 법을 배우고자 한다. 그렇게 하여 사물을 아름답게 만드는 사람 중 하나가 될 것이다. 네 운명을 사랑하라Amore fati. 이것이 지금부터 나의 사랑이 될 것이다! (《즐거운 학문》 276)*

운명애를 실천하려면 우리 삶에 가치를 부여하고 이 가치를 내면화할 수 있는 특정한 상태의 영혼이나 특정한 유형의 사랑을 영혼의 상태 또는 사랑의 유형이 필요하다.[20] "어떤 사물이 아름답거나 매력적이거나 바람직한 것이 아닐 때, 그것들을 그렇게 만들 수 있는 어떤 수단을 우리는 가지고 있을까? 사물들은 그 자체로서는 결코 아름답지도, 매력적이지도, 바람직하지도 못하다!"(《즐거운 학문》 299) 실제로 그는 가치가 없는 사물에 가치를 부여하거나 가치를 빌려줄 수 있는 예술적 역량을 (다시) 키워야 한다고 주장했다. 스토아학파나 쇼펜하우어와 달리 니체의 미학 교육은 바로 이러한 목적을 달성하는 것을 목표로 했다. "사물을 색유리나 석양빛 속에서 바라보는 것, 또는 사물들에 반투명한 성질을 지닌 표면이나 피부를 입히는 것'과 같은 것들을 우리는 예술가들에게서 배워야 한다." 또한 '우리는 가장 사소하고, 가장 일상적인 것에서 시작하는 삶의 시인'이 되어야 한다(《즐거운 학문》 299).

그가 생각하는 사랑은 대상에 대해 '그 자체로' 파악하는 것이 아니라 대상으로 인해 우리의 경험과 가치가 어떻게 변화했는지를 생각하며, 대상에 대한 마음이 자연스럽게 생겨나는 상태이다(《즐거운 학문》 334). 니체는 운명을 사랑한다는 것은 은혜로운 일이 아니라 교육을 통해 키워나갈 수 있는 자세라고 판단했다.[21] 우리가 점진적으로 발전시키고 완성할 수 있는 기술이나 기법으로서, 결국에는 '긍정만을 말하는 사람Yes-sayer'만이 도달할 수 있는 상태라고 생각했다. 니체는 이러한 미적 훈련을 우리가 새로운 음악을 감상하며 받아들이는 것에 비유했다.

*[음악의 주제와 선율이] 생소할지라도 그것을 받아들이는 노력과 의지가 필요하다. … 그리하여 결국 그것에 친숙해지고, 기대를 품고 … 이제 음악은 자신의 힘과 마력을 계속해서 발휘하여 우리가 음악에게 굴복당해 겸손해지고 매료된 연인이 되어, 이 세상에서 그것만을 또 그것만을 원하며, 다른 어떤 것도 그것보다 더 나을 수 없다고 여기기 전까지 끝을 맺지 않는다. … 그러나 음악 안에서만 이런 일이 일어나는 것은 아니다. 지금 사랑하고 있는 모든 것에 대한 사랑도 우리는 그런 방식으로 배워왔다. 결국 우리는 생소한 것에 대해 선의와 인내, 공정함과 온후함을 베푼 보상을 받게 된다. 생소한 것이 천천히 베일을 벗고 말할 수 없이 새롭고 아름다운 자신의 모습을 드러내는 것이다(《즐거운 학문》 334).*

니체는 반헬레니즘, 반쇼펜하우어 윤리학에서 '아름다움'을 매우 중요시했다. 아름다움이 강력한 '영원한' 사랑과 밀접하게 연결되어 있고 동기를 부여한다고 가정했기 때문이다. 아름다운 삶을 살려고 노력하는 것만으로도 아름다움의 일상이 영원히 반복되고 실현될 수 있다. 사랑은 아름다운 대상을 창조해낸다. 그렇게 함으로써 우리는 이 대상을 그 무엇보다 소중히 여기고, 그 대상의 '영원회귀'를 소망하게 된다. 아름다움은 의지나 욕망으로부터 관조적으로 분리된 경험이라고 주장한 쇼펜하우어(《의지와 표상으로서의 세계》 1:219~24)와는 대조적으로, 니체는 아름다움이 의지나 욕망을 불러일으킨다고 주장했다. 니체는 아름다움의 경험이 복제 또는 반복 행위를 자극하거나 심지어 요구한다는 생각을 중시했다(스카리, 2001:3). 아름다운 대상은 반복에 대한 욕구를 불러일으킨다. 아름다운 것에 대한 사랑을 정의하는 것은 사랑하는 대상의 영원회귀 즉 영원히 다가와줄 것을 바라는 욕망이다. 니체는 자신의 운명이나 자신에게서 아름다움을 보거나 듣는 방법을 배우는 것이 영원회귀를 가능하게 하는 열쇠라고 암시했다. 자신의 운명을 사랑하려면 사물에서 필연적인 것을 아름다운 것으로 보는 법을 배워야 한다(《즐거운 학문》 276). 니체는 이것이 우리 자신을 바라보는 방식에도 적용된다고 했다. 우리는 자신을 사랑하는 법을 배울 수 있기에 "우리가 자신에게 굴복당해 겸손해지고 매료된 연인이 되어, 다른 어떤 것도 그것보다 더 나을 수 없다고 여기기 전에는 끝을 맺지 않는다"(《즐거운 학문》 334 강조 내용 추가).

'영원회귀'는 현재의 삶에 온전히 만족해하며, 지금 이 순간이 영원해도 아쉬울 게 없는 삶을 사는 사람들이 바라는 소망이다. 니체가 말하는 자기 수양의 윤리는 영원회귀가 말 그대로 실현되기를 바라는 것처럼, 다시 살고 싶은 삶을 스스로 창조하는 것을 이상화하는 경지이다. 그렇다면 이러한 반복에 대한 열망을 불러일으키기 위해서는 어떤 삶을 만들어가야 할까? 니체는 개별 인간이 삶에서 벌어지는 모든 우연을 가볍게 지나치지 않고, 그 안의 조화를 물색하여 각각의 우연이 아름답고 단일한 전체에서 필수적이거나 필요한 부분이 되도록 해야 한다고 한다. 니체의 윤리관에서는 무엇보다도 독특하고 불멸하는 예술작품으로서의 자아를 육성하는 것에 초점을 맞춘다. 위대한 예술작품은 긍정적인 삶의 귀감이 된다. 예술적으로 특별하고 반복 불가능한 삶을 창조하는 사람만이 그 삶이 영원히 반복되기를 바란다고 했다. 니체는 예술작품의 경험에 비유하여 '영원히 바람직한 삶'은 어떠한 삶인지를 고민했다(《유고》11 [165]; 네하마스 참조, 1985). "우리는 예술작품을 반복해서 감상하고 싶어 한다. 우리도 이런 식으로 우리 각자의 삶을 만듦으로써, 반복해서 보고 싶은 삶의 파편들을 만들어가도록 소망해야 한다. 이게 삶을 살아가는 핵심이다!"(《유고》11 [165]; 네하마스, 1985 참조) 우리는 스스로를 영원히 존속할 가치가 있는 예술작품으로 만들어야 한다.

*우리 삶에 영원의 이미지를 새겨보자. 이 생각에는 현재의 삶을 덧없는 것으로 경멸하고, 모호한 다른 삶을 향해 시선을 높이도록 가르쳐온 모든 종교보다 훨씬 더 많은 의미를 담고 있다(《유고》9:503).*

그러나 니체는 영원회귀에 대한 생각이 단순히 소망의 표현이 아니라 예술작품으로서 자아를 수양하는 수행 또는 영적 수련이라고 제안했다. "다른 생각들 사이에서 이 생각을 내면에 스며들게 하라. 그것은 당신을 변화시킬 것이다. 하고자 하는 모든 일에 대해 '내가 이 일을 무한히 하고 싶은 것이 확실한가?'라고 스스로 묻는 것으로 시작하라. 그러면 '영원회귀'는 당신에게 가장 중요하게 여겨질 것이다"(《유고》9:11 [143]). 니체는 《즐거운 학문》 제4부 끝에서 두 번째에 실린 섹션에서 영원과 자기 변형에 대한 생각을 연결지었다.[22]

*최대의 중량: 어느 날 낮, 또는 어느 날 밤에 악령이 너의 가장 깊은 고독 속으로 살며시 찾아들어 이렇게 말한다면 그대는 어떻게 하겠는가? "네가 지금 살고 있고, 살아왔던 이 삶을 너는 다시 한번 살아야만 하고, 또 무수히 반복해서 살아야만 할 것이다. 거기에 새로운 것이란 없으며, 모든 고통, 모든 쾌락, 모든 사상과 탄식, 네 삶에서 이루 말할 수 없이 크고 작은 모든 것들이 네게 다시 찾아올 것이다. 모든 것이 같은 차례와 순서로, 나무들 사이의 이 거미와 달빛 그리고 이 순간과 바로 나 자신도. 현존재의 영원한 모래시계가 거듭해서 뒤집혀 세워지고 티끌 중의 티끌인 너도 모래시계와 더불어 그렇게 될 것이다." 그대는 땅에 몸을 내던지며 그렇게 말하는 악령에게 이를 갈며 저주를 퍼붓지 않겠는가? 아니면 그대는 악령에게 이렇게 대답하는 엄청난 순간을 경험한 적이 있는가? "너는 신이로다. 나는 이보다 더 신성한 이야기를 들어보지 못했노라!" 그러한 생각이 그대를 지배하게 되면 그것은 지금의 그대를 변화시킬 것이며, 아마도 분쇄해버릴 것이다. "너는 이 삶을 다시 한 번 그리고 무수히 반복해서 다시 살기를 원하는가?"라는 질문은 모든 경우에 최대의 중량으로 그대의 행위 위에 얹힐 것이다! 이 최종적이고 영원한 확인과 봉인 외에는 더는 아무것도 요구하지 않기 위해서는 어떻게 그대 자신과 그대의 삶을 만들어나가야만 하는가?*(《즐거운 학문》 341)

니체가 말하는 '회귀'에 대한 사상은 광범위하다. 현재의 자아가 동일한 삶을 반복해서 경험하게 될 것이라고 가정해야 한다. 또한 '가장 고유한 양심'(《즐거운 학문》 338)에 대한 섹션에서 세 번째 섹션에 설명한 내용에 비추어 회귀의 개념을 평가해야 한다. 니체의 영원회귀 사상은 등골이 오싹해질 정도로 무서운 악마의 저주이기도 했다. 이러한 악마는 사람들의 '가장 고유한 양심'에 비추어, 또는 그가 1874년《교육자로서의 쇼펜하우어》에서 '은밀한 나쁜 양심'이라고 규정한 것에 비추어 현재 삶과 행동을 평가하라고 한다(《교육자로서의 쇼펜하우어》 1). 그는 이 양심의 법칙 또는 원리를 '너는 너 자신이 되어야 한다'라는 명제에서 찾아낸다(《즐거운 학문》 270). 그의 설명에 따르면 우리의 '가장 고유한 양심'은 우리 자신의 '길' 즉 우리자신의 고유한 가능성의 실현과 완성 외에는 다른 어떤 것도 의식하지 않고 독립적인 궤적을 따르도록 한다(《즐거운 학문》 338).

니체는 칸트와 쇼펜하우어의 도덕론에 반대한다. 사람들에게 일반화된 규범을 따르거나 타인을 위해 살도록 강요함으로써 '나의 길에서 벗어나도록' 한다는 이유에서다(《즐거운 학문》 338). 니체가 말하는 '가장 고유한 양심'은 내면의 소리 즉 자신의 고유한 개성을 배반하는 행위라고 비난한다. 니체의 도덕론 "살 수 있으려면 숨어 살아라!"와도 같은 맥락이다(《즐거운 학문》 338). 니체가 말하는 '악령 Dämon'은 가장 고독한 외로움 속으로 잠입해 은둔과 분리의 순간을 만들어내어 영원회귀설을 선포한다. 악령은 우리가 '다른 사람의 양심으로 도피'할 수 없는 방식으로 압박을 가해온다. 이에 마음의 준비를 단단히 하면서, 현재의 삶이 '개인의 무한한 인격personal infinity'을 실현하는지, 자신의 개성과 타인 사이에 헤아릴 수 없는 간극은 없는지를 성찰해야 한다. 이때, 생각의 근간에는 영원회귀의 가능성(만물은 끝없는 생성소멸의 세월 속에서 무조건 되풀이하여 순환)이 자리한다(《즐거운 학문》 291).

영원회귀는 니체의 자기 수련 윤리에서 매우 중요한 개념이다. '나는 그것을 바라고, 또 바랄 것인가?'의 질문에 답하는 것이야말로

우리 자신의 가장 고유한 양심을 드러낼 수 있는 수단이기 때문이
다. 니체는 영원(또는 영원한 반복)이라는 렌즈를 통해 우리 삶을 들여
다볼 때, 자신의 존재, 자신에게 유일하거나 특별한 의미를 지닌 삶
만이 반복할 만한 가치가 있다고 판단할 것이라고 가정한다. 우리는
영원성을 생각할 때 자신만의 특이점을 들여다보고 연마하게 된다.
다시 말해 니체는 '반복'의 관점에서는 우리 삶이 단지 공통된 주제
의 반복 또는 사소한 변형에 불과하다는 사실에 절망하게 된다고 했
다. 그런데 진정으로 반복이 끔찍한 이유는 고통의 회귀가 아니라,
우리 자신이 아닌 다른 삶의 회귀인 것이라고 니체는 말한다(참조:
레진스터Reginster, 2006:217). '한정된 공간'의 에너지가 무한한 시간 속
에서 결국 동일한 순서를 반복하게 될 것이라는 생각은 본연의 모습
으로 살지 못할 수도 있다는 두려움을 불러일으킨다.

또한 니체는 회귀의 개념이 자기 수련에 쓰이려면 마음 돌보기 실
험이나 영적 수련으로 사용해야 한다고 강조했다(아도, 1995:82~109).
즉 회귀의 중요성에 대한 명상을 반복하는 것이다. 그것은 우리가
현재 삶을 변화시켜 영원한 회귀를 바랄 만큼의 삶이 되게 하는 수
련이다. 고전적인 비유에 따르면 우리는 영원회귀를 '영적 체조'로
생각하여 우리 삶에 영원의 이미지를 더 능숙하게 부여할 수 있다.
이런 의미에서 아도가 인정했듯 니체의 철학은 생활 예술로서의 철
학에 대한 고대 학파의 발자취를 따르고 있다(아도, 1995:83, 108; 네하
마스, 1998 참조). 따라서 그의 철학을 공부할 때 회귀가 논리적 또는
이론적 가능성으로서의 순환이라고만 받아들인다면, 우리는 본질을
놓치게 된다. 니체는 우리에게 이론적으로 회귀를 사유하라는 것이

아니라, 자기 수양의 실천으로서 순환에 대한 사유를 우리 삶에 내재화하라고 한다. '그러한 생각이 그대를 지배하게 되면' 지금의 그대를 변화시킬 것이라고 했다(《즐거운 학문》 341). 니체는 회귀에 대한 사유가 의식의 힘을 발휘해야 한다 즉 능동적으로 회귀를 사유해야 한다고 강조한다. 회귀에 대한 사유는 우리를 변화시킬 수도 있지만 짓밟을 수도 있다. '모든 것에 관한 질문하기'라는 의미에서 우리 삶을 휘두를 수 있다. "'이 삶을 무수히 반복해서 다시 살기를 원하는가?'라는 질문이 가장 무거운 무게로 [우리의] 행동을 짓누르게 될 것이다"(《즐거운 학문》 341). 니체는 반복에 대한 사유가 압도적이고 우리의 모든 행동에 적용되며, 반복된 실천으로서 삶에 통합되는 한에서만 발전할 수 있다고 했다. 그의 철학적 자기 수양의 윤리관은 우리가 반복의 사고에 따라 살아갈 수 있는지 살펴보는 고찰 행동을 수반한다.

그러나 니체는 고대 철학을 기반으로 영원회귀의 개념을 자기 수양의 기술로 간주했지만, 그 목표는 고대 수련의 목표와 정반대였다고 믿었다. 아도에 따르면 고대 수행의 목표는 개인이 개인적이고 열정적인 주관성을 초월하여 비인격적이고 보편적인 경지로 올라갈 수 있도록 하는 것이었다(아도, 1995:97). 니체는 "세네카 자신의 내면으로부터가 아니라 보편적 이성과 동일시되는 자신에서 기쁨을 찾는다"라고 설명했다. 자아의 한 수준에서 다른 초월적 수준으로 올라간다(아도, 2009:136). 반면에 니체가 생각했던 수련의 목표는 공통적이고 집단적인 자아의 수준에서 더 높은 단일의 수준으로 상승하는 것이었다. 스토아학파가 획일성을 추구하고 다양성을 배척했다면 니체파는 다양성과 불규칙성을 지향했다. 롱이 말했듯 헬레니즘 사상은 "본성에 대한 이해가 자아의 기술자 역할을 할 수 있고, 문화적 규범에 의존하는 삶보다 더 삶을 향상하는 방식으로 우리의 타고난 잠재력을 형성할 수 있게 한다. 각자의 삶을 예술작품으로 만드는 작업과는 거리가 멀다"(롱, 2006:27~8). 대조적으로 니체는 이상적인 삶은 자신을 독특한 예술작품으로 만드는 과정이라고 주장했다. 니체는 회귀에 대한 사유가 실현되지 않았지만 잠재적인 자신의 특이점을 식별하고 육성하는 데 도움이 될 수 있는 기술 또는 연습이라고 가정했다. 니체의 수련은 가장 강력한 현대 윤리적 이상 중 하나를 암묵적으로 끌어들이기 때문에 각자의 개성을 존중하는 삶을 창조하고자 하는 욕구에 동기를 부여한다. 찰스 테일러가 관찰한 것처럼 "예술적 창조는 사람들이 자기 정의를 내릴 수 있는 패러다임이 되었다. 예술가는 어떤 식으로든 인간의 패러다임 사례 즉 근원적 자기 정의의 주체가 된다"(테일러, 1992:62). 이 연습이 각자의 특이점을 배양할 것이라는 니체의 믿음은 배경 가치, 특히 예술작품으로서의 자아의 낭만적 가치를 동원하는 노력과 직결되어 있다.

## 10.5 결론

쇼펜하우어와 마찬가지로 니체도 고대의 PWL 모델을 바탕으로 근대 철학의 틀을 세우는 데 일조했다. 그는 고대 철학 특히 디오게네스 라에르티우스의 《위대한 철학자들의 생애》에 대한 철학적 연구를 바탕으로 철학 자체가 삶의 방식이라고 주장했고, 이러한 이상을 실현하지 못하는 동료 철학자들을 질책했다. 니체는 때마침 명상을 통해 근대 문화의 병을 진단하고 고대의 철학적 치료법을 실험하여 잠재적 치료법의 기틀을 마련함으로써 철학적 의사의 고대 모습을 복원하고자 했다. 니체는 《자유 정신》 3부작에서 쇼펜하우어적 염세주의를 치료하기 위해 이러한 철학적 치료법을 자신에게 적용했다는 사실을 밝혔다. 니체는 고통과 불행에 직면한 자신의 평정심을 회복하기 위해 냉소주의, 에피쿠로스주의, 스토아주의의 실천과 담론을 활용했다.

그러나 3부작의 완결편인 《즐거운 학문》에서 니체는 심적 고통에서 해방된 '아타락시아'와 정념에서 해방된 '아파테이아'라는 고전적, 헬레니즘적 규범적 이상은 그가 훗날 금욕적 이상주의라고 부른 질병의 증상일 뿐이라고 주장했다. 이러한 이유로 그는 정념의 고통을 좋은 삶의 구성요소로 포용하는 대안적 규범적 이상이라는 관점에서 형성된 새로운 고전 이후의 철학적 치료법을 발굴하여 뿌리내리도록 노력했다. 니체는 이 대안적 이상을 '디오니소스적 염세주의'라고 불렀다. 고대 철학자들과 마찬가지로 니체는 자유로운 영혼들이 이러한 삶의 방식을 실현할 수 있도록 영적 수련과 수행법을 제시하고자 했다. 이를 통해 그는 반헬레니즘, 반쇼펜하우어주의 철학적 교육학을 공식화했다. 이러한 맥락에서 니체는 영원회귀 사상을 단순히 이해해야 하는 이론적 교리가 아니라 우리 삶의 방식에 적용하는 '영적 수련' 즉 회귀 사상에 대한 명상법으로 받아들였다.

니체는 말했다. 명상할 때 만물이 끝없는 생성소멸의 세월 속에서 무조건 되풀이하여 순환할 때 나 자신도 회귀한다는 이미지를 떠올려라. 그러면 자신을 하나의 불멸의 예술품으로 보존하며 키워나가려는 힘이 생긴다. 쇼펜하우어와는 달리, 영원회귀 가능성을 견딜 수 없게 만드는 것은 고통의 귀환 때문이 아니라 다시 살게 되는 삶 속에서 '진정한 나'의 실존이 없는 위험을 감당하지 못하기 때문이라고 했다. 철학적 의사로서 니체는 염세주의에 대한 치료법은 삶을 부정하거나 평정심을 실현하는 것이 아니라, 우리 자신을 영원할 가치가 있는 하나의 예술작품으로 창조하는 데 있다고 했다.

# 11장

## 삶의 방식으로서의 철학의 재발견, 푸코

미셸 푸코는 생의 마지막 몇 년 동안 연구 주제를 예기치 않게 몇 차례 변경했다. 근대적 성에 관한 담론의 역사를 연구하다가 고대 그리스·로마의 성 담론으로 방향을 틀었고, 후에는 고대 철학에서 가장 핵심으로 여긴 '자아 수련·영적 수련' 기법 연구에 심취했다. 이 장에서는 푸코가 PWL의 전통을 연구하면서 고대 철학으로 어떠한 '여정'을 떠났는지 그리고 그가 떠난 고대로의 여정이 중요한 이유를 살펴본다. 전반부에서는 고대로의 여정에서 그가 참조한 '일정표'를 알아본다. 특히, 고대 철학을 단순히 이론적 교리가 아닌 자아의 실천 또는 삶의 방식으로 생각함으로써 기존 철학사에 어떻게 도전했는지 살펴볼 것이다. 일즈트라오트 아도와 피에르 아도와 마찬가지로, 푸코는 이 고대 철학을 그 자체로 자아의 윤리적 성찰로 재발견함으로써 근대 사회의 윤리적 성찰에 기여했다. 이러한 관점에서 볼 때, 앞서 강조했듯 고대 철학은 단순히 철학적 주체에 이론과 정보를 제공하기만 한 것이 아니라 인격적 주체를 형성하기 위한 것이었다. [1] 푸코는 이 주장에 중요한 전제 조건을 추가했다. 그는 고대 철학이 새로운 문화적 유형 즉 '철학적 영웅'(10)의 개념을 처음으로 소개했다고 주장했다. 이를 통해 아킬레스와 오디세우스와 같은 그리스 영웅들과 같은 아름다운 존재에 대한 고대의 이상을 승화시켰다고 했다. 이 책에서는 견유주의가 고대의 '철학적 영웅주의philosophical heroism(서구사회에서 철학적 삶 자체가 오늘날까지 어떻게 인식되고 실천되었는지 모형화하는 철학적 전설을 확립함으로써, 철학적 교리의 역사가 아니라 삶의 형식, 양태, 스타일의 역사, 철학적 문제로서, 존재 방식으로서, 윤리학이면서 영웅주의의 형식으로서 철학적 삶의 역사인 철학의 역사에 대한 관념을 정립하는 개념—옮긴이)를 대표한다고 주장한 《진실에 대한 용기》(1983~4)라는 제목으로 출간된 푸코의 마지막 강연 시리즈에 초점을 맞출 것이다. 푸코는 고대 견유주의자들이 어떻게 인간이 지닌 약점과 인간에 부여된 주인의식 즉 '주체성'이 얼마나 귀한 가치인지를 실현하고자 했는지 강조하며, 이 사실을 새로운 수단을 통해 보여주려 했다. 그가 생각하는 견유주의자들은 자신에 부여된 주인의식을 공개적으로 드러내고 대담하게 선포함으로써, 존재함의 아름다움과 참된 삶을 연결지었다. 견유주의자들은 진리대로 사는 것이야말로 자신의 인생에 진정한 주인의식을 갖고 사는 것임을 알고 이를 실천에 옮겼다.

이 장의 두 번째 부분에서는 푸코가 PWL을 재창조하고자 하는 이유를 간략하게 살펴본다. 푸코는 대략 16세기 이후부터 고대 철학 모형은 학문 철학의 주변부에서만 실천되었다고 주장했다. 그럼에도 그는 고대 철학 특히 견유주의와 로마 스토아주의가 '근대의 존재 방식에 여전히 중요한' 철학 역사에서 결정적 역할을 한다고 주장했다(푸코, 2005:9). 푸코는 고대 철학의 중요성을 강조하면서, 고대 철학이 근대 사회의 문제(우리의 행동을 종교적 계율이나 과학적 정상성 개념에 근거하는 것에 대한 회의론의 맥락에서 윤리 원칙이 부재한 문제)를 해결하는 데 도움이 될 수 있다고 믿었다.[2] 푸코는 절대적인 의무나 제재가 없는 근대 윤리를 발전시키기 위해 고대사상으로 눈을 돌렸다고 할 수 있다. 고대의 철학적 모형을 재구성하려는 푸코의 야망이 여전히 논란의 여지가 있긴 하지만, 최소한 그의 후기 저작에서는 그러한 논란의 여지는 없어 보인다.

　마지막 부분에서는 푸코의 철학적 정신이 '고대 철학의 살아 있는 실체'(푸코, 1987:9)를 되찾았는지 살펴본다. 그가 니체적 계보를 자신의 철학 사상을 토대로 한 '영적 수련'(3)으로 생각한다는 점을 보여주는 대목이다. 그의 말대로 계보학은 우리 존재에 불연속성을 부여하려는 취지를 갖고 있다(기존 역사가들은 역사를 연속적인 흐름 속에서 근원에서 목적을 추적하는 다소 순진한 접근을 따랐으나, 니체는 역사의 시간적, 장소적 비연속성에 주목했다. 예를 들어 고고학은 땅을 파서 나온 유물들을 근거로 시대를 분류한다. 땅을 파기 시작하면 철기가 나오고 이를 철기시대라고 명명하며, 더 땅을 파면 청동기가 나오고 이를 청동기 시대라고 명명한다. 이처럼 각 시대는 불연속적이다. 도덕의 계보학도 이러한 고고학적 접근처럼 불연속에 집중해야 한다는 것이다. 이러한 역사의 단절은 힘의 교착상태를 의미한다. 푸코는 표면적 연속성은 의미 없는 쇼라고 간주했다—옮긴이). 푸코의 '자아 해체(해체주의란 주어진 것으로서의 전체성, 즉 신神이나 이성 등 질서의 기초에 있는 것을 비판하고 사물과 언어, 존재와 표상, 중심과 주변 따위 이원론을 부정하고 다원론多元論을 내세운다. 지금까지 당연한 것으로 주어졌던 특권적 인식을 해체한다는 의미도 있다—옮긴이)'라는 계보학적 실천이 고대 윤리학의 기본 목표인 자족 또는 주체성에 대한 반대개념이라고 제안했다. 푸코가 철학적 정신에 이러한 입장을 취한다는 것은 자아에 대한 고대의 관행을 재구성하지 않겠다는 의미다. 단, 이 책에서는 푸코의 고대로의 여정이 의도치 않게 '고대의 자기 완성에 대한 윤리관'과 '근대의 자아 해체에 대한 윤리관'이 '교차'하고 배합되면서 결과적으로 '근대의 주체성'에 이르게 되었다고 제안한다.

## 11.1 철학적 영웅주의: 푸코의 견유주의

푸코가 말하는 철학의 역사는 '계보적 인식' 또는 '유효한 역사' 즉 '이해를 위해 만들어진 역사가 아니라 은닉되고 왜곡된 역사를 끊어내기 위한 역사'(푸코, 1986:88)다. 그는 '인식$_{\text{knowledge}}$'을 다음과 같이 정의한다.

*인식에 '역사'라는 타이틀을 붙인다 해도 '재발견'에 의존하지 않으며, '우리 자신의 재발견'은 단호히 배제한다. 역사는 우리 존재 자체에 불연속성을 적용하는 정도까지 '유효하다'라고 할 수 있다. … '유효한' 역사는 삶과 자연에서 누리는 안정성을 자아로부터 박탈한다. … 그것은 전통적인 토대를 뿌리 뽑고 가식적인 연속성을 끊임없이 방해할 것이다(푸코, 1986:88).*

푸코가 말하는 계보학은 이러한 존재론적 불연속성을 드러냄으로써 우리의 주체성에 균열을 낸다. 푸코는 후기 저작에서 이 계보학적 방법을 고대 철학사에 구체적으로 적용했다. 다른 주요 해석론의 전통과 달리 푸코는 철학사에 대한 계보학적 접근 방식을 채택함으로써 '철학'이란 역사적으로 가변적이라는 사실을 보여주고자 했다. 1980년대 초 푸코는 자신의 중요한 연구 주제는 '역사, 진리의 게임'이었고 게임의 진리란 역사에 걸쳐 사람들이 하는 '경험'의 형태로 구성된다고 했다(푸코, 1987:6~7). 푸코는 진리와 주체성 사이에 설정한 서로 다른 관계라는 측면에서 다양한 '철학 하기' 방식을 구분했다. 따라서 그는 고대 철학을 보편 이성universal reason(사회적 규범과 같은 세상의 이치—옮긴이)이 점진적으로 발전하는 초기 단계로 취급하는 태도도 배척했지만, 고대 철학 사상을 영원한 철학적 질문에 대한 해답이라고 추종하는 태도도 거부했다. 그는 철학사를 논할 때 헤겔적 접근과 현대의 '분석적' 접근을 광범위하게 논의하는 방식에 반대했다. 푸코의 목표는 이러한 근대 철학 모형의 렌즈를 통해 고대 철학을 바라보는 것이 아니라, 고대 철학에 대해 역사적으로 특정한 형식과 실천을 제한적으로 살펴보는 것이었다.

피에르 아도에 이어 푸코도 자아의 실천 또는 삶을 살아가는 다양한 선택지의 차원에서 고대 철학을 접근했다(3, 7). [3] 푸코는 '고대의 철학은 영적 수련이었다'라는 아도의 핵심 주장에 동의했다(아도, 1995:104). [4] 1980년대 콜레주 드 프랑스Collège de France(1530년 프랑스에 설립한 교육기관—옮긴이)에서 행한 강연에서 그는 학교가 삶에 형태를 부여하는 수단으로 철학적 규범과 영적 수련을 어떻게 전개했는지 날카롭게 조명했다. 푸코는 고대 철학 자체를 일종의 생체 기술, 즉 고대 철학자들이 자신의 존재 방식을 변화시키기 위해 스스로 수행한 활동으로 파악했다. 그가 생각하기에 고대 철학은 자발적이고 의도적인 형태의 자기 수양이고, 이론적 지식만이 아니라 한 차원 높은 삶의 양식 즉 기존과 '다른' 삶의 방식을 실현하기 위해 자아를 변형하거나 전환하는 형태로 존재했다(예:푸코, 2011:244~5, 287). 이러한 이유에서 그는 철학 이론이나 사상의 역사를 공식화하지 않으며 고대 논리·물리학·윤리학의 주장이 타당함을 분석하는 데 초점을 맞추지 않았다. 그는 '삶의 형태, 방식, 양식의 역사, 철학적 삶의 역사 … 존재 방식이자 윤리와 영웅주의의 형태로서의 역사'를 탐구하고자 했다(푸코, 2011:210). 자아의 기술 또는 영적 운동으로서의 고대 철학 모형이 어떻게 고대 철학 이전 문화의 근본적인 측면을 재조명했는지 간략하게 조명함으로써, 푸코가 근대 윤리학 연구에서 강조한 내용을 살펴볼 수 있을 것이다.

푸코는 《주체의 해석학》(1981~2) 강의 시리즈에서 철학적 주체가 진리에 다가가게 하는 것, '철학 이전부터 존재한 영성'을 성찰하는 것이 진정한 철학의 목표이고, 이러한 관점에서 고대 철학을 바라보자고 했다(푸코, 2005:15; 위의 7.3 참조). 그렇다면 '영성'은 고대 철학의 구조에 어떻게 녹아들어 있는가? 푸코는 철학 이전부터 존재한 '영성'의 두 가지 요소 즉 (a) 진리에 접근하는 조건, (b) 진리 획득의 효과로 구분했다.

우선 진리에 접근하는 조건으로의 영성에 대해 알아보자. 그는 영성을 '주체가 진리에 접근하기 위해 자신에게 필요한 변화를 위해 탐색, 실천, 경험하는 활동'으로 정의했다(푸코, 2005:46). 영성은 진리와 주체성 사이의 특별한 관계 즉 '주체의 전환이나 변화 없이는 진리가 있을 수 없다'(푸코, 2005:15)라는 사상을 기반으로 하는 관계를 설정한다. "영성에는 전제 조건이 있다. 개별 주체가 진리에 접근하려 할 때 특별한 권리가 부여되거나 … 단순한 지식 습득으로 가능하지 않다는 전제다. 주체가 진리에 접근할 타당할 권리를 가지려면 그는 변화되고, 변형되고, 움직이며 … 지금 자신 이외의 주체가 되어야 한다는 것이 영성의 전제 조건이다"(푸코, 2005:15). 고대 철학은 "주체가 진리를 알기 위한 실천 즉 영혼 자체에 대한 관상에 의한 영혼의 정화, 개종이라는 작업을 스스로 행하지 않으면 진리에 접근할 수 없다고 가정함으로써 '영성'이라는 오랜 수련의 실천으로 받아들였다"(푸코, 1986:371). 여기서 푸코는 고대 철학과 당시 실시했던 '영적 수련'(3)에 대한 아도 부부(일즈트라오트 아도와 피에르 아도)의 설명을 윤색했다(3).

[서론, 3.3]에서 살펴본 바와 같이, 아도 부부는 영적 수련이나 자아를 통찰하는 기술이 "개별 주체가 세상을 바라보고 하루하루 살아가는 방식의 심오한 변화'를 가능하게 한다고 주장한다. 영적 수련의 목적은 바로 이러한 변화를 불러오는 것이다"(아도, 1995:83(3)). 일즈트라오트 아도에 따르면, 3장에서 살펴본 바와 같이 스토아철학은 두 가지 부분, 첫째, 철학 원칙 사상, 둘째, 격언과 수련 등을 포함한 다양한 권고로 이루어져 있다. 스토아주의는 사상을 아는 것만으로는 충분하지 않기 때문에 두 부분이 모두 필요하다. "사상을 소화하고 사상에 동화되어야 하며 끊임없는 영적 수련을 통해 자신을 변화시켜야 한다"(아도, 2014:40). 세네카가 철학을 '자아 변형의 실천'으로 묘사한 것에서 푸코가 고대 철학에 녹여낸 영성의 두 번째 측면 즉 진리로 나아가는 과정에서 나타나는 자기 변화를 알 수 있다. 그가 설명하는 '영성'은 다음과 같다.

*'영성'에는 전제 조건이 있다. 진리의 문이 열린다면, 그것은 그에 상응한 영적 접근을 취했다는 것, 나아가 진리의 '반등' 효과가 주체에 가해져 상당히 다양한 여러 효과가 나타났다는 점을 나타낸다(푸코, 2005:16).*

고대 시대의 개별 주체들은 진리에 접근함으로써 '단순히' 지식을 습득한 것이 아니라 심오한 존재론적 변화를 경험했다. 푸코는 고대의 맥락에서 "진리는 주체를 깨우치고 진리는 주체에게 평온을 주며, 진리는 주체에게 영혼의 평온을 준다. … 진리에 접근할 때 주체 자신을 충족시키는 즉 자신의 존재 자체를 충족시키거나 변형시키는 무언가가 있다"라고 설명했다(푸코, 2005:16).

푸코는 마지막 강연 시리즈 《진실에 대한 용기》(1983~4)에서 고대 철학이 고대의 문화를 어떻게 변화시켰는지에 대한 설명을 확장했다. 그가 생각하는 고대적 의미에서 철학적으로 산다는 것은 특정한 삶의 양식으로 진리를 구현하는 것이다. 푸코는 견유주의자들이 이론적 담론이 아니라 삶의 방식으로 정확하게 구별되는 한 고대 철학의 정수를 구현한 것이라고 주장했다(푸코, 2011:165, 173~4). 쇼펜하우어가 관찰했듯, 견유주의자들은 '이론적 철학에 대해 아무런 설명도 하지 않는(《의지와 표상으로서의 세계》 2:155) 오로지 실천적 철학자들'이었다. 쇼펜하우어와 푸코가 견유주의자들을 대하는 태도 역시 '견유주의 정신'과 '종교적 금욕주의'의 근본적인 차이를 파악했다는 점에서 겹친다(《의지와 표상으로서의 세계》 2:155; 위의 9.3 참조). 겸손이 종교적 금욕주의에 필수적이라면, 영웅처럼 '다른 모든 이들을 경멸하며 자부심으로 가득한 상태'는 견유주의에 필수라고 제안했

다. 쇼펜하우어는 로마의 서정시인 호라티우스가 견유주의자의 영
웅적 자부심에 대해 쓴 글귀를 인용했다. "현자는 목성 다음으로 부
유하고 자유롭고 명예롭고 아름다운 왕 중의 왕이다"(《피소스에서 보
낸 서한》 I.1 107~08). [5]

마찬가지로 푸코는 견유주의자들이 진리를 터무니없게 실천함으
로써 주체성이라는 영웅적 이상을 실현하고자 했다는 점은 고대 철
학을 모방한 것이라고 제안했다. 그는 견유주의가 고대 철학의 대표
적인 모티브 즉 '영웅적 삶으로서의 철학적 삶'을 표현했다고 주장
했다(푸코, 2011:210). 이 두 가지 삶의 방식을 차례로 살펴보자.

푸코는 고대 철학의 변방에 있던 견유주의를 중심으로 옮겼다. 그
는 헤겔 이후 플라톤과 아리스토텔레스의 체계적인 이론적 담론보
다 견유주의가 철학적으로 무의미하다는 해석에 거부감을 드러낸
것이다. 이론적으로 빈곤한 변방의 고대사상으로 치부할 것이 아니
라 '가능한 모든 [고대] 철학의 본질, 가장 일반적이고 초보적이며
또한 까다로운 측면의 철학적 영웅주의의 형태'로 간주했다(푸코,
2011:210). 고대 학파마다 철학적 삶의 방식은 다양했지만, 진리의 표
현이자 행위인 견유주의는 이 모든 학파의 본질을 담고 있다고 그
는 주장했다. 이론적 교리를 최소한으로 줄이고 '삶 속에서 그리고
삶을 통해 진리의 행동을 실천'함으로써 견유주의자들은 고대 PWL
의 본질을 다듬어 생활화했다고 덧붙였다(푸코, 2011:174). 견유주의
는 '진리 자체를 자신의 행위, 몸, 옷차림, 행동과 삶의 방식에서 보
게 해준다'라고 그는 설명했다(푸코, 2011:172).

푸코는 견유주의자들이 고대 철학 전체를 에워싼 새로운 사상 즉

새로운 철학적 영웅주의를 적극적으로 수호한다는 점에서 전형적인 고대 철학자라고 주장했다. 모든 고대 철학 학파는 수행자와 철학 학도의 평범한 자아에 전통적인 가치가 스며드는 방식을 근본적으로 변화시키는 것을 목표로 삼았다(9). 소크라테스가 소피스트들을 비난한 이유가 무엇이겠는가? 관습이라는 화폐로 거래하고 시민들에게 이성을 무기로 권력을 휘두르고 스스로 불멸의 명성을 얻도록 가르쳤기 때문이다. 실제로 1.6에서 살펴본 것처럼 소크라테스는 소피스트들이 생각하는 명예에 대한 관념이야말로 치욕스럽고 결핍된 생각이라고 거부하며, 아테네의 고발자들의 주장을 뒤집기 위해 애썼다. 소크라테스는 호메로스 서사시의 핵심이 되는 영웅성은 타락한 영웅주의라고 주장하며, 철학이야말로 진정한 영웅주의라고 했다(진정한 영웅성은 육체적인 힘이나 영웅적인 행위가 아닌 도덕적, 지적 덕목에 기반을 두어야 한다는 주장이었다—옮긴이). 소크라테스는 아킬레우스와 페리클레스를 대신할 그리스의 새로운 철학 영웅을 갈망했다. 1장에서 살펴본 것처럼 소크라테스는 《변론》에서 동료 아테네인들의 명예에 대한 기준을 비난하며 재판에 회부했다. "재물, 명성, 영예를 생각하기에 앞서 영혼을 고려해야 하는데, 영혼의 향상은 돌보지도 않고 전혀 고려하지도 관심을 기울이지도 않는 것을 부끄러워하지 않는가?"

'미친 소크라테스'로 불렸던 디오게네스는 그리스·로마 철학자들의 명예 윤리관에 대한 급진적 비판을 극단적으로 행동에 옮겼다. '화폐를 훼손하라deface the currency'라는 견유주의 모토에 힘입은 행동이었다. 견유주의자들의 경우처럼 세속적 가치와 관행에 대해 경멸을 넘어 경멸을 넘어 매우 파격적인 삶을 실천한 탓에, 동시대인들은 고대 철학자들을 세상사와 동떨어진 존재로 여겼다(9).

그러나 고대 철학자들이 단순히 자신들 문화의 윤리 수칙을 거부했다고 단정할 수는 없다. 그보다는 한나 아렌트Hannah Arendt가 '올곧은 자립에 대한 고전적 이상주의' 즉 '주체성'(아렌트, 1958:234)을 달성하기 위해 새로운 기반을 모색했다고 보는 것이 더 정확할 수 있다. 호메로스의 영웅들과는 대조적으로 고대 철학자들은 주체성 또는 자립을 달성하기 위해 판에 박히지 않는 새로운 방식을 따랐다. 즉 정치 권력을 휘두르거나, 변덕스러운 운명을 통제하기보다는 합리적 자제력을 발휘했다. 이런 의미에서 고대 철학은 명예에 대한 이교도 윤리를 부정하기보다는 승화시켰다.

푸코는 견유주의자들에 대한 강연에서 이 새로운 철학적 영웅주의를 고대의 그리스적 존재 미학의 변형으로 간주했다. 그는 견유주의가 철학 이전에 꽃을 피우던 영웅 문화의 본질이었던 '명예로운 주체성'에 대한 욕망을 승화시킨다고 주장했다. 푸코는 아름다운 존재에 대한 관심인 '존재의 미학'이 이미 시인 호메로스와 핀다로스의 작품에서 지배적으로 나타났다고 했다(푸코, 2011:162). 푸코는 소크라테스 이전의 전통에서 '자아 돌봄'의 근간에는 '훌륭하고 기억에 남을 만한 존재에 관한 원리'가 작용했다고 했다(푸코, 2011:163). 푸코는 고대 철학이 고대의 '존재 원리'를 대체한 것이 아니라 '완벽하게 만들어야 하는 작품으로서의 존재 원리'를 재구성했다고 주장했다(푸코, 2011:163). 그는 소크라테스에 이어 견유주의자들도 '아름답고 눈에 띄고 기억에 남는 존재'에 대한 고대 그리스 철학자들의 관심을 '변형, 수정, 재구성'했다고 주장했다(푸코, 2011:163). 견유주의는 바로 이 '아름다운 존재와 참된 삶'(푸코, 2011:163)의 관계에 주목했지만, 푸코는 '진리의 형태로 아름다운 존재를 탐색하는 과정 그리고 진실을 진리를 말하는 실천'(푸코, 2011:165)에 집중했다(푸코, 2011:165).

그렇다면, 푸코가 견유주의(그리고 고대 철학 전반)의 핵심 즉 삶을 사는 방식의 미학적 요소를 어떻게 이해해야 할까? 니체는 푸코의 사상에 대해 한 줄의 답을 제시했다. "그리스 철학자는 사람들이 생각하는 것보다 훨씬 많은 노예가 있다고 느끼면서 인생을 살았다. 철학자가 아니라면 모두가 노예라고 생각했던 것이다. 지상에서 가장 커다란 권력을 지닌 자도 자신의 노예라는 생각을 하면서 철학자의 긍지는 흘러넘쳤을 것이다"(《즐거운 학문》18).[6] 푸코의 고대 철학 분석의 맥락에서 '존재의 미학'의 개념에는 노예적 삶과 극명하게 반대되는 고귀한 삶 또는 주체적 삶을 살아내는 과정이 포함된다. 그가 보기에 고대 철학은 아름답고 고귀한 존재를 달성할 것을 제안하며, 이를 달성하는 방법에 대해 시민들을 오도하는 호메로스의 윤리관paideia에 도전했다(골드너 참조, 1967).

고대 철학에서 호메로스와 핀다로스가 찬란하고 기억에 남을 만한 존재, 고대 올림피아의 영웅에 찬사를 보낸 대목의 의미를 재해석한 것에 대한 푸코의 분석에 따르면, 고대 철학은 존재 미학에 대해 '기술적(실천적)' 개념을 중시했다(셀라스, 2020 참조). 고대에 예술art과 기술technique의 공통 어원인 테크네technē는 수사학, 의학, 항해술과 같은 기술이나 공예를 의미했다. 푸코가 보기에 견유주의자(그리고 고대 철학자들)가 살았던 삶의 방식에는 분명 자아의 기술이나 영적 수련이 의무였다. 고대 철학자들은 보통의 숙련된 기술자와 유사한 삶의 기술을 적용했지만, 그것은 고귀함이나 주체성의 아름다움을 지닌 삶을 살기 위해서였다. 푸코는 고대 철학이 '인간의 존재 방식과 행동 방식, 그의 존재가 타인과 자신에게 드러내는 양상, 이 존재가 … 사후에 타인의 기억에 남길 흔적'에 대해 그리스-로마 문화가 부여한 미학적 형태라고 설명했다(푸코, 2011:162). 고대 철학이 호메로스의 영광을 재조정하는 방식에 대해 푸코는 고대 철학적 삶이 어떻게 소크라테스 이전의 영웅적 불멸의 꿈의 허상을 깨고 그 이상을 변형시키려 했는지 강조했다. 푸코의 견해에 따르면, 고대 견유주의자들은 위대한 그리스 영웅보다 훨씬 더 고귀한 삶을 창조하기 위해 자신의 삶을 미학적 정교함의 대상으로 삼았다. [7]

견유주의자 디오게네스와 알렉산더 대왕의 유명한 신화적 만남에서 고풍스러운 영웅주의와 철학적인 영웅주의의 대립을 볼 수 있다:

*디오게네스가 크레니온에서 일광욕을 하고 있을 때였다. 알렉산더가 그 위에 서서 '내게 무엇이든 물어보라'라고 말하자, 디오게네스는 '내 빛에서 벗어나라'라고 대답했다(《위대한 철학자들의 생애》 VI, 38).*

푸코는 견유주의가 과연 어떤 부분에 쓸모가 있는지 분석했다. 특히 영웅주의에 대한 그리스의 오랜 관념에 고대 철학이 어떻게 찬물을 끼얹었는지 조명했다(푸코, 2011:275~7). 세속적 영광에 대한 끝없는 욕망을 지닌 위대한 정치 통치자, 가난하고 헐벗은 삶에서 완벽한 평온을 찾는 벌거벗은 견유주의 거지라는 상호 대척점에 있는 인물들의 외경적인apocryphal(알려지지 않는 저작이나 의심스러운 출처의—옮긴이) 대결을 소개한다(푸코, 2011:275~7). 그들의 역할에는 놀라운 반전이 있다. 진정한 왕은 세속적 주권을 누리는 정치적 왕이 아니라 자신에 대한 주체성 외에는 아무것도 누리지 않는 철학자 왕이라는 점이다. 한편 거지 견유주의자는 왕 중의 왕으로 행세한다. 대표적 견유주의자 디오게네스는 자신을 완전히 자급자족한 상태로 만들었기 때문에 알렉산더에게 무엇도 필요로 하지 않으며 그를 숭고한 무관심으로 대할 수 있다. 알렉산더처럼 왕관을 쓴, 누가 봐도 국왕인 주권자는 푸코가 설명했듯 '진정한 군주제의 그림자'에 불과하다. 견유주의자만이 진정한 왕이다. 동시에 세상의 왕들에 비추어볼 때 … 그는 왕의 군주제가 얼마나 공허하고 환상적이며 위태로운지를 보여주는 '대립왕anti-king(왕위를 놓고 대립하여 왕권을 행사한 사람)'이다(푸코, 2011:275). 디오게네스는 알렉산더와 달리 외적 요소에 의존하지 않은 채 주권을 행사한다. 내면의 결함과 악덕을 물리치며, 어떠한 운명의 장난에도 거뜬한 상태인 채 말이다(푸코, 2011:276~7). 대조적으로 가장 위대한 왕의 주체성은 본질적으로 외부 및 내부적 불행과 악에 취약하다. 알렉산더는 진정한 왕이 아니라 운명의 노예다. 견유주의자만이 흔들리지 않는 주체성이나 무적의 힘을 얻는다. 철학만이 진정한 주권 즉 주체성을 발휘하는 수단이다.

## 11.2 푸코의 PWL 재창조

푸코는 어떤 목적을 위해 삶의 방식으로서 이 고대 철학 모형을 회상하고 고대 견유주의를 철학적 영웅주의의 정수로서 복원한 것일까? 우선 피에르 아도의 관심사 [5.1, 6.1, 7.1, 8.4 참조]와 비슷하게, 푸코는 근대 문화에서 점진적으로 사라지는 '철학적 영웅주의'를 도표화하여 설명하는 것을 목표로 삼는다. 푸코는 고대부터 16세기까지 철학자들이 이 고대의 문제를 계속 다루어왔다고 주장했다. "진리에 접근하는 능력과 자격을 갖추기 위해 나 자신은 어떠한 노력을 해야 하는가?"(푸코, 1986:371) 푸코는 철학이 자기 변형을 실천하거나, 영적 수련을 수행하는 것을 아랑곳하지 않고 이론과 사상만 강조하는 특정 순간들에 대해 경계했다.

그럼에도 7.4에서 진리와 주체가 맺어온 관계의 역사에서 이러한 단절, 철학을 이론으로만 받아들이고 진리와 무관한 삶을 사는 것을 표시하기 위해 '데카르트적 순간Cartesian moment'(진리는 이제 주체가 다가가야 할 대상으로 나의 외부에 있을 뿐이며, 때문에 '진실은 그 자체로서 주체를 구원할 능력'이 없다고 생각하는 순간—옮긴이)이라는 문구를 느슨하게 삽입하기도 했다(푸코, 2005:14,17). [8] 직접적인 증거만으로도 진리를 알 수 있고, 따라서 자명한 것을 볼 수 있는 주체는 누구나 지식에 도달할 수 있다는 데카르트적 주장에 따라 근대 문화는 진리에 도달하기 위해 자아를 연구해야 한다는 고대의 관념을 대부분 버렸다고 그는 주장했다. 그는 진리의 역사로 귀결되는 '근대'에 대해 다음과 같이 설명했다.

근대의 역사는 지식 자체와 지식만으로 진리에 접근할 수 있을 때 시작된다. 즉 철학자나 과학자가 다른 어떤 것도 요구하지 않고 주체로서의 자신의 존재를 변화시키거나 변경할 필요 없이 오직 아는 행위를 통해서만 진리를 인식하고 그 자체로 진리에 접근할 수 있을 때이다(푸코, 2005:17 [위의 7.1, 7.3 참조]).

　　푸코는 이 '순간'이 지나가면, 진리를 알기까지 굳이 금욕주의가 필요하지 않다고 주장하는 철학자들이 대부분이라고 했다. 육체적 감각으로 터득한 지식이 아닌 "이성적으로 터득한 지식은, 지식 그 자체를 위한 지식일 뿐이고 점차 마음과 영혼에 호소하는 지식을 제한시키거나 서로 중첩되어, 마침내 '영성이 터득한 앎'을 대체하기에 이른다"(푸코, 2005:308)라고 그는 주장했다. 물론 푸코는 진리와 주체성의 관계에 대한 고대의 개념이 사라졌어도 주체가 지식에 접근하려면 여전히 형식적, 문화적, '도덕적' 조건(예:이기심보다 진리에 마음을 여는 상태)을 포함한 특정 조건을 충족시켜야 한다는 점을 인정했다. 그러나 그는 이러한 조건 중 어느 것도 주체의 존재를 변화시키는 것과 관련되지 않으며, "단지 구체적인 개별 이해관계와 관련될 뿐 주체의 구조 그 자체와는 관련이 없다"라고 판단했다(푸코, 2005:18). 데카르트적 순간 이후, 정화, 고행, 회심 등 자아에 대한 고대의 마음 돌봄 기술들은 인식론적으로 불필요해졌다고 했다. 따라서 주체와 진리 사이의 관계에 대한 근본적으로 다른 형태의 경험에 도달했기 때문이다. 이 시점에서 그는 "자아와의 관계는 진리에 다가간다 해서 금욕적일 필요가 없다. … 따라서 비도덕적인 사람이라도 진리를 알 수 있다. 이전의 모든 문화권에서는 결코 수용하지 못한 관념이기도 하다. 데카르트적 순간이 오기 전에는, 누구나 불결하고 비도덕 할 수 없으며 진리를 알 수 없다"(푸코, 1986:372). 이제 철학자들은 주체성을 근본적으로 바꾸지 않고도 진리에 다가가고 있고, 지식을 습득하지 않더라도 존재론적 변화나 깨달음, 고요함, 평온을 얻을 수 있다는 생각을 받아들이고 있다. 푸코가 말했듯 "진리에 접근하는 과정에서 최고의 보상이 따르거나, 노력, 희생, 대가를 치러야 한다는 강박에서는 벗어날 수 있게 되었다"(푸코, 2005:19)라고 했다. 이에 덧붙여 "따라서 진리는 주체를 구원할 수 없다"(푸코, 2005:19)라고 설명했다.

그러나 푸코는 근대 철학이 고대 철학을 완전히 대체한 적이 없다는 사실을 인정했다. 실제로 그는 19세기 유럽에서 고대 철학의 소멸에 반발한 철학자들 특히 쇼펜하우어와 니체에 주목했다(푸코, 2005:251). 앞서 살펴본 바와 같이 쇼펜하우어와 니체는 고대 PWL의 소멸과 '진리와 자기 변형'의 분리는 인정하지만, 철학의 한계를 인정하는 인지 과정이나 지식을 심화시키지는 않는다고 생각했다. 오히려 그들은 근대에 와서 진리와 자기 변형이 분리되고, 지식과 영성이 분리된 배경에는 역사적으로 우발적인 문화적, 제도적, 교육적 변화가 있었기 때문이고, 근대 철학자들에게는 이를 되돌릴 역량과 의무가 있다고 주장했다(쇼펜하우어, 2014:149~213 참조). 10장에서 살펴본 것처럼 니체는 쇼펜하우어의 사상을 이어받아 고대 PWL의 모형을 되살리기 위해 시기 상조적으로 근대 학문 철학을 비판하기도 했다. 니체는 PWL을 이론적으로 사라지거나 역사적으로 쇠퇴한 개념으로 생각하지 않았다. 오히려 그는 그것을 재창조하고자 했다. 쇼펜하우어와 니체와 마찬가지로 푸코는 철학이 영성으로부터, 진리가 변형으로부터 분리되는 것을 '이론상의 이동'으로 간주했다. 이는 '데카르트적 순간' 즉 철학이 대학 학문으로 제도화됨에 따라 철학적 실천에 깊이 자리 잡게 된 데카르트의 인식론으로 설명할 수 있다. 그는 말했다. "철학이 가르치는 직업이 될 때, 철학적 삶은 사라진다"(푸코, 2011:211).

그러나 니체는 단순히 철학의 종말을 설명하는 것이 아니라 삶을 살아가는 기술로 철학을 되찾는 것이 자신의 임무라고 생각했다(유어, 2019). 푸코 역시 철학을 자기 변형의 실천으로 재구성하고자 했다. 그렇게 함으로써 형이상학적, 신학적, 법적, 과학적 주장에 의존하지 않는 윤리를 발전시킬 수 있다고 판단했다. 그는 윤리를 확립하기 위한 인간의 투쟁이 고대인들의 상황, 고대인들이 당시 삶을 영위하는 방편으로 철학을 실천한 상황과 닮았다고 했다. 푸코는 고대 시민들은 종교적 교리나 법적 제약과는 무관하게 '존재의 미학'을 실천했다고 주장했다(푸코, 1986:343). 푸코는 삶을 살아가기 위해 규칙 준수를 옹호하고 실천함으로써 존재의 미학을 재창조할 수 있을지 의문을 제기했다. 또한, 그는 자신의 철학적 정신이 고대 철학의 핵심과 연장선에 있다고 주장했다. 그러나 다음 부분에서 살펴보겠지만, 니체에서 영감을 받은 푸코의 수련askēsis이 고대의 자아 실천과 양립할 수 있는지는 분명하지 않다. [9] 자세히 살펴보면, 푸코의 작품에서 자아의 두 가지 실천(서로 다른 실천이지만, 윤리적 실천이라는 차원에서는 설득력이 같다)에 대해 파악할 수 있다.

### 11.3 영적 수련으로서의 계보학

푸코가 새롭게 제시하는 '철학 하기'는 고대의 영적 수련 즉 자기 돌봄 방식과 어떻게 비교될 수 있을까? 푸코가 계보학적 방법을 영적 수련에 적용한 것을 살펴봄으로써 이 질문에 대한 답을 찾을 수 있을 것이다. 푸코는 자신의 철학적 실천이 '다른 사람에게 지시하고, 진리가 어디에 있고 어떻게 찾을 수 있는지 알려주는' 바람직하지 않은 유형의 '철학 담론'과는 결이 다르다고 주장했다. 푸코는 '철학적 수련'에 대한 고대 모형을 재창조했다. 그가 정의한 철학적 수련이란 주체가 '진리 게임game of truth'(푸코는 진리를 절대적이고 안정적인 개념으로 여기는 대신, 진리가 사회와 권력관계와 깊이 연결된 것으로 보았다. 그는 진리가 특정한 지식의 형태와 표현으로 형성되고 유지되는 과정을 '진리 게임'이라고 했다. 이는 특정 시대와 문화, 권력관계에 따라 변할 수 있으며 어떤 지식이 현실에서 인정되고 받아들여지는지를 결정한다ㅡ옮긴이)에서 스스로를 변화시키고, 변화하도록 끊임없이 노력한다(푸코, 1987:9). 푸코에게 있어 자기 변형은 철학의 요점이자 목적이다. 만약 우리가 푸코처럼 철학이 고대인들에게도 여전히 그랬던 것처럼 즉 사유 활동에서 자신에게 질문하거나 수련하는 것이라고 가정한다면, 철학의 요점이자 목적은 자기 변형이다.

오늘날 철학이란 … 생각이 유도하는 자아 성찰이 아니라면 무엇일까? 이미 알려진 것을 정당화하는 대신, 다르게 생각하는 것이 어떻게 그리고 어느 정도까지 가능할 수 있는지를 알기 위한 노력이 아니라면 철학을 구성하는 것은 무엇인가? … 철학적 담론은 … 자신에게 낯선 지식을 실천함으로써 자신의 기존 관념에 변화의 물꼬를 틔운다. '에세이'는(진리 게임에서 각자가 경험하는 변화에 대한 평가지 또는 시험지와도 같다) 철학의 살아 있는 실체다(푸코, 1987:8~9).

그러나 푸코도 아도처럼 고대 철학에서 우리에게 여전히 살아 숨쉬는 개념과 사멸한 개념을 구분하려 했다. 푸코는 근대 문화에서 고대 철학의 형이상학적 측면은 죽었다고 가정했다. 따라서 푸코는 플라톤의 이데아론, 에피쿠로스의 원자와 진공 그리고 만연해 있는 스토아철학에서 무엇보다 강조한 정신 즉 영혼pneuma과 이성logos과 같은 고대 철학의 위대한 형이상학적 개념의 타당성을 분석하는 데 관심을 보이지 않았다. 그럼에도 그는 자아 돌봄을 실천하려는 노력은 여전히 살아 있다고 주장했다. 푸코는 고대 철학의 핵심 요소란 스스로 변화하기 위해, 자기 변형을 이루기 위해 진리 게임을 하는 것으로 판단했다. 자신의 계보학적 '철학 훈련'이 진리 게임의 한 형태라고 정의했다. 푸코가 말했듯 이 훈련의 목적은 '스스로가 어떠한 삶을 살아왔는지에 대해 사유하려는 노력이 사유를 침묵시키려는 반작용으로부터 해방하게 함으로써, 또 다른 각도로 사유하는 법을 배우는 것'(푸코, 1987:9)이었다. 푸코는 고대 철학의 살아 있는 실체가 바로 자신의 계보학적 연구 속에서 계속 번성하고 있다고 말했다. 푸코는 고대 철학을 재창조하면서 계보학을 고대의 영적 수행인 '전향conversion'(자기와 자기가 맺는 관계로서 자기를 향해 가는 활동, 자기로부터 시선을 떼지 않는 활동, 자신을 결정적인 목표로 고정하는 활동 그리고 궁극적으로 도달한다거나 되돌아가는 행위 즉 능동 주체화다—옮긴이)과 유사한 위치에 놓았다. 계보학은 푸코의 영적 수행이다.

그는 '진리 게임'을 통해 일어나는 자아의 변화를 주요 철학적 행위에 불필요하거나 그와 무관한 무대 뒤 드라마로 생각하지 않는다고, 짧지만 강렬하게 적었다. 계보학 작업을 통해 고대 철학 정신을 어떻게 재창조하고자 했는지 알 수 있는 대목이다. 푸코는 1인칭 단수의 시점('나는'과 같이 본인을 표현하는 단어를 쓰면서 '나' 중심으로 바라보는 관점—옮긴이)을 자주 활용하진 않았지만, 1인칭 단수로 말하는 경우 고대 철학에서 자아 성찰을 어떻게 실천했는지를 연구하게 된 개인적 동기를 정교하게 설명했다. "강직하게 행동으로 옮길 가가 있는 유일한 종류의 호기심은 … 알아야 할 것 같은 것을 알게 만드는 호기심이 아니라 자기 자신으로부터 자유로워질 수 있는 호기심"이라고 설명했다(푸코, 1987:8). 결국 그는 "앎에 대한 열정이 단지 어느 정도의 지식으로만 귀결되고 … 지식인 스스로가 자신에게서 멀어진다면 지식에 열정을 쏟을만한 가치란 무엇이란 말인가?"라고 수사학적으로 질문했다(푸코, 1987:8). 푸코는 여기서 자신의 계보학적 탐구 행위가 스스로 변화할 수 있는 '영성'의 한 형태임을 분명히 암시했다. 그리고 '영성'은 '앎에 대한 열정'으로도 나타날 수 있다고 파악했다.

푸코의 '앎에 대한 열정'이라는 기묘한 표현에 어떤 의미를 부여할 수 있을까? [10] 푸코가 이 표현을 사용한 것은 우연적이거나 우발적인 것이 아니라 1971년 니체에 대한 강의에서(푸코, 2013:202~19), 같은 해에 출간된 보다 정제된 에세이 《니체, 계보학, 역사Nietzsche, Genealogy, History》(푸코, 1986:76~101)에서 언급한 것처럼, 니체의 앎에 대한 욕구 분석에서 영감을 얻은 것으로 보인다. 푸코가 앎에 대한 니체의 열정에서 비롯된다고 믿는 자아 전환의 본질을 밝히고 있다는 점에서 푸코가 니체를 인용했다는 사실이 지닌 의미에 대해 살펴볼 필요가 있다.

1971년 강연에서 푸코는 니체가 자유로운 영혼의 철학자들을 '강하고 확고한 망상의 행복'을 포기한 자들로 분류했다고 말했다(《아침놀》 429). 니체는 이러한 자유로운 영혼들은 아름다운 외모를 선망하는 인간의 기본 성향을 악의적으로 모독할 정도로 앎을 추구했다고 했다(《선악의 저편》 229, 230). "우리 마음속에서 인식은 어떠한 희생도 두려워하지 않는 정념으로 변화되었다"(《아침놀》 429). 니체는 앎에 대한 이러한 열정을 어떤 숭고함의 원천으로 파악하며, 모든 숭고한 것들과 마찬가지로 인간이 언젠가는 반드시 죽는다는 내재적 취약함에 맞서 싸운다. "가상에의, 단순화에의, 가면에의, 외투에의, 간단히 말해 표면에의 의지에 대항하여 사물을 깊이 있게 다양하고 철저하게 생각하고 또한 그렇게 생각하고자 하는 인식하는 사람의 저 숭고한 경향은 맞서 나간다. 이것이야말로 지적 양심이 지닌 일종의 잔인함이다"(《선악의 저편》 230). [11] 니체에 따르면, 자신의 아름다운 망상을 희생할 줄 아는 자유로운 영혼의 철학자들은 '정열(정념)의 압박과 고통' 아래서 이제까지 보다도 자신을 더 숭고하고 위로받는 존재로 여기며 망상을 포기한다(《아침놀》 429). 그는 유고遺稿(죽은 사람이 생전에 써서 남긴 원고—옮긴이)에서 앎에 대한 열정을 위해 자신을 희생하려는 이 영웅적이고 숭고한 의지를 고대의 지식 윤리와 암묵적으로 대조했다.

*사람들은 지식의 고요한 행복에 대해 떠들었지만 나는 그것을 찾지 못했고 실제로 경멸했다. 이제 나는 앎의 불행이 주는 행복을 알고 있다('앎'은 양날의 검으로, 지식을 얻는 것은 때로는 세상에 대한 어려운 또는 불편한 진리를 더 깊게 이해하게 할*

수 있으며, 이는 감정적으로 어려울 수 있지만 또 다른 차원에서 새로운 지식은 개인적인 성장, 깨달음 또는 성취감을 가져올 수도 있으며 이를 '행복'의 형태로 묘사할 수 있다—옮긴이). 나는 살면서 지루한 적이 있었던가? 내 심장은 불안, 기대감, 실망으로 쉴새 없이 두근거린다. 나는 앎이 초래하는 불행마저 축복한다. 앎은 세상을 풍요롭게 한다! 앎의 여정에서 나는 가장 느린 걸음으로 이 씁쓸한 진미를 음미한다. 나는 이제 위험 없는 지식은 원하지 않는다. 지식을 추구하는 자의 주변에는 항상 위험한 바다나 무자비한 높은 산이 있다(《유고》: 9, 7 [165]) .*

1971년 강연에서 푸코는 니체가 설명한 앎에 대한 열정이 자신이 설명한 '지식과 주체성 사이의 관계'에 미치는 함의를 발전시켰다. 푸코는 《즐거운 학문》 333을 해설하면서 니체가 앎에 대한 열정을 다음과 같이 파악하는 것으로 이해했다.

앎에 대한 열정에는 조롱, 경멸, 증오와 같은 악의가 내포되어 있다. 사물에서 자신을 인식하는 것이 아니라 사물과 거리를 유지하고, (웃음으로) 자신을 보호하고, 비하(경멸)하여 자신을 차별화하고, 격퇴하거나 파괴하고 싶은 (저주의) 욕구를 수반한다. 지식 중에서도 살인, 비하로 이어지거나 이분법적 논리를 수반하는 지식은 섭리*homoiōsis*와도, 선과도 무관하다(푸코, 2013:204~5).

푸코는 우리의 행복에 대립되는 '살인적인' 지식이란 우리를 관습이나 우연으로부터 해방시켜 우리가 본래의 자신 즉 순수한 존재로 돌아가는 데 도움이 안 된다고 했다. 니체의 앎에 대한 열정을 해석할 때, '악의'는 구체적으로 '아는 자를 향해 있음'으로 이해해야 한다(푸코, 2013:205). 푸코에 따르면 니체는 앎에 대한 새로운 열정에 내포된 악의가 아름다운 외모나 환상을 긍정하고 사랑하고 숭배하려는 우리 마음의 욕망을 꺾어버린다고 했다. 이런 의미에서 니체는 "아는 자는 스스로에게 가혹한 예술가이다"라고 했다(《선악의 저편》 141). 푸코가 이해한 것처럼 앎에 대한 열정은 악의적인 의지다.

*현상, 그 이면의 비밀을 찾고, 겉모습 뒤에 숨겨진 본질, 애매한 깜박임 뒤에 숨겨진 힘, 완성의 미를 추출하려고 안간힘을 쓰는 상태다. … 그러나 마침내 깨어진 비밀에는 여전히 외관만 있으며 존재론적 기반이 없음을 인식하게 한다. 그러므로 앎을 터득한 사람이라 할지라도, 그가 알고 있는 건 여전히 그리고 영원히 겉으로 드러나는 껍데기일 뿐이다(푸코, 2013:205).*

푸코가 《성욕의 역사History of Sexuality》에서 계보학적 분석의 대상으로 삼았던 기독교적, 근대적 욕망 해석학[위의 5.2 참조]과는 달리, 니체의 앎에 대한 열정은 해방하거나 억압할 수 있는 존재론적 토대를 발견하지 못하고 만다. 그것은 안정적이고 영구적인 자아의 모든 모습 즉 존재론적 토대를 해체한다. 니체가 말하는 주체의 계보학은 깊은 뿌리 대신, 충돌하고 대립하는 욕구들 사이에서 화해할 수 없는 불화를 확인하게 된다. 데카르트나 스피노자와는 달리[7.3], 니체는 주체 안에서 신성하거나 '그 자체로 영원히 안식하는' 어떤 것도 발견하지 못하며, 단지 '전쟁터에서 겪는 탈진'에서 나타나는 '영웅성'만을 발견한다(《즐거운 학문》 3.3.3). 니체는 주체의 욕구 중 무의식적인 내면의 전쟁상태로 주체가 하는 행동 대부분을 설명한다고 주장했다. 푸코는 다음과 같이 《즐거운 학문》 333의 두 번째 대목에서 니체와 뜻을 같이한다. (요약하자면) "모든 인식에는 숨겨진 영웅적인 것이 있을지도 모른다. 하지만 신적인 것은 존재하지 않는다"(푸코, 2013:204).

그렇다면 푸코의 계보학적 영적 수행을 앎에 대한 열정의 표현으로 생각한다면, 얼핏 보면 영혼을 돌보는 '수련'의 개념은(푸코가 고대 철학을 되살린다는 그의 제안을 액면 그대로 받아들인다면) 상반되어 보일 수 있다. 그러나 푸코의 수련은 그 의미가 더 포괄적이다. 첫째, 푸코는 자아에 대한 계보적 실천을 자기 자신으로부터 자신을 떼어내는데 필요한, 자기 자신에 '악의'를 가하는 것으로 생각했다. 앞서 언급했듯 푸코는 '내가 살아온 방향이 맞는지'를 점검하며 성찰을 통한 방향 틀기에 깨어 있어야 한다고 했다. "자아로부터 삶과 자연이 제공하는 관성적인 안정성을 박탈하는"(푸코, 1986:88) 계보학적 수련을 수행함으로써 말이다. 푸코는 앎에 대한 열정을 행사함으로써 겪는 변화에 대한 은유적 묘사를 통해 주체가 예측 가능한 경로에서 벗어나 정해진 경로나 알려진 목적지 없이 방황하는 모습을 그려냈다. 푸코는 철학적 호기심은 자기 자신에 대한 작업이라는 한도 내에서만 가치가 있으며, 이러한 작업은 고대 및 기독교 모델에서처럼 자기 자신으로의 회귀epistrophe나 심경의 변화metanoia가 아니라 [12] 자신에게서 자신을 해방하는 역설적인 실천이라고 강조했다. 푸코의 은유를 따르자면, 이러한 내면 성찰을 하다 보면 주체는 끊임없이 방황할 수 있다.

푸코는 일찍이 니체적 언어와 모형을 사용하여 앎에 대한 열정이 가져오는 효과를 설명하면서 이러한 변화를 자아로의 회귀가 아닌 자아 자체와의 단절로 극화했다. 계보적 영적 수련에 동기를 부여하는 앎에 대한 열정에 대해, 푸코는 주체가 이 특별한 진리 게임을 하기 위해 치루는 '대가'를 강조했다. 니체에 대한 초기 분석에서 푸코는 '지식의 살인적인 냉혹함'이 '현상을 환영하는 온화함' 다시 말해 위안을 주는 외관이나 환상에 반대한다고 제안했다(푸코, 2013:206). 이런 의미에서 푸코의 수련은 진리 게임의 대가로서 '자기희생'을 수반한다. 그는 수련을 통해 마음이 시끄러워지는 '불협화음'이 일어날 수 있다고 암시했다. 앎에 대한 열정이 모든 현상이나 외관을 끊임없이 '살해'한다면 그의 말대로 "이 작업은 … 존재나 본질에 대한 접근으로 보상을 받는 것이 아니라 새로운 외관을 낳고, 그것들을 서로 대립시키고 서로를 넘어서게 한다"라고 말했다(푸코, 2013:206). 자아를 들쑤시는 이 작업은 겉으로 보이는 외관 밑에 있는 것들 즉 껍데기 속의 진주를 발견하게 한다. 인간은 영원히 자립하는 주체가 아니라는 점, 영웅 전사들 사이의 패권 경쟁처럼 내면의 온갖 거센 욕구들이 전쟁을 불러일으킨다는 점을 알게 된다.

푸코가 생각하는 계보학적 작업은 '잊힌 정체성, 다시 태어나기를 열망하는 정체성'이 아니라 뚜렷하고 경쟁적인 요소들로 이루어진 복잡한 체계를 수면 위로 드러내는 '정체성의 체계적 해체'를 수반한다(푸코, 1986:94). 푸코가 말했듯 "계보학이 이끄는 살아온 인생에 대한 성찰은 우리 정체성의 뿌리를 발견하는 것이 아니라 그 소멸에 전념하는 데 초점을 둔다"(푸코, 1986:94). 실제로 푸코는 계보학적 수련을 하다 보면 내면을 들쑤시는 여러 세력과 충동을 용해할 수 있지만, 인식 주체의 파괴를 초래할 위험을 수반한다고 했다. 푸코는 계보학적 수련으로서 "앎에 대한 의지가 있다고 해서 보편적 진리를 달성하는 것도 아니고, 섭리가 주는 고요함을 부여받는 것도 아니다"라고 주장했다. 오히려 그것은 "잠재 위험을 배가시키고 모든 영역에서 위험을 야기하며, 환상적 방어를 무너뜨리고 주체의 통일성을 해체하며, 전복과 파괴에 전념하는 여러 감정적 요소들을 방출한다"(푸코, 1986:96)라고 주장했다. 이 점을 설명하면서 그는 "지식은 경험적 뿌리로부터 서서히 분리되어 ⋯ 이성의 요구에만 종속되는 순수한 사변이 되지 않는다. 지식이 발전하면 자유로운 주체의 구성과 긍정에 묶여 있지 않고 오히려 본능적 폭력이 점진적으로 고개를 숙이게 한다"(푸코, 1986:96)라고 말했다.

푸코는 계보학적 수련을 '앎에 대한 의지가 끝없이 펼쳐지는 상황에서 지식을 추구하는 주체의 파괴' 가능성을 초래하는 '내면 성찰의 실험'을 유도하는 과정으로 생각했다(푸코, 1986:96, 97).

이제 이전 장에서 살펴본 고대의 자아 수련과 푸코의 계보학적 수련이 추구하는 효과가 얼마나 다른지 가늠할 수 있을 것이다. 푸코는 앞서 살펴본 바와 같이, 고대 철학은 진리에 대한 접근 그 자체가 "진리에 접근하는 과정에서 최고의 보상이 따르거나, 노력, 희생, 대가를 치러야 한다"(푸코, 2005:19)라는 전제를 기반으로 한다. 푸코는 헬레니즘과 로마 철학의 자아 변화를 위한 내적 수련의 관점에서 "주체는 깊은 내면으로 전진해야 한다"라고 요약했다(푸코, 2005:248). 푸코는 헬레니즘과 고대 로마 사상에서 "불확실한 인생의 여정, 돌고 도는 순환의 여정, 우여곡절과 위험으로 가득한 인생의 목적이자 종착점에는 '자아'가 등장한다"라고 주장했다(푸코, 2005:250). 이러한 맥락에서 그는 '자아를 향한 길은 언제나 변화무쌍한 여정'(푸코, 2005:249)이라고 썼다. 푸코는 '자아로의 회귀라는 규범'을 서구 문화의 역사에서 단연 중요한 화두로 꼽는다. 그는 이 '자아로의 귀환이라는 주제'를 19세기 사상 전체가 (헤겔이 정의한 '세계정신의 오디세이'를 생각할 수 있다) 재구성하고자 했던 '복잡하고 모호하며 모순적인 방식'으로 파악했다(푸코, 2005:251).

대조적으로, 푸코의 철학적 수련은 주체를 완성하는 것이 아니라 존재나 본질에 대한 접근을 통해 주체를 보상하지 않고 자아를 그 자체로부터 찢어버린다. 따라서 최고의 보상이 없으며, 계보적 진리에 접근한다고 해서 주체가 복이나 평온을 얻지 못한다(8). 대신 푸코는 영구적인 자기 해체와 불화의 윤리를 생성하며 이를 자유의 조건으로 생각한다. 계보학적 진단을 하게 되면 '구체적인 자유의 공간 즉 가능한 변혁의 공간을 열어주는 자아 내부의 '가상적 균열'을 확인할 수 있다(푸코, 1996:449~50). 수련을 통해 주체는 자기 자신과 달라지기도 하고 자신에게서 멀어지기도 한다. 그렇게 반복하다 보면 어느새 자아는 변모한다. 그가 생각하는 자유는 자연이나 우주와 일치하거나 목적 또는 본질을 성취함으로써 실현되는 것이 아니라 새로운 것을 창조하거나 발명하는 행위를 통해 실현된다. 윤리적 질문은 "어떻게 하면 영원한 존재를 모델로 삼을 수 있는가(예: 플라톤 및 신플라톤주의), 섭리에 따라 살 수 있는가(예 :냉소주의, 스토아주의, 에피쿠로스주의), 영원에 합당한 예술작품으로서 나를 창조할 수 있는가(예: 니체)"가 아니라 "우리는 어떤 새로운 진리 게임을 발명할 수 있는가"이다(푸코, 1996:312). 푸코가 주장하는 고대로의 회귀가 뚜렷한 근대적 미학주의적 비전 즉 새로운 멋스러움을 내세운다는 아도의 유명한 비평은 이런 점에서 전혀 근거가 없는 것은 아니다.

푸코가 말하는 '철학적 정신의 한계'로 인해, '자유'란 새로운 규범을 발명하는 지속적이고 무한히 초기화할 수 있는 수련을 할 때 얻을 수 있지만 현재 규범의 한계를 넘지 못할 때 심신이 병약해진 다(푸코, 1986:45). 즉 푸코는 각자에 주어진 현실에 대해 계보학적 성찰과 반성을 하다 보면, 어느새 그 과정은 영혼 돌봄의 수련이 된다. 삶에 대한 새로운 실천 규범과 양식을 세운다는 차원에서 수련과 지향점이 같다. 그는 '실제로 맞는 말'이라며 다음과 같이 단언했다.

*역사적 한계를 구성하는 완전한 지식 또는 결정적인 지식에 다가갈 수 있을 거라는 희망을 버려야 한다. 이처럼 헛된 희망을 품는다면, 우리의 한계와 그 한계를 넘어설 가능성에 대한 이론적, 실제적 경험은 항상 제한적이고 결정적이며, 따라서 우리는 항상 처음부터 다시 시작해야 하는 상황에 놓인다(푸코, 1986:47).*

푸코의 수련은 영원한 지평이 없는 상황에서 끊임없이 자기 해체를 실천하는 과정이다(유어 & 테스타, 2018 참조). 푸코의 수련은 고대의 금욕적 정신 수행과 다르다. 자아를 자연, 삶 또는 존재와 동일시하지 않는다. 이들로부터 자아를 표류시킴으로써 고전 철학에서 말하는 자아 변형의 이상향 즉 자아의 완성, 행복, 또는 평온에 이르게 하는 수련과는 대척점에 있다. 예를 들어 스토아적 관점에서 푸코의 새로운 철학적 삶의 방식을 바라본다면, 그것은 병리적인 것으로만 보일 수 있다. 아이러니하게도, 자기 완성과 자족이라는 스토아적 목표에 대한 푸코의 분석에 따르면, 끊임없이 타자가 되려고 노력하는 것을 미덕으로 삼는 푸코의 수련 방식이 스토아주의의 근본적인 규범적, 치료적 지향과 정확히 상충한다(유어, 2007).

스토아적 관점에서 볼 때, 푸코의 '나로부터의 이탈'을 지향하는 정신 수련은 얼핏 보면 자신을 제대로 돌보지 못하는 상태 같다. 푸코 자신도 로마 사상에서 말하는 자아 돌봄은 "주체의 본질적인 '호흡 고르기caesura' 즉 잠시 쉬어가는 개념을 품지 못했다"라고 말했다(푸코, 2005:214). 그가 관찰하듯 스토아학파는 자아와 다른 모든 것 사이의 단절을 지칭하기 위해 일련의 용어를 사용했지만, 이 용어들은 '자아와 자아의 단절'을 의미하지는 않았다(푸코, 2005:212, 강조 내용 추가). 다시 말해 푸코가 정의한 수련은 헬레니즘과 스토아철학의 자아에 대한 개념을 수용하는 것처럼 보이지만, 이성적 자립이라는 규범적 이상과는 거리가 멀고 치료하고자 하는 정서적 아픔을 분석하고 비평하는 태도와도 아예 결이 다르다. 스토아주의의 시각에서 볼 때, 푸코가 중시하는 내면에서 급진적으로 한 호흡 쉬어가는 '한계 경험limit experience'(일상의 경험은 일정한 문화에서 일정 시기 동안 지속적으로 이루어지는 경험이지만, 한계 경험은 경험의 변화를 가져오는 변형적 경험이며 경험을 구분 짓는 경계 경험이다—옮긴이) 주체가 끊임없이 다른 장소, 다른 시간 또는 다른 자아를 찾도록 강요하는 정서적 동요를 이해하고 분석하고 치료하는 데 실패한 증상에 불과하다.

우리가 푸코의 수련 모형의 복잡하고 난해한 함의를 인식하기 위해 반드시 고전적 또는 헬레니즘적 관점을 지지할 필요는 없다. 푸코의 비평가들은 그의 철학에 규범적 결함이 있다는 주장에 초점을 맞춰 왔으며, 그의 윤리를 옹호하는 동시대인들조차도 그 실제적, 심리적 위험을 인식하고 있다. 예를 들어 베아트리스 한-필레Beatrice Han-Pile는 푸코가 말하는 자아 훈련은 자기 이탈이나 고립을 추구하는 것이라 그의 주장에 '위협'이 있다고 했다. 그녀는 푸코의 수련이 내면의 핵심 정서나 욕망과의 동일시를 조장하기보다는 '자기 이탈'의 실천이라고 제시했다(한-필레, 2016:99). 그녀는 계보학적 접근이 존재 내에서 균열을 일으켜 불연속성을 일으키는 수련이지만, 그렇게 함으로써 내면에 영구적인 상처를 만들 위험이 있다고 인식했다. 그녀는 "가장 급진적인 형태를 취하는 '자아 실천'에 대한 푸코의 개념은 자아의 어떤 측면과의 동일시를 막고 성격 장애를 초래할 가능성이 매우 높다"라고 주장했다(한-필레, 2016:99).

## 11.4 결론

푸코가 재창조한 삶의 방식으로서 철학. 우리는 그것의 의미를 어떻게 평가해야 할까? 그는 고대 그리스와 로마 철학을 연구하면서 자신의 사상이 '서양철학에서 근본으로 삼은 철학 하기'의 연장선에 있다고 생각했다. '서양철학의 기초는 바로 우리의 기원을 인식하는 사고방식과 거리를 두되, 그사이의 틈새를 모두 탐구하는 것'(푸코, 1987:7)이라고 인식했다. 푸코는 이 틈새를 통해 멀고도 가까운, 익숙하면서도 낯선 고대 관습에서 우리의 기원을 살피지 않으면 우리 자신을 이해할 수 없다고 말했다. 그러나 이 장에서는 푸코의 계보학적 영적 수련과 고대의 금욕적 자아 수련 사이의 윤리적 차이를 강조했다. 푸코의 수련은 자아와 자아 사이에 급진적인 불연속성을 만들어 새로운 삶의 방식을 끊임없이 실험하는 것을 목표로 하지만, 고대의 수행은 자아를 참되고 보편적인 형태나 존재로 되돌려 신성한 자족을 실현하는 것을 목표로 한다. 고대의 관점에서 볼 때 푸코의 수련은 주체의 병리적 해체에 해당하지만, 푸코의 관점에서 볼 때 고대의 윤리는 주체 해방이 아니라 정체된 상태에서의 훈련이다.

오늘날 우리는 아마도 두 가지 유형의 영적 수행 즉 끊임없이 자기 자신에게서 벗어나는 수행과 자기 자신으로 돌아가는 수행을 상속받았다. 푸코의 계보학은 삶의 방식으로서 고대와 근대 철학 사이의 이러한 윤리적으로 팽팽한 긴장감을 조명했다. 우리는 자아에 대한 이 두 가지 양립할 수 없는 수행을 물려받았다. 이에, 끊임없는 자기 해체와 영구적인 자기 완성의 감금 속에서 자유를 발견하기도 하지만, 무한한 존재론적 불화 속에서 자유를 박탈당한 노예가 되기도 한다. 진정한 본성 또는 존재와의 조화 속에서 자유를 경험하기도 한다. 푸코가 생각하는 근대의 자유 영혼은 오디세우스와 닮았다. 단, 오디세우스는 고향 이타카로 돌아갈 수 있다는 희망이 있었지만, 근대의 자유 영혼에는 그런 희망보다는 우리 각자가 헤쳐가야 하는 윤리적 키아즈마chiasma(하나에서 둘로 나뉘는 것. 즉 얽힘의 사태─옮긴이)를 아름답게 표현한 것일지도 모른다.

*무한한 수평선. 우리는 육지를 떠나 출항했다! 우리는 다리를 건너왔을 뿐만 아니라, 우리 뒤의 육지와도 관계를 단절했다! 그러니 우리의 배여, 앞을 바라보라! 네 곁에는 대양이 있다. 대양이 항상 포효하는 것은 아니며, 때로 그것은 비*

단, 황금, 자비로운 꿈처럼 그곳에 펼쳐져 있다. 하지만 언젠가 이 대양이 무한하다는 것을 그리고 무한보다 더 두려운 것은 없다는 것을 깨달을 때가 올 것이다. 오, 한때 스스로 자유롭다고 느끼다가 이제 새장의 벽에 몸을 부딪고 있는 새여! 마치 육지에 자유가 있었다는 듯 향수가 너를 사로잡는다면 그것은 슬픈 일이로다! '육지'는 이제 없다! (《즐거운 학문》 124)

## 결론: 삶의 방식으로서의 철학, 그 현재와 미래

### 1. 오늘날의 PWL

'철학이란 무엇인가?' 이 화두를 처음 제기한 사람은 피타고라스였다고 한다. 그 후 이 질문은 '철학'이라는 단어가 처음 등장한 이래로 오랫동안 논쟁의 대상이 되어왔다. 특히 철학의 의미에 대해서는 오늘날까지 해석이 분분하다. 그렇다면 얽히고설킨 혼란의 시작점은 어디일까? 현재 우리가 사회과학과 자연과학이라고 부르는 모든 학문의 요람으로서 그리고 그 이전에는 중세 시대 내내 '인문학'이라고 불렸던 고대 철학의 지위에서 비롯된 것이다[5.4]. 예를 들어 17세기 중반 데카르트(오버가드Overgaard, 길버트Gilbert & 버우드Burwood, 2013:19)는 철학이 '인간의 정신이 알 수 있는 모든 것을 포괄하며' '삶의 수행과 건강의 보존, 모든 종류의 기술 발견을 위한 것'이라고 주장할 수 있었다. 마찬가지로 최근에는 윌프레드 셀라스Wilfred Sellars는 철학의 목적이 '가능한 가장 넓은 의미에서 사물이 어떻게 서로 연관되어 있는지를 이해하는 것'이라고 주장했다. 여기서 "가능한 가장 넓은 의미의 사물'에는 '양배추와 왕'뿐만 아니라 숫자와 의무, 가능성과 손가락 스냅, 미적 경험과 죽음과 같이 근본적으로 다양한 항목이 포함된다"라고 주장했다(오버가드, 길버트 & 버우드, 2013:21).

물론 한동안 생물학자와 원예학자들은 배추와 동식물에 대한 인식론적 관할권을 주장해왔고, 정치학자들은 왕과 의무에 대해, 수학자들은 수에 대해 같은 권위를 주장해왔다. 한편 근대 대학으로 영입되면서 제도권 철학에는 고대의 영역이 점차 축소되고 있다. 먼저 물리학, 생물학, 화학 등 '자연철학'과 심리학, 사회학, 인류학, 정치학(인문과학 또는 사회과학)과 같은 학문이 학문적 독립을 선언했다. 이와 같은 변화의 물결을 고려할 때 근본적으로 '축소주의 회의론deflationary scepticism'이 등장한 것은 당연한 결과일 것이다. 콰인Quine 이론에 따르면 '철학'은 "다양한 학문에서 다루는 무수한 주제와 화두를 관리 가능한 수의 제목으로 그룹화하는 데 학장과 사서가 사용하는 여러 포괄적인 용어 중 하나"인 행정상 용어일 뿐이다. 따라서 일례로 두 명의 학자가 진행한 연구에 '철학적'이라는 공통된 수식어가 붙는다고 해도, 용어 자체의 광범위한 적용으로 인해 '연구 주제가 전혀 다를 수 있고 따라서 서로의 연구에 대해 무관할 수 있다'(오버가드, 길버트 & 버우드, 2013:20).

그럼에도 대학에서 철학과는 계속 운영되고 있고, 비교적 잘 정의된 학문 영역으로 존립에 대한 타당성을 주장해왔다. 20세기 '대륙별 철학 분석론의 차이'로 인한 복잡성(예:프라도Prado, 2003)을 비롯해 학문으로서의 철학에 일부 변형이 있었지만, 일반적으로 서구권의 철학과와 그 외 지역의 서양철학과에서는 논리, 인식론, 형이상학, 윤리학, 정치철학, 언어와 심리 철학, 철학사 등 여러 하위 구분된 세부 학문을 가르치고 있다.

학계 철학자들은 새로운 세대의 학생들에게 전문화된 사고와 말하기 방식을 가르치고, 플라톤이나 소크라테스로 거슬러 올라가는 철학 교본과 사상가들을 통해 오랜 토론 전통을 소개하고 있다. 학교에서는 에세이나 시험의 형태로 아도가 말하는 '지적 훈련(2)'의 과제나 문제를 제시하고 있다. 이렇게 하면 '철학적' 인식의 덕목을 의미 있게 육성할 수 있을 것이라는 바람에서다. 검증된 학자들을 존중하면서도 자신만의 독립적 사고를 단련하고, 회의주의를 자양분으로 호기심을 키워나가며, 개념적으로 정확한 관점을 지니고, 복잡한 아이디어와 생각 체계를 분석·종합·조직화하며 서면 형식으로 표현하는 능력을 배양해왔다. 이 책의 작가인 우리도 철학을 연구하고 글을 쓰며 가르치지만, 역사적으로 매우 제한된 방법과 양식으로 소수의 장르(참조 논문과 장, 논문과 서평)로만 글을 쓰는 경우가 점점 더 많아지고 있다.

이 책에서는 로버트 프로드먼Robert Frodeman과 아담 브리글레Adam Briggle의 연구(2016) 논문 '종신 재직한 철학자 소크라테스Socrates Tenured)'에서 주목할 만하게 표현된 주제(학문적 또는 '학제적' 철학의 미래가 암울하다)를 다시 언급하지 않을 것이다. 그럼에도 오늘날 철학자로서 글을 쓰고 가르치는 우리는 이러한 불안이 가중되는 상황에서 살고 있다는 점은 밝히고 싶다. 플라톤의 '아카데미아'[4.1]로 거슬러 올라가는 서구 대학의 제도 자체가 고등교육을 구상하고 운영하는 데 있어 '시장 논리'의 지배로 인해 심각한 도전을 받는 상황에서 철학은 다른 순수 학문 분야와 마찬가지로 점차 찬밥 신세가 되어가고 있다.

1970년대 이후 아도의 PWL 연구와 1990년 이후 철학과 그 역사에 대한 PWL 접근법을 적용하거나 연구하는 사례가 늘어난 시점은 철학을 비롯한 전통 학문에 대한 도전이 급물살을 타던 시기와 일치한다. 따라서 이 두 가지 현대적 현상이 중요한 방식으로 관련되어 있다는 점은 자명하다. 아도는 과거에 사람들이 철학을 받아들이는 다양한 인식과 태도를 탐구했고, 그의 연구 이후 철학에 대한 인식에 많은 관심이 집중되었다. 같은 맥락에서 새로운 밀레니엄 시대에 철학자의 역할은 무엇이고, 철학이 제공할 수 있는 이익은 무엇인지를 근본적으로 재구상해야 한다는 담론이 본격화되었다. 철학이 무엇인지 그리고 과거에 철학이 적용되었던 다양한 사회적, 지적, 정신적, 교육적 맥락을 안다면, 철학이 앞으로 어떠한 모습으로 역할과 기능을 할 것인지에 대한 다양한 가능성을 파악할 수 있을 것이다. 또한 철학을 활용하여 현재 우리가 하는 일에 문제점을 파악하고 변형할 수 있는 다양한 선택지를 검토할 수 있을 것이다. 판에 박힌 신랄한 조언이 아닌, 다양한 대안을 선사할 수 있을 것이다.

책을 마무리하면서 철학이 제시하는 여러 종류의 비판과 성찰에 대해 정리하고자 한다. 그러나 먼저 PWL의 관점에서 바라본 철학의 대안적 역사를 살펴보고, 두 번째로 PWL 개념에 대해 거듭 제기되는 비판에 대한 아이디어도 돌아보겠다.

## 2 역사, 쇠퇴 그리고 재탄생

이 책의 취지는 스토아학파와 에피쿠로스학파의 자료를 우선 참조하고 소크라테스의 '아토피아'를 중요한 개념으로 짚어보면서, 피에르 아도가 제시한 고대 PWL 개념의 발전사를 소개하는 것이다. 서론에서는 PWL 관점으로 철학을 살펴봤을 때 철학에 대한 개념을 재구성하게 되어, 다른 역사학에서 다루는 것과는 다른 질문을 제기하고 탐구할 수 있다는 점을 강조했다. 서양철학 사상이 소크라테스의 성찰적인 삶 추구에서 오늘날 철학자 즉 학문적 전문가의 삶으로 넘어가기 위해 어떠한 단계를 거쳐야 했을까? 정확히 언제부터 서양에서 PWL 개념이 위축되었을까? 그리고 지적, 제도적, 사회적, 정치적 또는 종교적 조건의 어떤 이유 또는 조합으로 인해 이러한 변화가 생겨났을까? 철학의 역사를 단편적 또는 종합적으로 고려했을 때, PWL 개념이 어떻게 변화했고, 탐구의 대상이 되어왔을까?

이러한 (물론 거시적인) 질문에 대한 답을 찾기 위해, 오늘날의 PWL 문헌에서 발견한 혁신적인 접근 방식 두 가지를 소개한다.

- 첫째, 영적 및 지적 수련의 종류를 대략 11가지로 수렴된다. 원래는 더 많지만 아도가 모호함을 제기한 이후(1995:79~125; 2020, 55~62) 어떻게 범주화할 것인지에 대해 학자들 의견은 분분한 상태다(소랍지Sorabji, 2000:211~42; 푸코, 2006:425~6; 피오르다리스Fiordalis, 2018; 하터Harter, 2018; 샤프 & 크레이머, 2019). 그렇다면 고대 철학자들이 영적 수련이나 '자기 수련의 기술'을 처방하고 실천했다면 그 수와 종류는 얼마나 될까?
- 둘째, 자기 발견적 혁신은 ('텐네아드Tennead' 그림에 나타난 것처럼) 철학 활동의 10가지 구성 요소로 구분된다. 옛 철학자들의 사상을 고려할 때 PWL의 메타 철학적 개념을 염두에 둔 구분이다. 이 책에서는 여러 철학자가 제시한 '철학 하기'의 10가지 실천적 영역에 대해 언급하거나 구체화했던 장소와

방식을 살펴보았다. (1) 철학 하기의 제도적, 교육적 측면, 지적(2) 및 영적(3) 수련, (4) 철학의 일부 개념과 철학의 다른 학문과의 관계, (5) 내면 성찰, (6) 글 (및 음성)을 이용한 다양한 장르, (7) 메타 철학적 은유, 선에 대한 관점(8), 다양한 가치관에 대한 관점(9), 현자 또는 성인(10)의 관점을 다루었다. 설명하는 과정에서 소크라테스부터 니체에 이르기까지 다양한 철학자들이 실천하고 권장한 지적, 영적 수행을 조심스럽게 구분하기도 했다.

PWL의 역사가 시사하는 바는 무엇인가? 영적 수련과 그에 따라 수행된 철학적 활동에 관한 권장 사항이 있다는 사실은 오늘날의 학문적 철학과 고대 헬레니즘 및 로마 학파의 차이점을 여실히 드러낸다. 또한 르네상스 이후 철학자들 사이에서 사라져가는 담론 즉 바람직한 좋은 삶에 대한 설명, 현자에 대한 묘사, 특히 의학·치료를 목적으로 하는 메타 철학적 은유 그리고 이에 반기를 들었던 두 철학자 쇼펜하우어와 니체가 새로운 관점에서 PWL을 부활시키기 위해 노력했던 점을 소개했다. 푸코의 1960~70년대 작품(11장)에 도달하면, 니체 이후의 계보학이 '역사'만을 다루는 비판적인 지적 수련으로만 머무는 상황이 등장한다. 명상하기, 마음 모아 집중하기, 미리 사고하기, 양심에 대해 성찰하기, 정념 길들이기 그리고 위로부터의 관점이나 영원의 관점은 모두 부재한 상태이고, 이에 푸코는 후기 저작에서 비판적 역사 연구의 주제로 다루게 된다(2006).

그러나 이 책에서는 단순한 'PWL의 쇠퇴'에 관한 서사를 신중하게 검증해야 이유를 제시한다. 결정적인 '몰락'의 순간을 교부학(푸코, 2018 참조), 스콜라철학(도만스키, 1996), 베이컨(고크로거, 2001), 데카르트(푸코, 2006) 또는 19세기 초반 나폴레옹과 훔볼트 대학의 출현으로 파악하든 최소 7가지 이유를 파악할 수 있겠다.

i. **첫째**, 고대 회의주의 전통은 이미 PWL 패러다임 내에서 철학 활동의 범위를 좁혀서 운영했다[4.2]. 회의론자들은 소크라테스가 강조한 내적 성찰을 차용하며 각자 자신의 표상을 성찰하는 것을 가장 중시했다. 마음이 불안, 걱정, 심적 고통에서 해방된 상태인 '아타락시아'에 도달하고 정념 길들이기에 전념했다. 그러나 내적 표상을 가차없이 평가하고 비평하며, 연이어 격언과 교훈을 남발할 뿐이었다. 정작, 명상하기, 마음 모아 집중하기, 관조하기, 나아가 사물을 바라보는 방식을 재구성하는 일은 돌보지 못했다. 그러나 르네상스 시대에 고대 회의주의의 부활이 지닌 엄청난 의미를 고려한다면, 초기 근대 자연철학의 실험적·수학적 합리주의 계보를 형성하는 과정에서 고대 회의주의가 얼마나 큰 의미를 지녔는지를 헤아린다면, 회의론자들이 다소 근시안적이었다는 판단에 이른다[6.3, 7.2~7.4].

ii. **둘째**, 아도(1995)와 도만스키(1996)가 자세히 설명했듯, 중세 시대에는 (성인의 거룩한 삶이 이상적인 현자의 삶[5.2]을 대체하는) 수도원이라는 울타리 안에서 기독교화된 '영적 수련'과 스콜라학파의 교육학 및 강의 계획서[5.3~5.4]에 통합된 고대 학파의 '지적 수련'이 분리되는 현상이 나타났다. 이 두 가지 수련 방식을 나란히 살펴보면, 중세 기독교계에서는 모든 범위의 고대 철학적 수련 방식 존재했음을 알 수 있다. 그러나 그 이전의 이교적 형태의 철학은 기독교적 형태의 삶과 신학적 탐구에 종속되어 있었다.

iii. **셋째**, 도만스키와 뤼에디 임바흐가 강조한 것처럼, 보에티우스 다치아와 같은 일부 반체제 스콜라 사상가들 사이에서는 철학이 삶의 최고 형태라는 고대 개념이 이미 부활한 상태였다[5.4]. 그러나 아리스토텔레스의 글에 근거할 경우 그 부활 정도가 미미했다. 《니코마코스 윤리학》 X, 7에 근거한 형이상학적 관상의 형태가 유일한 영적 수련일 뿐이다. 관상적 삶이 내적 성찰을 유도한다는 점은 인정했음에도 말이다. 에피쿠로스주의와 스토아주의에서 말하는 명상, 사전 명상, 정념 길들이기, 내면으로 집중하는 다채로운 방식의 수련은 부활하지 못한 상태였다.

iv. **넷째**, 셀렌자(2013)와 도만스키(1996)가 강조했듯, 이탈리아와 북부 르네상스 시대에는 PWL 개념이 어느 정도 완전히 회복되었다[6.1]. 유실되었던 헬레니즘과 로마 철학에 관한 자료가 대거 복원되었을 뿐 아니라 회의주의, 스토아주의, 심지어 에피쿠로스주의에 관한 담론이 다양한 기독교 교리와 같은 방향성을 지니게 하려는 적극적인 시도가 있었기 때문이다. 르네상스 인본주의의 중심에 있던 페트라르카[6.2]), 에르스무스, 몽테뉴[6.3], 립시우스[6.4]와 같은 인물들이 19세기와 20세기 철학 강의록에서 사라진 것을 감안하면, PWL 개념이 부활했다는 점은 강조할 가치가 있다. 인본주의를 '형이상학'이 아닌 교육학적이고 메타 철학적인 교과목으로 재등장시킨 것은 PWL이 일으킨 신선한 돌풍 즉 철학사에 대한 새로운 관점이 가져온 가장 중요한 결과 중 하나라고 할 수 있다.

**v. 다섯째**, 이러한 인본주의적 PWL 회복의 여파로 베이컨과 데카르트의 사상은 메타 철학적 패러다임이 쇠퇴하는 과정에서 두 번째로 결정적인 역할을 하게 된다. 그렇다고, 그들이 최종적으로 영향을 미친 것은 아니다. 베이컨의 백과사전적인 철학 작품에서 영적, 지적 수련의 거의 모든 내용을 다루고 있다. 단, 주의 깊게 봐야 할 부분이 있다. 베이컨이 '관습, 운동, 습관, 교육, 모범, 모방, 교제, 친구, 칭찬, 책망, 권면'(《학문의 진보》 II, XXII, 7)의 영적 수련을 권장하는 내용이 있다. 이때 그가 붙인 제목은 '마음의 농경시'[7.2]다. 이러한 수련은 순수철학보다 철학의 한 부분인 인간의 도덕성에 관한 것이다. 한편 왕실 사회의 철학적 거장들에게서 볼 수 있듯, 스토아학파나 에피쿠로스학파에서 (예를 들어) 고대인들에게 윤리적 변화를 일으키기 위해 활용되었던 '(인식적) 주의 집중'과 '내적 성찰'은 특히 자연계를 함께 실험하고 탐구하는 새로운 문화를 형성하는 방향으로 향하게 되었다[7.4]. 반면, 데카르트가 명명한 문학 장르인 '명상록'을 어떻게 해석해야 하는지에 대해서 학자

들 사이에 의견이 분분하다. 그중에서도 푸코는 후기에 들어서 명상록에 대한 데카르트의 새로운 방법론을 높게 평가했다[7.3]. 비록 이전의 푸코, 아도, 로티 등에게서 이러한 주장을 받아들인다고 해도, 데카르트의 철학은 명백하게 인간 중심적이 아닌, 추론적으로 더 확실하고 체계적인 토대에서 탐구를 재건하려는 '반인본주의적' 내용을 포함하고 있다. 왕실 사상가들[7.4] 중에서 주요 거장들은 진정한 탐구적 기질을 보유했다. 그들에게 철학적으로 배양된 덕목은 탁월한 인식론적 덕목으로 실용적 판단력보다 지성을 단련하는 데 더 큰 역할을 했다.

vi. **여섯째**, 앞서 살펴본 바와 같이, 볼테르[8.2]와 드니 디드로[8.3]가 보여준 계몽주의 철학자의 모습을 통해, 그들이 고전적 메타 철학적 사상에 친숙하며 그 사상을 실생활에 녹여내고 있다는 점을 알 수 있다. 디드로는 세네카가 살아온 삶과 그가 남긴 철학서를 변증적으로 재구성하는 것으로 자신의 마지막 작품을 선보였다. 그럼에도 철학이 이 인물들의 삶의 방식이라고 정의한다면, 그것은 절충적이고 인간적이었던 비평가, 문필가, 사상가의 삶이라고 할 수 있다. 볼테르는 그리스 철학자들보다 철학을 실천한 고대 회의론자 키케로의 삶이 더 가치가 있다고 말했다(볼테르, 2004:335; 샤프, 2015). 한편 '위에서 본 관점'은 특히 볼테르의 사상과도 맞닿아 있다. 그러나 볼테르는 아무리 위에서 본 관점으로 삶을 관망한다고 해도, 그것이 삶을 살아가는 방식이 될 수는 없다고 주장했다. 볼테르와 디드로는 헬레니즘 사상의 효능이나 목표에 대해 다른 이유에서 비판적이었다. 특히 '위에서 본 관점'에 대한 두 사람의 생각은 달랐다. 볼테르는 독자의 신학적, 형이상학적 가정을 흔들기 위한 문학적 수단으로 여겼지만, 디드로의 경우 역동적이고 유물론적인 세계관에 생생한 힘을 실어주기 위한 것이고 소설과 철학적 관점을 통해 이로운 수단이라고 했다. 시에서 변증법에 이르기까지 다양한 장르를 넘나들며 문학적 재능을 발휘한 철학자들은 그들이 존경했던 많은 고대 사상가들과 달리 실용서나 명상록은 쓰지 않았다. 그들의 격언은 대부분 그들이 만들어낸 여러 가공 인물들을 통해 전달되었다.

vii. **마지막으로** 쇼펜하우어(9장)와 니체(10장)가 PWL의 두 번째 '부활'을 가능하게 했다. 이들의 작품은 철학에 대한 '의학적' 은유를 재탄생시켰다. 다양한 영적 수련에 다시 생명을 불어넣은 것도 두 사람이었다. 특히 니체의 중기 사상은 헬레니즘 철학의 영향을 받았는데, '영원회귀'의 개념을 재구성하기도 했다. 그럼에도 페트라르카, 몽테뉴, 립시우스(6장)에서 보았던 PWL의 르네상스와는 상당히 다른 조건에서 그리고 PWL 개념이 처음 등장했을 때와는 근본적으로 다른 칸트 이후의 지적 전제들을 배경으로, PWL이 어떻게 재탄생하게 되었는지 여실히 드러낸다. 쇼펜하우어와 니체는 모두 메타 철학적 차원에서 소크라테스, 스토아학파, 에피쿠로스학파를 열망하고 존경했다. 그러나 그들은 '왜 철학을 하는가?'를 둘러싼 지혜와 자부심에 대해서는 고대인들의 개념에 의문을 제기했다. 쇼펜하우어는 정념이 없는 '아파테이아'에 도달한 고대의 현자 대신 기독교 이후 '성인'의 자질을 이상적인 인간형으로 제시했다[9.3]. 니체는 쇼펜하우어에 반기를 들며 새로운 또는 '더 높은 경지'의 인간형을 만들기 위해 (소수가 인정하더라도) 비극적 고통의 형태를 받아들인다[10.4~5].

### 3 비판적 시각

우리는 저자로서 이 책을 쓰기로 마음먹었을 때, 특정 사상을 비판하는 것이 아니라 여러 사상을 재구성하고 싶었다. 서두에서 말했듯 전 세계적으로 PWL을 연구하는 학자들이 늘어나면서, PWL에 관한 다양한 인물과 시기에 대한 통찰을 취합해보고 싶었다. 그럼에도 우리 두 저자의 자체적인 통찰을 제안하는 부분도 많이 실었다. 이 책은 철학 입문서로서, PWL이 철학사에 대한 혁신적인 접근 방식이라는 점을 알리고, 지금과 같은 어려운 시기에 우리가 철학을 생각하는 방식에 급진적인 영향을 미칠 수 있다는 점을 입증하기 위해 쓰였다. 단, 다른 급진적 전망과 마찬가지로 PWL은 비판과 오해를 불러일으키기도 했다. 여기서 이 모든 것을 다룰 수는 없다. 그러나 경험상 아도의 연구에서 영감을 받은 연구가 논의될 때마다 반복적으로 제기되는 네 가지 비판적 시각을 다루어볼 가치가 있고, 이에 대한 평가도 필요할 것이다.

## i. 구체적인 사고 방식으로서의 철학, 과연 사라진 것일까?

비판적 시각을 처음 제기한 이들은 특히 분석적 전통을 토대로 고대 철학을 연구한 철학자와 학자들이다(cf. 오브리Aubry, 2010). 그들은 고대 철학이 영적 수련의 처방과 관련되어 있으며, 따라서 내면의 변화를 의미하는 '변형'으로 설명될 수 있는 '자아 또는 타자 변화'의 한 형태라는 아도의 사상이 역사적 사실과 철학적 원리 모두에서 잘못되었다고 주장했다. 이러한 비판에 대해서는 다른 문헌들에서 더 자세히 다루었으므로 이 책에서는 논쟁의 핵심 쟁점만 정리하고자 한다(샤프, 2014; 2016; 2021). 특히 존 M. 쿠퍼는 고대 철학에 대한 아도의 사상 자체가 종교로 오염된 고대 말 철학에 대한 설명을 잘못 추정한 것이라고 주장했다(2012:x, 17~22, 402~3, n. 4~5). 그는 영적 수련에 대한 최초의 기록은 로마 스토아주의에서 찾을 수 있으므로, 고대 철학에서 '지혜의 추구' 개념을 재구성하는 데 한계가 있다고 주장했다.

쿠퍼는 소크라테스 전후, '아토피아'에 관한 학설지doxography(어떤 철학자가 다른 철학자의 연구에 대해 서술한 다양한 작업을 지칭하는 용어—옮긴이)에 등장하는 여러 증거 즉 고대 스토아학파가 작성했지만 현재 사라진 철학의 치료법에 대한 충분한 증거뿐만 아니라 고전 소피스트들을 회고하며 작성된 고대 철학자들의 여러 위로의 글을 모두 부정하고 있다. 《메노이케우스에게 보낸 서신》의 저자 에피쿠로스와 견유학파와 피타고라스학파는 분명 '주류' 철학 사상을 주창했는데, 이들의 사상의 철학적 진실성에 왜 굳이 의문을 제기해야 하는지 납득하기 어려운 것 같다(쿠퍼, 2012:17, 31, 62, 226~7; 누스바움,

1994:137~8; 샤프, 2021 참조). 한편 고대인들이 생각한 '철학'의 개념을 깊게 파헤치려고 노력하다 보면, 고대 철학자들의 사상을 그들이 스스로를 이해한 방식이 아닌 제3자의 입장에서 바라볼 수 있을 것이다.

쿠퍼의 사실에 근거한 주장에는 철학의 역할을 '논리적이고 이성적인 논증과 분석'을 넘어선 해석은 진정한 '철학'으로 부를 수 없다는 전제가 깔려 있다. 다시 말해 철학도들에게 철학을 공부하는 목적이 '자기 변형'이고, 그 목표를 달성하기 위해 연상법이나 상상력을 동원한 수련 또는 육체적 단련을 하라고 제안할 수 없다는 주장이다(쿠퍼, 2012:17). [1] 마사 누스바움Martha Nussbaum(1994:5~6)은 《욕망의 치료Therapy of Desire》에서 스토아학파와 에피쿠로스학파가 주장한 '자아의 기술'에 대한 미셸 푸코의 연구를 논평하는 부분에서, 후기 푸코가 재구성한 고대 철학에 대해 거의 같은 주장을 펼쳤다. 누스바움은 고대 헬레니즘 철학은 치료적 목적이 있었다고 주장했다. 그러나 그 치료법은 철학적이기 때문에 논증의 형태만을 포함했을 수 있다고 했다. 사실 이 문제는 누스바움이 존경하는 고대 철학자 아리스토텔레스의 다음과 같은 주장을 토대로 인정한 것이다.

*옳고 절제 있는 행위를 행하지 않고 이론 속으로 도피하여 자신을 철학자요, 철학을 함으로써 선한 사람이 되리라고 생각하는 사람들이 많다. 이런 태도는 마치 의사의 말을 주의해서 듣기는 하면서도 그 처방은 전혀 따르지 않는 환자의 태도와 같다. 이런 식의 환자가 좋아질 수 없듯, 행위는 없고 이론만 늘어놓는 식의 철학으로는 정신적으로 좋아질 수 없다(《니코마코스 윤리학》 II 4, 1105b).*

이처럼 아리스토텔레스는 '아타락시아'와 같은 변화되고 고양된 존재 상태가 바람직하다는 이론적 설득만으로는 실제로 그러한 아타락시아를 달성하기에는 충분치 않다고 주장했다. 그는 자신이 받아들인 진리와 그 실천적 상관관계를 반복적으로 명상하고, 이러한 원칙에 따라 더 잘 살기 위해 노력했다가 실패했다가 다시 시도하는 윤리 의식적인 작업이 필요하다고 했다. "어떤 경기나 공연을 위해 반복적인 훈련을 거듭하는 사람들을 보면 잘 알 수 있다"(아리스토텔레스,《니코마코스 윤리학》:1114 a11~12).

줄리아 애너스(2011)와 같은 학자의 연구에서 삶의 기술을 어떻게 학습하는지 대한 설명을 싣고 있는데, 이 부분이 PWL과의 접점이라는 주장은 어느 정도 분석적으로 설득력이 있을 것이다. 고대 스토아 학파에게 철학이 삶을 위한 기술을 연마하는 연습이라면, 스토아 사상이 제2의 본성이 될 때까지 그 지적 요소가 끊임없는 연습을 통해 형성되고 연마되어야 한다는 그들의 주장을 이해할 수 있다(샤프, 2021a).

PWL과 같은 철학 '심리학'에서 다루는 주제이고, 자기 계발 차원에서 동기 부여와 관련된 내용이라는 주장이다. 다음 주장에서 구체적으로 그들의 논리를 따라갈 수 있을 것이다.

(a) 일부 영적 수련에는 순수철학과 무관한 비이성적 요소(암기, 습관화, 상상적 시각화, 금욕 또는 정념 길들이기 등)가 포함된다.
(b) 철학은 (진정으로) 탁월한 이성적 탐구, 분석 및 성찰의 형태이다.

(c) 철학자는 철학자로서 그러한 영적 수련을 처방할 자격을 지닌 경우가 없었다.

이 논증의 기본적인 문제는 철학자들이 오늘날 심리학자들처럼 비합리적인 행동에 대한 설명은 할 수 있지만, 이러한 설명 자체가 '비합리적'이 되는 것은 아니라는 점이다. 마치 누군가가 나쁜 것을 잘 설명한다고, 그가 나쁜 말을 하지 않을 것이라고 믿는 것과 같다(플라톤, 《에우튀데모스》 284c~285d; 아리스토텔레스, 《소피스트적 논박》 20, 177b12~13). 플라톤과 아리스토텔레스는 정념을 완전히 제거해 버린 고요한 정신 상태로 생각하며, 정념을 정신의 '하위 이성'이라고 철학적으로 서술했다. 당연히 그러한 설명이 '철학적이지 않다'라고 주장하는 사람은 아무도 없다. 그러나 논증을 통해 사람들에게 삶의 과정을 받아들이도록 설득하는 것만으로는 충분하지 않다는 것을 깨닫는 순간이 있다. 사람들이 자신을 변화시킬 수 있는 이론, 그 이상의 무언가를 처방하는 것이 지극히 합리적이라고 깨닫는 순간이다. 시간이 지남에 따라 단순히 사상과 이론이 아닌, 실생활에 적용할 만한 깨우침이 더 철학적이 될 수 있다.

그런데 많은 고대 철학자들이 '정념' 없는 경지를 추구했다는 점을 강조하면서, PWL 개념이 철학을 종교, 수사학 또는 진부한 이기주의적 '자기 계발'과 다를 것이 없다는 주장은 근시안적이라고 생각한다(아래 iii. 참조). 고대철학자들은 영적 수련법을 옹호함으로써 우리 삶에 대한 합리적인 철학적 입장의 영향력을 축소하는 것이 아니라 확장하고자 했다고 말하는 것이 진실에 더 가까울 것이다.

## ii. 맥락화, 상대화란 무엇인가?

아도 이후의 철학자들은 고대 또는 다른 시대의 철학 텍스트를 다양한 정신적 전통, 제도 또는 삶의 형태 내에서 철학자의 상황에 맞게 재해석하려고 시도했다. 진리에 대한 각자의 논리가 상대화하는 상황에서 PWL에 대한 두 번째 형태의 비판이 등장했다. 매우 단호하게 반대 논리를 펼치는데, 철학 텍스트의 해석 방식이 특별하다. 이들은 철학 텍스트를 언어, 윤리, 물리학 또는 형이상학에 대한 진리를 전달하는 매개체로 간주하거나, 특정 학파, 문화 또는 시대의 전제나 전망을 구현하고 대표하는 역사책으로 간주한다. 특히 후자의 접근 방식은 모든 철학적 텍스트를 다양한 역사적 사건에 대한 수많은 '관점'이나 '전형'으로 간주하며 동등한 불가지론적$_{agnostic}$(몇몇 명제(대부분 신의 존재에 대한 신학적 명제)의 진위를 알 수 없다고 보는 철학적 관점, 또는 사물의 본질은 인간에게 있어서 인식 불가능하다는 철학적 관점—옮긴이) 틀에 넣고 해석한다. 이러한 역사주의에서는 철학이 철학으로서 언어, 윤리, 자연에 대한 초문화적, 초역사적 진리 주장을 주장한다는 생각을 애초에 믿지 않는다.

한편, 이안 헌터$_{Ian\ Hunter}$(2007)를 필두로 한 일부 사상사학자들은 아도의 해석에서 맥락주의적 측면을 차용하여 PWL이 상대주의적 함의를 지닌 서양 사상에 대한 '글로벌' 접근법을 취하는 데 사용될 수 있다고 제안했다. 헌터는 칸트의 도덕 형이상학을 철학자의 정신적 형성에 대한 특정 개념의 산물로서(2002), 하이데거 이후의 '이론'을 특정 종류의 지적 인격$_{personae}$(페르소나)을 배양하는 작업으로서(헌터, 2006; 2008; 2010; 2016) 분석하는 통찰을 보였다. 데리다,

들뢰즈, 바이두, 하이데거와 같은 이론가의 추종자들은 세상을 보는 관점 자체가 다르다고 헌터는 주장했다. 이들은 이론가로서 '철학 하기'에는 사회학과 물리학의 기반은 물론 더 넓은 세계에 대한 (극)초월적 통찰력이 내재해 있다고 주장했다. 제대로 된 경지의 철학 하기를 위해 그들은 '현상학적 괄호 치기phenomenological bracketing'(본질을 파악하기 위해서는 현재 우리가 알고 있는 기존 지식이나 선입견 등에 괄호를 치고 현상학적 환원을 통해 본질을 파악해야 된다는 주장—옮긴이), 텍스트 해체, 수학의 집합 이론과 같은 난해한 주제를 학습한다. 헌터는 고행을 학습하며 체화하는 것이 일종의 페르소나를 형성하는 '영적 수련'이라고 했다. 그가 해부하는 철학적 페르소나들이 제시하는 주장을 저울질하는 것은 지적 역사가의 임무가 아니다. 실제로 헌터는 형이상학자와 신학자들이 더 높은 진리에 접근하고 가르친다는 역사적 주장에 대해 '자신만의' 윤리적·정치적 동기에 근거한 회의론을 펼친다. 아집을 버리고 사상의 다름을 수용하고 열린 자세로 이견을 받아들이는 밑거름이 되는 길이기도 하다.

아도는 비트겐슈타인 이후 새롭게 등장한 '고전 철학서'에 대한 접근법을 따라, 철학의 맥락화를 강조한다. 헌터도 철학의 맥락적 이해와 수용을 강조하고 있다는 점을 눈여겨볼 필요가 있다(헌터, 2002:908). 지금껏 소개된 철학에 대한 접근법과 그 결이 다르다. 아도는 저자가 텍스트의 의미를 통제할 수 없고, 독자가 원하는 대로 해석될 수 있다는 최근 각광을 받는 '자유방임적 사고'가 의미 왜곡으로 이어질 수 있으므로, 이러한 실수를 피하기 위해서라도 맥락화 작업이 중요하다고 판단했다(참조:아도, 2019a). 따라서 율리우시 도만스키(1996)와 마찬가지로 아도도 철학자가 철학이 덕성, 지혜 또는 특정한 삶의 방식이나 죽음에 대한 준비 등을 배양해야 한다는 생각을 발표할 때에만 PWL을 언급할 수 있다고 선을 그었다. 그러나 헌터의 생각은 달랐다. 그 원인은 두 사람이 인식론적으로 다른 해석을 하기 때문이다. 아도에게 철학의 맥락화란 철학자들이 스스로를 이해하고 생각했던 관점, 그 자체로 그들을 이해해야 하는 것이다. 고대 텍스트의 명백한 낯섦에 직면한 현대인들이 자신의 기대를 텍스트에 잘못 투영하여 텍스트가 왜, 어떤 청중을 염두에 두고, 어떤 목표를 가지고 쓰였는지 착각한다는 점이, 아도에게는 안타까운 부분이다. 아도는 이렇게 기록했다(1995:61).

*실제로 고대철학자들의 작품을 이해하기 위해서는 그들이 글을 썼던 모든 구체적인 조건, 즉 학파의 사상적 틀, 철학의 본질, 문학 장르, 수사학적 규칙, 독단적 명령, 전통적인 사유 방식과 같은 모든 제약을 고려해야 한다고 생각한다. 고대 작가를 현대 작가와 같은 방식으로 [정확하게] 해석할 수는 없다.* [2]

다시 말해 고대 텍스트가 논리, 윤리, 물리학 또는 형이상학에 대해 주장하는 타당성을 파악하고, 그다음에는 그것이 단순히 어떤 인물의 행위나 역사적 순간에 대한 일반화 진술은 아닌지 판단한다. 또한 세상의 섭리와 진리를 담고 있는 철학적 주장인지, 완벽하게 확신할 수 있는지 고민하고, 그러한 확신이 없을 수도 있다는 여지를 받아들인다. 사실 아도는 고대인들의 지혜(철학적으로 사고하고 실천하는 삶)을 묘사할 뿐 아니라 간접적으로 권장하고 있다. 얼핏 보기엔 그의 저술이 난해하고 지시적이지만 말이다(아도, 일즈트라오트 & 피에르, 2004:232~2; 샤프, 2016). 아도는 고대 철학의 본질적인 차원으로서 보편적인 '우주적 양심conscience cosmique'의 개념을 강조했는데, 이를 비판한 푸코주의 주석가(이레라Irrera, 2010)도 있다. '우주적 양심'이라고 말하지만 실제로는 '현실적'이고 '역사적'인 내용을 옹호하는 듯하다는 이유에서다. 고대인들에 대한 아도의 저작은 고대 철학 사상과 실천이야말로 새로운 세대가 스스로 받아들일 수 있는 길을 제시하는 것으로 널리 해석되기도 했다. 그는 몇 번의 연설을 통해 사람들에게 그들이 했던 철학 하기를 실천할 것을 장려했다(1995:282~3; 2020, 232).

그러나 PWL에 대한 아도의 해석에서 '상대주의relativism(진리, 도덕, 또는 가치가 절대적이 아니라 개인적인 시각, 문화적 관습 또는 상황적 요소에 의존한다는 사상—옮긴이)'적 측면이 발견된다는 점을 인정해야 한다. 결정적인 부분에서 아도는 고대 철학자들은 '어떠한 삶을 살 것인가'가 가장 급선무였다고 주장했다. 이론적 성찰보다 중요했고, 때로는 이론적 성찰과는 무관하기도 했다고 했다. "어떠한 삶을 살 것인지를 결정짓는 것은 결코 순전히 이론적 성찰이 아니다"(아도, 2014:104). 그는 고대 철학자들이 이론적 담론을 정립한 이유는 그 담론에 찬성하는 논거에 만족했기 때문이 아니라 자신이 택한 '삶의 방식'을 합리화하기 위해서였다고 주장했다(2002:3). 아도는 이렇게 설명했다: "철학적 담론은 삶의 선택과 실존적 선택에서 비롯되는 것이다. 철학적 담론으로 자신이 살아갈 삶을 결정하는 것이 아니다. … 실존적 선택은 … 세상을 살아가는 방향성을 내포하고 있고 따라서 철학적 담론에는 이 실존적 선택을 드러내고 합리적으로 정당화하는 의무가 부여된다"(2002:3). 어떠한 삶을 살 것인지에 관한 결정은 이성과 무관하게 우선적으로 이루어지며, 철학적 담론은 이러한 선험적 선택을 확인하고 뒷받침하기 위한 수단으로서 후에 등장할 뿐이다.

한편, 아도가 설명한 것처럼 철학자들의 사고는 '근본적으로 내면의 세계를 지향'에서 시작된다. 그런 다음 특정 철학적 담론의 도움으로 그 지향성을 이끌고 발전시킨다(2014:104). 우리가 특정 철학적 담론을 채택하고 옹호하는 이유는 그것이 우리가 기존에 선택한 삶을 실천하고 완성할 수 있기 때문이다. 그리고 딱 그 정도까지만 채택하고 옹호할 뿐이다. 아도는 때때로 모호한 방식으로 '이론적 성찰과 삶의 선택 사이의 상호 인과관계'에 대해 주장했다(2011:104). 철학적 담론은 우리가 스스로 설정한 목표를 결정하는 것이 아니라 내면의 방향성에 의해 설정되며, 단지 이 목표에 도달하기 위해 따라야 할 길을 더 명확하게 볼 수 있도록 도와준다.

다시 말해 아도는 "이론적 성찰은 이미 삶의 방식에 대한 선택을 전제하지만, 이 선택은 이론적 성찰의 결과로서만 발전하고 구체화될 수 있다"라고 설명했다(아도, 2011:104). 아도에 따르면 쾌락에 대한 내적 지향성을 가진 사람은 이론적 교리의 더 큰 타당성에 대한 평가와 무관하게 이러한 지향성을 키워나가기 때문에 에피쿠로스주의를 채택할 것이고, 스토아주의자는 애초에 정념에 전혀 흔들리지 않는 성향이 강하기 때문에 스토아주의가 자신의 성격에 도움이 되고 자신의 성향을 정당화하기 때문에 스토아주의를 선택한다(니체, 《유고》 9, 15[55]; 9.3 참조). 즉 아무 생각 없이 살던 인생에 사실상 의미를 부여해주는 것이 철학적 담론이라는 것이다. 현대 사회에서 PWL로 돌아가려면 철학적 담론이 단순히 우리가 삶을 선택하는 도구인지, 아니면 비평가들이 주장하는 것처럼 이러한 견해 자체가 이성에 대한 배신인지에 대한 문제를 짚고 넘어가야 할 것이다.

### iii. 자아 돌봄이란?

"자아를 돌본다는 것은 자칫 자기중심적으로 보일 수 있다"라고 아도는 간결하게 표현했다(2009:107). 그는 이렇게 말했다. "현대 역사가들의 사고방식에 따르면,

고대 철학이 탈출 메커니즘이라는 생각 즉 자신에게로 되돌아가는 행위라는 생각보다 더 확고하게 고정되어 있고 뿌리 뽑기 어려운 진부한 표현은 없을 것이다. '도피'란 플라톤주의자들의 경우에는 관념의 천국으로, 에피쿠로스주의자들의 경우에는 정치의 거부로, 스토아주의자들의 경우에는 운명에 복종하는 방향이었다(아도, 1995:27).

비평가들은 PWL은 사람들이 주변의 도움 없이 스스로 잘할 수 있다는 '자립심'을 키워, 은둔과 사회적 고립을 유발하는 '이기주의'의 한 형태로 자기 수양의 윤리관에 사로잡히게 된다고 우려했다. 또한 역사에 대한 헤겔 사상에 따라, 헬레니즘 철학자들의 '내적 자유'에 대한 비판이 확산되었다. 헤겔은 PWL(5)의 핵심인 소크라테스의 '내면 성찰'이 로마 제국에서 도덕적 통일성이 파괴되어 병리

적 증상을 일으켰다고 주장했다. 황제에게는 절대적 주권을, 개인에게는 추상적이고 '무효한' 사적 권리만을 부여한 로마 제국에서 정치적 자유가 붕괴함에 따라 사람들은 현실 세계에 무관심하게 만들었다는 주장이다. "모든 상황은 운명에 자신을 굴복시키고 삶에 대한 완전한 무관심 즉 사상의 자유에서 추구했던 무관심을 위해 노력할 것을 촉구했다"(헤겔, 1900:329). 이러한 헤겔의 비판은 로마제국에서 그리고 오늘날에도 PWL의 출현과 인기가 사람들이 적극적으로 시민권을 행사하는 데 큰 의미를 두지 않고, 내면으로만 들어가도록 유도하는 열악한 사회정치적 제도를 나타내는 징후라는 점을 시사한다. [3]

이와 유사한 맥락에서 또 다른 비판을 제기하는 이들도 있다. 그들은 고대 철학자들은 고요한 평정심을 갖고 고뇌하지 않는 신의 경지에 오르기 위해 노력함으로써 자칫 이 세상의 일들에 '영혼 없음'으로 일관하고, 감정 없는 조각상으로 전락할 수 있었다고 주장했다. [4] 고대의 이상향(육체에 고통이 없고 영혼에 불안이 없는 평정 상태인 '아타락시아' 또는 영혼이 어떠한 자극에도 흔들리지 않는 부동심의 상태인 '아포테리아')은 오늘날 우리에게도 이해할 수 있거나 용인할 수 있는 이상향일까? 앞서 살펴본 것처럼 베이컨, 디드로, 쇼펜하우어, 니체는 모두 소크라테스나 스토아학파의 지혜가 바람직한 좋은 삶의 전형이라기보다는, 정반대antithesis는 아닌지에 대해 질문한다. 푸코는 자아를 돌보는 철학적 원리에 대해 고대 철학에서 사용한 다양한 표현을 조사하면서, 우리 귀에는 그것이 '집단적 도덕(예를 들어, 도시 국가의 도덕)을 실천할 수 없고 결과적으로 발생하는 집단적 도덕의 붕괴에 직면하여 자신에게 관심을 기울이는 것 외에는 할 일이 없는, 사회에 대한 등 돌리기 또는 내면의 세계에 매몰되기'처럼 들릴 수 있다고 관찰했다(푸코, 2005:13).

아도는 고대의 철학적 삶이 고차원적인 이기주의를 조장하는지에 관한 질문이 '복잡한 문제'(2011:107)라는 점을 인정했다. 그는 "특히 무아지경이나 마음의 평화를 추구하는 고대의 관점에서 볼 때 자신을 완성하려는 노력에는 이기주의로 치닫는 위험이 뿌리박혀 있다"(2011:106)라고 인정했다. 그럼에도 그와 후대의 푸코는 이러한 비난이 시대착오와 오해에 근거하고 있다고 주장했다. 아도는 고대 철학에서 수행 또는 수련을 통해 개인이 정념이나 이기적인 주관성을 넘어 보다 비인격적이고 보편적이며 '우월한' 경지로 올라가려는 것이 아니었다(아도, 1995:97; 2009:107; 2020, 199~201, 230~1)고 반복해서 강조했다. 그는 철학적 의미에서 자아를 돌본다는 것은 "현대적 의미에서 심신의 건강에 관한 관심이 전혀 아니며 … 그것은 자신이 실제로 무엇인지 즉 최종적으로 이성과의 정체성, 심지어 스토아 학자들에 따르면 이성을 신으로 간주하는 우리의 정체성을 인식하는 것이다"(2011:107)라고 강조했다. 그가 말했듯 "세네카는 있는 그대로의 세네카 본인에서 기쁨을 찾는 것이 아니라, 보편적 이성과 동일시되는 자신에서 기쁨을 찾는다. 자아의 경지가 지금과 다른 초월적 수준으로 상승한다는 의미다"(아도, 2011:136; 2020, 199~201, 230~1). 그럼에도 PWL이 우리의 욕망을 충족시키는 '낮은 수준의' 이기주의 대신에 신성한 지혜와 평온으로 상승하는 '높은 수준의' 이기주의, 고대 아테네의 정치 철학자 칼리클레스가 말한 '세속적 자부심' 대신 소크라테스의 철학적 자부심을 주입하는 것은 아닌지, 또한 2세기 그리스 풍자 작가 루키아노스와 다른 풍자 주의자들이 끊임없이 궁금해했던 것처럼 젊은이들에게 그러한 자기 고양을 장려하는 것이 말 잔치로 끝나는 허영을 낳을 위험이 없는지 의문을 제기할 수 있을 것이다(루키아노스, 1959:261~79). 그러나 엄밀한 의미에서 PWL은 언행일치를 강조하고 있기에 다른 형태의 담론적 철학보다 이러한 위험에 대처하는 데 유리하다는 생각이다.

이 책에서 우리가 연구한 '자기와 타자를 변화시키는 철학'이 반드시 정치적으로 정적주의quietism(그리스도교에서 인간의 자발적 ·능동적인 의지를 최대로 억제하고, 초인적인 신의 힘에 전적으로 의지하려는 수동적 사상—옮긴이) 또는 비참여의 증상도 원인도 아니라고 아도와 푸코는 주장했다. 아도는 오히려 에피쿠로스주의를 포함한 모든 고대 학파는 '도시에 영향을 미치고 사회를 변화시키며 시민들에게 봉사'하려고 노력했다고 주장했다(1995:274; 2020:50~1). 자기를 변화시키는 것에 대한 고대의 윤리는 개인적 실천뿐만 아니라 집단적 사회적 실천을 통해 구체화 되었다고 그는 강조했다(테스타, 2016; 맥린톡Mc-Clintock, 2018 참조). 이 책의 2장부터 5장까지 고대의 PWL이 다양한 유형의 제도적 관행을 통해 제정된 집단적 노력이었다는 점을 반복해서 제시했으므로, 이 점에 대해서는 추가할 내용이 없다. 게다가 아도는 '인간 공동체를 위해 봉사하며 정의에 따라 행동하는 삶에 관한 관심은 모든 철학적 삶의 필수 요소'라고 주장했다(1995:274).

앞의 주장을 근거로 한다면, 고대의 행복 모델을 편협한 자기중심적 정신이라는 견해는 간과해도 좋을 것이다. 단, 고대 학파에서는 정의에 대한 이론과 정치적 행동에 대한 평가가 다양했기 때문에, 아도의 주장(인간 공동체를 위해 봉사하는 삶이 모든 철학적 삶의 필수 요소)에도 검증이 필요하다. 고대 학파에서도 엇갈리는 이론과 평가가 있다는 점을 인식하고 나면, 그의 진술을 온전히 받아들일 수 있을지는 분명하지 않다. 다만 고대 PWL에서 우리는 소크라테스가 비유한 '등에'(살찐 게으른 말 같은 아테네 시민들을 일깨우기 위해 신이 자신에게 부여한 임무를 '등에'에 비유했다)와 스토아주의의 성실한 시민에서부터 에피쿠로스주의의 순전히 도구적인 정치 평가와 견유학파에서 말하는 고요하고 비도그마적이며 비정치적 정적주의에 이르기까지 정치적 연결고리가 확연히 드러난다.

PWL에 관한 다양한 견해 가운데, 한쪽 끝에는 비판적 또는 철학적 시민성이라고 할 만한 새로운 형태의 시민 교육을 추구했다고 평가받는 소크라테스가 있다(빌라Villa, 2001:특히 53 참조). [5] 1장에서 살펴본 것처럼 소크라테스의 철학적 삶은 사실 호메로스가 생각한 정의인 '동해보복법同害報復法; lex talionis(세계 최고의 성문율인 함무라비법전에 '눈에는 눈, 뼈에는 뼈'로 명기돼 있다)'이 옳은 방향인지를 생각하는 데 물꼬를 틔웠다. 고대 스토아학파의 자아 형성은 시민들이 인간으로서 부여된 자연적 의무와 공적 의무를 수행하도록 동기를 부여하는 것을 목표로 했다. 에피쿠로스학파와 달리 스토아학파는 시민의 삶은 '오이케이오시스oikeiosis' 즉 자신에 대한 애착에서 시작하여 동심원을 그리며 가족, 공동체, 궁극적으로는 우주 전체로 나아가는 소속에 대한 열망과 충동의 산물이라고 주장했다. 따라서 진정한 스토아적 현자는 고독한 사색의 삶을 버리고 시민적 삶에 헌신해야 하는데, 여기에는 동료 시민에 대한 의무를 수행할 뿐만 아니라 모든 이성적 피조물에 대한 의무를 지닌 보편적cosmos, 우주적, 세계적 시민임을 상기해야 한다는 것이다(키케로,《최고선악론》III 65, 68). 푸코는 스토아학파에 대해 '자신을 제대로 돌볼 줄 아는 사람', '동시에 인간 공동체의 일원으로서 자신의 의무를 다할 줄 아는 사람'이라고 말했다(푸코, 2005:197; 람페, 2020:26~7; 유어, 2020 참조).

그러나 정치적 논리 차원에서 그 반대쪽 끝에는 고대 에피쿠로스학파가 있다. [6] 에피쿠로스학파는 앞서 살펴본 바와 같이 바람직한 좋은 삶을 살기 위해서는 정치를 피하라고 한다. 정치는 단지 인간이 살아가는 데 가치를 더해 줄 수단일 뿐이라고 조언한다. 에피쿠로스학파는 정의를 이론화할 때, 플라톤이 제시한 모든 것이 완벽하게 조화로운 국가의 모델 즉 칼리폴리스Kallipolis 그리고 이 모델로 표현하려고 했던 형이상학적 실체 또는 스토아학파가 이성적 존재로 구성된 국제적 공동체와 동일시한 자연법을 염두에 두지 않았다. 그들은 정의란 단지 시민들이 순전히 자신의 보호를 위해 지지하는 변화 가능한 관습의 집합으로 생각했다. 멜리사 레인Melissa Lane은 '에피쿠로스의 정원에 모인 에피쿠로스학파의 생각'에 대해 다음과 같이 설명했다.

법은 인간이 만든 관습일 뿐이다. ⋯ 안전한 쾌락을 증진하고 불필요한 고통을 피하기 위한 유용성에 근거하여 법을 냉정하게 판단해야 한다. 정치는 인간의 생존을 돕는 데 도움이 될 수 있지만, 한 지역이나 국가에서 특권을 갖고 살아가도록 하는 사회적 규범에 대한 자연스러운 욕구나 충동에 의해 비롯된 것은 아

*니다. 단지 인위적으로 고안된 장치일 뿐이고, 고결한 자기희생을 불러일으키는 것이 아니라 소소한 쾌락을 조장하도록 설계되어야 한다. … 그럼에도 정치는 안전한 평온을 달성하는 데 유용하게 활용될 수는 있다(레인, 2014:228;《유명한 철학자들의 생애와 사상》33, 37, 38).*

에피쿠로스학파가 높게 평가한 공동체의 특징에 대해 레인의 해석은 이렇다. '정치 공동체 수준 정도이거나 그 이하의 수준'에서 '하부정치infrapolitics'(쉽게 눈에 드러나는 정치적 행위의, 잘 드러나지 않는 문화적·구조적 기반―옮긴이)를 하는 공동체 즉 에피쿠로스 정원 내의 동료 공동체를 가리켰다(레인, 2014:230). 법보다는 우정을 공동체의 모델로 삼는 에피쿠로스적 이상에서 유토피아에 대한 갈망을 발견할 수 있는데, 이는 계약과 강압의 영역으로서의 정치가 시들어가는 당시 현실을 반영한다. 예를 들어 오에노안다의 디오게네스Diogenes of Oeneanda(서기 2세기의 에피쿠로스 그리스인으로 리키아(지금의 터키 남서부)에 있는 고대 그리스 도시 오에노안다의 주랑 벽에 에피쿠로스 철학의 요약본을 새겨 넣었다―옮긴이)는 에피쿠로스주의가 확산되면 '성벽이나 법이 필요 없게 될 것'이라고 상상했다(21.1.4~14). 그러나 에피쿠로스학파가 지향하는 좋은 삶에서 '정치 공동체'는 허울 좋은 장치일 뿐이고, 이 학파를 신봉하는 사람들은 번거로운 공무보다 '아타락시아'를 우선하는 이기주의자라고 비난받기도 했다.

또한 카토 대왕을 필두로 많은 고대 스토아학파가 정치적 자유를 위해 목숨을 바친 것은 역사적으로 사실이지만, 그들이 그렇게 행동할 때 윤리적 교리에 따라 일관되게 행동했는지 아니면 윤리가 그러한 행동에 강력한 동기를 제공했는지는 여전히 의문으로 남아 있다. 누스바움에 따르면, 우리는 이것을 '삶에 대한 동기 부여의 부족' 또는 '살아도 사는 것 같지 않은 죽음의 삶'의 문제라고 칭할 수 있다 (누스바움, 2003:20). 앞서 살펴본 바와 같이 스토아학파는 현자는 관절을 탈구시키는 고문대에서도 자신의 주체성을 부르짖었고, 에피쿠로스학파는 청동 황동Phaleric Bull 안에서 산 채로 불태워질 때조차 행복하다고 주장했다. 그렇다면 스토아주의자나 에피쿠로스주의자가 권력의 '남용'에 이의를 제기하거나 불의에 도전하는 것은 자신의 자유나 행복과는 무관하다고 했을 때, 과연 어떠한 합리적 동기가 작용한 것일까? 다시 말해 그들이 행복이 세상 적인 부와 영예를 얻는 것과 완전히 무관하다는 견해에 전념한다면, 누스바움이 말했듯 이러한 이론은 "어렵거나 위험한 행동을 정당화하는 데 문제가 있어 보인다. 이론을 체화하는 노력보다 더 큰 노력 즉 더 나은 삶을 살려고 안간힘을 다하는 노력과 투자가 있어야 정당화할 수 있을 것 같다"(누스바움, 2001:374). 미덕만으로 행복을 충분히 달성한다면 '공화주의적 자유republican freedom'(개인이 향유할 수 있는 사적 자유의 중요성을 인정하고 그 전제가 되는 자유로운 공화국을 추구하므로, 억압에서 벗어나 스스로 자유를 누리고 삶을 즐기고자 하는 자유를 뜻한다—옮긴이)나 자의적 비난이나 투옥으로부터 자유로울 권리 같은 외적인 것은 말할 것도 없고 자유, 부, 건강 또는 생명 자체의 상실을 한탄할 이유도 없다. 스토아학파는 사슬을 벗어 던지기보다는 "너희가 내 다리를 족쇄로 묶을지라도 제우스 자신도 극복할 수 없는 나의 도덕적 소명은 묶지 못한다"(《대화록》 I, 1, 25)라고 했다.[7] 디드로가 우려한 것처럼[8.4], 스토아주의는 주권 또는 자족의 원칙을 정치적 행동의 규제 요소로 삼음으로써 호소력을 지니고, 정치적 지배에 도전하는 정치적 행동보다 이러한 내적 자유를 우선시하며, 내적 순수성 또는 주권을 유지하기 위해 정치적 폭정에 대한 저항을 피할 수 있다(램프Lampe, 2020; 유어, 2020 참조). 세네카는 정치적 억압에 직면한 사람들에게 "자유로 가는 지름길은 무엇인가?"라고 질문한다. '몸속 깊은 곳의 장기들에서 끓어오른 피'(《분노에 대하여》 3.15). 폴 벤느Paul Veyne를 비롯한 몇몇 비평가들에 따르면, 자유의 행위로서 자살을 옹호한 세네카의 주장은 다음과 같다.

*자살은 스토아철학의 가장 심오한 진리 즉 죽음의 관점에서 삶을 바라보고 추종자들이 '죽은 것처럼' 살도록 한다. 장 마리 귀요Jean-Marie Guyau는 '죽음, 긴장으로부터의 해방, 삶이라는 끝없는 목적 없는 수고, 이것이 스토아주의의 마지막 유언'이라고 잘 표현했다(2003:114).*

제논이 최고의 삶을 사는 방법을 물었을 때 델포이의 신탁으로부터 받았다고 전해지는 유명한 대답에서, 금욕주의는 시민들에게 '죽은 자의 색을 취하라'고 조언한 것으로 전해진다(《위대한 철학자들의 생애》 7.1).

### iv. 삶 속의 죽음이란?

이 시점에서 PWL에 대한 네 번째 비판은 PWL이 세속적인 부와 명예를 맹신하는 그릇된 정념이나 부자연스러운 욕망을 꺾는 '형태'

가 문제라고 판단했다. PWL이 정치적 행동뿐만 아니라 온전한 인간, 삶을 풍요롭게 하는 타인과의 관계를 맺고자 하는 동기마저 꺾어버린다는 것이다. 스토아주의의 옹호자들은 무관심과 무정념의 기저에는 여전히 애정과 선호가 존재한다고 했다. 따라서 스토아학파는 우리가 건강, 생명, 가족 등에 대해서는 '호의적인 태도와 친화력(오이케이오시스)'을 타고나기 때문에 이러한 요소를 당연히 중요시한다. 따라서 이들은 '비선호적' 무관심자가 아닌, '선호적' 무관심자라는 주장이다(《위대한 철학자들의 생애》 VII 105~107; 스토바에우스 보고서 II 79~85; 키케로, 《선악의 저편》. III 20, 52~6). 그러나 비평가들은 외적 재화를 선호하고 무관심한 것으로 묘사하는 것이 과연 합리적인지 의문을 제기하고, '용어적 회피'에 지나지 않는다고 반격한다(블라스토스, 1991:225; 키케로, 《선악의 저편》. IV, 9). 어쨌든 그들이 주장하는 것처럼 그러한 외적 재화가 결코 진정한 가치를 지니지 않는다면, 그들이 절대적 가치를 지닌다고 믿는 유일한 것은 자신의 이성이나 미덕에 대한 것일 수밖에 없고 감정적으로 동요되지 않은 채 '선호적 무관심'을 상실하거나 포기할 수도 있다([1.6] 참조; 블라스토스, 1991:215~16).

이처럼 '선호적 무관심'은 사랑하는 사람의 안녕과 번영까지 포함하는 개념인 듯하다. 그렇다면, '선호적 무관심'을 이유로 선한 사람이 가족, 친구, 연인에게 가질 수 있는 애정과 열정을 말이나 행동으로 표현하는 것 자체를 꺼리게 되지 않을지에 대해 의문이 제기된다. 에픽테토스의 다음과 같은 유명한 말을 남겼다.

*마음을 기쁘게 하거나 실질적으로 유용하거나 애정을 가지고 사랑하는 모든 것의 경우, 가장 작은 것부터 시작하여 그것이 어떤 대상인지 항상 스스로에게 말해주도록 하라. 아끼는 주전자가 있다면 '내가 아끼는 주전자다'라고 말로 표현하라. 자녀나 아내에게 입맞춤할 때, 당신 스스로에게 마음속으로 나는 지금 내가 아끼는 사람에게 입맞춤하고 있다고 말하라. 그러면 자녀나 아내가 이 세상을 떠나게 되더라도 마음의 한이 조금 덜 맺히리라(《엥케이리디온》 §3, §26).*

이처럼 신의 경지에 이르는 듯한 냉철한 관점을 지닌다면, 자녀의 죽음을 타인의 자녀가 죽는 것과 같은 정도로 즉 무관심의 문제로 받아들일 수 있어야 한다(《엥케이리디온》 §26). 에픽테토스는 "죽음은 선택의 영역 밖에 있다. 생각 바구니에서 던져버려라"(《대화록》 III, 3, 15)라고 했다. 아도는 늘 그렇듯 스토아주의의 '세속적 삶으로부터의 분리'라는 다소 충격적인 어감을 완화하려고 했다. 한편 무관심의 냉담한 모습과는 달리 에픽테토스는 '가족애를 강조했다'(아도, 2009:107)라고 아도는 전했다. 스토아 윤리는 가족에 대한 의무를 포함하여 '적절한 행동kathêkonta'을 하도록 가르친다. 그러나 적어도 비평가들이 주장하듯 스토아학파에게 있어서 이러한 적절한 행동은 특정 인간에 대한 사랑에서 비롯된 것이 아니라, 섭리에 부합하는 선택을 할 수 있는 이성이나 능력을 유지하려는 목적에 의해서만 이루어진다(《엥케이리디온》 §30). 스토아학파에게 중요한 것은 오직 미덕에 대한 그들의 능력이며, 나머지는 엄밀히 말하면 무관심의 문제다(《대화록》 IV, 4, 39).

그러므로 비평가들은 스토아적 아파테이아 그리고 몽테뉴와 립시우스까지 철학자들에게 계속 영감을 주는 철학적 평온에 대한 이상향에 도달하는 것이 힘들고 비현실적이라고 주장했다. 삶에 대한, 나아가 타인에 대한 우리의 애착을 표현하는 정념들을 한 번에 날려버린다는 게, 말이 쉽지 실천하기가 너무 어렵다는 것이다. 스토아 철학자들에 대해 데카르트는 "그들은 자기네들이 말하는 현자가 여러 자극에 무감각한 사람이 되기를 바라는 잔인한 철학자들은 아니다"(데카르트, 2015:25)라고 말했다. [8] 앞서 살펴본 것처럼 쇼펜하우어는 인간은 본질적으로 정념이 체화된 존재라는 이유로 고대 현자의 이상은 이해할 수 없다고 주장했다.

그는 고대 철학자들 특히 스토아철학자들은 현자를 '내면의 시적 진리를 지닌 살아 있는 존재'로 부를 수 없고, '아무와도 교감할 수 없는 딱딱하고 나무로 된 … 마네킹'(《의지와 표상으로서의 세계》1:16)에 불과했다고 주장했다. 버나드 윌리엄스는 "사랑하는 사람을 안을 때 그들이 언젠가 죽는다는 사실을 상기시키는 냉혈한 사고방식으로 살아가는 사람들이 과연 누구를 위로할 수 있을까?"라고 말했다(윌리엄스, 1997:2013). 윌리엄스의 비판은 고대 그리스 현자 '아토포스'에 대한 풍자와 같은 맥락이다. 그는 아토피아가 "사람들 눈에는 항상 어리석고 거의 이해할 수 없는 개념이었으며, 철학자를 인류의 경계에 있는 이상한 존재로 묘사하는 데 일조했다"라고 말했다(윌리엄스, 1997:213). 윌리엄스는 낭만주의 이후 시대에 다양한 감정 코드와 경험이 삶의 가치를 높여준다는 견해를 지지하는 경향이 생겨났고, 특히 니체가 이러한 입장을 수용하는 것을 보았다고 했다([10.3~10.4]; 윌리엄스, 1997:213). 에리히 아우어바흐Erich Auerbach는 정념 가치, 특히 숭고한 정념을 대하는 새로운 관점이 궁정 연애시와 같은 장르를 탄생시키고 17세기 프랑스 비극에서 절정에 이르렀는지 증명했다. 아우어바흐는 라신의 비극이 정념에 대한 현대적 개념과 평가를 구체화했다고 주장했다.

*정념은 … 인간의 위대한 욕망이다. 사람들에게는 정념을 비극적 또는 영웅적이며 숭고하고 감탄할 만한 가치가 있는 것으로 간주하려는 성향이 확실히 있다. 세기 초, 평정 없이 정념에 휘둘리는 상태를 경멸하는 스토아철학이 자주 거론되었다. 그러나 마음먹기에 따라 이내 끔찍한 것과 고귀한 것이 숭고하게 결합하는 변증법 조합으로 바뀌게 된다. … 그것은 정념을 흥분시키고 미화하는 것이 목표인 라신Racine(1639~99, 프랑스 고전주의 극작가—옮긴이)의 비극에서 최고점에 도달한다. … 관객에게는 … 정념의 고통과 황홀경이 가장 높은 경지의 삶이 제시된다(아우어바흐, 2001:302 강조 내용 추가).* [9]

주요 근대 철학자들 사이에서 고대 학파에 대해 기존과 전적으로 다른 평가를 내렸다는 점에 대해 네 장에 걸쳐 알아보았다. 디드로는 스토아주의의 아파테이아와 '강렬한 정념'을 대비시켰고 세네카가 지닌 삶에 목표에 대해서는 공감하지 못하더라도 '인간 세네카'를 치하했다[8.4]. 정념으로부터 자아를 벗어나게 하는 고대의 목표가 현실적으로 불가능하다는 쇼펜하우어의 한탄에 대해 니체는 정념을 수양하는 과정에서 자아가 창조적으로 변화할 수 있다고 주장했다[10.3~10.4]. 니체는 자신의 윤리관을 기쁨에 대한 '반反고전적인' 이상향과 동일시하며 "하늘에 이르는 길은 항상 나 자신의 지옥에서 느끼는 쾌락을 통해야만 한다"라고 했다(《즐거운 학문》338). 그러나 "그런 것에 대해 현자는 아무것도 알지 못한다"라고 했다(《유고》13:20[103]; cf.《즐거운 학문》359). 니체와 푸코에 대한 장에서 살펴본 것처럼, 정념이 근대에 와서 재평가되는 이유는 정념이 창조적이고 독창적인 삶을 추구하는 낭만주의 이후의 현대적 이상을 실현하는 데 필수적이라는 믿음 때문이었다.

니체가 이성적인 자제력을 이상으로 삼는 고대 사상을 격하게 거부했다는 점은 PWL 개념을 재정립할 때 시대적 배경과 그 문화가 어떻게 변했는지를 고려해야 한다는 점을 시사한다. 아도 자신도 강렬하거나 숭고한 정념을 긍정적으로 받아들이는 것이야말로 근대 철학에서 말하는 바람직한 좋은 삶에 필수적이라는 점을 인정했다. 그는 "고대처럼 죽음에 대한 불안을 없애는 데 사활을 걸지 않는다. 나는 이것이 근대 사회를 한 단면이라고 생각한다. … 괴테, 셸링, 니체의 사상에서 가장 먼저 등장한 측면이기도 하다"(아도, 2011:106)라고 하며, 다음과 같이 적었다.

*존재한다는 의식은 불안에 묶여 있다는 관념 … 삶의 가치는 … 끔찍하고 엄청나며 괴물 같은 상태Ungeheure 이전에, 두려움으로 인한 흥분 또는 전율frisson에서 비롯된다. … 이것은 모든 현대 사상에서 발견되는 관념이다. … 나는 이러한 불안감이라는 정서적 뉘앙스가 에피쿠로스, 스토아철학, 플라톤 철학에 전혀 존재하지 않는다고 믿는다(아도, 2011:106, 강조 내용 추가).*

아도가 인정한 것처럼, 새롭게 정립된 PWL에서 근대 사회의 특징과 관심사를 어떻게 수용할 것인지에 대해서는 별도의 논의가 필요하다. 최소한 현대 사회에서 PWL을 재창조하려면 '합리적인 자기 완성'이라는 고대의 이상, 정념의 소멸 그리고 예술적 자기 창조와 정념에 대한 인정을 장려하는 현대 사회의 가치관 사이에서 중심을 찾는 방법을 모색해야 할 것이다.

## 4 미래의 PWL은 어떻게 될까?

'미래'에는 PWL의 필수 조건에 대해 어떠한 담론이 전개될 것인가? 이 질문을 이 책의 긴 여정을 마무리하고자 한다. 학계에서 PWL에 대해 제기하는 마지막 질문은 전적으로 역사적 관련성에 관한 것이다. 그들은 하나같이 이렇게 주장한다. "PWL은 한때 철학을 실천하던 방식이었고 실제로 오랜 세월에 걸쳐 생활에 녹아 있었다. 그러나 그것은 모두 과거일 뿐이다. 우리는 철학이 무엇인지 이해를 돕고, 앞으로의 역사적 연구를 위한 새로운 방향을 제시해준 아도를 비롯한 여러 철학자에게 감사해야 한다. 그러나 과연 PWL 개념과 방향에 대해 아무런 교훈을 얻지 못한다. 결국 대학의 철학과에서 PWL을 어떻게 가르친단 말인가? 한 한기가 대개 11~12주인데, 세네카가 루킬리우스를 가르치듯 수백 명의 철학 전공자를 가르칠 수는 없다. 학생의 윤리적 또는 영적 발전, 명상 수행, 역경에 직면했을 때의 자제력과 평정심을 어떻게 평가할 수 있단 말인가? 고대 교육학에서 생각했던 영적 지도자의 역할을 허용하기는 현실적으로 불가능하다. 학생의 사생활도 침해해서는 안 되고, 그러한 지도자 역할을 할 교수진에는 시간적 제약이 상당하다. 철학사의 한 과목으로서 PWL을 소개하는 것에서 나아가, 에피쿠로스, 스토아학파, 회의론자, 르네상스 인문주의자들에게서 발견할 수 있는 철학적 정신을 어떤 식으로든 심어줄 수 있는 유의미한 PWL 연구를 어떻게 시작할 수 있단 말인가?"

한편으로 이 책이 철학사에 대한 PWL의 접근 방식이 얼마나 유익한지, 따라서 기존 교과과정에서 이 체계적인 연구가 얼마나 보람 있는지를 보여주는 데 도움이 되었다면 더할 나위 없는 보람을 느낀다. 반면에 PWL의 미래와 철학이라는 학문과의 관계에 관한 어려운 질문에 대한 몇 가지 의견을 제시하지 않고는 이 책을 마무리할 수 없을 것 같다.

2020년 중반의 이 어려운 시기에 미국 노터데임에 기반을 둔 '멜론 프로젝트Mellon project'를 중심으로 전 세계의 많은 철학자들이 철학에 대한 해석학적 또는 역사학적 접근법뿐만 아니라 PWL 교육의 가능성을 모색하고 있다는 사실을 독자들에게 소개할 수 있어 가슴이 벅차오른다(참조. 홀스트Horst, 2020). [10] 게다가 20년 전만 해도 상상조차 못했을 일이 펼쳐지고 있다. 상아탑 밖에서 현대 스토아주의 운동은 계속해서 강세를 보이니 말이다. 마시모 피글리우치Massimo Pigliucci, 2017)와 도널드 로버트슨Donald Robertson, 2020)과 같은 학자들이 주도적인 역할을 하고 있다.

이 운동은 심리학자, 상담사, 학자 그리고 아도(특히 1995년, 1998년)로부터 영감을 얻는 등 PWL을 되살리기 위해 마음을 다하는 넓은 커뮤니티의 구성원들을 하나로 모으는 운동이다. 이러한 모든 시도를 잘못된 것으로 예단하는 것은 적어도 시기상조일 것이다. 또한 오늘날 공적 담론에서 '비 PWL 철학'이 직면한 '정당화 위기'를 염두에 두면서, 현재 PWL의 교육적 가능성에 열려 있는 훨씬 더 자유주의적인(또는 포스트 회의론적 의미에서 '철학적'인) 태도를 유지해야 할 것이다. 적어도 철학에 대한 PWL의 접근 방식이 삶, 의미, 죽음, 미덕과 바람직한 좋은 삶을 둘러싼 일반인들이 직면한 문제를 재조명함으로써 철학자들이 폭넓은 문화적 차원에서 철학의 중요성에 대한 풍부한 규범적 정당성을 제공할 수 있고, 일반인들에게 더 나은 삶을 사는 데 도움이 될 만한 조언을 줄 수 있다고 생각한다.

PWL의 학문적 미래에 대해서는 충분히 언급한 것 같다. 그런데 우리가 반드시 알아야 할 사실은, 몇몇 스콜라학자를 제외하고는 이 책에 언급된 사상가 중 누구도 중세와 근대 대학(반체제 학자였던 쇼펜하우어는 제외)과는 거리가 멀었다는 점, 전문 철학, 인문학, 신학의 선구자는 아니었다는 점이다. 고대 학파들(그중에서도 플라톤의 '아카데미Academy'와 아리스토텔레스의 '리시움Lyceum')이 중세 기업의 선조라는 주장도 있지만, 아도 등이 입증한 자료에 따르면 동종 수도원의 선조였을 뿐이다[5.2]. 요컨대 PWL은 결코 대학에서 가르쳐본 적이 없는 개념이다. 이에 페트라르카나 몽테뉴에서 쇼펜하우어, 니체에 이르는 사상가들의 철학적 가치에 관한 주장이 중세 스콜라주의나 그 현대적 계승자들에 대한 때때로 신랄한 비판에 기반하고 있음을 살펴봤다(4, 8). 위의 학계 비평가가 현대 평가 체제로의 제도화 가능성에 대해 제기한 문제는 아이러니하게도 페트라르카 등이 비판한 제도 내부에서 나온 것이지만, PWL의 입지에 대한 비판을 반영하고 있다. 어쩌면 PWL의 미래는 학문적 커리큘럼에 포함될지 여부와는 무관할 수 있다. 어쩌면 우리는 철학도로서 다른 철학도들에게 에피쿠로스나 스토아학파의 수행법을 따르라고 요구할 수 없을지도 모른다. 아마도 전문 철학자 또는 철학 교사로서 '근무 시간 외에만' PWL을 실천할지도 모른다. 아니면 다른 유익한 일을 추구할 때보다 더 직접적인 방식으로 일을 할 때만 PWL을 녹여낼지도 모른다.

인간은 이성적인 동물로서 학생이나 관리자, 교수나 전문가로서만 삶을 살아가는 것이 아니다. 생활 속에서 다양한 역할을 하며 살아가기 때문에, 하나의 '페르소나'만으로 살아가는 듯하고 남들도 나를 하나의 역할로만 단정한다 해도, 실제로는 전혀 그렇지 않다. 내적 평온함과 강인함을 중시하는 스토아주의로 삶을 살아보려는 사람들이 늘어나고 있지만 스토아철학의 물리학과 신학에 대해서는 전혀 아는 바가 없다면, 과연 진정 스토아주의의 삶을 산다고 할 수 있을지, 이 부분에 대한 해답은 다소 복잡하고 난해할 듯하다. 한편 이러한 질문이 에피쿠로스적 삶의 방식과 사상적 토대에 관심이 있는 사람들에게 적용될 때는 또 다른 차원으로 고민해야 할 것이다. 명상, 관상, 주의 집중, 사전 명상, 정념 길들이기 등 다양한 영적 수련이 과연 어느 정도까지 철학 사상의 지향점과 맞닿아 있을까? 각 사상의 자연 또는 섭리에 대한 독단적 설명과는 얼마나 관련이 있을까? 이와 같은 질문은 PWL이 학문적 연구 주제로서 계속 발전함에 따라 고려해야 할 사항 중 하나일 것이다. 그러나 아도의 말 (1995:280)에 따라 "에피쿠로니즘과 금욕주의가 ⋯ 우리 시대 남녀의 영적 삶과 나 자신의 영적 삶에 자양분이 된다"라고 생각하는 사람들을 폄하하지 않아야 할 것이다. 에머슨이 말했듯, 태양은 오늘날에도 여전히 빛을 발한다. 과거의 인물, 시대, 철학자를 존경할 수 있지만 우리는 오늘을 살고 있다. 앞서 언급했듯 '근대 스토아주의'는 새천년에 접어든 이후, 2010년부터 전 세계적으로 큰 유행이라도 된 듯 많은 관심을 받았다. 자칫 그 의미를 너무 경솔하게 일축하는 논리에 대해서는 객관적으로 반박함으로써 진지하게 접근해야 할 것이다. 우리는 어쩔 수 없이 인간이기에 수많은 문제 속에 살아간다. 일상의 갈등과 고민을 대하는 데 조금이나마 힘과 지혜를 주는 철학 사상이라면, 그러한 사상을 실생활에 적용해보는 시도에 힘이 실린다면, 오랫동안 들추지 못해 케케묵은 먼지가 가득한 철학에도 새로운 생명이 불어 넣어질 것이다. 파벌주의, 독단주의, 사업(도매 및 소매)의 오판, 정치적 오남용(샤프, 2018b), 정념에 휘둘리는 상황, 이윤 갈취, 모닥불로 시작한 허영과 허세가 산불처럼 번져 가치관을 송두리째 흔드는 상황 등에서 철학의 지혜를 녹여낸다면 해법에 다가갈 수 있을 것이다. 그러나 이 책에서 다룬 PWL의 약속은 이처럼 '사람이기에' 마주하는 현실을 제대로 인식하게 하고, 문제를 마주하거나 행동을 취할 때 철학적 관점을 떠올리게 하며, 문제를 극복하려는 어렵고 아마도 끝이 안 보이는 노력을 실천하는 데 철학적 통찰을 제시할 수 있을 것이다. 철학자들에게 묻겠다. 소크라테스 시대 이후에 나타난 철학적 관점이나 접근법이 자신의 직업적 소명에 부합하는지 깊이 고민해본 적이 있는가? 잊고 지낸 시간이 너무 오래되었다면, 이제라도 이 물음에 대해 곰곰이 생각해보는 것은 어떨까?

## 감사의 글

이 책을 함께 쓴 우리는 이 프로젝트를 물심양면으로 지원해준 호주연구회Australian Research Council와 모나쉬 프라토 센터Monash Prato Centre에 감사의 마음을 전하고 싶다. 이 책의 편집을 맡아준 리자 톰슨Liza Thomson 편집자에게도 끝까지 인내심을 잃지 않고 도와준 공로에 감사를 표한다. 이 책에서 11장의 초기 버전은《푸코 후기 철학The Late Foucault》에 실린 내용이다. 해당 글의 편집은 마르타 파우스티노Marta Faustino와 지안프랑코 페라로Gianfranco Ferraro가 맡아주었다. 이외에도 우리에게 버팀목이 되어준 친구들과 학자들, 키스 안셀-피어슨Keith Ansell-Pearson, 데이비드 카트라이트David Cartwright, 크리스토퍼 셀렌자 Christopher Celenza, 이언 헌터Ian Hunter, 마이클 재노버Michael Janover, 데이비드 콘스탄David Konstan 그리고 존 셀라스John Sellars와 마태오 스태틀러Matteo Stettler에게도 진심으로 감사를 전한다.

주석

PHILOSOPHY
AS A WAY OF
LIFE

# 주석

## 서문

**1.** 이 책에 스피노자에 관한 장chapter을 포함할지에 대해 오랫동안 논의했다. 일부 학자들이 스피노자를 철학을 생활의 기술로 생각하는 신新스토아 윤리적 자연주의자로 간주한다는 이유에서였다. 그러나 우리는 주요 고대 스토아학파를 다루고 스토아학에 대한 후대의 많은 재해석과 재조정을 논의하고 있으며(5, 6, 8, 9, 10장 참조), 스피노자에 대한 평가와 스토아학의 정확한 관계는 상당한 논쟁의 여지가 있기에(예를 들어 《윤리학》 III 서문, 《정치학》 1.4; & 암스트롱 2013 참조), 결국 이 부분을 다루지 않기로 했다. 그러나 PWL의 역사에서 스피노자가 차지하는 입지와 기여에 관심이 있는 분들에게는 수잔 제임스의 최근 저서가 특히 유용할 것이다. 그녀는 스피노자가 철학을 '즐겁게 사는 법을 배우는 프로젝트'로 생각한다고 주장했다(제임스 2020).

**2.** 독자들은 5장과 7장 사이의 연결고리 즉 주요한 은유의 사용에 주목해야 한다. 예를 들어, 철학이 정신적 '고양' 또는 '성찰'의 작업으로 개념화될 때, 다양한 사상이 자칫 위계 질서화가 될 수 있다는 점을 시사한다. 그러나, 수양, 수련 또는 심지어 공예에 대한 은유는 철학의 각 부분을 위계적으로 구분하는 것을 말할 수 있지만, 스토아주의에서 '패러다임'을 간주하는 것처럼 철학 사이의 차이에 대해 '유기적'으로 이해하는 것을 원칙으로 했다(아도, 2020:105~32).

# 1장

**1.** 니체는 '플라톤 이전의 철학자들'이라는 강연에서 소크라테스를 두고 삶을 이야기한 최초의 철학자[Lebensphilosoph]라고 하며, 그의 철학은 절대적으로 실천적인 철학이라고 했다. "이전의 모든 철학자는 사고와 앎에 사활을 걸었던 반면, 소크라테스에게는 사고는 삶 그 자체를 위한 것이었다"(샐리스, 1991:123에서 인용).

**2.** 플라톤은 칼리클레스를 역사적 소피스트인 고르기아스의 제자로 묘사했다. 칼리클레스는 전통적인 도덕은 약자가 강자의 행동을 규제하기 위해 사용하는 수단이라고 생각했다. 남에게 해를 끼치는 것은 잘못이라는 기존의 판단을 유지함으로써 약자는 강자의 권력 행사 능력을 제한하려고 한다고 주장했다. 반면에 소수의 강자는 자연스럽게 열등한 개인을 지배하는 상황이 펼쳐지고, 이는 순전히 강자의 '더 높은' 목적을 위해 그렇게 할 수 있다고 그는 주장했다(《고르기아스》 482e~483d). 칼리클레스의 '귀족적 급진주의'는 니체 후기 철학에서 옹호하고 있는 사상이다.

**3.** 이러한 이유로 소크라테스는 엄격한 법적 의무가 없는 한, 민주 의회에서 토론하고 투표하거나 민중 법정에서 배심원으로 활동하는 등 아테네 시민으로서의 특권과 의무 행사를 거부했다. 그의 완고함은 이미 잘 알려져 있다. 소크라테스는 공식적으로 아테네 평의회 의원으로 활동해야 할 때(기원전 406년)나, 실제로 폭군 30명이 짧게나마 공포의 통치를 하는 동안(기원전 404~403년), 법령에 따라 행동해야 할 때도, 죽음을 무릅쓰고 정의에 대한 이성적 판단에 따라 행동했다(《변론》 31). 소크라테스는 이성에 따라 행동하는 것이 다른 모든 가치보다 우선한다고 주장했다.

**4.** 투키디데스의 《펠로폰네소스 전쟁사》에서 아테네 민주주의의 가장 위대한 정치가였던 페리클레스는 아테네인들이 능동적 시민권이라는 관점에서 자신을 정의했다고 말했다. "여기서 각 개인은 자신에 관한 일뿐만 아니라 국가의 일에도 관심이 있다 (…) 이것이 아테네인들의 특징이다. 우리는 정치에 관심이 없는 사람을 자기 일에 신

경 쓰는 사람이라고 말하지 않는다. 삶 자체에 딱히 관심이 없다고 한다"(《페리클레스의 추도연설》 40). 이러한 페리클레스의 관점에서 볼 때, 소크라테스는 철학적 삶의 방식을 선택함으로써 아테네에서 이방인 신세가 되었다.

**5.** 각 출처에 대한 상세 내용은 '거스리Guthrie(1971:13~35, 39~55)'의 저서 참조.

**6.** 케네스 라파틴Kenneth Lapatin은 고대에서 현대에 이르기까지 소크라테스의 시각적 표상에 대한 역사적 개요를 자세히 다루었다. '라파틴' 저서 참조(2006).

**7.** 제임스 콜라이아코James Colaiaco는 소피스트들에 대한 소크라테스의 공격을 훌륭하게 분석했다(2001:23~36). 플라톤은 정작 소피스트들을 거세게 비난하지 못했다. 소피스트 운동 자체가 온건한 상대주의자들과 '냉소적인' 현실주의자들을 포괄할 정도로 복잡했다는 점에 유의해야 할 것이다. 소피스트에 대해서는 M. 운터슈타이너M. Untersteiner(1954)와 W. K. C. 거스리(1971) 참조.

**8.** 아리스토파네스는 소크라테스의 저격수였다. 그는 자칫 소크라테스가 미덕에 대해 내린 전통적 정의가 법과 관습의 타당성을 훼손할 수 있다고 분석했다. 이 부분에 대해 헤겔은 고대 희극 작가였던 아리스토파네스의 판단을 지지했다. "그의 주장이 타당함을 입증하는 유일한 내용이 《구름》에 등장한다"(헤겔, 2006:143). 헤겔은 소크라테스의 모습에서 '자의식의 절대적 권리'가 '민중의 윤리적 삶과 충돌'했다고 했다. "소크라테스는 자신의 양심 즉 자신이 죄책감을 느끼지 않는다는 사실과 사법적 판결을 대치시킨다. 그러나 아테네 사람들은 그의 양심의 옳고 그름을 인정할 필요가 없다. … 아테네 사람들은 소크라테스에 가해진 공격에 대해 법, 관습 및 종교의 권리를 옹호했다. … 한편 소크라테스는 사람들의 윤리적, 법적 삶에 관한 가치관에 불쾌감을 주었고, 그에 상응한 처벌을 받았다"(헤겔, 2006:154).

**9.** 《변론》에서 소크라테스는 '하데스(저승)'에서는 "남자뿐 아니라 여자와 토론하는 것이 상상할 수 없을 정도로 행복할 것"이라고 했다(《변론》 41c).

**10.** 그레고리 블라스토스는 플라톤이 소크라테스라는 인물을 통해 서로 양립할 수 없는 두 가지 철학을 발전시켰다고 주장했다. 그는 초기 변증법적 대화편에서 소크라테스는 도덕 철학자이자 형이상학자, 인식론자, 과학, 언어, 종교, 교육, 예술 철학자이며 지식을 실증적으로 추구하고 발견했다고 확신하는 반면, 후기 대화편에서 소크라테스는 배타적으로 지식을 추구하는 도덕 철학자이자 형이상학자, 인식론자, 과학, 언어, 종교, 교육 및 예술 철학자라고 주장했다. '블라스토스'(1991:41~80, 특히 47~8) 참조. 또한 전자의 소크라테스는 역사적 소크라테스의 견해를 표현했지만, 후자의 소크라테스는 플라톤의 견해를 대변하는 인물로 표현되었다고 주장했다. 플라톤과 소크라테스에 관한 거의 모든 주장과 마찬가지로 이러한 견해에 대해서는 해석이 분분하다.

**11.** 플라톤 텍스트를 초기 대화편과 후기 대화편으로 분류하는 문제에 대해서는 여전히 논쟁의 여지가 있다. 블라스토스는 《변론》, 《카르미데스》, 《에우튀프론》, 《고르기아스》, 《히피아스 마이너》, 《이온》, 《라케스》, 《프로타고라스》, 《국가론》 1권 등을 초기 엘렝코스 형식의 대화편으로 구분한다. 《알키비아데스》 1권을 진정한 플라톤 텍스트로 간주할 경우, 이 책도 초기 대화편에 속한다. 《알키비아데스》 1권의 진위에 대해서는 애너스의 저서(1985:111) 참조.

**12.** 아도는 '엘렝코스'의 극적 효과를 더 자세히 설명하고자 했다. 이에 독일 학자 오토 아펠트Otto Apelt의 '분열Spaltung'과 '배가Verdoppalung'에 대한 메커니즘에 대한 설명을 인용했다. "소크라테스는 자신을 둘로 분열했다. 토론이 어떻게 끝날지 미리 알고 있는 소크라테스 그리고 상대와 함께 변증법의 전 과정을 여행하는 소크라테스, 두 명의 소크라테스가 존재했다." 대담자의 자기모순을 끌어내는 꼬리에 꼬리를 무는 논박술을 통해 소크라테스의 대화 상대, 즉 대담자는 사실상 '분열'된다. "소크라테스와 대화하기 전의 대담자 그리고 끊임없는 상호 일치의 과정에서 소크라테스와 자신

을 동일시하게 된 대담자로 나뉜다. 두 개의 자아에는 결코 접점이 생기지 않는다"(

《삶의 방식으로서의 철학》 153).

**13.** 또 다른 구절도 참조하라. "신은 왜 《테아이테토스》에서 소크라테스에게 다른 사람을 위해 '지혜를 낳는' 산파가 되라고 말하면서, 그가 직접 지혜를 낳을 수는 없다고 했는가? … 인간이 파악하고 알 수 있는 것은 아무것도 없다고 가정하라. 그러면 신이 소크라테스가 거짓되고 근거 없는 가짜 신념을 낳는 것을 막고, 가짜 신념을 지닌 다른 사람들을 자성하도록 이끌어주는 역할을 부여하는 것이 합리적일 것이다. 가장 큰 악인 속임수와 허세를 제거하는 논쟁은 작은 도움이 아니라 오히려 큰 도움이 된다. … 이처럼 소크라테스는 육체가 아니라 곪고 타락한 영혼을 치유했다. 그런데 진리에 대한 지식이 있다고 가정하면, 그래서 단 하나의 진리가 있다고 가정하면, 그 지식의 발견자 그리고 발견자로부터 배운 사람들이 온전한 지식을 갖게 되었다고 자만할 수 있다. 반대로 자신의 앎이 충분치 않다고 인정한다면, 그래서 자신의 앎에 확신하지 못한다면, 온전한 지식을 받아들일 가능성이 커진다. 직접 아이를 낳지 않고도 훌륭한 아이를 입양할 수 있는 것처럼 온전한 지식을 얻을 수 있다"(플루타르코스, 《플라톤의 질문들》 1).

**14.** 때때로 아도는 소크라테스의 영적 수련을 플라톤적(또는 신플라톤적) 전환의 관점에서 해석했다. 즉 대화 상대에게 필멸의 자아를 넘어 더 높고 영원한 자아로 상승하려는 욕구를 유도한다는 것이다(4장 참조). 이 주장에는 논란의 여지가 있다. 플라톤이 보기에 "모든 변증법적 운동은 로고스의 요구에 따른 순수한 사유의 운동이기 때문에 영혼을 감각적인 세상으로부터 멀어지게 하고 선善을 향해 스스로 전환할 수 있게 한다"(아도 1995: 93).

**15.** 《알키비아데스》 1 참조.

**16.** 니체의 양면성은 다음과 같은 유명한 메모에서 분명하게 드러난다. "소크라테

스는 … 나에게 너무 가까이 있어서 나는 거의 항상 그와 전투를 벌이고 있다"(《유고》8.97. 6[3]). 베르너 단하우저Werner Dannhauser(1974)는 니체와 소크라테스의 변화무쌍하고 양가적인 관계를 탐구했다. 소크라테스에 대한 니체의 재평가는 레이몬드(2019)의 저서 참조.

**17.** 블라스토스에 따르면 아리스토텔레스, 흄, 칸트 같은 후대의 저명한 윤리학자와 도덕 철학자들이 전통적 도덕관을 합리화했지만, 소크라테스는 자기 문화의 기본 규범에 의문을 제기한 사람들 가운데 가장 위대한 인물이다. 그의 주장은 충분히 타당성을 지닌다. "소크라테스는 전적으로 자기 시대와 장소의 도덕적 규범에서 철학을 전개했지만, 가장 유서 깊고 잘 확립된 정의의 규칙 중 하나를 불공정하다고 낙인찍을 이유를 발견했다"(블라스토스, 1991:179).

**18.** 소크라테스는 아테네의 재판관들에게 자신이 철학적 사명을 추구하고 있고, 그들이 자신을 사형에 처할 것이라는 사실도 언급했다. 이때 그는 아킬레우스가 모든 트로이 사람들이 지켜보는 가운데 헥토르를 죽이면서 본인의 죽음을 예감한 것을 상기했다. 그리고 자신의 목숨과 침묵을 맞바꾸지 않겠다고 선언함으로써 이미 극심한 적개심을 품고 있는 재판관들에게 의도적으로 불을 지폈다. 소크라테스는 철학적 성찰이 없는 삶보다 죽음을 선택했다(30a). 아킬레우스와 마찬가지로 그 역시 결과와 상관없이 자신이 옳은지 그른지만을 고려한다고 선언했다(《변론》 28 b~d).

**19.** 그리스 문화에서 정신 또는 영혼을 점차 발견해 나가는 과정에 대해서는 '스넬'의 저서 참조(1953).

**20.** 플라톤은 트라시마코스가 폭정이야말로 가장 행복하거나 최선의 삶을 보장하는 수단이라고 주장한 점을 강조했다. 이 주장에 대해 니체는 분명 그리스인들이 생각하는 행복을 염두에 두었다. 《국가론》 참조(344a~c).

**21.** 블라스토스는 냉소주의자들과 스토아학파의 터무니없는 고대의 행복론, '에우다

이모니즘'에 대해 소크라테스는 관련성이 없다는 사실을 밝히고자 했다. 소크라테스의 논지를 완화하며 주장을 펼친 블라스토스의 해석에 따르면, 소크라테스는 미덕이 행복을 위해 필요하고 충분하다고 주장하지만, 스토아학파와 달리 딱딱한 야영지 침대 대신 장미꽃 침대에서 자는 것이 미덕을 훼손하지 않는 한 행복하게 만들 수 있다고 믿었고, 현자는 다른 사람보다 약간 더 행복할 수 있다고 주장했다. 소크라테스는 비도덕적 재화(예: 건강, 부, 명성)의 소유가 우리 행복에 '미미한' 즉 '작지만 무시할 수 없는' 차이를 만든다고 주장했다(1991:231). 한편, 소크라테스의 에우다이모니즘에 대한 제논의 엄격한 스토아적 해석이 옳다고 주장하는 롱(1988:169)의 저서도 참조.

## 2장

**1.** 이 점은 이 장의 결론에서 다시 설명한다.

**2.** 얼러 & 스코필드(1999:646)의 저서도 참조. "치료로서의 철학, 영혼의 의사로서의 철학자"라는 이 비유는 데모크리토스와 플라톤의 사상에서도 등장한다. 그러나 에피쿠로스 사상에서는 비유가 구체화된다. 그의 가르침은 일종의 '약'이고 그의 저술은 일종의 '처방전'에 비유되었다. 콘스탄(2008:x)에 따르면 "고전 고대의 다른 철학 학파와 비교했을 때, 에피쿠로스 인들은 에피쿠로스 사상의 통찰이 마음을 괴롭히는 고난에 대한 치료법이라고 생각했다."

**3.** 에피쿠로스주의자들은 철학을 윤리, 물리학, '교회법'이라는 제3의 학문으로 구분한다. 그들이 생각하는 철학은 논리나 분석보다는 물리학의 유물론적 전제에 기초한 인식론에 가깝다(아도, 2002:120~1).

**4.** 에피쿠로스 치료 전략에 대한 보다 상세한 분석은 추나Tsouna의 저서 두 편 (2009:234~48), (2007:75~87)을 참조.

**5.** 이것은 또한 네 가지 처방 중에서 3번째, 4번째 치료다. 2.6 참조.

**6.** D. 세들리, 《루크레티우스와 그리스 지혜의 변화Lucretius and the Transformation of Greek Wisdom》, 에피쿠로스, 3장 '자연에 관하여' 참조.

**7.** 아리스토텔레스의 《니코마코스 윤리학》 X, 7과 비교.

**8.** 디오게네스 라에르티우스는 플라톤과 플라톤주의자들을 포함한 다른 학파와 철학자들에 대한 에피쿠로스의 논쟁에 대해 간략하게 기록했다. 이들은 플라톤이 철학왕으로 교육하고자 했던 시라쿠사의 폭군 디오니소스 2세를 '디오니시오콜라케스Dionysiokolakes' 또는 아첨꾼이라고 불렀다(《위대한 철학자들의 생애》 X 7~8; 플라톤, 7번째 서한 참조). 악명 높은 디오니소스 2세는 플라톤을 노예로 팔아넘김으로써 그의 교육적 노력에 대해 '보상'을 했다고 전해진다.

**9.** 죽음을 두려워하는 마음은 비합리적이라는 에피쿠로스의 주장에 대한 자세한 분석은 워렌의 저서(2004; 2009) 참조.

**10.** 루크레티우스는 인간은 죽음으로써 잃게 될 모든 좋은 것들에 대해 걱정한다고 주장했다(《사물의 본성에 관하여》 III, 899~900). 그러나 우리가 죽으면 '우리의 실존'이 사라지므로 "모든 좋은 것들에 대한 갈망도 남아 있지 않다."

**11.** 소크라테스가 플라톤의 《변론》(29a)에서 보여준 논증이 있다. 이 논증을 인용하며 루크레티우스는 1인칭 시점에서 볼 때 죽음은 깊은 잠과 같아서 우리가 꿈도 꾸지 않는 깊은 잠을 두려워하지 않는 만큼만 두려워해야 한다고 주장했다(《사물의 본성에 관하여》 III 920 및 그 이하; 978).

**12.** 한편, 블라디미르 나보코프Vladimir Nabokov는 에피쿠로스의 대칭 논증에 도전장을 내밀었다. 그는 우리가 일반적으로 출생 이전의 영원한 비존재에 대해 고민하지 않는데, 이는 자연적 적응이 우리의 현세적 상상력을 억압했기 때문이라고 했다. 그는 출생 이전의 비존재를 한탄하는 것은 비합리적인 것이 아니라 부적응적인 것이라고 했다. 그의 말대로 '자연은 "다 큰 성인이 두 개의 검은 '거시 공동void'을 받아들이길

기대한다. 두 개의 텅 빈 상태 사이에 존재하는 비범한 생각을 받아들이듯, 앞뒤에 있

는 이 두 개의 검은 공동을 굳건히 수용해야 한다. 불멸하는 자나 미성숙한 자나 최고

의 즐거움인 상상력은 제한되어야 한다. 삶을 즐기기 위해 지나치게 많이 즐기지 말

아야 한다"(나보코프, 1989:39~40).

**13.** 클레이(2009:27) 참조: "에피쿠로스의 정원은 학교가 아니었다 ··· 플라톤의 지시

를 받아 설립된 '아카데미아Academy,' 아리스토텔레스의 지시를 받아 생겨난 '산책길(

페리파토스, Peripatos)과 달리 에피쿠로스의 정원은 학교가 아니었다 ··· 에피쿠로스의

정원에서는 과학 또는 역사 연구가 수행되지 않았다."

**14.** 그러나 초기 그리스도인들이 에피쿠로스주의를 명백히 정죄했다고 가정해서는

안 된다. 아우구스티누스는 "내 생각에 죽음 이후에도 영혼의 생명이 우리와 함께 머

문다고 믿지 않았다면 에피쿠로스는 승리의 손바닥을 받았을 것"이라고 고백했다(

《대화록》 VII I [1]). 마이클 얼러Michael Erler는 초기 기독교인들에게 에피쿠로스가 단순

히 도덕적 세계 질서와 섭리에 의문을 제기하는 무신론자로 비춰지면서 이 자체로

논쟁의 대상이었다는 견해가 있지만, 에피쿠로스주의에 대한 기독교의 해석과 평가

가 양면성을 띠었음을 나타내기도 한다. 한편으로 아우구스티누스와 같은 기독교 사

상가들은 에피쿠로스의 유물론적 철학 교리 즉 필멸의 영혼 개념과 미덕에 대한 명

분론적 정당화 등에 대해 논쟁을 벌였다. 반면에 기독교인들은 소박한 에피쿠로스의

생활 방식에 대해서도 존경을 표했다. 얼러는 중세와 르네상스를 통해 에피쿠로스

철학적 교리에 대한 부정적인 평가와 함께 삶의 방식에 대한 긍정적인 평가가 나타

났다고 했다(얼러, 2009:60~4 참조).

**15.** 윤리적 반대론자인 근대 세속 유물론자들도 에피쿠로스 교리의 이러한 측면을 인

정하는 경우가 많다. 예를 들어 니체는 말했다. "에피쿠로스의 신들, 저 대범한 미지

의 존재들에 대한 신앙을 철회하고, 우리의 머리카락 하나하나까지 세세히 알고 있

고, 지극히 천한 봉사도 마다하지 않는 조무래기 신을 믿는 것보다 더 위험한 유혹이 있을까?"(1882:《즐거운 학문》 277)

**16**. 애너스는 아리우스의 서문을 인용하여 이 점을 요약했다. "에피쿠로스 철학자들은 최종 목적이 능동적이지 않고 수동적이라고 가정하기 때문에 [최종 목적이] 달성되었다고 말하는 것을 수용하지 않는다. 그것은 쾌락이기 때문이다"(1999:347).

# 3장

**1**. 제논이 죽은 후 (경건한 '제우스 찬가'로 유명한) 클레안테스는 스토아학파의 두 번째 '학자' 또는 지도자가 되었다. 클레안테스 이후에는 위대한 체계가systematizer(체계화에 능한 지도자)' 실로의 크리시푸스Chrysippus of Silo가 등장했다. 그는 약 165권의 책을 저술한 것으로 알려졌지만 그중 어느 것도 완전한 형태로 남아 있지 않다. 스토아학파는 2세기 후반까지 아테네에서 끊이지 않는 스콜라학파의 계보를 이어가며 살아남았다. 이 시기는 소위 '중기 스토아학파'로 불리는 파나에티우스Panaetius와 포시도니우스Posidonius의 시대이기도 하다. 이 두 인물은 로도스섬Rhodes에 기반을 두며, 후대 로마 공화국의 주요 인사들을 끌어들여 법정에 세웠다. 문헌에 따르면, 이들은 스토아학파가 아닌 플라톤과 아리스토텔레스 사상의 요소들을 스토아학파 사상에 도입하기도 했다.

**2**. 일즈트라오트 아도, 《세네카: 영적 방향과 철학의 실천Sénèque:direction spirituelle et pratique de la philosophie》(파리: 철학 서점Librairie Philosophique J. 브랭J. Vrin, 2014).

**3**. 섹스투스 엠피리쿠스 《학자들에 반대하여》 11.170 (《초기 스토아 철학자의 단편》 3.598); 베트Bett 번역 및 수정; 에픽테토스 《대화록》 1.15.2; 존 셀라스 《삶의 기술: 철학의 본질과 기능에 관한 스토아학파 이론》(앨더샷: 애쉬게이트, 2003), 22.

**4**. "스토아학파는 [i] 지혜는 인간과 신의 문제에 대한 지식이며, [ii] 철학은 적합한

전문성을 발휘하는 것이며, [iii] 유일하고 지극히 적합한 전문성은 탁월성이며, [iv] 가장 일반적인 탁월성은 자연, 행동, 추론의 세 가지다"라고 말했다. 플루타르코스, 플라시타,《초기 스토아 철학자의 단편》2.35,《헬레니즘 철학자》26,《스토아 철학의 변증법에 관한 단편들》15; 섹스투스 엠피리쿠스《교수들에 대하여》9.125(《초기 스토아 철학자의 단편》2.1017).

5. "다른 사람들은 철학을 인간에게 가장 좋은 삶을 위한 전문 지식을 체득하는 수련이라고 정의했다. 철학은 반복하여 실천해야 하는 수련으로서, 인간과 신성한 문제를 인식하도록 지혜를 선사한다." Ps-갈렌Ps-Galen《철학의 역사》, 5쪽, 602.19~3.2 디엘스Diels.

6. 다시 말하지만, 스토아학파에서 말하는 삶의 기술 자체는 소크라테스가 제안한 것처럼 대상을 체계적이고 실질적으로 이해하고, 정신 속의 '잠재태hexis(자세와 움직임과 같은 사람의 신체의 신체적, 습관적 특성—옮긴이)'가 변화하는 경험을 가리킨다. 이러한 정의는 생명과 존재의 다양한 측면에서 이해와 의미를 추구하는 철학의 본질과도 맞닿아 있다. 실제로 제논은 삶의 '기술technai'을 이렇게 정의했다. "삶의 유용한 목적을 향한 수련σύστημα έκ καταλήψεων συγγεγυμνασμένων에 의해 통합된 인식 체계." 올림피오도루스,《고르기아스에 대한 해설》(《초기 스토아 철학자의 단편》1.73,《스토아 철학의 변증법에 관한 단편들》392,《헬레니즘 철학자》42, 브로우어Brouwer, 2014:51).

7. 위僞-플라톤주의자였던 악시오쿠스Axiochus는 소크라테스의 임박한 죽음을 위로하는 동명의 주인공 '소크라테스'를 묘사했다. 한편 4세기 플라톤주의자 크란토르Crantor는 슬픔에 관한 작품(《페리 펜트하우스Peri Penthous》)을 썼고, 3세기 견유주의자 텔레스Teles는 같은 심리 치료적 취지로《유배에 관하여On Exile》를 썼다. 훗날 키케로의 유실 저서《호르텐시우스Hortensius》(그리고 어떤 면에서는《투스쿨룸 대화》), (위僞-플라톤주의자) 플루타르코스의 위로집 그리고 무소니우스의 아홉 번째 담화집《유배에 관하

여》가 있다. 발투센의 저서 참조(2009:70~6).

**8.** 또한 세네카는 '회귀'에 대한 스토아 철학사상이 위로로 사용한다(10장 참조). 예를 들어 《마르키아에게 보내는 위로》에서 세네카는 아들 메틸리우스를 잃은 마르키아에게 세상이 반복되기 전까지는 행복할 것이라고 상상하며 위로를 건넨다. 여기서 세네카는 아들의 사후 행복을 상상하는 것뿐만 아니라 아들이 다시 돌아와 같은 삶을 반복할 것을 알기 때문에 행복하다고 주장함으로써 마르키아의 슬픔을 위로하려고 노력한다. 이 우주론적 사상에서 아들과의 영원한 재결합이 가능해진다(《마르키아에게 보내는 위로》 26, 7). 아도(1995:238~50): 《위에서 내려다본 광경》.

**9.** 《대화록》 III 21.

**10.** 이 외에도 번역되지 않은 프랑스어 작품들, 특히 아도의 《마르쿠스 아우렐리우스 사상의 핵심Une Clé des Pensées de Marc Aurèle》, 《에픽테토스가 말하는 세 가지 실천적 영역Les Trois Topoi Philosophiques selon Épictète》 참조.

**11.** 심플리키우스, 《엥케이리디온에 대한 해설서》 서문; 일즈트라우트 아도와 피에르 아도, 《고대의 철학 배우기: 에픽테토스의 매뉴얼과 신플라톤주의 주석의 가르침 Apprendre à philosopher dans l'Antiquité:L'enseignement du Manuel d'Epictète et son commentaire néoplatonicien》 (파리: 포르슈, 2004), 53

**12.** 심플리키우스, '서문', 82~7.

**13.** 에픽테토스, 《엥케이리디온》 8장 도입부.

**14.** 《명상록》의 특성상 역사상 가장 강력한 인물 중 한 사람이 쓴 문서라는 사실을 간과하기 쉽다. 이 텍스트의 473개 섹션 중 황제(또는 제국)의 경험을 다룬 부분은 채 40개도 되지 않는다. 《명상록》에서는 황제(또는 제국)의 삶을 잘사는 데 장애가 되는 요소로만 다루고 있다. 《명상록》 V 16, V 30; 참조: I 17, 3, IX 29.

**15.** 《명상록》 제1권은 감사와 기억을 위한 일종의 영적 수련을 담고 있다. 마르쿠스는

자신의 성장 과정을 되돌아보며 모든 은인에게 진 특별한 빚을 회상한다. 세 개의 중심 장(6~9장)은 그의 철학적 스승들(디오그네투스, 루스티쿠스, 아폴로니우스, 섹투스)에게 바치는 내용이다. 가장 긴 두 번째 장(I 16)에서는 완벽한 스토아적 통치자로서의 아버지 안토니누스 피우스를 이상적으로 묘사한다. 마지막 17장은 운명에 의해 그에게 주어진 외부 재화에 대해 신들에게 감사를 표한다. 특히 마르쿠스가 철학자들에게 진 빚은 '윤리적 빚'이다.

**16.** 마르쿠스가 죽은 지 2세기 후, 테미스티우스는 마르쿠스의 '파라겔마타parragelmata' 즉 '권면집'을 언급한다. 그러나 그가 우리에게 전해 내려온 마르쿠스의 12권의 책을 접했는지는 불분명하다. 10세기에 접어들면서 비잔티움에서 아레타스 주교가 서기 907년에 보낸 편지에서 권면집은 '마르쿠스 황제의 매우 유익한 책'이라고 묘사되면서 다시 등장했다. 초판본은 16세기 초 서유럽에 소개되었다.

**17.** 예를 들어 다음 두 문장을 비교해보라. "사람을 나쁘게 만들지 않는 것이 어떻게 삶을 나쁘게 만들 수 있는가?"와 "사람을 나쁘게 만들지 않는 것은 그의 삶도 나쁘게 만들지 않는다"(《명상록》 II, 11, 4; IV, 8; 참조 바람. IV, 35; VIII, 21, 2).

**18.** Cf. "이 생각들이 밤낮으로 네 심연의 명령[프로케이론prokheiron]을 따르게 하라. 이 생각들을 쓰고, 읽고, 너 자신과 이웃에게 말하라"(《대화록》 III.24.103).

**19.** 즉 "우리는 우리가 흡수한 것이 무엇이든 변하지 않도록 해야 한다. 그렇지 않으면 결코 흡수가 안 된다. 단지 기억에 들어갈 뿐 추론 능력으로 이어지지는 않는다[in memoriam non in ingenium]. 하나의 숫자가 여러 요소로 구성되는 것처럼, 하나의 것이 여러 요소로 구성될 수 있도록 그러한 음식을 진심으로 환영하고 우리 자신의 것으로 만들자"(6; cf. X, 1).

**20.** 여기에는 스토아적 이상에 부응하기 위한 마르쿠스 자신의 투쟁을 증명하는 긴박함이 있다. 에픽테토스의 《엥케이리디온》을 방불케 할 정도다. "반성하라! 반성하라! 내

정신을! 그러나 자신을 존중하는 시간은 순식간에 지나간다."《명상록》II, 6; X, 1 참조.

## 4장

**1.** 철학에서 가장 중요한 진리에 관한 책《일곱 번째 편지Seventh Letter》는 이러한 유명한 문구를 남겼다. "이 주제에 대한 나의 저서는 존재하지도 않았고 앞으로도 없을 것이다. 다른 지식 분야처럼 설명을 인정하지 않기 때문이다. 그러나 문제 자체에 대한 많은 대화와 함께 살아온 후, 갑자기 한 영혼에서 다른 영혼으로 도약하는 불꽃에 의해 빛이 점화되고 그 후 스스로를 유지한다."

**2.** 플라톤 이후 아카데미아에 입학한 첫 네 명의 학자(스페우시푸스Speusippus, 크세노크라테스Xenocrates, 폴레몬Polemo, 아테네의 크라테스Crates of Athens)는 플라톤의 작품에 형이상학적 차원을 더했다. 그러나 여섯 번째 학자 아르케실라오스Arkesilaos(기원전 320~240년경) 이후에는 플라톤 자신보다는 소크라테스에게서 영감을 얻은 '학문적' 형태의 회의론이 발전했다. 키케로가《웅변가에 관하여》에서 말했듯, 아르케실라오스는 "최초로 플라톤의 다양한 책들과 소크라테스의 대화편을 통해, 특히 감각이나 정신으로 확실하게 파악할 수 있는 것은 없다는 생각을 주장했다. … 또한 자신의 견해를 드러내지 않고 다른 사람의 견해에 항상 반박하는 관행(소크라테스의 특기였지만)을 처음으로 확립했다"(키케로,《웅변가에 관하여》3.67; 참조: 키케로,《최고선악론》2.2;《아카데미아 학파》1.16). 기원전 1세기에 플라톤의 아카데미아는 두 번째로 분열되었다. 아에네시데무스Aenesidemus(기원전 80~10년경)가 아카데미아를 완전히 떠나버린 것이다. 그는 아카데미아의 마지막 아테네 학자인 '라리사의 필로'(기원전 159/8~84/3)의 완화된 버전의 회의론 즉 '확률론적' 회의론(확실성은 불가능하지만, 신념이 참일 확률은 측정할 수 있다는 주장)이 소크라테스의 유산에서 결정적인 사상을 배신했다고 주장했다. 대신 아에네시데무스는 더 급진적인 회의주의 경쟁 사상인 '피론

주의'를 창시했는데, 피론주의에 대해서는 아래에서 자세히 살펴볼 것이다. 한편 '라리사의 필로Philo of Larissa'의 두 번째 제자인 '아스칼론의 안티오쿠스Antiochus of Ascalon'(기원전 125~68년경)는 필로의 학문적 회의주의에 반기를 들며, 그 반대인 형이상학적인 방향으로 나아갔다(키케로, 《아카데미아 학파》 1.46). 안티오쿠스가 영혼의 불멸에 관한 플라톤 사상과 가르침에 대해 어떤 주장을 펼쳤는지는 분명하지 않지만, 한 세대 안에 알렉산드리아의 에우도로스Eudorus of Alexandria는 알렉산드리아에서 점점 더 '독단적인' 플라톤주의를 펼쳐 나갔다. 바로 '중기 플라톤주의'다. 모든 불확실한 신념을 중단하는 것이 철학의 목표가 아니라 '신과 같은 존재가 되는 것homoiôsis theiou'이라고 주장했다. 중기 플라톤주의는 포르피리우스(기원전 233~309년)와 플로티누스(기원전 265년경 사망)의 후기 '신플라톤주의'에 영향을 주었다. 4.4~4.5 참조.

3. 기존 철학 사상에 대해 긁어 부스럼을 내고 싶지는 않다. 그러나 우리는 형이상학에 관한 이론이 소크라테스가 아니라 플라톤의 사상이라고 주장할 만한 근거가 많다는 점을 강조하고 싶다. 크세노폰의 《소크라테스 회고록》에도 소크라테스의 사상임을 증명할 내용이 없기 때문이다. 더욱이 스토아학파는 플라톤에 대해서는 거의 관심이 없었고, 제논이 아카데미아의 세 번째와 네 번째 학자인 크세노크라테스와 폴레몬 밑에서 공부했는데도 플라톤이 기록한 소크라테스 사상에 크게 의존했다. 롱의 저서(1999) 참조. 예를 들어 아리스토텔레스의 《형이상학》 1에서는 플라톤의 '문자화되지 않은 이론agrapha dogmata'에 관한 고대의 증언을 여럿 소개한다('일자'와 '선'의 관계와 '불확정적인 양자 관계aoristas dyas'에 관한 것, 참조: 딜런(1996:1~11)과 레알레 Reale(1996), 크레이머 《플라톤과 형이상학의 기초》 1990). 마지막으로 아카데미아에서 플라톤의 후계자였던 스페우시푸스와 크세노크라테스는 이러한 형이상학적 사상과 '제1 철학(형이상학)'에 지극히 관심이 많았다. 20세기에 스트라우스 학파Straussian school(고전적 도덕률을 강조하는 새로운 보수주의를 역설하고 미국 체제의 내재적 한계를 지

적합으로써 헌법을 신성시하는 미국의 전통에 도전한 학파—옮긴이)가 제안한 것처럼 플라톤이 이들에게 '난해하게'만 가르쳤다면 관심을 두지 못했을 것으로 추정한다. 딜런 (1996:11~39) 참조. 교육학적 원리에 따라 플라톤의 독서 순서를 재구성하려는 최근 시도에 대해서는 알트만의 저서(2012; 2016a; 2016b) 참조.

**4.** 아르케실라오스의 학문적 회의주의는 스토아주의를 기반에 둔 '독단적' 헬레니즘 학파의 주장에 대한 지속적인 회의적 참여와 반박을 통해 발전했다. 키케로 《아카데미아 학파》 II, 77; 서스러드(2009:36~58).

**5.** 《최고선악론》 1.4 참조. "철학의 모든 주제, 특히 이 책에서 제기되는 질문들 즉 모든 행복과 올바른 행위의 원칙에 대한 기준을 제시하는 최종적이고 궁극적인 목표인 '목적'이란 무엇인가? 자연은 지극히 바람직한 것으로서 무엇을 추구하고, 궁극적인 악으로 무엇을 피하는가? 그것은 가장 학식 있는 철학자들이 심오하게 이견을 보이는 주제다. 그렇다면 내가 응당 받아야 할 존경을 감히 누가 비하할 수 있겠는가? 모든 인생 관계에서 가장 높은 선과 가장 진정한 규범이 무엇인지 탐구하는 것을 감히 누가 비하할 수 있겠는가?

**6.** 키케로의 감정을 직접 설명하는 페트라르카의 《행운과 불운에 대처하는 법》 6.1 참조.

**7.** 이에 비해 키케로의 절충적 자유는 《투스쿨룸 대화》의 죽음에 관한 제1권에서 분명하게 드러난다. 여기서 에피쿠로스에서 논증하는 죽음에 관한 두려움을 소개한다 ("그렇다면 나는 …이 세상에 실존하지 않는 사람은 비참할 수 없다는 결론을 나에게서 이끌어내었기 때문에 죽은 사람은 비참하지 않다는 점을 믿는다"[《투스쿨룸 대화》 I, 5~7]); 죽어야 한다는 두려움에 관한 금욕주의적 논증에서는 죽음을 거부하며 반대한다[투스쿨룸 대화》 I, 8~11]); '영혼은 죽음 이후에도 존재한다'라는 플라톤적 위로에서는 광범위한 표현이 등장한다(투스쿨룸 대화》 I, 12~31); "[영혼의 죽음]을 허용하더라도 죽음

이 악이 될 수 없는 이유"에 대한 더 많은 에피쿠로스 및 스토아 사상으로 들어가기 전에도 영혼의 불멸성에 대한 플라톤의 위로는 존재했다(투스쿨룸 대화》I, 32 및 그 이하).

8. "동일한 교육 제도가 올바른 행동과 좋은 연설 모두에 대한 교육을 제공한 것으로 보인다. 교수진은 두 그룹으로 나누어지진 않았지만 같은 교수가 윤리와 수사학을 가르쳤다. 예를 들어 호메로스의 위대한 불사조에 따르면, 아버지 펠레우스가 어린 아킬레스에게 전쟁에 동행하여 그를 '연설가이자 행동하는 자'로 만들고자 했다." 키케로, 《연설가에 대하여》 III. 57;《일리아드》 9, 443 참조.

9.《발상에 대하여》 I 1; cf.《연설가에 대하여》 III 61. 이 작품에 악당이 있다면 그것은 고르기아스의 소크라테스일 것이다. 키케로의 주장대로 소크라테스가 철학에 근거하지 않은 수사학을 단순한 '재주'로 평가절하했다면, "소크라테스가 폴루스나 칼리클레스, 고르기아스보다 더 웅변적이고 설득력이 있었기 때문이거나, 그의 표현대로 더 강력하고 뛰어난 웅변가였기 때문"이었을 것이다. 키케로,《투스쿨룸 대화》 III, 129.

10. 이 섹션에서 플로티누스 사상을 해석하는 데 이 훌륭한 작품에 크게 의존했다.

11. 아도,《플로티누스》, 26~7; cf. 마이클 체이스, '역자 소개', 《플로티누스, 또는 시각의 단순성Plotinus, or the Simplicity of Vision》, 2~3 참조.

12. 이 질서가 잡히기까지 경이로움이 있었다. "감각의 세계에서 아낌없는 사랑스러움, 이 광대한 질서, 별들이 멀리 떨어져 있는 곳에서도 보여주는 '형태Form', 이 모든 것을 기억하고 경건한 경외심에 사로잡히지 않을 정도로 무디고 동요되지 않는 사람은 아무도 없다.《엔네아데스》 II, 9, 16, 43~55.

13. 플로티누스는 "확실히 영혼이 '지성Nous' 안에 남아 있으면 아름답고 유서 깊은 것들을 본다"라고 인정했지만, "그러나 지성은 여전히 영혼이 원하는 모든 것을 가지고

있지 않다"라고 말했다. "그것은 아름답기는 하지만 아직 우리의 시각을 자극할 수 없는 얼굴에 영혼이 다가가는 것과 같다. 영혼은 아름다움의 표면보다 깊은 은총과 축복에서 비롯되기 때문이다." 《엔네아데스》 VI. 7. 22.

**14.** 플로티누스는 정교회 영성에 그리고 아우구스티누스와 암브로시우스 주교를 통해 라틴 기독교의 명상 전통에 지속적인 영향을 끼쳤다. 그의 영향은 기독교의 부상과 확산의 밑바탕에 깔려 있는, 세속을 초월하는 것에 대한 고대인들의 갈망을 나타내기도 한다.

**15.** 포르피리우스가 변증법적 질문을 통해 수업을 진행했다고 알려져왔다. 포르피리우스, 《플로티누스의 생애Life of Plotinus》 13; 아도(1998:53, 83, 87) 참조.

**16.** "너 자신 속으로 물러나서 보라. 그리고 당신이 아직 아름답다고 생각하지 않는다면 아름답게 만들어야 할 조각상을 만든 사람처럼 행동하라. 그는 자신의 작품에서 사랑스러운 얼굴이 자랄 때까지 여기는 잘라내고, 저기는 매끄럽게 만들며, 이 선은 더 밝게 만들고, 다른 선은 더 순수하게 든다. 당신도 그렇게 하라. 과도한 것을 모두 잘라내고, 구부러진 것을 곧게 펴고, 흐린 모든 것에 빛을 가져오고, 모든 아름다움을 하나의 빛으로 만들기 위해 노력하고, 신과 같은 덕의 광채가 당신에게서 빛날 때까지, 흠 없는 신전에서 확실히 확립된 완전한 선함을 볼 때까지 멈추지 말고 당신의 조각상을 깎아라." 《엔네아데스》 I, 6, 9.

**17.** 아도, 플로티누스, 특히 82~6 참조.

**18.** 이러한 미덕 개념에 대한 플라톤적 기원은 《파이돈》에서 유래한다. 82d~83c.

**19.** 다음 글귀와도 관련이 있다. "초심자는 신적 존재의 어떤 형상 아래서 끊임없이 자신을 붙잡고 명확한 개념에 비추어 추구해야 한다. 그리하여 깊은 확신 속에서 그가 어디로 가는지 즉 그가 어떤 숭고함 속으로 침투하는지를 알아야 한다. 그는 내면을 전적으로 바치고, 신의 사유Divine Intellection로 빛나는 자, 이제는 보는 자the seer가 아

니라, 그 장소가 그를 만든 것처럼, 보이는 자the seen가 되어야 한다."《엔네아데스》 V, 8, 11. 20 플라톤, '오디세우스의 귀향에 대한 은유'

**21.** 페트라르카의 《나의 비밀》(6.2)에 등장하는 영광에 대한 욕망에 대항하기 위해 위에서 바라보는 시각을 언급한 부분과 비교하기 바람.

# 5장

**1.** 4.3 참조. 아도의 저서 '고대 철학 요소의 구분' '고대의 철학, 변증법, 수사학' 참조 (2020: 105~62).

**2.** 성 아우구스티누스(기원전 354~430년)가 플라톤 철학에서 많은 영향을 받았다는 사실은 잘 알려져 있다. 클레멘트와 오리겐의 담론에는 이미 신플라톤주의 철학 담론에서 영향받은 흔적이 남아 있다. 초월자The Transcendent One, Hen에서 비롯된 세 가지 실체에 대한 개념은 성부, 성자, 성령에 대한 새로운 신학적 이해에 깊은 영향을 미쳤다. 마찬가지로, 이러한 신 플라톤 철학에 통합된 아리스토텔레스적 구별(본질, 실체, 본성, 가설, 형태, 물질의 구별)은 "삼위일체와 성육신의 교리를 공식화하는 데 없어서는 안 될 개념을 제공했다." 아도 (2002:256).

**3.** 에바그리우스에게 수도주의 수행의 목표는 무엇보다도 덕을 기르는 것에 집중했다. 에바그리우스는 플라톤의 삼분법적 심리학에 근거하여 "이성적 영혼은 섭리에 따라 행동한다. 이때 욕망하는 부분epithymetikon이 덕을 갈망하고, 영적인 부분thymikon이 덕을 위해 싸우며, 이성적인 부분logistikon이 존재에 대한 관조에 도달한다"라고 명시적으로 구상했다. 아도 《고대 철학이란 무엇인가》 245.

**4.** 르클레르크(1935)(번역): "라틴어 수련은 디모데전서 1:4, 7~8을 중심으로 한 성경 본문의 번역에 등장한다. 이 구절은 육체적 수행과 영적 수행을 오랫동안 구분하는 기초를 형성한 구절이다. 초대 교회에서 순교자들의 시련을 묘사하는 데에도 사용되

었다.《이집트 수도승들의 역사Historia Monachorum》(395년경)는 '수도원 수련'과 '영적 수련'을 모두 언급한다. 카시아누스Cassian는 '덕의 수련'을 언급하며, 철야, 금식, 고행과 같은 어려운 수행에 대해 이 용어가 사용되기도 했다. 또한 명상 수행과 밀접하게 연관되어 있는데, 앞으로 살펴보겠지만 중요한 것은 '영혼의 적용, 특히 반복, 기억, 성찰의 노력을 수행하는 명상'이다. 이시도르 성인도 같은 의미로 '명상'과 '수련'을 정의했다exercitium dicitur, hoc est meditatio(《어원학》 XV, 2, 30, PL 82, 539a). 그는 "[텍스트]에 침투하기 위해 생각하고, 선포하고, 반복하는 것" 즉 명상하고 말하고 암기하는 행위는 신성한 텍스트를 체화하기 위해 반복하여 '씹어 삼키는' 노력과 동일시된다.《완벽을 달성하기 위한 여덟 가지 주제Octo puncta perfectionis assequendae》의 익명의 저자는 마음의 순수함을 '영적 운동' 중 가장 중요한 요소로 여긴다(《라틴 교부학》 184, 1181d~1182c). " … [훗날] 버나드는 … 단독의 영적 수련을 통해 '유혹과 고난이 우리를 단련시키는' 영적 삶의 모든 시련을 언급했다(아가 강론 21, 10, PL 183, 877ab 외 1, p.128, 5~12; 참조.《질문의 다양성에 관하여》 16, 6,《라틴 교부학》 183, 582a;《주님 성탄절 철야》 3, 6, PL 183, 97cd 등). … 그럼에도 특히 12세기에 들어서 '영성'의 개념이 수반될 때 '수련'이 기도와 같은 의미와 동일시되었다."

**5.** 브라이언 스톡Brian Stock(2001, 14)이 언급했듯 헬레니즘과 로마 철학자들의 저서에 비해, 기독교 수도사들의 수행에 관한 저서가 훨씬 많이 유산으로 남아 있다.

**6.** 실제로 기독교의 교부 클레멘트와 오리겐의 주도하에, 수도원에서 성경을 읽고 해석하는 방식에 철학적 관점이 스며들게 되었다. 신자들에게 전하는 여러 키워드, [자신의 영혼을] '돌보아라', '보살피라', '헤아리라' 등을 통해 수도원에서 성경을 읽는 방식에 철학적 근간을 마련했다. "따라서 우리는 카이사리아의 주교 성대 바실리우스와 수도원 문헌을 통해 '내면 성찰prosoch로 신명기의 본문을 연결짓는 경우를 목도했다. 그 후 아타나시우스의《안토니의 생애》와 수도원 문헌에서 '내면 성찰'은 잠언

4장 23절 "그 무엇보다도 너는 네 마음을 지켜라"의 영향을 받아 '마음 보살피기'로 변형되었다. 양심에 대한 성찰은 종종 고린토인들에게 보낸 둘째 편지 13:5의 내용을 정당화되었다. "여러분은 자기의 믿음을 제대로 지키고 있는지 스스로 살피고 따져 보십시오." 마지막으로, 고린토인들에게 보낸 첫째 편지 15:31 "나는 날마다 죽습니다!"에 근거하여 죽음에 대한 명상이 권장되었다(아도, 1995:139).

**7.** 이 설교는 신명기 15:9절에 대한 70인역 성경Septuagint('셉투아진트' 버전이라고도 함. 현재 존재하는 구약성경 번역판 중 가장 오래된 판본 가운데 하나다―옮긴이)을 본문으로 삼았다. 아도 《고대 영적 수련》 130 참조.

**8.** 순차로 읽으면 논리를 찾기 힘든 마르쿠스 아우렐리우스의 《명상록》처럼, 금욕적이고 신비로운, 수도사들의 명상 수첩에 실린 문장들의 경우 관련성 있는 문장들을 추려 그룹화한다. "책의 구조는 명상을 위한 개요만큼이나 자유롭다. 저자들은 책의 전개가 체계적이지 않다는 점을 강조하기 위해, '100'이라는 일반적인 숫자를 선택해 책을 100장chapter으로 구성했다. '고백자 막시모스'와 '포티키의 성 디아도코스'는 《지식의 수세기》를 저술했다(르클레르크, 1996:183). 금언집과 문장들은 6장과 7장에서 그 중요성을 다시 다루겠지만, 다른 덕목들처럼 일반적인 머리글로 그룹화되어 있다. 6.2와 7.1 참조.

**9.** 카롤링거 왕조의 학자 알쿠인Alcuin(735~804년, 칼 대제의 궁정에서 봉사한 신학자, 저술가―옮긴이)은 보에티우스의 《철학이 주는 위안》에 대해 영향력 있는 해설서를 출간했다. 책에서는 철학자가 '철학'이 기독교의 '신성한 지혜'로 대체될 가능성, 신학이 '학문의 여왕'으로 학문적으로 격상될 것을 예견했다. 보에티우스의 책에서는 타당하게 인문학을 폄하하고 있고, 오늘날까지도 인문학의 방향성에 대한 논란이 이어지고 있다. 이제 인문학은 지혜를 향한 필수적인 학문으로, 그 지위가 복구되어야 한다. 마음과 영혼의 위로는 뒷전으로 하는 이미지를 벗어야 할 것이다. 다음으로 알쿠

인은 지혜로 지어지고 일곱 개의 기둥으로 지탱되었다고 전해지는 잠언에 나오는 솔로몬의 저택에 대한 성경적 묘사를 우화적으로 해석한다(잠언 9:1 참조). 이 기둥들은 고대 철학자들이 심혈을 기울인 '일곱 단계의 철학'을 상징한다고 한다. 그러나 알쿠인은 이 '철학의 정도'가 다름 아닌 문법, 수사학, 논리학, 천문학, 기하학, 음악, 산술 즉 13세기 예술 교과과정의 핵심이 되는 삼분법과 사분법이라고 입증했다(도만스키, 1996:37).

**10.** 도만스키 자신도 10세기 초에 '첨탑의 고디에'가 세 형제(물리학, 윤리학, 변증법)가 여섯 자매를 돌보는 모습을 우화적으로 묘사했다. 여기서 변증법이 빠진 인문학은 마치 철학의 일부는 독립적인 특징을 지닌다고 판단했다. 12세기에 샤르트르 학교는 교과과정에 물리학을 별도의 학문으로 추가했다. 아벨라르Abelard는 교육학에서 변증법의 우위를 주장하는 동시에 윤리를 별도의 학문으로 옹호하기도 했다.

**11.** 《주교 I》의 중심 저서. 아도(2005).

**12.** 토마스가 학문의 이상적인 교육 질서에 관심을 돌렸을 때, 아리스토텔레스와는 다르지만 여전히 뚜렷하게 교육학적인 관심사를 토대로 분류 작업을 했다. 토마스는 학생들이 논리와 수학으로 시작한 다음, 자연과학과 도덕과학을 거쳐 신성성에 관한 주제를 연구하도록 권장해야 하고, 물리학 및 윤리적 문제를 다루기 전에 더 많은 경험이 필요하다고 주장했다. 신학 주제에 접근하기 전에 도덕적 교정이 필요하다는 논리다. 와이사헤이플(1965:88~9) 참조.

**13.** 모든 대화 또는 논쟁은 두 개의 파트 또는 세션으로 나뉘었다. 첫 번째 세션에서는 이의제기자와 응답자 간의 의견 교환이 있고, 두 번째 세션에서는 마스터가 개입했다. 마스터의 임무는 양측 입장을 요약한 후 질문에 대한 자신의 답변을 뒷받침하는 논거와 함께 제시하는 것이었다.

**14.** 이러한 논쟁의 규칙과 설정에 관한 근원은 아리스토텔레스의 《변증론》, 특히 변

증법의 규칙에 관한 8권의 내용으로 거슬러 올라간다. 솔즈베리의 요한은 그의 《논리학 변론Metalogicon》에서 논쟁의 규칙을 이해하려면 《변증론》을 깊이 숙지해야 한다고 밝혔다.

**15.** 도만스키, 《철학La Philosophie》, 50.

**16.** 임바흐(1996:31)가 기술했듯 거의 동일한 사상을 1260년경 랭스 대성당의 오브리 대주교Aubrey of Reims가 자신의 《철학에 관하여Philosophia》에서 기록한 바 있다. 오브리 대주교가 상상하는 이상적인 철학자는 '이 제국의 여왕'으로 칭할 수 있는 철학과 합일하기 위해 인간의 기본적인 쾌락을 피한다. 그는 이렇게 적었다. "여왕[철학]의 관점에서 훌륭한 행동을 실천하는 것은 아름다움 그 자체다. 여왕을 통해 모든 인간이 완전해지기 때문이다. [철학]을 무시하는 것은 추악하다. [철학]을 무시하며 사는 사람을 과연 진정한 의미에서 사람이라고 불러도 될지 모호하기 때문이다."

**17.** 임바흐의 저서에 따르면 도만스키는 《과학적 지식De ortu scientiarum》을 집필한 리처드 킬워디(1215~79)가 메타 철학적 담론에 관한 세 번째 중세 반골 철학자라고 묘사했다(1996:73-4).

**18.** 베이컨은 수련 즉 철학적 학습에 몰두하는 '실천가'를 설명하기 위해 키케로를 인용했다. '수련' 또는 '내적 훈련'이라는 용어가 생겨나기도 전에 이미 플라톤의 《파이돈》에서 소개되었고, 스토아학파, 에피쿠로스학파, 신플라톤학파도 각기 다른 수식어로 수련의 활동을 묘사했다(도만스키, 1996:75).

**19.** 따라서 단테는 《제2논고》에서 도덕 철학을 천상의 조화에서 여덟 번째 지배 영역 즉 말 그대로 하늘을 움직여 인간의 삶을 포함한 모든 삶이 번성할 수 있도록 질서를 유지하는 영역에 비유한다. 일곱 개의 주요 천체는 우리에게 익숙한 일곱 가지 인문학을 대표하거나 반영하며, 궁창 너머의 조용한 아홉 번째 천체는 명상에 속한다. 그럼에도 이 여덟 번째 영역이 없다면 "여기 아래에는 세대도 동물도 식물의 생명도 없

고 밤도 낮도 주도 달도 해도 없을 것이며 온 우주는 무질서할 것이고, 별들의 움직임은 헛된 것이 될 것이다. 그렇지 않다면 도덕 철학이 없어지고 다른 과학들도 한동안 숨겨져 있을 것이며, 행복의 세대도 삶도 없을 것이고, 모든 책도 헛되고 오래된 모든 발견도 헛된 것이 될 것이다. 그러므로 이 천국과 도덕 철학은 불가분 관계에 있다."
임바흐, 단테, 136 및 그 이하 참조.

## 6장

**1.** 그럼에도 정치 철학 과목에서 깊이 다뤄지고 많이 읽혀온 책이 있다. 바로 정치철학의 고전인 마키아벨리의 《군주론》이다.

**2.** 이 장의 논증은 특히 이 두 학자 시겔과 셀렌자의 문헌을 참조했다.

**3.** 월리스Wallis의 작업은 후기 고대의 디오게네스 라에르티우스나 유나피우스의 작업과 마찬가지로 철학자들의 삶과 문장에 대한 정보를 수집하여 삶의 모델로 제시했다. 월터 벌리Walter Burley는 12세기에 앙리 아리스티푸스Henri Aristippus가 라틴어로 번역한 디오게네스 라에르티우스의 《삶과 죽음에 관한 철학De vita et moribus philosophorum》(1330~45년경)을 재구성했다.

**4.** 그들의 말과 행동 대부분은 당시 우려를 불러일으킬 만큼 품위의 정서를 고려하지 않고 책에 소개되었다. 트라베르사리는 사과의 글을 남기기도 했다. "그럼에도 번역의 규칙과 진실에 대한 존중은 나에게 생략할 권한을 부여하지 않는다." 도만스키(1996:101~2)

**5.** 16세기 로테르담의 북부 인문주의자 에라스무스는 그의 《종교론》에서 베르길리우스, 키케로, 소크라테스 등을 '이교도 성자'로 묘사했다. 에라스무스는 《알키비아데스의 위인들Sileni of Alcibiades》에서 세례 요한, 사도들, 성 마르티노, 그리스도뿐 아니라, 소크라테스, 디오게네스, 에픽테토스를 그가 롤모델로 삼는 위인들로 묘사했다.

그들의 미덕은 가르침과 품행에서 드러났다고 했다. 도만스키(1996:115)

**6.** 크리스텔러는 말했다. "[인본주의자들은] 과학과 철학적 사고의 역사에서 그들이 달성할 수도, 달성하지도 못한 중요성을 부여하는 경향이 있었다고 생각한다. ⋯ 인본주의자들의 저서를 읽고 과학적, 철학적 사고의 비교 공허함을 발견한 학자들은 인본주의자들이 형편없는 과학자이자 철학자라는 결론에 도달했다. ⋯ [그러나] 이탈리아 인본주의자들은 전체적으로 이상적인 철학자도, 형편없는 철학자도 아니었다. 애초에 철학자로 칭할 수 없었다." 크리스텔러(1961:100). 다음의 구절과 비교해보라. "철학 분야에서 인본주의는 솔직히 말해서 '속물주의운동Philistine movement'이나 다름없다. 그런 의미에서 '신학문New Learning(학예 부흥《문예 부흥 시대에 행해진 영국의 그리스 고전·성서의 원전原典에 관한 연구—옮긴이)'은 새로운 차원의 무지를 낳았다." C. S. 루이스, 《새로운 학문과 새로운 무지New Learning and New Ignorance》 페레이어Perreiah 의 저서(1982:3) 인용.

**7.** 예를 들어 살루타티와 브루니는 피렌체의 재상이었는데, 그의 역할 중 상당 부분이 공식 연설문, 편지, 문서 작성에 있었다. 이들은 고전적 행동 규범과 양식의 회복을 통해 새로운 공화주의 엘리트를 양성할 수 있다고 판단했다. 돌바크 남작의 저서(1966) 참조. 과리니Guarani와 다른 몇몇은 문법, 수사학, 시 과목을 담당한 교사였다. 그래프턴Grafton과 자딘Jardine의 저서(1986) 참조.

**8.** 인문학을 이처럼 다섯 개의 과목(수사학, 문법, 도덕 철학, 시, 역사)로 나눌 수 있다. 크리스텔러(1980)의 저서 《르네상스 시대의 인문주의 학습Humanist Learning in the Renaissance》과 《인문주의자들의 도덕적 사고The Moral Thought of the Humanists》 20~68을 참조. 크리스텔러는 말했다. "인문주의자들은 예를 들어 '받아쓰기ars dictaminis'와 '연설ars arengandi'로 대표되는 이 분야[문법과 수사학]에서 중세의 전통을 이어갔지만, 고전주의에 대한 기준과 연구를 향한 새로운 방향을 제시했다." 크리스텔러(1961:100~1). 크

리스텔러의 반대 주장에 대해서는 위트Witt의 저서(2006:21~35) 참조.

**9.** 크리스텔러(1980:39).

**10.** 케네디의 저서(2003:58~74) 참조.

**11.** 아도의 저서(2020:133~40) 참조.

**12.** 롱의 저서(1999b: 85~7)와 《수사학의 역사History of Rhetoric》 14:1 (2011), 《이성과 구속의 수사학:고대부터 현재까지의 스토아 수사학Rhetorics of Reason & Restraint:Stoic Rhetoric from Antiquity to the Present》[특별판]에 수록된 저서들 참조.

**13.** 시겔, 《수사학과 철학: 키케로의 철학 모델Rhetoric and Philosophy:the Ciceronian Model》 3~30 참조.

**14.** 페레이어, 《인본주의 비평Humanist Critique》 3~5 참조.

**15.** 《웅변가에 관하여》 참조. III. 66: "그들[스토아학파]의 웅변술은 미묘하고 확실히 예리하다. 그러나 대중이 느끼기에는 건조하고 이상하며 적합하지 않다. 의미가 모호하고 무미건조하며 지루하다. 이른바 대중에게 적합한 웅변술은 아니다. … 우리가 그들의 사상을 도입한다 해도 결코 그러한 웅변술로는 진전을 이루기 어려울 것이다." 16 노타Nauta의 저서(2009; 2016) 참조.

**17.** 페트라르카 《서간집》 I, 6: '노인 변증론자들에 대한 반론'.

**18.** 잭의 저서(2010:81~2) 참조.

**19.** Cf. "마음의 치료를 위해 당신은 정작 철학자에게 가지는 않는다. 그러나 진정한 철학자라면 확실히 '영혼의 의사animorum medici'이자 생활에 대한 전문가일 것이다. 엉터리 철학자라면 '철학자'라는 타이틀에만 마음이 부풀어 있는 자들이다. 따라서 이들에게 상담을 받아서는 안 된다. 양질의 철학자가 너무 부족하기에, 우리보다 나이만 많이 든 고인물의 철학자들보다 답답하고 어리석은 자들도 없을 것이다."

**20.** 이 페트라르카 텍스트에 대해서는 매기의 저서(2012)와 바르셀라의 저서(2012)

참조. 여기서 관찰되는 높은 곳에 대한 은유(예: 산, 하늘)는 매우 중요하며 페트라르카의 작품 전반에 걸쳐 반복된다. 페트라르카가 형과 함께 쓴 에세이 《몽방투 등정 Ascent of Mount Ventoux》은 육체적 등반과 지혜를 찾는 페트라르카의 탐구를 명시적으로 나타낸다. 동생 게라르도와 함께 정상에 오르면서 얻은 '위에서 내려다본 풍경'(3)은 페트라르카에게 내면으로의 전환을 불러일으킨다(5). 그는 시간의 범위를 넘어, 평생 고집해온 삶의 방식을 객관적으로 살피며 변화하려는 다짐이 생겨난다. '그렇게 지난 10년을 되돌아보고 미래에 대해 집중적으로 생각하면서 나는 스스로에게 물었다. "우연히도 이 불확실한 삶을 10년 더 연장하여 지난 2년 동안 원래의 심취해오던 것에서 떠난 거리만큼 덕을 향해 전진한다면 … 완전한 확신은 아니더라도 적어도 마흔 살이 되었을 때 희망을 안고 있지 않을까? 그런 희망으로 노년에 접어들며, 마음속 미련의 파편을 차분히 떠나보낼 수 있지 않을까?"' 페트라르카(2000:14~16). 잭이 저서(2012:499~500) 참조.

**21.** 맥클루어의 저서(1991:1~3장) 참조. 각 장은 편지, 《내 욕망의 충돌에 관한 비밀의 책》, 《행운, 공정, 반칙에 대한 치료법》에 대해 다룬다.

**22.** 페트라르카, 《노년의 편지》16.9, 맥클루어 《슬픔과 위로》56: "나는 나의 정념과 독자들의 정념을 달래거나 가능하면 없애기 위해 최선을 다해 노력한다."

**23.** "세 번째 요점은 이것이다. 사람이 행복해지기 위해 모든 노력을 기울인다면, 행복의 여부는 그의 능력에 달려 있다"라고 페트라르카(1989:42)는 말했다. 세네카 《루킬리우스에게 보내는 도덕 서한》93.2와 비교.

**24.** 페트라르카의 글(1989:44)과 비교: "이제 키케로와 수많은 중요한 이유에 의해 입증된 인간의 행복을 가능케 하는 것이 오직 미덕이라면, 미덕에 반대되는 것을 제외하면 진정한 행복에 반대되는 것은 없다는 전제가 필연적으로 따라온다."

**25.** "그대는 젊음을 바쳤던 그리고 지금 그대가 원하는 조국이 금지하지 않는다면,

그대의 노년을 확실히 평온하게 만들 수 있었던 학문으로 돌아서야 한다. 그것은 분명히 당신의 노년을 평화롭고 존경받는 것으로 만들 것이다. 단 전제가 있다. 기존의 삶의 방식과 태도를 버려야 한다. 나는 인문학 그중에서도 인생의 스승인 철학의 인문학적 특성에 대해 논하는 것이다." 《사신집》 2.4.27~9; cf. 잭의 저서(2010:92~4) 참조.

**26.** 페트라르카가 독서를 어떻게 받아들이는지, 중세 독서법이 이어져 내려오는 것에 대해서는 어떻게 생각하는지를 이해하려면 카루터스의 저서(2008:203~33) 및 이 책의 5.2 참조.

**27.** 따라서 페트라르카는 《서간집》에서 [수신자에게] 어렵더라도 포기하지 말고, '자신의 가장 솔직한 면을 스스로에게 보여주라'라고 한다. "타인에게 웅변할 것이 아니라, 그 말을 자신에게 하라. … 과장된 표현이나 문구는 붙잡고, 묶고, 치고, 태우고, 자르라. 불필요한 것을 모두 잘라내라. 내가 그 모습을 보고 얼굴이 붉어지거나 창백하게 될까 두려워할 필요 없다. 쓰디쓴 약은 쓰디쓴 질병을 몰아낸다. 누가 봐도 알 정도로 나는 아프다. 나는 당신보다 더 쓴 치료법이 필요한 사람이다."

**28.** 각각 《수상록》 I 37, I 40, I 50, II 32의 내용에 해당한다. 이후 이 섹션에서는 여기와 같이 여러 《수상록》을 책과 장별로 참조하고 《몽테뉴 수상록 전집》(D. 프레임D. Frame 번역)도 참조했다(스탠퍼드, 캘리포니아: 스탠퍼드 대학 출판부, 1958).

**29.** 다음을 참조. "내가 내 자아를 가만히 둘 수 없다. 당황하고 비틀거리며 술에 취한 듯이 움직인다. 나는 내가 이러한 자아에 주의를 기울이는 순간 그대로 이 상태에서 이 자아를 받아들인다. 나는 이러한 자아의 실존에 천착하지 않는다. 그것이 지나감에 마음을 쏟는다. … 나는 현재 우연뿐만 아니라 내 의도에 의해서도 변할 수 있다. 이 글은 다양하고 변화무쌍한 사건의 기록이고, 나의 여러 자아가 어떻게 다른지, 어떠한 상황과 측면에서 어떠한 자아를 붙잡고 있는지와 같은, 단호하지 않고 모순

적인 생각에 대한 기록이다. 그래서 대체로 나는 때때로 나 자신과 모순될 수 있지만, 데마데스가 말했듯이 진실은 모순되지 않는다"(《수상록》 III. 2, 610-11).

**30.** 제이콥 제틀린Jacob Zeitlin의 저서 참조. 《베이컨 에세이의 발전: 몽테뉴의 영향에 집중하여The Development of Bacon's Essays:With Special Reference to the Question of Montaigne's Influence upon Them》, 27/4 (1928년 10월), 496~519; 케네스 앨런 호비Kenneth Alan Hovey, 《몽테뉴의 아름다운 표현: 베이컨의 프랑스어와 에세이Mountaigny Saith Prettily":Bacon's French and the Essay》, PMLA 106:1 (1991년 1월), 71~82 참조.

**31.** "나는 나에 대해서만 생각하고, 나 자신만을 조사하고 연구해온 지 수년이 지났다. 다른 학문을 공부한다면 즉시 나 자신에게 적용하거나 오히려 내 안에 적용하는 것이 우선일 것이다. 그렇다고 내가 무슨 실수를 하는 것 같지는 않다 … 자신에 대한 설명보다 더 어렵거나 확실히 유용한 설명은 없다"(II, 6, 273). 다시 말하지만 "나는 다른 어떤 주제보다 나 자신을 더 많이 연구한다. 그것이 나의 형이상학이고 그것이 나의 물리학이다"(III, 13, 821).

**32.** 몽테뉴가 인용한 서문은 바시 대학살Massacre at Vassy 18주년(1862년 6월 20일)에 완성된 것으로, 프랑스 종교 전쟁의 잔인성을 비난하는 책이다. 몽테뉴가 의도적으로 '바보스러운 모습'으로 비춰진 이 작품에서 "내가 할 만큼은 아니지만, 감히 할 수 있는 만큼 진실을 말하고 싶다"라는 열망을 나타냈다.

**33.** 《수상록》 I.20, 122.

**34.** "죽음의 시간은 알 수 없으므로 우리는 죽음을 준비해야 한다. 우리는 죽음을 계획해야 한다. 참신함과 낯섦을 무장 해제하고 죽음과 대화하고 친숙해져야 한다. 죽음만큼 우리의 생각에 빈번히 떠오르는 것은 없다(I, 19, 60). 죽음은 우리에게서 다른 모든 괴로움을 제거한다. 죽는다는 것은 우리가 태어나기 전과 같다. 잘살았다면 만족하고, 잘못 살았다면 죽음은 불행을 끝낼 것이다. 우리의 삶은 영원 속의 한순간일

뿐이다. 긴 삶과 짧은 삶은 죽음에 의해 만들어지지만 하나다. 죽음은 자연스러운 것이므로 죽음을 경멸하는 것은 세상을 경멸하는 것이다. 자연은 자신의 섭리를 반복할 뿐이며, 같은 것이 영원히 반복된다; 우리의 죽음은 다음 세대를 위한 공간을 만든다(루크레티우스의 말); 살아 있으면 죽음은 아무것도 아니다. 죽으면 아무것도 아니다(에피쿠로스의 말); 그것은 삶의 길이가 아니라 그 질이다(에픽테토스의 '극장 비유'에 따르면, 중요한 것은 연극의 길이가 아니라 작품성이다). 불멸의 삶은 참으로 견딜 수 없으므로 죽음은 축복이다.

**35.** 행킨스와 에이다 파머의 저서, 《르네상스 시대 고전 철학의 회복》참조.

**36.** 피론주의에 대한 비판(II 12, 430)과 비교 바람. 몽테뉴는 확률의 수준을 분명히 허용하며, 사물의 '형식과 본질'은 분명히 우리에게 주어지지 않았지만, 우리 자신의 경험에 관해서는 자신에게 안전한 판단을 내릴 수 있다고 주장했다. 그는 III.11에서 모호하고 불가능한 것보다는 '견고하고 가능한 가치관'을 따르고 비교한다. 시간이 지남에 따라 조금씩 형태를 갖춰가는 곰과 새끼에 대한 몽테뉴의 은유와도 비교. II 12, 421.

**37.** 403 참조. "심지어 철학자들 사이에서도 볼 수 있는 이 끝없는 의견의 혼란과 사물의 지식에 대한 끊임없는 범설을 일단 나눠놓자. 이것은 진리로서 즉 천국이 우리 머리 위에 있다는 것이 전제되어야 한다. 모든 것에 대해 의심하는 사람들도 또한 그것에 대해 의심하기 때문이다. 그리고 우리가 무엇이건 완전히 이해할 수 없다고 주장하는 사람들은 천국이 우리 머리 위에 있다는 것을 이해하지 못했다고 말한다. 이 두 가지가 철학자들이 논쟁하는 가장 큰 화두다."

**38.** 몽테뉴는 1588년 텍스트의 마지막 에세이 《경험에 대하여》에서 "이 초월적인 유머는 높고 접근하기 어려운 곳처럼 나를 두렵게 한다. 소크라테스의 삶에서 그의 황홀경과 악마와의 대화 외에는 내가 소화하기 어려운 것은 아무것도 없고, 플라톤

에게서 그가 신적이라고 불리는 것만큼 인간적인 것은 없다. 철학은 여러 학문 중에서 가장 현실에 맞닿아 있는 것 같고, 가장 낮은 곳에 머무는 것이 가장 높은 곳에 있는 것 같다. 불멸의 환상을 품고 살았던 알렉산더 대왕의 삶은 고상하지도 소박하지도 않다."《수상록》III 13, 856. 샤프의 저서(2016b) 참조.

**39.** 셀라스(2007:339). 서론에서 언급했듯이 이 책을 집필하는 과정에서 이 저서에서 많은 영향을 받았고, 관련 내용은 주석에도 표기되어 있다.

**40.** 셀라스가 지적했듯, 그러한 문학적 형식은 도발적이고 흥미롭다. "립시우스가 젊은 남자의 역할을 기쁘게 수용한 것은, 그가 아직 30대 중반이지만 '나이 먹는 현실'을 우아하게 피하려는 것으로 볼 것인가, 아니면 (또한) 텍스트가 검열 당국의 노여움을 사지 않도록 정치적 위장으로 볼 것인가?" 셀라스(2017:342~3), 356~7 참조. 모포드의 저서(1991:161~4) 참조.

**41.** 나중에 무소니우스 루푸스(및 에픽테토스)가 가르친 것처럼 "철학자를 양성하는 학교는 의사를 양성하는 병원이다." 립시우스,《항심에 대하여》I, 10, 47

**42.** 셀라스는 립시우스가 생각하는 '항심'을 다음과 같이 정의했다. "인간에게 또는 인간 내면에 일어날 수 있는 모든 일에 대해 원망하지 않고 자발적으로 고통받는 것"이다(《항심에 대하여》1, 4, 37). 이는 "근대 대중이 힘든 운명을 용감하게 견디는 영웅의 이미지로 스토아주의를 간주하게 된 기초가 되었다." 인생에서 '진정한' 악은 존재하지 않으므로, 고통스럽게 '견디어낼' 필요가 없다는 주장과는 대비되는 사상이다.

**43.** 셀라스가 2017:345~6에서 언급했듯, 페트라르카의《행복과 불운에 대처하는 법》에서와 같이 립시우스의 유형학은 키케로의 유형학과 같은 맥락이다. 기쁨과 욕망은 '좋은 것'으로 간주하는 외부 사물의 존재 또는 기대에 반응하여 '마음을 들뜨게 한다.' 반면, 알다시피 두려움과 슬픔은 우리에게 '악'으로 간주하는 외부적인 것들의 존재나 기대에 반응하여 '마음을 짓누른다.' 비철학적 통념이 이러한 감정에 힘을 실

어줄 정도로 그 무게는 예민하게 느껴진다.

**44.** 립시우스는 현재 자신을 괴롭히는 공적인 고통이 무엇인지 매우 분명하게 밝힌다. "벨기에 왕국이 여러 재앙에 시달리고 내전의 불길로 사방이 흔들리는 것을 보라. 들판은 방치되고 부패하고 더럽혀지고 처녀들이 꽃을 피우지 못하며 전쟁 후 여러 불행이 찾아온다." 다음과 같은 다른 불행과 함께한다. 《항심에 대하여》 I, 7, 43.

**45.** 《항심에 대하여》 I, 8, 44. 랑기우스는 립시우스에 '날카로운 비난'을 가해 분노하게 만들고(I, 9, 46) 사람들은 자신의 불행에 대해 애통해한다. 그들은 '말로만 그리고 대세를 따르기 위해' 대중의 불행에 한탄한다.

**46.** 셀라스는 저서(2017:356)에서 위로에 대한 접근은 고려하되, 의문을 제기한다. 《항심에 대하여》는 그의 견해로는 위로의 작품이 아니다. 자연스러운 대화 형식으로 심리 치료를 염두에 둔 페트라르카의 《행복과 불운에 대처하는 법》과 비슷하다(5.2 참조). 우리에게는 위로의 의도보다는 립시우스의 두 번째 책과 보에티우스의 세 번째부터 다섯 번째 책에 담긴 신학적, 신학적 내용과 유사하다.

**47.** 세네카 《폴리비우스에게 보내는 위로문》 5, 9~11.

**48.** 수레 뒤에 끌려가는 개 비유에 대해서는 에픽테토스의 《엥케이리디온》 53과 세네카의 《루킬리우스에게 보내는 도덕 서한》 107.10 참조.

**49.** 루크레티우스 《사물의 본성에 관하여》 1권 및 2권 결론 참조.

**50.** 링기우스의 《항심에 대하여》는 페트라르카의 작품보다 훨씬 더 발전된 방식으로 기독교와 스토아 철학의 가르침 사이의 긴장 관계를 다루었다. 랑기우스는 운명은 신의 마음과 섭리의 산물이며, 신은 운명의 지배를 받지 않고 운명은 신의 아래에 있고, 모든 피조물은 신의 뜻에 복종한다고 조언했다. 제우스 자신이 임박한 물질적 존재로서 운명의 지배를 받는다는 스토아 사상이 직접 제기되면서 거부된다(《항심에 대하여》 I, 20, 69~70). 대신 링기우스는 '신'과 '자유 의지'를 구분한다. 신은 모

든 현상의 일차적 원인이고, 스토아주의와 현대 개신교의 일부 형태에서 비롯된 현상이(자유 의지를 포함한) 이차적 원인에 해당한다. 여기서 립시우스의 취지는 스토아주의의 물리학 및 신학의 요소를 버림으로써 스토아주의를 기독교와 일관되게 하려는 것이었다. 한편, 그가 다른 저서에서 기독교와 스토아 형이상학의 완전한 양립성을 옹호하고 있다는 점도 주목해야 한다. 그는 스토아 철학자들도 《항심에 대하여》에서 랑기우스와 마찬가지로 일차적 원인과 이차적 원인을 구분하고, 결정론과 인간의 자유가 양립할 수 있다고 주장했다고 지적했다. 또한 《항심에 대하여》 21, 71~2에서는 '이 영역은 위험한 수역에 있으므로 너무 깊이 탐구해서는 안 된다'라는 경고를 하기도 한다. 이 부분에 대해서는 셀라스의 저서(2014b:653~74)와 링기우스의 저서(2017:348~50) 참조.

**51.** 평범한 인간의 머리로는 철학의 여신이 《철학이 주는 위안》에서 충고했던 것처럼 전체의 질서와 아름다움을 보존하기 위해 일부가 일시적으로 소멸할 필요가 있다는 사실을 이해하지 못할 수도 있다(4.5 참조). 그러나 신앙은 이성을 뛰어넘는다.

**52.** 마지막 단어에 의해 호출되는 신은 기독교 신보다는 '창조의 상징인 불'에 대한 스토아적 개념에 더 가깝게 보인다. 그래서 랑기우스는 이렇게 간청했다. "부싯돌에서 불이 한 번의 획으로 강제로 꺼지지 않듯이, 우리들의 얼어붙은 마음속에 잠복하여 시들어가는 불꽃이 훈계의 첫 획으로 점화되지 않기 때문이다. 그것들이 마침내 말이나 외모가 아니라 행동과 사실로 주님 안에서 완전히 불붙을 수 있도록, 나는 그 영원함과 천상의 상징, 불을 겸손하고 경건하게 간청한다"(립시우스 《항심에 대하여》 II, 24, 129). 만약 이게 비유일 뿐이라면, 의미가 깊은 비유다.

# 7장

**1.** 베이컨이 인문주의적 전인교육(페이데이아)을 얼마나 강조했는지를 증명하는 대표 저서는 다음과 같다. 프랜시스 베이컨의 《도덕과 역사에 관하여Moral and Historical Works》(또는 《수상록》), 《선과 악의 색The Colours of Good and Evil》, 《우아한 문장들Elegant Sentences, Ornamenta Rationalia》, 《사적인 대화를 위한 짧은 노트Short Notes for Civil Conversation》, 《학문의 진보Advancement of Learning》, 《고대인의 지혜Wisdom of the Ancients》, 《새로운 아틀란티스New Atlantis》, 《금언집Apophthegms》, 《헨리 7세의 역사History of Henry VII》, 《헨리 8세의 역사History of Henry VIII》. 이 외에도 회고록, 메모 및 용어집이 다수 있다(런던: 프레드릭 워렌사Frederick Warned and Co., 1911). 또한 비커스의 저서(2000) 참조 바람.

**2.** 여기서는 다른 책에서와 마찬가지로 《신기관》을 약어로 'NO'로 표기한 후, 섹션 또는 격언 번호를 달았다.

**3.** 베이컨은 '우상'에 대해 성경적 표현을 인용하거나, 마음이 본질적으로 교만하다고(모순을 인정하지 않고) 게으르다고(깊게 고민하지 않고 일반화해 버리는) 묘사했다. 이는 그의 기독교적 유산과 이교도적 철학적 유산을 모두 반영한다. 예를 들어 "인간의 마음은 말라버린 빛과는 차원이 다르다. 마음에서 의지와 정념의 한계를 인정할 때 비로소 자아의 체계를 생성한다. 그렇지 않은 상태에서 인간은 항상 자신이 선호하는 것을 더 쉽게 믿기 때문이다. 그러므로 인간은 깊은 내적 탐구에 대해서는 인내심이 부족하고 그렇기에 고통을 거부한다. 평정하고 침착한 상태에서는 희망도 절제할 수 있다. 깊은 섭리를 따르는 상태에서는 미신을 거부할 수 있다. 실험의 빛이 충만한 상태에서는 오만과 교만에서 벗어날 수 있다. … 요컨대, 인간의 감정은 무수히 많고 때로는 감지하지 못한 채 감정에 휩쓸려 이성의 판단이 흐려진다." 《신기관》 XLIX.

**4.** 이러한 맥락에서 베이컨은 기독교와 이교도에서 행하는 죽음에 대한 '예측 명상premeditation은 나중에 스피노자에 의해 '사물의 본성이 요구하는 것보다 더 두렵고 조

심스러운 것'이라고 주장했다. 그래서 그들은 죽음에 대한 두려움을 치료하겠다고 제안하면서 오히려 그 두려움을 키웠다. 《학문의 진보》 II, XXI, 5. 《수상록》 '죽음에 관하여' 참조.

**5.** 아리스토텔레스는 수사학에서 정념만을 다루었다는 이유로 다시 공격을 받지만, 플루타르코스와 세네카는 '분노, 불의의 사고에 대한 위로, 침착하고 부드러운 위로 등 몇 가지 정서를 다루었다는 이유로 상당히 조용한 찬사를 받는다. 《학문의 진보》 II, XXI, 6.

**6.** 베이컨, 《수상록》 '자연에 관하여', '관습에 관하여.'

**7.** 그렇지만 데카르트의 즐거움에는 이미 확보된 진리에 대한 관조가 아니라 새로운 발견에 관한 현대적이고 역동적인 차원이 분명히 존재한다. "매일 나는 이 방법을 통해 충분히 중요하지만, 사람들이 모르고 있는 진리를 발견했기 때문에, 그것으로부터 얻은 만족감이 내 마음을 가득 채워서 다른 어떤 것도 나에게 영향을 미치지 못했다." 《학문의 진보》 II.20~22에서는 형상의 '완성augmentation'은 수동적 선의 최상급 수준에 해당하므로, 형상을 '정체preservation' 상태로 유지하는 것보다 진보 상태로 유지하는 것이 훨씬 높은 수준이라고 했다.

**8.** 따라서 데카르트의 방법론을 따르는 사람이라도 "노력을 해야 하고, … 우리의 세계를 속이려고 해서는 안 되며, 금전적 보상, 경력, 지위 등의 이해관계가 객관적 연구 등의 규범과 완전히 양립할 수 있는 방식으로 결합되어야 한다"(푸코, 2005:18)라고 주장한다.

# 8장

1. 괄호 안 내용은 이 책 저자들의 해설이다.

2. 그는 여러 해석에 열려 있다. 그가 다른 사람의 결론에 동의하지 않을 수도 있지만, 항상 그들의 근거를 이해하려고 노력한다. 따라서 "철학자는 자신이 거부하는 정서를 자신이 채택하는 정서를 이해하는 것과 같은 정도와 명확성으로 이해한다"라고 말한다.

3. 몽테뉴는 잔인성과 근거 없는 형이상학적 주장 사이의 연결고리를 여기에서 제시했다(7.1).

4. 뒤마르세와 같은 사람이 지닌 지혜는 선과 악을 초월하여 가정할 수 있는 능력을 부여한다. "범죄를 저지른다는 생각만으로 마음에서는 엄청난 반발이 일어날 것이고, 그런 생각을 뿌리 뽑기 위해 무수히 많은 선천적 생각과 후천적 생각을 지니게 될 것이다." 소크라테스나 제논의 추종자들처럼 "그는 자신과 조화를 이루지 못하고 어긋나는 것을 두려워한다"라는 말 즉 벨리우스가 '우티카의 카토'에 대해 한 말을 떠올리게 한다. "그는 선행한 것처럼 보이기 위해 선행을 한 것이 아니라, 그렇지 않으면 견딜 수 없었기 때문에 선행했다"라고 그는 말했다.

5. 회의적인 탐구자들에 대해 '상대방의 이유에 대해 냉정하게 말하지 않는 것'은 교조주의자들의 방법이다. 베일은 '그들이 옹호하는 대의의 모든 약점을 숨기고', 그들이 방어할 수 있는 반대자와 반대 주장만 선택하거나 제시하는 것'이라고 했다.

6. 베일의 《사전》, 《다윗》, 《마니교》, 《바오로파》, 《시모니데스》를 참조.

7. 계몽주의 철학자들의 지적 문화가 형성되는 과정에서 신세계와 극동 지역에 대한 기록은 매우 중요한 역할을 했다. 이에 관해서는 웨이드의 저서(2015: 361~91) 참조 . 몽테뉴에 대한 6.2도 참조. 지각과 의견의 상대성을 강조하는 회의적 비유와 초기 근대 자유 사상가들이 신세계와 극동에 대한 기록에서 관찰한 내용에는 연관성이 있었

다. 세상을 바라보는 방식이 다양하다는 점을 인정하고, 이를 강조했다는 점은 자신과 자신의 문화에 대한 지각과 의견을 상대화하는 것을 의미한다.

8. 일반적으로 '볼테르의 유기적 통일성'에 관한 장을 참조.《볼테르의 지적 발전Intellectual Development of Voltaire》특히 p.367~450, p.755~67 참조. 볼테르의《1764년 철학 사전Philosophical Dictionary of 1764》은 영혼, 자유 의지 또는 신과 같은 형이상학적인 주제부터 아담, 이집트 노예 하갈, 다윗, 벧세메스Bethshemesh(하느님을 섬기는 제사장들이 거주하는 땅으로, '태양의 집'이라는 뜻―옮긴이)와 같은 성서적 주제에 이르기까지 다양한 주제를 486개의 알파벳순 항목으로 집대성한 책이다. 교부, 콘스탄티누스, 대학과 같은 교회의 역사부터 아리스토텔레스, 베일, 키케로와 같은 철학자의 삶과 사상, 카이사르, 그레고리 7세, 프랑크족과 같은 역사적 인물부터 수염, 벌, 웃음, '파스티fasti, 로마의 축제들)', 마르세유에서 멸종된 그리스어에 이르기까지 주제도 다양하다. 일부 단어에 대한 설명문은 짧은 수필처럼 읽힌다. 단어 설명문이 거의 독립된 긴 작품 같은 예도 있다. 인생의 진리나 가르침을 담은 짧은 문장으로 된 경구警句도 있다. '분쟁에 관하여,' '키케로' 등 몇몇 단어에는 시도 실려 있다. '자연,' '중국'을 비롯한 12개의 단어에는 가상의 대화도 포함되어 있다. 다른 많은 항목에는 볼테르의 우화와 미장센mises-en-scène(무대 위에서의 등장인물의 배치나 역할, 무대 장치, 조명 따위에 관한 총체적인 계획 및 이러한 결과물에서의 표현―옮긴이)이 포함되어 있으며, 철학자가 페르소나를 통해 말하거나 역사적 인물이 그럴싸한 연설을 하기도 한다.

9. 첫째, 공자는 '우리 시대보다 600년 전에 인간에게 행복하게 사는 법을 가르친, 오만하지 않고 허세 없는 소박한 예절과 인격을 갖춘 현자'로 꼽힌다. 공자는 수신제가치국평천하修身齊家治國平天下 즉 '가정을 다스리듯 국가를 다스리고, 남자는 좋은 본보기를 보이지 않고는 가족을 잘 다스릴 수 없다'라고 했다. 이는 단순하고 보편화 가능한 원칙으로 볼테르가 그를 존경하는 이유는 그의 '행동 규칙'에 형이상학적이거나

신학적인 근거가 전혀 없다는 점이다. "국가를 가족처럼 다스리며, 사람은 좋은 본보기를 보여주지 않으면 가족을 잘 다스릴 수 없다. 중국의 훌륭한 요堯 왕조와 수隋 왕조 시절에는 국민이 선량하게 행동했다. 그러나 악덕의 왕조(하대夏代 최후의 왕인 걸왕桀王과 주周 왕조)하에서는 국민도 부도덕한 삶을 살았다. 남을 자신과 같이 대하며, 모든 인류를 사랑하지만, 선량한 사람을 특별히 소중히 여기며, 자신이 입은 상처는 잊어도, 은혜는 잊지 않아야 한다"(볼테르(2004:334~5).

10. 볼테르는 자신의 삶에서 시레이Cirey와 페르니Ferney에서 서로 다른 시기에 '정신적 군주'와 같은 역할을 해왔으며, 유럽에서 온 방문객들이 그를 찾아오기도 했다. 볼테르는 놀랄 만한 경구들로도 유명한데, 그중 상당 부분이 디오게네스 라에르티우스의 《위대한 철학자들의 생애》에 실릴 정도의 경구였다. 예를 들어 카사노바가 볼테르가 격찬한 반 할러van Haller에 대해 언급했을 때, 볼테르는 "그런데 아마도 우리 둘 다 잘못 알고 있는 것일지도"라고 대답했다. 대가의 입술에서 옅은 비웃음이 스치는 장면이 그려진다.

11. 볼테르는 《두 명의 위로자The Two Consolers》(1807:179~81)에서 고대의 철학적 위로라는 장르를 최대한 활용했다. 책에서 '위대한 철학자 시토실레Citosile는 세네카의 유족인 한 여성이 가족을 잃고 슬퍼하는 가운데 그녀를 위로하는, 이미 엄청난 고통을 극복한 위대한 여성들(앙리 4세의 딸 메리 스튜어트Mary Stuart, 나폴리의 조반나 1세Joan of Naples, 그리스 신화에 나오는 트로이의 왕비이자 프리아모스의 아내 헤카베Hecuba 그리고 그리스 신화에 나오는 포로네우스의 딸 니오베Niobe)을 소개한다. 책에서 젊은 여성은 위로를 받고 이렇게 답한다. "내가 그들의 시대 또는 수많은 아름다운 공주들의 시대에 살았다면 그리고 당신[철학자]이 내 불행의 이야기로 그들을 위로하려고 했다면, 그들이 당신의 말에 귀를 기울였을까요?" 다음 날, 철학자는 아들을 잃었고 그의 용감한 제자는 아들을 잃은 것보다 더 큰 슬픔을 겪은 위인들의 명단을 그에게 보냈다. 볼테

르는 "그는 그것을 읽고 매우 정확하다는 것을 알았다. 그런데도 복받쳐 울었다"라고 했다. 3개월 후 다시 만난 두 사람은 아픔을 털어 낸 듯, "서로가 그렇게 밝고 유머러스한 모습을 발견하고 서로 놀랐다"라는 대사를 남겼다. 아픔을 극복한 것을 기념하기 위해 그 시기에 맞춰 기념비를 세웠다. 기념비 문구는 '마음을 위로하는 자에게TO HIM WHO COMFORTS'였다.

**12.** 볼테르의 《광신Fanaticism》(2004:201-4) 참조.

**13.** 볼테르, 《광신》의 전문 링크 주소: https://ebooks.adelaide.edu.au/v/voltaire/dictionary/chapter199.html

**14.** 볼테르는 철학자의 사회성을 강조한 뒤마르세의 말을 인용하며 철학 분파는 종종 번성했지만, 그 지지자들이 서로를 죽인 적은 없었다고 자주 항변했다. 한편, 역사적으로 소크라테스를 필두로 한 철학자들은 신이나 신의 이름으로 말한다고 주장하는 사람들에 의해 검열, 기소, 추방 또는 살해당한 바 있다.

**15.** 이 연설은 볼테르의 글에 실렸고, 연설자는 '인간의 마음에 대해 어느 정도 알고 있던 사람'이었다.

**16.** 볼테르, 소르본의 탐폰트 박사Dr. Tamponbt of the Sorbonne가 번역한 《자파타의 질문 The Questions of Zapata》

https://en.wikisource.org/wiki/The_Questions_of_Zapata, 66

**17.** 모두가 알다시피, 《캉디드》에서 볼테르의 철학적 풍자의 희생양이 된 것은 기독교가 아니라 교황과 라이프니츠의 신정론theodicy(악의 존재를 신의 섭리라고 하는 주장—옮긴이)이다. 팡글로스는 이단으로 몰려 교수형에 처할 위험에 처한 순간조차 "이것은 모든 가능한 세계 중에서 최선의 것이다. 모든 것은 언제나 지금 현재가 최선의 상태"라는 낙천적인 생각을 설파했다. 글에서 풍자화하는 대목은 세상과 인생의 의의 및 가치에 대해 악이나 반가치의 존재를 인정하면서도 궁극적으로는 현실의 세계와

인생을 최선의 것으로 보는 주의이다. 영원한 행복의 동산인 웨스트팔리아에서 퀴네공드의 아버지가 캉디드, 그의 사랑하는 공주 퀴네공드 그리고 팡글로스를 추방한 순간부터, 캉디드에게 닥친 역사적 사건들은 모두 고려했을 때 비극적일 수밖에 없는데 말이다. 웨이드의 고전 연구(1959)에 따르면, 볼테르는 캉디드에서 "우리가 이러한 비극적 현실을 믿고 실제로 살아야 한다면 (빅토르 위고의 동사를 사용하면서) 학살, 욕망, 자연재해, 자기 고발, 약탈, 약탈, 어리석음, 편견, 광신, 노예, 기만, 음란 … 을 받아들여야 한다. 당신들이 고집한 사상과 이론이 낳은 처참한 결과를 보라. 그러나 우리가 이론 따위를 집어치우고, 아버지, 어머니, 애인, 형제, 자매, 친구로 돌아와 인간으로 살아보면 이 결과가 혐오스럽다는 것을 알 수 있다."

**18.** 디드로는 소크라테스를 미덕을 실천한 사람으로서 존경했다. 자신의 사상을 '이론화'하며 행동으로 실천하고 죽음에 이르기까지 '과시와 보여주기식이 아닌, 용기와 실천'으로 살았던 사람으로 말이다. 디드로는 프랑스의 뱅센에서 지낸 후 소크라테스의 죽음에 관한 희곡을 쓸 생각을 했다. 볼테르도 소크라테스에 매료되었다. 플라톤에 대해서는 회의적이었지만, 그가 인간뿐만 아니라 최고의 시민으로 제시하는 스승 소크라테스는 매우 존경했다. 예를 들어 디드로는 백과사전에 실린 '소크라테스'라는 항목에서 "소크라테스는 인간을 선하게 만들기 위해 노력해야 한다는 것을 알고, 인간이 배움을 실천하도록 했다. 우리는 멀뚱멀뚱 별을 보는 동안 우리의 발밑에서 무슨 일이 일어나는지 몰랐고 … 그 시간은 경박한 사변으로 사라졌으며 … 그는 태양의 영역에서 잃어버린 철학을 지상으로 가져왔다"라고 적었다.

**19.** 앤드류(2016:385; 2004:294~5)가 말했듯, "디드로는 세네카에 대한 글에서 … 세네카는 폭정[예카테리나 2세]의 수혜자로서의 (디드로의) 삶에 대해 사죄했다. 또한 디드로의 전 친구 루소가 사탄과 같은 자만과 배은망덕함을 비난했다." 루소는 "디드로가 묘사한 세네카는 … 사상이 오염된 철학자를 방불케 하는 어설픈 롤모델이

었다. 필요에 따라 말을 바꾸고, 기회주의자의 면모를 보이며, 사상을 철회하기도 했다." 루소 (2009:9).

**20.** 대조적으로, 디드로는 여전히 세네카의 '자연종교'와 자연 세계를 묘사하는 스토아 철학자의 언어의 숭고함에 대한 찬사를 보냈다. 디드로가 볼테르의 이신론과 자신의 초기 철학 사상(1745년)에 계속 근접해 있음을 시사하는 대목이다. "따라서 우리에게 신을 더 가깝게 보여주기 위해 위로부터 보내진 위대한 사람, 덕을 갖춘 사람의 영혼은 그 기원의 장소를 잊지 않고 우리 곁에 머물고 있다. 그녀는 이 높은 기원을 기억하고 그곳으로 돌아가기를 열망한다. … 세네카가 신, 정의 및 덕을 갖춘 사람에 대해 말할 때 언급하는 요점이 바로 이 부분이다. 같은 맥락에서 디드로는 스토아 논리를 받아들이지 못하며, 세네카의 작품에 등장하는 유명한 스토아적 패러독스가 궤변적이라고 주장했다. '스토아 철학은 미묘함으로 가득 찬 신학의 한 형태'라고 덧붙였다. 디드로 (1828:273~4).

**21.** 디드로는 청중을 기쁘게 하는 특유의 능력 즉 '파토스'의 소유자였다. 에드워드 앤드류(2004)가 강조했듯, 디드로는 세네카의 주요 텍스트 《은전에 관하여On Benefits》에서 드러나는 사교적인 관대함에 눈물을 흘렸다고 했다. 디드로는 말했다. "세네카의 '분노에 관한 저서'를 읽으면, 그의 사상에 확신을 이끌린다. 반대로 《은전에 관하여》는 잔잔하고 온유한 감동을 선사한다. 전자는 강력한 힘으로 가득 차 있고 후자는 섬세한 감정 표현으로 가득 차 있다. 전자의 경우 명령의 주체는 이성이고 후자의 경우 매혹하는 주체는 감성이다. 세네카의 메시지는 마음에 다가오지만, 강렬한 설득력을 지닌다. 독자의 마음에는 여운이 길게 남기 때문이다. … " 디드로(1828:280~1, 296).

**22.** 디드로는 관조적 삶에 대해 비판하는데, 이때 세네카의 말을 빌린다. 로주킨의 저서(2001:107~8, 113~14) 참조.

# 9장

**1.** 쇼펜하우어는 헬레니즘 철학, 특히 에피쿠로스주의와 스토아주의에 정통했다. 그는 디오게네스 라에르티우스, 스토바이우스, 플루타르코스의 단편과 로마의 주요 스토아 철학자인 세네카, 마르쿠스 아우렐리우스, 세네카의 글을 인용하여 크리시푸스 같은 그리스 스토아 철학자에 관해 이야기했다. 쇼펜하우어는 《의지와 표상으로서의 세계》 2권의 서문에서 세네카로부터 영향을 받았음을 나타냈다(《루킬리우스에게 보낸 편지》 79.17). 쇼펜하우어는 세네카 비문을 예로 들며, 동시대 사람들에게는 무시를 당하거나 침묵을 강요당했지만 궁극적으로 사후에 명성을 얻은 에피쿠로스와 같은 위대한 철학자의 대열에 합류할 것임을 암시했다.

**2.** 쇼펜하우어가 그의 에세이 《인생론Aphorism on the Wisdom of Life》(1850)에서 에우다이모니즘의 관점 또는 '행복한 삶을 위한 지침'(《여록과 보유》 1:273)을 늦게나마 정립하고자 했다. 제너웨이가 관찰했듯 "쇼펜하우어의 행복론은 스토아주의에 많은 영향을 받았고, 그의 조언에는 세네카와 에픽테토스 등의 인용이 가득 차 있지만(제너웨이, 2014:xxxii)" 여기서는 논의하지 않겠다. 쇼펜하우어의 후기 사상 중에 대중적인 에우다이모니즘을 다루지 않은 이유는, PWL(5)의 본질적인 특징 즉 철학은 사람을 변화시킨다는 생각을 거부하기 때문이다. 1850년 에세이에서 쇼펜하우어는 우리의 행복의 척도는 우리의 인격에 의해 미리 결정되며, 인격은 변화할 수 없다고 주장한다. 그는 선천적으로 과도한 지성을 타고난 희귀한 천재들만이 신과 같은 행복을 누릴 수 있으며, 운이 좋아야만 결핍 없이 살 수 있다고 주장했다. 그는 이렇게 기술했다. "뛰어난 지적 능력자들은 의지의 간섭 없이도 단순한 인지를 통해 가장 활발한 관심을 가질 수 있고, 실제로 그렇게 할 필요가 있다. 그러나 이러한 관심은 그들을 고통이 본질적으로 이질적인 영역, 즉 '평안하게 사는 신들'의 영역으로 이끈다"(여록과 보유》 1:295, 《오디세이》 4, 805인용). 쇼펜하우어에 따르면, 사람에게는 이러한 성숙한 지성

이 없다. 따라서 만족을 모르는 욕망이나 권태의 삶을 살게 되고, 아무리 철학을 실천하더라도 자신의 운명을 바꿀 수 없다. 이것은 그의 '대중 철학'에 관한 저서의 주장으로, 긍정적인 반향을 일으키지 못했다. 바살루Vasalou의 저서 (2013:162) 참조.

**3.** 쇼펜하우어는 대학 철학을 비난했다. 이때, 1810년 베를린 대학의 철학과에서 개발한 대학 철학 모델에 대해 공격을 퍼부었다. 모델은 오늘날에도 여전히 철학과에서 활용하는 방식이라고 크리스토퍼 셀렌자는 주장했다. 셀렌자는 이 모델이 고대, 중세 또는 르네상스 철학의 실천을 간과하는 가정에 기반을 둔다고 주장했다. 예를 들어 진정한 철학 또는 전문 철학은 주로 형이상학과 존재론에 관한 것이고, 인식론에 특권을 부여하며, 결정적으로 '사람이 도덕적으로 더 온전해지기보다는 지적으로 더 민첩해지도록 마음을 수련시키고, 실천보다는 주로 이론을 학습하며, 잘사는 삶보다는 텍스트에 중심을 둔다'라고 가정했다(셀란자, 2005:484~5 참조).

**4.** 또는 앳웰Atwell이 쇼펜하우어의 핵심 사상을 깔끔하게 설명한 것처럼, "의지와 표상으로서의 양면 세계는 내면의 자기 분열적 본성에 대한 공포에 반동하여 자신을 무효화하고, 자기 확신을 얻고 구원에 도달할 수 있도록 자신을 의식하려는 의지를 강화하는 노력이다."(앳웰, 1995: 31).

**5.** 이 점은 쇼펜하우어 학자들 사이에서 논쟁의 여지가 있다. 엄밀히 말하면 쇼펜하우어는 이성이 결코 의지를 결정하지 않는다고 주장했다. 그러나 철학은 '항상 이론적'이고 결코 '실용화'되거나 '인격을 형성'할 수 없다는 쇼펜하우어의 원칙은 적어도 자신의 철학의 경우에는 사람들이 철학 이론을 실천하기보다는 제대로 지키지 못한다고 생각했다(《의지와 표상으로서의 세계》 I: 297). 쇼펜하우어는 《의지와 표상으로서의 세계》 전반에 걸쳐 정확하고 직관적인 형이상학적 인식이 아는 자를 근본적으로 변화시켜 삶에 대한 의지를 긍정에서 부정으로 바꾸어놓는다고 했다. 따라서 이 장에서 우리는 철학이 순전히 이론적이라는 쇼펜하우어의 주장은 쇼펜하우어

의 혼동된 자기표현이라는 줄리안 영Julian Young의 견해에 동의한다(영, 2005:158~68; 2008:321, 주석 2 참조). 이 점에 대한 해석을 명확하게 하도록 도와준 데이비드 카트라이트에게 감사드린다.

**6.** 쇼펜하우어는 아우구스티누스와 비슷한 근거로 스토아주의를 비난했다. 아우구스티누스는 스토아학파의 이성에 대한 '불경건한 교만'에 대해 논박하며, 우리가 이성적이고 자발적으로 정념을 통제함으로써 완벽하게 행복한 삶을 실현할 수 있다는 그들의 믿음을 조롱했다(《문명 이야기The Story of Civilization》 14.9:19.4 참조).

**7.** '의지를 통제할 수 없는 이성.' '아크라시아'에 대해서는 아리스토텔레스, 《니코마코스 윤리학》 7권 1~5장 참조. 아크라시아에 대한 현대의 논쟁에 대해서는 《스탠퍼드 철학 백과사전Stanford Encyclopaedia of Philosophy》의 '의지의 약점'을 참조. https://plato.stanford.edu/entries/weakness-will/index. html#ref-1

**8.** 에픽테토스 《대화록》 II. 26.7(3장에서 논의): "소크라테스는 '이성혼rational soul(합리성, 분별력, 판단력을 다스리는 이성의 힘 즉 뇌의 작용과 느낌을 소유하는 영혼—옮긴이)'이 어떻게 감흥을 받는지 파악했다. 그것은 저울과 같아서 저울에 추를 던지면 원하든 원하지 않든 기울어진다. 이성은 모순을 거부하고 일관성과 일치성을 찾으려고 한다."

**9.** 쇼펜하우어는 아우구스티누스의 스토아주의에 대한 비판을 다시 한번 되풀이했다. 아우구스티누스는 '영원성의 시험test of eternity'을 제시함으로써 스토아주의가 진정으로 삶을 긍정하지 못했음을 밝혔다. 스토아학파는 영생을 소망할 수 있을까? 그렇지 않다면 그들은 삶을 긍정하지 않는 것이라고 주장했다(《문명 이야기》 19.4).

**10.** 《여록과 보유》 2:170 참조. "운명을 거스르는 금욕주의는 물론 삶의 고통에 대항하는 좋은 갑옷이며 현재를 더 잘 견디는 데 유용하지만, 마음을 굳게 만들기 때문에 진정한 구원을 가로막는다. 돌 껍질에 싸여 고통을 느끼지 못한다면 어떻게 고통을

통해 개선될 수 있는가? 더욱이 어느 정도의 금욕주의는 그리 드물지 않다. … 금욕주의는 숨기지 않는 경우, 일반적으로 느낌의 결여, 에너지, 활력, 감성 및 상상력의 부족으로 인해 드러난다. 그런데 이러한 요소들은 크나큰 슬픔을 겪을 때 일어나는 반응 아닌가."

**11.** 버나드 레긴스터Bernard Reginster는 스토아적 인내와 쇼펜하우어적 체념의 차이를 다음과 같은 용어로 설명하며 이해를 도왔다. "일반적으로 체념한다는 것은 내가 어떤 대상을 욕망하는 것을 중단하는 것이 아니라, 그것이 내 손이 닿지 않는 곳에 있다는 것을 받아들이고 따라서 그 추구를 포기한다는 의미일 뿐이다. 반면 완전한 포기는 욕망의 추구를 포기하는 것뿐만 아니라 욕망의 충족 여부에 무관심해지는 것을 의미하며, 이는 욕망 자체를 포기하는 것과 같다."(레긴스터, 2009:105).

**12.** 니체에 따르면, "철학자로서의 쇼펜하우어는 우리 독일인들에게 나타난 최초의 독자적이며 굽힐 줄 모르는 무신론자였다. … 현존재의 비신성성은 그에게 자명하게 주어진 것, 분명하게 파악할 수 있는 것, 논의의 여지가 없는 것이었다. 그는 이런 점에서 누군가가 망설이거나 완곡하게 말하는 것을 보면, 그때마다 철학자로서의 신중함을 잃고 분노에 사로잡혔다. 바로 여기에 그의 성실성이 있다. 그의 무조건적인 솔직성에서 나온 무신론은 그의 문제 제기의 전제 조건이며, 마침내 어렵게 이루어낸 유럽 양심의 승리이며, 신에 대한 신앙에 내재한 허위를 스스로에게 금하는 최후의 훈육, 이천 년에 걸친 이 진리에의 훈육이 결실을 맺은 지극히 영향력 있는 행위다"(《즐거운 학문》 357).

**13.** 쇼펜하우어는 이러한 비관적 견해에서 암울하되 희극적인 안도의 순간을 제공한다. "이 종족이 모든 것이 저절로 자라고 비둘기들이 이미 구워져 날아다니는 바보의 낙원으로 옮겨져 모두가 사랑하는 여인을 발견하고 어려움 없이 그녀를 붙잡았다고 가정해보라. 그곳에서 어떤 사람들은 지루해서 죽거나 목을 매달았지만 어떤 사람들

은 서로 폭행하고 목을 조르고 살해했다"(《여록과 보유》 2:293).

**14.** 토마스 아 켐피스, 《그리스도를 본받아》 3권 '내적 위로' 참조. "인간의 진정한 발전은 자신을 부인하는 데 있으며[abnegatio sui ipsius], 자신을 부인한 사람은 진정으로 자유롭고 안전하다. 그러나 옛 원수는 모든 선을 대적하여 유혹을 멈추지 않고 밤낮으로 위험한 올무를 계획하여 조심하지 않는 사람들을 미혹의 그물에 던져 넣는다. 주님은 말씀하신다. '너희가 시험에 들지 않도록 깨어 기도하라.'"

**15.** "궁극적으로 과학적 지식은 실용적이다. 그것은 인간의 필요에 부응하기 위해 세계를 재구성하고, 대응하고, 조작하는 더 효율적인 수단을 만들어낸다"(카트라이트, 2010:300).

# 10장

**1.** 니체의 《레르티우스 모음집들Analecta Laertiana》에서는 디오게네스의 출처가 마그네시아 교구Diocles of Magnesia의 《철학자들의 생애Lives of Philosophers》라고 추정한다. 반즈 Barnes(1986), 포터(2000), 젠슨과 하이트의 저서Jensen and Heit(2014) 참조.

**2.** 니체와 동시대 비관주의 교리와의 관계에 대해서는 토비아스 달크비스트Tobias Dahlkvist의 저서(2007) 참조. 오이겐 뒤링Eugen Dühring의 《생명의 가치Der Werth des Lebens》(1865), 특히 에두아르트 폰 하르트만Eduard von Hartmann의 《무의식의 철학Die Philosophie des Unbewussten》(1869)을 참고.

**3.** 디오게네스 라에르티우스는 고대 철학자들이 어떻게 살았는지 또는 철학을 실천했는지에 대해서는 많은 관심을 기울였지만, 그들의 이론적 교리를 비판적으로 자세히 검토하지는 못했다. 이 부분에 대해 많은 현대 철학자와 주석가들은 애석해하고 있다. 한편, 디오게네스가 일화를 전개하는 방식이 고대 철학의 기본 사상, 특히 냉소주의와 가장 밀접하게 연관된 '욕구Chreia'에 관한 일화의 장르를 정확하게 반영했다.

버튼 맥Burton Mack이 관찰했듯, '형식적으로는 철저하게 대중적이지만,' '욕구는 가장 높은 수준의 지적 생활 속에서 길러졌고, 실제로 [고대] 철학자의 주요 특징이기도 했다'(Mack, 2003:38). 고대 철학자들의 전기에 대해서는 6.1을 참조.

4. 명상에 관한 니체의 책 4권은 《다비드 슈트라우스: 고백자와 작가David Strauss: The Confessor and the Writer》, 《삶을 위한 역사의 유용성과 단점에 대하여On the Uses and Disadvantages of History for Life》, 《교육자로서의 쇼펜하우어chopenhauer as Educator》, 《바이로이트의 리하르트 바그너Richard Wagner in Bayreuth》다.

5. 그는 이렇게 썼다. "내가 쇼펜하우어를 나의 교육자로 칭송하는 동안에도, 그때까지 그의 모든 신념이 내 불신을 뛰어넘지 못했다는 사실을 오랫동안 잊고 있었다. … 10년 전에 쇼펜하우어가 나에게 미치는 강력한 영향에 감사함을 느끼며 기뻐해서 잊었던 것 같다(브리질레Breazeale, 1997: xxxii; 참조: xvii-xviii). 제너웨이는 니체가 1868년 쇼펜하우어에 대해 적은 메모를 보고 이렇게 분석했다. "쇼펜하우어는 철학적 반대론자다. 그는 중추신경계도 공격한다. 니체가 쇼펜하우어의 의지에 관한 형이상학을 진지하게 고수했는지 의심하게 만들 정도로 공격을 지속했다"(제너웨이 163). "1871년까지 그는 쇼펜하우어의 '세상을 부정하는' 비관주의뿐만 아니라 '외양'('표상')과 '실재'('의지' 그 자체)라는 그의 근본적인 이원론도 개인적으로 거부했다. '나는 처음부터 쇼펜하우어의 사상 체계를 불신했다'라는 니체의 훗날 주장에 의구심을 품는다고 해도, 그가 세 번째 명상을 쓸 무렵에는 쇼펜하우어 철학 체계의 가장 두드러진 두 가지 특징에 대해 한때 가졌던 충성심을 버린 지 오래되었다는 점은 의심할 여지가 없다"(브리질레, 1997: xvii에서 인용).(제너웨이, 2003:164~5)도 참조.

6. 젤러Zeller의 순전히 이론적인 철학 개념에 대해서는 셀렌자의 저서(2005) 참조.

7. 《선악의 저편》 6 참조. "지금까지의 모든 위대한 철학의 정체가 내게는 차츰 명료해졌다. 즉 그것은 철학의 창시자가 말하는 자기 고백[Selbstbekenntnis]이며, 원하지 않

은 채 자기도 모르게 쓰인 일종의 수기[mémoires, 니체는 이때 프랑스어를 사용했다]인 것이다. 다시 말하자면, 모든 철학에서 도덕적인 (또는 비도덕적인) 의도가 본래의 생명의 싹을 형상하며, 그 생명의 싹에서 매번 식물 전체가 성장한다는 것이다. 사실 한 철학자가 제시하는 가장 부자연스럽고 형이상학적인 주장이 어떻게 성립되었는지 해명하려면 언제나 이렇게 묻는 것이 좋다(그리고 현명하다. 그것은(그 철학자는) 어떤 도덕을 향해 나아가려고 하는가?"

**8.** 니체는 친구 로데Rhode에게 1882년에 보낸 편지에서 1876년부터 1882년까지 자신이 쓴 글의 목적을 설명했다. "형언할 수 없이 중요하다고 생각했던 목표가 없었다면, 나는 검은 급류 위에서 나를 지키지 못했을 것이다! 이것은 사실 내가 1876년부터 글을 써온 것에 대한 유일한 변명이며, 삶의 피로에 대한 나의 처방이자 직접 만든 약이다"(1882년 7월 15일).

**9.** 니체에 대한 로버트 마이너의 명쾌한 치료와 철학과 건강의 관계에 대한 몽테뉴의 설명을 참조(마이너, 2017:44 및 그 이하).

**10.** 니체는 그의 편지에서 세네카와 거의 같은 방식으로 자신의 글을 영적 지침과 권면으로 구성했다. 세네카는 루킬리우스에게 '장기간의 영적 질병에서 회복 중인' 사람들을 위해 그리고 '후세들을 위해' 자가 치료의 단계를 기록하고 있다고 적었다. "나는 그들에게 도움이 될 만한 몇 가지를 적고 있다. 성공적인 약의 공식과 비교할 수 있는 몇 가지 유용한 권고 사항을 적고 있는데, 이는 내가 완전히 치료되지는 않았지만 적어도 상처가 퍼지는 것을 멈춘 나만의 효과에 비추어 만든 공식이다(《루킬리우스에게 보내는 도덕 서한》 7). "나는 내가 아픈 상황에서 동료들을 치료하겠다고 나설 만큼 뻔뻔하지 않다. 그러나 나는 마치 우리가 같은 병원에 누워 있는 것처럼 우리 둘이 겪는 고통에 대한 치료법을 공유하고자 한다."

**11.** 니체는 세네카의 글에 대해 해설을 덧붙이는 듯했다. 《루킬리우스에게 보내는 도

덕 서한》 9.18~19.

**12.** 에픽테토스의 철학 지침서 《엥케이리디온》은 니체가 스토아주의를 습득할 수 있었던 참고서였다. 니체는 특히 1880년 가을에 이 책을 읽었다. 이에 대한 해석을 1880/1881년에 적어도 7개의 메모에 적었고, 《아침놀》에서 세 부분, 《즐거운 학문》에서 한 부분에도 관련 내용을 기록했다(브롭저Brobjer(2003).

**13.** 마사 누스바움(1999:341~74)에 따르면, 니체는 이미 《비극의 탄생》(1872)에서 '디오니소스적 비관주의'에 찬성하여 쇼펜하우어의 비관주의 규범 윤리에 대해 암묵적으로, 모호하게나 인정한 바 있다. 그녀는 "디오니스적 비관주의에서는 삶, 신체, 존재에 대해 기뻐하고, 특히 세계가 혼란스럽고 잔인하다는 인식에 직면해서도 기쁜 마음을 저버리지 않아야 한다"라고 주장했다. 그러나 그녀가 인정했듯, 《즐거운 학문》에서 시작된 비관론에 대한 그의 후기 주장에 비추어 해석할 때만 《비극의 탄생》에서 언급한 쇼펜하우어에 대한 반대론을 이해할 수 있을 것이다(1999:269 참조). 니체가 처음으로 《즐거운 학문》에서 자신의 규범적 관점을 명확하게 표현하고 발전시킨 것은 사실이다. 그런데 우리는 그가 쇼펜하우어적 비관론뿐만 아니라 자신의 비관론과 상반된다고 주장한 그리스와 로마 철학적 치료법에 대해서도 규범적 관점을 고수했다고 생각한다.

**14.** 스토아 철학자들은 때때로 스토아 철학이 참이라고 판단하기 때문이 아니라 그렇게 했을 때의 결과가 바람직하다고 판단하기 때문에 스토아 철학을 선택하는 것이 가능하고 바람직하다고 인정하는 듯하다. 예를 들어, 에픽테토스는 스토아 윤리의 철학적 근거가 거짓으로 판명되더라도 스토아 윤리를 따를 것이라고 주장한 것으로 보인다. "만약 외부적이고 인간의 선택 영역 밖에 있는 것들은 덧없다는 사실을 허구fiction를 통해 배워야 한다면, 나로서는 앞으로 마음의 평안과 동요 없이 살 수 있는 그런 허구를 원해야 할 것이다. 당신 스스로가 고려하길 원하는 것이 무엇인지, 그것

은 당신 스스로 생각해야 한다"(《대화록》 1.4.27). 이 점에 대해서는 누스바움의 저서 (1994:391) 참조.

**15.** 니체는 동상을 꺼안는 조각상을 묘사하면서 외부의 재화에 대한 욕망에 저항하거나 제거하기 위해 몸을 혹독하게 단련하는 냉소주의자의 수련을 암시했다. 디오게네스는 여름에는 불타는 모래밭에서 뒹굴고 겨울에는 눈 덮인 조각상을 꺼안고 고난에 인내한다고 했다(《위대한 철학자들의 생애》 6.23). 에픽테토스는 스토아학파가 "동상처럼 외부에 동요되지 않아야 하고[apathês], … 충실한 사람으로서 그리고 아들, 형제, 아버지, 시민으로서 타고난 관계와 후천적 관계를 유지해야 한다"라고 주장했다는 점에 주목할 필요가 있다(《대화록》 3.2.4; 롱, 2006:232 참조). 결론 3 '비판적 시각'을 참조.

**16.** 니체는 스토아주의를 이 병에 걸린 우리를 괴롭히는 도덕성의 전형으로 암묵적으로 파악했다. 그는 스토아주의자들이 금욕의 질병에 시달린다고 암시했다. "그 이후로는 무엇이 그를 안으로부터 또는 밖으로부터 밀고, 당기고, 유혹하고, 내몰든지 간에, 이 과민증에 걸린 사람에게는 자신의 극기력이 위험에 빠진 것처럼 여겨진다. 그는 어떤 본능, 어떤 자유로운 날갯짓도 더 신뢰해서는 안 되고, 자기 자신에 대항해 무장한 채 날카로운 불신의 눈으로 언제나 방어적인 자세를 취해야 하는 파수꾼, 그 자신이 만든 성의 파수꾼이 되어야 한다"(《즐거운 학문》 305).

**17.** 미셸 푸코는 헬레니즘 철학자들이 완전하고 문제없는 자급자족self-sufficiency에 대한 이상을 '노년'에 빗대었다는 점을 언급했다(2005:108). 세네카의 표현을 빌리자면, '우리는 죽기 전에 삶을 완성해야 한다consummare vitam ante mortem'(《루킬리우스에게 보낸 편지》 32.4). 헬레니즘 철학자들의 자급자족 이상이 젊은 시절에도 '노년'의 마음을 닮기를 추구했다면, 니체는 《즐거운 학문》에서 그의 철학적 치료를 부적절한 시기에 시작되는 노년의 마음에서 회복하는 것으로 정의했다.

**18.** 아우구스투스의 주장은 실제 스토아학적 관점에 정면으로 어긋난다. 예를 들어, 세네카에 따르면, 스토아주의자들에게는 삶이 영원히 반복될 것이라는 생각이 공공의 미덕에 충실하도록 자극할 수 있는 위안이 되었다(유어 & 라이언(2020) 참조).

**19.** 니체는 '초인'Übermenschen이라는 철학적 개념을 소개했다. 이 개념이 사용된 다양한 맥락에 대한 철저한 분석은 러브Loeb와 틴슬리Tinsley의 저서(2019:757~94)를 참조 바람.

**20.** 가이 엘갓Guy Elgat(2016:186)의 주장과도 일치한다. "영원회귀를 통과해야 할 시험으로 이해한다면, … 이러한 질문이 생길 것이다. '이 시험에 어떻게 대비해야 하는가?' '아침부터 저녁까지'[《즐거운 학문》 304] 필요하고 추악한 것을 아름답게 보고 '예'라고 말하는 법을 배우기 위해 운명애運命愛를 수련하라. 영원회귀를 성공적으로 확언할 수 있는 수련이 될 것이다."

**21.** Cf. 로버트 피핀Robert Pippin(2010:13)은 니체가 자기반성적 이성이나 의식에 대한 회의론 때문에 이러한 삶의 방식을 권고나 명령으로 제시하지 않았다고 주장하지만, 사실 니체는 운명애를 자기 수양의 윤리적 실천의 결과로 제시하고 강제성을 싣고 '~해야 한다'라고 권고한다(예: "우리는 사랑하는 법을 배워야 한다."《즐거운 학문》334) 니체에게 운명애란 자기 수양의 결과물이다. 니체에게 자기 확신이 미적 실천과 교육의 결과임을 보여주는 앤더슨Anderson과 크리스티Cristy의 저서(2017) 참조.

**22.** 니체의 글쓰기 목적은 '자아의 변화이고, … 이는 결국 철학의 가장 오래된 목적'이고 영원회귀는 '변화 또는 변형의 방식'이라고 주장하는 트레이시 스트롱Tracy Strong(2010: 61, 63)도 참조.

# 11장

**1.** 책에서 자세히 다루지는 않았지만 빅터 골드슈미트Goldschmidt에 따르면, 플라톤 대화의 목표는 정보 '제공'보다는 정보 '형성'에 더 가까웠다. 고대 철학의 특징을 설명할 때 아도도 이 논리를 사용했다. 아도의 저서(2002:73) 참조.

**2.** 푸코는 또한 고대 윤리를 재구성하는 것이 '긴급하고 근본적이며 정치적으로 필수 불가결한 작업'이라고 주장했다(푸코, 2005:252). 이 책에서는 고대 윤리의 재구성이 지닌 정치적 의미에 대한 그의 주장을 괄호 안에 넣었다. 이 주제에 대해서는 유어의 저서(2020) 참조. 정상성의 계보에 대해서는 크라일Cryle과 스티븐스(2017) 참조.

**3.** 아놀드 데이비슨Arnold Davidson에 따르면, 영성과 철학의 관계에 대한 푸코의 논의는 영적 수련의 전통에 대한 아도의 저서에서 영향을 받았다(2005:xxix). 푸코는《주체의 해석학》(2005:216~17)에서 아도를 언급했다.

**4.** 푸코는 고대 철학을 정의할 때 아도의 '영적 수련'(예: 푸코, 2005: 292~4, 306~7) 또는 더 빈번히 사용된 '영성'(예: 푸코, 2005: 15~19, 25~30)이라는 표현을 사용했다. 그러나 푸코는 자아 단련 테크닉 또는 기술이라는 용어를 선호했다. 존 셀라스John Sellars가 지적했듯, 푸코 자신의 '자아의 기술technologies of the self' 개념은 아도의 '영적 수련'과 공통점이 많다(셀라스, 2020).

**5.** 쇼펜하우어는 현자의 스토아적 이상에 반하는 호라티우스의 핵심 사상은 배제했다. "[그의] 머리가 감기에 걸린 게 아니라면, 무엇보다도 제정신이어야 한다!"(109).

**6.** 참조. "스토아주의자들은 … [현자]만이 자유롭고, 악한 사람들은 [자유가 박탈된] 노예라고 선언했다."《위대한 철학자들의 생애》VII, 121~2.

**7.** Cf. 푸코(1986:350~1). "예술이 사람이나 인생이 아닌 사물에 대해서만 관련되어 있다는 점이 안타깝다. … 모든 사람의 삶이 예술 작품이 될 수는 없을까? 왜 등불이나 집은 예술 작품에 표현되면서 우리의 삶은 예술이 될 수 없는가?" 한편, 호메로스

와 고대 철학에서는 삶을 예술에 접목했다. 따라서 푸코가 삶의 기술(예술)을 현대적으로 재창조했다는 주장은 논쟁의 여지가 있어 보인다. 호메로스, 플라톤, 디오게네스에게 삶의 기술(예술)의 가치는 단순히 아름다운 존재를 성공적으로 만드는 것이 아니라, 그 아름다움을 주체권과 자급자족과 연결짓는 데 있다.

**8.** 아도(2002:263~5) 및 이 책의 7.3 참조. 아도는 데카르트의 철학이 이러한 고대 관습과 단절되었다는 푸코의 주장을 비판했다. 반면 크리스토퍼 데이비슨Christopher Davidson은 데카르트의 《성찰》에서는 주체의 윤리관을 변형할 것을 강요하지 않는다는 점에 동의했다(데이비슨, 2015:139).

**9.** 앞으로 살펴보겠지만, 푸코는 특히 니체의 계보학에 집중하며, 영적 수련과 동일시했다. 니체와 푸코의 윤리학이 어떠한 유사성과 차이가 있는지에 관해서는 유어테스타의 저서(2018) 참조.

**10.** 니체와 푸코의 지식과 정념에 대한 분석에 대해서는 앤셀-피어슨(2018) 참조.

**11.** 여러 철학 해설가들에 따르면, 니체는 '진리에 대한 무조건적인 의지unconditional will to truth'와 '예술적 환영의 필요성the need for artistic illusion'이라는 양극에서 균형을 찾는 데 어려움을 겪었다. 논쟁에 대한 간략 설명은 유어의 저서(2019:208~20) 참조.

**12.** 아도(2020) ('5장: 전환') 참조.

# 결론

**1.** 쿠퍼(2012:17) 참조. "나는 고대 철학에 대해 논할 때, 고대인들에게도 철학의 본질적인 핵심은 논리적이고 이성적인 논증과 분석, 구체적이고 인식 가능한 사상이라고 가정해왔다. 플라톤의 소크라테스 대화편에 등장하는 소크라테스의 문답 변증법이나 … 현대 분석 철학자의 저서에서 볼 수 있는 형식이든, 철학에 대해 조금이라도 읽어본 사람이라면 누구나 이러한 방식에 익숙할 것이다." 이는 철학을 이해할 때 꼬리에 꼬리를 잇는 문답을 토대로 하는 수련 방식으로 이해할 수 있다(cf. 아리스토텔레스, 《소피스트적 논박》15, 174b39).

**2.** 아도, 《삶의 형태Forms of Life》, 61.

**3.** 한나 아렌트Hannah Arendt는 정치적인 것의 본질에 대한 가장 영향력 있지만, 논란의 여지가 있는 20세기 저서에 해당하는 《인간의 조건The Human Condition》을 집필했다. 작가는 책에서 스토아주의와 에피쿠로스주의를 '인간으로서의 주체성과 완전성에 대한 유일한 보호장치로서' 사람들이 정치에서 물러날 것을 권유하는 사상이라고 일축하면서 비슷한 주장을 펼쳤다(1958:243). 그녀는 1968년 에세이 《자유란 무엇인가? What Is Freedom?》에서 이러한 비판을 자세히 설명했다(아렌트, 1968).

**4.** 3장 참조. 에픽테토스 《엥케이리디온》 24 참조.

**5.** 그러나 정치 비평가들에게 소크라테스의 윤리관은 반정치적이지는 않더라도, 세속적인 것과는 거리를 두는 것으로 보인다. 한나 아렌트는 다음과 같이 우려를 표명했다. "소크라테스에게는 잘못을 저지르고 고통을 받는 데 대한 도덕적 명제는 충분히 설득력이 있다. … 그러나 시민으로서의 인간, 자신의 복지가 아닌 세계와 공공복지에 관심이 있는 행동 주체로서, 소크라테스의 진술은 신빙성이 떨어진다. 소크라테스의 [원칙]을 진지하게 따르기 시작한 공동체들에 예외 없이 불행이 닥쳤는데, … 그 원인으로 그의 윤리관이 지적을 당하기도 했다"(아렌트, 2000:559).

**6.** 회의론자들은 정치뿐 아니라 다른 주제에 대해서도 두리뭉실하고 가벼운 접근을 취했다. 에피쿠로스주의자들이 정치를 삶의 편의성에 근거한 관습을 마련하는 수단으로 생각했다면, 회의론자들은 법이나 관습의 옳고 그름에 관해 판단을 보류하거나 애매한 입장이었다. [4.2]에서 언급했듯, 회의론자들은 특정 지역 관습이 무엇이든 간에 이의를 제기하지 않고 단순히 그 지역의 관습을 따랐다. 레인Lane의 설명에 따르면 "관습을 어길 철학적 근거가 없기에 회의주의자는 자신이 사는 지역의 관습에 따라 살며 … 이러한 관습과 법이 진정으로 옳은지 그른지에 대한 판단을 보류한다. 따라서 회의주의자의 길은 겉으로 보기에는 철학적이지 않은 평범한 이웃들의 길과 비슷해 보일 것이다. 사물의 본성에 대한 어떤 주장에도 전적으로 얽매이지 않고 평화롭고 조용하게 살 수 있는 부류의 사람들이다. 회의론자가 무엇을 선동하거나 도발하는 일은 없을 것이다"(레인, 2014:237).

**7.** 헤겔은 《정신현상학Phenomenology of Spirit》에서 고대 행복론에 대한 이 비판을 가장 완전하고 정교한 근대의 비판론으로 발전시켰다(헤겔, 1997). 폴 벤느(2003) 참조. "스토아 학자들은 어떤 정치적 노선을 취해야 하는지를 생각하지 않았고, 그것에 대해 정념을 키우지 않았으며, 그 문제에 대한 이론적 입장도 없었다. 올바른 정치에 대한 구체적인 상상도 하지 못했다. 게다가 모든 문제를 이성을 행사할 능력이 회복된 개인의 도덕성 문제로 환원시켰기 때문에 합리적인 유토피아를 건설하는 것부터 현 상태에 따라 합리적이고 온순하게 사는 것까지 모든 것을 정당화하거나 반대할 수 있었다. 개인의 자유나 국가의 독립에 관한 한 스토아학파는 단 한 가지 즉 '진정한 자유는 자신의 정념에 노예가 되지 않는 것'(2003:142)이라고 말했다.

**8.** Cf. 스토아 현자에 대한 데카르트의 비판론에 대해서는 데보라 브라운Deborah Brown의 비판론 참조.

**9.** 아우어바흐는 정욕epithymia과 열기mania와 같은 용어를 비롯한 고대 용어는 "숭고

한 가능성이 부족하다고 제안했다. 근대의 정념은 욕망, 갈망, 광란 그 이상을 가리킨다. 고귀하고 창조적인 불꽃이 활활 타오르는 뉘앙스가 깃들여 있다. … 종종 온화하게 보이는 이성은 그 옆에서 하찮아 보인다."(아우어바흐, 2001:290). 일반적으로 PWL에 대한 규범적인 이상은 별 탈 없이 문제없이 사는 삶인데, 새롭게 떠오르는 이 낭만적인 견해에서 바람직한 좋은 삶을 새롭게 정의했다. 좋은 삶을 살기 위해서는 이 세상의 일시적이고 통제할 수 없는 것들에 눈이 먼 우리의 정념을 '제거'하는 대신 '변화'시켜야 한다.

10. 멜론 프로젝트에 대해서는 https://philife.nd.edu/ 참조.

# 참고문헌

PHILOSOPHY
AS A WAY OF
LIFE

# [ 주요 참고문헌 ]

D'Alembert, Jean-Baptiste le Rond. 1751 [2009]. 'Preliminary Discourse'. In R. N. Schwab and W. E. Rex (trans.), *The Encyclopedia of Diderot & d'Alembert Collaborative Translation Project*. Ann Arbor: Michigan Publishing, University of Michigan Library. Web 16 July 2018. Online at http://hdl.handle.net/2027/spo.did2222.0001.083. Trans. of 'is course Préliminaire', *Encyclopédie ou Dictionnaire raisonné des sciences, des arts et des métiers*, vol. 1. Paris, 1751.

Anderson, Ranier and Rachel Cristy. 2017. 'What is "The Meaning of Our Cheerfulness"? Philosophy as a Way of Life in Nietzsche and Montaigne'. *European Journal of Philosophy* 25, no. 4: 1514–49.

Aristotle. *Nic. Eth.* = *Nicomachean Ethics*. Translated by H. Rackham. Loeb Classical Library, no. 19.

Aristotle. '*Soph. Ref.* = *On Sophistical Refutations*'. In E. S Forster et al. (trans.), *Aristotle: On Sophistical Refutations. On Coming-to-be and Passing Away. On the Cosmos*. Loeb Classical Library, no. 400.

Bacon, Francis. 1591 [1753]. 'VII. To My Lord Treasurer Lord Burghley, 1591'. *In Works of Francis Bacon, Volume II*, 413. London: D. Midwinter et al.

Bacon, Francis. 1841. 'Sir Francis Bacon: His Letter of Request to Doctor Playfer, to Translate the Book of Advancement of Learning into Latin'. In B. Montagu(eds.), *The Works of Francis Bacon. A New Edition: with a Biography by Basil Montagu. Volume III*. 27. Philadelphia: A Hart.

Bacon, Francis. 1863. 'Preparative for a Natural and Experimental History [Parasceve]'. In J. Spedding et al. (ed. and trans), *The Works of Francis Bacon*, vol. VIII. 351–72. Boston, MA: Houghton, Mifflin & Co.

Bacon, Francis. 1869. '*Novum Organum*'. In J. Spedding, R. L. Ellis and D. D. Heath(trans. and ed.), *The Works of Francis Bacon: Volume VIII*. New York: Hurd & Houghton.

Bacon, Francis. 1873 [1973]. *Advancement of Learning*. Edited by Henry Morley[1893]. London: J.M. Dent & Sons.

Bacon, Francis. 2008. 'Advice to the Earl of Rutland on His Travels. First Letter'. In *Francis Bacon: The Major Works*, 69–76. Oxford: Oxford World's Classics.

Bacon, Francis. 2008b. 'A Letter and Discourse to Sir Henry Savill, Touching Helps for the Intellectual Powers'. In *Major Works*. 114–19.

Bayle, Pierre. 2006. *Dictionnaire historique et critique*. Paris: Elibron Classics [16 vols.], XV.

'Boethius. *Cons.* = *Consolation of Philosophy*'. In H. F. Stewart (trans.), *Theological Tractates. The Consolation of Philosophy*. Loeb Classical Library, no. 74.

Brouwer, René. 2014. *The Stoic Sage: The Early Stoics on Wisdom, Sagehood and Socrates*. Cambridge: Cambridge University Press.

Cassian, John. 1894. '*Institutes of the Coenobia*'. In E. C. S. Gibson (trans.), *A Select Library of Nicene and Post-Nicene Fathers of the Christian Church*. Second Series, vol. 11, New York.

Cicero, Marcus Tullius. 1933. *De ac.* = *De academica I and II*. Translated by H. Rackham. Loeb Classical Library, no. 268.

Cicero, Marcus Tullius. 1914. *De fin.* = *De finibus/On Moral Ends*. Translated by H. Rackham. Loeb Classical Library, no. 40.

Cicero, Marcus Tullius. 1933. *De nat. deo.* = *De natura deorum*. Translated by H. Rackham. Loeb Classical Library, no. 268.

Cicero, Marcus Tullius. 1939. *De or.* = *On the Orator/De oratore*. Translated by E. W. Sutton and H. Rackham. Loeb Classical Library, nos. 348,349.

Cicero, Marcus Tullius. 1942. 'Sto. par. = Stoic Paradoxes'. In H. Rackham (trans.), *Cicero: On the Orator: Book 3. On Fate. Stoic Paradoxes. On the Divisions of Oratory: A. Rhetorical Treatises*. Loeb Classical Library, no. 349.

Cicero, Marcus Tullius. 1945. *TD* = *Tusculan Disputations*. Translated by J. E. King. Loeb Classical Library, no. 141.

Dante. 1923. *The Banquet (Il Convito)*. Translated by E. Sayer. Ulan Press. 1923. Online at http://www.online-literature.com/dante/banquet/

Descartes, René. 1952. *Meditations on First Philosophy*. Translated by Elizabeth S. Haldane and G.R.T. Ross, 1–40. Chicago, IL: University of Chicago, The Great Books.

Descartes, René. 1952a. 'Discourse on Method', 41–68.

Descartes, René. 2015. *The Passions of the Soul and Other Late Philosophical Writings*. Oxford: Oxford University Press.

Diderot, Denis. 1765 [2003]. 'Pyrrhonic or Skeptical Philosophy'. In N. S. Hoyt and T. Cassirer (trans.), *The Encyclopedia of Diderot & d'Alembert Collaborative Translation Project*. Ann Arbor: Michigan Publishing, University of Michigan Library. Web 16 July 2018. Online at http://hdl.handle.net/2027/spo.did2222.0000.164. Trans. of "Pyrrhonienne ou Sceptique Philosophie,"' *Encyclopédie ou Dictionnaire raisonné des sciences, des arts et des métiers*, vol. 13. Paris, 1765.

Diderot, Denis. 1765 [2009]. 'System'. In Stephen J. Gendzier (trans.), *The Encyclopedia of Diderot & d'Alembert Collaborative Translation Project*. Ann Arbor: Michigan Publishing, University of Michigan Library. Web 15 July 2018. Online at http://hdl.handle.net/2027/spo.did2222.0001.321. Translation of 'ystème', *Encyclopédie ou Dictionnaire raisonné des sciences, des arts et des métiers*, vol. 15. Paris, 1765.

Diderot, Denis. [1782] 1792. *Essai sur les regnes de Claude et de Néron et sur la vie et les écrits de Sénèque pour servir d'introduction a la lecture de ce philosophe*. Paris: L'Imprimerie de J.J. Smith et al.

Diderot, Denis. [1798] 1828. *Essai sur la vie de Sénèque le philosophe, sur ses écrits et sur les règnes de Claude et de Néron*. Paris: J. L. J. Bbière, Libraire.

Diderot, Denis. 1875. 'Regrets for My Old Dressing Gown, or a Warning to Those Who Have More Taste than Fortune'. In Mitchell Abidor (trans.), from *Oeuvres Complètes*, vol. IV. Paris: Garnier Fréres, 1875. Online at https://www.marxists.org/reference/archive/diderot/1769/regrets.htm

Diderot, Denis. 1967. *The Encyclopedia*. Edited by Stephen J. Gendzier. New York: Harper.

Diogenes Laertius. *DL = Lives of Eminent Philosophers*. Translated by R. Hicks. Loeb Classical Library, nos.184–5.

Du Marsais, César Chesneau. 2002. 'Philosopher'. In Dena Goodman (trans.), *The Encyclopedia of Diderot & d'Alembert Collaborative Translation Project*. Ann Arbor: Michigan Publishing, University of Michigan Library. Web 15 July 2018. Online at http://hdl.handle.net/2027/spo.did2222.0000.001. Trans. of 'philosophe', *Encyclopédie ou Dictionnaire raisonné des sciences, des arts et des métiers*, vol. 12. Paris, 1765.

Epictetus. *Disc. = Discourses*. Loeb Classical Library, nos. 131, 218.

Epictetus. '*Ench. = Encheiridion*'. In *Discourses III-IV, Encheiridion*. Loeb Classical Library, no. 218.

Epicurus. 2018. U = *Selected Fragments by Epicurus* (Ἐπίκουρος). Translated by Peter, Saint-André. Enumeration of Hermann Usener, 1887. Online at http://monadnock.net/epicurus/fragments.html

Foucault, Michel. 1983. 'Self-Writing'. Online at https://foucault.info/documents/foucault.hypomnemata.en/. Translated from *Corps écrit* 5 (February 1983): 3–23.

Foucault, Michel. 1984. *The Foucault Reader*. Edited. by P. Rabinow. New York: Pantheon Books.

Foucault, Michel. 1987. *The Use of Pleasure: Volume 2 of The History of Sexuality*. Translated by R. Hurley. Harmondsworth: Penguin Books.

Foucault, Michel. 1996. *Foucault Live: Collected Interviews, 1961–1984*. *Edited by S. Lotringer*, trans. L. Hochroth and J. Johnston, New York: Semiotext(e).

Foucault, Michel. 1997. 'Technologies of the Self'. In P. Rabinow, trans. R. Hurley and others (eds.), *Ethics, Subjectivity and Truth*. New York: New Press.

Foucault, Michel. 1998. 'This Body, This Paper, This Fire'. In James D. Faubion (ed.), *Aesthetics, Method, and Epistemology*. Translated by Robert Hurley et al., 393–418. New York: New Press.

Foucault, Michel. 2005. *The Hermeneutics of the Subject: Lectures at the Collège de France 1981–1982*. Edited by F. Gros. Translated by G. Burchell. New York: Palgrave Macmillan.

Foucault, Michel. 2011. *The Courage of Truth (The Government of Self and Others II): Lectures at the Collège de France 1983–1984*. Edited by F. Gros. Translated by G. Burchell. Basingstoke: Palgrave Macmillan.

Foucault, Michel. 2013. *Lectures on the Will to Know: Lectures at the Collège de France 1970–1971*. Edited by D. Defert. Translated by G. Burchell. Basingstoke: Palgrave Macmillan.

Hadot, Ilsetraut. 1986. 'The Spiritual Guide'. In A. H. Armstrong (ed.), *Classical Mediterranean Spirituality: Egyptian, Greek, Roman*. 436–59. New York: Crossroad.

Hadot, Ilsetraut. 2005. *Arts libéraux et philosophie dans la pensée antique: contribution à l'histoire de l'éducation et de la culture dans l'antiquité*. Paris: Vrin.

Hadot, Ilsetraut. 2014. *Sénèque: direction spirituelle et pratique de la philosophie*. Paris: Librairie Philosophique J. Vrin.

Hadot, Ilsetraut. 2014a. 'Getting to Goodness: Reflections on Chapter 10 of Brad Inwood's Reading Seneca'. In J. Wildberger and M. L. Colish (eds.), *Seneca Philosophus*. 9–41. Berlin: Walter de Gruyter.

Hadot, Ilsetraut and Pierre. 2004. *Apprendre a philosopher dans l'Antiquité: L'enseignement du Manuel d'Epictete et son commentaire néoplatonicien*. Paris: Proche.

Hadot, Pierre. 1973. 'La physique comme exercise spirituel ou pessimisme et optimisme chez Marc Aurèle'. In P. Hadot (ed.), *Exercice spirituels et philosophie antique*, 145–64. Paris: Éditions Albin Michel.

Hadot, Pierre. 1981. 'Pour une préhistoire des genres philosophiques médiévaux'. In *Les genres litteraires dans les sources theologiques et philosophiques médiévales: définition, critique, et exploitation*, Actes du Colloque international de Louvain-la-Neuve. 25: 7 May 1981.

Hadot, Pierre. 1995. *Philosophy as a Way of Life*. Edited by A. Davidson. Translated by M. Chase. Oxford: Blackwell.

Hadot, Pierre. 1998. *Plotinus, or the Simplicity of Vision*. Translated by Michael Chase. Chicago, IL and London: University of Chicago Press.

Hadot, Pierre. 2002. *What Is Ancient Philosophy*? Translated by Michael Chase. Cambridge, MA: Belknap Press [Harvard].

Hadot, Pierre. 2002a. *Exercises spirituels et philosophie antique*. Préface d'Arnold Davidson. Paris: Éditions Albin Michel.

Hadot, Pierre. 2004. *Wittgenstein et les limites du langage*. Paris: Vrin.

Hadot, Pierre. 2006. *The Veil of Isis: An Essay on History of the Idea of Nature*. Translated by M. Chase. Cambridge, MA: Harvard University Press.

Hadot, Pierre. 2008. *N'Oublie pas de vivre: Goethe et la tradition des exercices spirituels*. Paris: Albin Michel.

Hadot, Pierre. 2009. *The Present Alone Is Our Happiness: Conversations with Jeannie Carlier & Arnold I.* Davidson. Translated by M. Djaballah. Stanford, CA: Stanford University Press.

Hadot, Pierre. 2019a. 'Préface à Ernst Bertram, *Nietzsche: Essai de Mythologie*'. In P. Hadot, *Philosophie comme education des adultes: textes, perspectives, entretiens.* Paris: Vrin.

Hadot, Pierre. 2019b. *La philosophie comme education des adultes: Textes, perspectives, entretiens.* Paris: Vrin.

Hadot, Pierre. 2020. *Selected Writings of Pierre Hadot: Philosophy as Practice.* Translated by M. Sharpe and F. Testa. London: Bloomsbury.

Horst, Steven. 2020. "Philosophy as Empirical Exploration of Living: An Approach to Courses in Philosophy as a Way of Life." *Special Issue: Philosophy as a Way of Life* 51, no. 2–3: 455–471.

Irrera, Orazio. 2010. 'Pleasure and Transcendence of the Self: Notes on "a Dialogue Too Soon Interrupted" between Michel Foucault and Pierre Hadot'. *Philosophy & Social Criticism* 36, no. 9: 995–1017.

Justin the Martyr. 1885. 'First Apology'. In Marcus Dods and George Reith (eds.), *Ante-Nicene Fathers*, vol. 1. ed. A. Roberts, James Donaldson, and A. Cleveland Coxe. Buffalo, NY: Christian Literature Publishing Co. Revised and edited for New Advent by Kevin Knight. Online at http://www.newadvent.org/fathers/0126.htm

Lipsius, Justus. 2006. *On Constancy.* Edited by J. Sellars, with an Introduction, Notes and Bibliography. Exeter: University of Exeter Press, 2006.

Lucian. 1959. *Hermotimus, or Concerning the Sects,* Translated by K. Kilburn. Cambridge, MA: Harvard [Loeb Classical Library 430].

Marcus Aurelius. 1958. *Ess. = The Complete Essays.* Translated by D. Frame. Stanford, CA: Stanford University Press.

Marcus Aurelius. *Meds. = Meditations.* Translated by C. R. Haines. Loeb Classical Library, no. 58.

Montaigne, Michel de. *The Complete Essays of Michel de Montaigne.* Translated by Donald Frame. Stanford: Stanford University Press.

Montesquieu, Charles-Louis le Secondat. 2002. 'Discourse on Cicero." Translated by David Fott, *Political Theory* 30, no. 5: 733–7.

Musonius Rufus, Gaius. 1947. *Lectures and Sayings.* Introduction and Translation by Cora E. Lutz. Yale Classical Studies: Yale University Press [vol. X].

Nietzsche, Friedrich. 1967. *The Birth of Tragedy or Hellenism and Pessimism.* Edited and translated by W. Kaufmann. Toronto: Random House.

Nietzsche, Friedrich. 1967. *Sämtliche Werke: Kritische Studienausgabe.* Edited by G. Colli and M. Montinari. Berlin: Walter de Gruyter.

Nietzsche, Friedrich. 1967. *The Will to Power*. Translated by Walter Kaufmann and R. J. Hollingdale. New York: Random House.

Nietzsche, Friedrich. 1968. *Twilight of the Idols*. Translated by R. J. Hollingdale. Harmondsworth: Penguin Books. Sections abbreviated 'Maxims,' 'Socrates,' 'Reason,' 'World,' 'Morality,' 'Errors,' 'Improvers,' 'Germans,' 'Skirmishes,' 'Ancients,' 'Hammer'.

Nietzsche, Friedrich. 1979. *Ecce Homo: How One Becomes What One Is*. Translated by. R. J. Hollingdale. Harmondsworth: Penguin Books. Sections abbreviated 'Wise,' 'Clever,' 'Books,' 'Destiny,'; abbreviations for titles discussed in 'Books' are indicated instead of 'Books' where relevant.

Nietzsche, Friedrich. 1979. *Philosophy and Truth: Selections from Nietzsche's Notebooks of the Early 1870s*. Translated by D. Breazeale. Atlantic Highlands, Nj: Humanities Press.

Nietzsche, Friedrich. 1982. *Daybreak: Thoughts on The Prejudices of Morality*. Translated by R. J. Hollingdale. Cambridge: Cambridge University Press, 1982.

Nietzsche, Friedrich. 1983. *On the Uses and Disadvantages of History for Life, in Untimely Meditations*. Translated by R. J. Hollingdale. Cambridge: Cambridge University Press.

Nietzsche, Friedrich. 1983. *Schopenhauer as Educator*. Untimely Meditations.

Nietzsche, Friedrich. 1985. *The Anti-Christ*. Translated by R. J. Hollingdale. Harmondsworth: Penguin Books.

Nietzsche, Friedrich. 1986. *Human, All Too Human: A Book for Free Spirits, Vol. 1*. Translated by R. J. Hollingdale. Cambridge: Cambridge University Press.

Nietzsche, Friedrich. 1986. *Human, All Too Human: A Book for Free Spirits, Vol. 2, Part One*. Translated by R. J. Hollingdale. Cambridge: Cambridge University Press.

Nietzsche, Friedrich. 1986. *The Wander and His Shadow*, in *Human, All Too Human, Volume 2, Part Two*.

Nietzsche, Friedrich. 1988. *Thus Spoke Zarathustra: A Book for Everyone and No One*. Translated by R. J. Hollingdale. London: Penguin Books.

Nietzsche, Friedrich. 1996. *Beyond Good and Evil: Prelude to a Philosophy of the Future*. Edited and translated by W. Kaufmann. New York: Vintage.

Nietzsche, Friedrich. 1997. *On the Genealogy of Morality*. Edited by K. Ansell-Pearson and translated by C. Diethe. Cambridge: Cambridge University Press, 1997.

Nietzsche, Friedrich. 2001. *The Gay Science*. Edited by B. Williams, trans. J. Nauckhoff and poems by A. Del Caro. Cambridge: Cambridge University Press, 2001.

Nietzsche, Friedrich. 2002. *Philosophy in the Tragic Age of the Greeks*. Translated

Marianne Cowan. Washington, DC: Regnery Gateway.

Petrarch. 1898. 'Letter to Posterity'. In J. H. Robinson (ed.), *Petrarch: The First Modern Scholar and Man of Letters*. 59–76. New York: G.P. Putnam.

Petrarch. 1948. *On His Own Ignorance and That of Many Others*. trans. Hans Nachod. In E. Cassirer, P. O. Kristeller and J. H. Randall Jr. (eds.), *The Renaissance Philosophy of Man*. Chicago, IL: University of Chicago Press.

Petrarch. 1989. *Petrarch's Secret Book*. Edited by Davy A. Carozza and H. James Shey, with Introduction, Notes and Critical Anthology. New York: Peter Lang.

Petrarch. 1991. *Petrarch's Remedies for Fortune Fair and Foul: A Modern English Translation of De remediis utriusque fortuna, with a Commentary*. Translated by C. H. Rawski. Indianapolis and Bloomington: Indiana University Press [5 vols.].

Petrarch. 2000. 'Ascent of Mount Ventoux'. In *Selections from the Canzioniere and Other Works*. 14–16. Oxford: Oxford University Press.

Pigliucci, Massimo. 2017. *How to Be a Stoic: Ancient Wisdom for Modern Living*. London: Penguin.

Plato. '*Apo. = Apology*'. In Christopher Emlyn-Jones and William Preddy (eds.), P*lato: Euthyphro. Apology. Crito. Phaedo*. Loeb Classical Library, no. 36.

Plato. '*Gorg. = Gorgias*'. In R. M. Lamb (ed.), *Plato: Lysis. Symposium. Gorgias*. Loeb Classical Library, no. 166.

Plato. *Pha. = Phaedo*. In P*lato: Euthyphro. Apology. Crito. Phaedo*.

Plato. R*ep. = Republic*. Translated by Christopher Emlyn-Jones and William Preddy. Loeb Classical Library, nos. 237, 276.

Plotinus. *Enn. = Enneads*. Translated by L. Gerson. Cambridge: Cambridge University, 2019.

Schopenhauer, Arthur. 1966. *The World as Will and Representation, vol. II*. Translated by E. F. J. Payne. New York: Dover Publications.

Schopenhauer, Arthur. 2010. *The World as Will and Representation, vol. 1*. Translated and edited by J. Norman, A. Welchman and C. Janaway. Cambridge: Cambridge University Press.

Schopenhauer, Arthur. 2014. *Parerga & Paralipomena vol. 1*. Translated and edited by S. Roehr and C. Janaway. Cambridge: Cambridge University Press.

Schopenhauer, Arthur. 2015. *Parerga & Paralipomena vol. 2*. Translated and edited by A. Del Caro and C. Janaway. Cambridge: Cambridge University Press.

Sextus Empiricus. *Hyp. = Outlines of Pyrrhonism [Hypertyposis]*. Translated by R. B. Bury. Loeb Classical Library, no. 273.

Voltaire. 1807. 'Memnon the Philosopher, or Human Wisdom'. In *Voltaire, Classic Tales*. London: John Hunt et al.

Voltaire. 1901. 'Philosopher [full entry]'. In William F. Fleming (ed.), Philosophical

Dictionary, derived from *The Works of Voltaire, A Contemporary Version*. New York: E.R. DuMont, 1901.

Voltaire. 1977. '*Candide*'. In B. Redman (ed.), *The Portable Voltaire*, 229–328. London: Penguin.

Voltaire. 2004. *Philosophical Dictionary*. Translated by T. Besterman. London: Penguin.

Xenophon. 1979. *Apo.* = *Apology. Xenophon in Seven* Volumes, *4.* Harvard University Press. Cambridge, MA; William Heinemann, Ltd., London. Online at http://www.perseus.tufts.edu/hopper/text?doc=Perseus:text:1999.01.0212

# [ 기타 참고문헌 ]

Altman, William H. F. 2012. *Plato the Teacher: The Crisis of the Republic*. Lanham, MD: Lexington.

Altman, William H. F. 2016a. *The Guardians in Action: Plato the Teacher and the Post-Republic Dialogues from Timaeus to Theaetetus*. Lanham, MD: Lexington.

Altman, William H. F. 2016b. *The Guardians on Trial: The Reading Order of Plato's Dialogues from Euthyphro to Phaedo*. Lanham, MD: Lexington.

Altman, William H. F 2016c. *The Revival of Platonism in Cicero's Late Philosophy*. Lanham, MD: Lexington.

Annas, Julia. 1985. "Self-Knowledge in Early Plato" in D. J. O'Meara (ed.) Platonic Investigations (Washington: Catholic University Press), 11–138.

Annas, Julia. 1999. *The Morality of Happiness*. Oxford: Oxford University Press.

Annas, Julia. 2008. 'The Sage in Ancient Philosophy'. In F. Alesse and others, volume in memory of Gabriele Giannantoni (eds.), *Anthropine Sophia*. Naples: Bibliopolis.

Annas, Julia. 2011. *Intelligent Virtue*. Oxford: Oxford University Press.

Andrew, Edward. 2004. 'The Senecan Moment: Patronage and Philosophy in the Eighteenth Century'. *Journal of the History of Ideas* 65, no. 2.

Andrew, Edward. 2016. 'The Epicurean Stoicism of the French Enlightenment'. In John Sellars (ed.), *Routledge Handbook of the Stoic Tradition*, 395–411.

Anheim, Etienne. 2008. 'Pétrarque: l'écriture comme philosophie'. *Revue de synthèse* 129, no. 4: 587–609.

Ansell-Pearson, Keith. 2013. 'True to the Earth: Nietzsche's Epicurean Care of Self and World'. In H. Hutter and E. Friedland (eds.), *Nietzsche's Therapeutic Teaching*, 97–116. London: Bloomsbury.

Ansell-Pearson, Keith. 2014. 'Heroic-Idyllic Philosophizing: Nietzsche and the Epicurean Tradition'. *Royal Institute of Philosophy Supplement* 74: 237–63.

Ansell-Pearson, Keith. 2018. '"We Are Experiments": Nietzsche, Foucault, and The Passion for Knowledge'. In J. Westfall and A. Rosenberg (eds.), *Nietzsche and Foucault: A Critical Encounter*. London: Bloomsbury, 79–98.

Arendt, Hannah. 1958. *The Human Condition*. Chicago, IL and London: University of Chicago Press.

Arendt, Hannah. 1968. 'What Is Freedom?' In B*etween Past and Future: Eight Exercises in Political Thought*. New York: Viking Press.

Arendt, Hannah. 2000. 'Truth and Politics'. In Peter Baeher (ed.), The Portable Arendt, 545–75. New York: Penguin Press.

Atwell, John. 1995. *Schopenhauer on the Character of the World: The Metaphysics of the Will*. Berkeley: University of California Press.

Aubry, Gwenaëlle. 2010. 'Philosophie comme manière de vivre'. In A. Davidson and F. Worms (eds.), *Pierre Hadot, l'enseignement antiques, l'enseignement moderns*. 81–94. Paris: Rue d'Ulm.

Auerbach, Erich. 2001. 'Passio als Leidenschaft'. *Criticism* 43, no. 3: 285–308.

Baltussen, Han. 2009. 'Personal Grief and Public Mourning in Plutarch's Consolation'. *American Journal of Philology* 130, no. 1 (Spring): 70–6.

Baltussen, Han. 2013. 'Cicero's Consolatio ad se: Character, Purpose and Impact of a Curious Treatise'. In Han Baltussen (ed.), *Greek and Roman Consolations: Eight Studies of a Tradition and Its Afterlife*, 67–91. Wales: Classic Press of Wales.

Baraz, Yelena. 2012. *A Written Republic: Cicero's Philosophical Politics*. Princeton, NJ and Oxford: Princeton University Press.

Barnes, Jonathon. 1986. 'Nietzsche and Diogenes Laertius'. *Nietzsche-Studien* 15: 16–40.

Baron, Hans. 1966. *Crisis of the Early Italian Renaissance*, rev ed. Princeton, NJ: Princeton University Press.

Barsella, Susanna. 2012. 'A Humanistic Approach to Religious Solitude'. In *Petrarch: A Critical Guide*, 197–209.

Beckwith, Christopher. *Greek Buddha: Pyrrho's Encounter with Early Buddhism in Central Asia*. Princeton, NJ: Princeton University Press.

Bishop, Paul. 2009. 'Eudaimonism, Hedonism and Feuerbach's Philosophy of the Future'. *Intellectual History Review* 19, no. 1: 65–81.

Blanchard, W. Scott. 2001. 'Petrarch and the Genealogy of Asceticism'. *Journal of the History of Ideas* 62, no. 3: 401–23.

Bourgault, Sophie. 2010. 'Appeals to Antiquity: Reflections on Some French Enlightenment Readings of Socrates and Plato'. *Lumen* 29: 43–8

Bousma, William. 2002. *The Waning of the Renaissance*, 1550–1640. New Haven, CT: Yale University Press.

Brakke, David. 2001. 'The Making of Monastic Demonology: Three Ascetic Teachers on Withdrawal and Resistance'. *Church History* 70: 19–48.

Breazeale, Daniel. 1979. 'Introduction'. In D. Breazeale (trans.), *Philosophy and Truth: Selections from Nietzsche's Notebooks of the Early 1870s*, xiii–xlix. Atlantic Highlands, NJ: Humanities Press.

Brooke, Christopher. 2012. *Philosophic Pride. Stoicism and political thought from Lipsius to Rousseau*. Princeton, NJ: Princeton University Press.

Brown, Deborah J. 2006. *Descartes and the Passionate Mind*. Cambridge: Cambridge University Press.

Brown, Peter. 1970. 'Sorcery, Demons, and the Rise of Christianity from Late Antiquity into the Middle Ages'. In M. Douglas (ed.), *Witchcraft, Confessions and Accusations*, 17–45. London: Tavistock.

Brunschwig, Jacques. 1986. 'The Cradle Argument in Epicureanism and Stoicism'. In Malcolm Schofield and Gisela Striker (eds.), T*he Norms of Nature: Studies in Hellenistic Ethics*. Cambridge: Cambridge University Press.

Butler, E. M. 2012. *The Tyranny of Greece over Germany*. Cambridge: Cambridge University Press.

Cabane, Frank. 2004. 'D'un Essai l'autre, métamorphoses d'un texte'. *Recherches sur Diderot et sur l'Encyclopédie* 36: 21–4.

Caddan, Joan. 2013. 'The Organisation of Knowledges: Disciplines and Practices'. In David C. Lindberg and Michael H. Shank (eds.), *Medieval Science*. Cambridge: Cambridge University Press.

Carruthers, Mary. 2008. *The Book of Memory: A Study of Memory in Medieval Culture*. Cambridge: Cambridge University Press.

Cartwright, David. 2010. *Schopenhauer: A Biography*. Cambridge: Cambridge University Press

Cassirer, Ernst. 1955. T*he Philosophy of the Enlightenment*. Boston, MA: Beacon Press.

Cavaillé, Jean-Pierre. 2012. 'Libertine and Libertinism: Polemic Uses of the Terms in Sixteenth- and Seventeenth-Century English and Scottish Literature'. *Journal for Early Modern Cultural Studies* 12, no. 2: 12–36.

Celenza, Christopher S. 2005. 'Lorenzo Valla and the Traditions and Transmissions of Philosophy'. *Journal of the History of Ideas* 66: 483–506.

Celenza, Christopher S. 2013. 'What Counted as Philosophy in the Italian Renaissance? The History of Philosophy, the History of Science, and Styles of Life'. *Critical Inquiry* 39, no. 2: 367–401.

Celenza, Christopher S. 2017. *Petrarch: Everywhere a Wanderer*. Chicago, IL: University of Chicago Press.

Chadwick, H. 1981. *Boethius: The Consolations of Music, Logic*, Theology, and Philosophy. Oxford: Clarendon Press.

Chase, Michael. 1998. 'Translator's Introduction'. In Pierre Hadot (ed.), *Plotinus, or the Simplicity of Vision*.

Checchi, Paulo. 2012. '*The Unforgettable Book of Things to Be Remembered (Rerum memorandarum libre)*'. In *Petrarch: A Critical Guide*, 151–63.

Clay, Diskin. 1998. *Paradosis and Survival: Three Chapter in the History of Epicurean Philosophy*. Ann Arbor: University of Michigan Press.

Clay, Diskin. 2007. 'The Philosophical Inscriptions of Diogenes of Oenoanda'. *Bulletin of the Institute of Classical Studies. Supplement* 94: 283–91.

Clay, Diskin. 2009. 'The Athenian Garden'. In James Warren (ed.), *The Cambridge*

*Companion to Epicureanism*, 9–28. Cambridge: Cambridge University Press.

Colaiaco, James. 2001. *Socrates against Athens: Philosophy on Trial*. New York: Routledge

Cooper, John M. 2004. 'Moral Theory and Moral Improvement: Seneca'. In *Knowledge, Nature, and the Good: Essays on Ancient Philosophy*, 309–34. Princeton, NJ: Princeton University Press.

Cooper, John M. 2012. *Pursuits of Wisdom: Six Ways of Life in Ancient Philosophy from Socrates to Plotinus*. Princeton, NJ: Princeton University Press.

Corneanu, Sorana. 2011. *Regimens of the Mind: Boyle, Locke, and the Early Modern Cultura Animi Tradition*. Chicago, IL: University of Chicago Press.

Cornford, F. M. 1965. *Before and After Socrates*. London: Cambridge University Press.

Crane, Ronald S. 1968. 'The Relation of Bacon's Essays to the Program of the Advancement of Learning'. In *Essential Articles for the Study of Francis Bacon*, 272–92. Hamden, CT: Archon Books.

Cryle, Peter and Stephens, Elizabeth. 2017. *Normality: A Critical Genealogy*. Chicago, IL and London: University of Chicago Press.

Curtis, Cathy. 2011. 'Advising Monarchs and Their Counsellors: Juan Luis Vives on the Emotions, Civil Life and International Relations'. *Australian and New Zealand Association of Medieval and Early Modern Studies* 28, no. 2: 29–53.

Dahlkvist, Tobias. 2007. *Nietzsche and the Philosophy of Pessimism: A Study of Nietzsche's Relation to the Pessimistic Tradition. Schopenhauer, Hartmann, Leopardi*. Stockholm: Elanders Gotab.

Danielou, Jean. 1935. 'Demon'. In *Le Dictionnaire de Spiritualité ascétique et mystique. Doctrine et histoire*. Tome III – cols. 142–89.

Dannhauser, Werner. 1974. *Nietzsche's View of Socrates*. Ithaca, NY: Cornell University Press.

Davidson, Arnold I. 2006. 'Introduction'. In F. Gros (ed.), G. Burchell (trans.), *The Hermeneutics of the Subject: Lectures at the Collège de France 1981–1982*, xix–xxx. New York: Palgrave Macmillan.

Davidson, Christopher. 2015. 'Spinoza as an Exemplar of Foucault's Spirituality and Technologies of the Self'. *Journal of Early Modern Studies* 4, no. 2: 111–46.

Davie, William. 1999. 'Hume on Monkish Virtues'. *Hume Studies* 25: 139–53.

Dealy, Ross. 2017. *The Stoic Origins of Erasmus' Philosophy of Christ*. Toronto: University of Toronto Press.

De la Charité, Raymond. 1968. *The Concept of Judgment in Montaigne*. The Hague: Martinus Nijhoff.

De Vries, Hent. 2009. '*Philosophia Ancilla Theologiae*: Allegory and Ascension in Philo's *On Mating* with the Preliminary Studies (*De congress quaerendae eruditionis gratia*)'. J. Ben-Levi (trans.), *The Bible and Critical Theory* 5, no. 3: 1–19.

De Mowbray, Malcolm. 2004. 'Philosophy as Handmaid of Theology: Biblical Exegesis in the Service of Scholarship'. *Traditio* 59: 1–37.

Desmond, William. 2006. *Cynics*. Stocksfield: Acumen.

Desmond, William. 2010. 'Ancient Cynicism and Modern Philosophy'. *Filozofia* 65: 571–6.

Dillon, John. 1996. *The Middle Platonists*, 1–11. Ithaca, NY: Cornell University Press.

Dodds, E. R. 1963. *The Greeks and the Irrational*. Berkeley: University of California Press.

Domański, Juliusz. 1996. *La Philosophie, théorie ou manière de vivre?: les controverses de l'Antiquité à la Renaissance*. avec une préface de Pierre Hadot. Paris, Fribourg (Suisse): Cerf Presses Universitaires Fribourg.

Dreyfus, Hubert and Paul Rabinow. 1983. *Michel Foucault: Between Structuralism and Hermeneutics*. Chicago, IL: University of Chicago Press.

Duflo, Calas. 2003. *Diderot, Philosophe*. Paris: Honoré Champion.

Durant, Will and Ariel Durant. 1950. *The Age of Faith*. New York: Simon & Schuster.

Durant, Will and Ariel Durant. 1965. *The Age of Voltaire*. New York: Simon & Schuster.

Edelman, Christopher. 2010. 'Essaying Oneself: Montaigne and Philosophy as a Way of Life'. Emery University, PhD Thesis. Online at https://legacy-etd.library.emory.edu/view/record/pid/emory:5d028

Elgat, Guy. 2016. '*Amor Fati* as Practice: How to Love Fate'. *Southern Journal of Philosophy* 54, no. 2: 174–88.

Erler, Michael. 2009. 'Epicureanism in the Roman Empire'. In James Warren (ed.), *The Cambridge Companion to Epicureanism*, 46–64. Cambridge: Cambridge University Press.

Erler, Michael and Schofield, Malcolm. 1999. 'Epicurean Ethics'. In Keimpe Algra, Jonathan Barnes, Jaap Mansfeld and Malcolm Schofield (eds.), *The Cambridge History of Hellenistic Philosophy*, 642–74. Cambridge: Cambridge University Press.

Ettinghausen, Henry. 1972. *Francesco de Quevedo and the Neostoic Movement*. Oxford: Oxford University Press.

Evans, G. R. 1993. *Philosophy and Theology in the Middle Ages*. London and New York: Routledge.

Faustino, M. 2017. 'Nietzsche's Therapy of Therapy'. *Nietzsche-Studien* 46, no. 1: 82–104.

Ferry, Luc and Alain Renaut. 1979. 'Université et système: Réflexions sur les théories de l'Université dans l'idéalisme allemand'. *Archives de Philosophie* 42, no. 1 (January–March): 59–90.

Fiordalis, David. ed. 2018. *Buddhist Spiritual Practices: Thinking with Pierre Hadot on Buddhism, Philosophy, and the Path*. Berkeley, CA: Mangalam Press.

Fish, Jeffrey and Sanders, Kirk. eds. 2011. *Epicurus and the Epicurean Tradition*. Cambridge: Cambridge University Press.

Force, Pierre. 2009. Montaigne and the Coherence of Eclecticism 70, no. 4: 523–44.

Franco, Paul. 2011. *Nietzsche's Enlightenment: The Free-Spirit Trilogy*. Chicago: University of Chicago Press.

Frede, Michael. 1986. 'The Stoic Doctrine of the Affections of the Soul'. In *The Norms of Nature: Studies in Hellenistic Ethics*, 93–110. Cambridge: Cambridge University Press.

Frodeman, Robert and Adam Briggle. 2016. *Socrates Tenured. The Institutions of 21st-Century Philosophy*. Lanham, MD: Rowman & Littlefield.

Gaukroger, Stephen. 2001. *Francis Bacon and the Transformation of Early-Modern Philosophy*. Cambridge: Cambridge University Press.

Gaukroger, Stephen. 2008. 'The Académie des Sciences and the Republic of Letters: Fontenelle's Role in the Shaping of a New Natural-Philosophical Persona, 1699–1734'. *Intellectual History Review* 18, no. 3: 385–402.

Gay, Peter. 1995a. *The Enlightenment: An Interpretation. Volume I: The Rise of Modern Paganism*. New York: W. W. Norton.

Gay, Peter. 1995b. *The Enlightenment: An Interpretation. Volume II: The Science of Freedom*. New York: W. W. Norton.

Gernet, Louis, 1981. *The Anthropology of Ancient Greece*. Baltimore, MD: Johns Hopkins University Press.

Gill, Michael B. 2018. 'Shaftesbury on Life as a Work of Art'. *British Journal for the History of Philosophy* 26, no. 6: 1110–31.

Glasscock, Allison. 2009. 'A Consistent Consolation: True Happiness in Boethius' *Consolation of Philosophy*'. *Stance* 2: 42–8.

Gontier, T. and S. Mayer. eds. 2010. *Le Socratisme de Montaigne*. Paris: Classiques Garnier.

Goodman, Dena. 1989. 'Enlightenment Salons: The Convergence of Female and Philosophic Ambitions'. *Eighteenth Century Studies* 22, no. 3: 329–50.

Goulbourne, Russell. 2007. 'Voltaire's Socrates'. In M. Trapp (ed.), *Socrates from*

*Antiquity to the Enlightenment*. 229–48. Aldershot and Burlington, VT: Ashgate.

Goulbourne, Russell. 2011. 'Diderot and the Ancients'. In N. Fowler (ed.), *New Essays on Diderot*. 13–30. Cambridge: Cambridge University Press.

Gouldner, Alvin. 1967. *Enter Plato: Classical Greece and The Origins of Social Theory*. New York and London: Basic Books.

Grafton, Anthony and Lisa Jardine. 1986. *From Humanism to the Humanities: Education and the Liberal Arts in Fifteenth and Sixteenth Century Europe*. London: Duckworth.

Graver, Margaret. 2007. *Stoicism and Emotion*. Chicago, IL: University of Chicago Press.

Greenblatt, Stephen. 2011. *The Swerve: How the World Became Modern*. New York: W. W. Norton.

Guthrie, W. K. C. 1971. Socrates. Cambridge: Cambridge University Press.

Habermas, Jurgen. 1989. *The Structural Transformation of the Public Sphere*. Translated by T. Burger with the assistance of F. Lawrence. Polity Press, Cambridge.

Hadot, Ilsetraut. 1969. 'Épicure et l'enseignement philosophique hellénistique et romain', In *Actes du VIII congrès de l'Association Guillaume Budé*. Paris, 347–54.

Hadot, Pierre. 2020a. "The Figure of the Sage". In *The Selected Writings of Pierre Hadot*, 185–206.

Hadot, Pierre. 2020b. "The Ancient Philosophers". In *The Selected Writings of Pierre Hadot*, 43–54.

Hadot, Pierre. 2020c. "Physics as Spiritual Exercise, or Pessimism and Optimism in Marcus Aurelius". In *The Selected Writings of Pierre Hadot*, 207–26.

Hackforth, R. (1933). 'Great Thinkers 1: Socrates'. *Philosophy* 8: 259–72.

Haldane, John. 1992. '*De Consolatione Philosophiae*'. Philosophy Supplement 32: 31–45.

Hankins, James. 2006. 'Socrates in the Italian Renaissance'. In S. Ahbel-Rappe and R. A. Kamtekar (eds.), *Companion to Socrates*. Malden, MA and Oxford: Blackwell Publishing.

Hankins, James. 2008. 'Manetti's Socrates and the Socrateses of Antiquity'. In Stefano U. Baldassarri (ed.), *Dignitas et excellentia hominis: Atti del convegno internazionale di studi su Giannozzo Manetti*. Florence: La Lettere.

Hankins, James and Ada Palmer. 2008. *The Recovery of Classical Philosophy in the Renaissance. A Brief Guide*. Florence: Leo S. Olschki.

Han-Pile, Beatrice. 2016. 'Foucault, Normativity and Critique as a Practice of the Self'. *Continental Philosophy Review* 49: 85–101.

Hard, Robin. 2012. *Diogenes the Cynic: Sayings and Anecdotes*. Translated by R.

Hard. Oxford: Oxford University Press.

Harrison, Peter. 2006. 'The Natural Philosopher and the Virtues'. In C. Condren, S. Gaukroger and I. Hunter (eds.), *The Philosopher in Early Modern Europe: The Nature of a Contested Identity*. Cambridge: Cambridge University Press.

Harrison, Peter. 2007. *The Fall of Man and the Foundation of Science*. Cambridge: Cambridge University Press.

Harrison, Peter. 2015. *Territories of Knowledge and Science*. Chicago, IL: University of Chicago Press.

Harter, Jean-Pierre. 2018. 'Spiritual Exercises and the Buddhist Path: An Exercise in Thinking with and against Hadot'. In David Fiordalis (ed.), *Buddhist Spiritual Practices. Thinking with Pierre Hadot on Buddhism, Philosophy, and the Path*, 147–80. Berkeley, CA: Mangalam Press.

Hatab, Lawrence. 2008. *Nietzsche's Genealogy of Morality: An Introduction*. Cambridge: Cambridge University Press.

Hatfield, Gary. 1985. 'Descartes's Meditations as Cognitive Exercises'. *Philosophy and Literature* 9: 41–58.

Hegel, G. W. F. 1900. *The History of Philosophy*. Translated by J. Sibree. London: George Bell and Sons.

Hegel, G. W. F. 1977. *Phenomenology of Spirit*. Translated by A. V. Miller. Oxford: Oxford University Press.

Hegel, G. W. F. 2006. *Lectures on the History of Philosophy, 1825–1826, Vol. 2 Greek Philosophy*. Edited by R. Brown, translated by R. Brown and J. M. Stewart. Oxford: Oxford University Press.

Heidegger, Martin. 2008. 'Modern Science, Metaphysics, and Mathematics'. In David Farrell Krell (ed.), *Basic Writings*, 267–306. New York: Harper & Row.

Heidegger, Martin. 2008b. 'Letter on Humanism'. In *Basic Writings*, 213–66.

Heit, Helmut and Anthony Jensen. eds. 2014. *Nietzsche as a Scholar of Antiquity*. London: Bloomsbury.

Henrichs, Albert. 1968. 'Philosophy, the Handmaiden of Theology'. *Greek, Roman and Byzantine Studies*: 437–50.

Hope, Valerie M. 2017. 'Living without the Dead: Finding Solace in Ancient Rome'. In F. S. Tappenden and C. Daniel-Hughes (eds.), with Bradley N. Rice, *Coming Back to Life: The Permeability of Past and Present, Mortality and Immortality, Death and Life in the Ancient Mediterranean*, 39–70. Montreal, QC: McGill University Library.

Hovey, Kenneth Alan. 1991. '"Mountaigny Saith Prettily": Bacon's French and the Essay'. *PMLA* 106, no. 1: 71–82.

Hughes, Frank Witt. 1991. 'The Rhetoric of Reconciliation: 2 Corinthians 1.1-2.13 and 7.5-8.24'. In Duane Frederick Watson (ed.), *Persuasive Artistry: Studies in*

*New Testament Rhetoric in Honor of George A. Kennedy.* Michigan: JSOT Press.

Hunter, Ian. 2001. *Rival Enlightenments: Civil and Metaphysical Philosophy in Early Modern Germany.* Cambridge: Cambridge University Press.

Hunter, Ian. 2002. 'The Morals of Metaphysics: Kant's Groundwork as Intellectual *Paideia*'. *Critical Inquiry* 28, no. 4 (Summer 2002): 908–29.

Hunter, Ian. 2006. 'The History of Theory'. *Critical Inquiry* 33, no. 1 (Autumn 2006): 78–112.

Hunter, Ian. 2007. 'The History of Philosophy and the Persona of the Philosopher'. *Modern Intellectual History* 4, no. 3: 571–600.

Hunter, Ian. 2008. 'Talking about My Generation'. *Critical Inquiry* 34, no. 3 (Spring 2008): 583–600.

Hunter, Ian. 2010. 'Scenes from the History of Poststructuralism: Davos, Freiburg, Baltimore, Leipzig'. *New Literary History* 41: 491–516.

Hunter, Ian. 2016. 'Heideggerian Mathematics: Badiou's *Being and Event* as Spiritual Pedagogy'. *Representations* 134 (Spring 2016): 116–56.

Imbach, Ruedi. 1996. *Dante, la philosophie et les laics.* Paris, Éditions du Cerf; Fribourg, Éditions Universitaires de Fribourg.

Imbach, Ruedi. 2015. '*Virtus Illiterata*: Signification philosophie de la critique de la scholastique dans le *De sui ipsius et multorum ignoranta* de Pétrarque'. In Ruedi Imbach and Catherine König-Pralong (eds.), *Le défi laïque*, 167–92. Paris: Vrin.

Inwood, Brad and Pierluigi Dononi. 1999. 'Stoic Ethics'. In K. Algra et al. (eds.), *Cambridge History of Hellenistic Philosophy*, 699–717. Oxford: Oxford University Press.

Israel, Jonathan. 2013. *Democratic Enlightenment: Philosophy, Revolution and Human Rights 1750–1790.* Oxford: Oxford University Press.

Jacob, Margaret. 2001. 'The Clandestine Universe of the Early Eighteenth Century'. Online at http://www.pierre-marteau.com/html/studies.html

Janaway, Christopher. 1998. 'Schopenhauer as Nietzsche's Educator'. In Christopher Janaway (ed.), *Willing and Nothingness: Schopenhauer as Nietzsche's Educator.* Oxford: The Clarendon Press.

Janaway, Christopher. ed. 1999. *Cambridge Companion to Schopenhauer.*

Cambridge: Cambridge University Press.

Janaway, Christopher. 2003. 'Schopenhauer as Nietzsche's Educator'. In Nicholas Martin (ed.), *Nietzsche and the German Tradition.* Oxford: Peter Lang, 155–85.

Janaway, Christopher. 2014. 'Introduction'. In S. Roehr and C. Janaway (eds.), P*arerga & Paralipomena.* Cambridge: Cambridge University Press.

Jaegar, Hasso. 1935. 'Examen de conscience'. *Le Dictionnaire de Spiritualité ascétique et mystique. Doctrine et histoire*, Tome 4 – Colonne 1789.

Kennedy, George. 2003. *Classical Rhetoric and Its Christian and Secular Tradition*, 2nd ed. Chapel Hill and London: University of North Carolina Press.

Keohane, Nannerl O. 1980. *Philosophy and the State in France: The Renaissance to the Enlightenment*. Princeton, NJ: Princeton University Press.

Ker, James. 2009. *Deaths of Seneca*. Oxford: Oxford Scholarship.

Kirham, V. and A. Maggi. eds. 2012. *Petrarch: A Critical Guide to the Complete Works*. Chicago, IL: University of Chicago Press.

Konstan, David et al. 1998. 'Introduction'. In David Konstan, Diskin Clay, Clarence E. Glad, Johan C. Thorn and James Ware (eds.), *Philodemus on Frank Criticism*, 1–24. Atlanta: Georgia: Scholars Press.

Konstan, David et al. 2008. *A Life Worthy of the Gods: The Materialist Psychology of Epicurus*. Las Vegas: Parmenides Publishing.

Konstan, David et al. 2011. 'Epicurus on the Gods'. In J. Fish and K. Sanders (eds.), *Epicurus and the Epicurean Tradition*, 53–71. Cambridge: Cambridge University Press.

Konstan, David et al. 2014. 'Crossing Conceptual World: Greek Comedy and Philosophy'. In Mike Fontaine and Adele Scafuro (eds.), T*he Oxford Handbook of Ancient Comedy*, 278–95. New York: Oxford University Press.

Kramer, Hans-Joachim. 1990. *Plato and the Foundations of Metaphysics*. New York: SUNY .

Kristeller, Paul Otto. 1961. *Renaissance Thought*. New York: Harper Torch.

Kristeller, Paul Otto. 1980. 'The Moral Thought of Renaissance Humanists'. In *Renaissance Thought and the Arts: Collected Essays*. Princeton, NJ: Princeton University Press.

Lampe, Kurt. 2015. *The Birth of Hedonism: The Cyrenaic Philosophers and Pleasure as a Way of Life*. Princeton, NJ: Princeton University Press.

Lampe, Kurt. 2020. 'Introduction: Stoicism, Language, and Freedom'. In K. Lampe and J. Sholtz (eds.), *French and Italian Stoicisms*. London: Bloomsbury.

Lane, Melissa. 2014. *Greek and Roman Political Ideas*. London: Pelican Books.

Lange, Friedrich Albert. 1925. *The History of Materialism*. London: Kegan Paul.

Lapatin, Kenneth. 2006, 'Picturing Socrates'. In S. Ahbel-Rappe and R. A. Kamtekar (eds.), *Companion to Socrates*. Malden, MA and Oxford: Blackwell Publishing.

Lebreton, John. 'Contemplation'. In *Le Dictionnaire de Spiritualité ascétique et mystique. Doctrine et histoire*. Tome 2 – Colonne 1643.

Leclercq, Jean. 1935. 'Exercises Spirituels'. *Le Dictionnaire de Spiritualité ascétique et mystique. Doctrine et histoire. Beauchesne*, 1935–26. Tome 4 – Colonne 1902.

Leclercq, Jean. 1952. 'Pour l'histoire de l'expression "philosophie chrétienne"'. In

*Mélanges de Science Réligieuse*. Lille: Facultes Catholiques.

Leclercq, Jean. 1996. T*he Love of Learning and the Desire for God: A Study of Monastic Culture*. New York: Fordham University Press.

Leff, Gordon. 1992. 'The Trivium and the Three Philosophies'. In Hilde de Riddersymoens (ed.), *A History of the University in Europe, Vol. I: Universities in the Middle Ages*, 307–36. New York: Cambridge University Press.

Lerer, Seth. 1985. *Boethius and Dialogue: Literary Method in the Consolation of Philosophy*. Princeton, NJ: Princeton University Press.

Limbrick, Elaine. 1973. 'Montaigne and Socrates'. *Renaissance and Reformation/ Renaissance et Réforme* 9, no. 2: 46–57.

Loeb, Paul and David Tinsley. 2019. 'Translator's Afterword'. In *Nietzsche, Unpublished Fragments from the Period of Thus Spoke Zarathustra. Stanford*, CA: Stanford University Press.

Loeb, Paul and Matthew Meyer. 2019. *Nietzsche's Metaphilosophy: The Nature, Method, and Aims of Philosophy*. Cambridge: Cambridge University Press.

Lojkine, Stéphane. 2001. 'Du détachement à la révolte: philosophie et politique dans *l'Essai sur les règnes de Claude et de Néron'. Lieux littéraires/La Revue*. Dir. Alain Vaillant, 3 (June).

Long, A. A. 1988. 'Socrates in Hellenistic Philosophy'. *Classical Quarterly* 38, no. i: 150–71.

Long, A. A. 1999. 'Socrates in Hellenistic Philosophy'. In *Stoic Studies*, 1–34. Berkeley: University of California Press.

Long, A. A. 1999b. 'Dialectic and the Stoic Sage'. *In Stoic Studies*, 85–87.

Long, A. A. 1999c. 'The Socratic Legacy'. In K. Algra, J. Barnes, J. Mansfield and M. Schofield (eds.), *The Cambridge History of Hellenistic Philosophy*, 617–41. Cambridge: Cambridge University Press.

Long, A. A. 2002. *Epictetus: A Stoic and Socratic Guide to Life*, 67–96. Oxford: Oxford University Press.

Long, A. A. 2006. *From Epicurus to Epictetus: Studies in Hellenistic and Roman Philosophy*. Oxford: Oxford University Press.

Lorch, Maristella de. 2009. 'The Epicurean in Lorenzo Valla's On *Pleasure'*. In Margaret J. Osler (ed.), *Atoms and Pneuma*. Cambridge: Cambridge University Press.

MacCulloch, Diarmaid. 2014. *Silence: A Christian History*. London: Penguin.

Mack, Burton. 2003. T*he Christian Myth: Origins, Logic, Legacy*. London: Continuum International.

Mack, Peter. 1993. 'Rhetoric and the Essay'. *Rhetoric Society Journal* 23, no. 2: 41–9.

Maggi, A. 2012. '"You Will Be My Solitude": Solitude as Prophecy (De Vita Solitaria)'. In *Petrarch: A Critical Guide to the Complete Works*, 179–96.

Magnard, Pierre. 2010. 'Au tournant de l'humanisme: Socrate humain, rien qu'humain'. In *Le Socratisme de Montaigne*, 267–74.

Marenbon, John. 1991. *Later Medieval Philosophy*. London: Routledge.

Marenbon, John. 2003. *Boethius*. Oxford: Oxford University Press.

Marx, Karl. 2000. *The Difference between the Democritean and Epicurean Philosophy of Nature*. Online at https://marxists.catbull.com/archive/marx/works/1841/drtheses/. Accessed February 2020.

Mason, H. T. 1963. *Voltaire and Bayle*. Oxford: Oxford University Press.

McClintock. 2018. 'Schools, Schools, Schools – Or, Must a Philosopher Be Like a Fish?' In David Fiordalis (ed.), B*uddhist Spiritual Practices. Thinking with Pierre Hadot on Buddhism, Philosophy, and the Path*, 71–104. Berkeley, CA: Mangalam Press.

McClure, George. 1991. *Sorrow and Consolation in Italian Humanism*. Princeton, NJ: Princeton University Press.

Merton, Thomas. 1970. T*he Wisdom of the Desert: Sayings from the Desert Fathers of the Fourth Century*. New York: New Directions.

Miner, Robert. 2017. *Nietzsche and Montaigne*. New York: Palgrave Macmillan.

Moreau, Isabelle. 2007. '*Guérir du sot*'. *Les stratégies d'écriture des libertins à l'âge Classique*. Paris: Honoré Champion.

Moss, Ann. 1996. P*rinted Commonplace Books*. Oxford: Oxford University Press.

Nabokov, Vladimir. 1989. *Speak, Memory*. New York: Vintage.

Nauta, Lodi. 2009. *In Defense of Common Sense: Lorenzo Valla's Critique of Scholastic Philosophy (I Tatti Studies in Italian Renaissance History)*. Cambridge, MA and London: Harvard University Press.

Nauta, Lodi. 2016. 'The Critique of Scholastic Language in Renaissance Humanism and Early Modern Philosophy'. In C. Muratori and G. Paganini (eds.), *Early Modern Philosophers and the Renaissance Legacy*, 59-79. International Archives of the History of Ideas, vol. 220: Springer International Publishing.

Nehamas, Alexander. 1985. *Nietzsche: Life as Literature*. Cambridge, MA: Harvard University Press.

Nehamas, Alexander. 1998. *The Art of Living: Socratic Reflections from Plato to Foucault*. Berkeley: University of California Press.

Niehues-Pröbsting, Heinrich. 1996. 'The Modern Reception of Cynicism'. In R. Bracht Branham and Marie-Coile Goulet-Gaze (eds.), *The Cynics*, 329–65. Berkeley: University of California Press.

Nussbaum, Martha C. 1994. *The Therapy of Desire*. Princeton, NJ: Princeton

University Press.

Nussbaum, Martha C. 1999. 'Nietzsche, Schopenhauer, and Dionysus'. In C. Janaway (ed.), *Cambridge Companion to Schopenhauer*, 344–74.

Nussbaum, Martha C. 2001. *Upheavals of Thought: The Intelligence of the Emotions.* Cambridge: Cambridge University Press.

Nussbaum, Martha C. 2003. 'Compassion and Terror'. *Daedalus* 132: 10–26.

Ong, R. 2007. 'Between Memory and Paperbooks: Baconianism and Natural History in Seventeenth-Century England'. *History of Science* 45, no. 2007: 1–46.

Overgaard, Søren, Paul Gilbert, and Stephen Burwood. 2013. A*n Introduction to Metaphilosophy.* Cambridge: Cambridge University Press.

Pagden, Anthony. 2013. *The Enlightenment, and Why It Still Matters.* Oxford: Oxford University Press.

Palmer, Ada. 2016. 'The Recovery of Stoicism'. In John Sellars (ed.), *Routledge Handbook of the Stoic Tradition*, 196–218. London: Routledge.

Panizza, Letizia A. 2009. 'Stoic Psychotherapy in the Middle Ages and Renaissance: Petrarch's *De remediis*'. In Margaret J. Graver (ed.), *Atoms and Pneuma*, 39–66.

Papy, Jan. 2010. 'Lipsius' Neostoic Views on the Pale Face of Death: From Stoic Constancy and Liberty to Suicide and Rubens' Dying Seneca' *LIAS* 37, no. 1.

Pekacz, Jolanta T. 1999. 'The Salonnières and the Philosophes in Old Regime France: The Authority of Aesthetic Judgment'. *Journal of the History of Ideas* 60, no. 2: 277–97.

Perreiah, Alan. 1982. 'Humanistic Critiques of Scholastic Dialectic'. *Sixteenth Century Journal* 13: 3.

Pippin, Robert. 2010. *Nietzsche, Psychology, and First Philosophy.* Chicago, IL: University of Chicago Press.

Popkins, Richard. 2003. *The History of Scepticism: From Savonarola to Bayle.* Revised and expanded. Oxford: Oxford University Press.

Porter, James. 2000. *Nietzsche and the Philology of the Future.* Stanford, CA: Stanford University Press.

Prado, C. G. ed. 2003. *A House Divided: Comparing Analytic and Continental Philosophy.* New York: Humanity Books.

Rasmussen, Dennis. 2013. *The Pragmatic Enlightenment: Recovering the Liberalism of Hume, Smith, Montesquieu, and Voltaire.* Cambridge: Cambridge University Press.

Raymond, Christopher. 2019. 'Nietzsche Revaluation of Socrates'. In Christopher Moore (ed.), *Brill's Companion to the Reception of Socrates.* Leiden: Brill.

Reginster, Bernard. 2006. *The Affirmation of Life: Nietzsche on Overcoming Nihilism.* Cambridge, MA: Harvard University Press.

Reginster, Bernard. 2009. 'Knowledge and Selflessness: Schopenhauer and the Paradox of Reflection'. In A. Alex Neil and Christopher Janaway (eds.), *Better Consciousness, Schopenhauer's Philosophy of Value*, 98–119. Malden, MA: Blackwell.

Reale, Giovanni. 1996. *Towards a New Interpretation of Plato*. Edited and translated by J. R. Caton. Washington, DC: Catholic University of America Press.

Rée, Jonathan. 1978. 'Philosophy as an Academic Discipline: The Changing Place of Philosophy in an Arts Education'. *Studies in Higher Education* 3, no. 1: 5–23.

Reeve, Christopher D. C. 2012. 'Aristotle's Philosophical Method'. In Christopher Shields (ed.), T*he Oxford Handbook of Aristotle*. Oxford: Oxford University Press.

Roberts, Hugh. 2006. *Dogs' Tales: Representations of Ancient Cynicism in French Renaissance Texts*. Amsterdam, New York: Rodopi.

Robinson, Richard. 1971. 'Elenchus'. In G. Vlastos (ed.), *The Philosophy of Socrates*. 78–93. London: Palgrave Macmillan.

Rorty, Amelie Oksenberg. 1983. *Critical Inquiry* 9, no. 3: 545–64.

Rosenberg, Daniel. 1999. 'An Eighteenth-Century Time Machine: The "Encyclopedia" of Denis Diderot'. *Historical Reflections/Réflexions Historiques, Postmodernism and the French Enlightenment* 25, no. 2: 227–50.

Ruch, Michael. 1958. *Le Préambule dans les oeuvres philosophiques de Cicéron (Essai sur la genèse et l'art du dialogue)*. Paris: Broché.

Ruch, Michael ed. 1958. *L'Hortensius de Ciceron: Histoire et reconstitution*. Paris: Belles Lettres.

Russo, Elena. 2009. 'Slander and Glory in the Republic of Letters: Diderot and Seneca Confront Rousseau'. *Republic of Letters* 1.

Sallis, John. 1991. *Nietzsche and the Space of Tragedy*. Chicago, IL: University of Chicago Press.

Sargent, Rose-Mary. 1996. 'Bacon as an Advocate for Cooperative Scientific Research'. In Markku Peltone (ed.), T*he Cambridge Companion to Bacon*. 147–71. Cambridge: Cambridge University Press.

Scarry, Elaine. 2001. *On Beauty and Being Just*. Princeton, NJ: Princeton University Press.

Schaeffer, David L. 1990. *The Political Philosophy of Montaigne*. Ithaca, NY: Cornell University Press.

Sellars, John. 2011. 'Is God a Mindless Vegetable? Cudworth on Stoic Theology'. *Intellectual History Review* 21, no. 2: 121–33.

Sellars, John. 2014. *The Art of Living: The Stoics on the Nature and Function of Philosophy*. 2nd ed. London: Bloomsbury.

Sellars, John. 2016. 'Shaftesbury, Stoicism, and Philosophy as a Way of Life'. *Sophia* 55, no. 3 (2016): 395–408.

Sellars, John. 2017. 'What Is Philosophy as a Way of Life?' *Parrhesia* 28: 40–56.

Sellars, John. 2019. 'The Early Modern Legacy of the Stoics'. Online at https://www.academia.edu/37646446/The_Early_Modern_Legacy_of_the_Stoics. Accessed February 2019.

Sellars, John. 2020. 'Self or Cosmos: Foucault versus Hadot'. In M. Faustino and G. Ferraro (eds.), *The Late Foucault*. London: Bloomsbury.

Shapin, Stephen. 1994. *The Social History of Truth: Civility and Science in Seventeenth Century England*. Chicago, IL: University of Chicago Press.

Sharpe, Matthew. 2014. 'It's Not the Chrysippus You Read: On Cooper, Hadot, Epictetus and Stoicism as a Way of Life'. *Philosophy Today* 58, no. 3 (Summer 2014): 367–92.

Sharpe, Matthew. 2014b. 'The Georgics of the Mind and the Architecture of Fortune: Francis Bacon's Therapeutic Ethics'. *Philosophical Papers* 43, no. 1: 89–121.

Sharpe, Matthew. 2015. 'Cicero, Voltaire, and the Philosophes in the French Enlightenment'. In W. H. F. Altman (ed.), *The Brill Companion to the Reception of Cicero*, 329–56. Leiden: Brill.

Sharpe, Matthew. 2015a. *Camus, Philosophe. To Return to Our Beginnings*. Leiden: Brill.

Sharpe, Matthew. 2016. 'Socratic Ironies: Reading Hadot, Reading Kierkegaard'. *Sophia* 55, no. 3: 409–35.

Sharpe, Matthew. 2016a. 'There Is Not Only a War: Recalling the Therapeutic Metaphor in Western Metaphilosophy'. *Sophia*, no. 1: 31–54.

Sharpe, Matthew. 2016b. 'Guide to the Classics: Michel de Montaigne's Essays'. *The Conversation*, 2 November. Online at https://theconversation.com/guide-to-theclassics-michel-de-montaignes-essays-63508

Sharpe, Matthew. 2017. 'Fearless? Peter Weir, The Sage, and the Fragility of Goodness'. *Philosophy and Literature* 41, no. 1: 136–57.

Sharpe, Matthew. 2018. 'Ilsetraut Hadot's Seneca: Spiritual Direction and the Transformation of the Other'. In Matthew Dennis et al. (eds.), *Ethics and Self-Cultivation: Historical and Contemporary Perspectives*, 104–23. London: Routledge.

Sharpe, Matthew. 2018a. 'The Topics Transformed: Reframing the Baconian Prerogative Instances'. *Journal of the History of Philosophy* 56: 429–54.

Sharpe, Matthew. 2018b. 'Into the Heart of Darkness or: Alt-Stoicism? Actually, No…' E*idos: A Journal of the Philosophy of Culture* 2, no. 4(6): 106–13.

Sharpe, Matthew. 2019. 'Home to Men's Business and Bosoms: Philosophy and

Rhetoric in Francis Bacon's *Essayes*'. *British Journal of the History of Philosophy* 27, no. 3: 492–512.

Sharpe, Matthew. 2021. 'Drafted into a Foreign War? On the Very Idea of Philosophy as a Way of Life'. *Rhizomata* 8, no. 2: 183–217.

Sharpe, Matthew. 2021a. 'Between Too Intellectualist and Not Intellectualist Enough'. *Journal of Value Inquiry*, online first (April 2021): 1–19.

Sharpe, Matthew. 2021. 'Drafted into a Foreign War? On the Very Idea of Philosophy as a Way of Life.' *Rhizomata* [in press].

Sharpe, Matthew and Kirk Turner. 2018. 'Bibliopolitics'. *Foucault Studies*, no. 25: 146–74.

Sharpe, Matthew and Eli Kramer. 2019. 'Hadotian Considerations on Buddhist Spiritual Practices'. *Eidos* 3, no. 4(10): 157–69.

Shea, Louisa. 2010. *The Cynic Enlightenment: Diogenes in the Salon*. Baltimore, MD: Johns Hopkins Press.

Siegel, James. 1968. *Rhetoric and Philosophy in Renaissance Humanism*. Princeton, NJ: Princeton University Press.

Smith, Jonathan. 1978. 'Towards Interpreting Demonic Powers in Hellenistic and Roman Antiquity'. *ANRW* 16, no. 1: 425–39.

Smith, Plínio J. 2013. 'Bayle and Pyrrhonism: Antinomy, Method, and History'. In S.J. Charles and P. Smith (eds.), *Scepticism in the Eighteenth Century*: *Enlightenment*, Lumières, *Aufklärung*. International Archives of the History of Ideas Archives internationales d'histoire des idées, vol. 210, 19–30. Springer: Dordrecht.

Snell, Bruno. 1953. *The Discovery of the Mind: The Greek Origins of European Thought*. Translated by T. G. Rosenmeyer. Oxford: Basil Blackwell.

Snell, Bruno. 2011. *The Discovery of Mind in Greek Philosophy and Literature*. Dover Publications.

Sorabji, Richard. 2000. *Emotion and Peace of Mind: From Stoic Agitation to Christian Temptation*. Oxford: Oxford University Press, 2002.

Spinoza, Baruch de. 1982. *The Ethics and the Emendation of the Intellect*. Edited by Seymour Feldman, translated by Samuel Shirley. Indianapolis: Hackett Publishing.

Stephens, William O. 2002. *Marcus Aurelius: A Guide for the Perplexed*. London: Continuum.

Stirner, Max. 1995. *The Ego and Its Own*. Edited by David Leopold. Cambridge: Cambridge University Press.

Stock, Brian. 2001. *After Augustine: The Meditative Reader and the Text*. Philadelphia: University of Pennsylvania Press.

Striker, Gisela. 1994. 'Plato's Socrates and the Stoics'. In Paul A. Vander Waerdt (ed.), *The Socratic Movement*. Ithaca, NY: Cornell University Press, 241–51.

Streuver, Nancy S. 1992. *Theory as Practice: Ethical Inquiry in the Renaissance.* Chicago, IL: University of Chicago Press.

Strong, Tracy B. 2010. 'Philosophy of the Morning'. *Journal of Nietzsche Studies* 39: 51–65.

Taylor, Charles. 1979. *Hegel and Modern Society*. Cambridge: Cambridge University Press.

Taylor, Charles. 1992. *The Ethics of Authenticity*. Cambridge, MA: Harvard University Press.

Testa, Federico. 2016. 'Towards a History of Philosophical Practices in Michel Foucault and Pierre Hadot'. *PLI: the Warwick Journal of Philosophy*, 168–90. Special Volume. Self-Cultivation: Ancient and Modern.

Thorsrud, Harold. 2009. *Ancient Scepticism*. Berkeley and Los Angeles: University of California Press.

Trinkhaus, Charles. 1965. *Adversity's Noblemen: The Italian Humanists on Happiness.* London: Octagon.

Trinkhaus, Charles. 1971. *The Poet as Philosopher: Petrarch and the Formation of Renaissance Consciousness.* New Haven, CT and London: Yale University Press.

Tsouna, Voula. 2007. *The Ethics of Philodemus*. Oxford: Oxford University Press.

Tsouna, Voula. 2009. 'Epicurean Therapeutic Strategies'. In James Warren (ed.), *The Cambridge Companion to Epicureanism*, 249–65. Cambridge: Cambridge University Press.

Ure, Michael. 2007. 'Senecan Moods: Foucault and Nietzsche on the Art of the Self'. *Foucault Studies* 4: 19–52.

Ure, Michael. 2016. 'Stoicism in Nineteenth Century German Philosophy'. In John Sellars (ed.), *Routledge Handbook of Stoicism*, 287–302. London and New York: Routledge.

Ure, Michael. 2018. 'Nietzsche's Ethics of Self-Cultivation & Eternity'. In Sander Werkhoven and Matthew Dennis (eds.), *Ethics & Self-Cultivation: Historical and Contemporary Perspectives*, 84–103. London: Routledge.

Ure, Michael. 2019. *The Gay Science: An Introduction*. Cambridge: Cambridge University Press.

Ure, Michael. 2020. 'Stoic Freedom: Political Resistance or Retreat? Foucault and Arendt'. In K. Lampe and J. Sholtz (eds.), *French and Italian Stoicisms*. London: Bloomsbury.

Ure, Michael and Thomas Ryan. 2014. 'Nietzsche's Post-Classical Therapy'. *PLI: Warwick Journal of Philosophy* 25: 91–110.

Ure, Michael and Federico Testa. 2018. 'Foucault and Nietzsche: Sisyphus and Dionysus'. In J. Westfall and A. Rosenberg (eds.), *Nietzsche and Foucault: A Critical Encounter*, 127–49. London: Bloomsbury.

Ure, Michael and Thomas Ryan. 2020. 'Eternal Recurrence: Epicurean Oblivion, Stoic Consolation, Nietzschean Cultivation'. In V. Acharaya and R. Johnson (eds.), *Epicurus and Nietzsche*. London: Bloomsbury.

Vasalou, Sophia. 2013. *Schopenhauer and the Aesthetic Standpoint: Philosophy as a Practice of the Sublime*. Cambridge: Cambridge University Press.

Vendler, Zeno, 1989. 'Descartes' Exercises'. *Canadian Journal of Philosophy* 19, no. 2: 193–224.

Verbeke, Gerard. 1983. *Presence of Stoicism in Medieval Thought*. Washington, DC: Catholic University of America Press.

Vernant, J-P. 1982. *The Origins of Greek Thought*. Ithaca, NY: Cornell University Press.

Vernay, Robert. 1935. 'Attention' *Le Dictionnaire de Spiritualité ascétique et mystique. Doctrine et histoire*. Tome 1 – Colonne O.

Veyne, Paul. 2003. *Seneca: The Life of a Stoic*. New York: Routledge.

Vickers, Brian, 2000. 'The Myth of Bacon's Anti-Humanism'. In Jill Kraye et al. (eds.), *Humanism and Early Modern Philosophy*, 135–58. London: Routledge.

Vickers, Brian. 2008. 'Philosophy and Humanistic Disciplines: Rhetoric and Poetics'. In C. B. Schmitt, Quentin Skinner, Eckhard Kessler and Jill Kraye (eds.), *The Cambridge History of Renaissance Philosophy*, 713–45. Cambridge: Cambridge University Press.

Villa, Dana. 2001. *Socratic Citizenship*. Princeton, NJ: Princeton University Press.

Villey, Pierre. *Les Sources et l'évolution des Essais de Montaigne* [2 vols.]. Paris: Hachet.

Vlastos, Gregory. 1983. 'The Socratic Elenchus'. *Oxford Studies in Ancient Philosophy* 1: 27–58.

Vlastos, Gregory. 1991. *Socrates: Ironist and Moral Philosopher*. Cambridge: Cambridge University Press.

Voltaire. 1725 [2007]. *Philosophical Letters or Letters Regarding the English Nation*. Translated by Prudence L. Steiner. Indianapolis: Hackett Publishing.

Von Severus, Emmanuel and Aimé Solignac. 1935. 'Meditation'. In *Le Dictionnaire de Spiritualité ascétique et mystique. Doctrine et histoire*. Tome 10 – Colonne 906.

Wade, Ira. 1959. *Voltaire and Candide. A Study in the Fusion of History, Art, and Philosophy. With the Text of the La Vallière Manuscript of Candide*. Princeton, NJ: Princeton University Press.

Wade, Ira. 1977a. *The Structure and Form of the French Enlightenment, Volume 1:*

*Esprit Philosophique.* Princeton, NJ: Princeton University Press.

Wade, Ira. 1977b. *The Structure and Form of the French Enlightenment, Volume 2. Esprit Révolutionnaire.* Princeton, NJ: Princeton University Press.

Wade, Ira. 2015. *Intellectual Origins of the French Enlightenment.* Princeton, NJ: Princeton University Press.

Warren, James. 2004. *Facing Death: Epicurus and His Critics.* Cambridge: Cambridge University Press.

Warren, James. 2009. 'Removing Fear'. In James Warren (ed.), *The Cambridge Companion to Epicureanism*, 234–48. Cambridge: Cambridge University Press.

Weisheipl, James A. 1965. 'Classification of the Science in the Mediaeval Thought'. *Mediaeval Studies* 27, no. 1: 54–90.

Williams, Bernard. 1994. 'Do Not Disturb: Review of Martha Nussbaum, *Therapy of Desire'. London Review of Books* 16, no. 20: 25–6.

Williams, Bernard. 1997. 'Stoic Philosophy and the Emotions'. In R. Sorabji (ed.), *Aristotle and After, Bulletin of the Institute of Classical Studies*, suppl. 68., 211–13.

Wilson, Catherine. 2008. 'The Enlightenment Philosopher as Social Critic'. *Intellectual History Review* 18, no. 3: 413–25.

Wilson, Catherine. 2009. 'Epicureanism in Early Modern Philosophy'. In James Warren (ed.), *The Cambridge Companion to Epicureanism*, 266–86. Cambridge: Cambridge University Press.

Wilson, Catherine. 2019. *The Pleasure Principle: Epicureanism A Philosophy for Modern Living.* London: HarperCollins.

De Witt, Norman W. 1936. 'Organization and Procedure in Epicurean Groups'. *Classical Philology* 31, no. 3 (July 1936): 205–11.

De Witt, Norman W. 1954. *Epicurus and His Philosophy.* Minneapolis: University of Minnesota Press.

Witt, Ronald G. 2006. 'Kristeller's Humanists as Heirs to the Medieval Dictatores'. In Angello Mazzocco (ed.), *Interpretations of Renaissance humanism.* Leiden: Brill. Young, Julian. 1997. *Willing and Unwilling: A Study in the Philosophy of Arthur Schopenhauer.* Dordrecht: Nijhoff.

Young, Julian. 2005. *Schopenhauer.* London and New York: Routledge.

Young, Julian. 2008. 'Schopenhauer, Nietzsche, Death and Salvation'. *European Journal of Philosophy* 16, no. 2: 311–24.

Young, Julian. 2010. *Nietzsche: A Philosophical Biography.* Cambridge: Cambridge University Press.

Zak, Gur. 2010. *Humanism and the Care of the Self.* Cambridge: Cambridge University Press.

Zak, Gur. 2012. 'Modes of Self-Writing from Antiquity to the Later Middle Ages'. In R. J. Hexter and D. Townsend (eds.), *The Oxford Handbook of Medieval Latin Literature*. Oxford: Oxford University Press.

Zak, Gur. 2014. 'Humanism as a Way of Life: Leon Battista Alberti and the Legacy of Petrarch'. I *Tatti Studies in the Italian Renaissance* 17, no. 2 (Fall): 217–40.

Zeitlin, Jacob. 1928. 'The Development of Bacon's Essays: With Special Reference to the Question of Montaigne's Influence upon Them'. *The Journal of English and Germanic Philology* 27 no. 4: 496–519.

Zim, Rivkah. 2017. *The Consolations of Writing: Literary Strategies of Resistance from Boethius to Primo Levi*. Princeton, NJ: Princeton University Press.

# 삶의 방식으로서의 철학

**초판 1쇄 인쇄**  2024년 9월 17일
**초판 1쇄 발행**  2024년 9월 25일

**지은이**  매튜 샤프, 마이클 유어
**옮긴이**  최기원
**펴낸이**  고영성

**책임편집** 박유진 ｜ **디자인** 이시라 ｜ **저작권** 주민숙

**펴낸곳**  주식회사 상상스퀘어
**출판등록**  2021년 4월 29일 제2021-000079호
**주소**  경기도 성남시 분당구 성남대로 52, 그랜드프라자 604호
**팩스**  02-6499-3031
**이메일**  publication@sangsangsquare.com
**홈페이지**  www.sangsangsquare-books.com

**ISBN** 979-11-92389-86-8 (03590)